Jacket

프로에게 자 사용법으로 쉽게 배우는

Torso Dress Sloper without Darts.. Tailored Jacket.. V Neck Line Jacket.. Raglan Sleeve Jacket.. Stand Collar Jacket.. Peter Pan Collar Jacket.. Double Breasted Peplum Jacket.. Front Open Jacket..

재킷 제도법

임병렬 · 이광훈 · 정혜민 공저

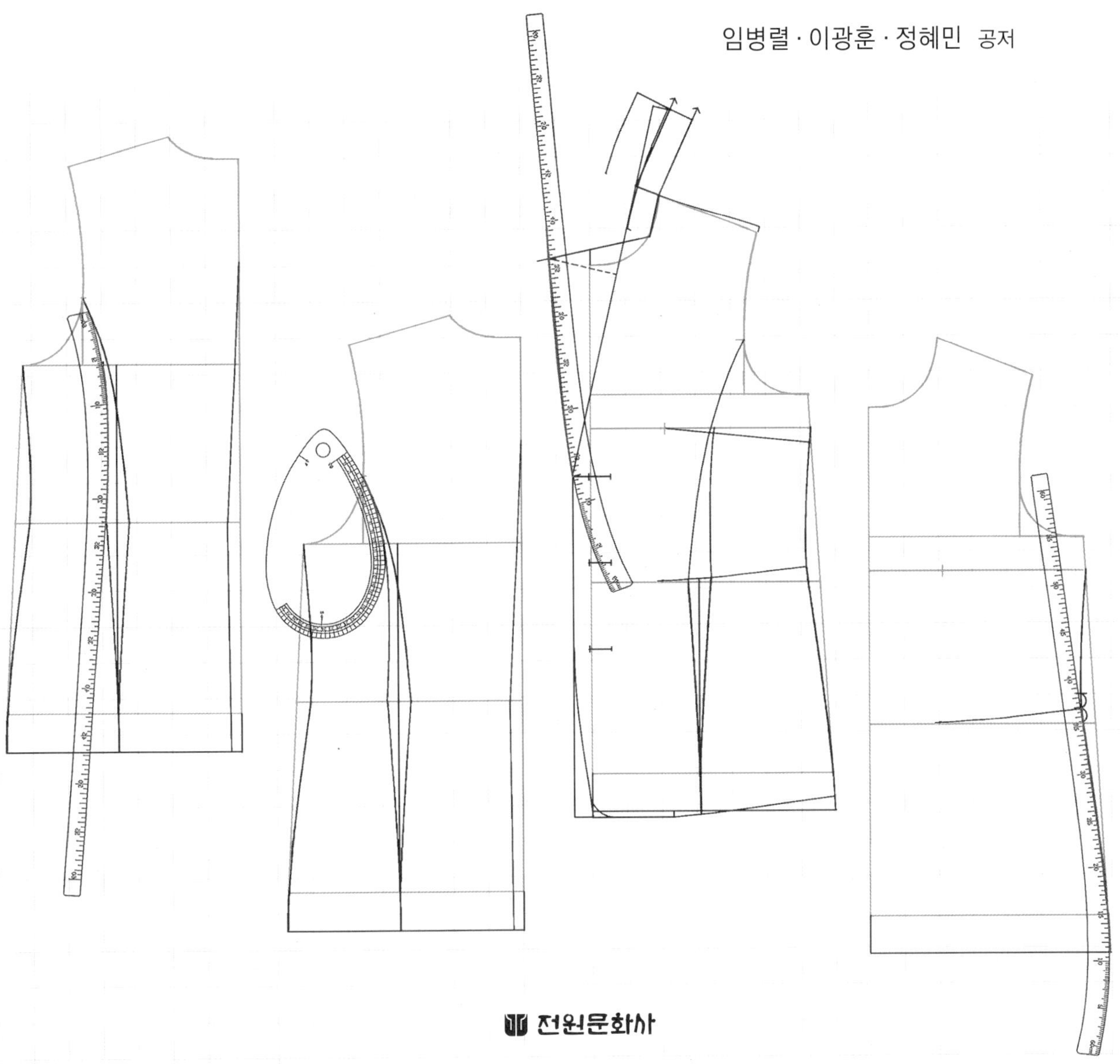

전원문화사

프로에게 자 사용법으로 쉽게 배우는

재킷 제도법

임병렬 이광훈 정혜민 공저

2016년 8월 25일 2판 1쇄 발행

발행처 * 전원문화사

발행인 * 남병덕

등록 * 1999년 11월 16일
제1999-053호

서울시 강서구 화곡로 43가길 30. 2층
T.02)6735-2100 F.6735-2103

E-mail * jwonbook@naver.com

*잘못된 책은 바꾸어 드립니다.

*책값은 표지에 있습니다.

* 특허출원 10-2003-51985 *

머리말

오늘날 패션 산업은 인간의 생활 전체를 대상으로 커다란 변화를 가져오게 되었다. 특히 의류에 관한 직업에 종사하는 직업인이나 학습을 하고 있는 학생들에게 있어서, 의복제작에 관한 전문적인 지식과 기술을 습득하는 것은 매우 중요한 일이다.

본서는 '이제창작디자인연구소'가 졸업 후 산업현장에서 바로 적응할 수 있도록 패턴 제작과 봉제에 관한 교재 개발을 목적으로, 패션업계에서 50여 년간 종사해 오시면서 많은 제자들을 육성해 내신 임병렬 선생님과 함께 실제 패션 산업현장에서 이루어지고 있는 제도와 봉제 방법에 있어서 패턴에 대한 교육을 전혀 받아 본 적도, 전혀 옷을 만들어 본 경험이 없는 초보자라도 단계별로 색을 넣어 실제 자를 얹어 놓은 그림 및 컬러 사진을 보아 가면서 쉽게 따라 할 수 있도록 구성한 10권의 책자(스커트 제도법, 팬츠 제도법, 블라우스 제도법, 원피스 제도법, 재킷 제도법과 스커트 만들기, 팬츠 만들기, 블라우스 만들기, 원피스 만들기, 재킷 만들기) 중 재킷 제도법 부분을 소개한 것이다.

강의실에서 학생들에게 패턴을 제도하는 방법과 봉제 방법을 가르치면서 경험한 바에 의하면 설명을 들은 방법대로 학생들이 완성한 패턴이 각자 다르고, 가봉 후 수정할 부분이 많이 생기게 된다는 것이었다. 이 문제점을 해결할 방법은 없을까 오랜 기간 고민하면서 체형별 차이를 비교하고 검토한 결과 자를 어떻게 사용하는가에 따라 패턴의 완성도에 많은 차이가 생기게 된다는 것을 알게 되었다. 그래서 자를 대는 위치를 정한 다음 체형별로 여러 패턴을 제도해 보고 교육해 본 체험을 통해서 본서를 저술하게 되었다.

단계별로 색을 넣어 실제 자를 얹어 가면서 그림으로 설명하고 있어 초보자도 쉽게 이해할 수 있도록 구성하였으며, 또한 본서의 내용은 www.jaebong.com 또는 www.jaebong.co.kr에서 제도하는 과정을 동영상과 포토샵 그림으로 볼 수 있도록 되어 있다.

제도에서 봉제까지 옷이 만들어지는 과정에 있어서 기본적인 지식이나 기술을 습득하고, 자기 능력 개발에 도움이 되었으면 하는 바람에서 미흡한 면이 많은 줄 알지만 시간을 거듭하면서 수정 보완해 나가기로 하고 감히 출간에 착수하였다. 보다 알찬 내용의 책이 될 수 있도록 많은 관심과 지도 편달을 경청하고자 한다.

끝으로 동영상 제작에 도움을 주신 영남대학교 한성수 교수님을 비롯하여 섬유의류정보센터의 권오현, 배한조, 우일훈 연구원님과, 함께 밤을 새워 가면서 동영상 편집을 해 주신 이재은 씨, 출판에 협조해 주신 전원문화사의 김철영 사장님을 비롯하여 이희정 실장님, 편집에 너무 고생하신 김미경 실장님, 최윤정 씨에게 깊은 감사의 뜻을 표합니다.

또한 원고에만 신경쓸 수 있도록 가정적인 일에 도움을 주시는 어머니와 가족들에게 이 책을 바칩니다.

2003년 9월 이광훈 · 정혜민

Jacket

제도를 시작하기 전에..

- 제도 시 계측한 치수와 제도하기 위해 산출해 놓는 치수를 패턴지에 기입해 놓고 제도하기 시작한다.
- 여기서 사용한 치수는 참고 치수가 아닌 실제 착용자의 주문 치수를 사용하고 있다.
- 여기서는 각 축소의 눈금이 들어 있는 제도 각자와 이제창작디자인연구소의 AH자를 사용하여 설명하고 있으므로, 일반 자를 사용할 경우에는 제도 치수 구하기 표의 오른쪽 제도 치수를 참고로 한다.
- 제도 도중에 ⌒○ 모양의 기호는 hip곡자의 방향 표시를 나타낸 것이다.
- 허리선을 다트 또는 패널라인으로 그리면 최종 완성된 앞뒤 패턴의 허리 완성선 치수는 적어도 타이트한 경우에도 얇은 천의 경우 W+3.5~4.5cm, 두꺼운 천의 경우 W+4.5~6cm가 되어야 한다. 따라서 만약 완성된 패턴의 허리선 둘레를 확인하여 W+2.5~6cm의 여유분이 없으면 앞뒤 옆선과 다트 또는 패널라인 위치에서 부족한 여유분을 고르게 배분하여 줄여 주어야 한다. 테일러드 재킷에서 그 예를 설명해 두었다.
  주 앞뒤 중심선에서는 절대 수정해서는 안된다.
- 허리둘레 치수가 엉덩이 둘레 치수보다 큰 경우에는 본서의 제도법은 적용되지 않으므로 후에 출간 예정인 특수복 편에서 해설하고자 한다.
- 설명을 읽지 않고도 빨간색 선만 따라가다 보면 재킷의 패턴이 완성된다.
- 또한 반드시 책에 있는 순서대로 제도해야 하는 것은 아니고, 바로 전에 그린 선과 가까운 곳의 선부터 그려도 상관없다. 기본적인 것을 암기 방식이 아닌 어느 정도의 곡선으로 그려지는 것인가를 감각적으로 느끼고 이해하는 것이 중요하며, 몇 가지 제도를 하다 보면 디자인이 다른 패턴도 쉽게 응용하여 제도할 수 있게 될 것이다.
- 여기서 사용하고 있는 자들은 www.jaebong.com 또는 www.jaebong.co.kr로 접속하여 주문할 수 있다.

o Dress Sloper without Darts.. Tailored Jacket.. V Neck Line Jacket.. Raglan Sleeve Jacket.. Stand Collar Jacket.. Peter Pan Collar Jacket.. Double Breasted Peplum Jacket.. Front Open Jacket..

C.O.N.T.E.N.T.S.

Jacket

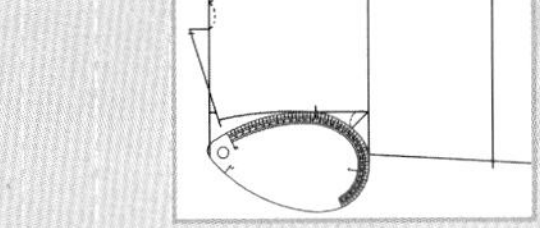
Torso Dress Sloper without Darts..

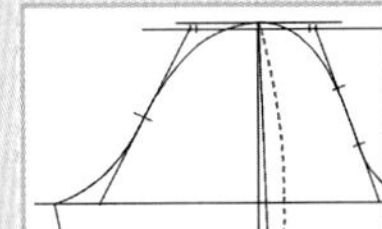
Tailored Jacket..

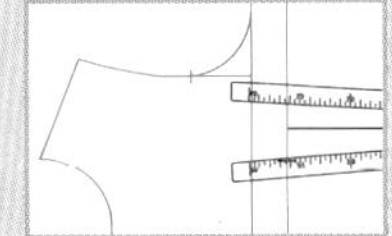
V Neck Line Jacket..

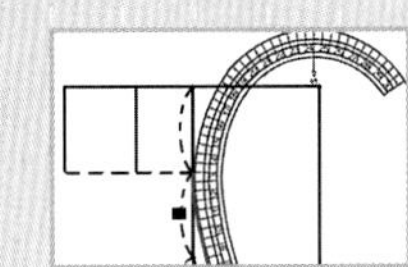
Raglan Sleeve Jacket..

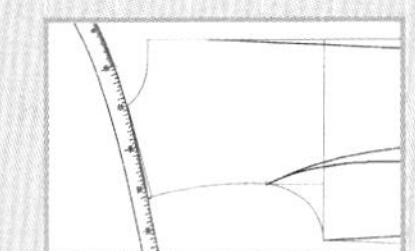
Stand Collar Jacket..

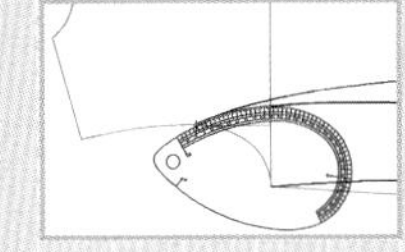
Peter Pan Collar Jacket..

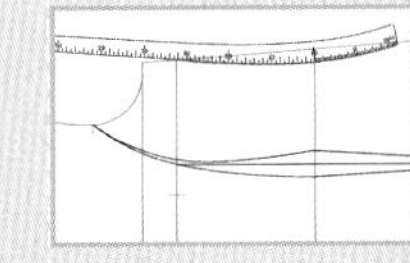
Double Breasted Peplum Jacket..

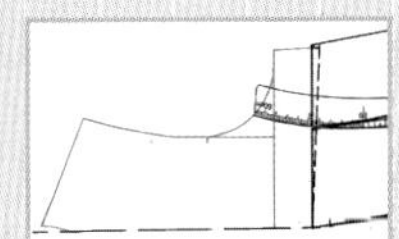
Front Open Jacket..

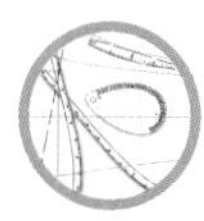

재킷의 기능성

위에 겹쳐 입게 되는 길이가 짧은 상의로서 코트까지를 포함하는 겉옷인 재킷은 아래 그림에서 보는 바와 같이 팔을 벌리거나 들어올릴 때 물건을 안거나 하는 등의 일상 동작에 있어서 특히 뒤 겨드랑이 점 부근에서 많이 당겨지게 된다. 이 상반신이 움직이는 동작에 방해가 되지 않으면서 아름답게 기능하는 재킷을 만들기 위해서는 정확한 치수의 계측을 하는 것이 무엇보다 중요하다. 정확한 계측을 바탕으로 실루엣에 적합한 적당한 여유분을 넣어 제도하였을 때 비로소 아름답게 몸에 맞는 착용감이 좋은 재킷을 만들 수 있다.

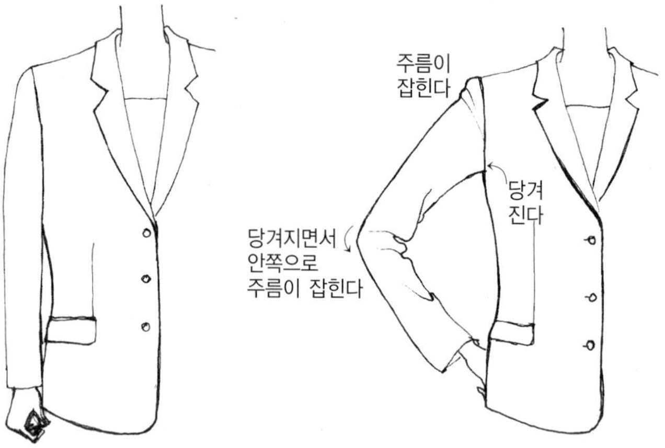

주름이
잡힌다

당겨
진다

당겨지면서
안쪽으로
주름이 잡힌다

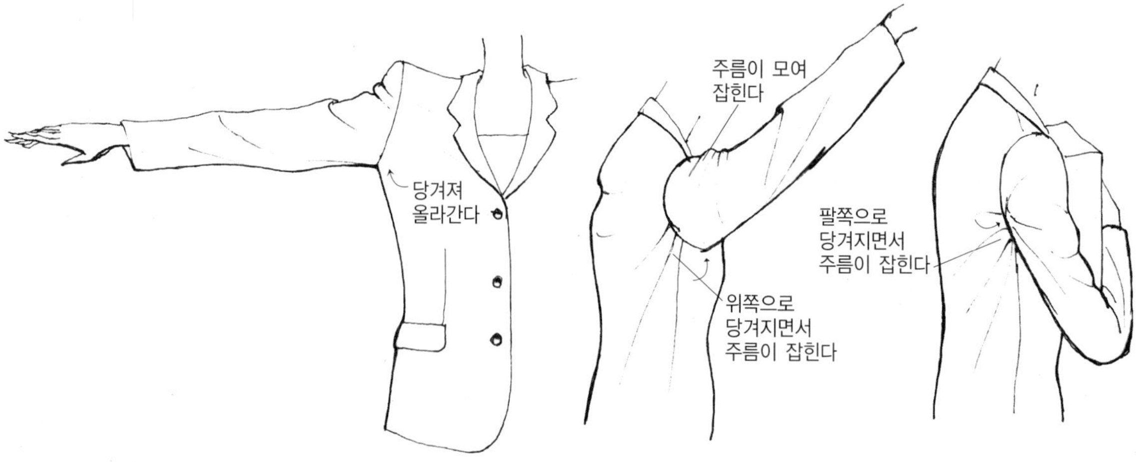

주름이 모여
잡힌다

당겨져
올라간다

팔쪽으로
당겨지면서
주름이 잡힌다

위쪽으로
당겨지면서
주름이 잡힌다

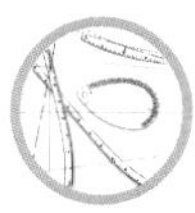

용어 해설

- FNP=Front Neck Point 앞 목점의 약자
- SNP=Side Neck Point 옆 목점의 약자
- SL=Shoulder Line 어깨선의 약자
- N=Notch 소매 맞춤 표시
- CL=Chest Line 위 가슴 둘레 선의 약자
- BP=Bust Point 유두점의 약자
- CB=Center Back 뒤 중심의 약자
- SS=Side Seam 옆선의 약자
- BLD=Bust Line Dart 가슴 다트의 약자
- BNP=Back Neck Point 뒤 목점의 약자
- SP=Shoulder Point 어깨 끝점의 약자
- AH=Arm Hole 진동 둘레의 약자
- NL=Neck Line 목둘레 선의 약자
- BL=Bust Line 가슴 둘레 선의 약자
- CF=Center Front 앞 중심의 약자
- WL=Waist Line 허리선의 약자
- HEL=Hem Line 밑단 선의 약자

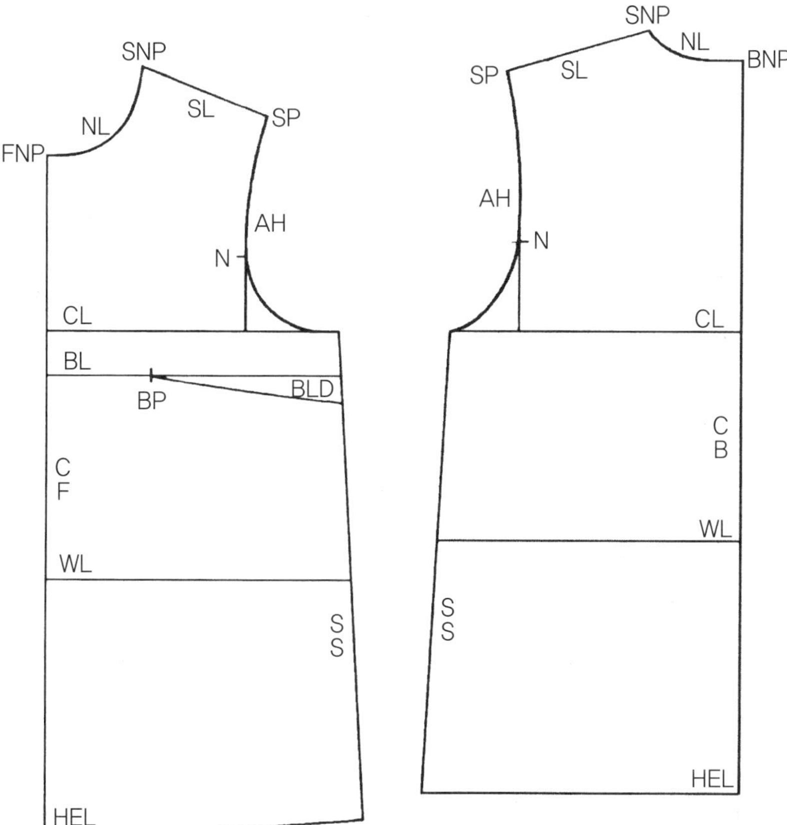

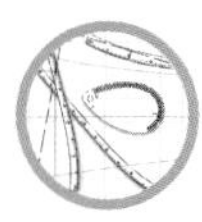

성인 여성의 상의류 참고 치수표

단위 : cm

부위	호칭 / 참고 회사	54	65	66	67	67
가슴 둘레(B)	A사	88	92	96	101	
	B사	86	90	94	98	
	C사	87	91	95	99	
허리 둘레(W)	A사	72	76	81	87	
	B사	71	75	79	83	
	C사	71	75	79	83	
히프 둘레(H)	A사	96.5	100.5	104.5	109.5	
	B사	93	97	101	105	
	C사	93	97	101	105	
등 길이	A사	38	38.6	39.2	39.9	
	B사	37.5	38.1	38.7	39.3	
	C사	38	38.6	39.2	39.8	
앞 길이	A사	40.5	41.1	41.7	42.4	
	B사	40	40.6	41.2	41.8	
	C사	40.5	41.1	41.7	42.3	
어깨 너비	A사	38.5	39.1	39.7	40.5	
	B사	38	39	40	41	
	C사	38	39	40	41	
소매 길이	A사	59.5	60.1	60.7	61.4	
	B사	60.5	61.1	61.7	62.3	
	C사	60.5	61.1	61.7	62.3	
소매단 폭	A사	26.5	27.5	28.5	29.5	
	B사	25.5	26.5	27.5	28.5	
	C사	25.5	26.5	27.5	28.5	
소매통	A사	31.5	32.9	34.3	35.9	디자인에 따라 변화
	B사	30	31.4	32.8	34.2	
	C사	31	32.8	33.2	34.6	
소매단	A사		+0.6	+0.6	+0.7	
	B사		+0.6	+0.6	+0.7	
	C사		+0.6	+0.6	+0.7	
상의 길이	A사	61	61.6	62.2	62.9	디자인에 따라 변화
	B사	65	66	67	68	
	C사					
진동 깊이	A사		+0.6	+0.6	+0.7	
	B사		+0.6	+0.6	+0.7	
	C사		+0.6	+0.6	+0.7	

여기서는 계측 치수가 아닌 3개 회사의 제품 치수를 참고 치수로 기입해 두고 있으므로, 각자의 계측 치수와 비교해 보고 참고로만 한다.

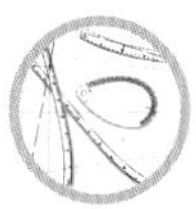

올바른 계측

피 계측자의 계측 시 속옷을 착용하고, 허리에 가는 벨트를 묶는다.
계측자는 피 계측자의 정면 옆이나 측면에 서서 줄자가 정확하게 인체 표면에 닿으면서 수평을 유지하는지 확인하면서 계측한다.

계측 부위와 계측법

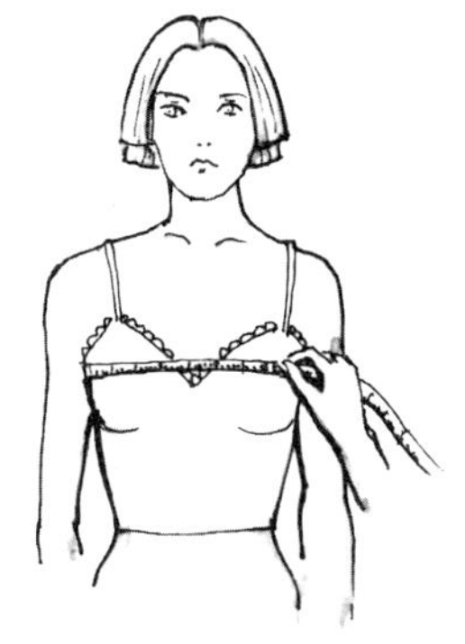

- **가슴 둘레(Bust)**
  유두점을 지나 줄자를 수평으로 돌려 가슴 둘레 치수를 잰다.

- **허리 둘레(Waist)**
  벨트를 조였을 때 가장 자연스런 위치의 허리 둘레 치수를 잰다.

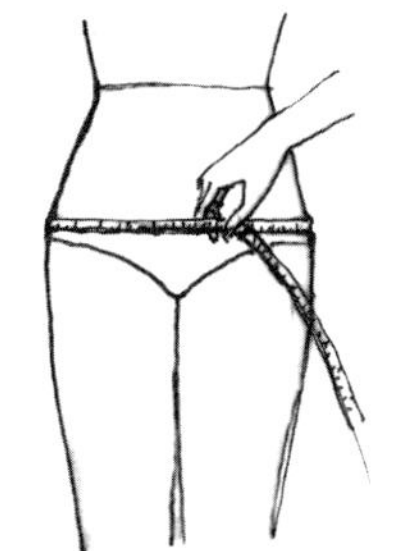

- **엉덩이 둘레(Full Hip)**
  너무 조이지 않도록 주의하여 엉덩이의 가장 굵은 부분을 수평으로 돌려 엉덩이 둘레 치수를 잰다. 단, 대퇴부가 튀어나와 있거나 배가 나와 있는 체형은 셀로판지나 종이를 대고 엉덩이 둘레 치수를 잰다.

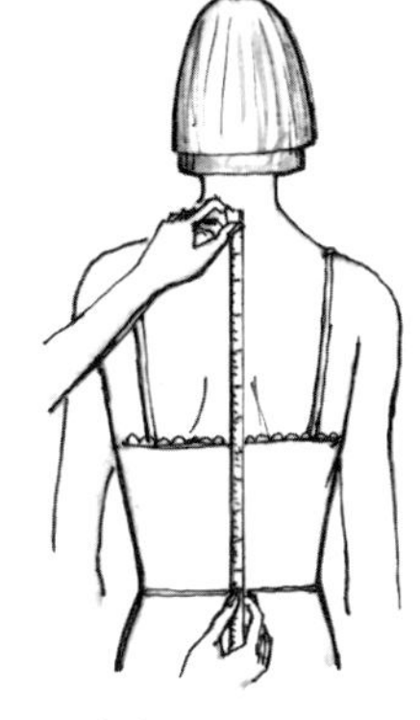

- **등 길이 (Back Waist Length)**
  허리에 가는 벨트를 묶고 나서 뒤 목점에서(제 7경추) 허리선까지의 길이를 잰다.

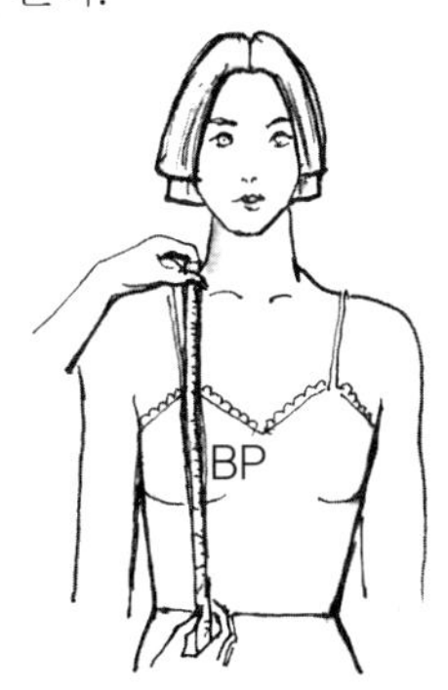

- **앞 길이(From Side Neck Point to Waist)**
  옆 목점에서 유두점을 지나 허리선까지의 길이를 잰다.

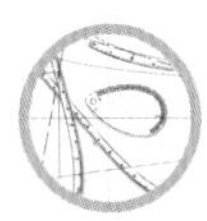

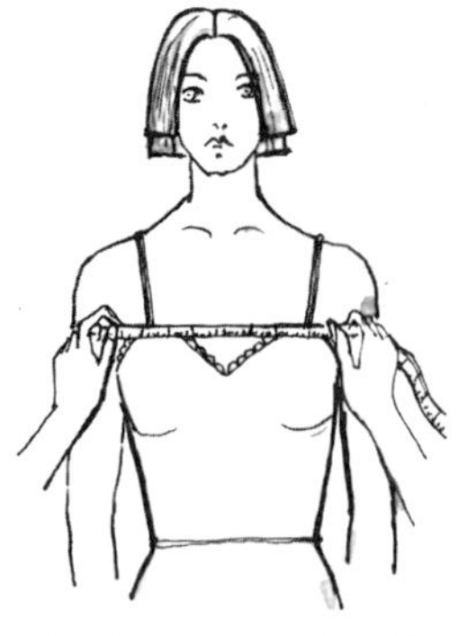

- **앞 품(Chest Width)**
  바스트 위의 좌우 앞 겨드랑이 점 사이의 너비를 잰다.

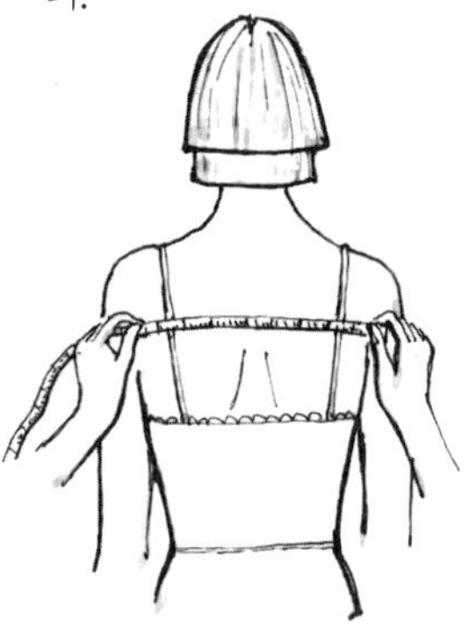

- **뒤 품(Back Width)**
  견갑골 부근의 좌우 뒤 겨드랑이 점 사이의 너비를 잰다.

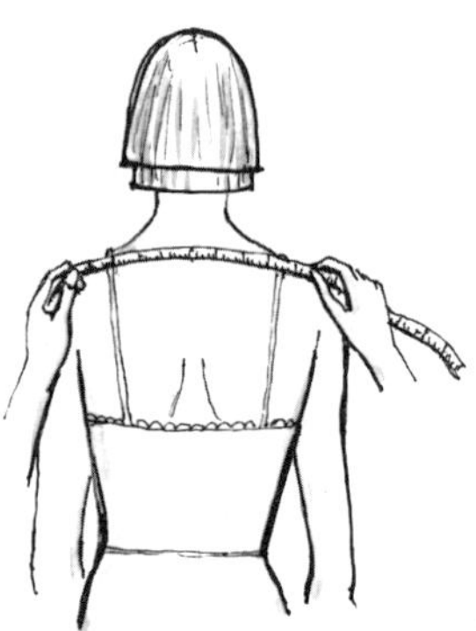

- **어깨 너비**
  (Between Shoulders)
  뒤 목점(제7 경추)을 지나 좌우 어깨 끝점 사이의 너비를 잰다.

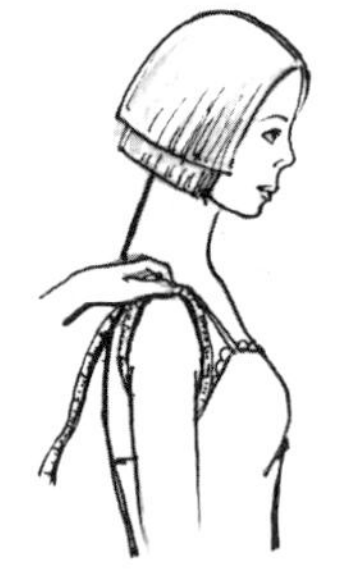

- **진동 둘레**
  (Armpit Circumference)
  어깨점과 앞뒤 겨드랑이 점을 지나 겨드랑이 밑으로 돌려 진동 둘레 치수를 잰다.

- **목둘레**
  (Neck Circumference)
  앞 목점, 옆 목점, 뒤 목점(제7 경추)을 지나는 목둘레 치수를 잰다.

- **위팔 둘레**
  (High arm Circumference)
  위팔의 가장 굵은 곳의 위팔 둘레 치수를 잰다.

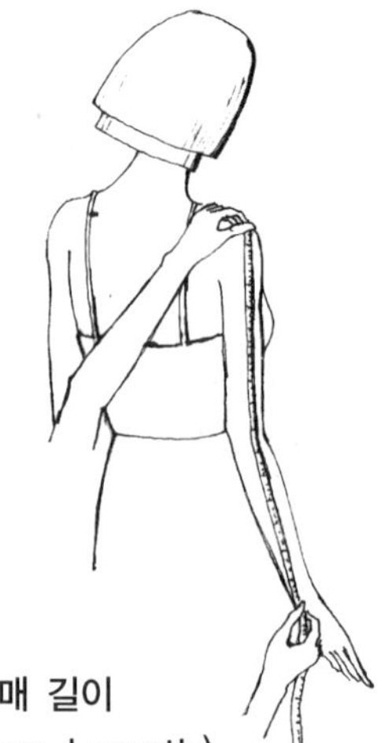

- **소매 길이**
  (Arm Length)
  어깨 끝점에서 조금 구부린 팔꿈치의 관절을 지나서 손목의 관절까지의 길이를 잰다.

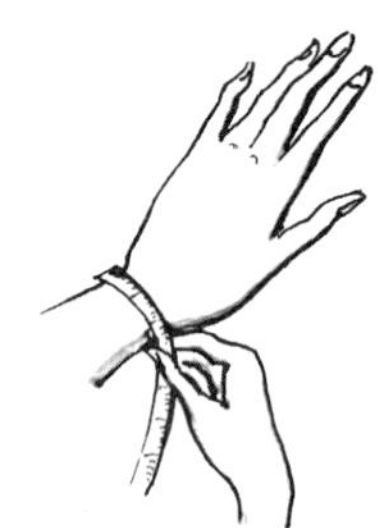

- **손목 둘레**
  (Wrist Circumference)
  손목의 관절을 지나도록 돌려 손목 둘레 치수를 잰다.

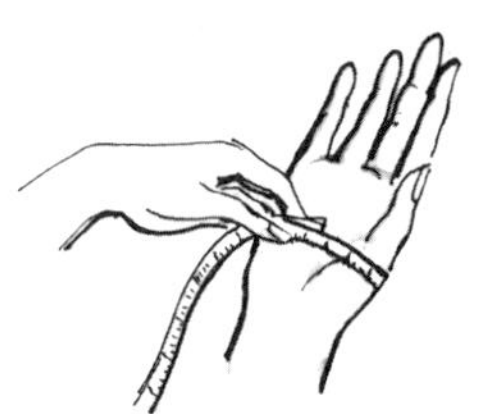

- **손바닥 둘레**
  (Palm Circumference)
  엄지손가락을 가볍게 손바닥 쪽으로 오그려서 손바닥 둘레 치수를 잰다.

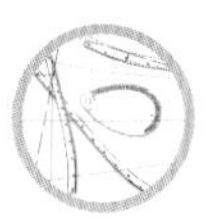

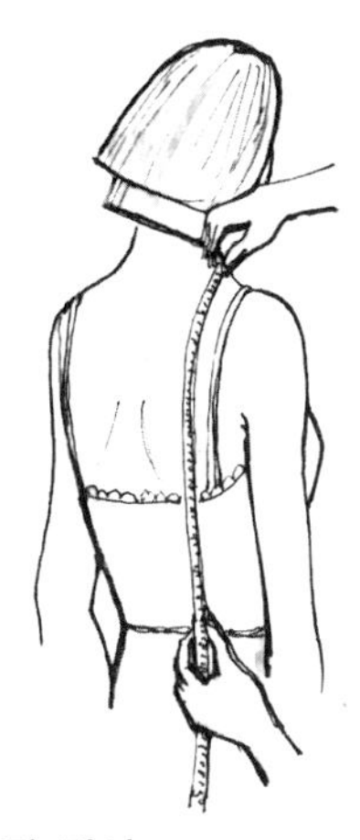

- **뒤 길이**
(From Side Neck Point to Waist)
옆목점에서 견갑골을 지나 허리선까지의 길이를 잰다.
주 등이 굽은 체형의 경우에만 계측한다.

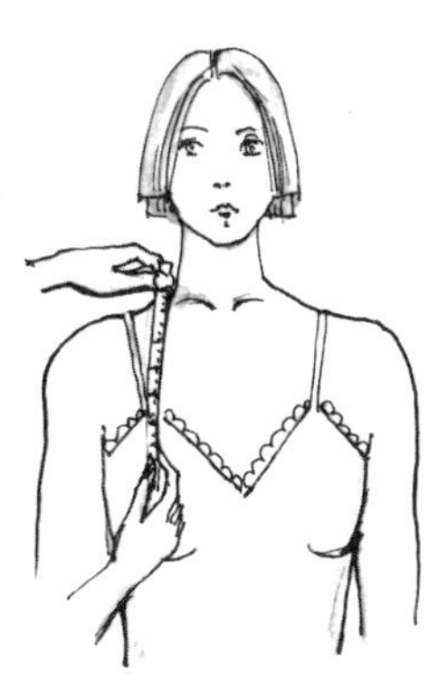

- **유두 길이**
(From Side Neck Point to Bust Point)
옆 목점에서 유두점까지의 길이를 잰다.

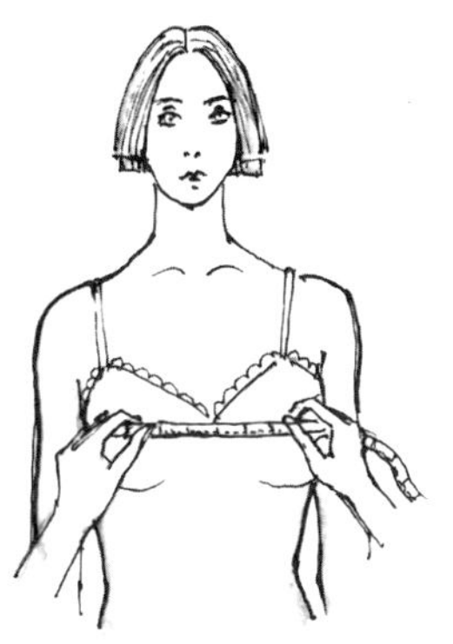

- **유두 간격**
(Between Bust Point)
좌우 유두점 사이의 직선 거리를 잰다.

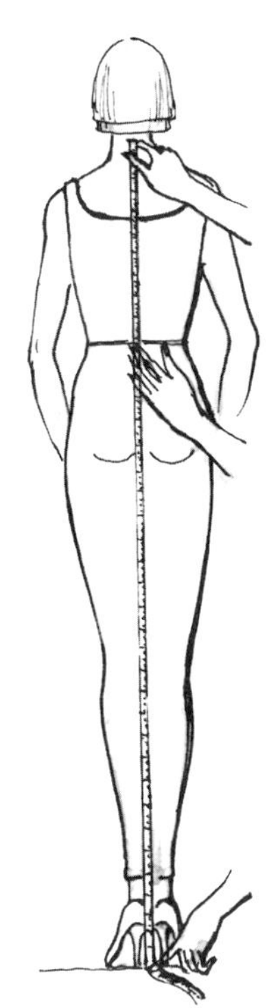

- **총 길이/드레스 길이**
(Full Length / Dress Length)
뒤 목점(제7 경추)에서 수직으로 줄자를 대고 허리 위치에서 가볍게 누르고 나시 원하는 길이를 정한다.

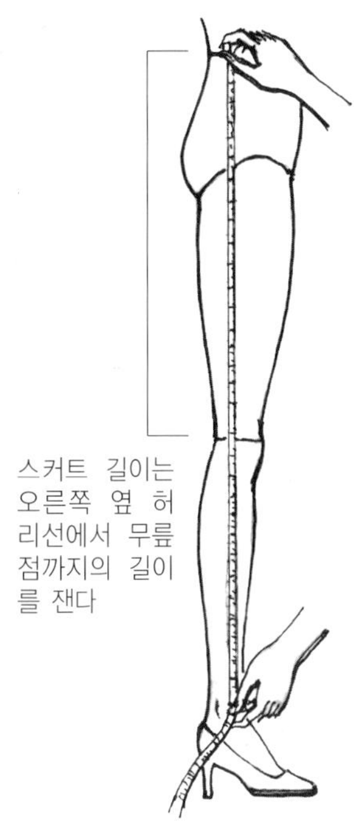

스커트 길이는 오른쪽 옆 허리선에서 무릎점까지의 길이를 잰다

- **바지 / 스커트 길이**
(Pants and Skirt Length)
바지 길이는 오른쪽 옆 허리선에서 복사뼈 점까지의 길이를 잰다.
이 치수를 기준으로 하고, 디자인에 맞추어 증감한다.

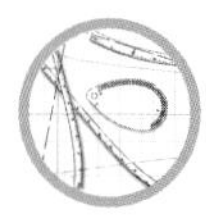

제도 기호

• **완성선**

굵은 선. 이 위치가 완성 실루엣이 된다.

• **안내선**

짧은 선. 원형의 선을 가리킴. 완성선을 그리기 위한 안내선. 점선은 같은 위치를 연결하는 선.

• **안단선**

안단의 폭이 앞 여밈단으로부터 선의 위치까지라는 것을 가리킨다.

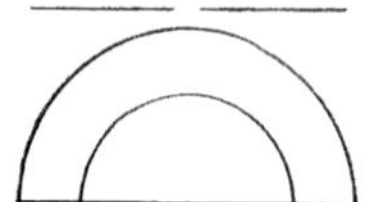

• **골선**

조금 긴 파선. 천을 접어 그 접은 곳에 패턴을 맞추어서 배치하라는 표시.

• **꺾임선, 주름산 선**

짧은 중간 굵기의 파선. 칼라의 꺾임선, 팬츠의 주름산 선.

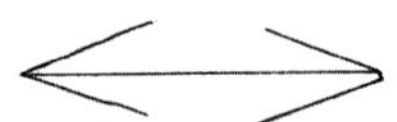

• **식서 방향(천의 세로 방향)**

천을 재단할 때 이 화살표 방향에 천의 세로 방향이 통하게 한다.

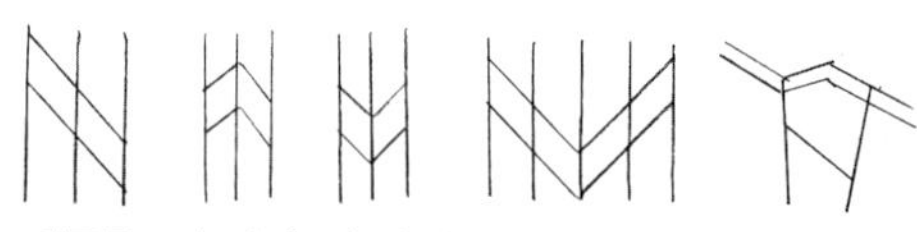

• **플리츠, 턱의 표시**

플리츠나 턱으로 되는 것의 접히는 부분을 가리키는 것으로, 사선이 위를 향하고 있는 쪽이 위로 오게 접는다.

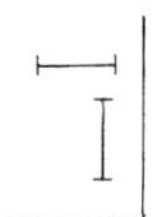

• **단춧구멍 표시**

단춧구멍을 뚫는 위치를 가리킨다.

• **오그림 표시**

봉제할 때 이 위치를 오그리라는 표시.

• **직각의 표시**

자를 대어 정확히 그린다.

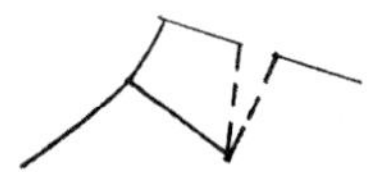

• **접어서 절개**

패턴의 실선 부분을 자르고, 파선 부분을 접어 그 반전된 것을 벌린다.

3절개

- **절개**

  패턴을 절개하여 숫자의 분량만큼 잘라서 벌린다.

- **절개**

  화살표 끝의 위치를 고정시키고 숫자의 분량만큼 잘라서 벌린다.

- **등분선**

  등분한 위치의 표시.

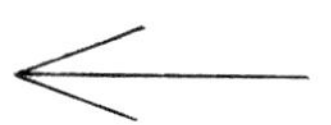

- **털의 방향**

  코르덴이나 모피 등 털이 있는 것을 재단할 때 화살표 방향에 털 방향을 맞춘다.

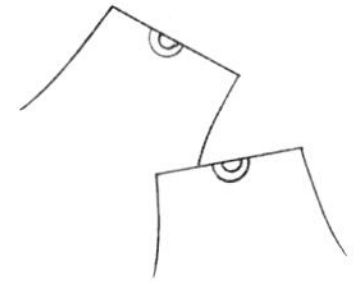

- **서로 마주 대는 표시**

  따로 제도한 패턴을 서로 마주 대어 한 장의 패턴으로 하라는 표시. 위치에 따라 골선으로 사용하는 경우도 있다.

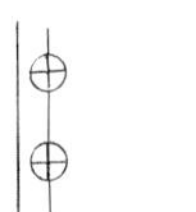

- **단추 표시**

  단추 디는 위치를 가리킨다.

- **늘림 표시**

  봉제할 때 이 위치를 늘려 주라는 표시.

- **개더 표시**

  개더 잡을 위치의 표시.

- **다트 표시**

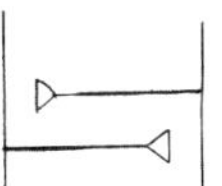

- **지퍼 끝 표시**

  지퍼 달림이 끝나는 위치.

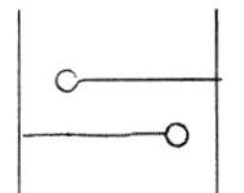

- **봉제 끝 위치**

  박기를 끝내는 위치.

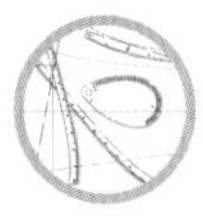

재킷용 소재 직물 및 직물명

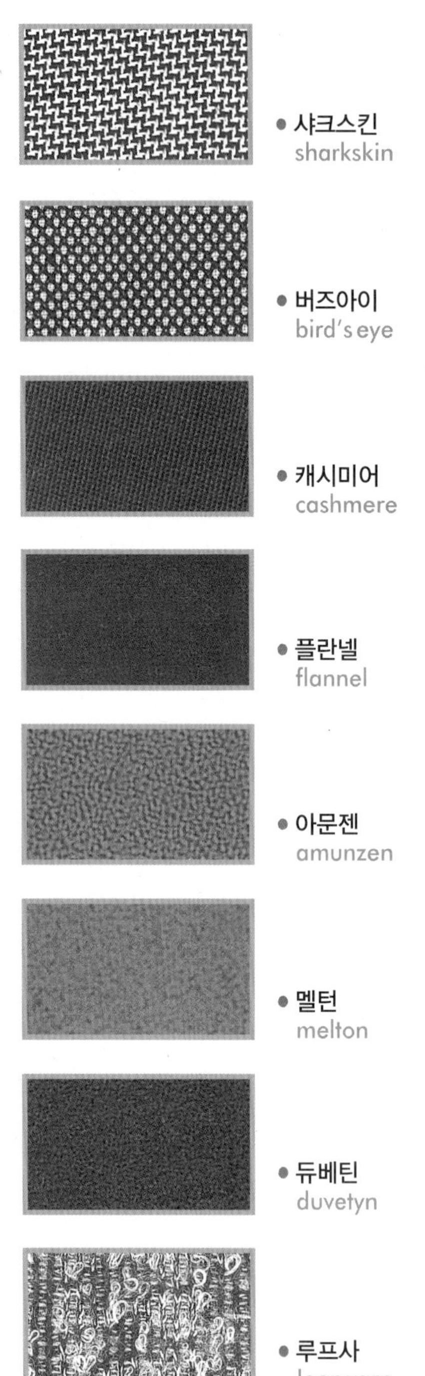

• 샤크스킨 sharkskin

• 버즈아이 bird's eye

• 캐시미어 cashmere

• 플란넬 flannel

• 아문젠 amunzen

• 멜턴 melton

• 듀베틴 duvetyn

• 루프사 loop yarn

• 코듀로이 corduroy

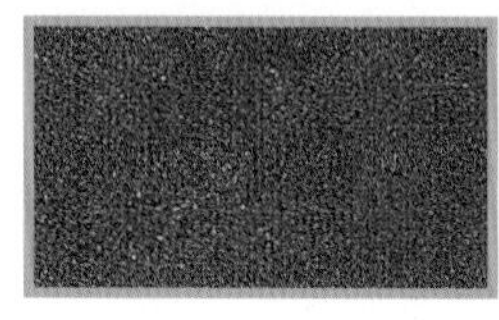

• 벨베틴 velveteen

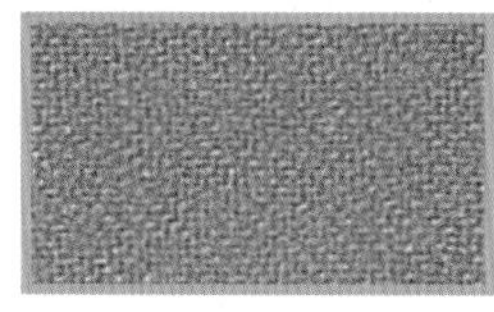

• 플라노 flano

• 트위드 tweed

• 울 개버딘 wool gabardine

• 레이욘 새틴 rayon satin

• 요류 크레이프 yoryu crepe

• 서지 serge

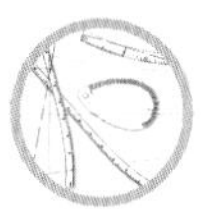

다트를 넣지 않은 재킷의 원형 Torso Dress Sloper without Darts...

■■■ J.A.C.K.E.T 01

Torso Dress Sloper without Darts 다트를 넣지 않은 재킷 원형의 제도순서

제도 치수 구하기

계측 부위	계측 치수의 예	자신의 계측 치수	제도 각자 사용 시의 제도 치수	일반 자 사용 시의 제도 치수	자신의 제도 치수
가슴 둘레(B)	86cm		B°/2	B/4	
허리 둘레(W)	66cm		W°/2	W/4	
엉덩이 둘레(H)	94cm		H°/2	H/4	
등 길이	38cm		치수 38cm		
앞 길이	41cm		41cm		
뒤 품	34cm		뒤 품/2=17		
앞 품	32cm		앞 품/2=17		
유두 길이	25cm		25cm		
유두 간격	18cm		유두 간격/2=9		
어깨 너비	37cm		어깨 너비/2=18.5		
재킷 원형 길이	58cm		등길이+20cm=58cm		
진동 깊이			B°/2	B/4	

주 진동 깊이=B/4의 산출치가 20~24cm 범위 안에 있으면 이상적인 진동 깊이의 길이라 할 수 있다. 따라서 최소치=20cm, 최대치=24cm까지이다. 이는 예를 들면 가슴 둘레 치수가 너무 큰 경우에는 진동 깊이가 너무 길어 겨드랑 밑 위치에서 너무 내려가게 되고, 가슴 둘레 치수가 너무 적은 경우에는 진동 깊이가 너무 짧아 겨드랑 밑 위치에서 너무 올라가게 되어 이상적인 겨드랑 밑 위치가 될 수 없다. 따라서 B/4의 산출치가 20cm 미만이면 뒤 목점(BNP)에서 20cm 나간 위치를 진동 깊이로 정하고, B/4의 산출치가 24cm 이상이면 뒤 목점(BNP)에서 24cm 나간 위치를 진동 깊이로 정한다.

01 자신의 각 계측 부위를 계측하여 빈칸에 넣어두고 제도 치수를 구하여 둔다.

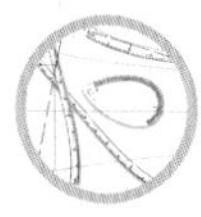

재킷 몸판과 소매 원형의 부위별 명칭

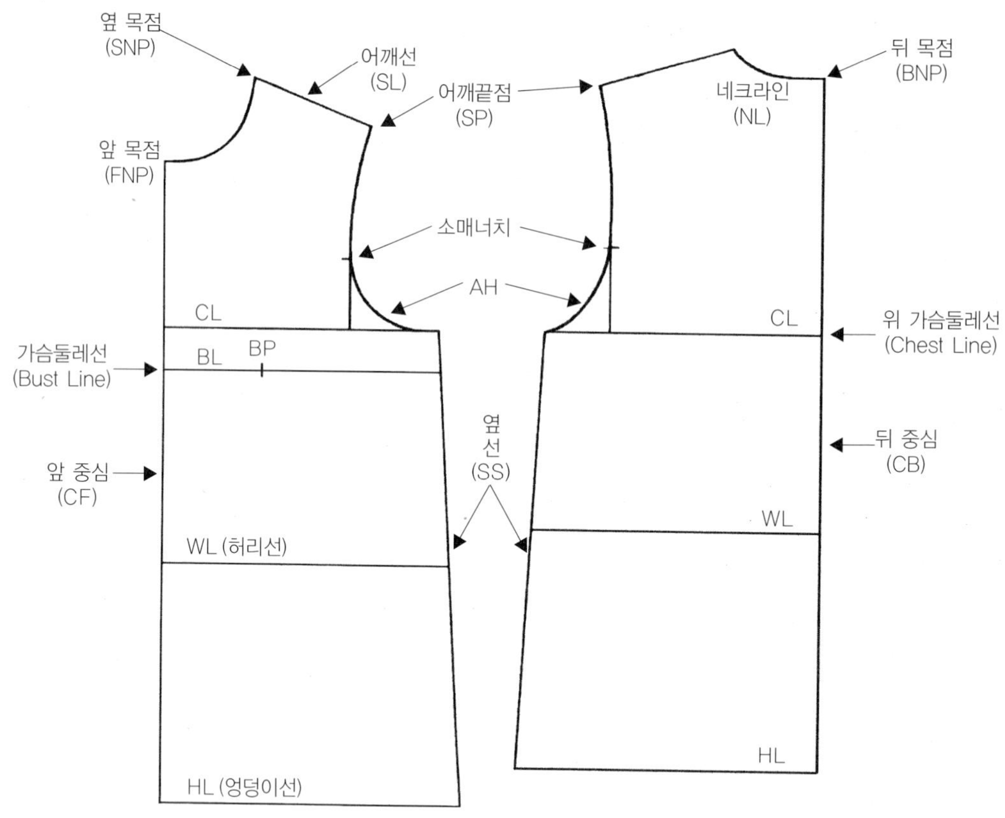

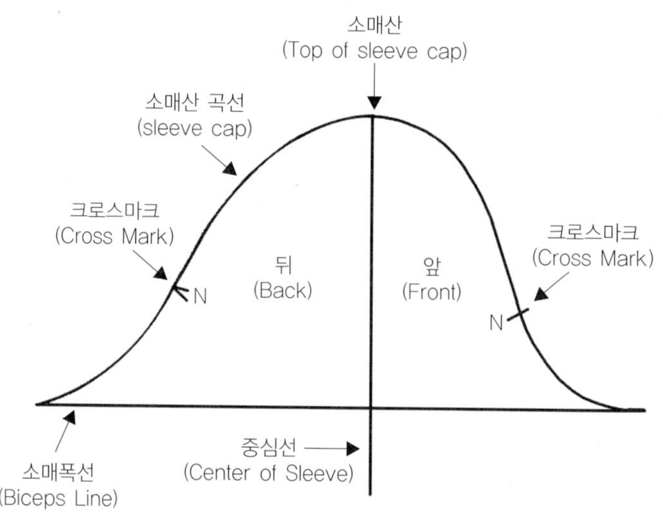

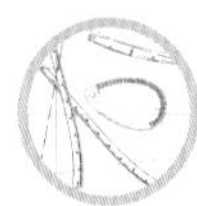

뒤판 제도하기

1. 뒤판의 기초선을 그린다.

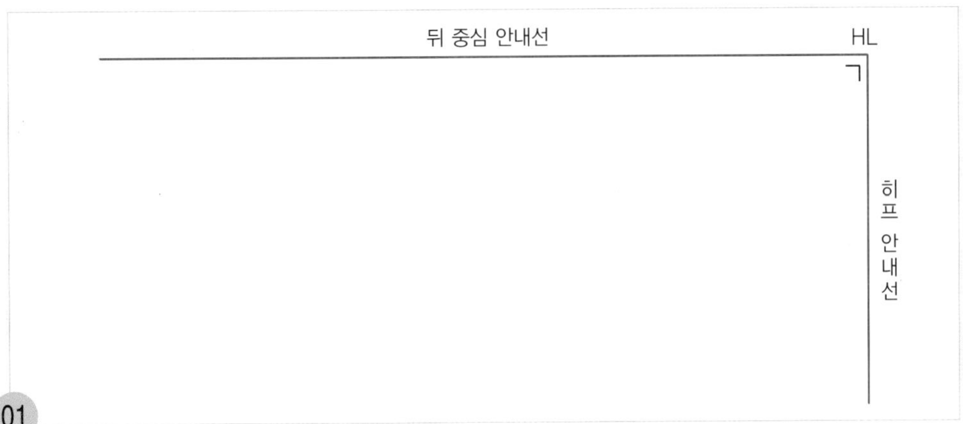

01
직각자를 대고 수평으로 길게 뒤 중심선을 그린 다음, 직각으로 히프선(HL)을 내려 그린다.

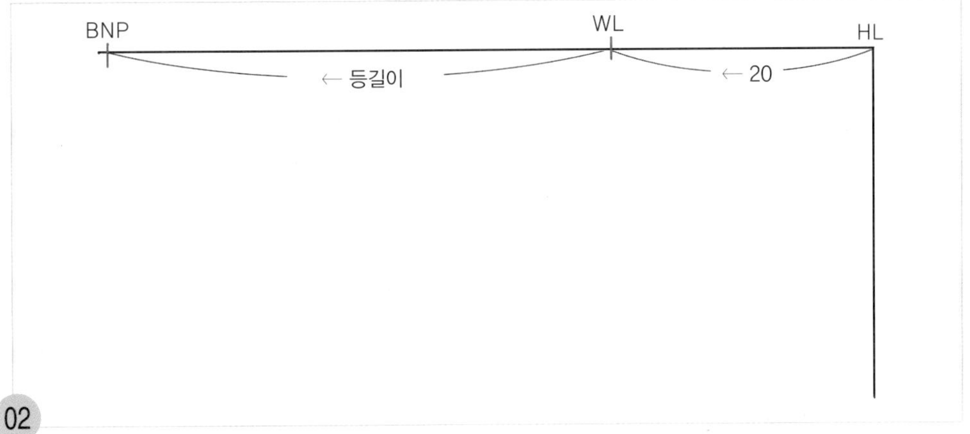

02
HL~WL = 엉덩이 길이 : 20cm, WL~BNP = 등 길이
HL점에서 뒤 중심선을 따라 20cm 나가 허리선 위치(WL)를 표시하고 WL에서 등 길이 치수를 나가 뒤 목점(BNP) 위치를 표시한다.

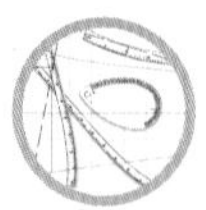

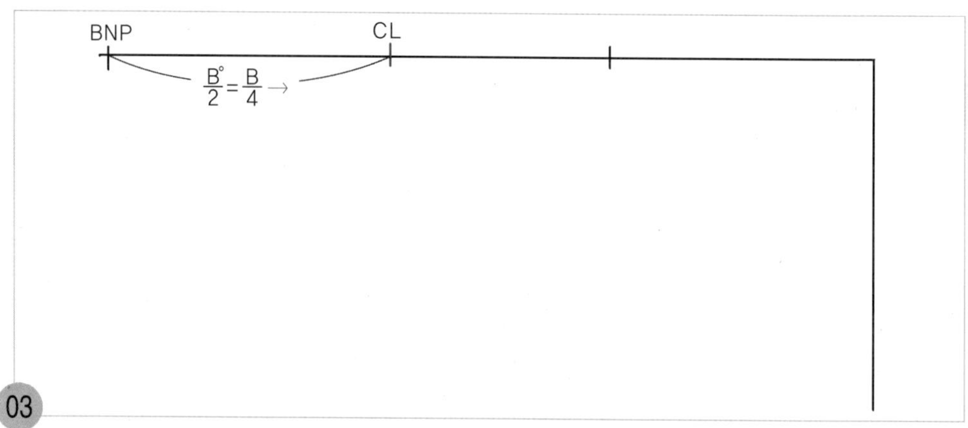

BNP~CL = B°/2=B/4 : 진동 깊이

뒤 목점(BNP)에서 진동 깊이(B°/2=B/4) 치수를 나가 위 가슴둘레 선 위치(CL)를 표시한다.

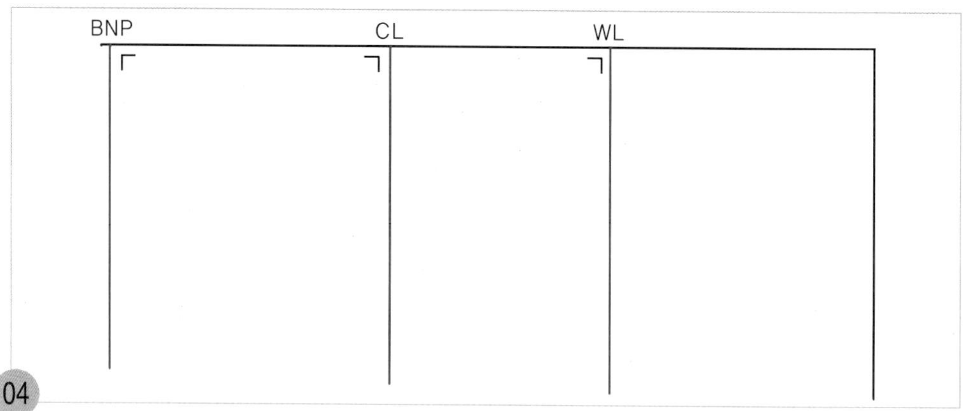

BNP, CL, WL의 각 표시한 점에서 직각으로 수직선을 내려 그린다.

2. 옆선을 그린다.

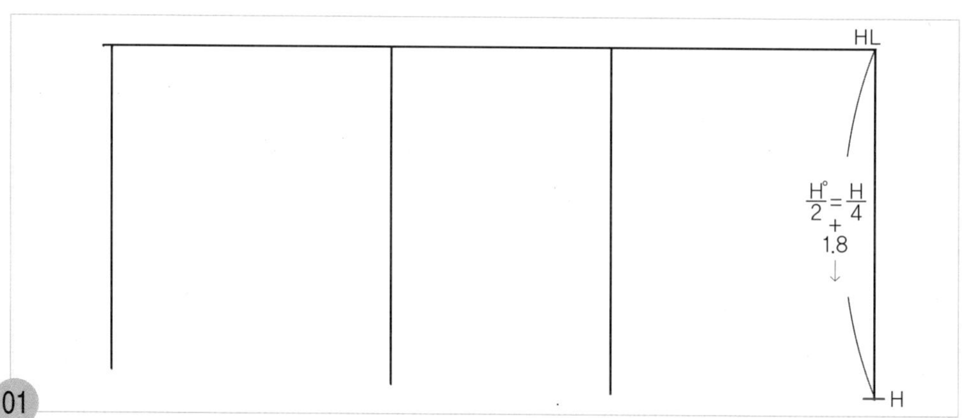

HL~H = 히프선 : (H°/2)+1.8cm=(H/4)+1.8cm

HL점에서 (H°/2)+1.8cm = (H/4)+1.8cm의 치수를 내려와 옆선 쪽 히프선 끝점(H)을 표시한다.

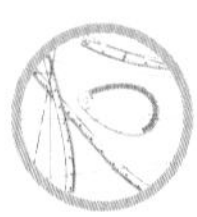

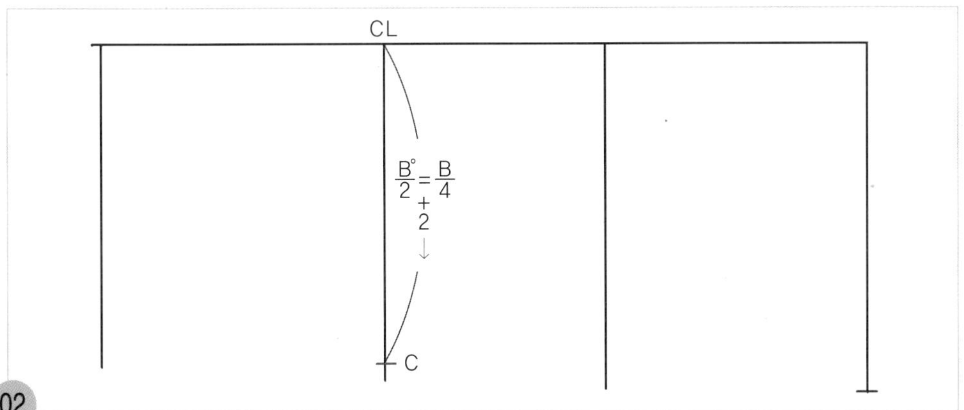

02

CL~C = 위 가슴 둘레 선 : (B°/2)+2cm=(B/4)+2cm

CL점에서 (B°/2)+2cm=(B/4)+2cm의 치수를 내려와 옆선 쪽 위 가슴둘레 선 끝점(C)을 표시한다.

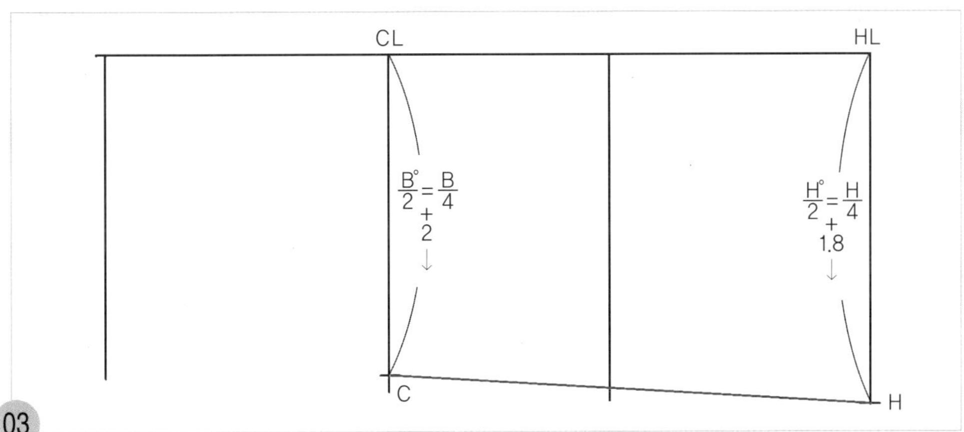

03

C~H = 옆선

C점과 H점 두 점을 직선자로 연결하여 옆선을 그린다.

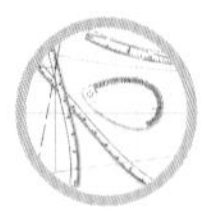

3. 어깨선을 그리고 뒤 진동 둘레 선(AH)과 뒤 목둘레 선(BNL)을 그린다.

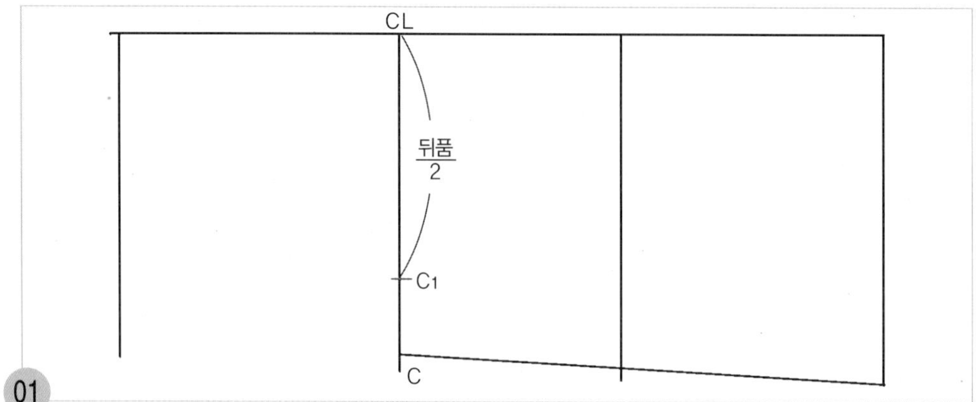

CL~C_1 = 뒤 품/2 CL점에서 뒤 품/2 치수를 내려와 뒤 품 선 위치(C_1)를 표시한다.

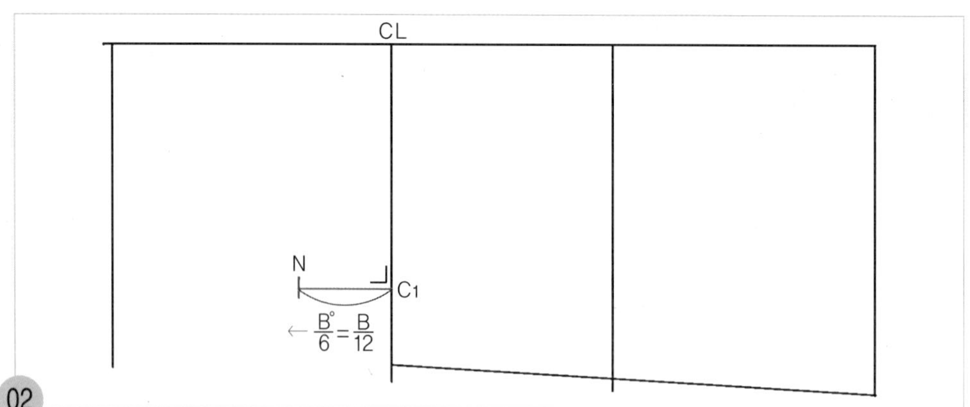

C_1~N = 뒤 품 선:B°/6=B/12 C_1점에서 직각으로 B°/6=B/12 치수의 뒤 품 선을 그리고 진동 둘레 선(AH)을 그릴 안내선 점(N)을 표시해 둔다.

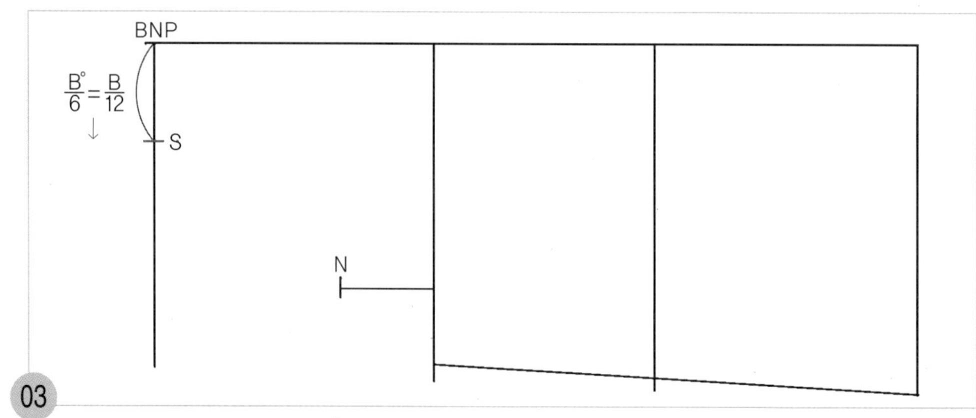

BNP~S = 뒤 목둘레 폭 : B°/6=B/12

뒤 목점(BNP)에서 뒤 목둘레 폭 B°/6=B/12 치수를 내려와 뒤 목둘레 폭 안내선 점(S)을 표시한다.

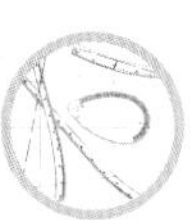

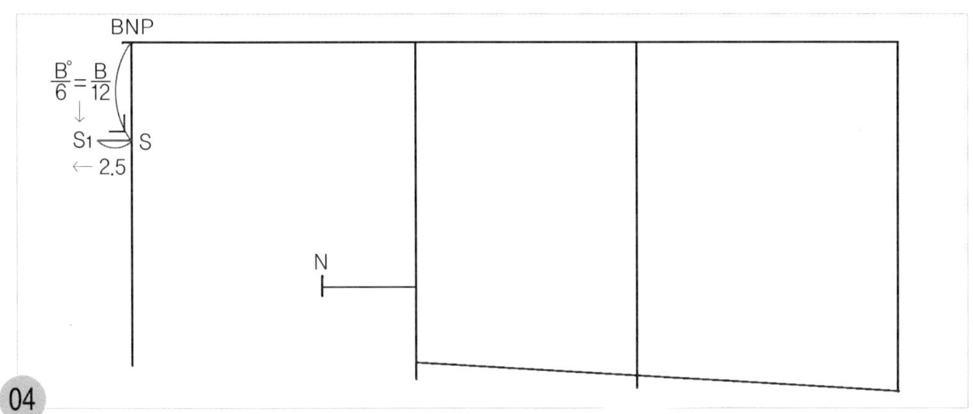

04

$S \sim S_1$ = 뒤 목둘레 안내선 : 2.5cm S점에서 직각으로 2.5cm 뒤 목둘레 안내선(S_1)을 그린다.

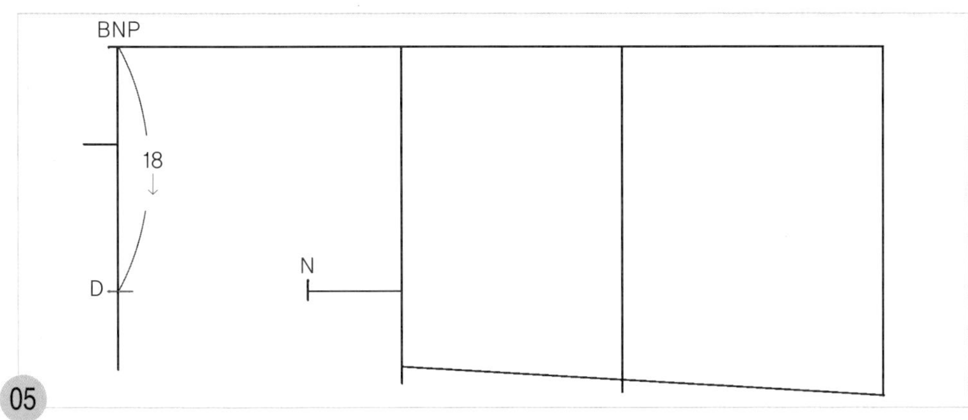

05

BNP~D = 18cm(고정 치수)

뒤 목점(BNP)에서 직각선을 따라 18cm 내려와 어깨선을 그릴 안내선 위치(D)를 표시한다.

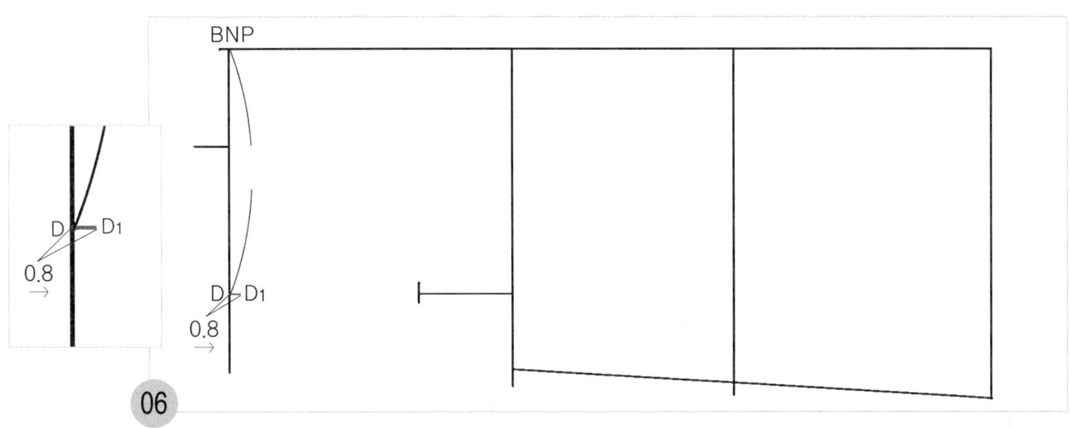

06

$D \sim D_1$ = 0.8cm(표준 어깨 경사의 경우)

D점에서 직각으로 0.8cm 어깨선을 그릴 통과선(D_1)을 그린다.

주 상견이나 하견일 경우는 p.35를 참조한다.

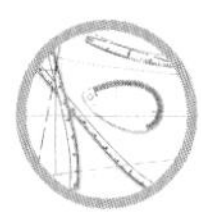

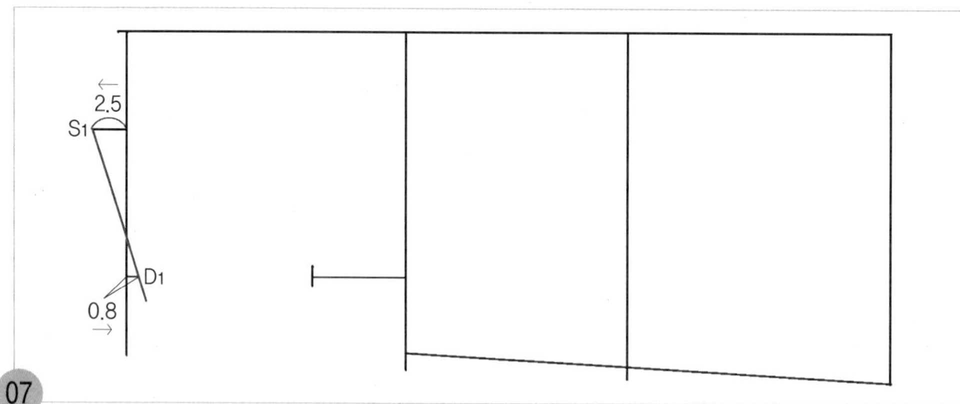

S₁~D₁ = 어깨선 S₁점과 D₁점 두 점을 직선자로 연결하여 어깨선을 그린다.

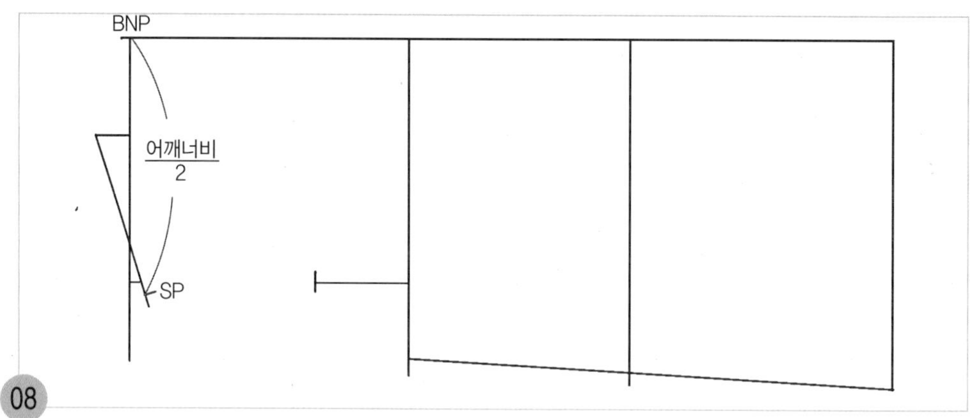

BNP~SP = 어깨 너비/2 뒤 목점(BNP)에서 어깨 너비/2 치수가 05에서 그린 어깨선과 마주 닿는 위치를 어깨 끝점(SP)으로 정해 표시한다.

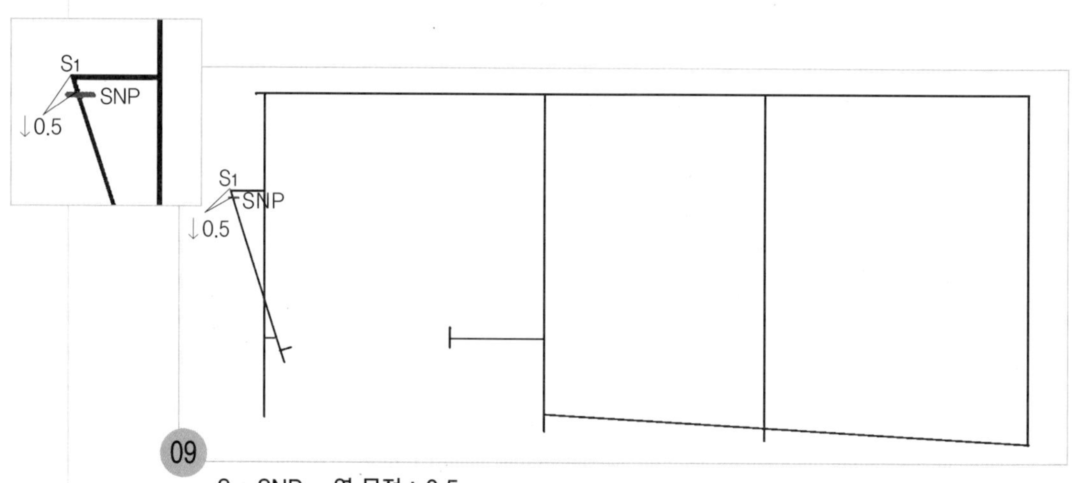

S_1~SNP = 옆 목점 : 0.5cm

S_1점에서 어깨선을 따라 0.5cm 내려와 옆 목점(SNP) 위치를 표시한다.

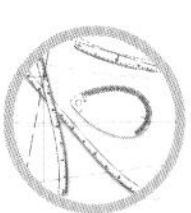

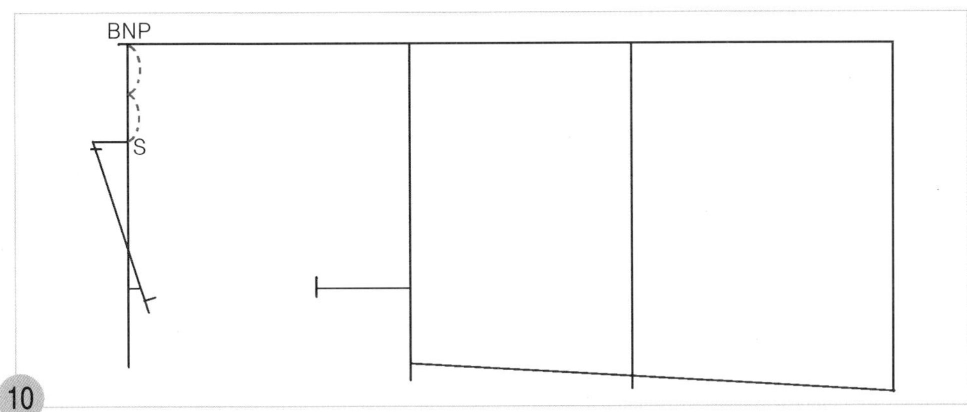

10

BNP~S = 2등분 뒤 목점(BNP)에서 뒤 목둘레 폭 점(S)까지를 2등분한다.

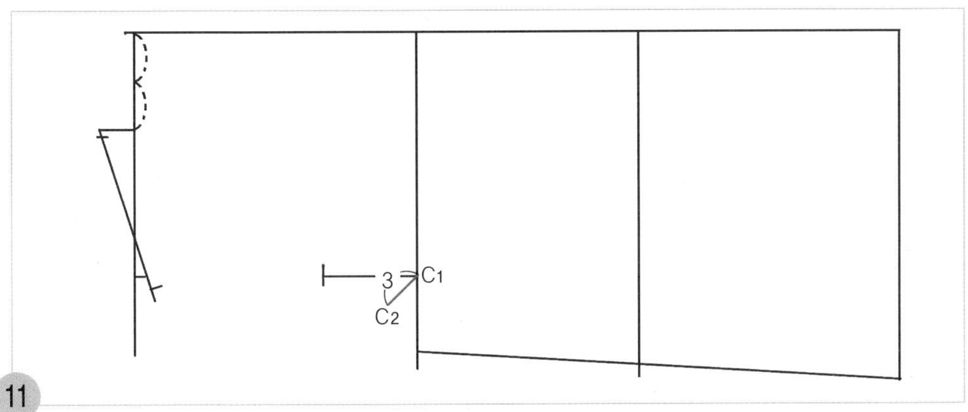

11

C_1~C_2 = 3cm C_1점에서 45도 각도로 3cm 뒤 진동 둘레 선(AH)을 그릴 통과선(C_2)을 그린다.

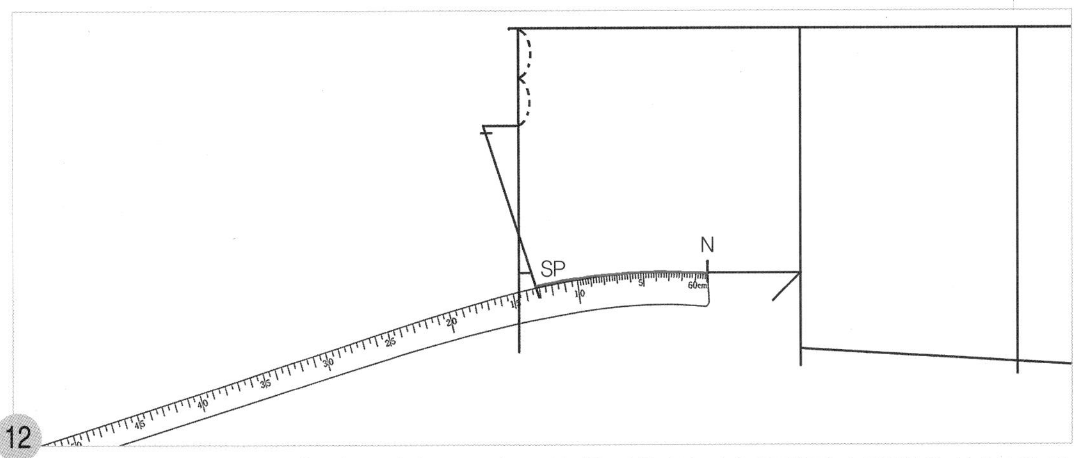

12

SP~N = 뒤 진동 둘레 선(AH) N점에 hip곡자 끝 위치를 맞추면서 어깨 끝점(SP)과 연결하여 어깨선 쪽 뒤 진동 둘레 선(AH)을 그린다.

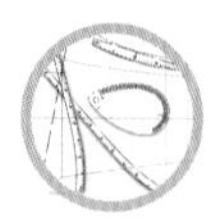

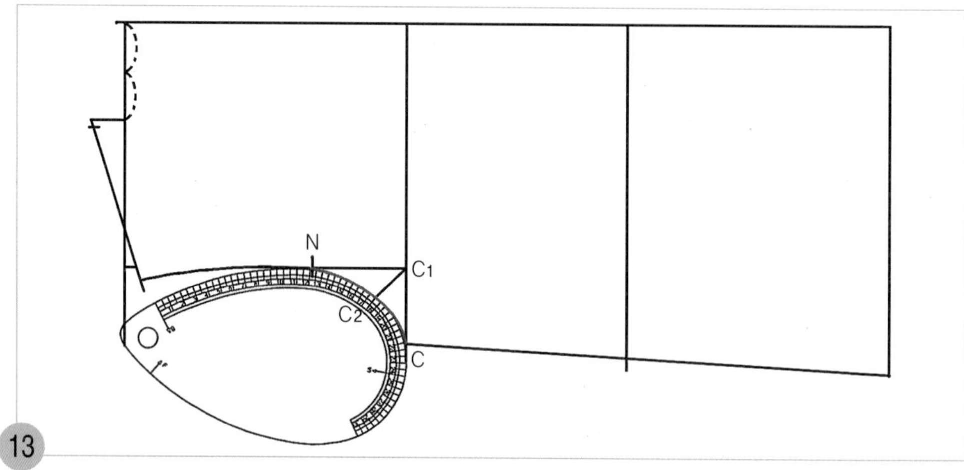

13

N~C2~C = 뒤 진동 둘레 선(AH)

뒤 AH자 쪽을 사용하여 N, C2, C 세 점이 연결되도록 맞추고 남은 뒤 진동 둘레 선(AH)을 그린다.

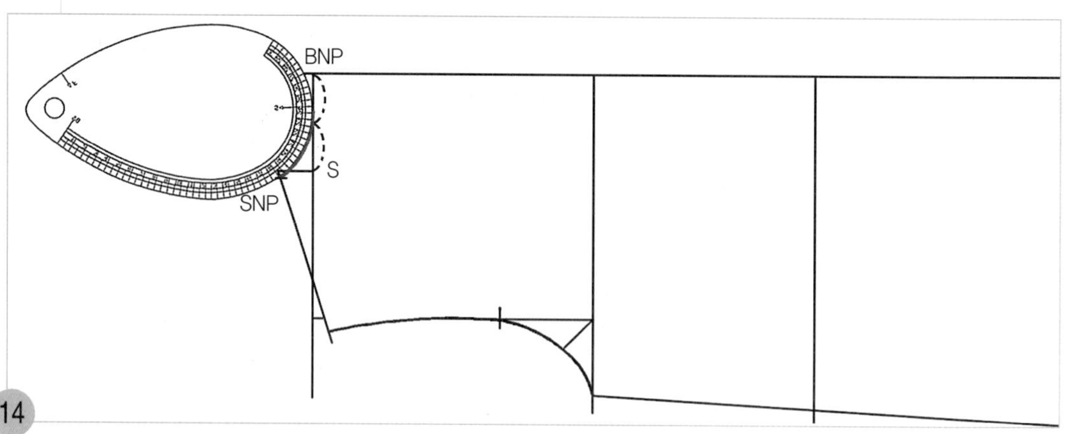

14

SNP~BNP = 뒤 목둘레 선

옆 목점(SNP)과 BNP~S의 2등분점에 뒤 AH자 쪽으로 연결하여, 뒤 목둘레 선(BNL)을 곡선으로 그리고, 2등분점에서 BNP점까지는 기존의 직각선을 뒤 목둘레 선으로 한다.

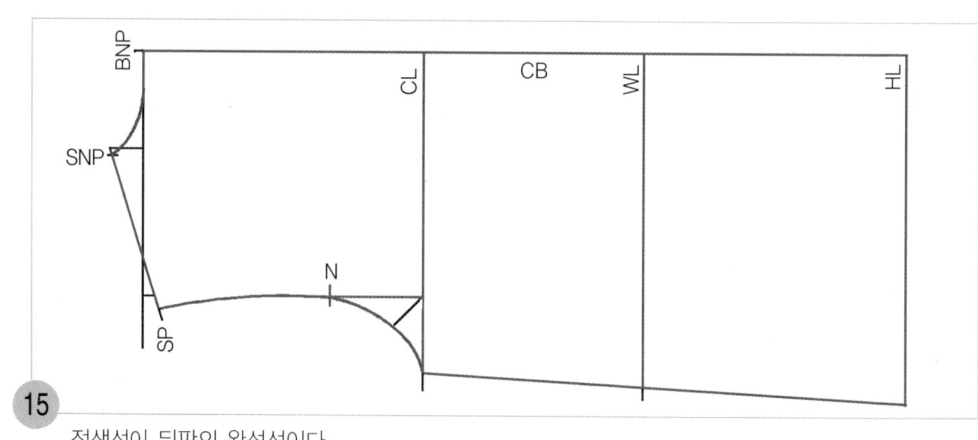

15

적색선이 뒤판의 완성선이다.

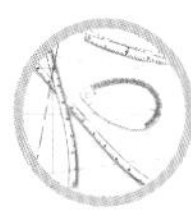

앞판 제도하기

1. 앞판의 기초선을 그린다.

01 직각자를 대고 수평으로 길게 앞 중심선을 그린 다음, 직각으로 히프선(HL)을 올려 그린다.

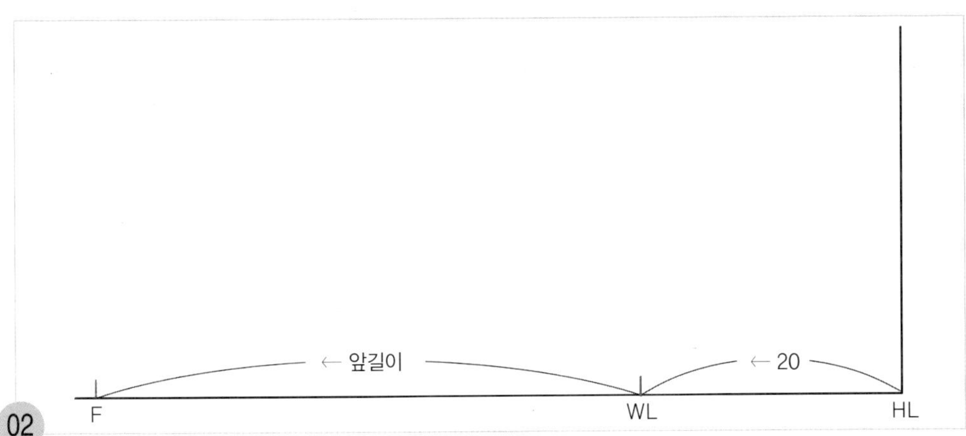

02 **HL~WL = 엉덩이 길이 : 20cm, WL~F = 앞 길이**

HL점에서 앞 중심선을 따라 20cm 나가 허리선(WL) 위치를 표시하고 WL에서 앞 길이 치수를 나가 앞 목둘레 선을 그릴 안내선 위치(F)를 표시한다.

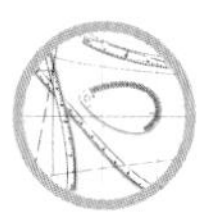

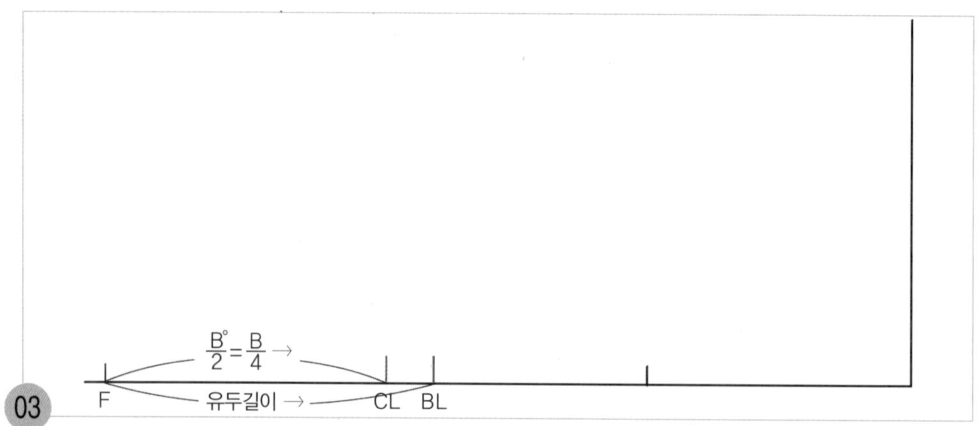

F~CL = B°/2=B/4(진동 깊이) : F~BL = 유두 길이 F점에서 B°/2=B/4 치수를 나가 위 가슴둘레 선(CL) 위치를 표시하고, F점에서 유두 길이 치수를 나가 가슴둘레 선(BL) 위치를 표시한다.

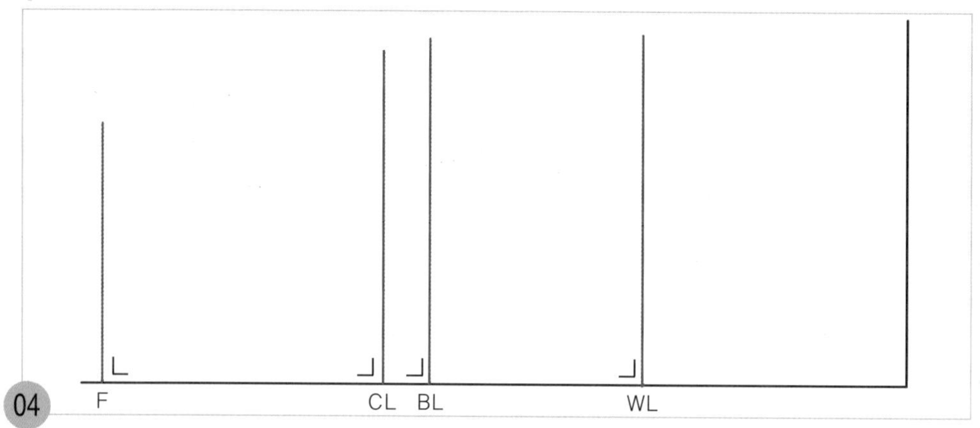

F, CL, BL, WL의 각 표시한 점에서 직각으로 수직선을 올려 그린다.

2. 옆선을 그린다.

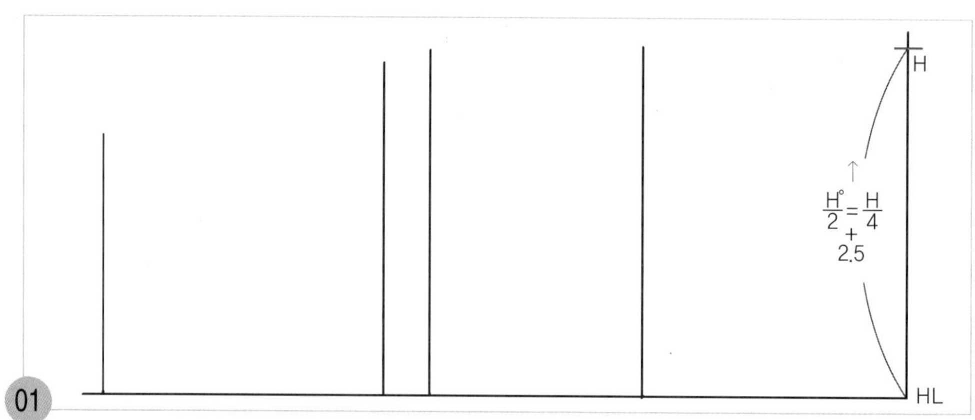

HL~H = 히프선 : (H°/2)+2.5cm=(H/4)+2.5cm

HL점에서 (H°/2)+2.5cm=(H/4)+2.5cm의 치수를 올라가 옆선 쪽 히프선 끝점(H)을 표시한다.

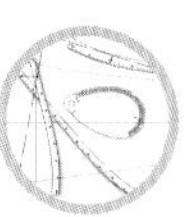

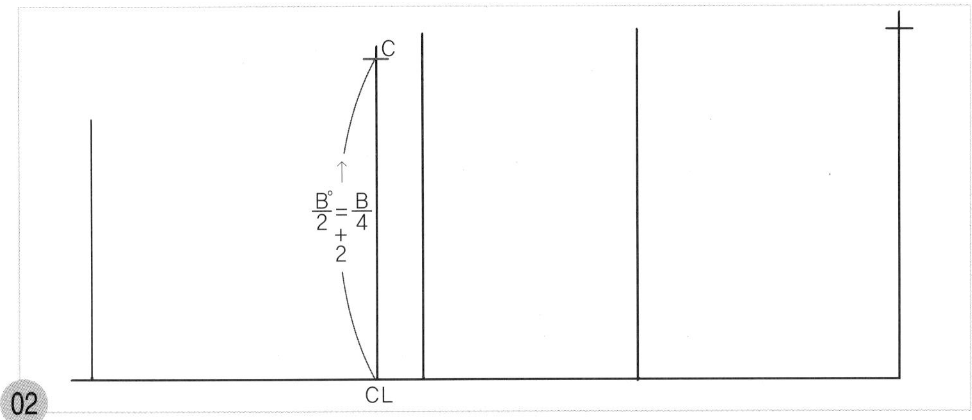

CL~C = (B°/2)+2cm=(B/4)+2cm(위 가슴 둘레 선) CL점에서 (B°/2)+2cm=(B/4)+2cm 치수를 올라가 옆선 쪽 위 가슴둘레 선 끝점(C) 위치를 표시한다.

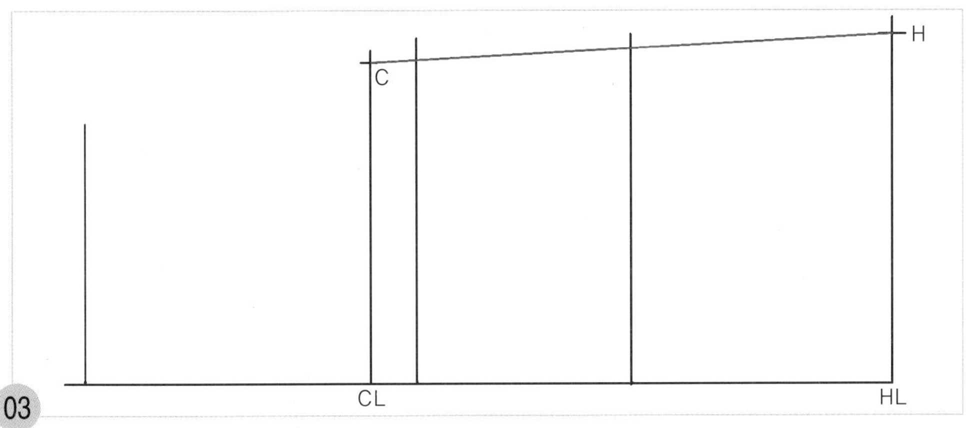

C~H = 옆선 C점과 H점 두 점을 직선자로 연결하여 옆선을 그린다.

3. 어깨선을 그리고 앞 진동 둘레 선(AH)과 앞 목둘레 선(FNL)을 그린다.

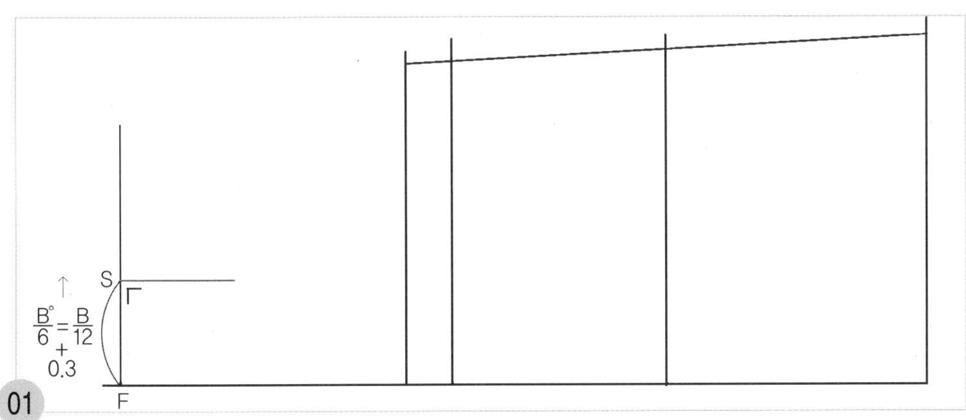

F~S = (B°/6)+0.3cm=(B/12)+0.3cm(앞 목둘레 폭) F점에서 (B°/6)+0.3cm=(B/12)+0.3cm 치수를 올라가 앞 목둘레 폭 안내선 점(S)을 표시하고 직각으로 수평선을 약간 길게 그려둔다.

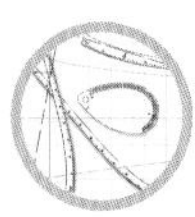

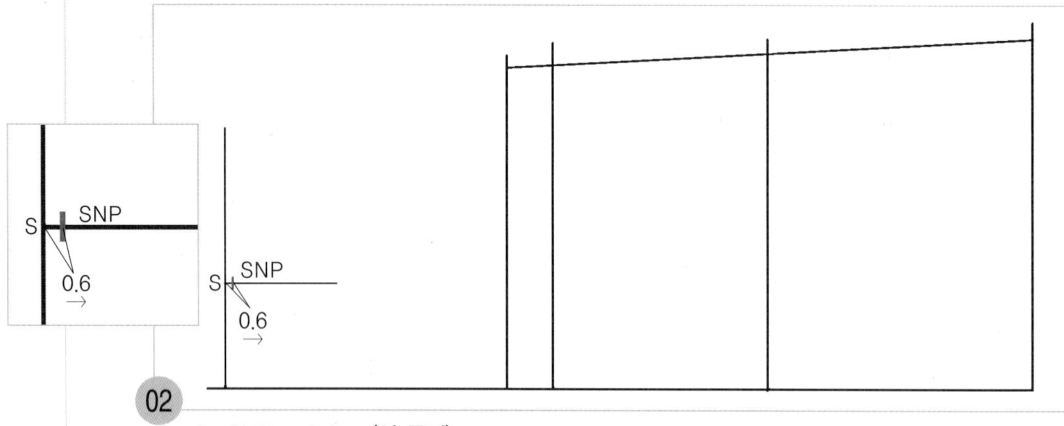

S~SNP = 0.6cm(옆 목점)

S점에서 수평으로 그려둔 안내선을 따라 0.6cm 나가 옆 목점(SNP) 위치를 표시한다.

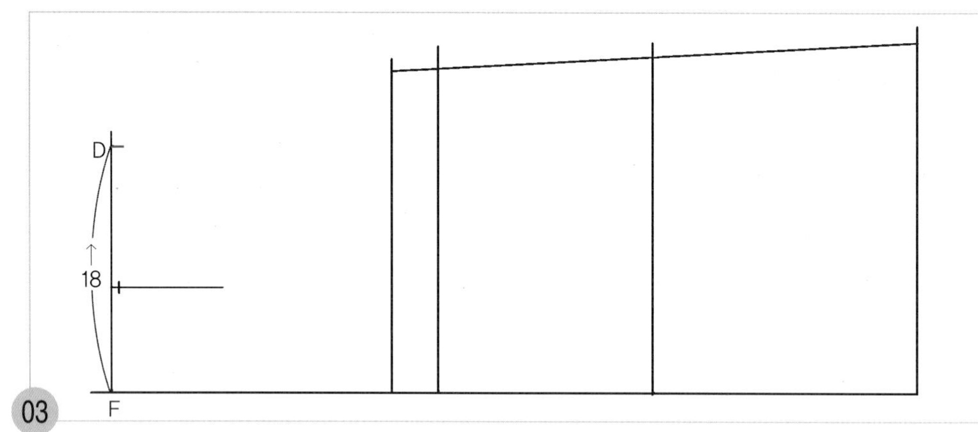

F~D = 18cm(고정 치수)

F점에서 직각선을 따라 18cm 올라가 어깨선 끝점을 정할 안내선 위치(D)를 표시한다.

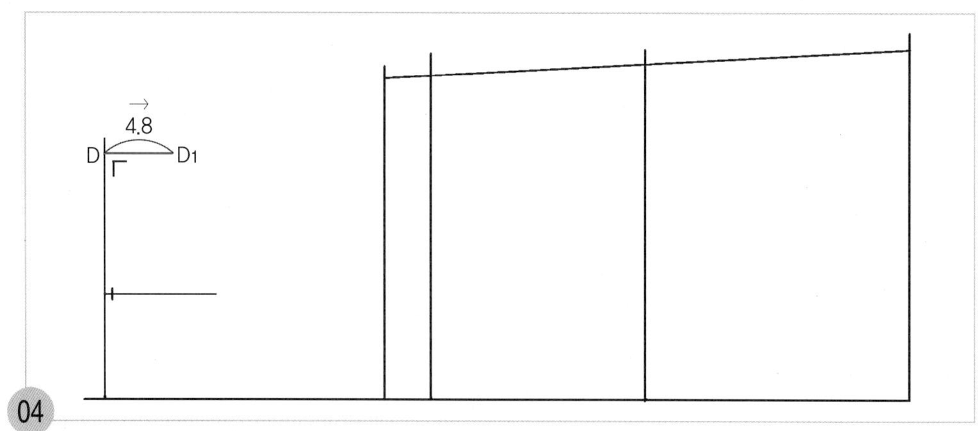

D~D1 = 4.8cm (표준 어깨 경사의 경우)

D점에서 직각으로 4.8cm 어깨선을 그릴 통과선(D1)을 그린다.

주 상견이나 하견일 경우는 p.35를 참조한다.

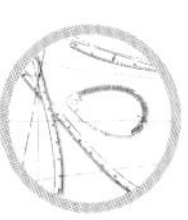

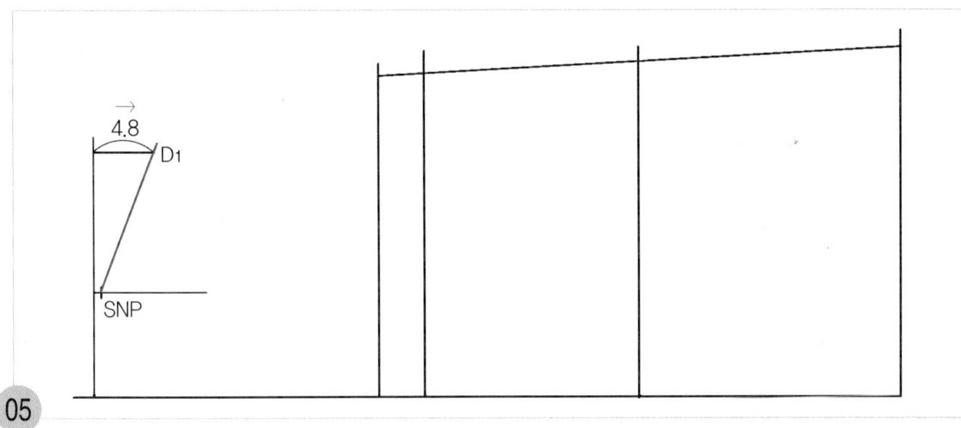

05

SNP~D1 = 어깨선 옆 목점(SNP)과 D1점 두 점을 직선자로 연결하여 어깨선을 그린다.

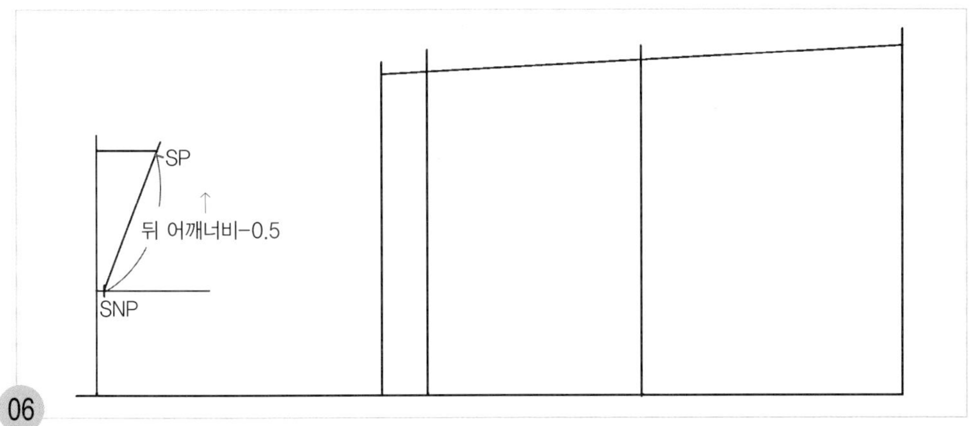

06

SNP~SP = 뒤 어깨 너비−0.5cm(늘림 분량) 옆 목점(SNP)에서 05에서 그린 어깨선을 따라 뒤 어깨 너비−0.5cm 치수를 올라가 어깨 끝점 위치(SP)를 표시한다.

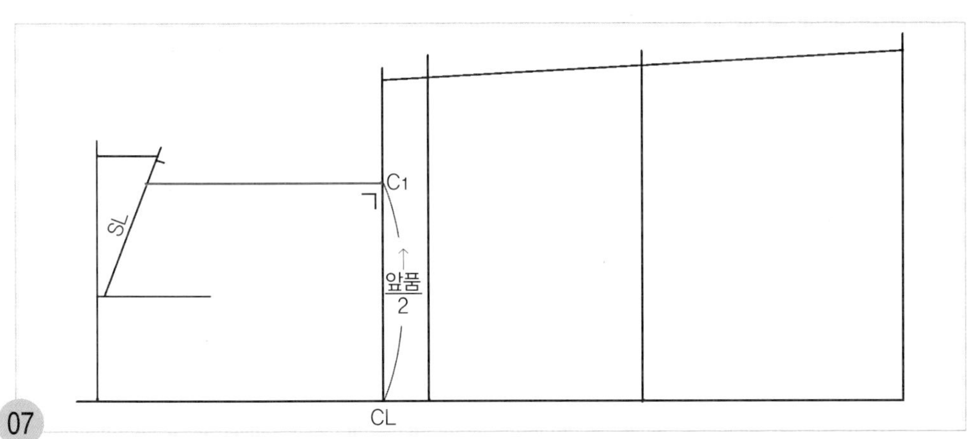

07

CL~C1 = 앞 품/2 CL점에서 앞 품/2 치수를 올라가 앞 품 선 위치(C2)를 표시하고 직각으로 어깨선까지 앞 품 선을 그린다.

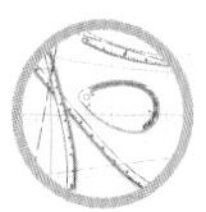

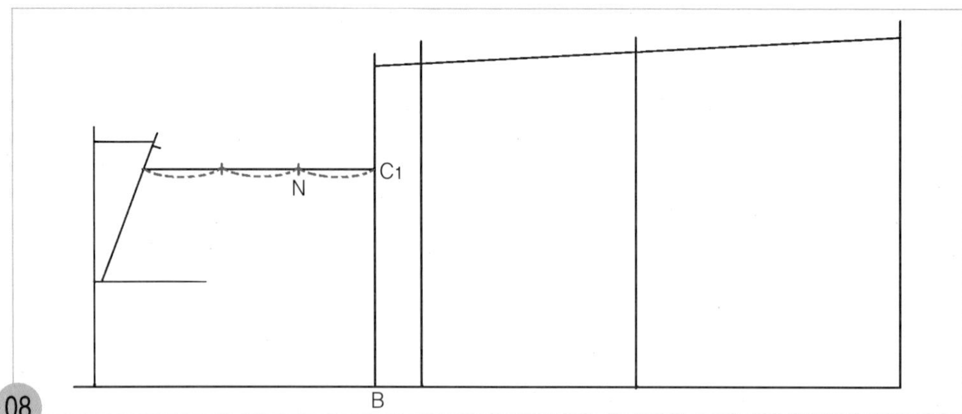

08

C_1~N = 앞 품 선의 1/3 앞 품 선을 3등분하여 C_1점 쪽의 1/3 지점에 진동 둘레 선(AH)을 그릴 안내선 점 위치(N)를 표시한다.

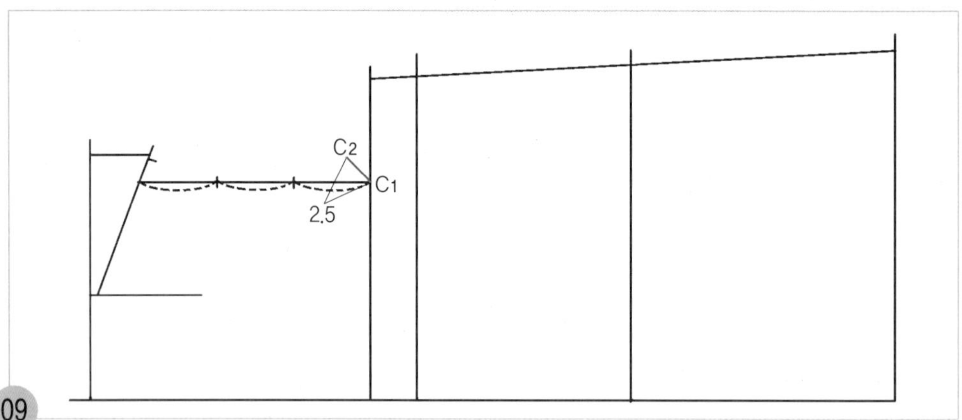

09

C_1~C_2 = 2.5cm C_1점에서 45도 각도로 2.5cm 앞 진동 둘레 선(AH)을 그릴 통과선(C_2)을 그린다.

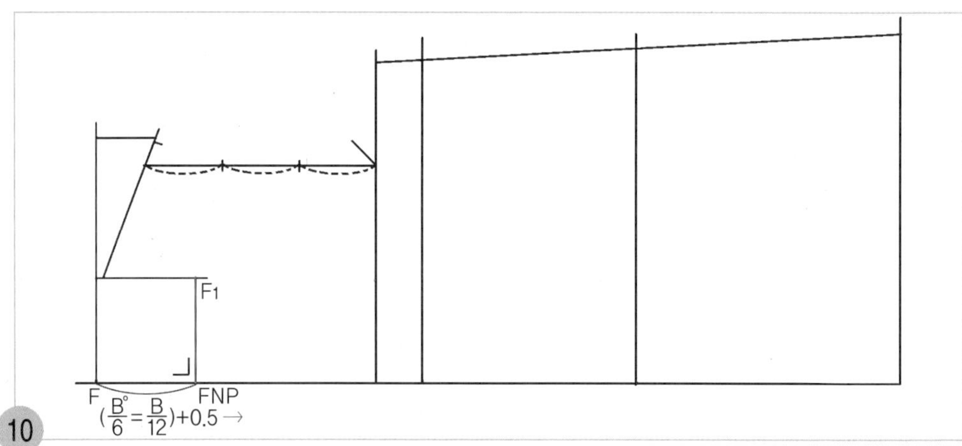

10

F~FNP = (B°/6)+0.5cm=(B/12)+0.5cm(앞 목점) F점에서 (B°/6)+0.5cm=(B/12)+0.5cm 치수를 나가 앞 목점(FNP) 위치를 표시하고 직각으로 옆 목점 안내선까지 연결하여 앞 목둘레 선을 그릴 안내선을 그린 다음, 옆 목점 안내선과의 교점을 F_1점으로 표시해 둔다.

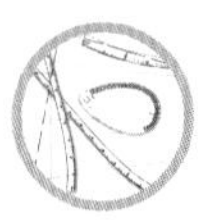

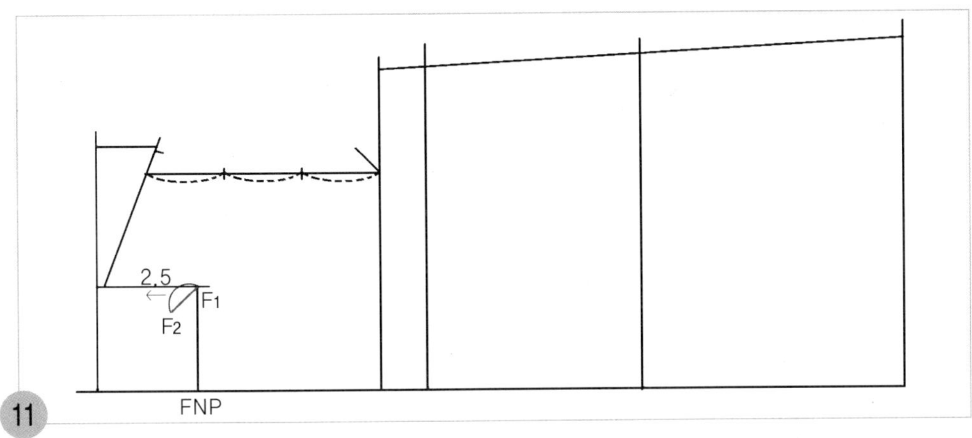

11

F_1~F_2 = 2.5cm

F_1점에서 45도 각도로 2.5cm 앞 진동 둘레 선(AH)을 그릴 통과선(F_2)을 그린다.

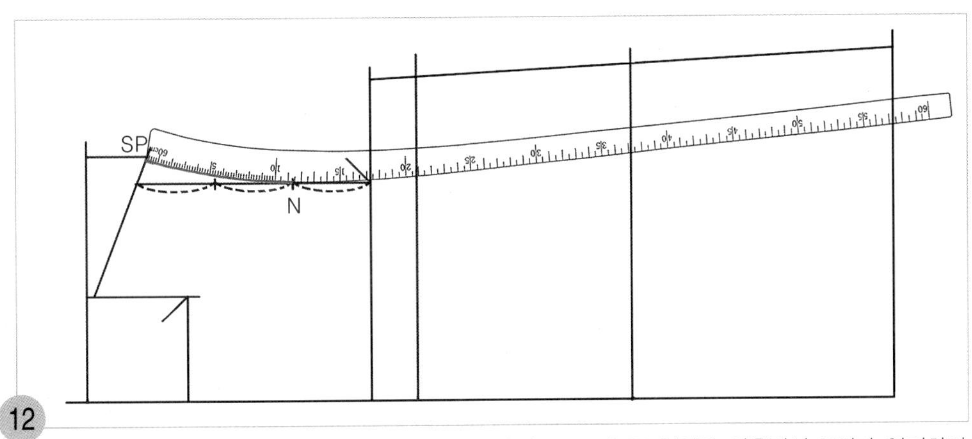

12

SP~N = 앞 진동 둘레 선(AH) 어깨 끝점(SP)에 hip곡자 끝 위치를 맞추면서 N점과 연결하여 어깨선 쪽 앞 진동 둘레 선(AH)을 그린다.

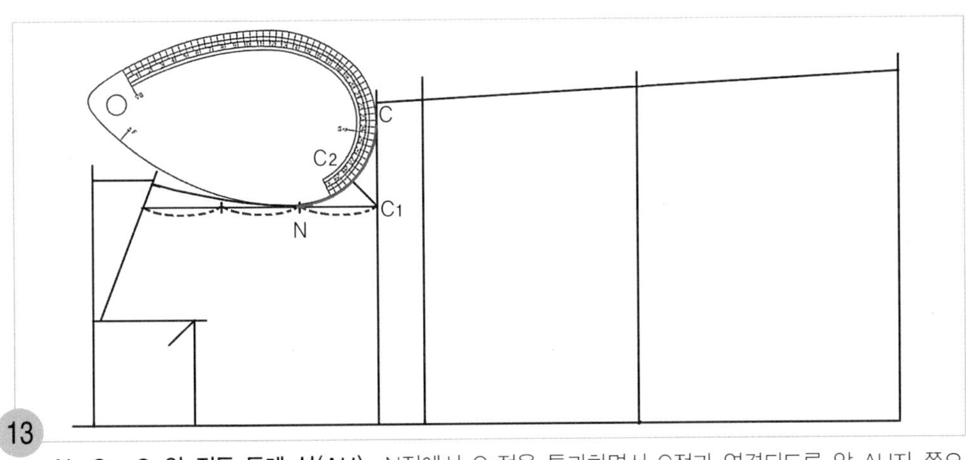

13

N~C_2~C=앞 진동 둘레 선(AH) N점에서 C_2점을 통과하면서 C점과 연결되도록 앞 AH자 쪽으로 맞추어 대고 남은 앞 진동 둘레 선(AH)을 그린다.

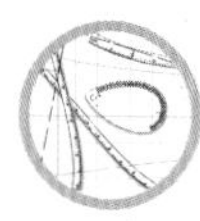

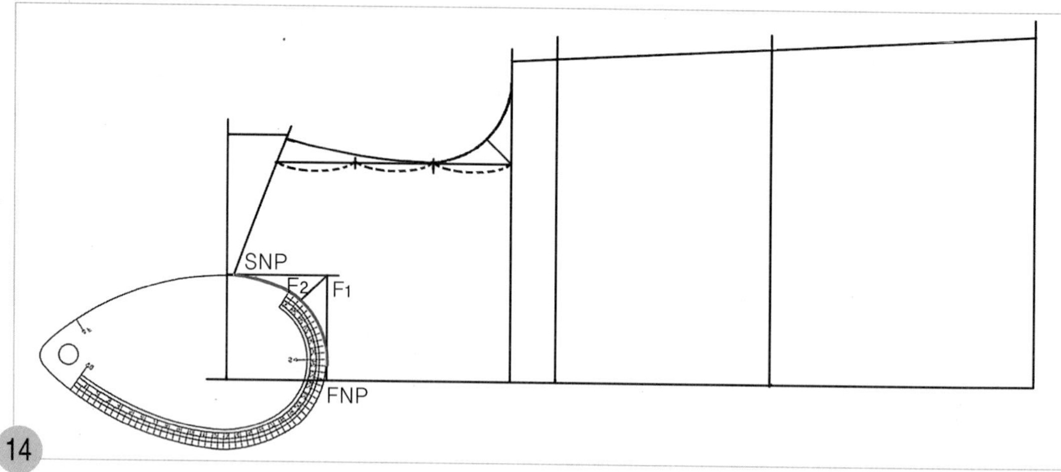

14

FNP~F_2~SNP = 앞 목둘레 선(FNL) 앞 목점(FNP)에서 F_2점을 통과하면서 옆 목점(SNP)과 연결되도록 앞 AH자 쪽을 수평으로 바르게 맞추어 대고 앞 목둘레(FNL) 선을 그린다.

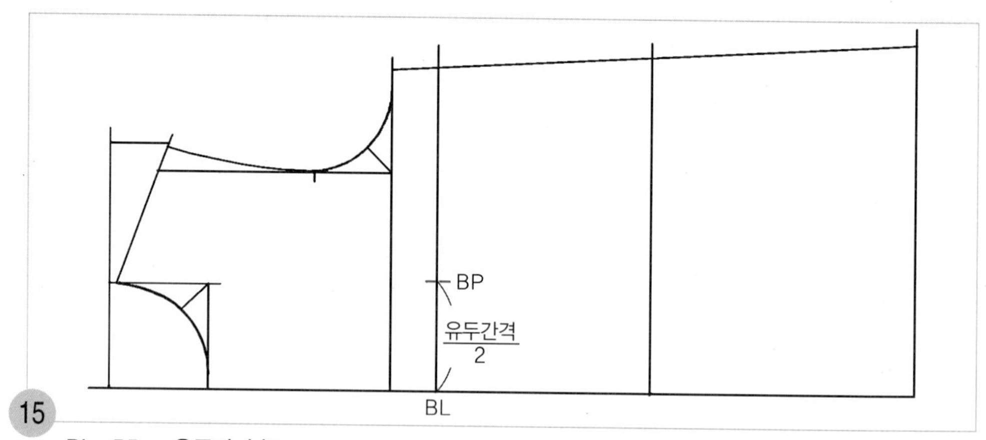

15

BL~BP = 유두간격/2

앞 중심 쪽의 가슴둘레 선 위치(BL)에서 유두간격/2 치수를 올라가 유두점(BP)을 표시한다.

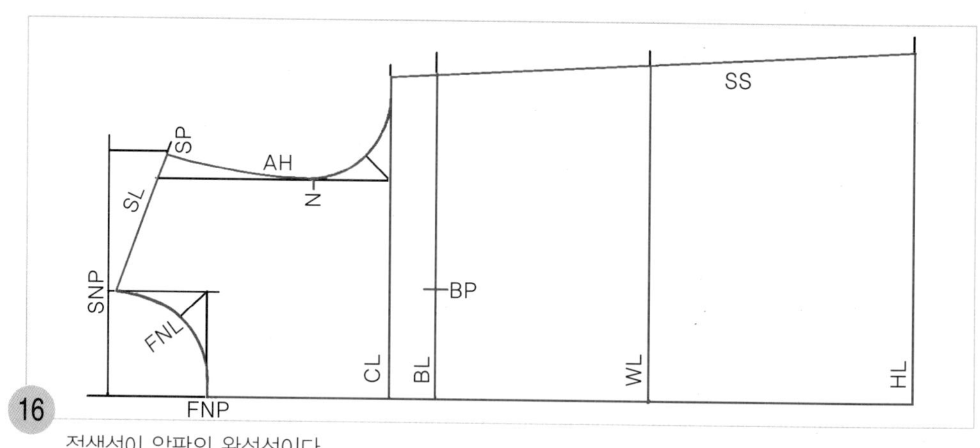

16

적색선이 앞판의 완성선이다.

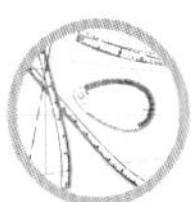

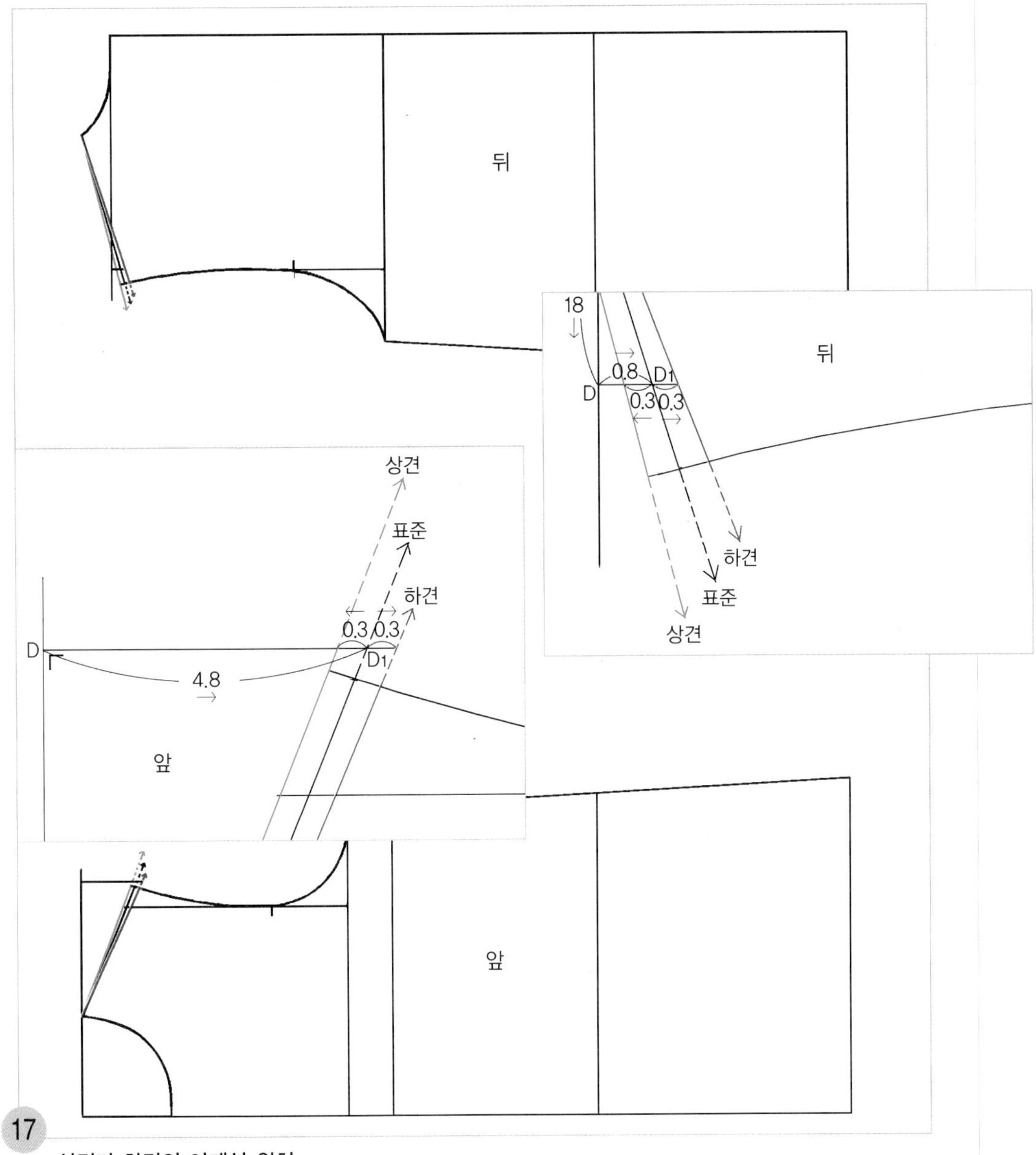

뒤
18
0.8
D1
D
0.3
0.3
뒤
하견
표준
상견
상견
표준
하견
0.3
0.3
D
D1
4.8
앞
앞

17

상견과 하견의 어깨선 위치

뒤판의 D~D1(p.23 06 참조) 표준 어깨의 경우 어깨선을 그릴 통과선을 0.8cm로 하였으나 상견일 경우에는 표준에서 0.3cm 늘리고, 하견일 경우에는 표준에서 0.3cm를 줄여 어깨선을 그린다.
앞판의 D~D1(p.30 04 참조) 표준 어깨의 경우 어깨선을 그릴 통과선을 4.8cm로 하였으나 상견일 경우에는 표준에서 0.3cm 늘리고, 하견일 경우에는 표준에서 0.3cm를 줄여 어깨선을 그린다.

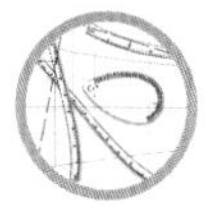

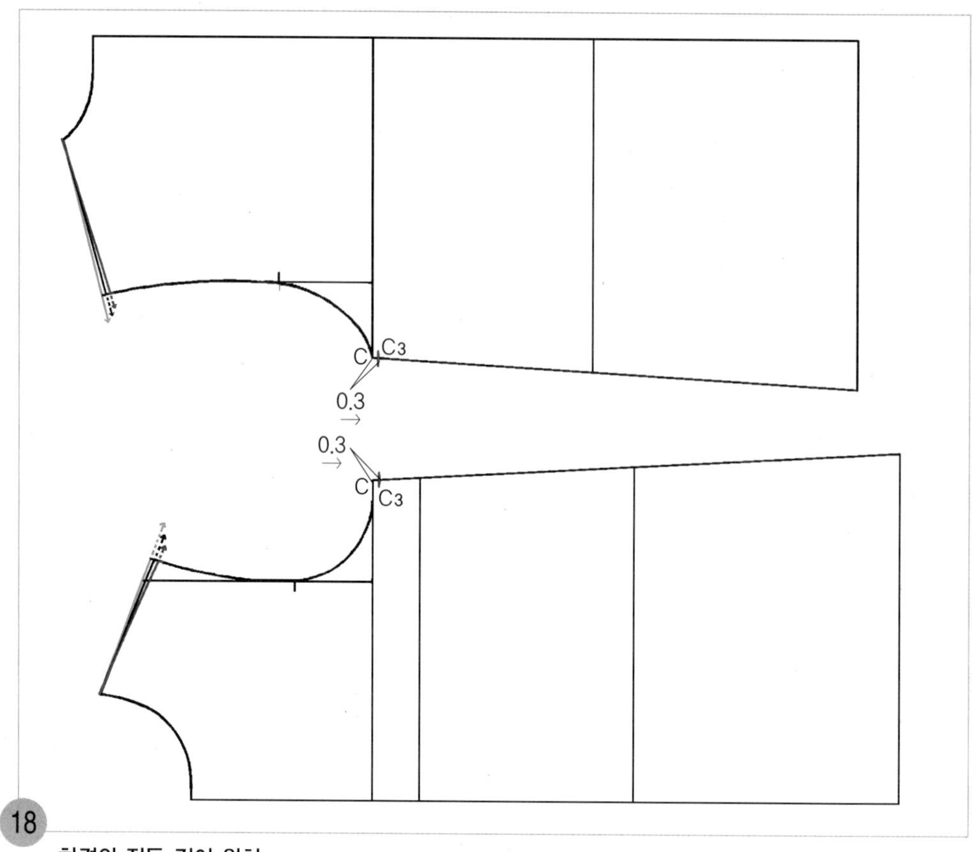

18

하견의 진동 깊이 위치

진동 둘레 선은 상견일 경우에는 표준과 동일한 방법으로 그리면 되지만, 하견일 경우에는 위 가슴 둘레 선의 옆선 쪽 끝점(C)에서 0.3cm 히프선 쪽으로 내려가 진동 깊이 위치(C3)를 이동한다.

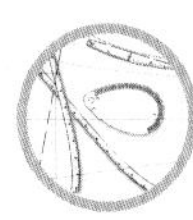

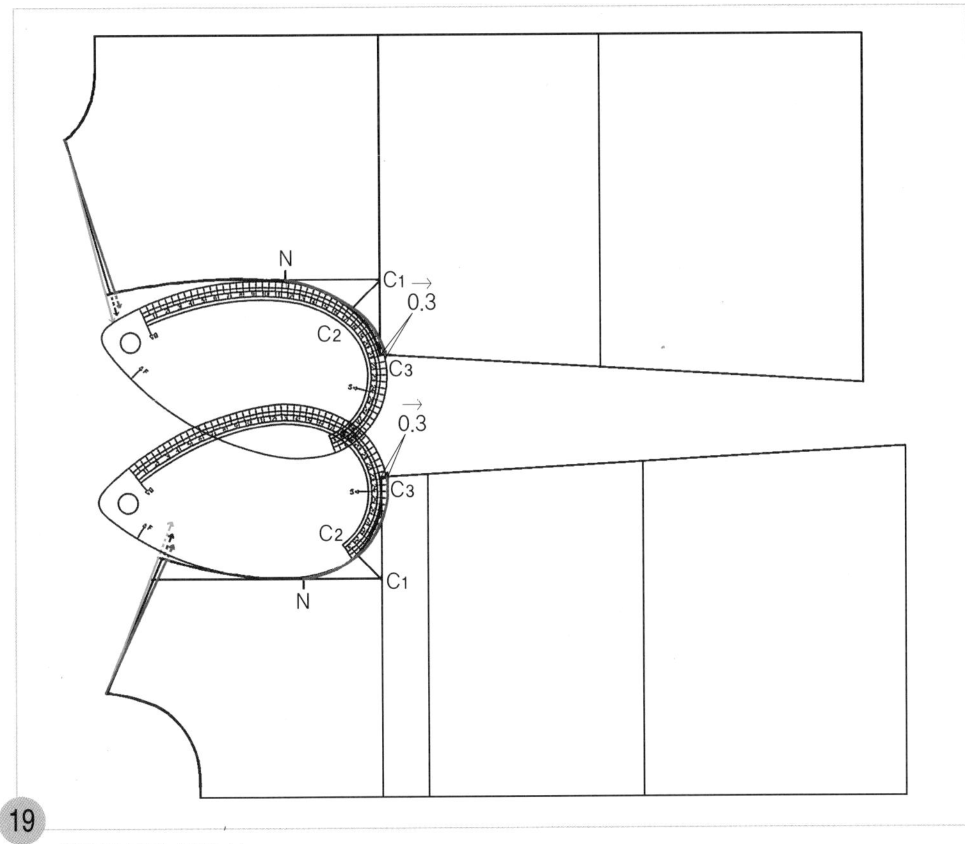

19

하견의 진동 둘레 선

N점에서 C_2점을 통과하면서 C_3점과 연결되도록 뒤판은 뒤 AH자 쪽으로, 앞판은 앞 AH자 쪽으로 맞추어 대고 진동 둘레 선을 수정한다.

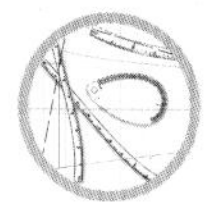

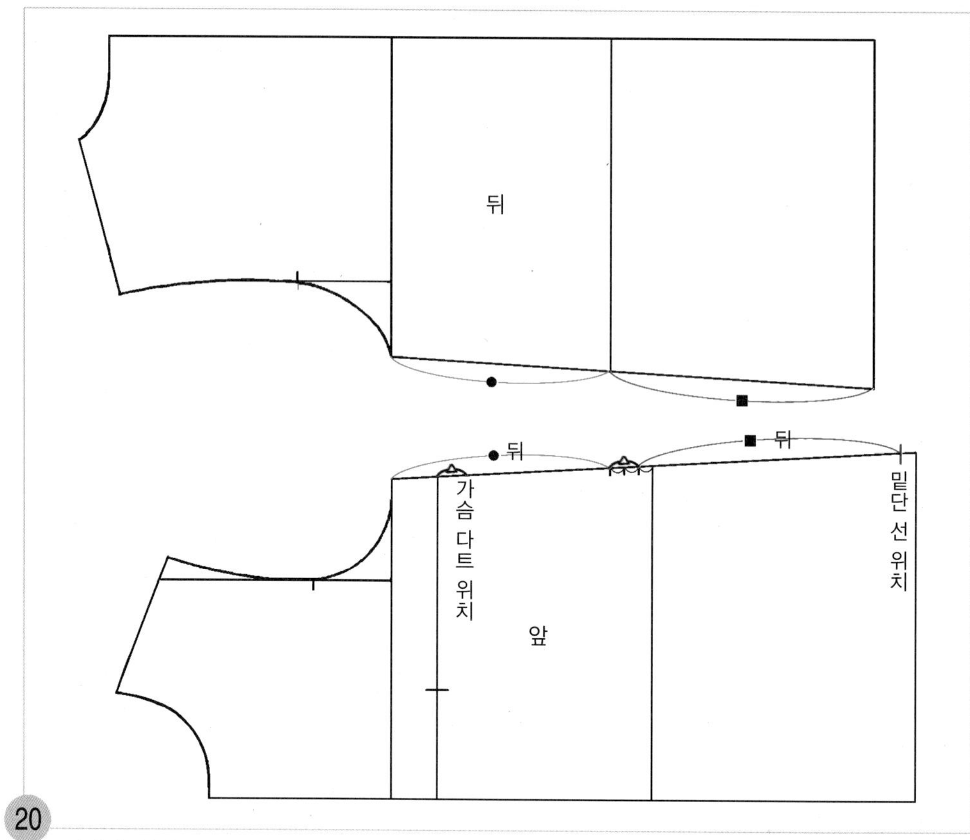

20

뒤판의 옆선 길이(●와 ■) 치수와 앞판의 옆선길이(●와 ■) 치수의 차이지는 분량을 가슴 다트(▲)로 처리하고 밑단 선에서 차이지는 분량을 곡선으로 수정해야 하나, 여기서는 다른 디자인의 재킷을 제도할 때 흑색의 외곽 완성선을 기준선으로 사용하는 것이 편리하므로 다트와 밑단 선을 처리하지 않은 상태를 원형으로 사용하도록 한다.

소매 제도하기

1. 소매 기초선을 그린다.

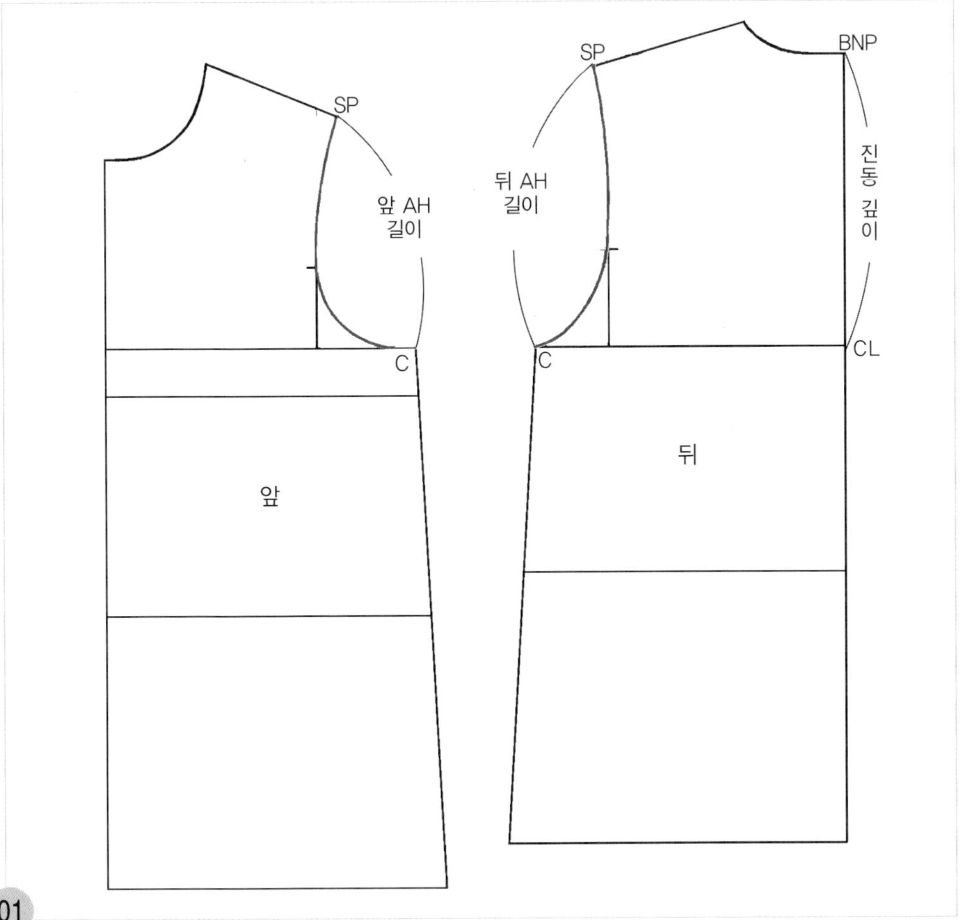

01

SP~C = 앞뒤 진동 둘레 선(AH), BNP~CL = 진동깊이

어깨 끝점(SP)에서 C점까지의 앞뒤 진동 둘레 선(AH) 길이와 뒤 목점(BNP)에서 위 가슴둘레 선(CL)까지의 길이를 각각 재어둔다.

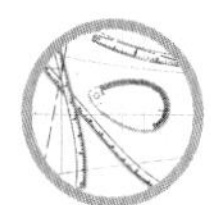

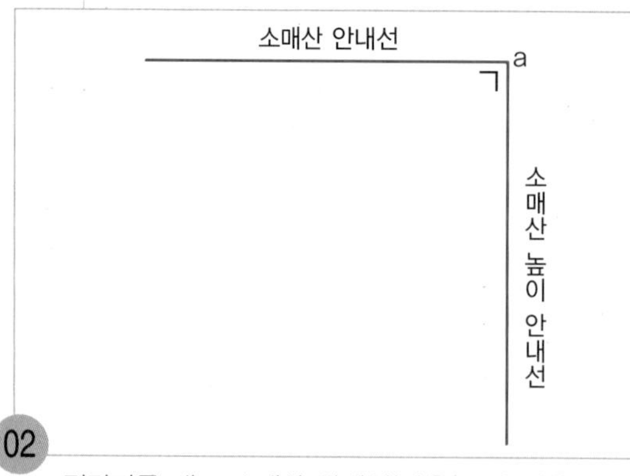

02

직각자를 대고 소매산 안내선(a)을 그린 다음 직각으로 소매산 높이 안내선을 내려 그린다.

03

a~b = 소매산 높이 : (진동 깊이/2)+4.5cm

진동 깊이는 뒤 몸판의 뒤 목점(BNP)에서 위 가슴둘레 선의 위치(CL)까지의 길이이다. a점에서 소매산 높이, 즉 (진동 깊이/2)+4.5cm를 내려와 앞 소매 폭 점(b)을 표시하고 직각으로 소매 폭 안내선을 그린다.

주 앞에서 이미 설명한 바 있으나 가슴둘레 치수, 즉 B/4의 치수가 20cm 미만이거나 24cm 이상이면 진동 깊이는 최소 20cm, 최대 24cm로 한다. 따라서 소매산 높이를 정할 때는 반드시 뒤 몸판의 진동 깊이/2+4.5cm로 하여야 한다.

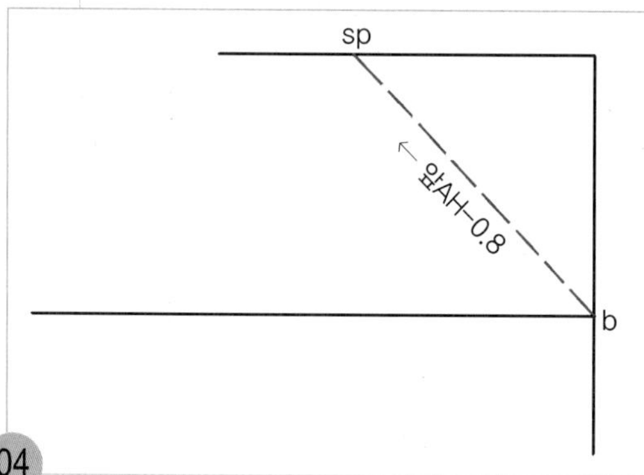

04

b~sp = 앞 AH 치수−0.8cm

직선자로 b점에서 소매산 안내선을 향해 앞 AH 치수−0.8cm한 치수가 마주 닿는 위치를 소매산 점(sp)으로 하여 점선으로 그린다.

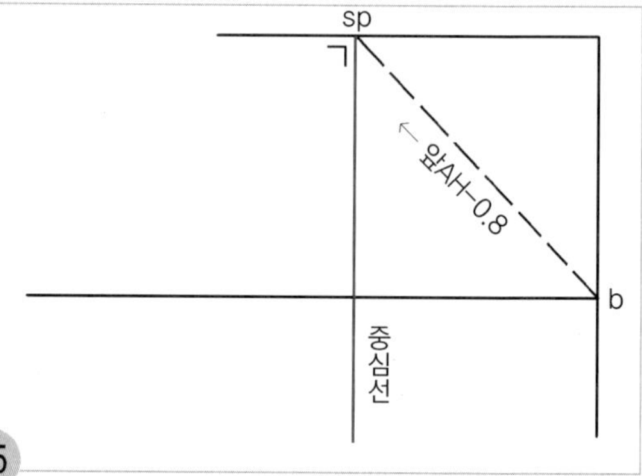

05

sp = 소매산 점

sp점에서 직각으로 소매 중심선을 내려 그린다.

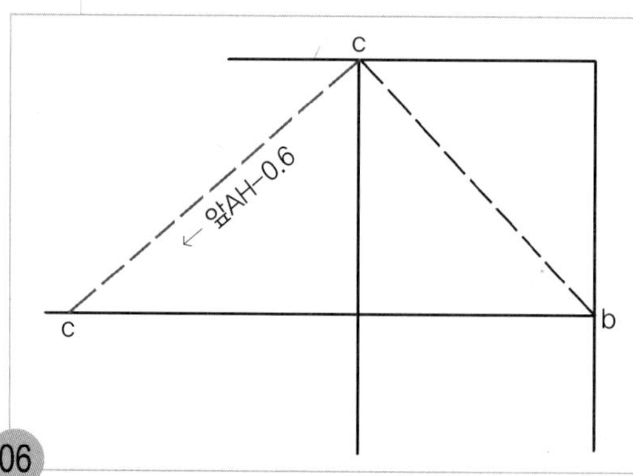

06

sp~c = 뒤 AH 치수−0.6cm

직선자로 sp점에서 소매 폭 안내선을 따라 뒤 AH 치수−0.6cm한 치수가 마주 닿는 위치를 뒤 소매 폭 점(c)으로 하여 점선으로 그린다.

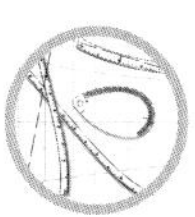

2. 소매산 곡선을 그릴 안내선을 그린다.

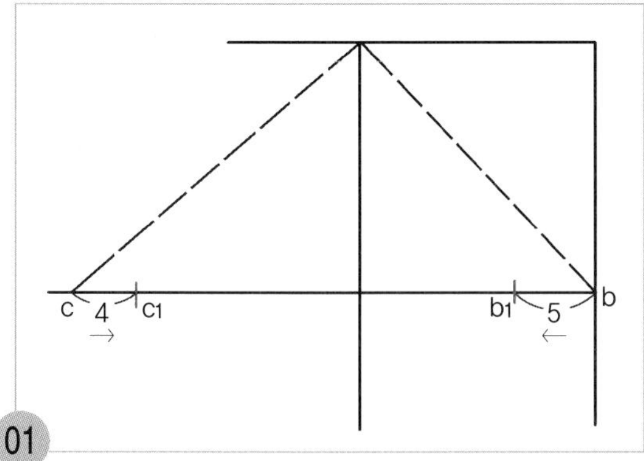

01

b~b1 = 5cm, c1~c1 = 4cm

앞 소매 폭 끝점(b)에서 소매 폭 선을 따라 5cm 나가 앞 소매산 곡선을 그릴 안내선 점(b1)을 표시하고, 뒤 소매 폭 끝점(c)에서 4cm 나가 뒤 소매산 곡선을 그릴 안내선 점(c1)을 표시한다.

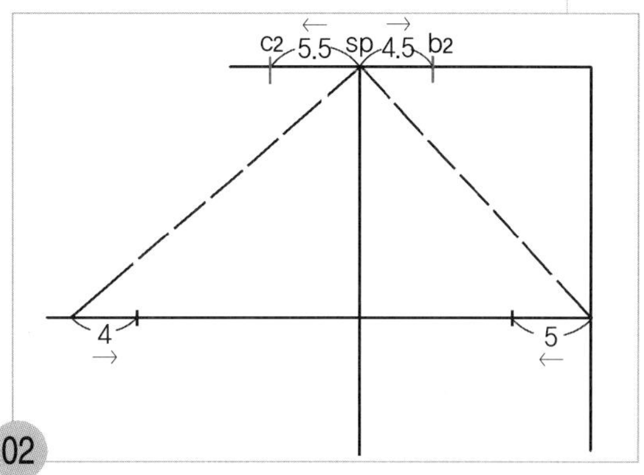

02

sp~b2 = 4.5cm, sp~c2 = 5.5cm

소매산 점(sp)에서 앞 소매산 쪽은 4.5cm 나가 앞 소매산 곡선을 그릴 안내선 점(b2)을 표시하고, 뒤 소매산 쪽은 5.5cm 나가 뒤 소매산 곡선을 그릴 안내선 점(c2)을 표시한다.

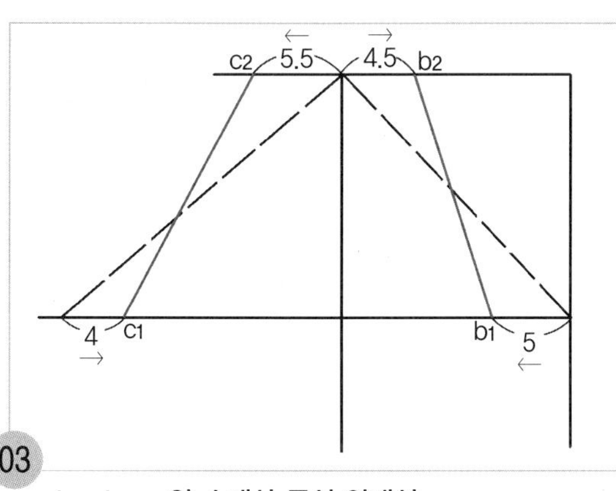

03

b1~b2 = 앞 소매산 곡선 안내선,
c1~c2 = 뒤 소매산 곡선 안내선

b1~b2, c1~c2 두 점을 각각 직선자로 연결하여 소매산 곡선을 그릴 안내선을 그린다.

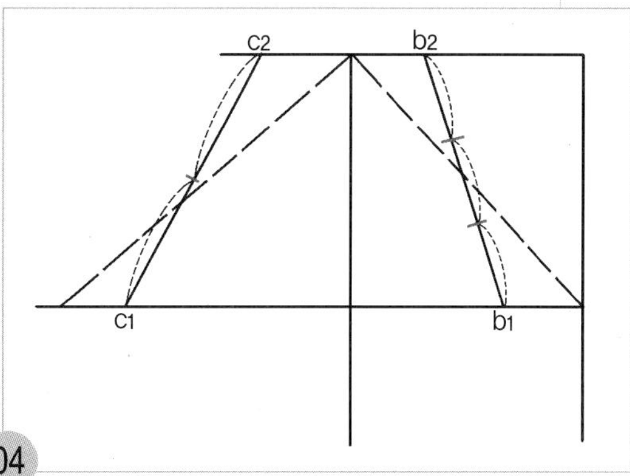

04

b1~b2 = 3등분, c1~c2 = 2등분

앞 소매산 곡선 안내선(b1~b2)은 3등분, 뒤 소매산 곡선 안내선(c1~c2)은 2등분한다.

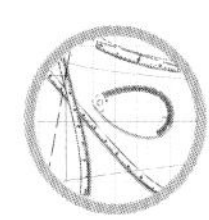

3. 소매산 곡선을 그린다.

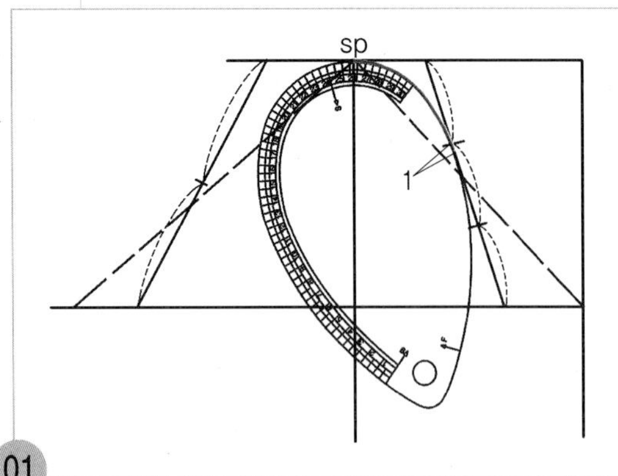

01

앞 소매산 곡선 안내선의 1/3 위치와 소매산 점(sp)을 앞 AH자로 연결하였을 때 1/3 위치에서 소매산 곡선 안내선을 따라 1cm가 수평으로 앞 소매산 곡선 안내선과 이어지는 곡선으로 맞추어 앞 소매산 곡선을 그린다.

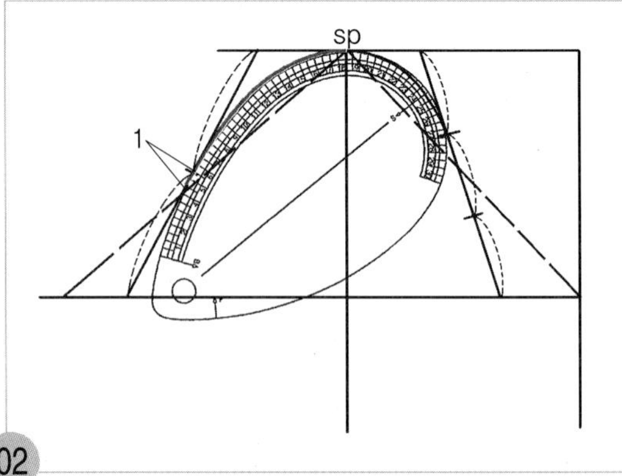

02

뒤 소매산 곡선 안내선의 1/2 위치와 소매산 점(sp)을 뒤 AH자로 연결하였을 때 1/2 위치에서 진동선을 따라 1cm가 수평으로 뒤 소매산 곡선 안내선과 이어지는 곡선으로 맞추어 뒤 소매산 곡선을 그린다.

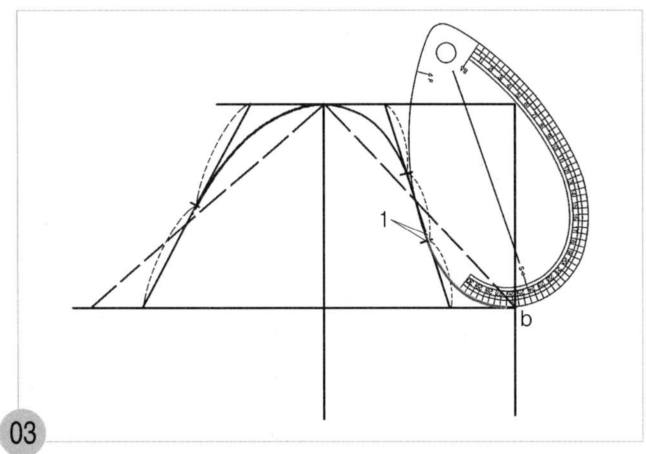

03

앞 소매 폭 점(b)과 앞 소매산 곡선 안내선의 1/3 위치를 앞 AH자로 연결하였을 때 1/3 위치에서 앞 소매산 곡선 안내선을 따라 1cm가 수평으로 이어지는 곡선으로 맞추어 남은 앞 소매산 곡선을 그린다.

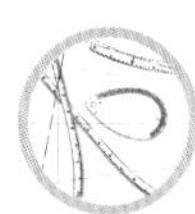

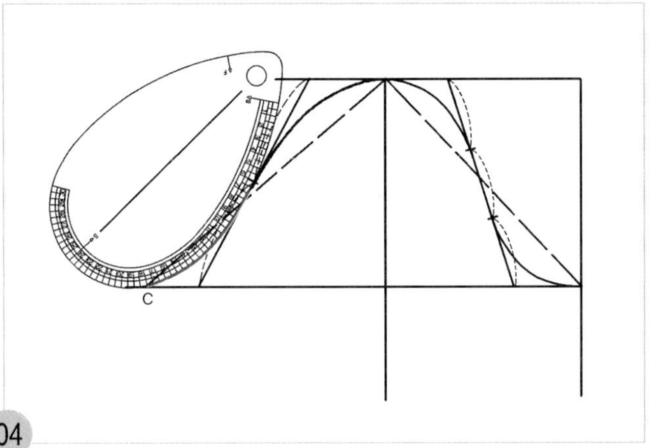

04

뒤 소매 폭 점(c)과 뒤 소매산 곡선 안내선을 뒤 AH자로 연결하였을 때 뒤 AH자가 뒤 소매산 곡선 안내선과 마주 닿으면서 1cm가 수평으로 이어지는 곡선으로 맞추어 남은 뒤 소매산 곡선을 그린다.

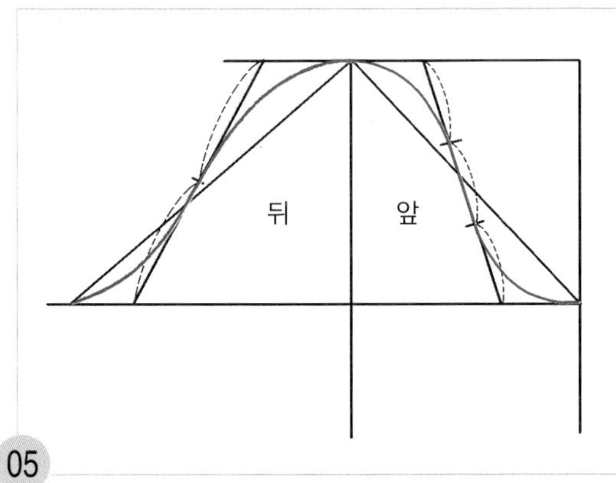

05

적색선이 앞뒤 소매산 곡선의 완성선이다.

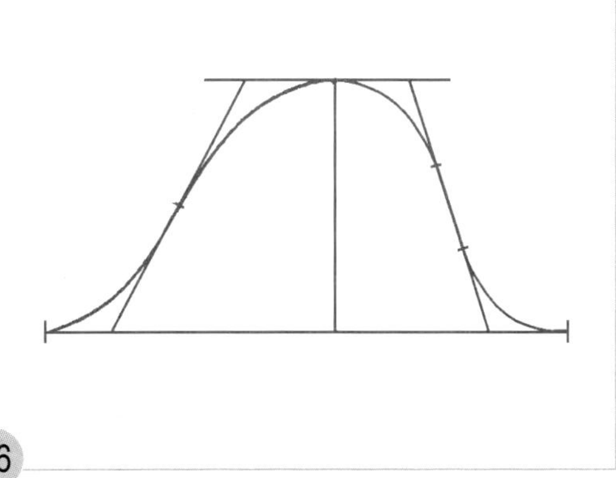

06

재킷의 소매 원형으로 사용하는 것은 디자인에 따라 소매산 아래쪽이 달라질 수 있으므로 여기서는 그림과 같이 적색선으로 그려진 선을 재킷 소매 원형으로 사용하도록 하나, 패드를 넣는 경우에는 소매산 높이 길이가 달라질 뿐 제도하는 방법은 동일하다.

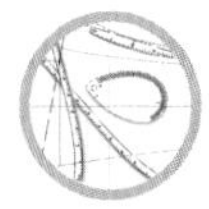

테일러드 재킷 Tailored Jacket

■■■ J.A.C.K.E.T 02

실루엣 ●●● 상의로서는 가장 기본적인 것으로 안에 착용하는 블라우스나 셔츠 등 또는 하의(스커트나 팬츠)의 디자인에 따라서 캐주얼한 느낌에서 포멀한 느낌을 주는 스타일로 유행에 상관없는 착용 범위가 넓은 재킷이다.

포인트 ●●● 패널라인 그리는 법, 두 장 소매 만드는 법, 테일러드 칼라 그리는 법을 배운다.

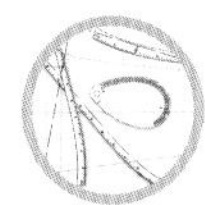

Tailored Jacket

테일러드 재킷의 제도순서

제도 치수 구하기

계측 부위	계측 치수의 예	자신의 계측 치수	제도 각자 사용 시의 제도 치수	일반 자 사용 시의 제도 치수	자신의 제도 치수
가슴 둘레(B)	86cm		$B^{\circ}/2$	B / 4	
허리 둘레(W)	66cm		$W^{\circ}/2$	W / 4	
엉덩이 둘레(H)	94cm		$H^{\circ}/2$	H / 4	
등 길이	38cm		치수 38cm		
앞 길이	41cm		41cm		
뒤 품	34cm		뒤 품/2=17		
앞 품	32cm		앞 품/2=16		
유두 길이	25cm		25cm		
유두 간격	18cm		유두 간격/2=9		
어깨 너비	37cm		어깨 너비/2=18.5		
재킷 길이	62cm		원형의 뒤중심 길이+4cm=62cm		
소매 길이	54cm		54cm		
진동 깊이			$B^{\circ}/2$	B / 4=21.5	
앞/뒤 위 가슴둘레선			$(B^{\circ}/2)+2cm$	(B / 4)+2cm	
히프선 뒤			$(H^{\circ}/2)+0.6cm$	(H/4)+0.6cm=24.1cm	
히프선 앞			$(H^{\circ}/2)+2.5cm$	(H/4)+2.5cm=26cm	
소매산 높이			(진동깊이/2)+4.5cm=15.25cm		

주 진동 깊이=B/4의 산출치가 20~24cm 범위 안에 있으면 이상적인 진동 깊이의 길이라 할 수 있다. 따라서 최소치=20cm, 최대치=24cm까지이다. 이는 예를 들면 가슴둘레 치수가 너무 큰 경우에는 진동 깊이가 너무 길어 겨드랑 밑 위치에서 너무 내려가게 되고, 가슴둘레 치수가 너무 적은 경우에는 진동 깊이가 너무 짧아 겨드랑 밑 위치에서 너무 올라가게 되어 이상적인 겨드랑 밑 위치가 될 수 없다. 따라서 B/4의 산출치가 20cm 미만이면 뒤 목점(BNP)에서 20cm 나간 위치를 진동 깊이로 정하고, B/4의 산출치가 24cm 이상이면 뒤 목점(BNP)에서 24cm 나간 위치를 진동 깊이로 정한다.

주 허리치수의 조건=얇은 천의 경우 W+3.5~4.5cm, 두꺼운 천의 경우 W+4.5~6cm의 여유분을 필요로 한다(이하 다른 모든 재킷의 경우도 마찬가지이다). 단, 디자인에 따라 여유분은 증감될 수 있다.

01 자신의 각 계측 부위를 계측하여 빈칸에 넣어두고 제도 치수를 구하여 둔다.

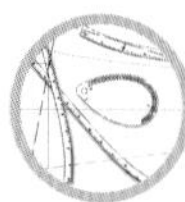

패널라인 몸판과 두장 소매의 부위별 명칭

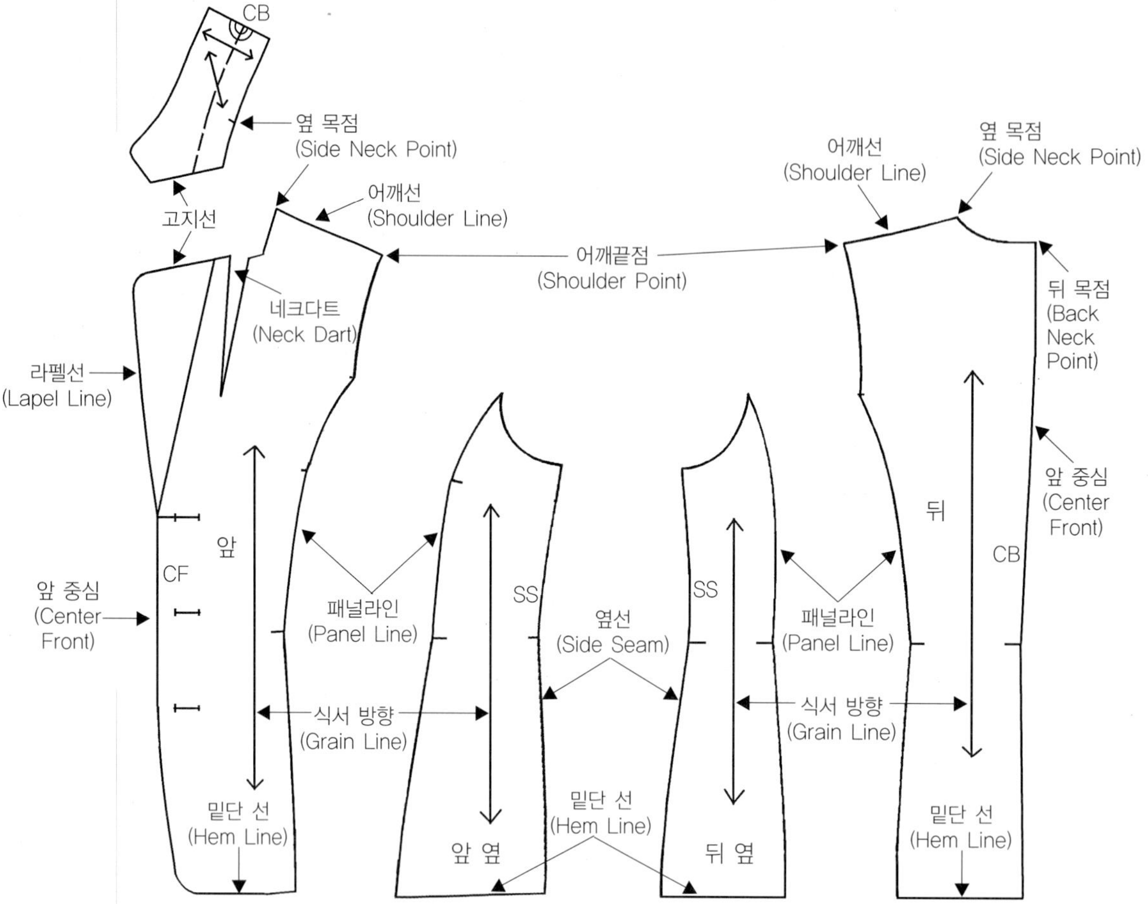

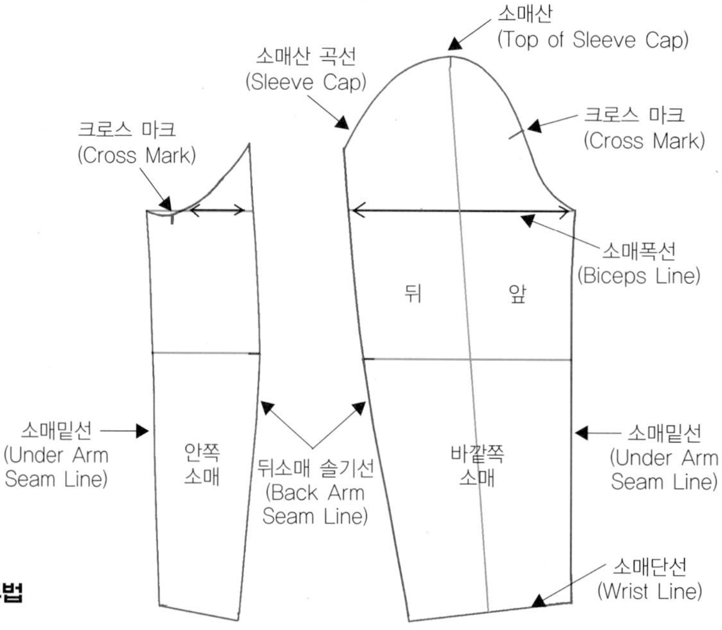

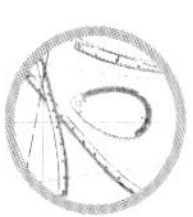

뒤판 제도하기

1. 뒤 중심선과 밑단 선을 그린다.

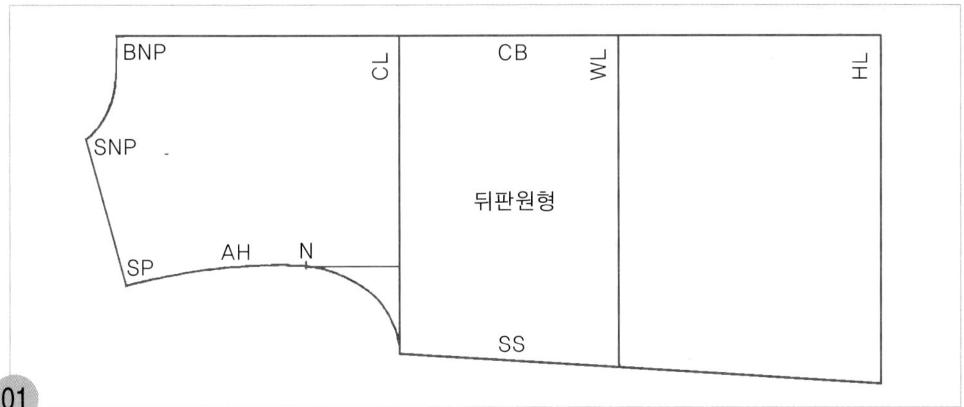

01
뒤판의 원형선을 옮겨 그린다.

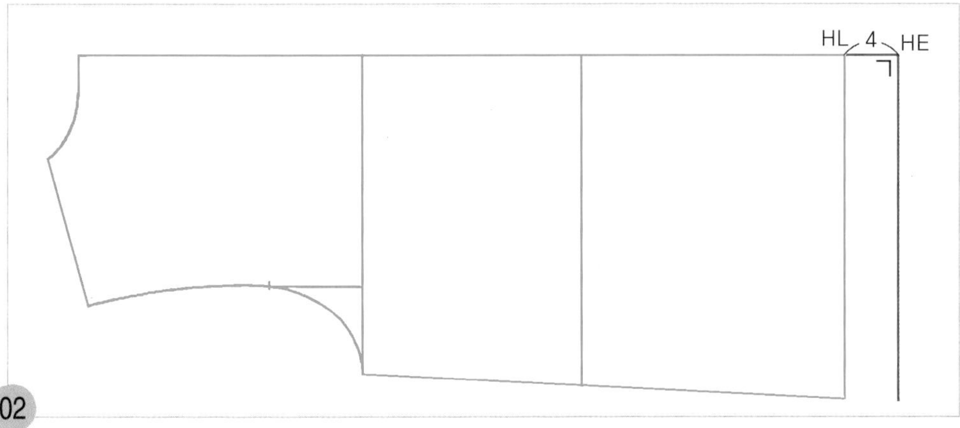

02
HL~HE = 4cm
직각자를 대고 뒤 원형의 HL점에서 수평으로 밑단 선(HE)까지 4cm 뒤 중심선을 연장시켜 그리고, 직각으로 밑단 선을 내려 그린다.

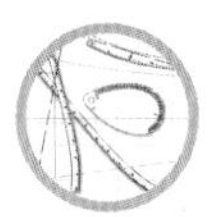

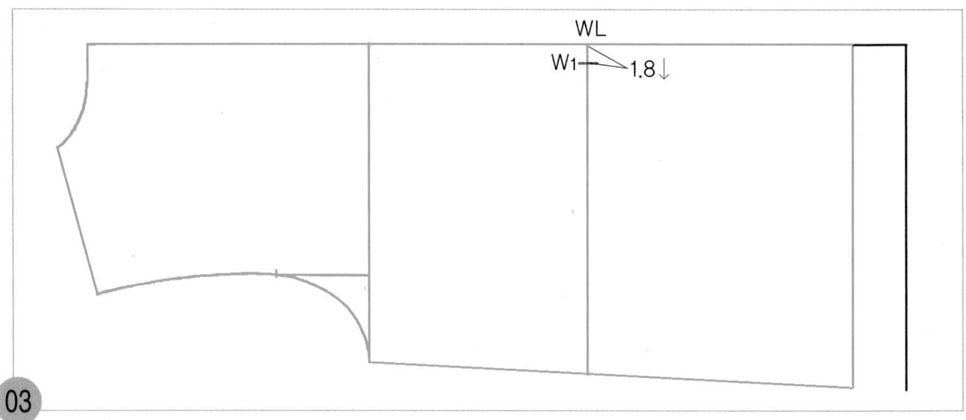

WL~W_1 = 1.8cm

뒤 원형의 WL점에서 1.8cm 내려와 수정할 뒤 중심선의 허리선 위치(W_1)를 표시한다.

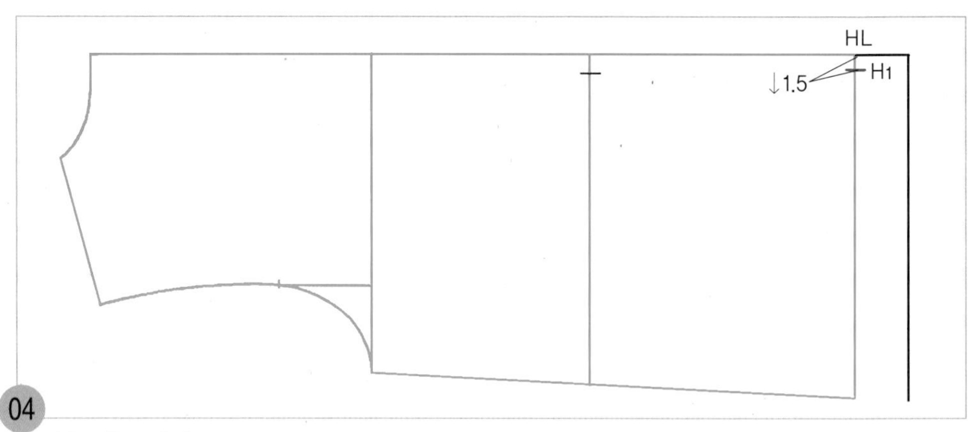

HL~H_1 = 1.5cm

뒤 원형의 HL점에서 1.5cm 내려와 수정할 뒤 중심선의 히프선 위치(H_1)를 표시한다.

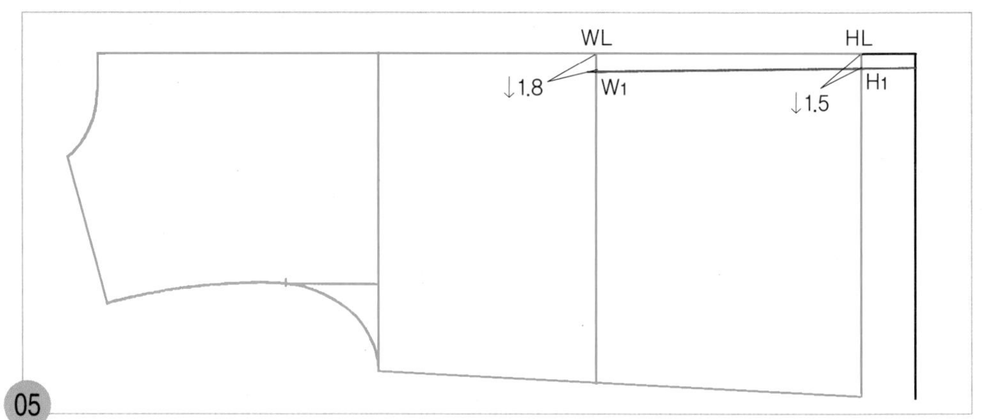

W_1~H_1 = 뒤 중심선

W_1점과 H_1점 두 점을 직선자로 연결하여 밑단 선까지 허리선 아래쪽 뒤 중심 완성선을 그린다.

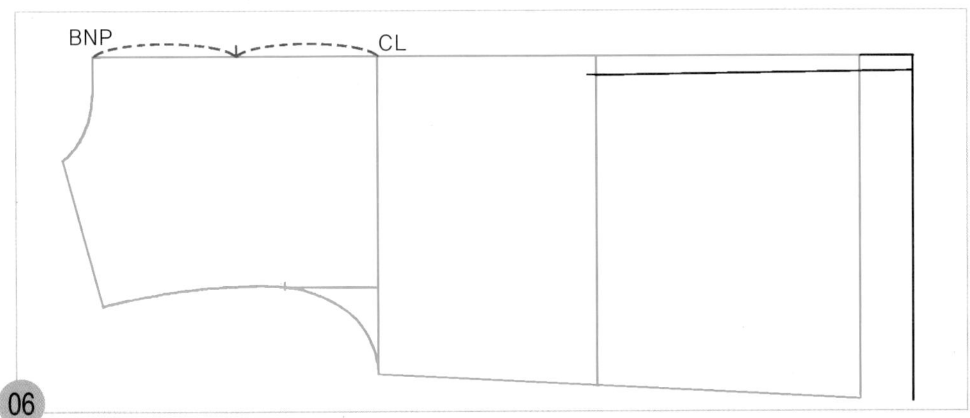

06

BNP~CL = 2등분 뒤 목점(BNP)에서 위 가슴둘레 선(CL)까지를 2등분한다.

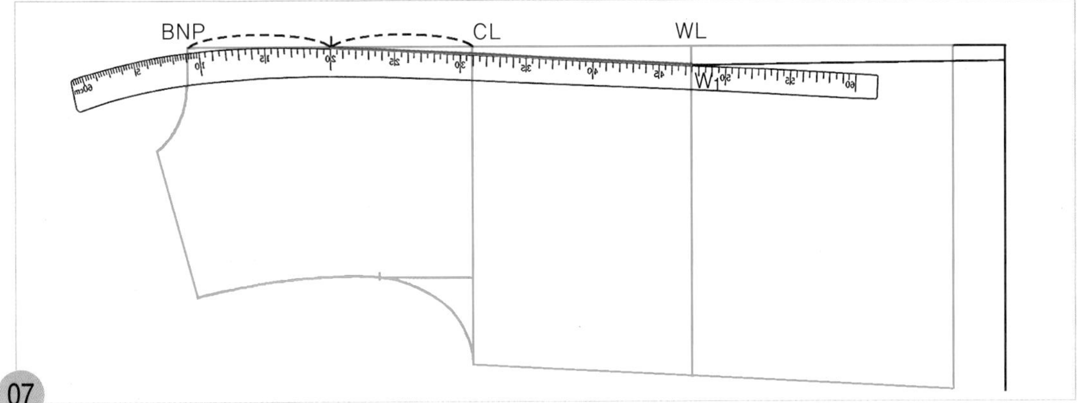

07

BNP~CL의 1/2 위치에 hip곡자 20 위치를 맞추면서 W_1점과 연결하여 허리선 위쪽 뒤 중심 완성선을 그린다.

2. 뒤 옆선을 그린다.

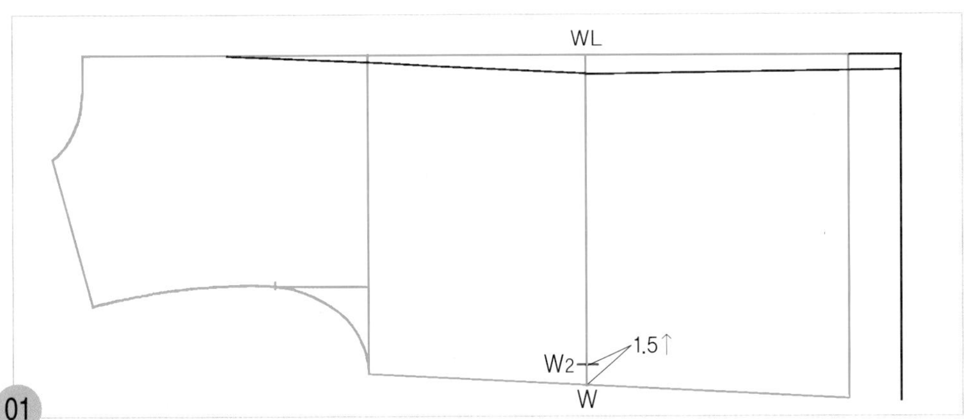

01

W~W2=1.5cm 원형의 허리선(WL) 옆선 쪽 끝점(W)에서 1.5cm 올라가 수정할 옆선 쪽 허리선 위치(W_2)를 표시한다.

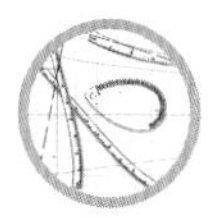

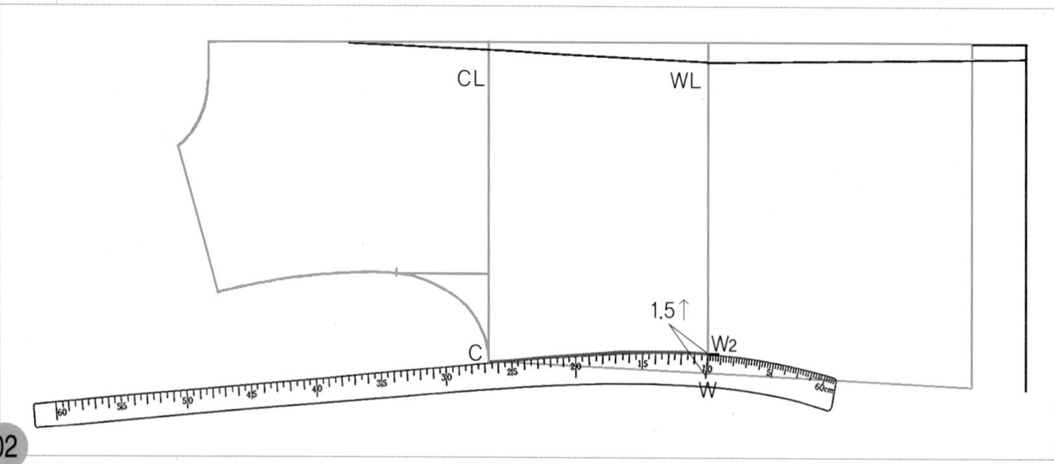

02

C~W2 = 허리선 위쪽 옆선의 완성선

원형의 허리선(WL) 옆선 쪽 끝점(W)에서 1.5cm 올라가 표시한 W2점에 hip곡자 10 위치를 맞추면서 원형의 위 가슴둘레 선(CL) 옆선 쪽 끝점(C)과 연결하여 허리선 위쪽 옆선의 완성선을 그린다.

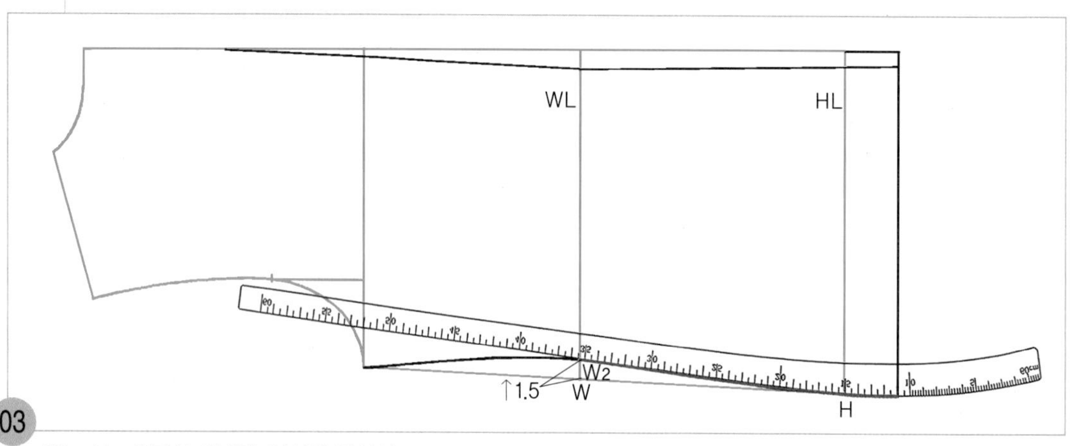

03

W2~H= 허리선 아래쪽 옆선의 완성선

원형의 히프선(HL) 옆선 쪽 끝점(H)에 hip곡자 15 위치를 맞추면서 허리선에서 1.5cm 올라가 표시한(W2) 점과 연결하여 밑단 선까지 허리선 아래쪽 옆선을 그린다.

3. 뒤 패널라인을 그린다.

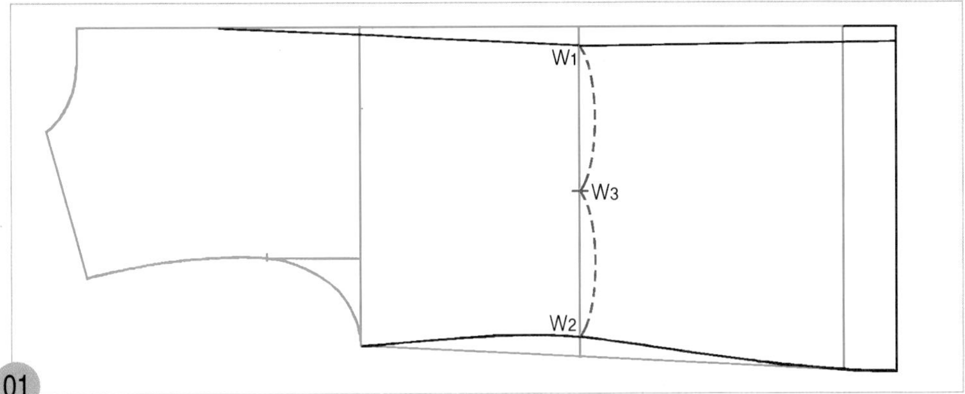

W_1~W_2 =2등분(W_3) W_1점에서 W_2점까지를 2등분하여 뒤 중심 쪽 패널라인 위치(W_3)를 표시한다.

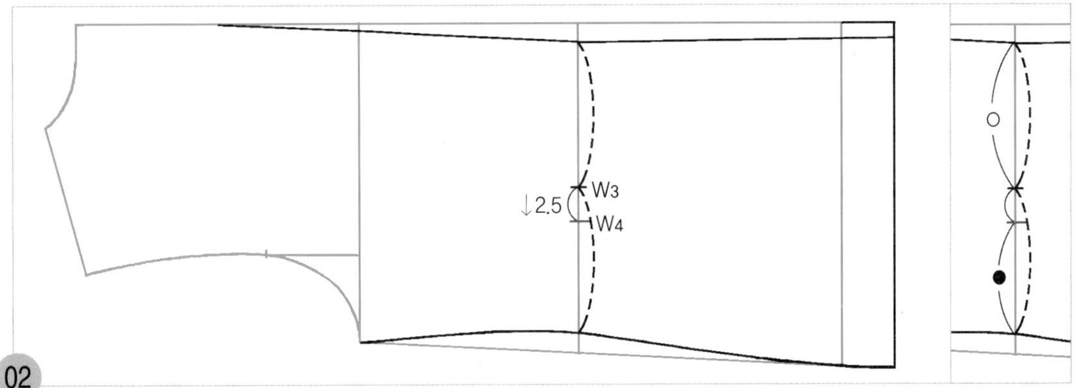

W_3~W_4 = 2.5cm W_3점에서 옆선 쪽으로 2.5cm 내려와 옆선 쪽 패널라인 위치(W_4)를 표시한다.

주 ○+● 치수가 W/4+0.9cm한 치수보다 적으면 부족분을 옆선과 패널라인의 각 위치에서 1/3씩 고르게 나누어 이동한다.

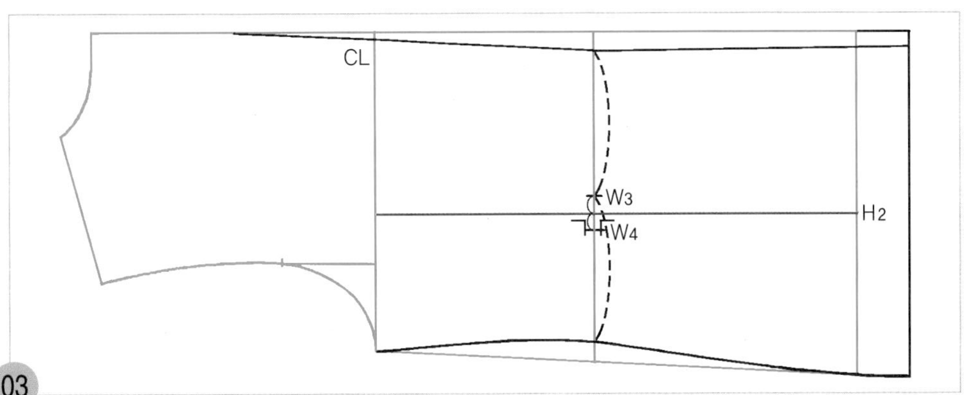

W_3~W_4 = 2등분 W_3점에서 W_4점까지를 2등분하여 1/2 지점에서 직각으로 원형의 히프선까지 패널라인 중심선(H_2)을 그린다음, 1/2 지점에서 직각으로 위 가슴둘레 선까지 패널라인 중심선을 그린다.

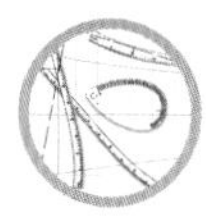

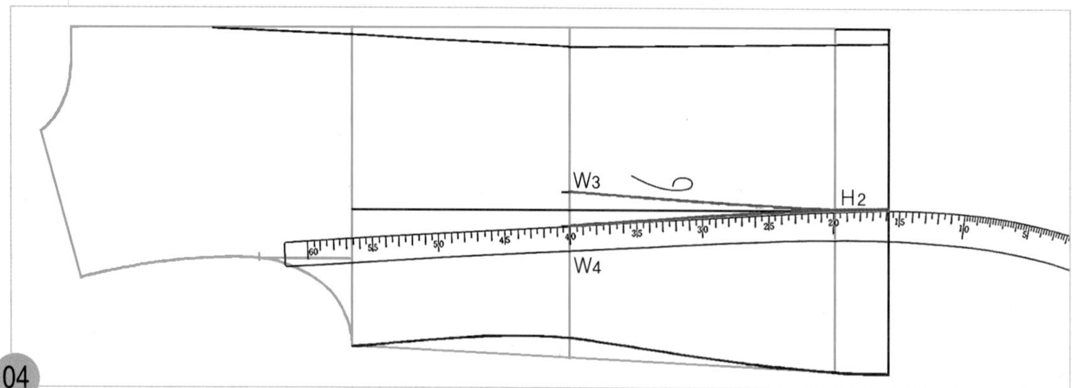

04

W_3~H_2, W_4~H_2=허리선 아래쪽 패널라인 H_2점에 hip곡자 20 위치를 맞추면서 W_3점과 연결하여 밑단 선까지 옆선 쪽의 허리선 아래쪽 패널라인을 그린 다음, hip곡자를 수직 반전하여 H_2점에 hip곡자 20 위치를 맞추면서 W4점과 연결하여 뒤 중심 쪽 허리선 아래쪽 패널라인을 그린다.

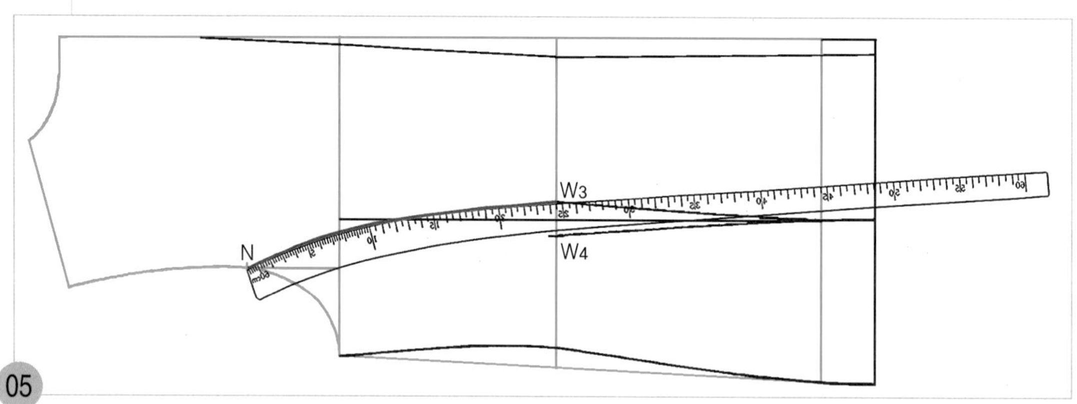

05

N~W_3 = 허리선 위쪽 패널라인

원형의 N점에 hip곡자 끝 위치를 맞추면서 W_3점과 연결하여 뒤 중심 쪽의 허리선 위쪽 패널라인을 그린다.

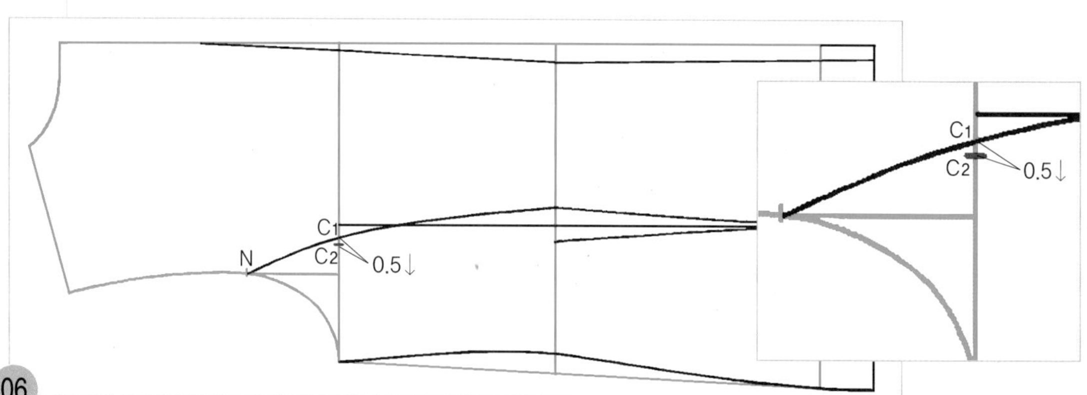

06

뒤 중심 쪽 패널라인과 위 가슴둘레 선과의 교점(C_1)에서 0.5cm 내려와 옆선 쪽 패널라인을 그릴 통과점(C_2)을 표시한다.

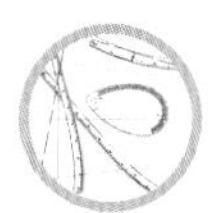

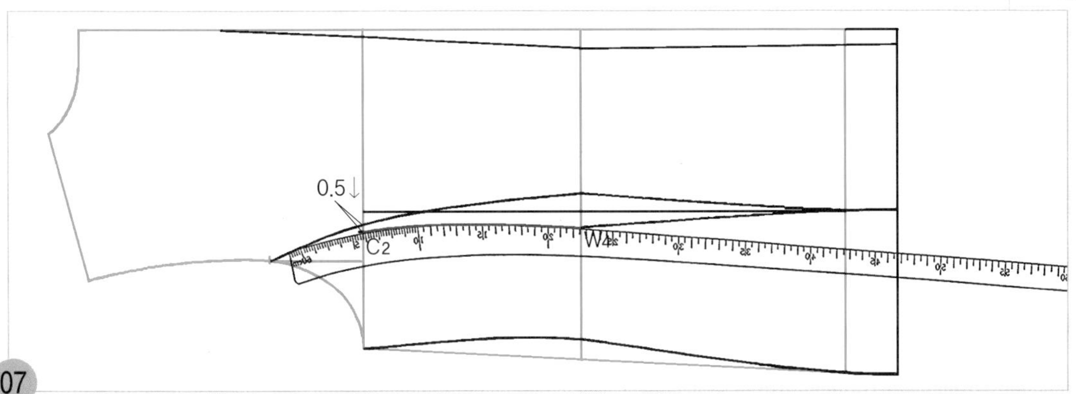

07

C_2~W_4=옆선 쪽의 허리선 위쪽 패널라인 0.5cm 내려와 표시한 C_2점에 hip곡자 5 근처의 위치를 맞추면서 W_4점과 연결하여 옆선 쪽의 허리선 위쪽 패널라인을 그린다.

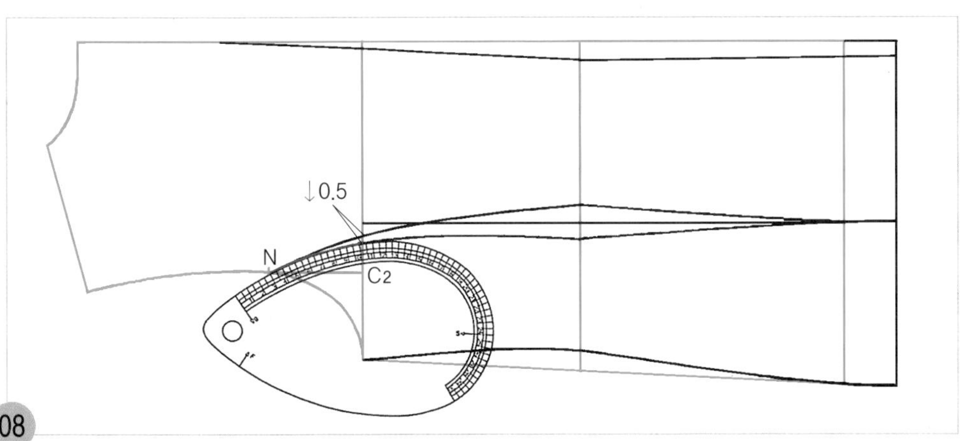

08

N~C_2 = 옆선 쪽의 허리선 위쪽 패널라인

N점과 C_2점을 뒤 AH자로 연결하였을 때 07에서 그린 옆선 쪽 패널라인과 자연스럽게 연결되도록 맞추어 옆선 쪽의 허리선 위쪽 패널라인을 완성한다.

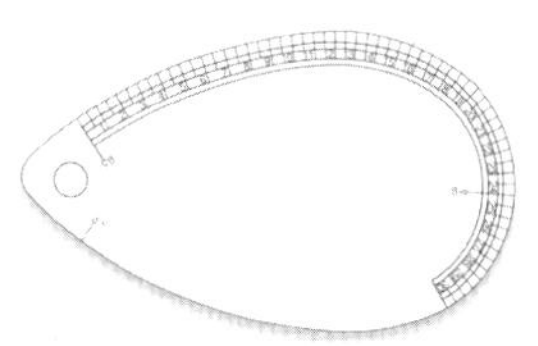

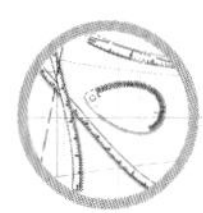

4. 어깨선을 그린다.

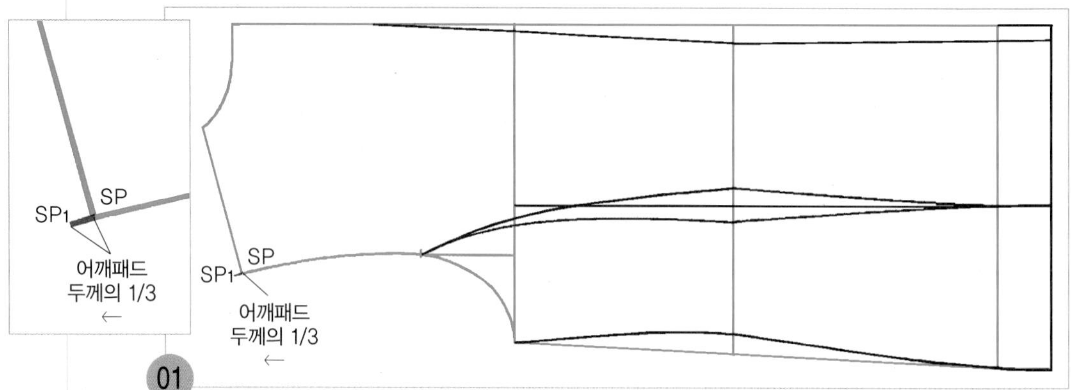

SP~SP1 = 어깨 패드 두께의 1/3 원형의 SP점에서 어깨 패드 두께의 1/3 분량만큼 뒤 진동 둘레 선(AH)을 추가하여 그리고 뒤 어깨 끝점(SP1)으로 한다.

주 어깨 패드를 넣지 않는 경우에는 원형의 어깨선을 그대로 사용한다.

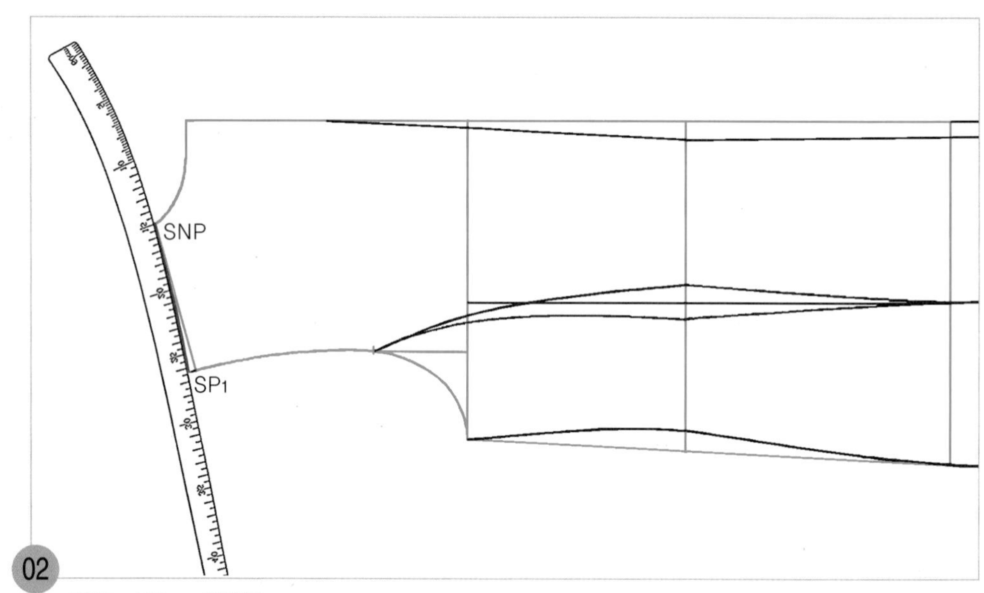

SNP~SP1 = 어깨선

옆 목점(SNP)에 hip곡자 15 위치를 맞추면서 SP1점과 연결하여 곡선으로 어깨 완성선을 그린다.

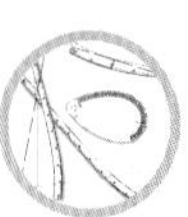

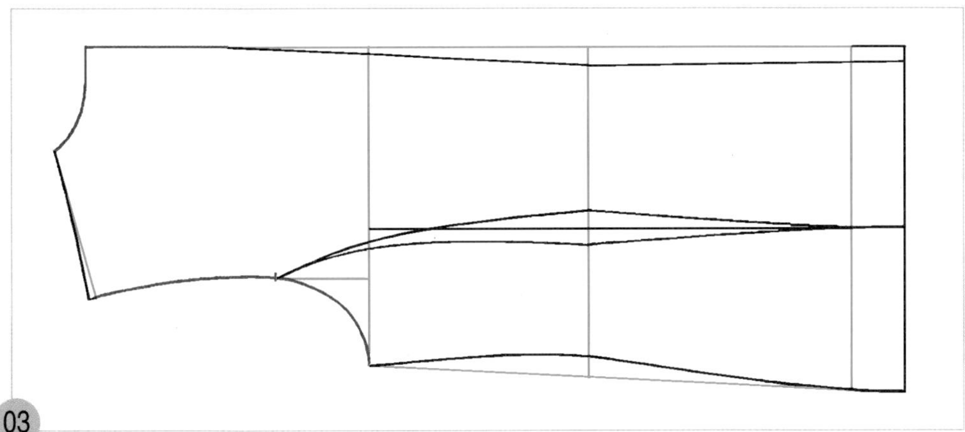

03

적색으로 표시된 뒤 목둘레 선과 뒤 목점에서 위 가슴 둘레 선의 1/2 위치, 진동 둘레 선(AH)은 원형의 선을 그대로 사용한다.

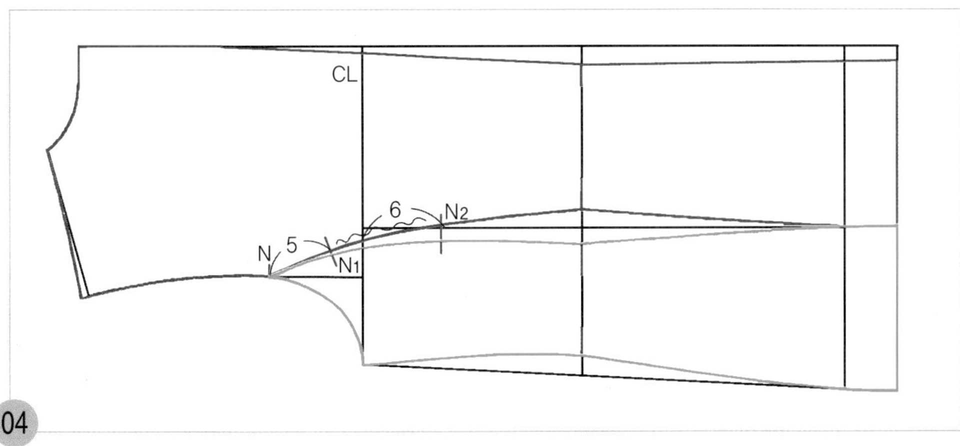

04

적색선이 뒤 몸판의 완성선이고, 청색선이 뒤 옆 몸판의 완성선이다.

- N점에서 뒤 중심 쪽 패널라인을 따라 5cm 나간 위치에서 패널라인에 직각으로 이세(오그림) 처리 시작 위치의 너치 표시(N_1)를 넣고, 위 가슴 둘레 선(CL)에서 6cm 나가 수직으로 이세 처리 끝 위치의 너치 표시(N_2)를 넣은 다음 N_1~N_2 사이에 기호를 넣는다.
- 허리선에 맞춤 표시를 넣는다.

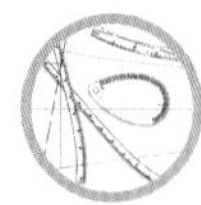

앞판 제도하기

1. 앞 중심선과 밑단의 안내선을 그린다.

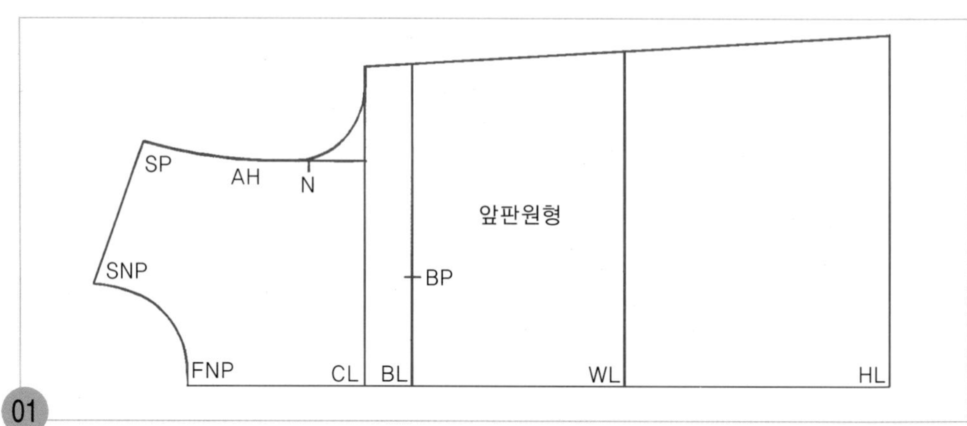

01 앞판의 원형선을 옮겨 그린다.

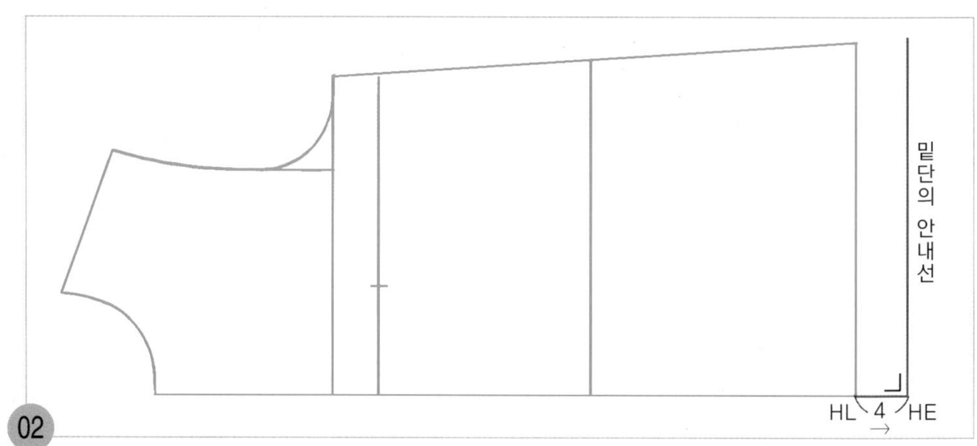

02 HL~HE = 4cm

직각자를 대고 앞 원형의 HL점에서 수평으로 밑단 선(HE)까지 4cm 앞 중심선을 연장시켜 그리고, 직각으로 밑단의 안내선을 올려 그린다.

2. 옆선과 밑단의 완성선을 그린다.

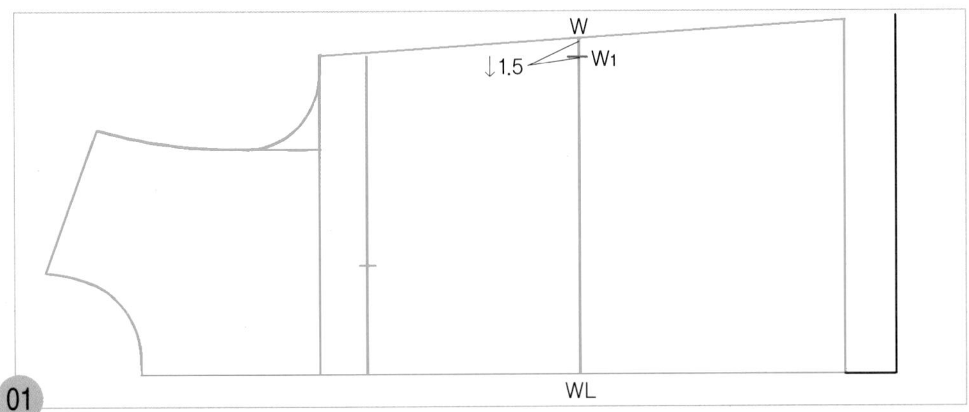

W~W1=1.5cm

앞 원형의 옆선 쪽 허리선 끝점(W)에서 1.5cm 내려와 수정할 옆선 쪽 허리선 위치(W1)를 표시한다.

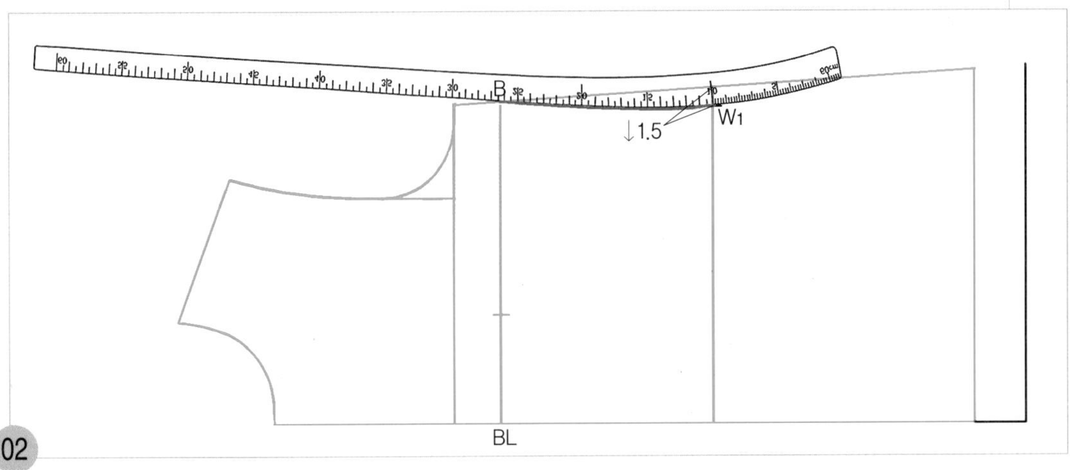

B~W1 = 앞 허리선 위쪽 옆선

1.5cm 내려와 표시한 W1점에 hip곡자 10 위치를 맞추면서 앞 원형의 옆선 쪽 가슴둘레 선 끝점(B)과 연결하여 허리선 위쪽 옆선의 완성선을 그린다.

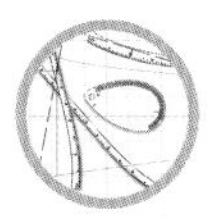

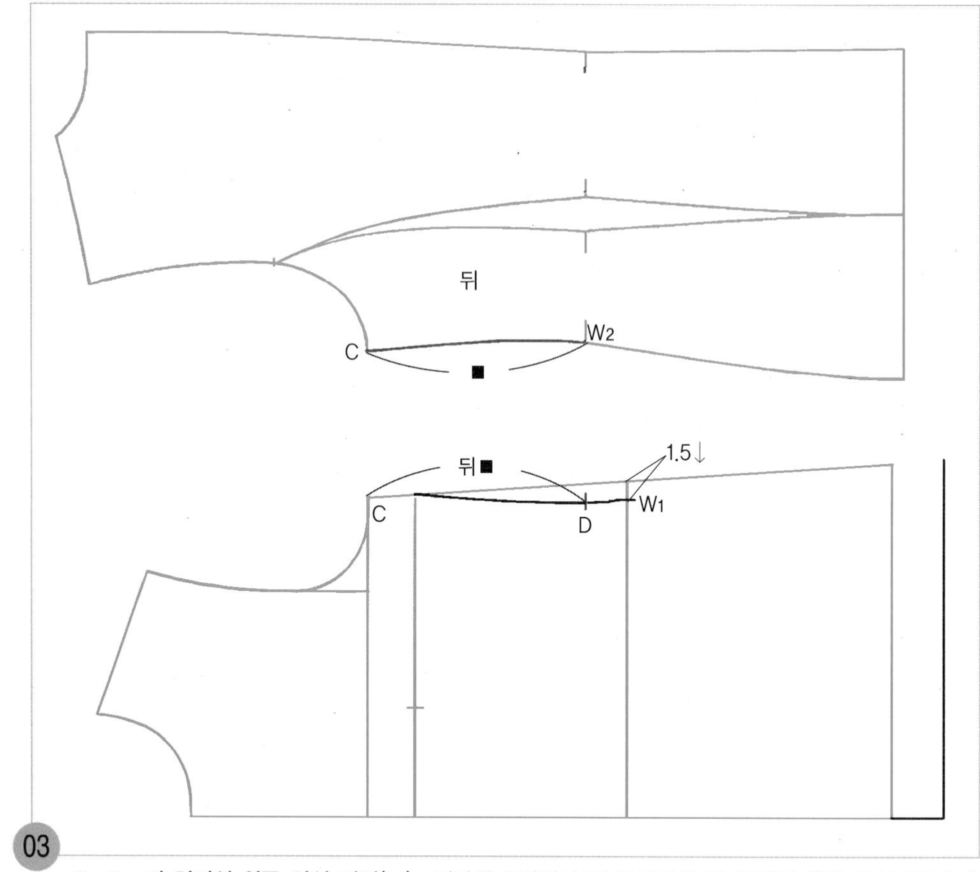

03

C~D = 뒤 허리선 위쪽 옆선 길이(■) 뒤판의 C점에서 W_2점까지의 뒤 허리선 위쪽 옆선 길이(■)를 재어, 같은 길이(■)를 앞판의 위 가슴둘레 선 옆선 쪽 끝점(C)에서 앞판의 허리선 위쪽 옆선의 완성선을 따라 나가 가슴 다트량을 구할 위치(D)를 표시한다.

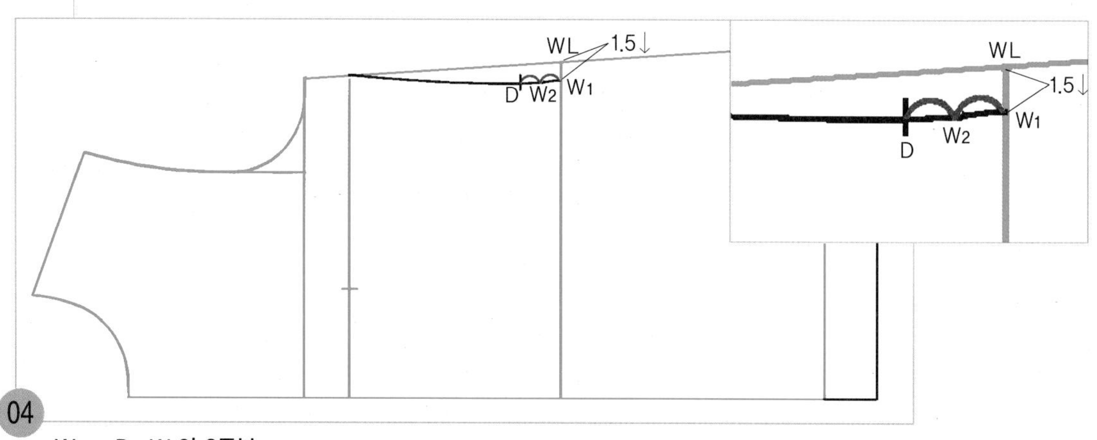

04

W_2 = D~W_1의 2등분

D점에서 W_1점까지를 2등분하여 수정할 허리선 위치(W_2)를 표시한다.

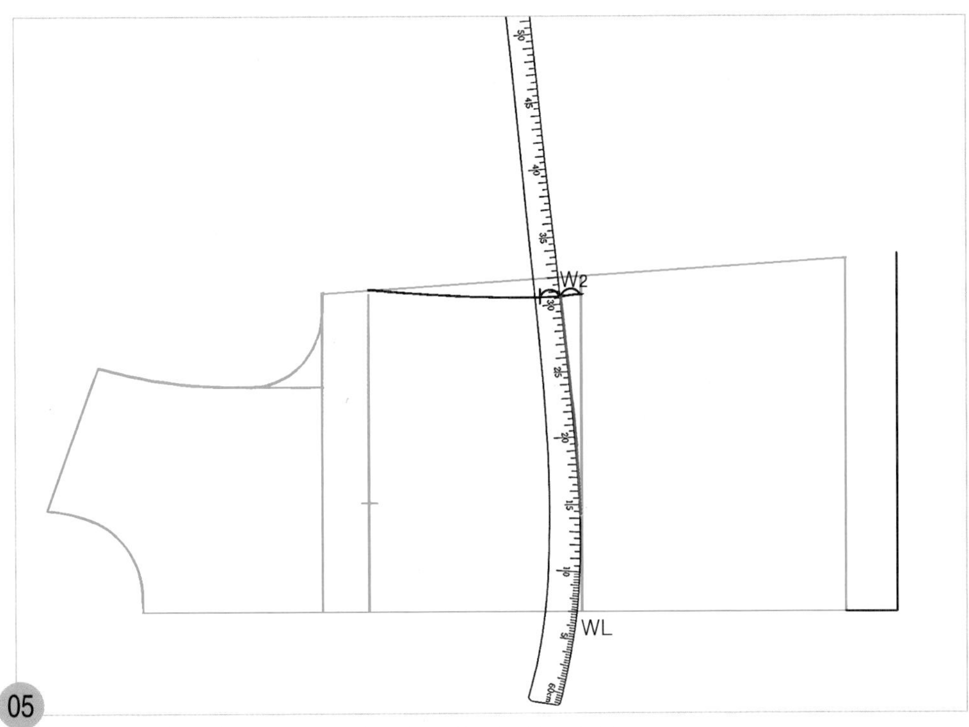

05
W2점과 원형의 허리선을 hip곡자로 연결하여 허리선을 수정한다.

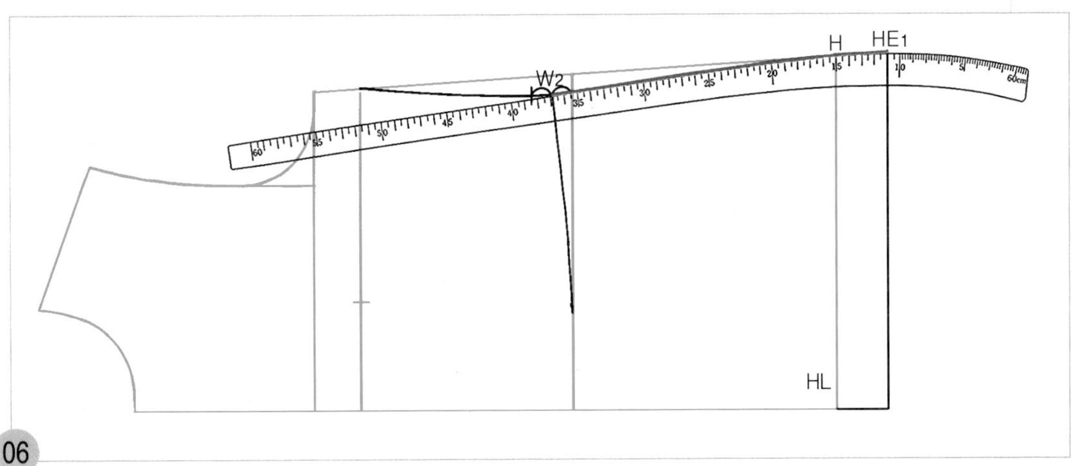

06
W2~HE1 = 앞 허리선 아래쪽 옆선

원형의 히프선(HL) 옆선 쪽 끝점(H)에 hip곡자 15 위치를 맞추면서 W2점과 연결하여 밑단 선(HE1)까지 앞 허리선 아래쪽 옆선의 완성선을 그린다.

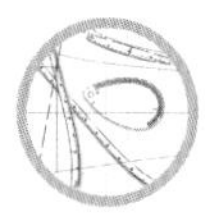

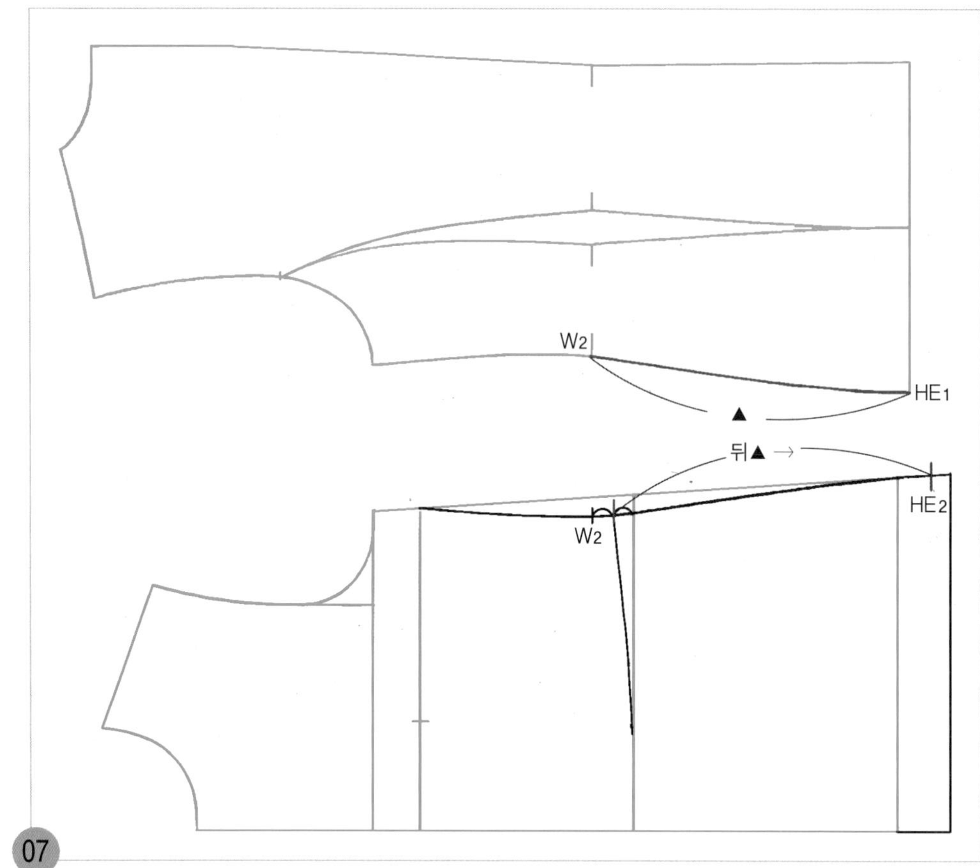

W₂~HE₂ = 뒤 허리선 아래쪽 옆선 길이(▲)

뒤판의 W2점에서 HE1점까지의 뒤 허리선 아래쪽 옆선 길이(▲)를 재어, 같은 길이(▲)를 앞판의 W2점에서 허리선 아래쪽 옆선을 따라 나가 앞 밑단 쪽 옆선 위치(HE2)를 표시한다.

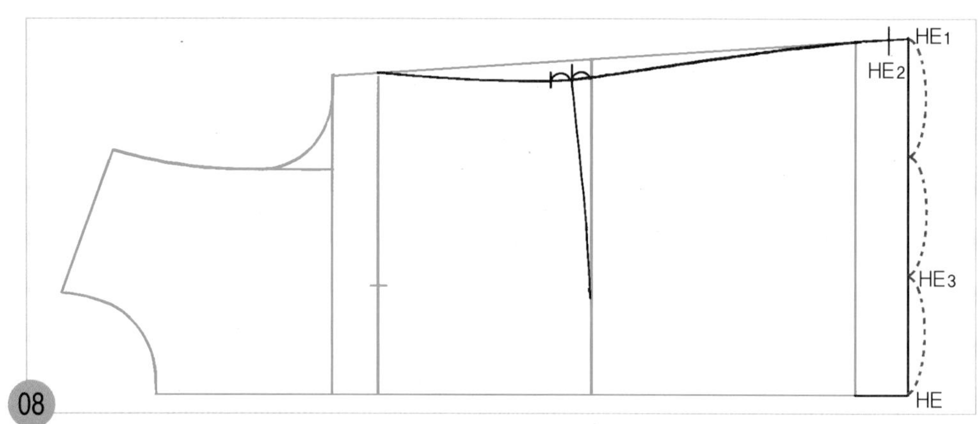

HE~HE₁ = 3등분(HE₃)

밑단의 안내선을 3등분하여 앞 중심 쪽의 1/3 위치에 앞 처짐분 선을 그릴 위치(HE3)를 표시한다.

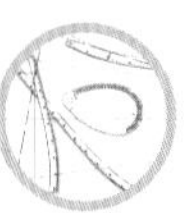

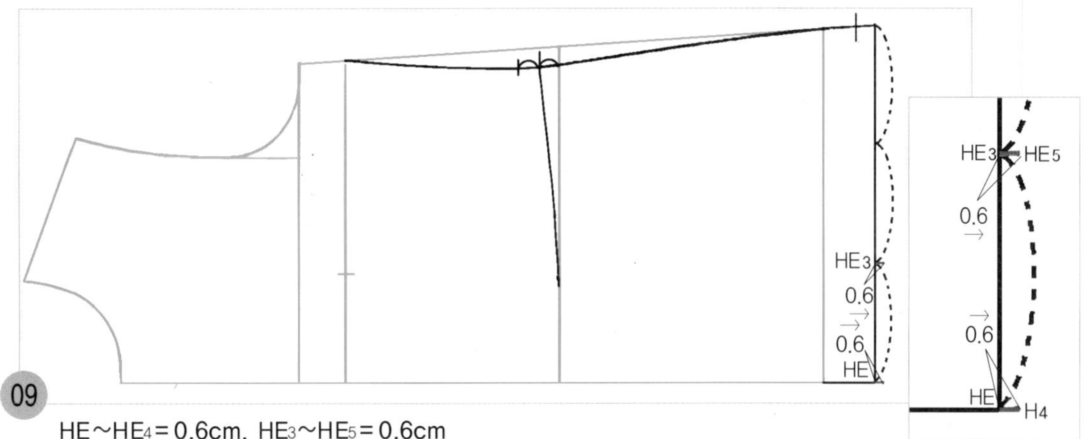

09

$HE \sim HE_4 = 0.6cm$, $HE_3 \sim HE_5 = 0.6cm$

HE점과 HE_3점에서 각각 0.6cm씩 수평으로 앞 처짐분 선(HE_4, HE_5)을 그린다.

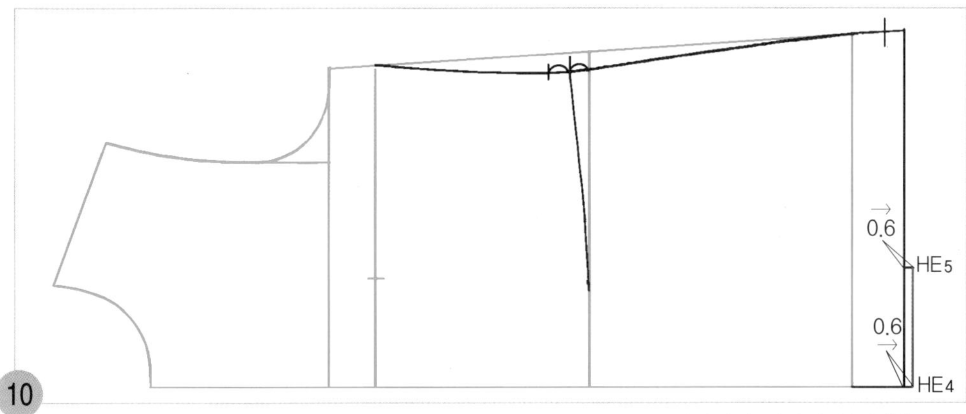

10

09에서 그린 앞 처짐분 선의 HE_4점과 HE_5점 두 점을 직선자로 연결하여 밑단의 완성선을 그린다.

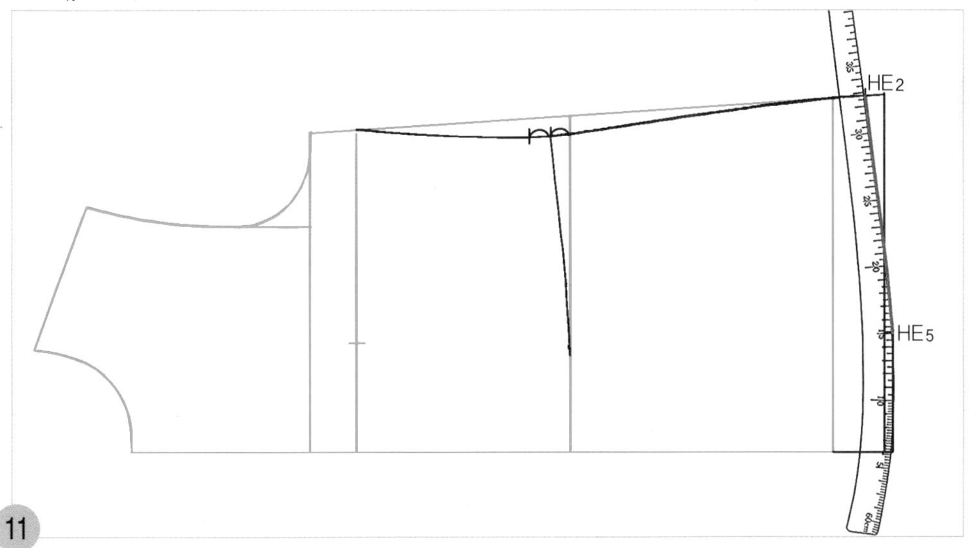

11

HE_5점에 hip곡자 15 위치를 맞추면서 HE_2점과 연결하여 밑단의 완성선을 곡선으로 그린다.

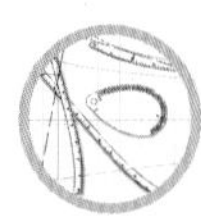

3. 가슴 다트 선을 그린다.

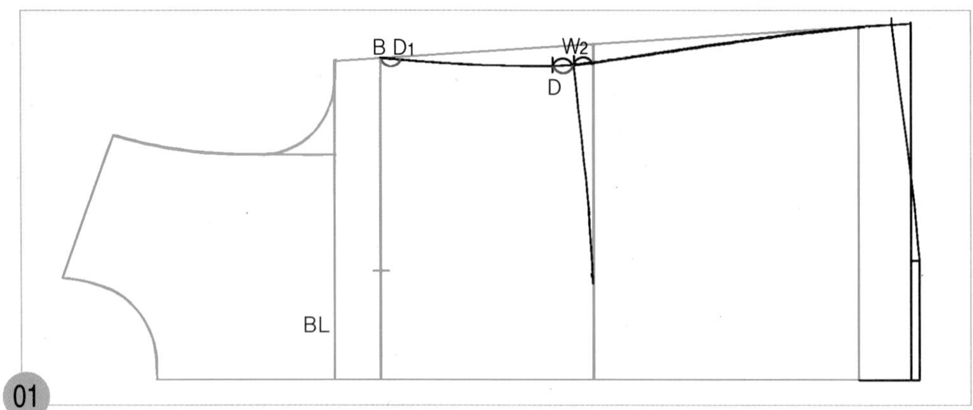

01

D~W2 = 가슴 다트 분량

앞 허리선 위쪽 옆선의 허리선 위치(W2)점에서 D점까지의 분량을 재어 가슴둘레 선(BL)의 옆선 쪽 끝점(B)점에서 옆선을 따라 나가 가슴 다트를 그릴 위치(D1)를 표시한다.

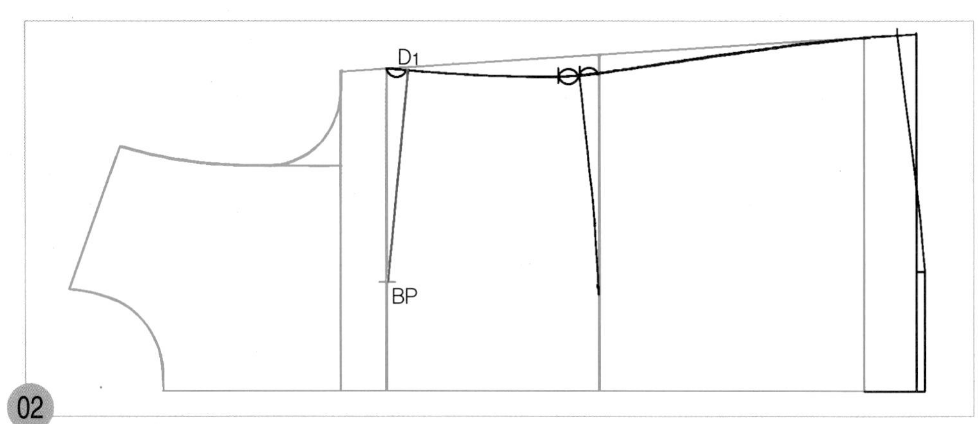

02

D1~BP = 가슴 다트선

D1점과 BP 두 점을 직선자로 연결하여 가슴 다트선을 그린다.

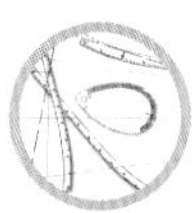

4. 앞 패널라인을 그린다.

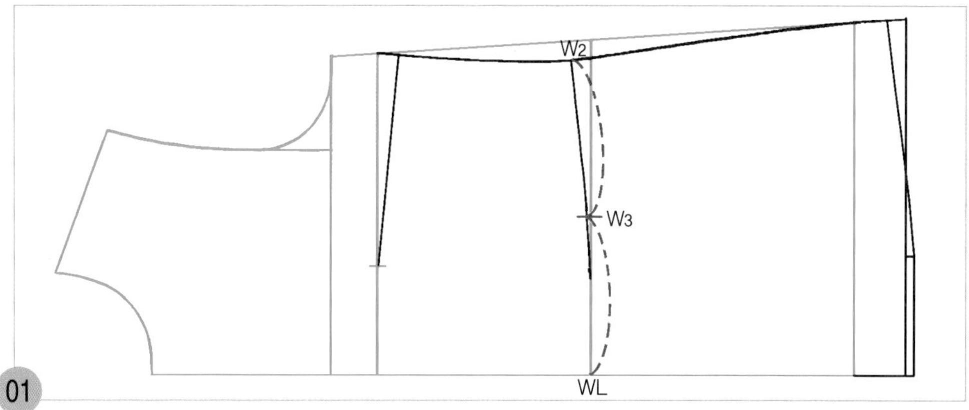

W3 = WL~W2의 2등분

앞판의 허리선, 즉 WL점에서 W_2점까지를 2등분하여 패널라인 중심선 위치(W_3)를 표시한다.

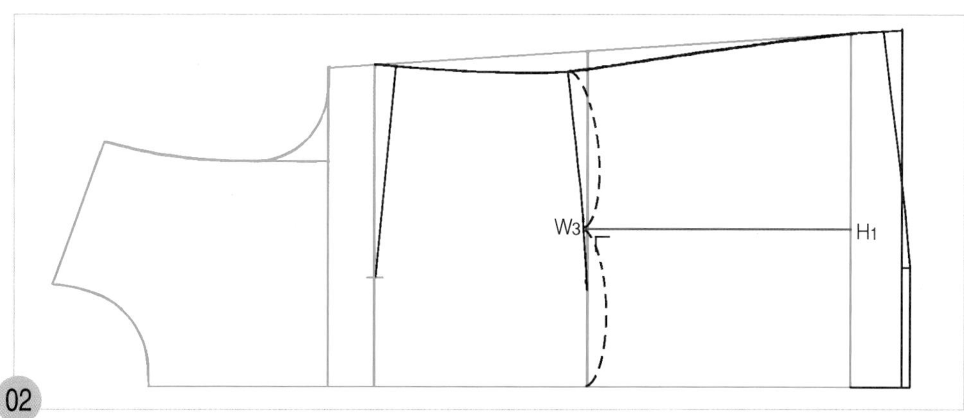

W_3점에서 직각으로 원형의 히프선까지 패널라인 중심선(H_1)을 그린다.

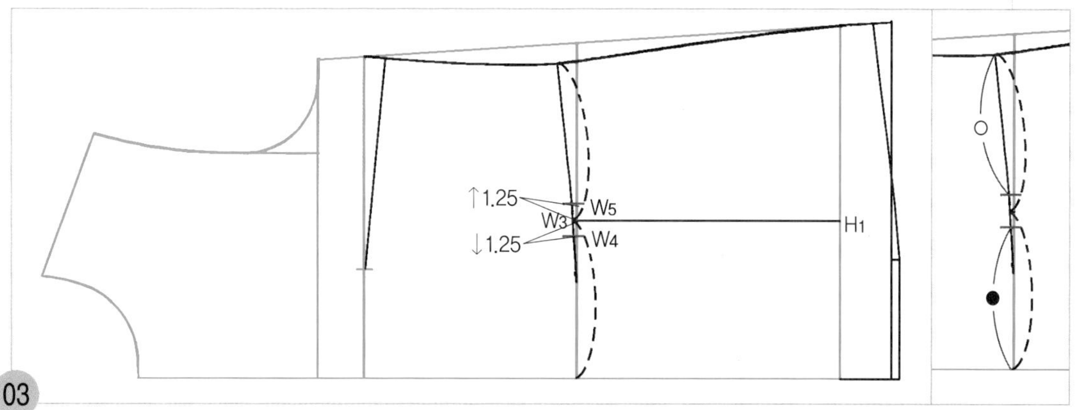

W_3~W_4=1.25cm, W_3~W_5=1.25cm 허리선의 W_3점에서 1.25cm 내려와 앞 중심 쪽 패널라인 위치(W_4)를 표시하고, W_3점에서 1.25cm 올라가 옆선 쪽 패널라인 위치(W_5)를 표시한다.

주 ○+●한 치수가 W/4+0.9cm한 치수보다 적으면 부족분을 옆선과 패널라인의 각 위치에서 1/3씩 고르게 나누어 이동한다.

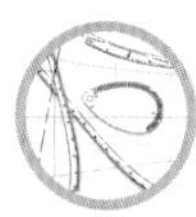

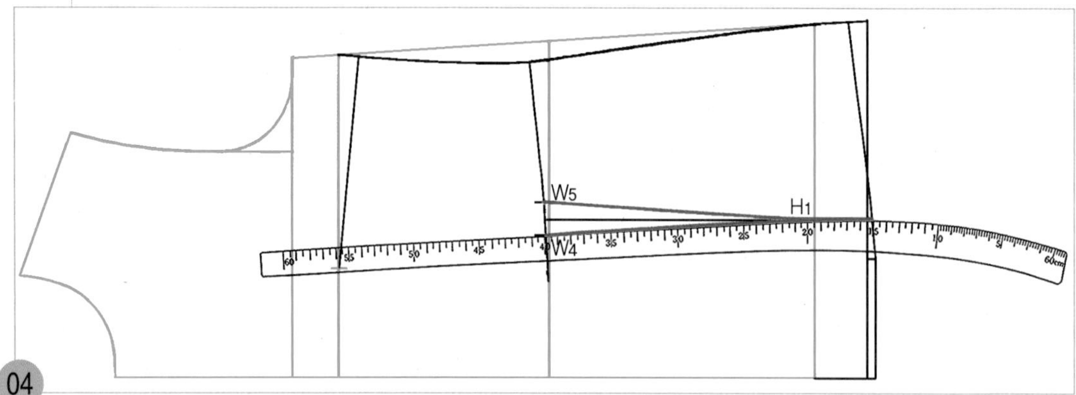

04

H_1점과 W_5점을 hip곡자로 연결하면서 밑단 선에 hip곡자 15 위치를 맞추어 밑단 선까지 옆선 쪽 허리선 아래쪽 패널라인을 그린 다음, hip곡자를 수직 반전하여 W_4점과 H_1점을 연결하면서 밑단 선에 hip곡자 15 위치를 맞추어 앞 중심 쪽 허리선 아래쪽 패널라인을 그린다.

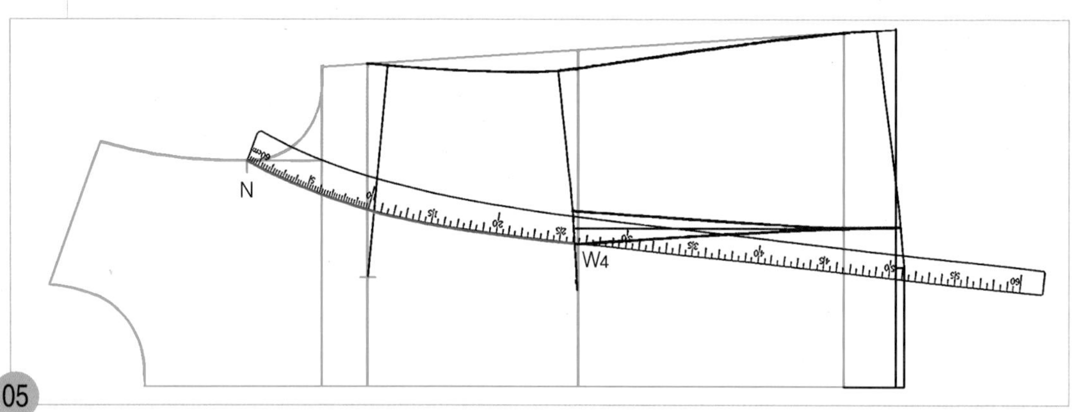

05

N~W_4 = 앞 중심 쪽의 허리선 위쪽 패널라인

원형의 N점에 hip곡자 끝 위치를 맞추면서 W_4점과 연결하여 앞 중심 쪽의 허리선 위쪽 패널라인을 그린다.

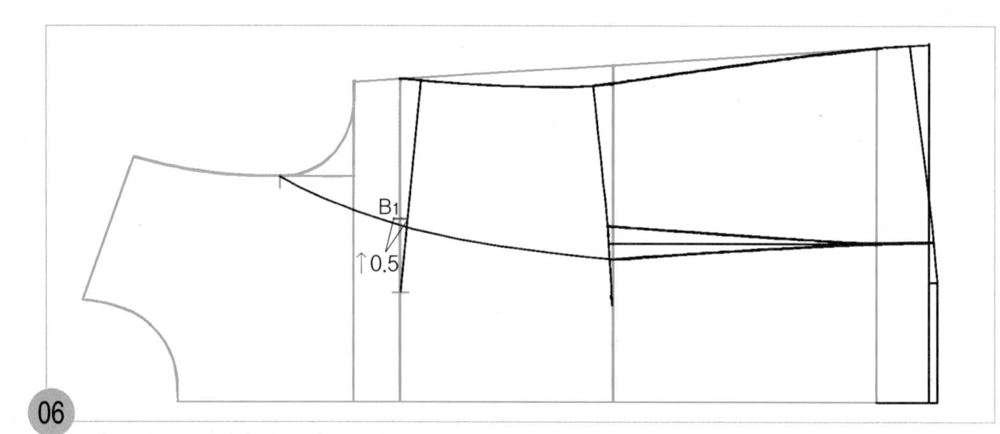

06

앞 중심 쪽 패널라인과 가슴둘레 선(BL)과의 교점에서 0.5cm 올라가 옆선 쪽 패널라인을 그릴 통과점(B_1)을 표시한다.

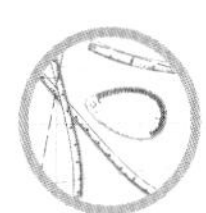

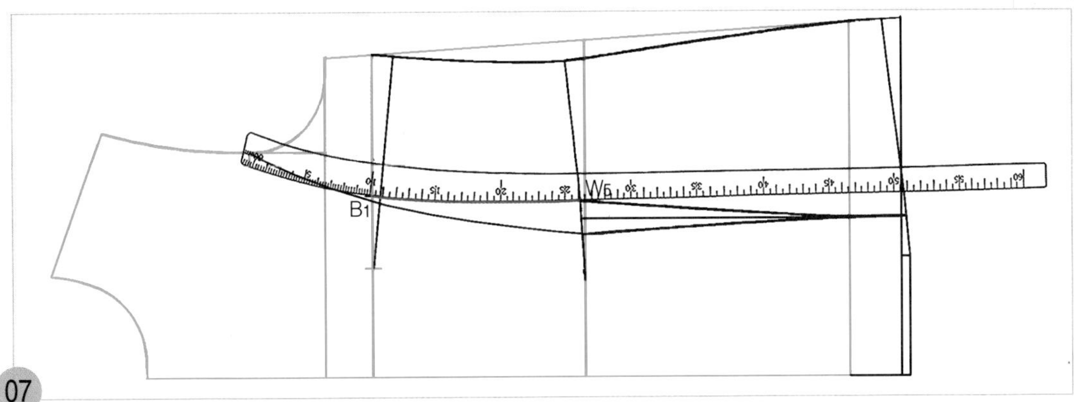

07

B_1~W_5 = 옆선 쪽의 허리선 위쪽 패널라인
05에서 사용한 hip곡자를 0.5cm 올라가 표시한 B_1점까지 수직으로 똑바로 올린 다음 B_1점에서 hip곡자를 누르고 W_5점과 연결하여 B_1점까지 옆선 쪽의 허리선 위쪽 패널라인을 그린다.

주 남은 허리선 위쪽 패널라인은 다트를 접은 다음 AH자로 연결해야 하므로 p.81의 07~p.82의 09에서 설명하기로 한다.

5. 어깨선을 그린다.

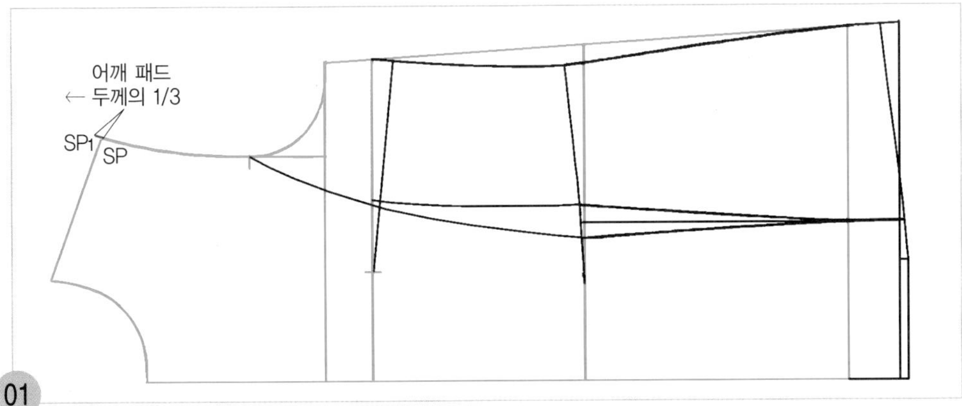

01

SP~SP_1 = 어깨 패드 두께의 1/3 원형의 SP점에서 어깨 패드 두께의 1/3 분량만큼 앞 진동 둘레 선(AH)을 추가하여 그리고 앞 어깨 끝점(SP_1)으로 한다.

주 어깨 패드를 넣지 않는 경우에는 원형의 어깨선을 그대로 사용한다.

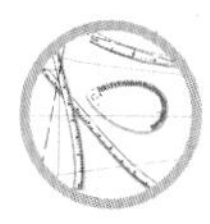

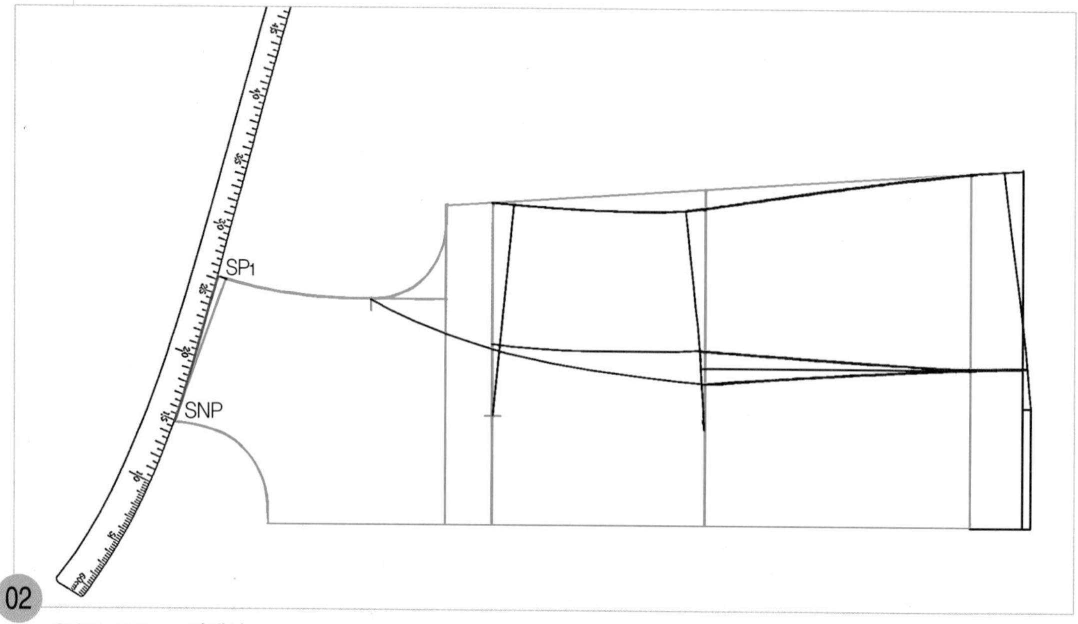

SNP~SP1 = 어깨선

옆 목점(SNP)에 hip곡자 15 위치를 맞추면서 SP1점과 연결하여 곡선으로 어깨 완성선을 그린다.

6. 앞 여밈분 선을 그리고 단춧구멍 위치를 표시한다.

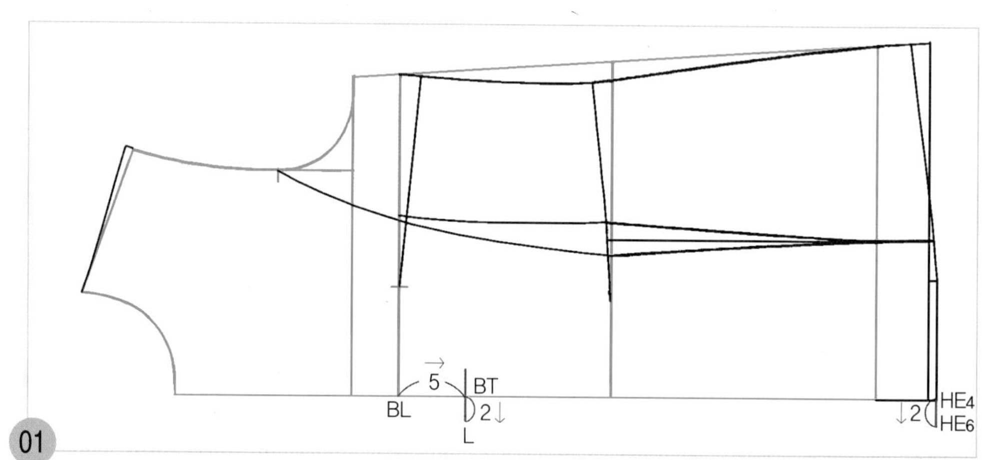

BL~BT=5cm, BT~L=2cm

원형의 앞 중심 쪽 가슴둘레 선(BL) 위치에서 앞 중심선을 따라 5cm 나간 곳을 첫 번째 단춧구멍 위치(BT)로 표시하고 BT점에서 수직으로 2cm 앞 여밈분 선(L)을 내려 그린 다음, 앞 중심 쪽 밑단 선 끝점(HE4)에서 직각으로 2cm 앞 여밈분 선 (HE6)을 내려 그린다.

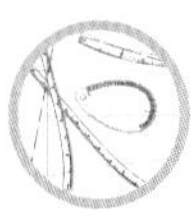

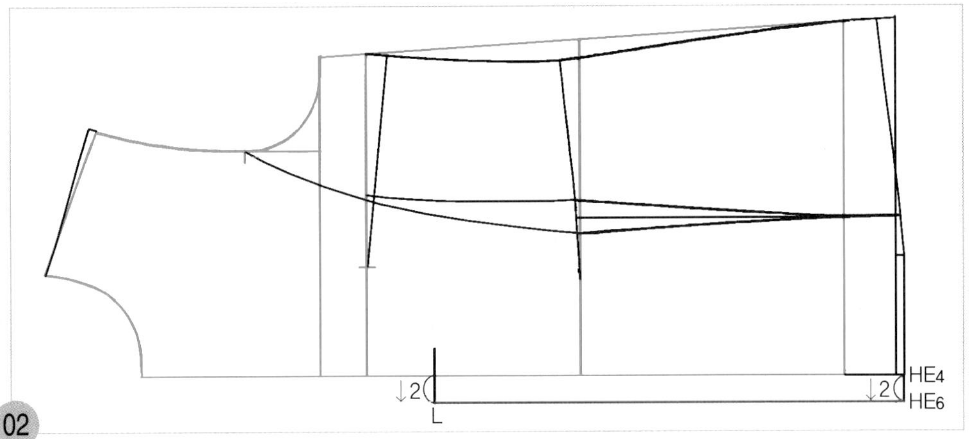

02

L~HE6 = 앞 여밈분 선 L점과 HE6점 두 점을 직선자로 연결하여 앞 여밈분 선을 그린다.

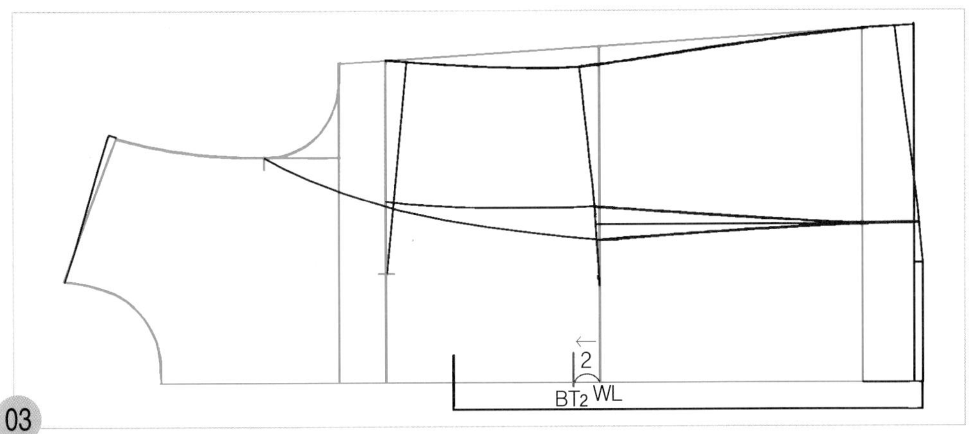

03

WL~BT2 = 2cm 앞 중심 쪽 허리선 위치(WL)에서 첫 번째 단춧구멍 위치(BT) 쪽으로 2cm 나가 두 번째 단춧구멍 위치(BT2)를 표시한다.

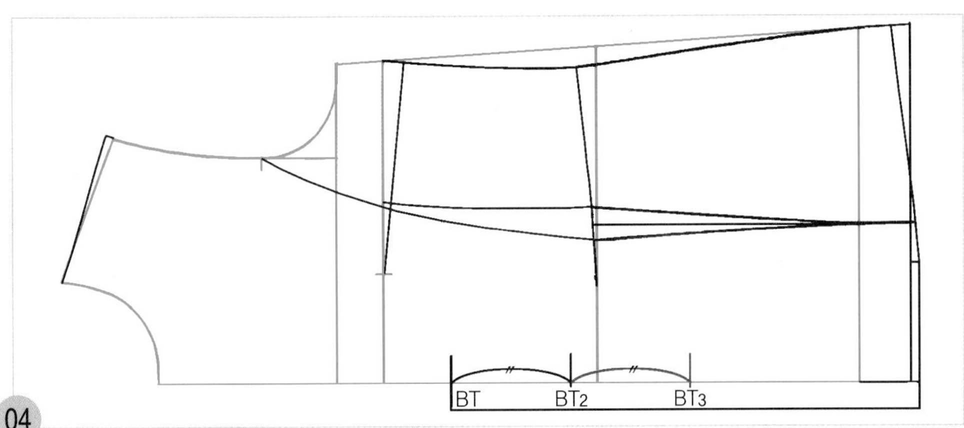

04

BT2~BT3 = BT~BT2와 같은 거리 첫 번째 단춧구멍 위치(BT)에서 두 번째 단춧구멍 위치(BT2)까지의 길이를 재어, 같은 길이를 BT2점에서 밑단 쪽으로 나가 표시하고 세 번째 단춧구멍 위치(BT3)를 표시한다.

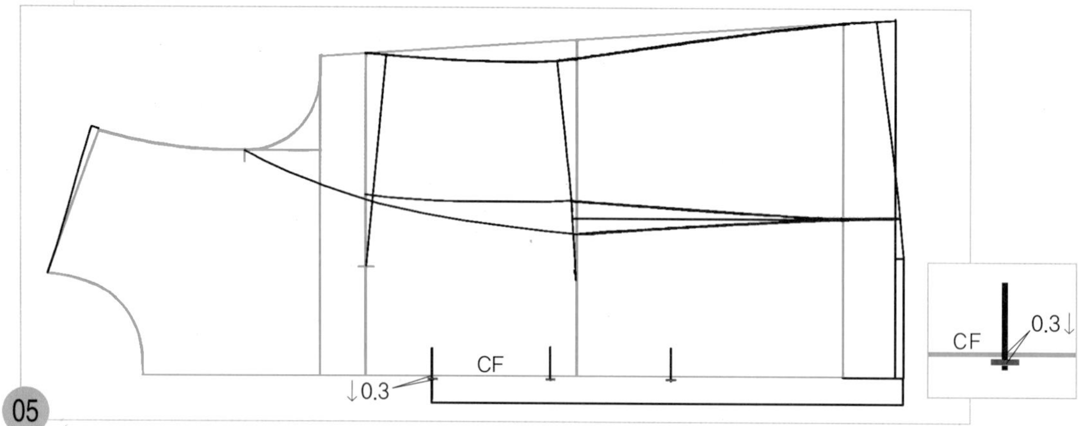

각 단춧구멍 위치의 앞 중심선(CF)에서 여유분 0.3cm를 내려와 앞 중심 쪽 단춧구멍의 트임 끝 위치를 표시한다.

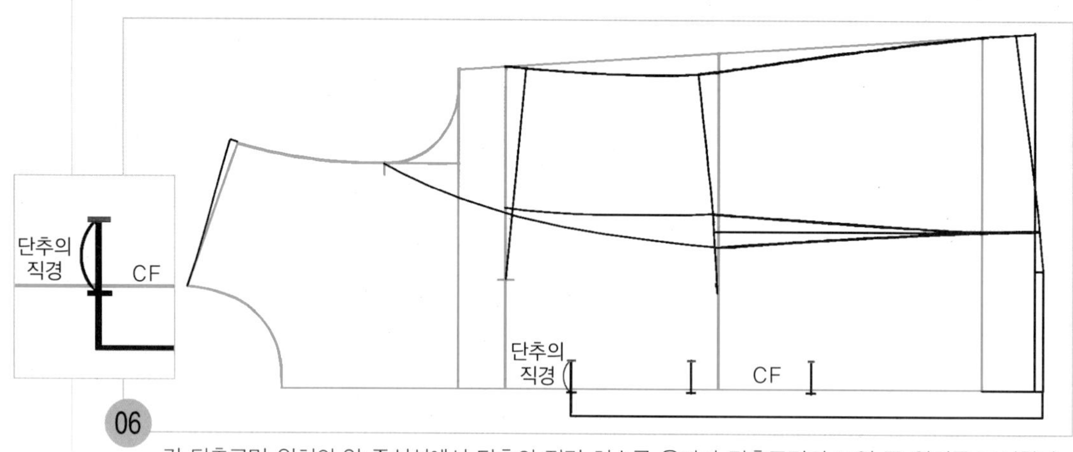

각 단춧구멍 위치의 앞 중심선에서 단추의 직경 치수를 올라가 단춧구멍의 트임 끝 위치를 표시한다.

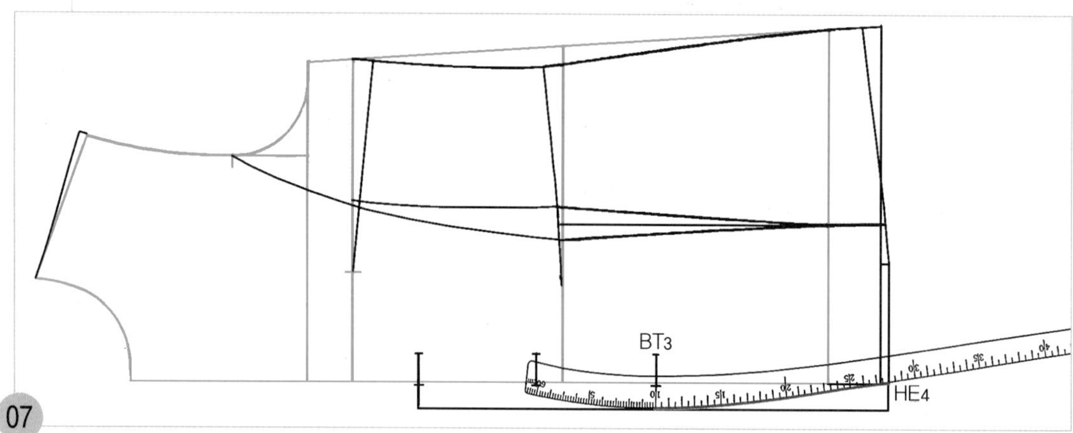

세번째 단춧구멍 위치(BT3)의 앞 여밈선에 hip곡자 10 위치를 맞추면서 앞 중심선의 밑단 선 끝점(HE4)과 연결하여 앞 여밈 선을 곡선으로 수정한다.

주 디자인에 따라 곡선으로 수정하지 않고 직선을 그대로 사용하여도 무방하다.

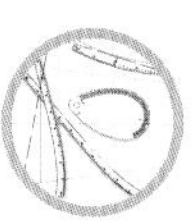

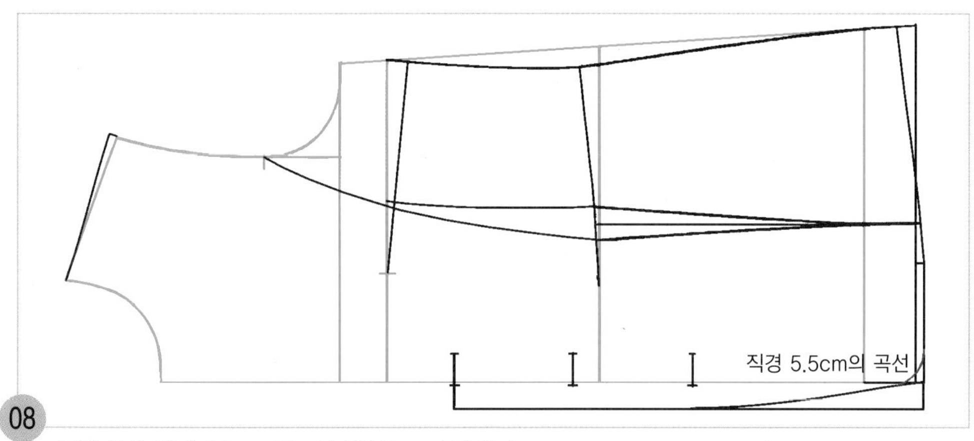

08

밑단 쪽을 직경 5.5cm 정도의 곡선으로 수정한다.
주 직선을 그대로 사용할 경우에는 수정하지 않는다.

7. 앞 몸판의 라펠과 칼라를 제도한다.

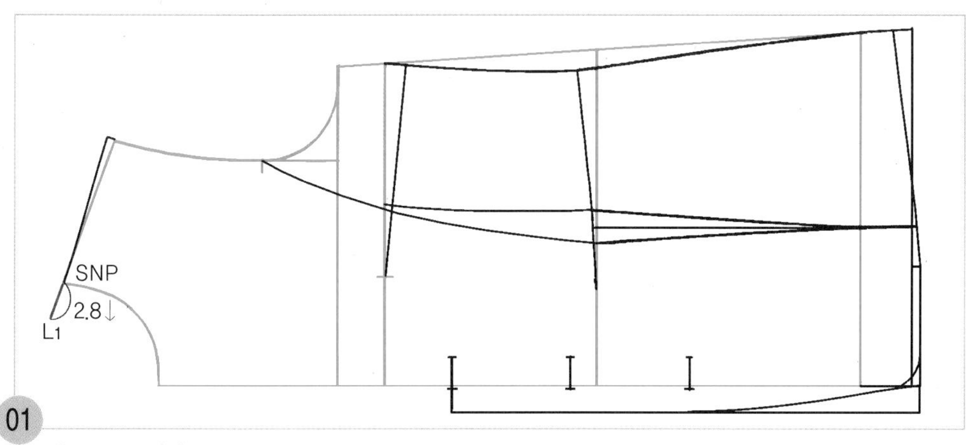

01

SNP~L_1=2.8cm
옆 목점(SNP)에서 2.8cm 어깨선의 연장선을 내려 그려 라펠의 꺾임 선을 그릴 통과선(L_1)을 그린다.

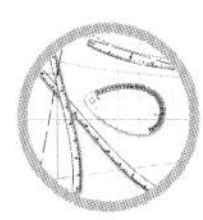

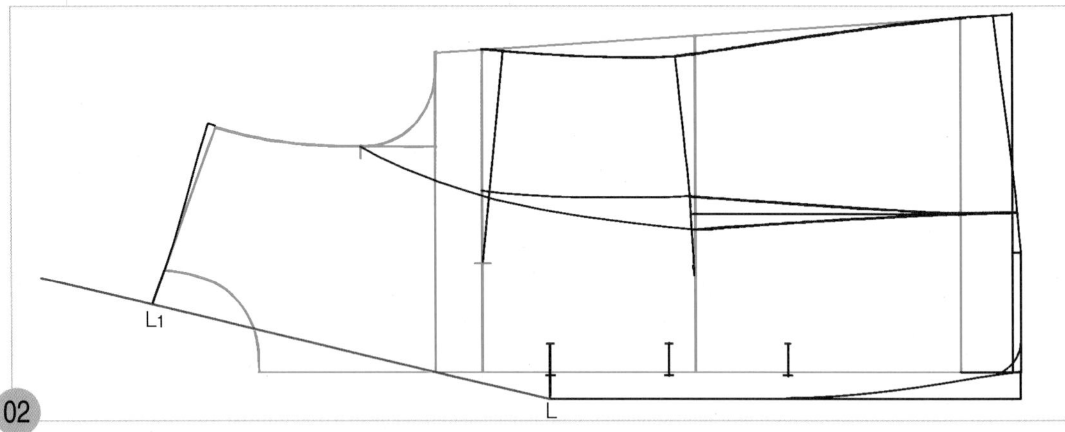

L점과 L_1점 두 점을 직선자로 연결하여 어깨선 위쪽으로 길게 라펠의 꺾임 선을 그려둔다.

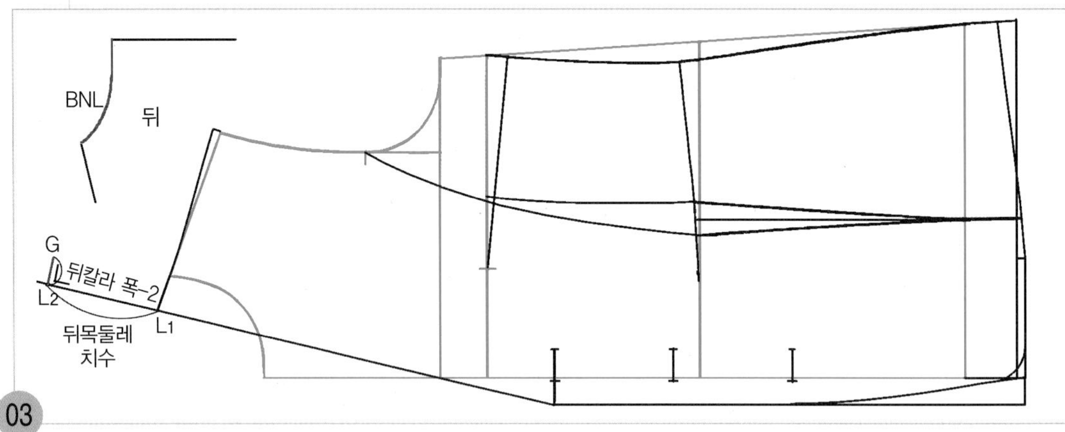

L_1~L_2=뒤 목둘레 치수, L_2~G=뒤 칼라 폭-2cm

뒤 목둘레(BNP) 치수를 재어, L_1점에서 라펠의 꺾임 선을 따라 올라가 L_2점으로 표시하고, L_2점에서 직각으로 (뒤 칼라 폭-2cm) 칼라 꺾임 선의 안내선을 그릴 통과선(G)을 그린다.

주 뒤 칼라 폭은 조정이 가능한 치수이다. 예를 들어 뒤 칼라 폭을 4cm로 하면 -2cm하여 2cm가 된다.

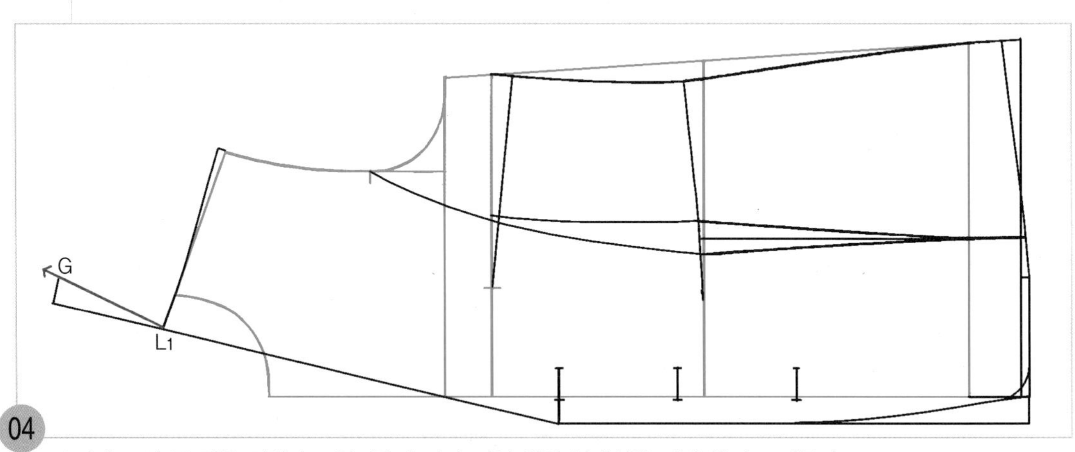

G점과 L_1점 두 점을 직선자로 연결하여 칼라 꺾임 선의 안내선을 길게 올려 그려둔다.

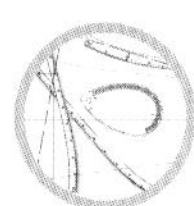

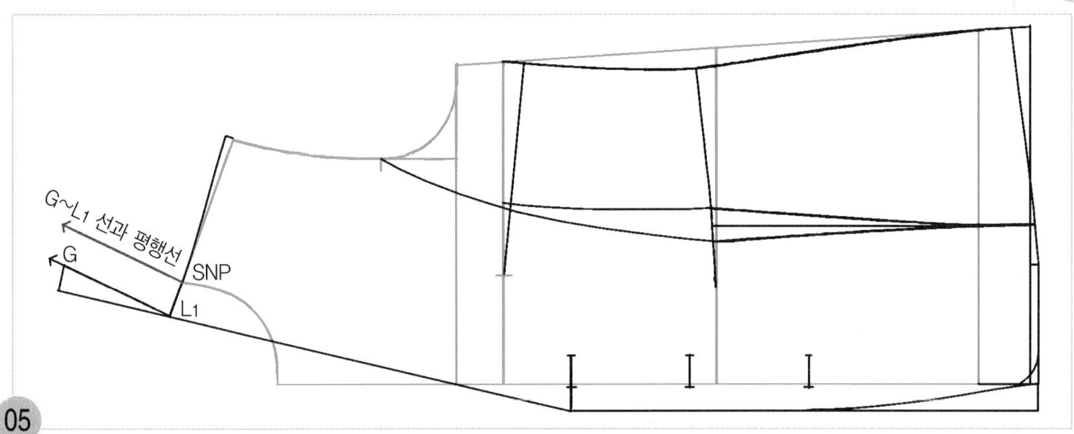

05

옆 목점(SNP)에서 G~L_1선의 평행선인 칼라 솔기 안내선을 길게 올려 그린다.

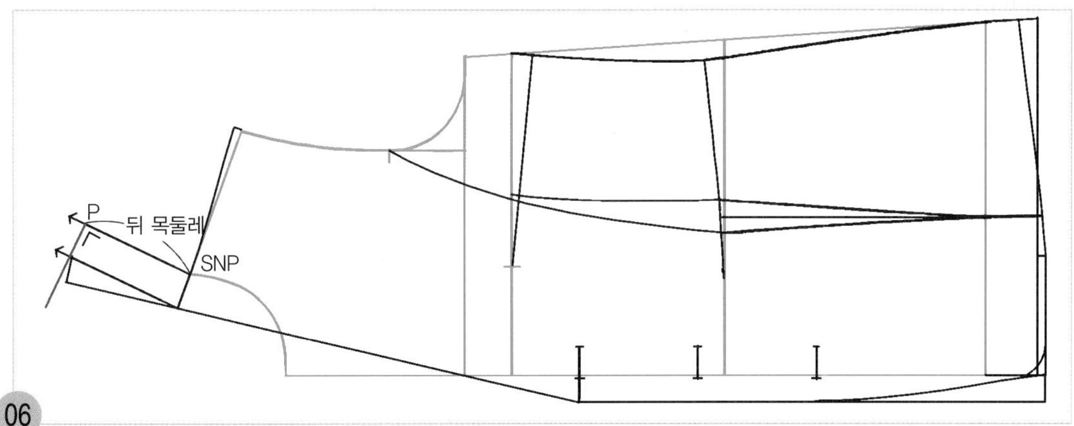

06

SNP~P = 뒤 목둘레 치수 뒤 목둘레 치수를 재어 옆 목점(SNP)에서 05에서 그린 칼라 솔기 안내선을 따라 뒤 목둘레 치수를 나가 칼라의 뒤 중심선 위치(P)를 표시하고 직각으로 칼라의 뒤 중심선을 길게 내려 그린다.

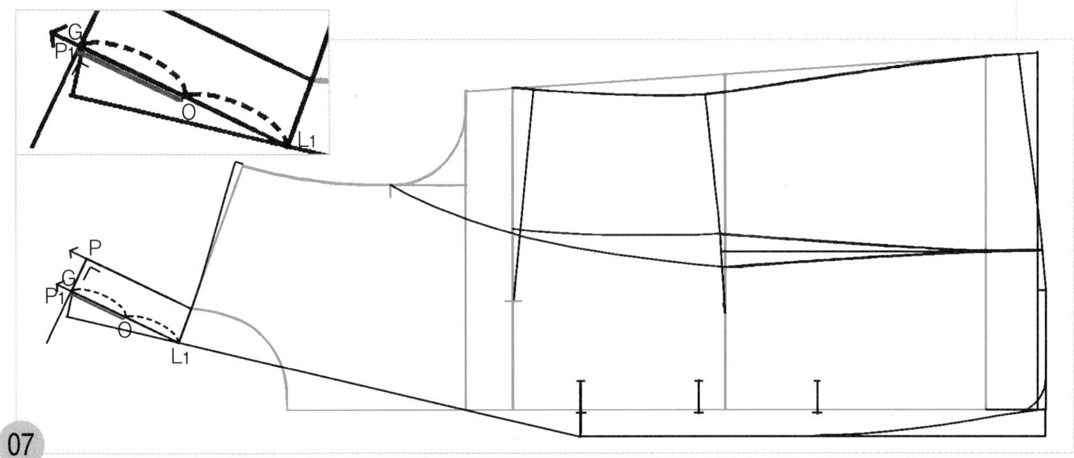

07

P~P1=3cm P점에서 직각으로 그린 칼라의 뒤 중심선을 따라 3cm 내려와 칼라의 꺾임 선 위치(P_1)를 표시하고 직각으로 L_1~G의 2등분 위치(O)까지 칼라 꺾임 선을 그린다.

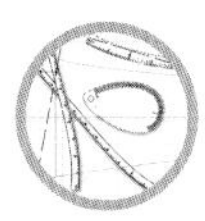

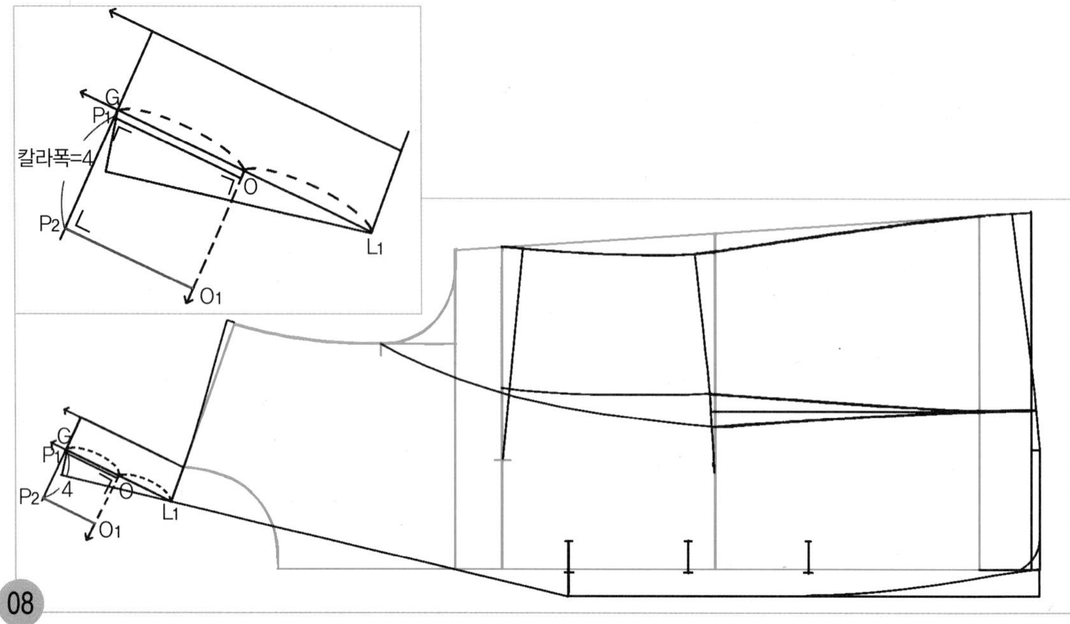

08

P_1~P_2 = 칼라 폭 4cm, P_2~O_1 = 칼라 완성선

L_1점에서 G점의 2등분 위치(O)에서 뒤 칼라 폭 선을 그릴 안내선을 직각으로 내려 그린 다음, P_1점에서 칼라의 뒤 중심선을 따라 4cm 내려와 칼라 폭 끝점 위치(P_2)를 표시하고, 직각으로 O점에서 그려둔 칼라 폭 선의 안내선과 마주 닿는 위치(O_1)까지 칼라 완성선을 그린다.

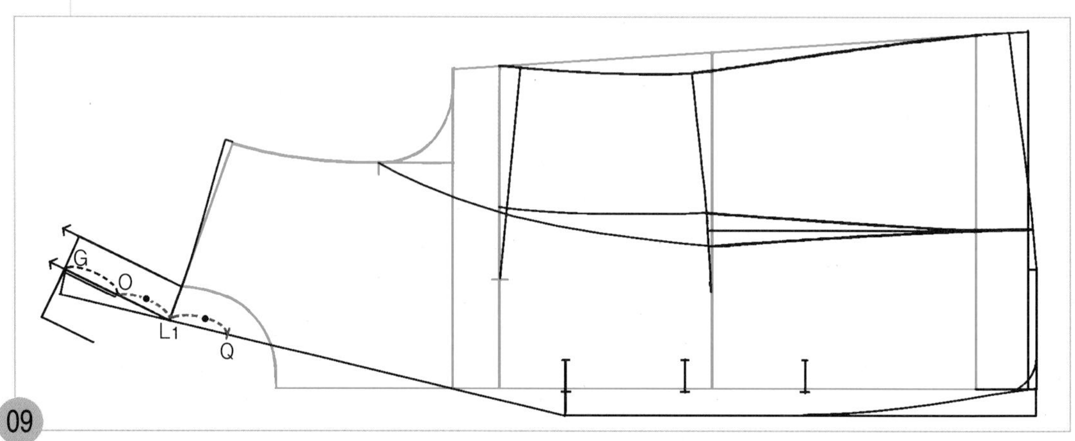

09

L_1~Q = L_1~G의 1/2

L_1점에서 G점까지의 1/2 분량을 L_1점에서 허리선 쪽으로 라펠의 꺾임 선을 따라 내려가 칼라 꺾임 선 위치(Q)를 표시한다.

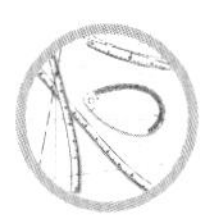

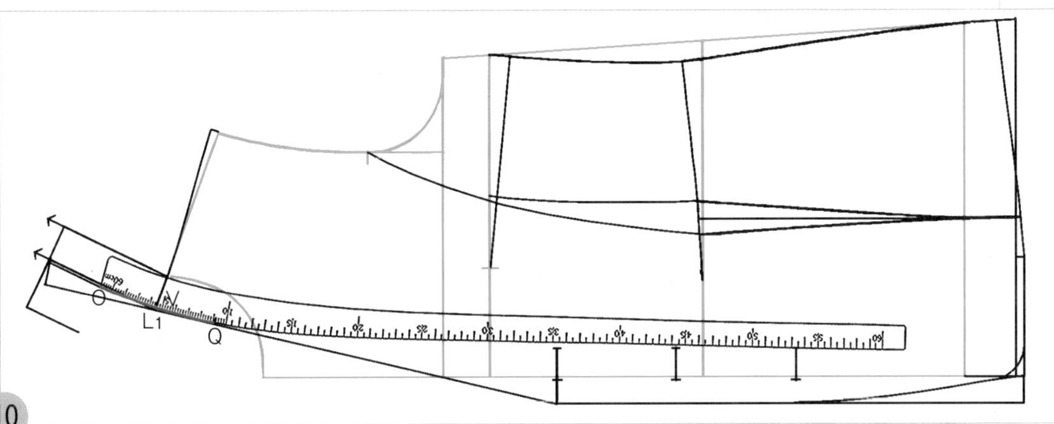

10

O~Q = 칼라의 꺾임 선 07에서 그린 칼라 꺾임 선(O) 위치에 hip곡자 끝 위치를 맞추면서 Q점과 연결하여 칼라 꺾임 선을 곡선으로 수정하고 L1점의 어깨선 곡선으로 수정한 칼라 꺾임선과의 교점을 V점으로 표시해 둔다.

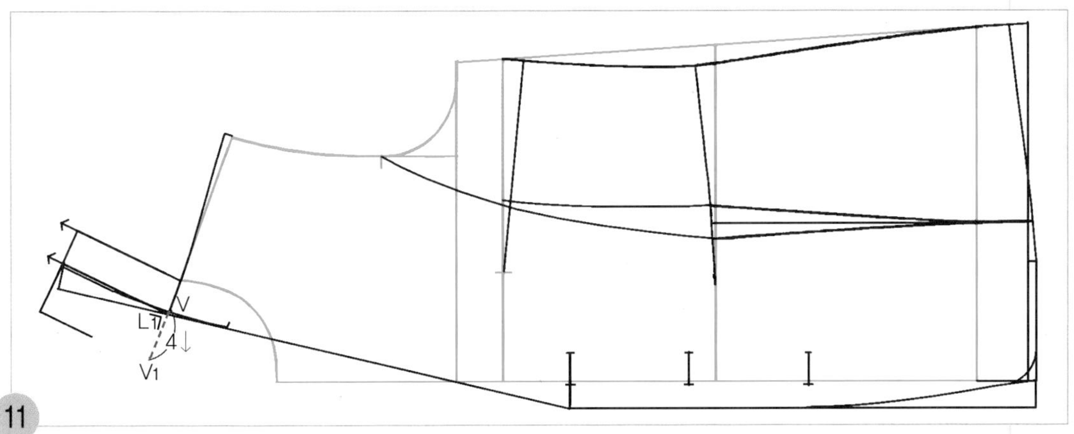

11

V~V1 = 직각으로 4cm

V점에서 칼라 꺾임 선에 직각으로 4cm 점선으로 내려 그려 칼라 완성선을 그릴 연결점(V1)을 표시한다.

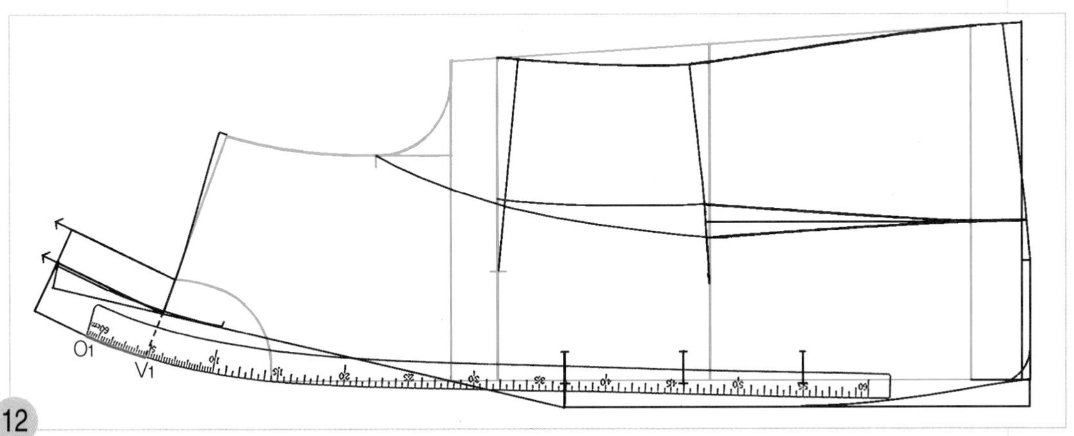

12

O1~V1 = 칼라 완성선

O1점에 hip곡자 끝 위치를 맞추면서 V1점과 연결하여 곡선으로 칼라 완성선을 그린다.

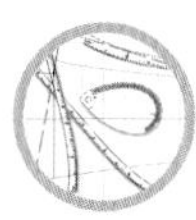

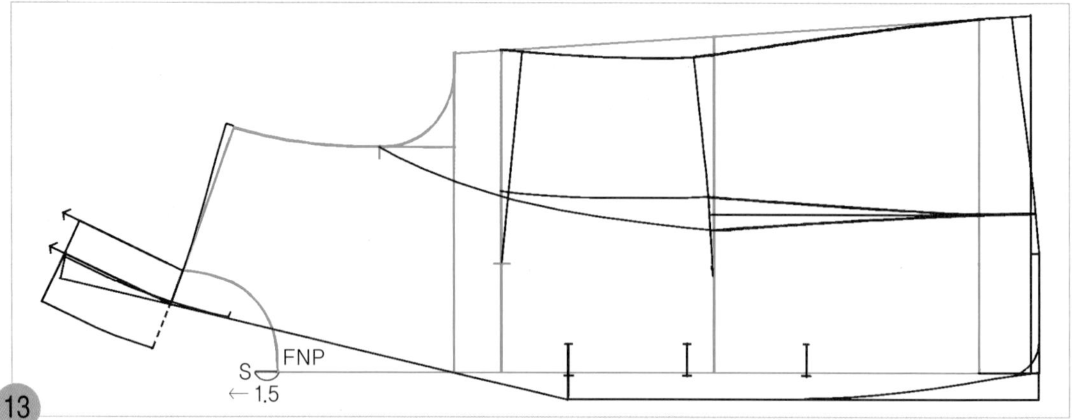

FNP~S=1.5cm 원형의 앞 목점(FNP) 위치에서 수평으로 1.5cm 라펠의 고지선 통과점(S)을 연장시켜 그린다.

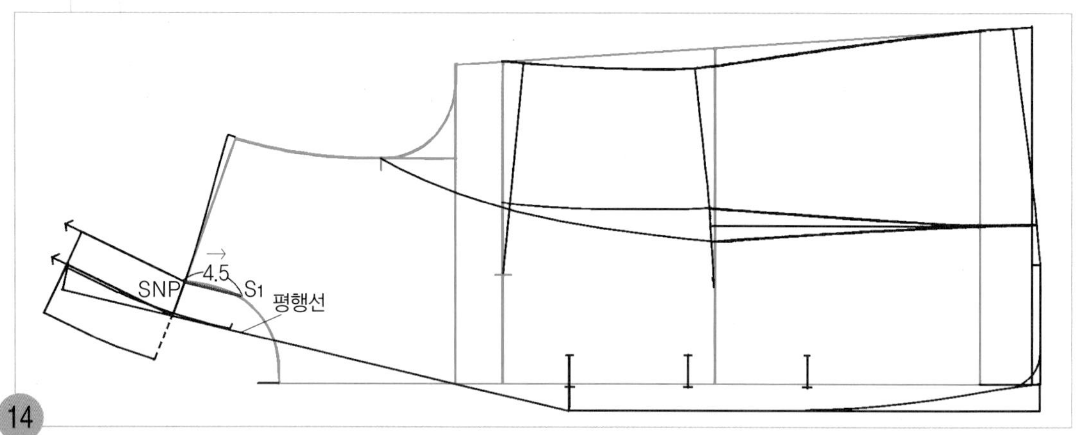

SNP~S_1=4.5cm 옆 목점(SNP)에서 라펠의 꺾임 선과 평행한 선으로 4.5cm 칼라 솔기선을 그리고 그 끝점에 고지선 끝점 위치(S_1)를 표시한다.

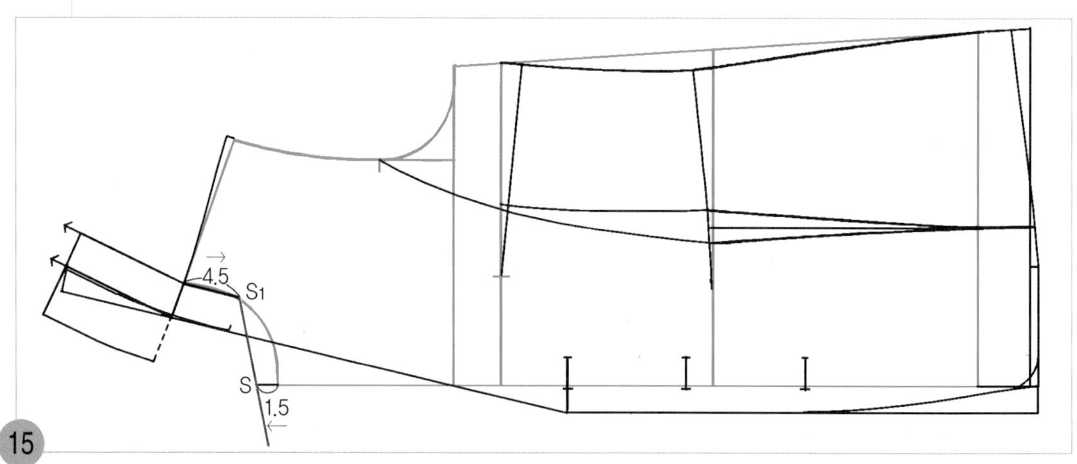

S_1점(SNP에서 라펠의 꺾임 선과 평행한 선으로 4.5cm 그린 선의 끝점)과 S점(원형의 앞 목점에서 1.5cm 연장시켜 그린 고지선의 통과점)을 직선자로 연결하여 고지선을 길게 내려 그린다.

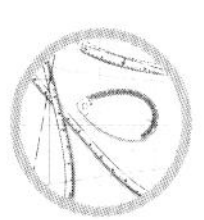

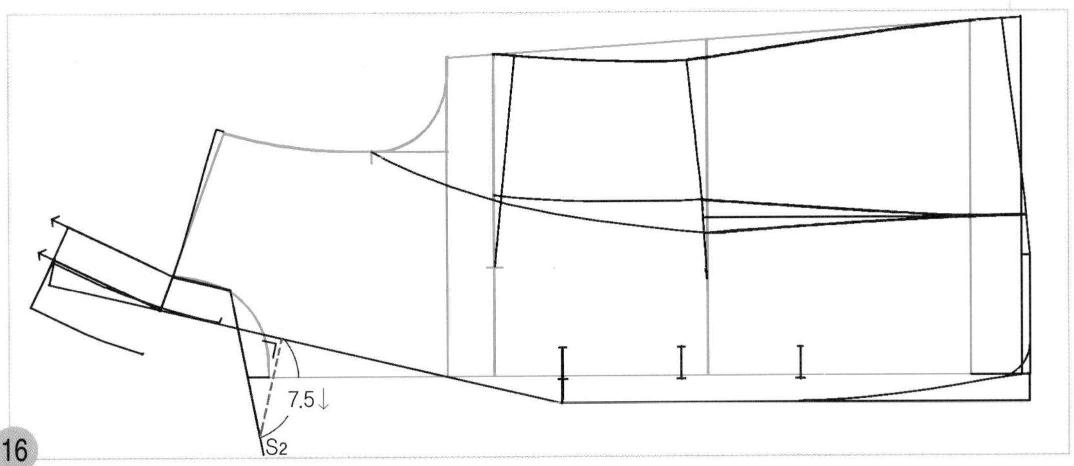

16

라펠의 꺾임 선~S2=7.5cm 라펠의 꺾임 선에 직각자를 대어 15에서 그린 고지선과 7.5cm(라펠의 폭 넓이에 따라 조정 가능)가 마주 닿는 곳을 찾아 몸판의 라펠 끝점(S2)을 정한다.

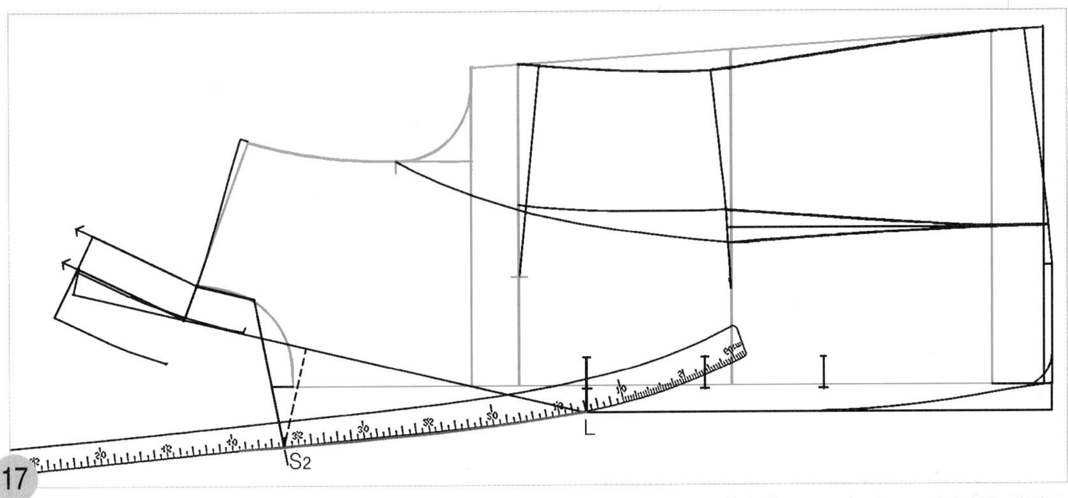

17

L~S2 = 라펠의 완성선 첫 번째 단춧구멍 위치에 있는 앞 여밈분 끝점(L)에 hip곡자 13~15 근처의 위치를 맞추면서 라펠의 끝점(S2)과 연결하여 라펠의 완성선을 칼라 쪽으로 조금 길게 연장시켜 그려둔다.

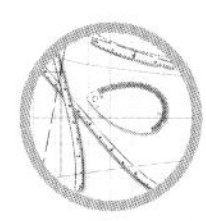

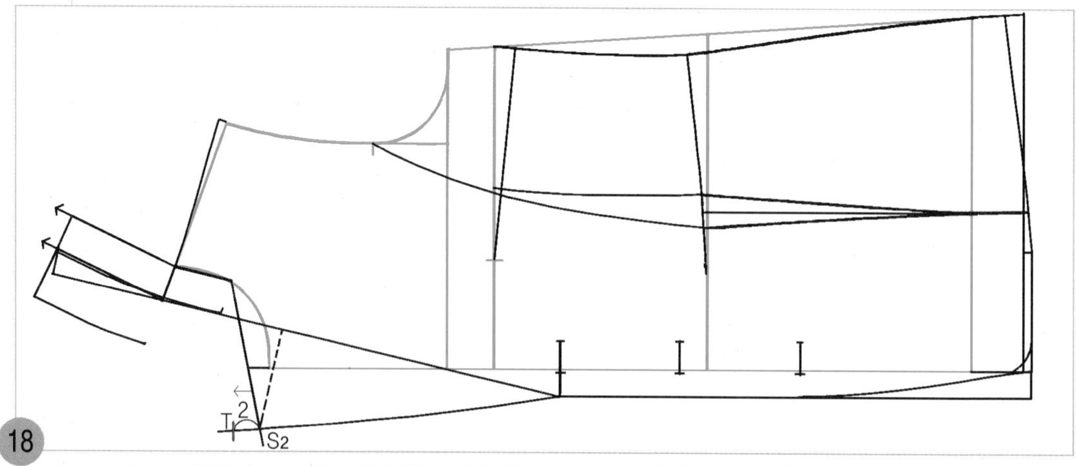

18

S_2~T=2cm 라펠의 끝점(S_2)에서 라펠의 완성선을 따라 2cm 칼라 쪽으로 나가 칼라의 완성선을 그릴 안내선 점(T)을 표시한다.

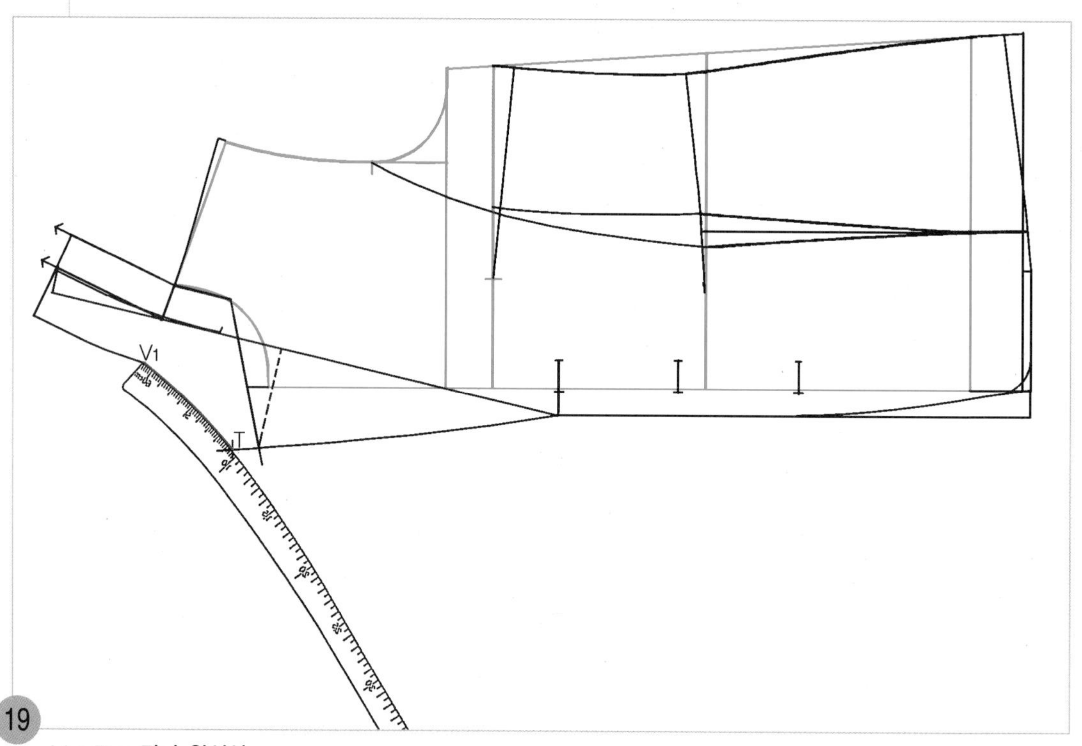

19

V_1~T = 칼라 완성선

V_1점에 hip곡자 끝 위치를 맞추면서 T점과 연결하여 칼라 완성선을 그린다.

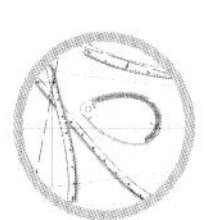

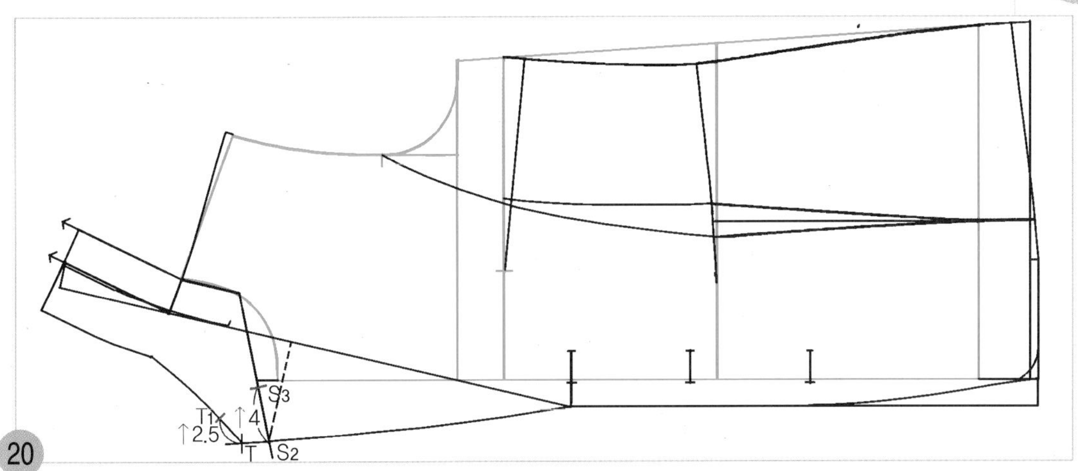

20

S_2~S_3 = 4cm, T~T_1 = 2.5cm 라펠의 끝점(S_2)에서 고지선을 따라 4cm 올라가 고지선 끝점(S_3)을 표시하고, 칼라 완성선 끝점(T)에서 칼라 완성선을 따라 2.5cm 올라가 칼라 완성선의 끝점(T_1)을 표시한다.

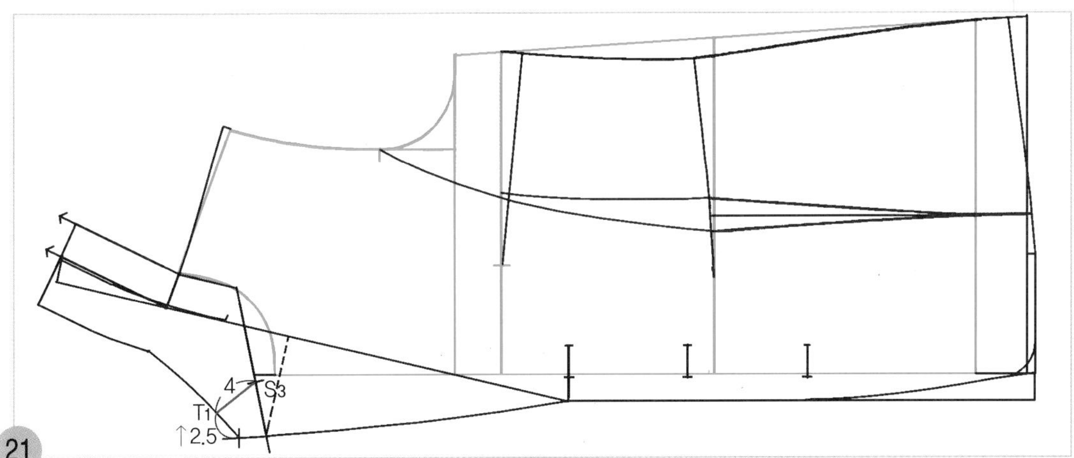

21

S_3~T_1 = 칼라 완성선 S_3점과 T_1점을 직선자로 연결하여 칼라 완성선을 그린다.

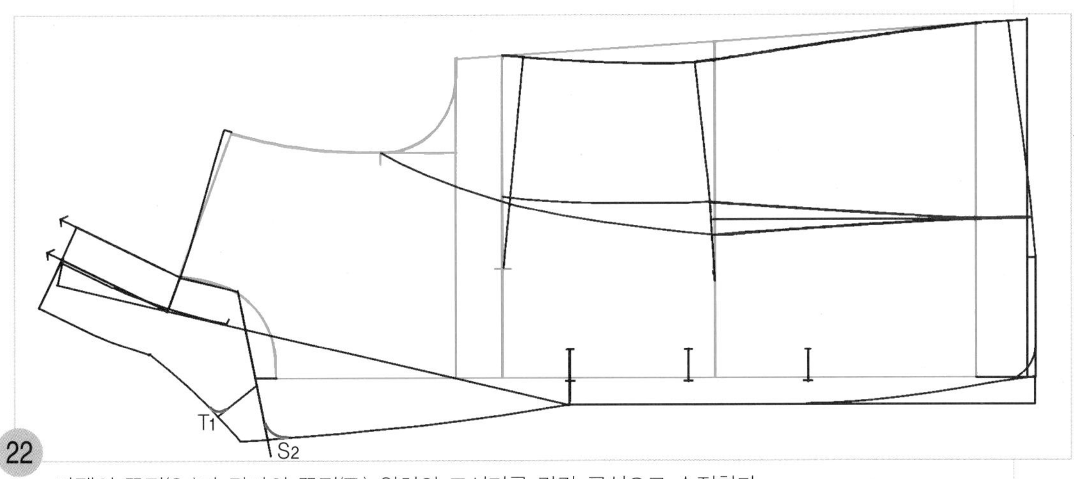

22

라펠의 끝점(S_2)과 칼라의 끝점(T_1) 위치의 모서리를 각각 곡선으로 수정한다.

주 칼라와 라펠의 모서리를 각지게 할 경우에는 수정하지 않아도 된다.

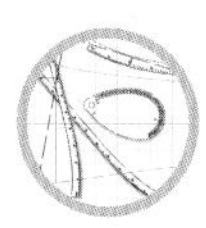

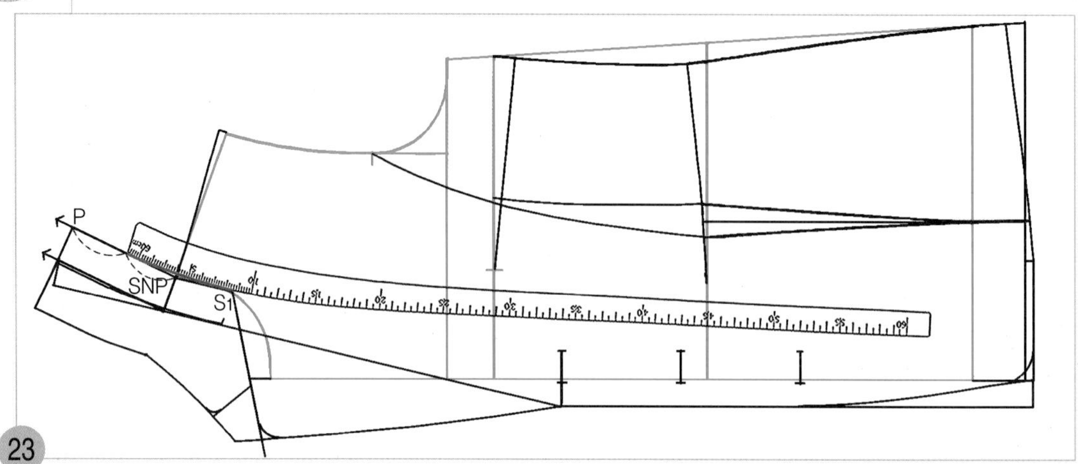

23

P점에서 SNP의 1/2 지점에 hip곡자 끝 위치를 맞추면서 S_1점과 연결하여 칼라 솔기선을 곡선으로 수정한다.

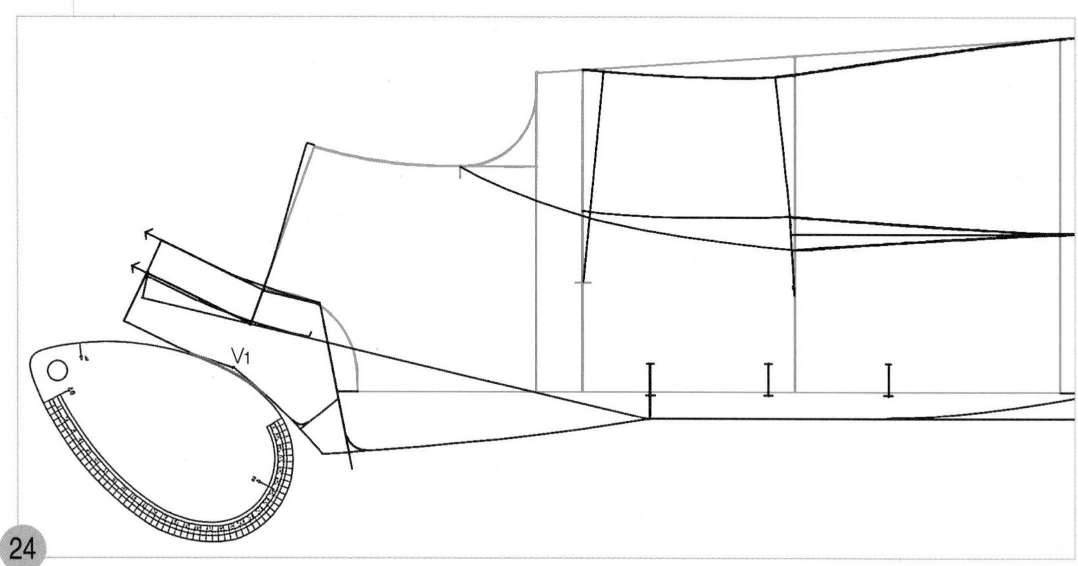

24

칼라 완성선의 V_1점에 각진 곳을 AH자로 연결하여 곡선으로 수정한다.

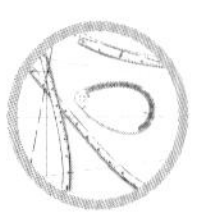

8. 앞판의 허리선 위쪽 패널라인을 완성하고 몸판의 넥 다트를 그린다.

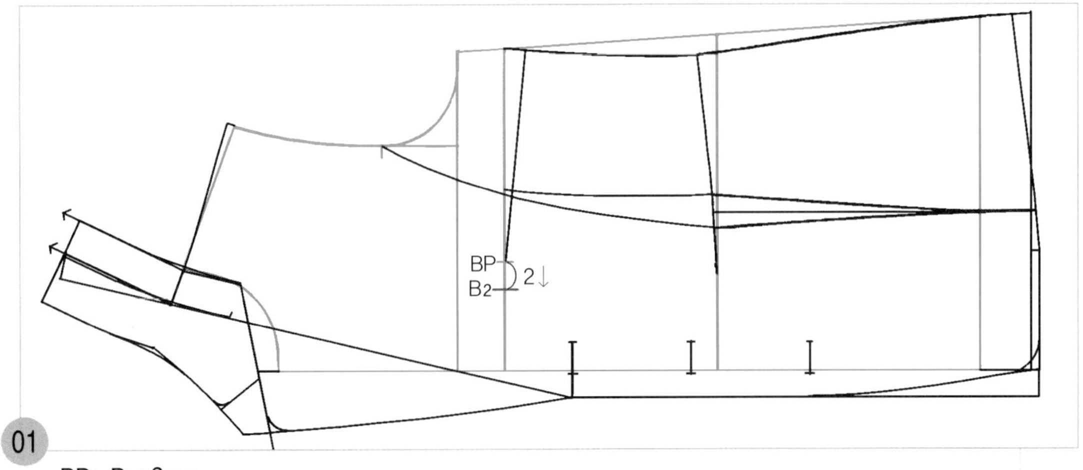

BP~B2=2cm

유두점(BP) 위치에서 앞 중심 쪽으로 2cm 내려와 가슴 다트를 접어 수정할 절개선 위치(B2)를 표시한다.

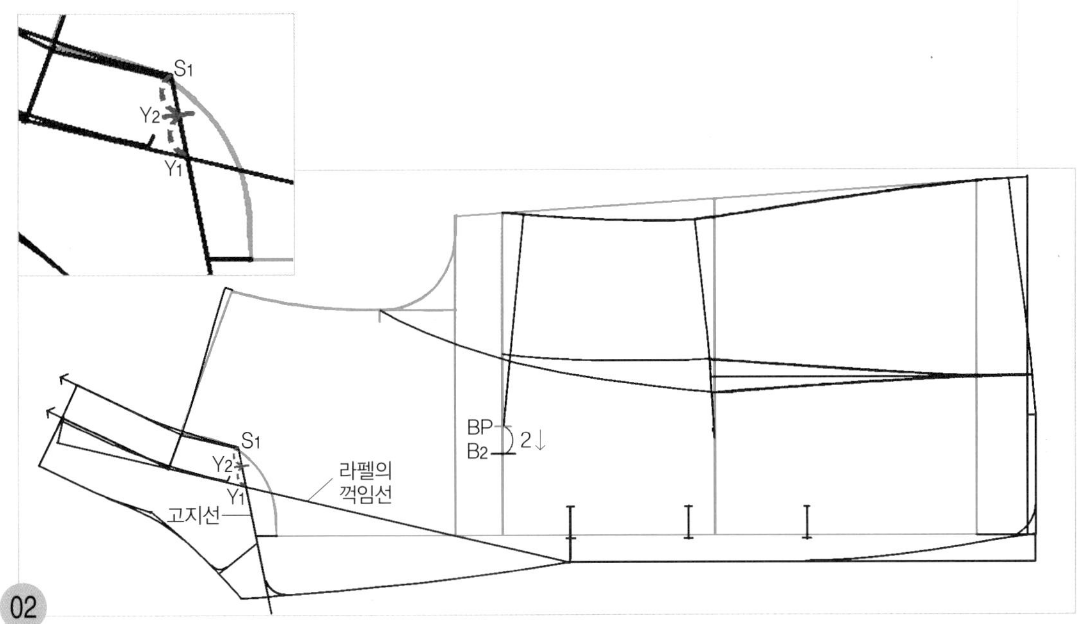

S1점에서 라펠의 꺾임 선과 고지선과의 교점(Y1)까지를 2등분하여 1/2 위치에 넥 다트를 그릴 위치(Y2)를 표시한다.

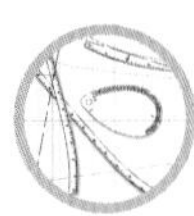

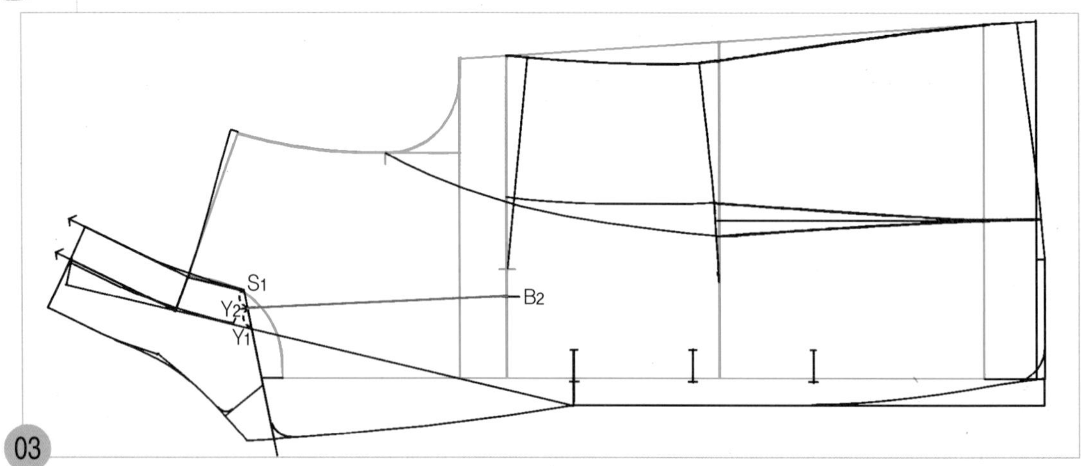

$Y_2 = S_1 \sim Y_1$의 2등분 Y_2점과 BP에서 2cm 내려온 절개선 위치(B_2)를 직선자로 연결하여 절개선을 그린다.

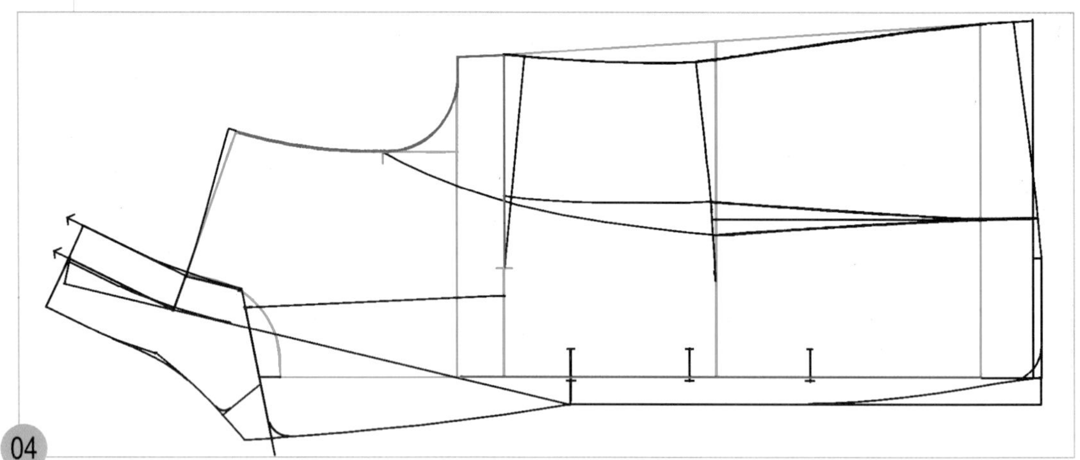

적색으로 표시된 앞 중심선, 앞 진동 둘레 선(AH), 옆선과 BP까지의 가슴둘레 선은 원형의 선을 그대로 사용한다.

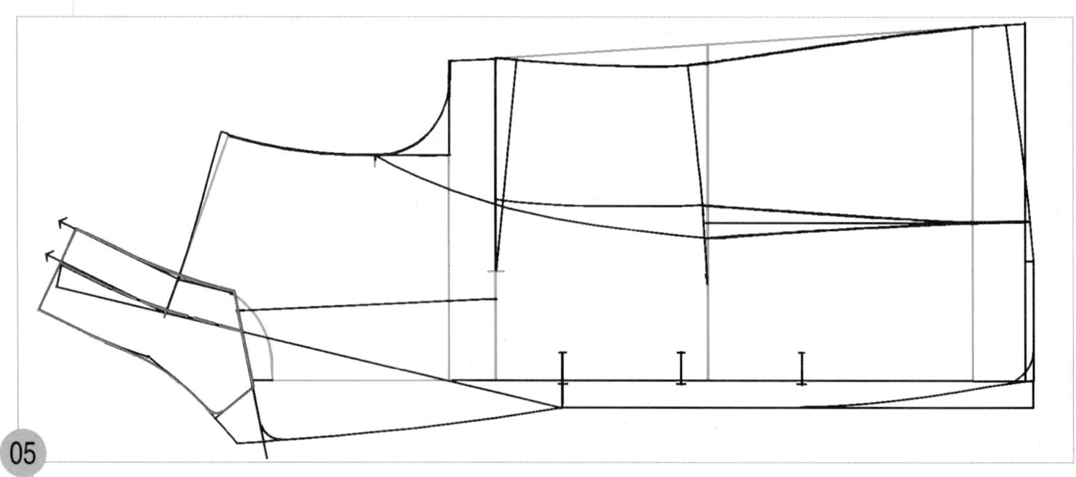

적색선이 칼라의 완성선이다. 새 패턴지를 적색으로 표시된 칼라의 완성선 밑에 넣고 룰렛으로 눌러 칼라의 완성선을 옮겨 그리고 새 패턴지에 옮겨 그린 칼라의 완성선을 따라 오려내어 패턴에 차이가 없는지 확인한다.

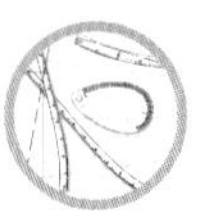

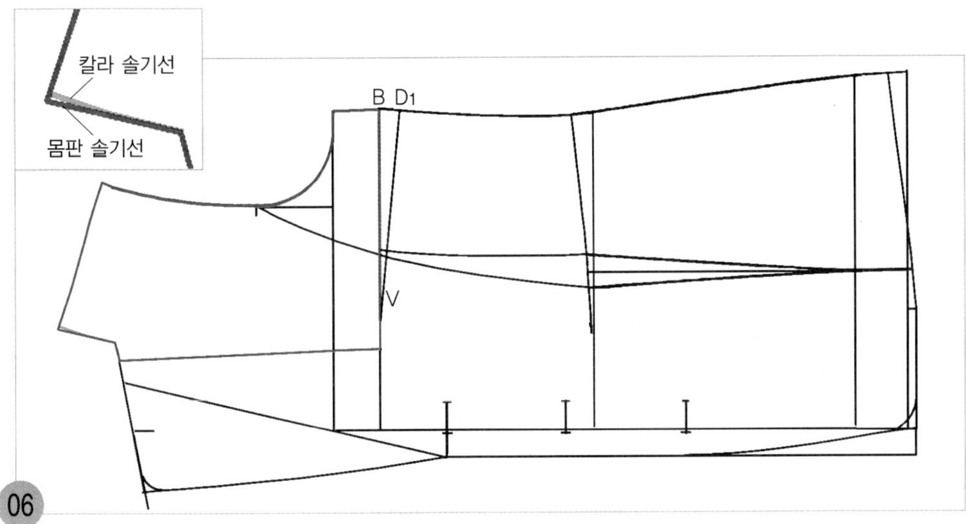

06

칼라 패턴이 완성되었으므로 몸판의 완성선에서 칼라 부분을 잘라내 버린다.

주 옆 목점 위치에서 칼라의 완성선과 몸판의 완성선이 교차되어 있으므로 몸판의 선을 자르지 않도록 주의한다. 새 패턴지에 적색으로 표시된 가슴둘레 선 위쪽 선을 옮겨 그린 다음, 새 패턴지에 옮겨 그린 가슴둘레 선 위쪽 선을 따라 오려내고, 패턴에 차이가 없는지 확인한다.

주 다음의 그림 07부터는 설명의 이해를 돕기 위해 칼라의 완성선을 지운 상태로 설명하고 있으므로, 실제 제도 시에 지울 필요는 없다.

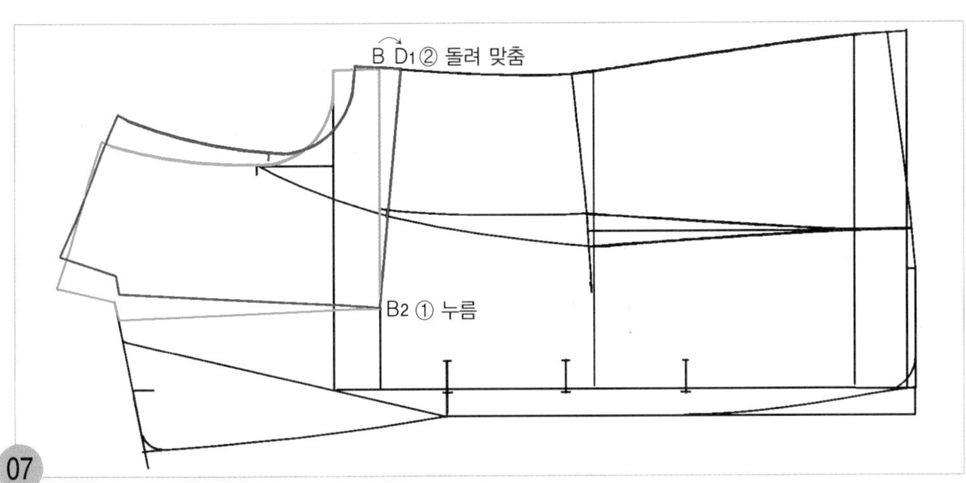

07

적색으로 표시된 가슴둘레 선 위쪽의 패턴을 일단 청색선에 맞추어 얹고 B2점에서 누르고 적색 패턴을 시계 방향으로 돌려 가슴둘레 선의 B점을 가슴 다트 선(D1)에 맞추어 고정시키고 보면 그림과 같이 청색색이 적색선과 같이 이동하게 된다. 이동한 선을 몸판에 옮겨 그린다.

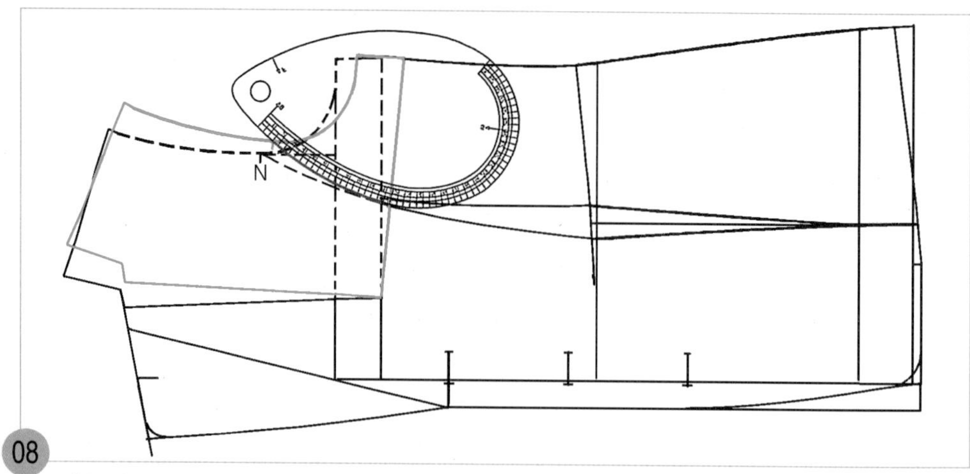

08

가슴 다트를 없애고 이동한 진동 둘레 선(AH)의 N점과 허리선 위쪽의 앞 중심 쪽 패널라인의 가슴둘레 선까지의 패널라인을 AH자로 연결하여 수정한다.

주 점선으로 표시된 선은 필요 없는 선이므로 다음의 09 그림부터 지운 상태로 설명하도록 하나, 제도 시 일부러 지울 필요는 없다.

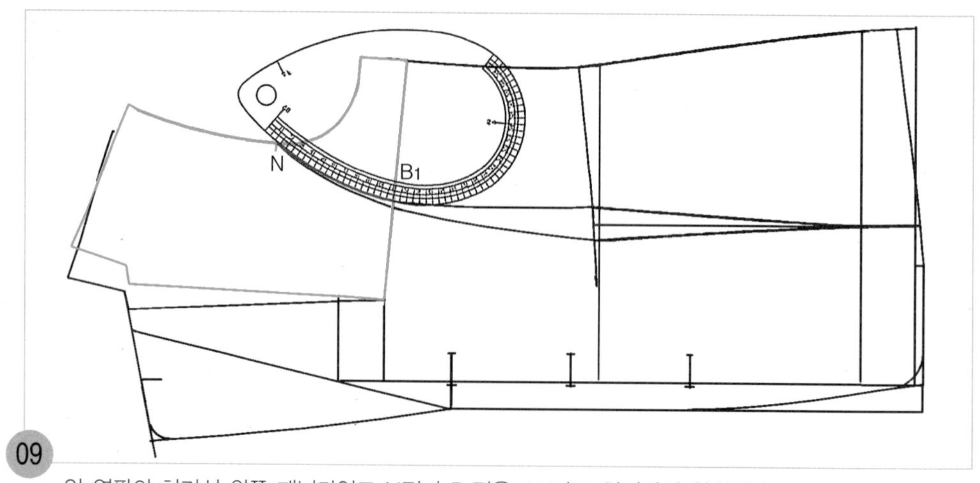

09

앞 옆판의 허리선 위쪽 패널라인도 N점과 B_1점을 AH자로 연결하여 완성한다.

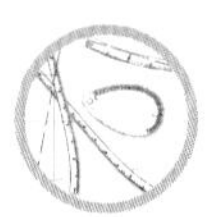

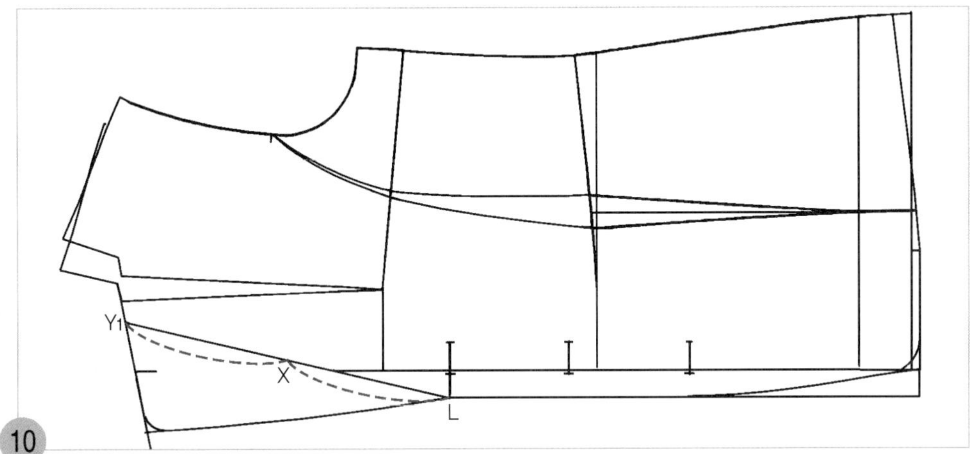

10

라펠의 꺾임 선과 고지선과의 교점(Y1)에서 첫 번째 단춧구멍 위치의 앞 여밈분(L), 즉 라펠의 꺾임 점까지를 2등분하여 넥 다트선을 그릴 안내점 위치(X)를 표시한다.

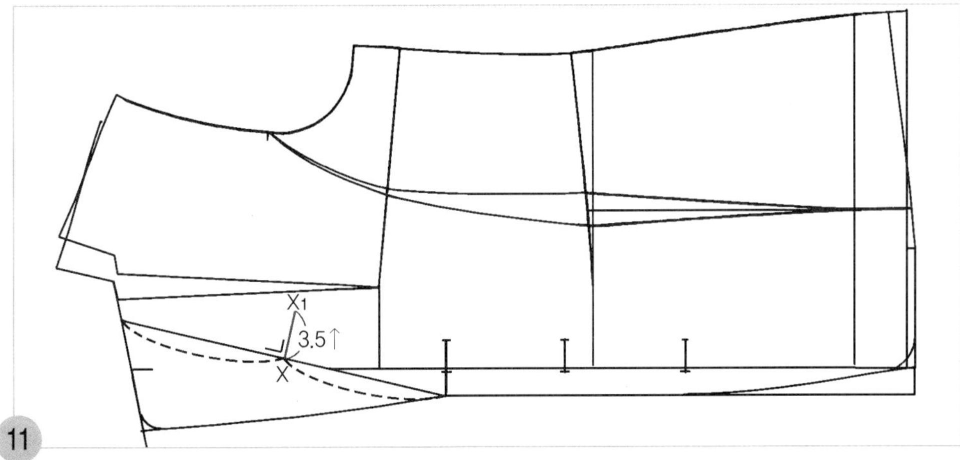

11

X~X1 = 3.5cm X점에서 라펠의 꺾임선에 직각으로 3.5cm 올려 그려 넥 다트 끝점(X1)을 정한다.

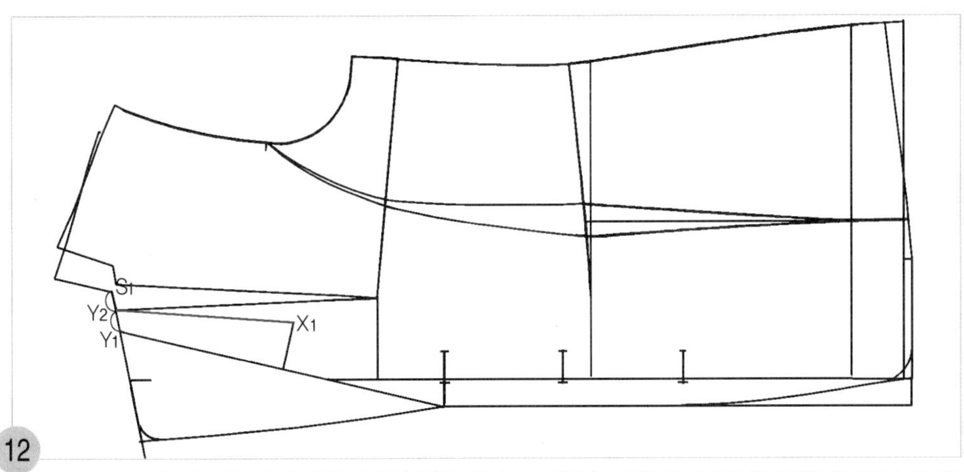

12

X1~Y2 = 넥 다트선 S1점에서 라펠의 꺾임 선과 고지선의 교점(V1)까지를 2등분한 위치(Y2) 와 X1 점을 직선자로 연결하여 넥 다트선을 그린다.

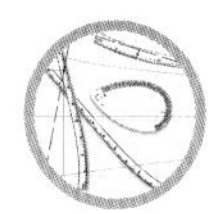

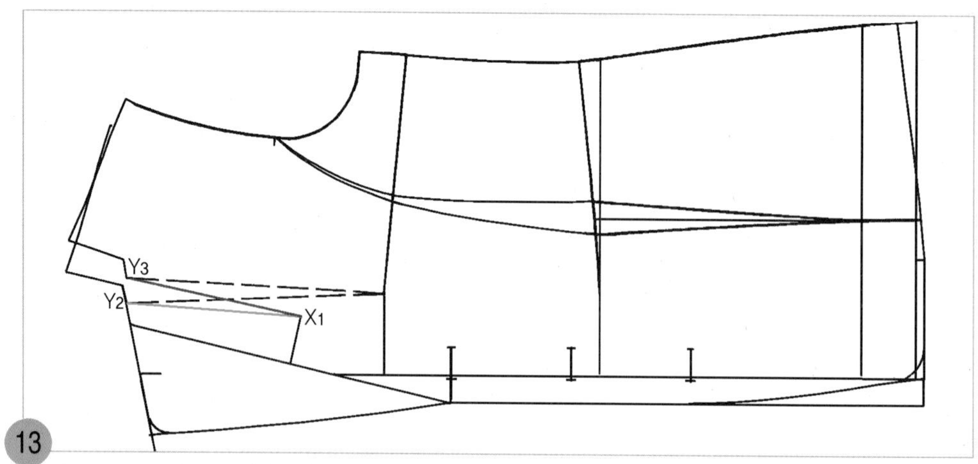

X_1~Y_3 = X_1~Y_2 길이 가슴 다트 처리 후의 Y_2점 위치가 이동한 위치를 Y_3점으로 하고, X_1점과 Y_3점 두 점을 직선자로 연결하여 X_1~Y_2까지의 같은 길이만큼 넥 다트선을 그린다.

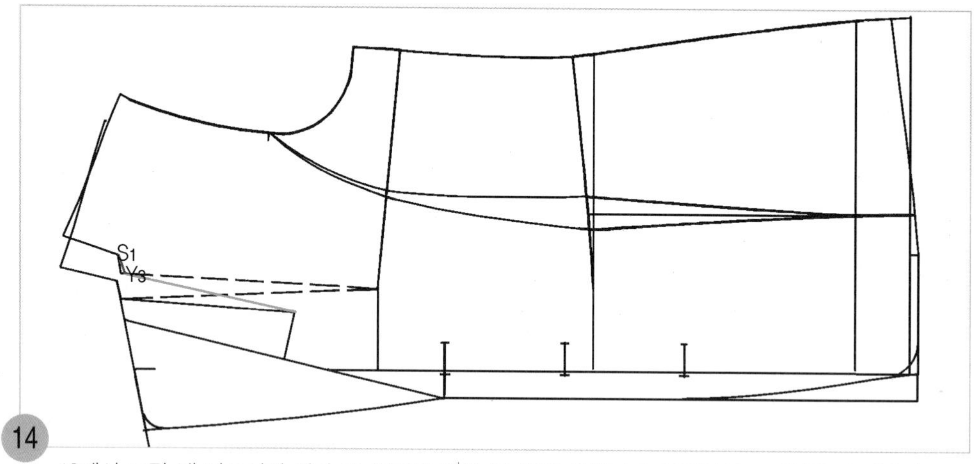

13에서 그린 넥 다트선의 칼라 쪽 끝점과 S_1점 두 점을 직선자로 연결하여 고지선을 수정한다.

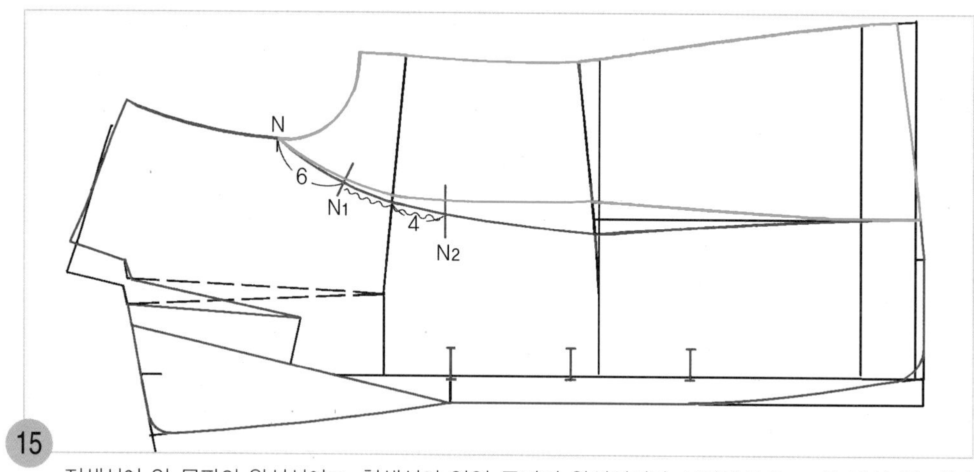

적색선이 앞 몸판의 완성선이고, 청색선이 앞옆 몸판의 완성선이다. N점에서 6cm 앞 중심 쪽 패널 라인을 따라 나가 직각으로 이세 처리 시작 위치의 너치 표시(N_1)를 넣고 가슴 다트선에서 4cm 나간 곳에 이세 처리 끝 위치의 너치 표시(N_2)를 넣은 다음 N_1에서 N_2 사이에 이세 기호를 넣는다.

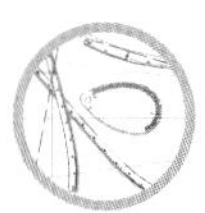

9. 플랩 포켓 선을 그린다.

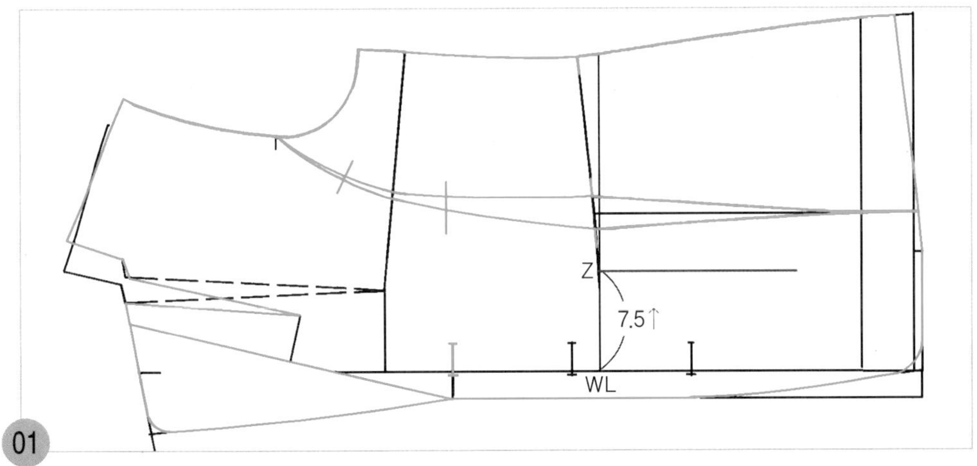

WL~Z = 7.5cm

앞 중심 쪽 허리선 위치(WL)에서 허리선을 따라 7.5cm 올라가 앞 중심 쪽 플랩 포켓 위치의 안내선 점(Z)을 표시하고 직각으로 길게 수평선을 그려둔다.

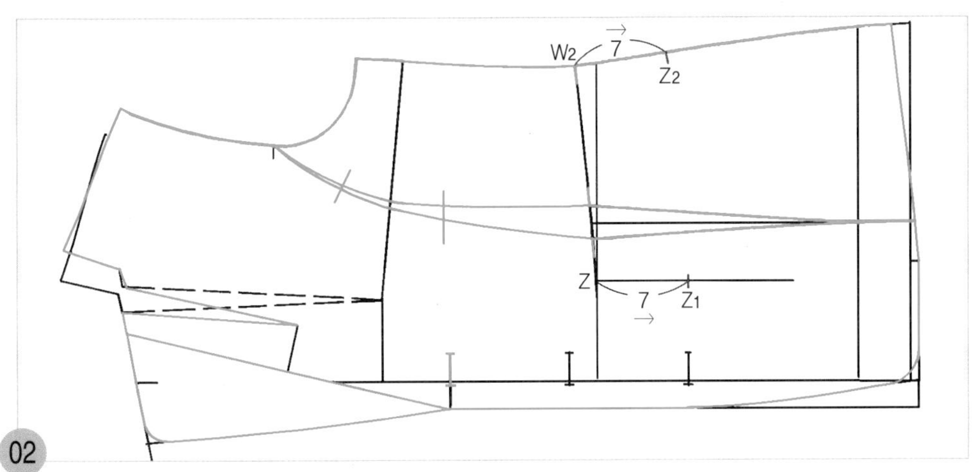

Z~Z1=7cm, W2~Z2=7cm

Z점에서 플랩 포켓 위치의 안내선을 따라 7cm 나가 앞 중심 쪽 플랩 포켓 위치(Z1)를 표시하고, 옆선 쪽 허리선(W2) 점에서 7cm 나가 플랩 포켓 입구 선을 그릴 안내선 점(Z2)을 표시한다.

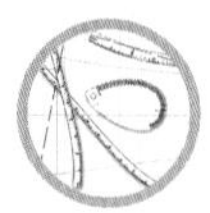

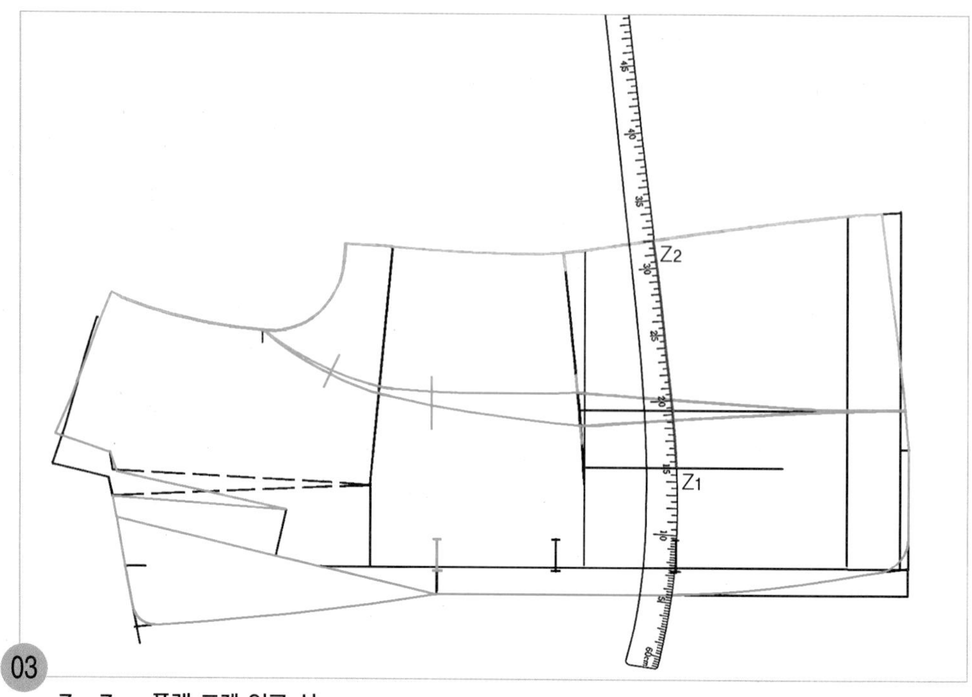

Z_1~Z_2 = 플랩 포켓 입구 선

Z_1점에 hip곡자 15 위치를 맞추면서 Z_2점과 연결하여 플랩 포켓 입구 선을 그린다.

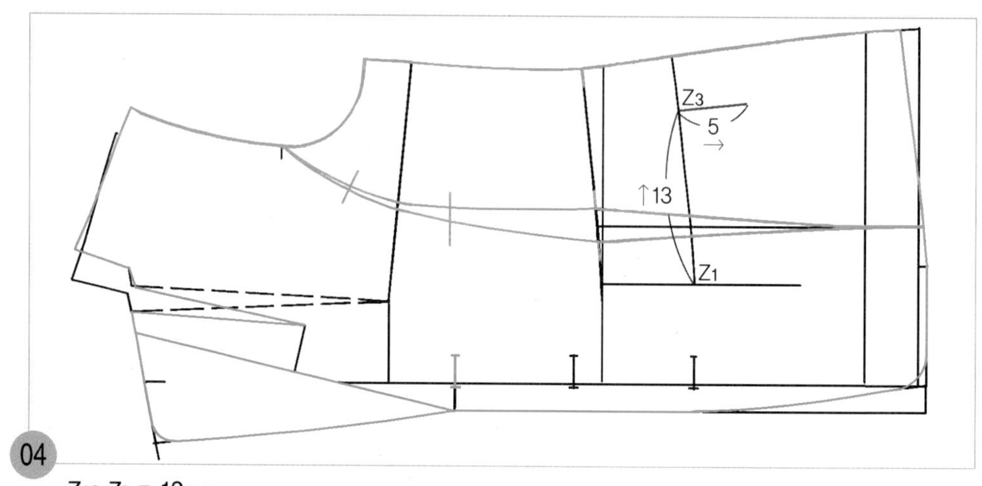

Z_1~Z_3 = 13cm

Z_1점에서 플랩 포켓 입구 선을 따라 플랩 포켓 입구 치수 13cm를 올라가 옆선 쪽 플랩 포켓 위치(Z_3)를 정하고, 직각으로 5cm 플랩 포켓 폭 선을 그린다.

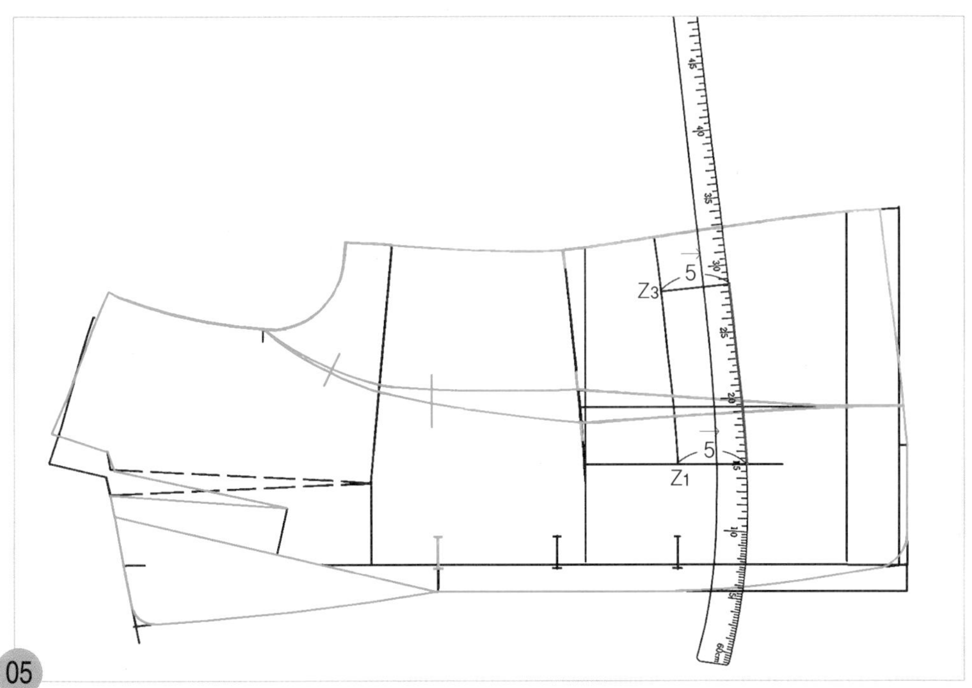

05

앞 중심 쪽 플랩 포켓 선 위치(Z_1)에서 플랩 포켓 폭 5cm를 나간 곳에 hip곡자 15 위치를 맞추면서 Z_3 위치에서 직각으로 5cm 그린 끝점과 연결하여 플랩 포켓 밑단 선을 그린다.

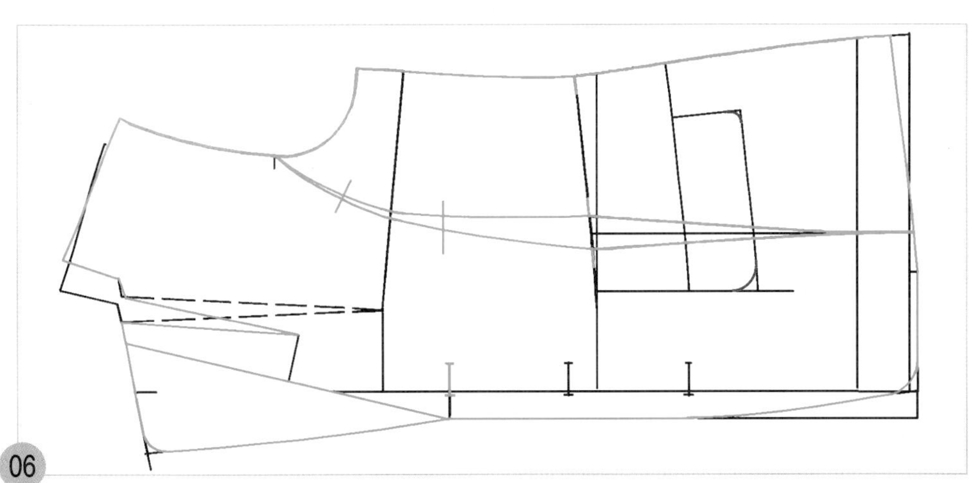

06

플랩 포켓 밑단 선의 앞 중심 쪽은 직경 3cm의 곡선으로, 옆선 쪽은 직경 1.5cm의 곡선으로 수정한다.

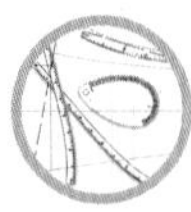

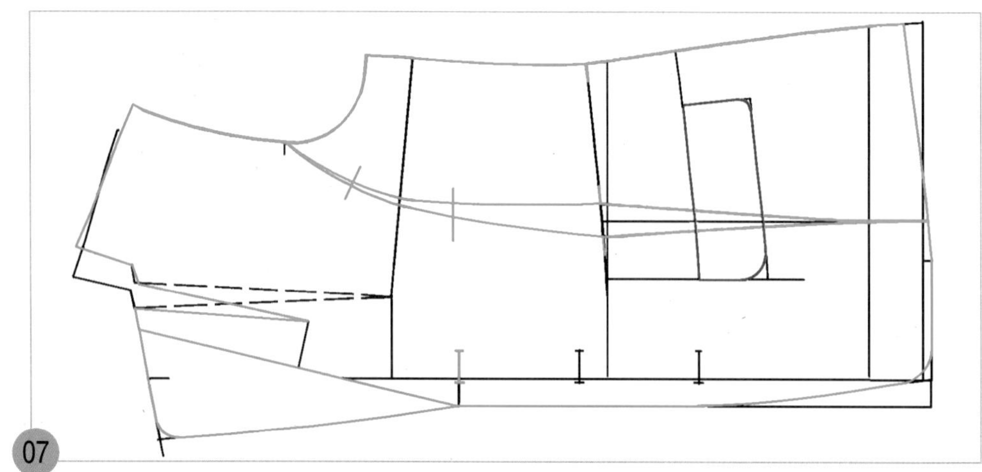

07

적색선이 플랩 포켓의 완성선이다. 새 패턴지에 플랩 포켓의 완성선을 옮겨 그린 다음 새 패턴지에 옮겨 그린 플랩 포켓의 완성선을 따라 오려내고, 패턴에 차이가 없는지 확인한다.

두 장 소매 제도하기

1. 소매 기초선을 그린다.

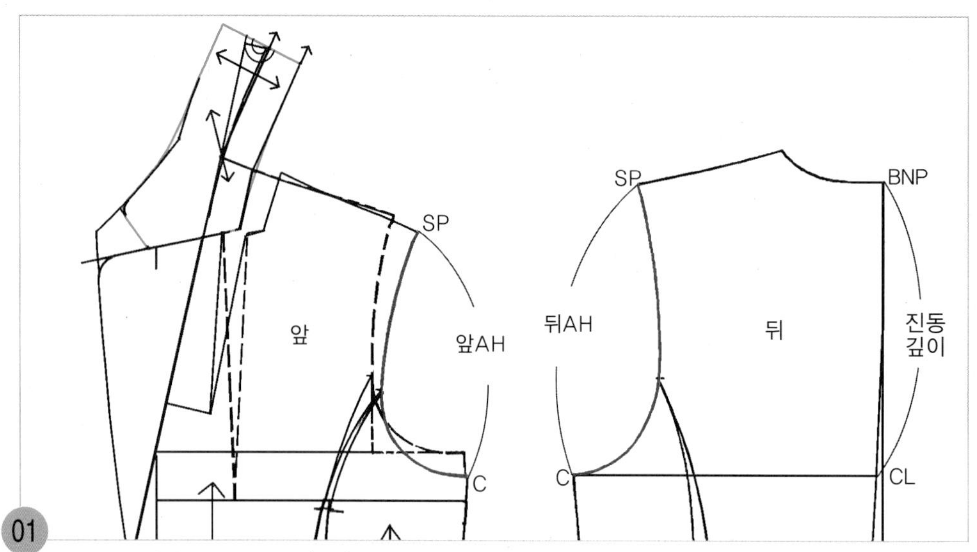

01

SP~C=앞뒤 진동 둘레 선(AH), BNP~CL=진동깊이

SP점에서 C점의 앞뒤 진동 둘레 선(AH) 길이와 뒤판의 뒤 목점(BNP)에서 CL점까지의 진동 깊이 선 길이를 각각 재어둔다.

주 뒤 AH 치수－앞 AH 치수＝2cm 내외가 가장 이상적 치수이다. 즉, 뒤 AH 치수가 앞 AH 치수보다 2cm 정도 더 길어야 하며 허용 치수는 ±0.8cm까지이다.

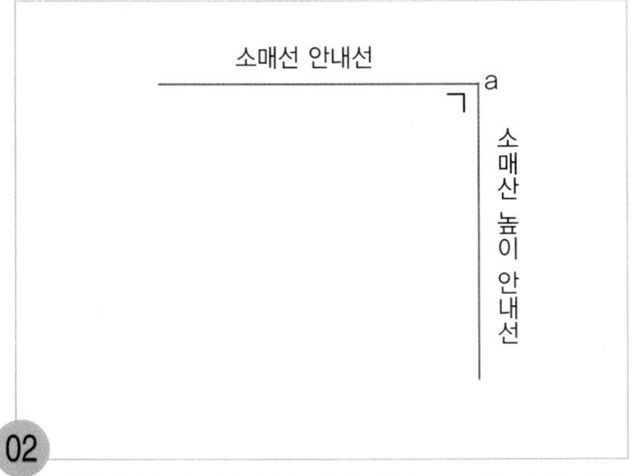

02

직각자를 대고 소매산 안내선(a)을 그린 다음 소매산 높이 안내선을 그린다.

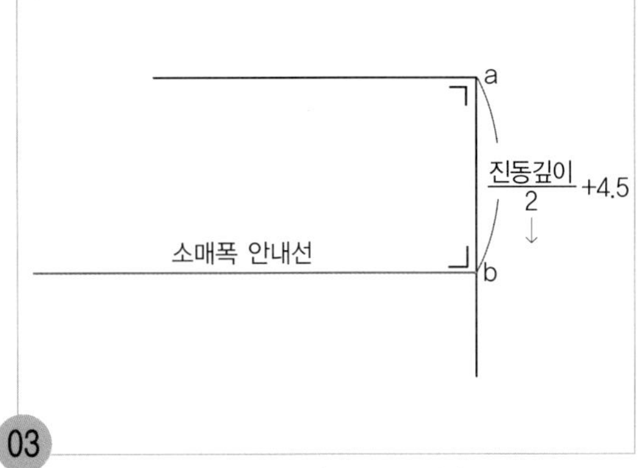

03

a~b= 소매산 높이 : (진동 깊이/2)+4.5cm

진동 깊이는 뒤 몸판의 A점에서 B점까지의 길이이다. a점에서 소매산 높이, 즉 (진동 깊이/2)+4.5cm를 내려와 앞 소매 폭 점(b)을 표시하고 직각으로 소매 폭 안내선을 그린다.

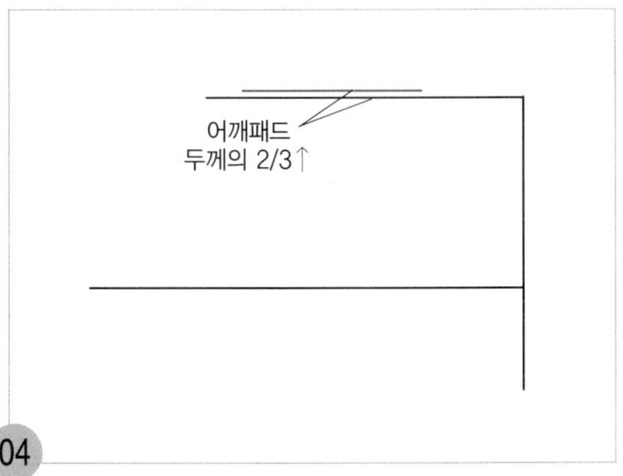

04

소매산 안내선에서 어깨 패드 두께의 2/3 분량만큼 올라가 제2 소매산 안내선을 수평으로 그린다.

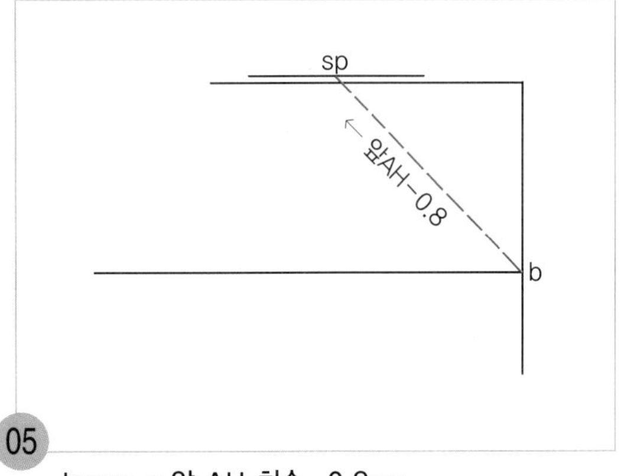

05

b~sp = 앞 AH 치수−0.8cm

직선자로 b점에서 제2 소매산 안내선을 향해 앞 AH 치수–0.8cm 한 치수가 마주 닿는 위치를 소매산 점(sp)으로 하여 점선으로 그린다.

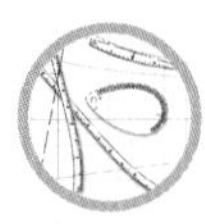

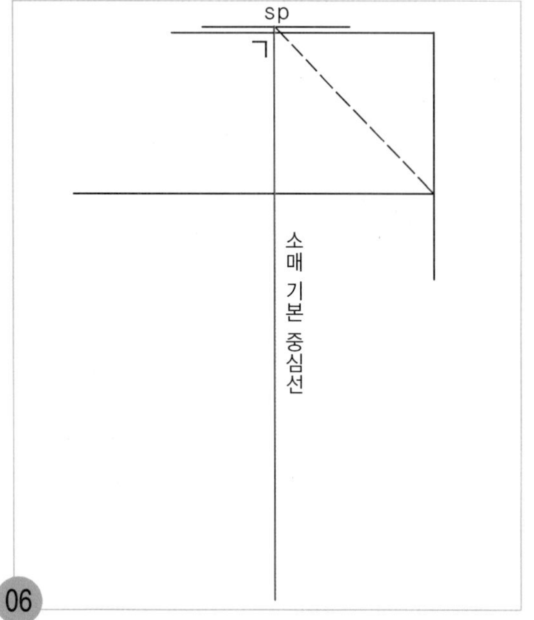

sp = 소매산 점

소매산점(sp)점에서 직각으로 소매 기본 중심선을 내려 그린다.

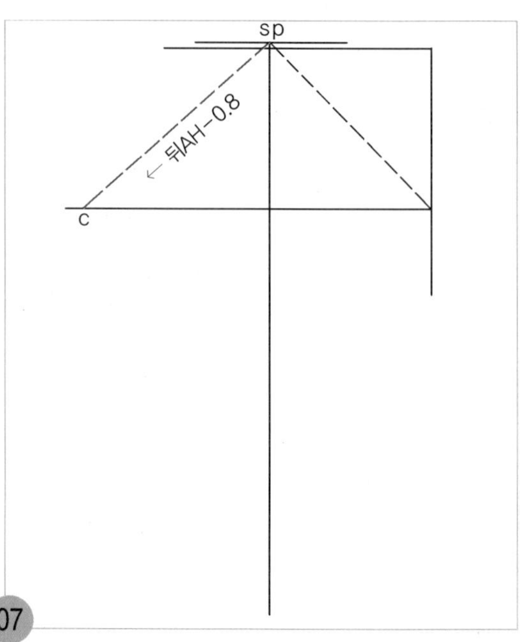

sp~c = 뒤 AH 치수 − 0.6cm

직선자로 소매산점(sp)점에서 소매 폭 안내선을 따라 뒤 AH 치수−0.6cm 한 치수가 마주 닿는 위치를 뒤 소매 폭 점(c)으로 하여 점선으로 그린다.

2. 소매산 곡선을 그릴 안내선을 그린다.

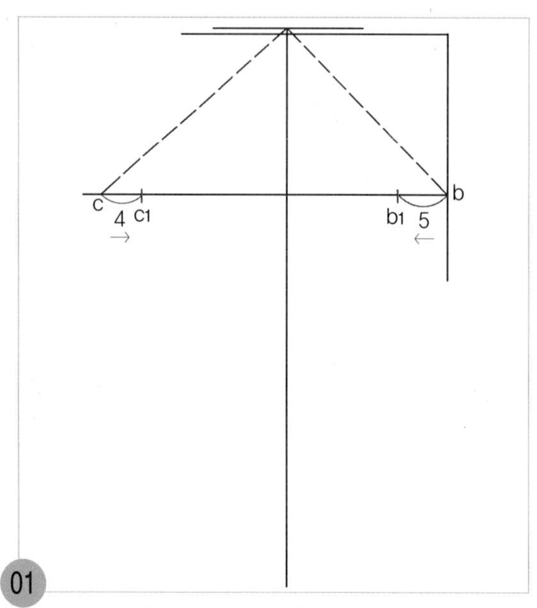

$b \sim b_1$ = 5cm, $c \sim c_1$ = 4cm

앞 소매 폭 끝점(b)에서 소매 폭 선을 따라 5cm 나가 앞 소매산 곡선을 그릴 안내선 점(b_1)을 표시하고, 뒤 소매 폭 끝점(c)에서 4cm 나가 뒤 소매산 곡선을 그릴 안내선 점(c_1)을 표시한다.

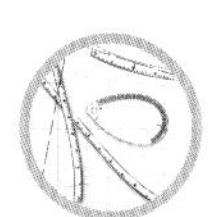

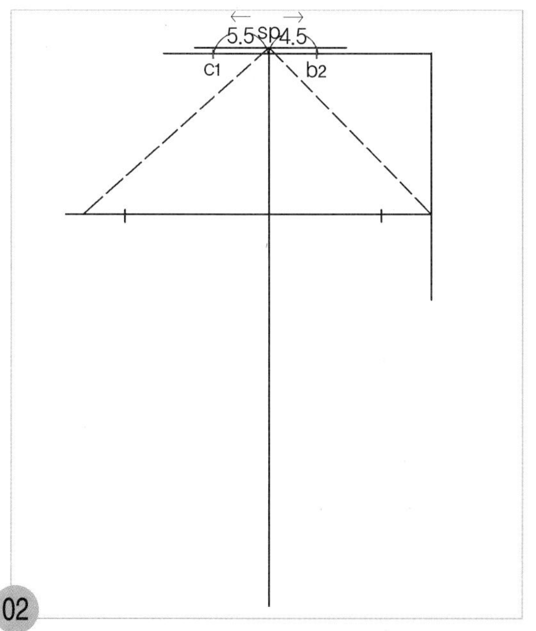

02

$sp \sim b_2$ = 4.5cm, $sp \sim c_1$ = 5.5cm

소매산 점(sp)에서 앞 소매산 쪽은 4.5cm 나가 앞 소매산 곡선을 그릴 안내선 점(b_2)을 표시하고, 뒤 소매산 쪽은 5.5cm 나가 뒤 소매산 곡선을 그릴 안내선 점(c_2)을 표시한다.

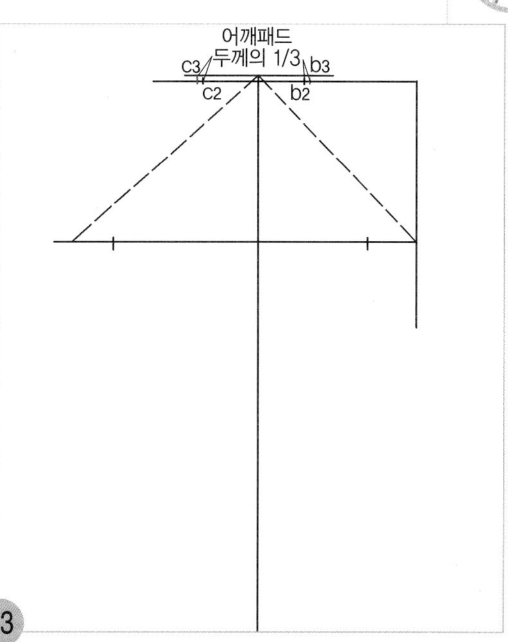

03

$b_2 \sim b_3$, $c_2 \sim c_3$ = 어깨 패드 두께의 1/3 분량

b_2점과 c_2점에서 각각 어깨 패드 두께의 1/3 분량만큼 앞 소매 쪽(b_3)과 뒤 소매 쪽(c_3)으로 이동하여 뒤 소매산 곡선을 그릴 안내선 점을 표시한다.

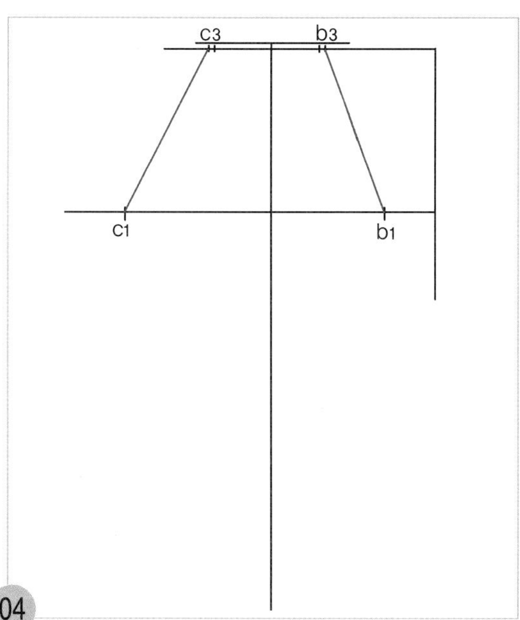

04

$b_1 \sim b_3$ = 앞 소매산 곡선 안내선,
$c_1 \sim c_3$ = 뒤 소매산 곡선 안내선

$b_1 \sim b_3$, $c_1 \sim c_3$ 두 점을 각각 직선자로 연결하여 소매산 곡선을 그릴 안내선을 그린다.

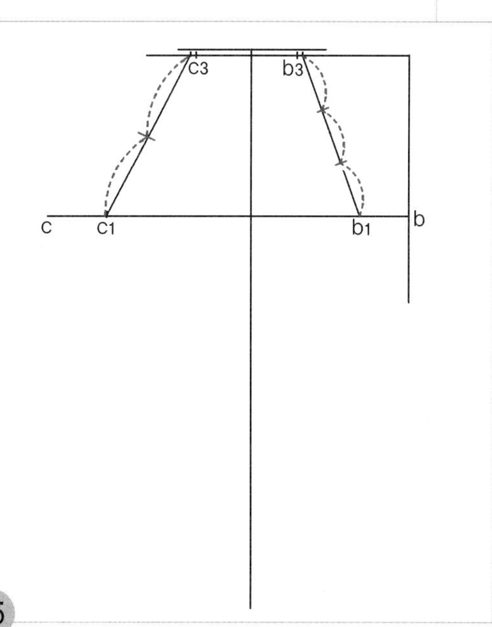

05

$b_1 \sim b_3$ = 3등분, $c_1 \sim c_3$ = 2등분

앞 소매산 곡선 안내선은 3등분, 뒤 소매산 곡선 안내선은 2등분한다.

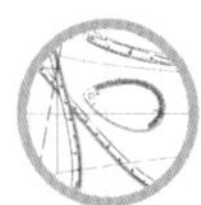

3. 소매산 곡선을 그린다.

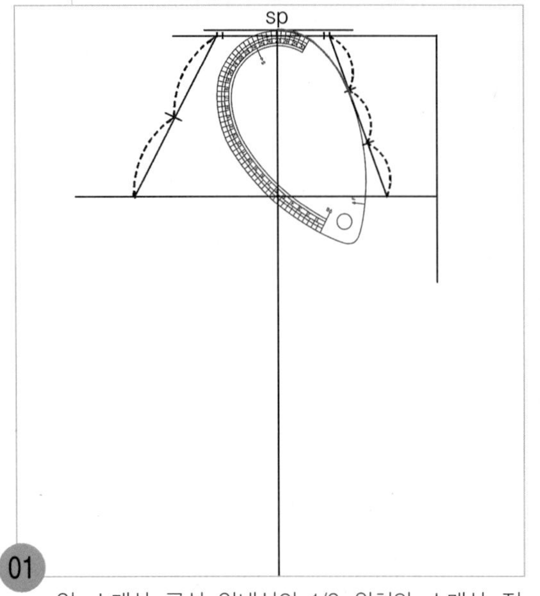

앞 소매산 곡선 안내선의 1/3 위치와 소매산 점(sp)을 앞 AH자로 연결하였을 때 1/3 위치에서 소매산 곡선 안내선을 따라 1cm 가 수평으로 앞 소매산 곡선 안내선과 이어지는 곡선으로 맞추어 앞 소매산 곡선을 그린다.

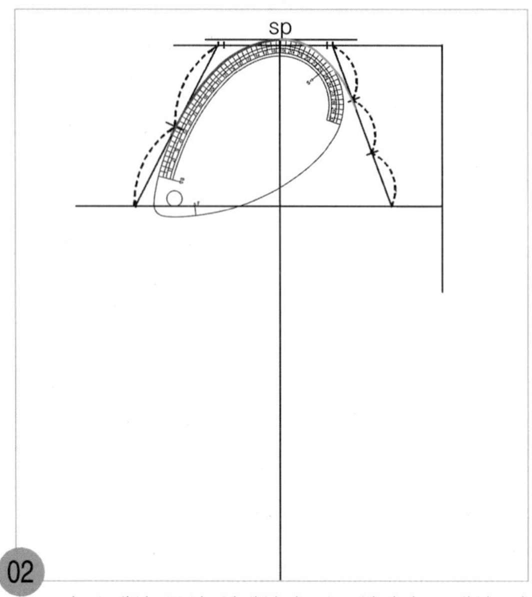

뒤 소매산 곡선 안내선의 1/2 위치와 소매산 점(sp)을 뒤 AH자로 연결하였을 때 1/2 위치에서 소매산 곡선 안내 선을 따라 1cm 가 수평으로 뒤 소매산 곡선 안내선과 이어지는 곡선으로 맞추어 뒤 소매산 곡선을 그린다.

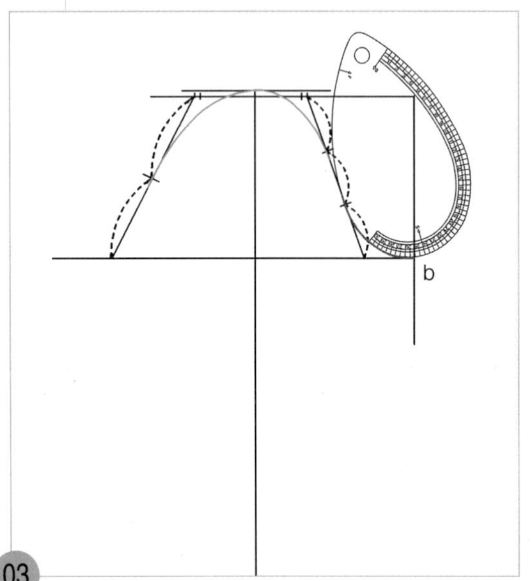

앞 소매 폭 점(b)과 앞 소매산 곡선 안내선의 1/3 위치를 앞 AH자로 연결하였을 때 1/3 위치에서 앞 소매산 곡선 안내선을 따라 1cm 가 수평으로 이어지는 곡선으로 맞추어 남은 앞 소매산 곡선을 그린다.

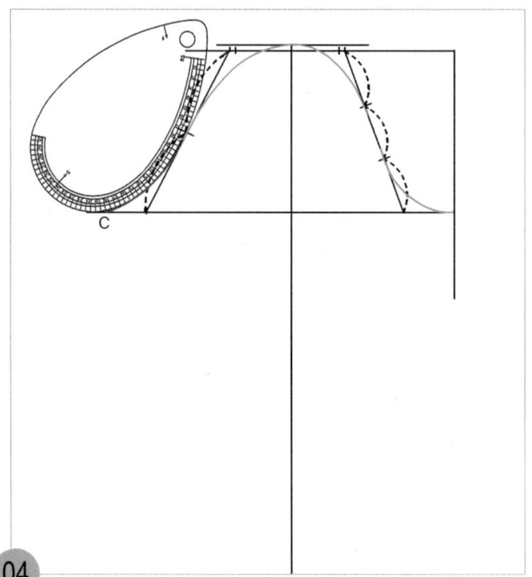

뒤 소매 폭 점(c)과 뒤 소매산 곡선 안내선의 1/2 위치를 뒤 AH자로 연결하였을 때 뒤 AH자가 뒤 소매산 곡선 안내선과 마주 닿으면서 1cm 가 수평으로 이어지는 곡선으로 맞추어 남은 뒤 소매산 곡선을 그린다.

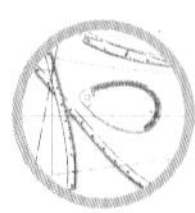

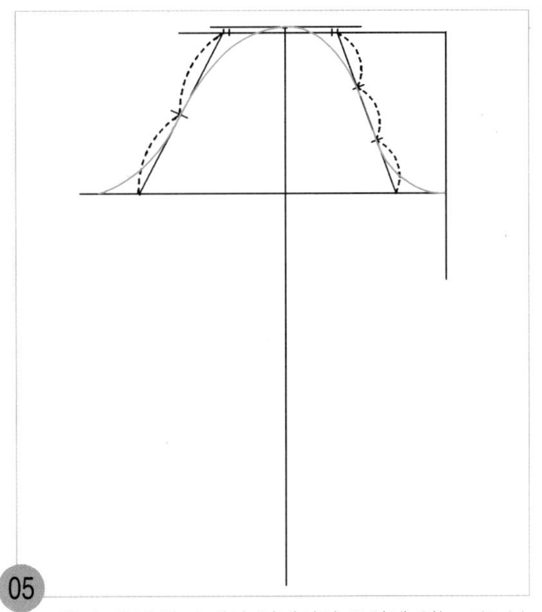

05

앞 소매 쪽의 소매산 안내선의 중앙에 있는 1/3 분량은 안내선이 소매산 곡선으로 사용된다.

4. 소매 밑 선을 그린다.

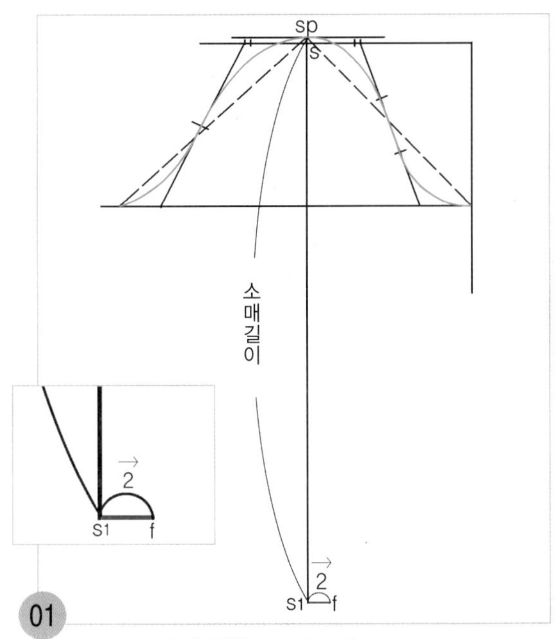

01

s~s_1 = 소매 길이, s_1~f = 2cm

소매산점(sp) 아래쪽에 있는 소매산 안내선의 소매 중심선의 교점(s)에서 소매 길이(s_1)를 내려와 직각으로 앞 소매 쪽을 향해 2cm 이동할 소매 중심선(f)을 그린다.

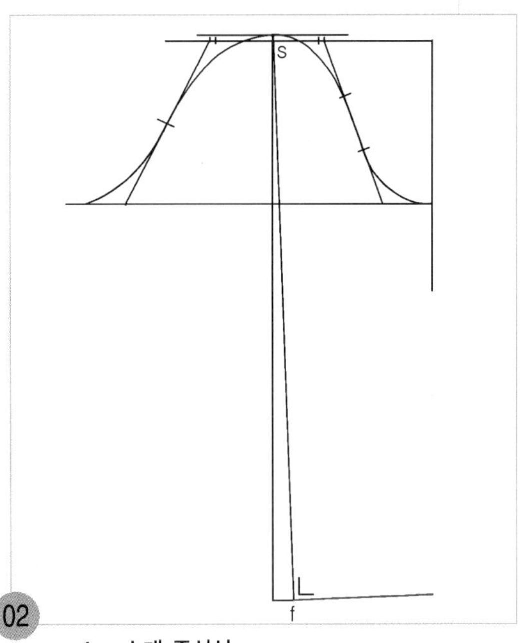

02

s~f = 소매 중심선

s점과 f점 두 점을 직선자로 연결하여 소매 중심선을 이동하고 f점에서 이동한 소매 중심선에 앞 소매 쪽을 향해 직각으로 소매단 선을 그린다.

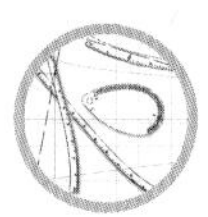

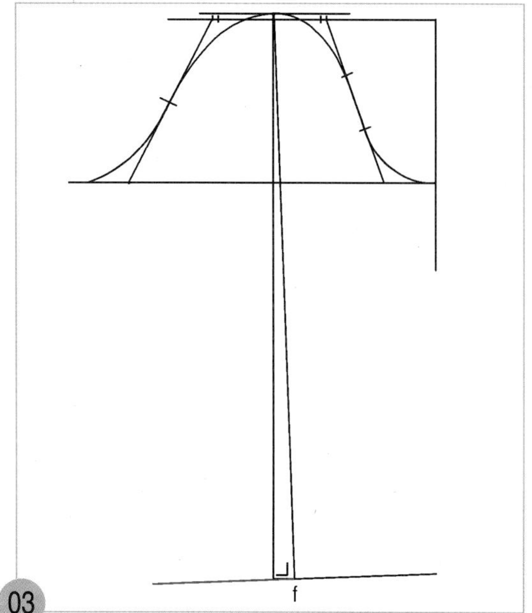

03

f점에서 이동한 소매 중심선에 뒤 소매 쪽을 향해 직각으로 소매단 선을 그린다.

소매단 폭 / 2
소매단 폭 / 2
f2 f f1

04

f~f1 = 소매단 폭/2, f~f2 = 소매단 폭/2

f점에서 앞 소매단 선을 향해 소매단 폭/2 치수를 나가 앞 소매단 폭 점(f1)을 표시하고, f점에서 뒤 소매단 선을 향해 소매단 폭/2 치수를 나가 뒤 소매단 폭 점(f2)을 표시한다.

c
f2

05

c~f2 = 뒤 소매 밑 안내선

뒤 소매 폭 끝점(c)과 뒤 소매단 폭 끝점(f2)을 직선자로 연결하여 뒤 소매 밑 안내선을 그린다.

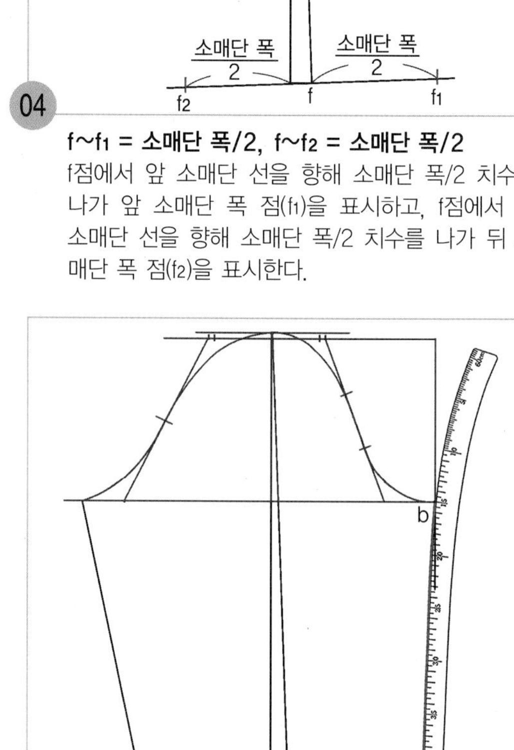

06

b~f1 = 앞 소매 밑 선

앞 소매 폭 끝점(b)에 hip곡자 15 위치를 맞추면서 앞 소매단 폭 끝점(f1)과 연결하여 앞 소매 밑 선을 그린다.

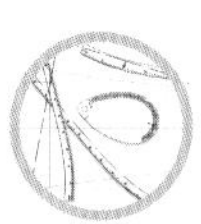

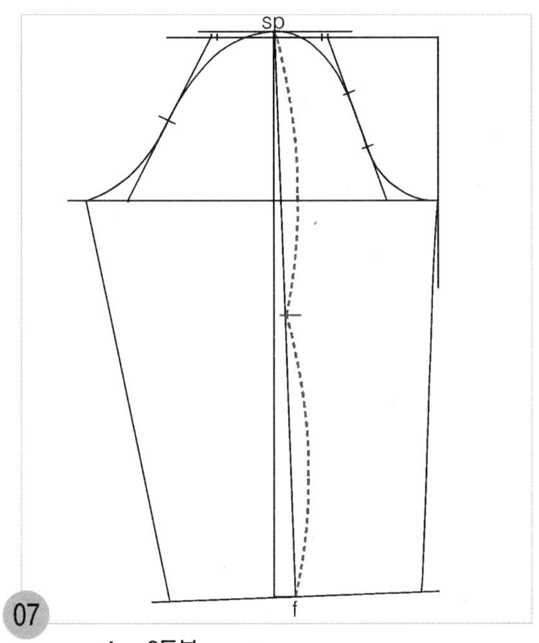

sp~f = 2등분
sp에서 f점의 소매 중심선을 2등분한다.

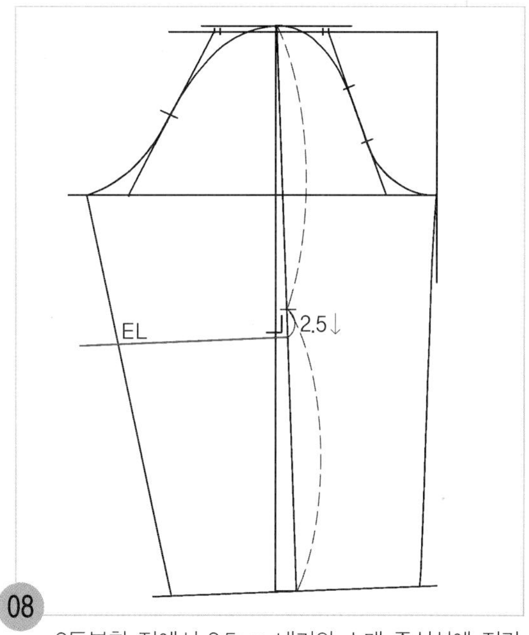

2등분한 점에서 2.5cm 내려와 소매 중심선에 직각으로 팔꿈치 선(EL)을 그린다.

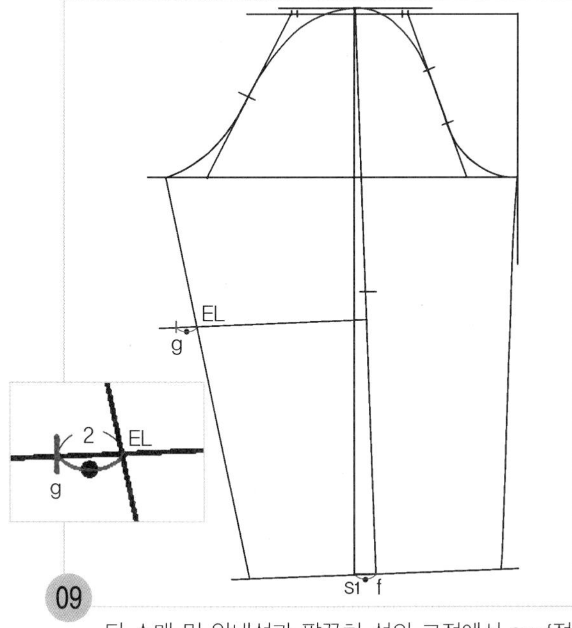

뒤 소매 밑 안내선과 팔꿈치 선의 교점에서 s1~f점의 치수만큼 나가 뒤 소매 밑 선을 그릴 안내선 점(g)을 표시한다.

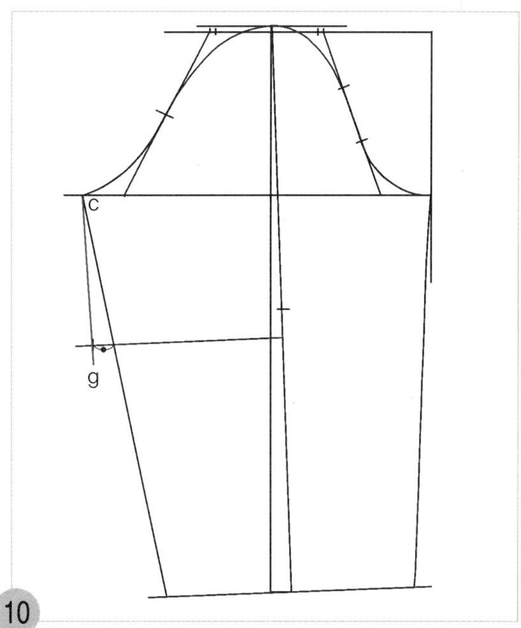

c점과 g점 두 점을 직선자로 연결하여 팔꿈치 선(EL) 위쪽 뒤 소매 밑 선을 그린다.

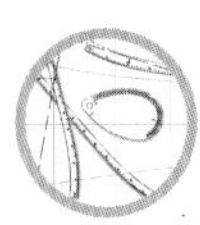

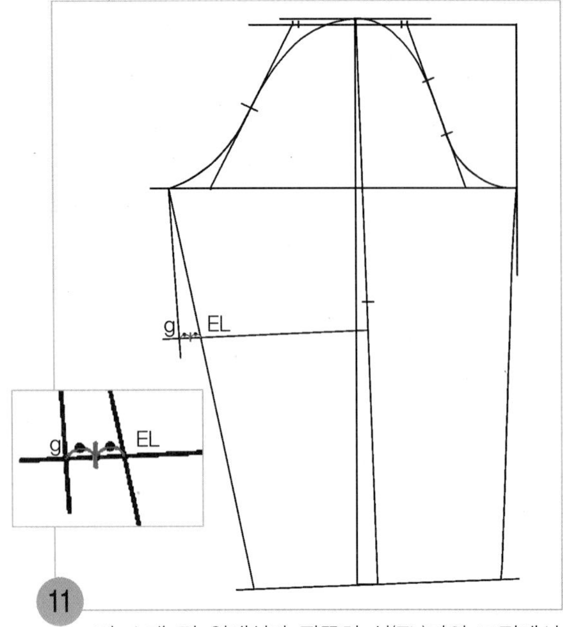

뒤 소매 밑 안내선과 팔꿈치 선(EL)과의 교점에서 g점까지를 2등분한다.

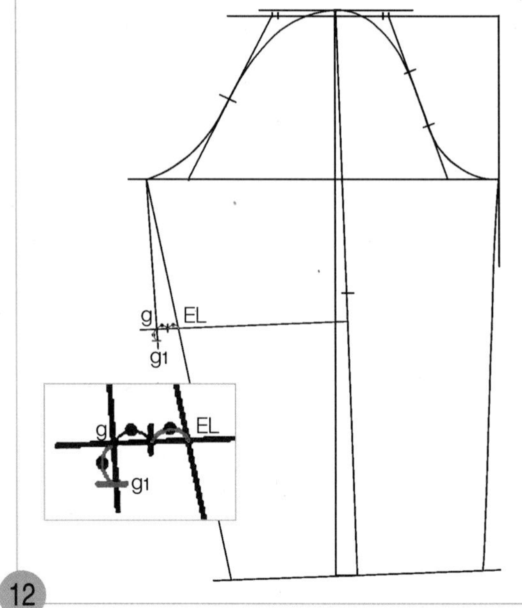

11에서 2등분한 1/2 치수를 g점에서 내려와 팔꿈치 선(EL) 아래쪽 뒤 소매 밑 선을 그릴 안내선 점(g_1)을 표시한다.

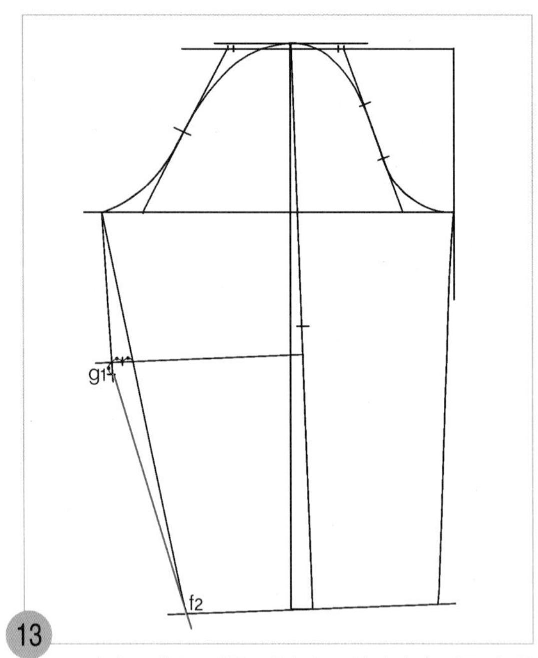

g_1점과 f_2점 두 점을 직선자로 연결하여 팔꿈치 선(EL) 아래쪽 뒤 소매 밑 선을 그린다. 이때 소매단 선에서 조금 길게 내려 그려 둔다.

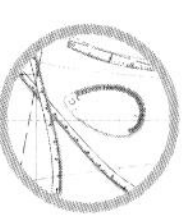

5. 소매단 선과 뒤 소매 폭 선을 수정하여 소매를 완성한다.

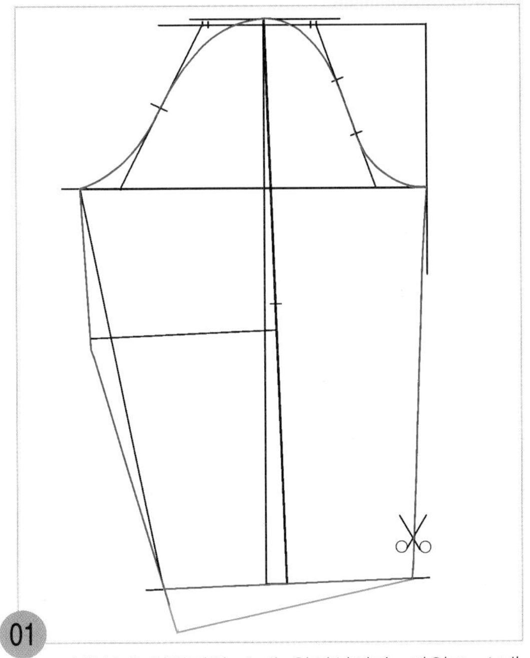

01

적색선이 일차적인 소매 완성선이다. 가위로 소매 완성선을 오려내고 소매단 쪽은 수정을 하기 위해 청색처럼 여유 있게 오려둔다.

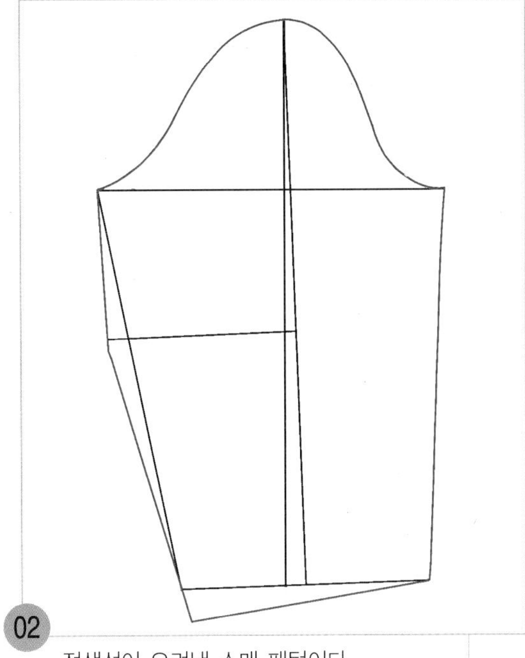

02

적색선이 오려낸 소매 패턴이다.

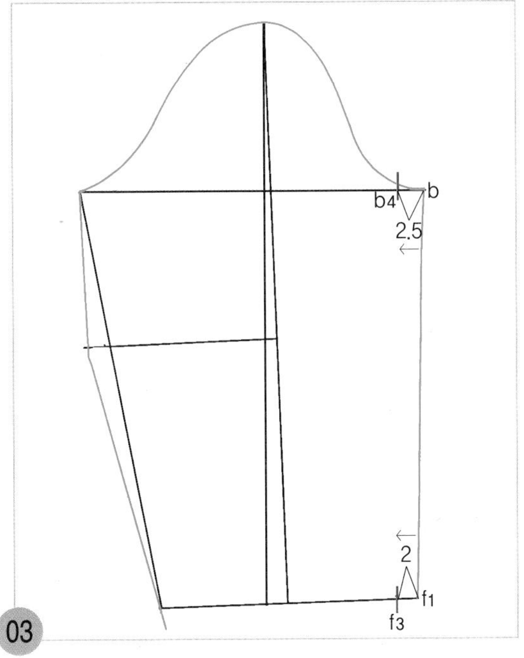

03

$b \sim b_4$ = 2.5cm, $f_1 \sim f_3$ = 2cm

앞 소매 폭 점(b)에서 2.5cm 소매 폭 선을 따라 들어가 안쪽 소매 폭 점(b4)을 표시하고, 앞 소매단 폭 점(f1)에서 2cm 소매단 선을 따라 들어가 안쪽 소매단 폭 점(f3)을 표시한다.

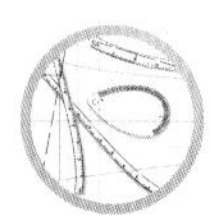

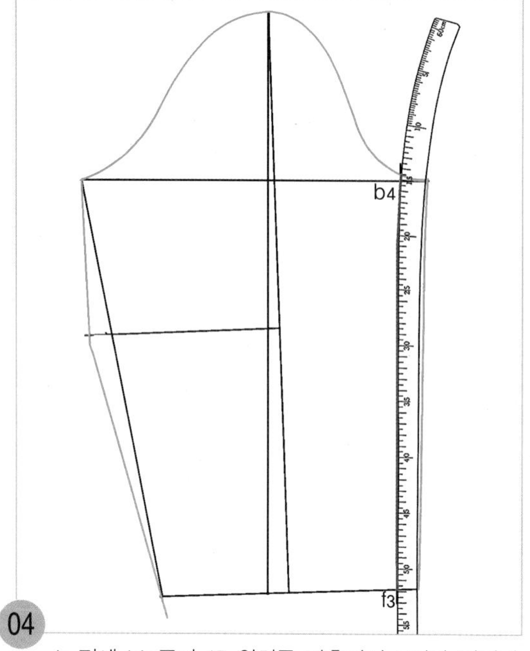

04

b4점에 hip곡자 15 위치를 맞추면서 f3점과 연결하여 앞쪽 소매 솔기선을 그린다.

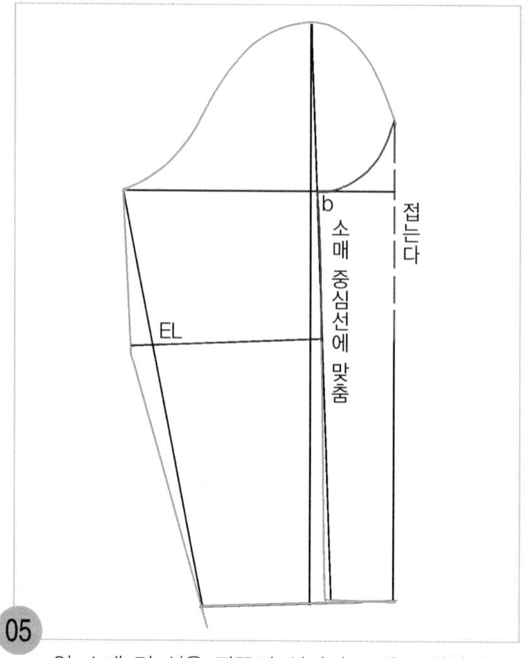

05

앞 소매 밑 선을 팔꿈치 선까지 소매 중심선에 맞추어 반으로 접는다.

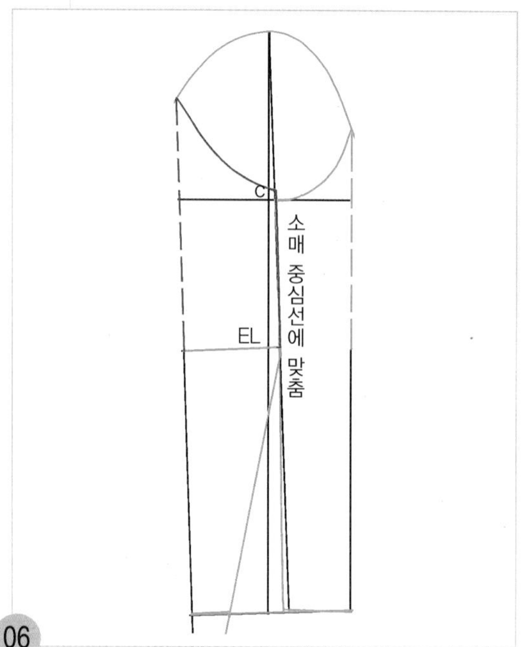

06

뒤 소매 밑 선을 팔꿈치 선끼리 맞추면서 소매 중심선에 맞추어 반으로 접는다.

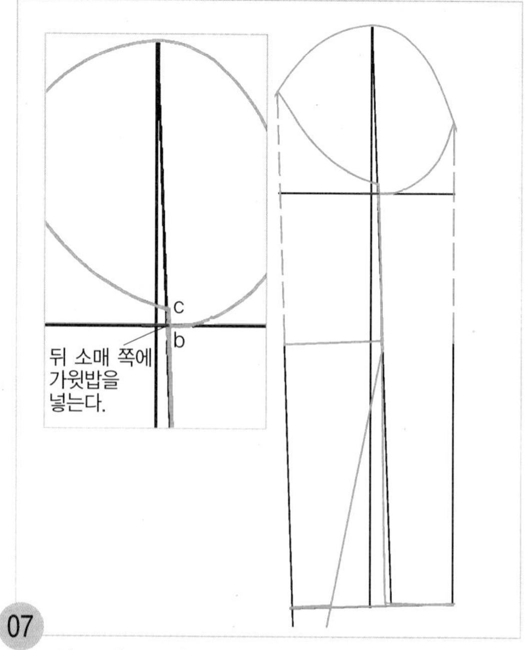

07

앞 소매 폭 점(b)과 뒤 소매 폭 점(c)이 소매 중심선과 소매 폭 선의 교점에서 차이지게 된다. 앞 소매 폭 점(b)에 맞추어 뒤 소매 쪽에 가윗밥을 넣어 뒤 소매 폭 선을 수정할 위치를 표시해 둔다.

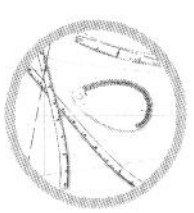

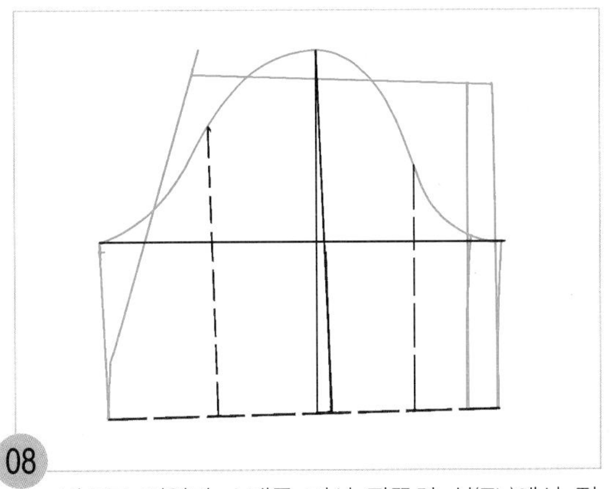

08

반으로 접었던 소매를 펴서 팔꿈치 선(EL)에서 접는다.

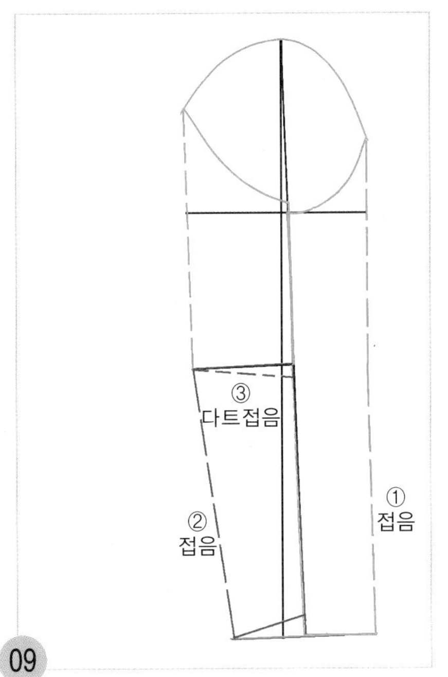

09

팔꿈치 선(EL) 아래쪽 앞 소매 밑 선을 소매 중심선에 맞추어 반으로 접고, 뒤 소매 밑 선을 소매 중심선에 맞추어 반으로 접으면 팔꿈치 선(EL)에서 뜨는 팔꿈치 선(EL) 다트 분량을 접는다.

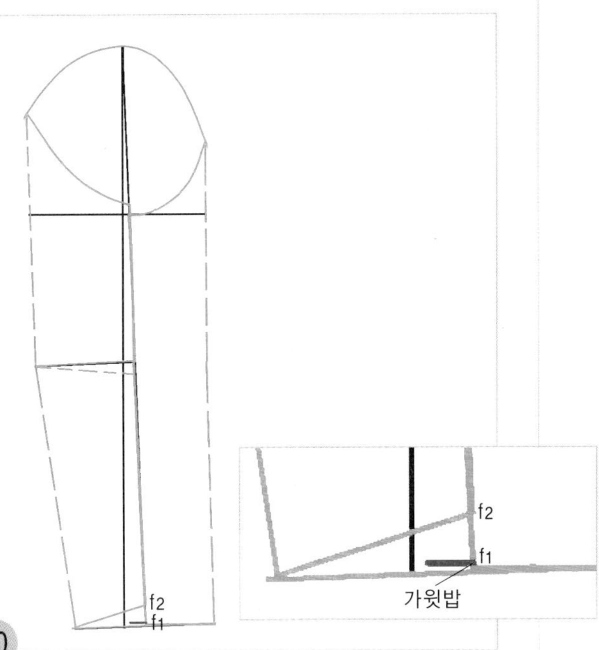

10

소매단 쪽의 f_1점과 f_2점이 차이지게 될 것이다. 이 차이지는 분량만큼 뒤 팔꿈치 아래쪽 소매 밑 선을 늘려 주어야 하므로, 앞 소매단 폭 점(f_1)에 맞추어 가윗밥을 넣어 표시해 둔다.

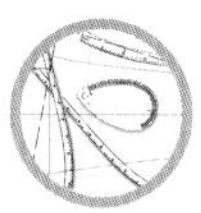

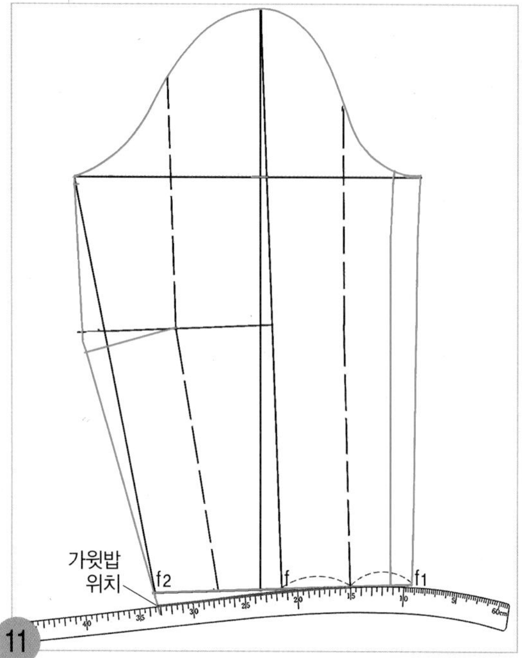

11
앞 소매단 폭의 1/2점에 hip곡자 15 위치를 맞추면서 뒤 소매단 쪽에 가윗밥을 넣어 표시해 둔 점과 연결하여 소매단 완성 선을 그린다.

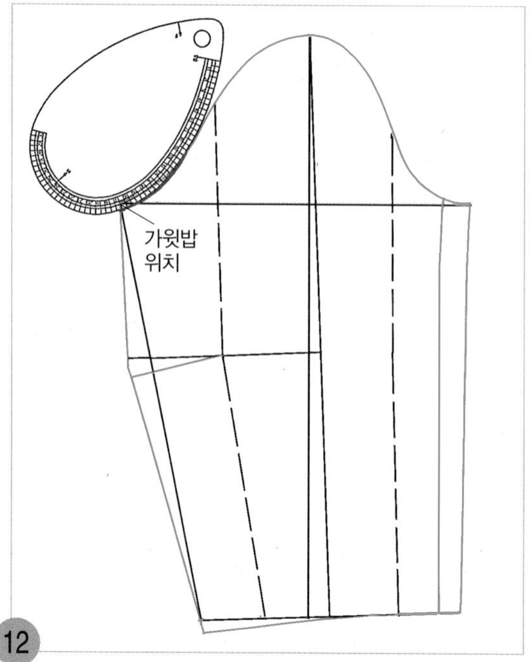

12
b점과 맞추어 c점에서 내려온 위치에 가윗밥을 넣어둔 위치와 뒤 소매산 곡선을 뒤 AH자 쪽으로 연결하여 뒤 소매산 곡선을 수정한다.

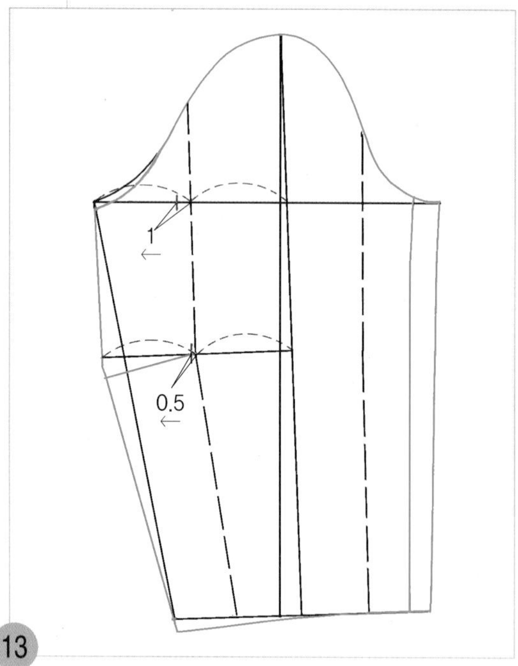

13
뒤 팔꿈치 선의 1/2점에서 0.5cm, 뒤 소매 폭 선의 1/2점에서 1cm 뒤 소매 쪽으로 나가 표시한다.

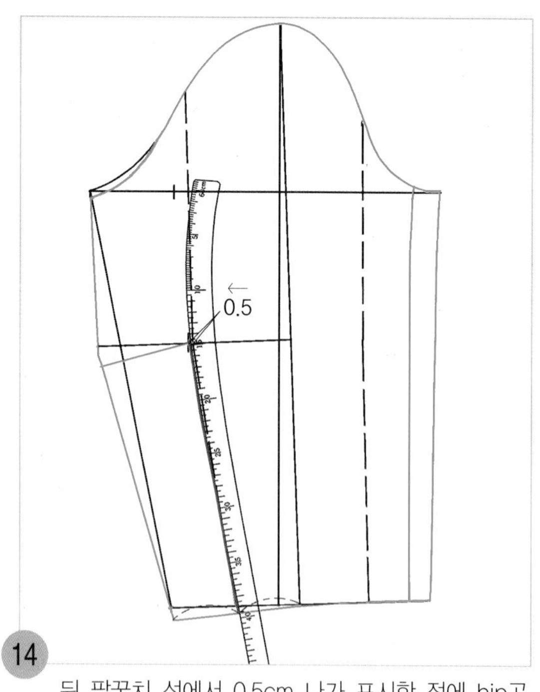

14
뒤 팔꿈치 선에서 0.5cm 나가 표시한 점에 hip곡자 15 위치를 맞추면서 뒤 소매단 쪽의 1/2점과 연결하여 뒤 팔꿈치 아래쪽 바깥쪽 소매 솔기선을 그린다.

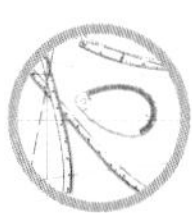

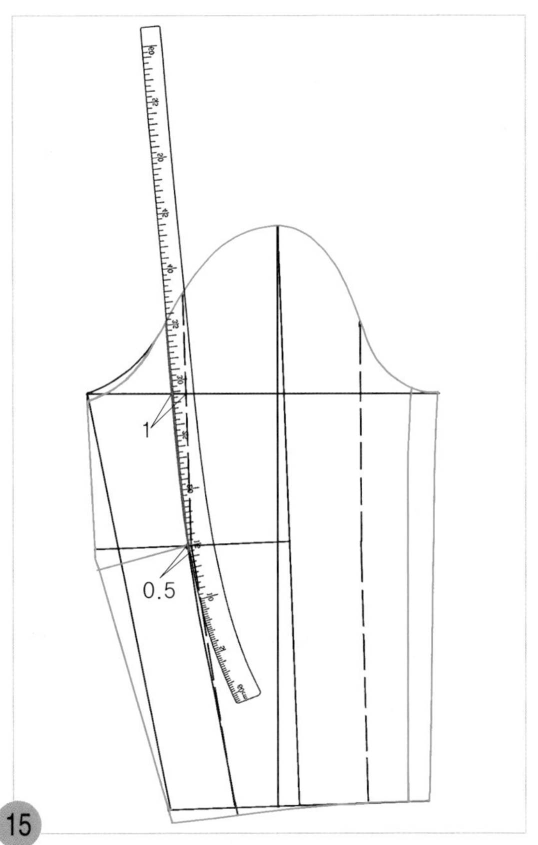

15

뒤 팔꿈치 선에서 0.5cm 나가 표시한 점에 hip곡자 15 위치를 맞추면서 뒤 소매 폭 선쪽으로 1cm 나간 점과 연결하여 뒤 팔꿈치 위쪽 바깥쪽 소매솔기선을 그린다.

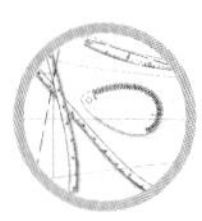

패턴 분리하기

1. 안쪽 소매와 바깥쪽 소매를 분리한다.

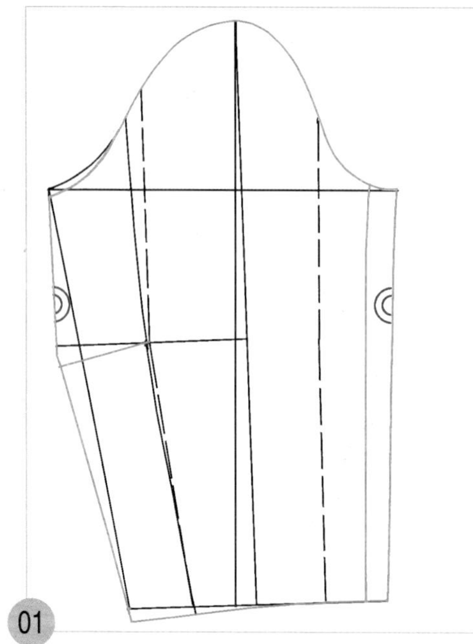

01 앞 소매 밑 선과 뒤 소매 밑 선에 서로 마주 대어 맞추는 표시를 한다.

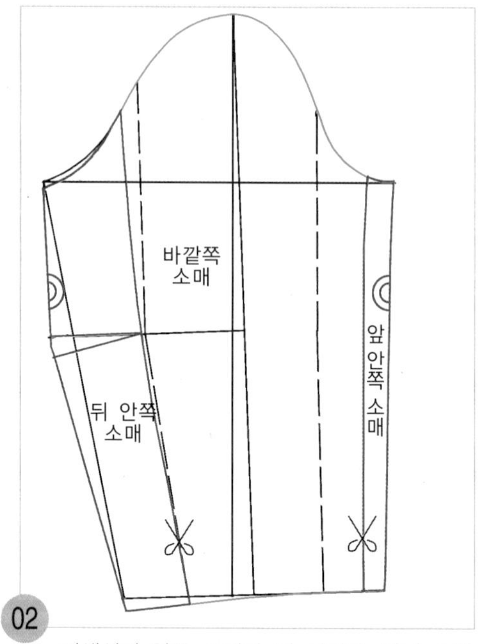

02 적색선이 안쪽 소매가 될 선이다. 앞뒤 소매 솔기선을 따라 오려낸다.

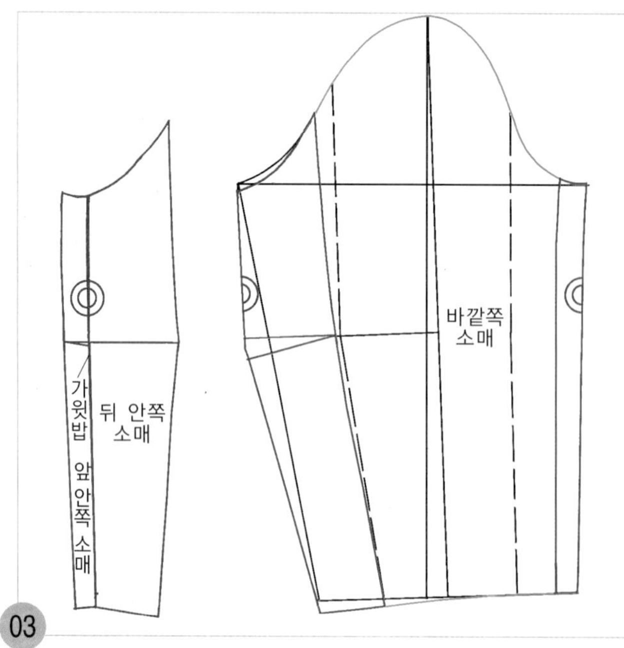

03 앞뒤 소매 솔기선에서 오려낸 안쪽 소매의 서로 마주 대어 맞추는 표시끼리 맞추어 연결한다. 이때 앞 안쪽 소매의 팔꿈치 위치가 당겨져 일직선으로 맞지 않으면 팔꿈치 선 위치에 가윗밥을 넣어 맞추도록 한다.

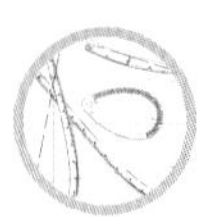

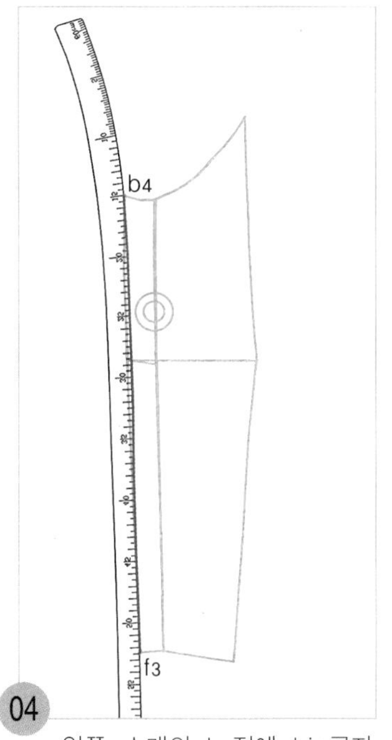

04

안쪽 소매의 b4점에 hip곡자 15 위치를 맞추면서 f3점과 연결하여 앞 안쪽 솔기선을 수정한다.

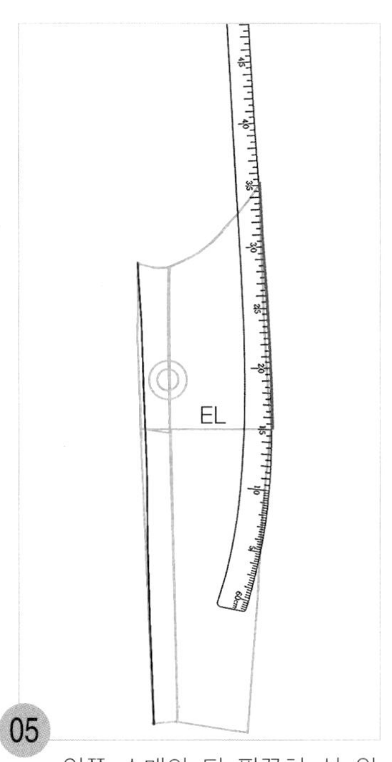

05

안쪽 소매의 뒤 팔꿈치 선 위치에 hip곡자 15 위치를 맞추면서 팔꿈치 선 위쪽 뒤 소매 솔기선 끝점과 연결하여 뒤 안쪽 솔기선을 수정한다.

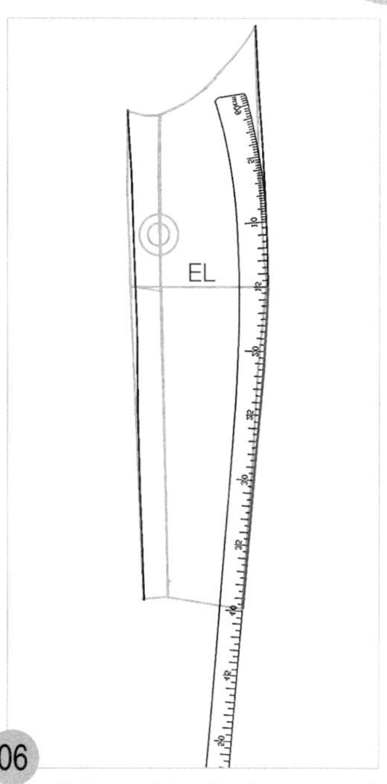

06

안쪽 소매의 뒤 팔꿈치 선 위치에 hip곡자 15 위치를 맞추면서 팔꿈치선 아래쪽 소매 솔기선과 연결하여 뒤 안쪽 솔기선을 수정한다.

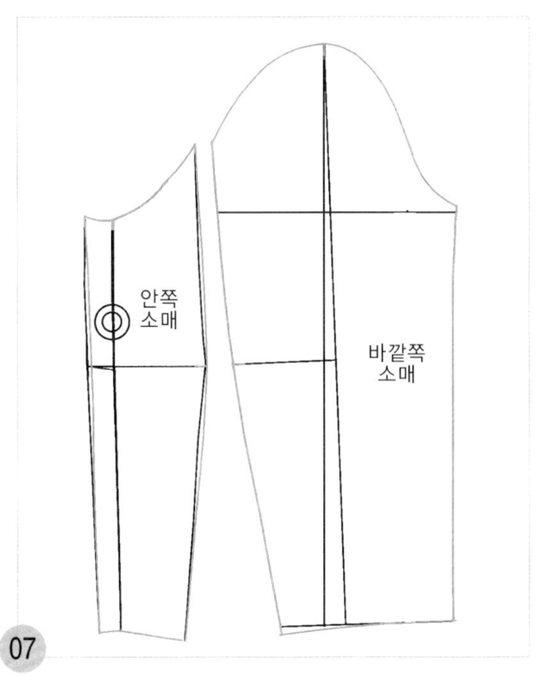

07

안쪽 소매의 뒤 솔기선이 바깥쪽 소매의 뒤 솔기선처럼 자연스런 곡선으로 수정되어야 한다.

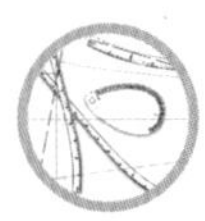

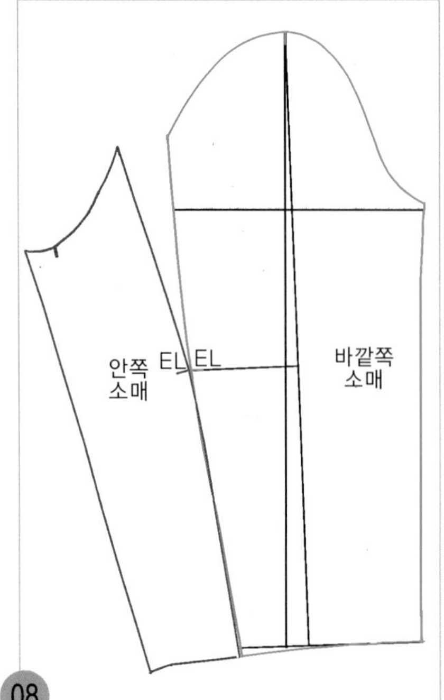

안쪽 소매와 바깥쪽 소매의 소매단이 각져 있는 것을 수정하기 위해 안쪽 소매와 바깥쪽 소매의 팔꿈치 선(EL) 아래쪽 솔기선끼리 맞춘다.

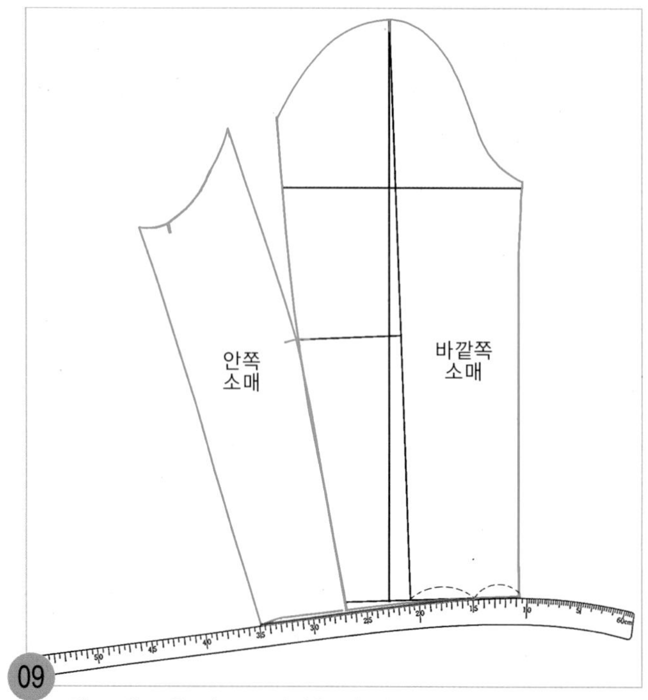

앞 소매 쪽을 반으로 접었을 때 생긴 주름이 앞 소매단의 1/2 위치이다. 그 1/2 위치에 hip곡자 15 위치를 맞추면서 안쪽 소매단 끝과 연결하여 소매단 완성선을 수정한다.

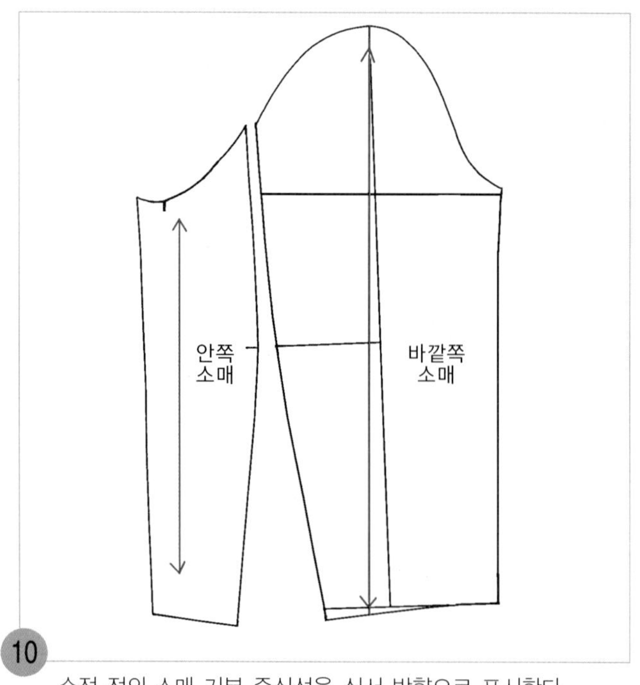

수정 전의 소매 기본 중심선을 식서 방향으로 표시한다.

2. 앞뒤 몸판의 패턴을 분리한다.

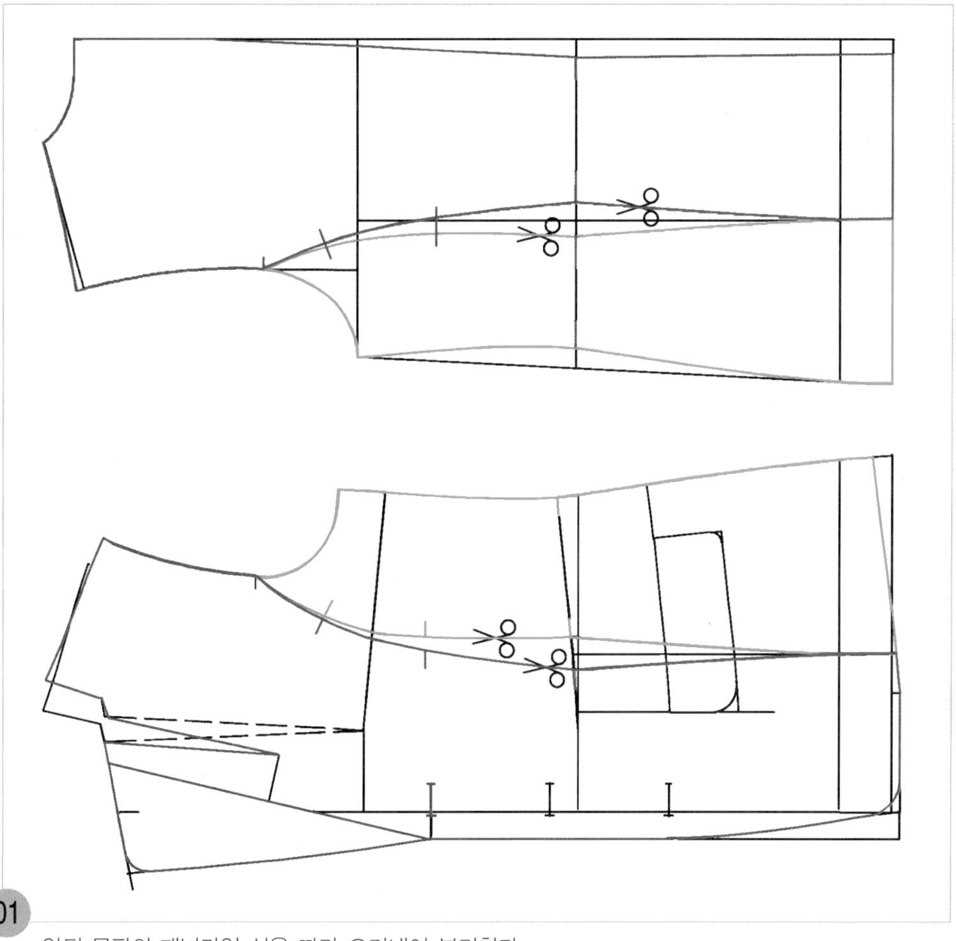

01

앞뒤 몸판의 패널라인 선을 따라 오려내어 분리한다.

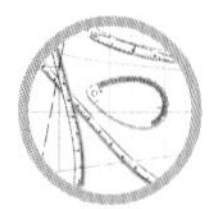

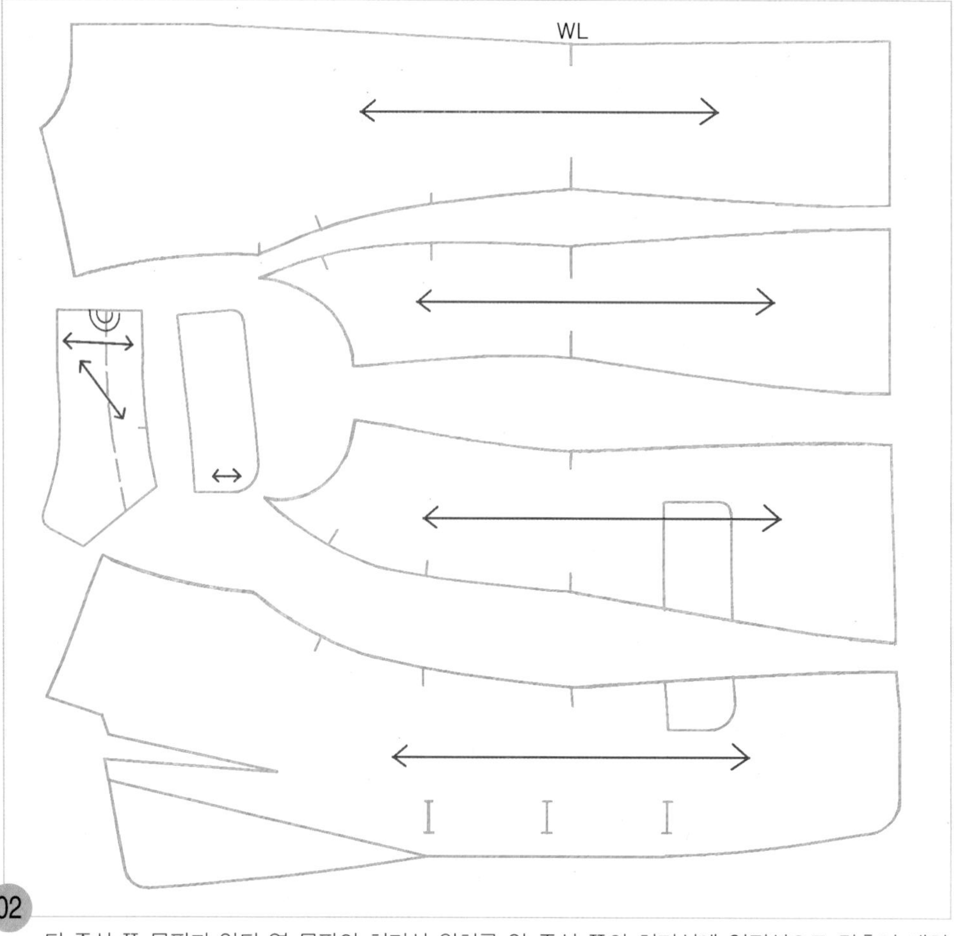

02

뒤 중심 쪽 몸판과 앞뒤 옆 몸판의 허리선 위치를 앞 중심 쪽의 허리선에 일직선으로 맞추어 배치하고 수평으로 식서 방향 표시를 한다. 칼라의 뒤 중심선에 골선 표시를 하고, 뒤 중심선에 평행과 바이어스 방향으로 식서 방향 표시를 하고, 플랩 포켓은 앞 중심 쪽 포켓 옆선과 평행으로 식서 방향 표시를 한다.

V넥 재킷 V Neck Line Jacket

■■■ J.A.C.K.E.T 03

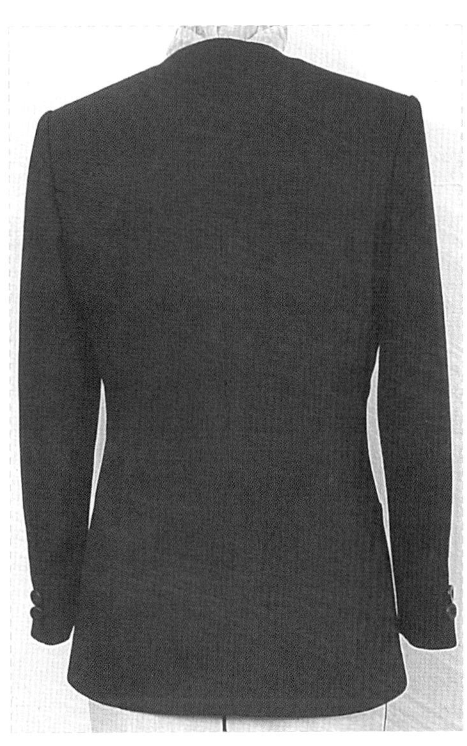

●●● 앞 뒤 패널라인이 들어간 세트인 슬리브의 허리를 피트시킨 칼라가 없는 V네크 재킷으로 카디건과 같이 간편하게 착용할수 있는 스타일이다.

●●● V넥라인, 패널라인, 프린세스라인 한장소매 그리는 법을 배운다.

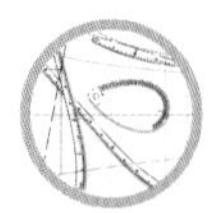

V Neck Line Jacket

V넥 재킷의 제도순서

제도 치수 구하기

계측 부위	계측 치수의 예	자신의 계측 치수	제도 각자 사용 시의 제도 치수	일반 자 사용 시의 제도 치수	자신의 제도 치수
가슴 둘레(B)	86cm		$B^{\circ}/2$	B / 4	
허리 둘레(W)	66cm		$W^{\circ}/2$	W / 4	
엉덩이 둘레(H)	94cm		$H^{\circ}/2$	H / 4	
등 길이	38cm		38cm		
앞 길이	41cm		41cm		
뒤 품	34cm		뒤 품/2=17		
앞 품	32cm		앞 품/2=16		
유두 길이	25cm		25cm		
유두 간격	18cm		유두 간격/2=9		
어깨 너비	37cm		어깨 너비/2=18.5		
재킷 길이	63cm		원형의 뒤중심 길이+5cm=63cm		
소매 길이	54cm		54cm		
진동 깊이			$B^{\circ}/2$	B / 4=21.5	
앞/뒤 위 가슴둘레선			$(B^{\circ}/2)$+2cm	(B / 4)+2cm	
히프선 뒤			$(H^{\circ}/2)$+0.6cm	(H/4)+0.6cm=24.1cm	
히프선 앞			$(H^{\circ}/2)$+2.5cm	(H/4)+2.5cm=26cm	
소매산 높이			(진동깊이/2)+4.5cm=15.25cm		

주 진동깊이=B/4의 산출치가 20~24cm 범위 안에 있으면 이상적인 진동 깊이의 길이라 할 수 있다. 따라서 최소치=20cm, 최대치=24cm까지이다. 이는 예를 들면 가슴둘레 치수가 너무 큰 경우에는 진동 깊이가 너무 길어 겨드랑 밑 위치에서 너무 내려가게 되고, 가슴둘레 치수가 너무 적은 경우에는 진동 깊이가 너무 짧아 겨드랑 밑 위치에서 너무 올라가게 되어 이상적인 겨드랑 밑 위치가 될 수 없다. 따라서 B/4의 산출치가 20cm 미만이면 뒤 목점(BNP)에서 20cm 나간 위치를 진동 깊이로 정하고, B/4의 산출치가 24cm 이상이면 뒤 목점(BNP)에서 24cm 나간 위치를 진동 깊이로 정한다.

01

자신의 각 계측 부위를 계측하여 빈칸에 넣어두고 제도 치수를 구하여 둔다.

뒤판 제도하기

1. 뒤 중심선과 밑단 선을 그린다.

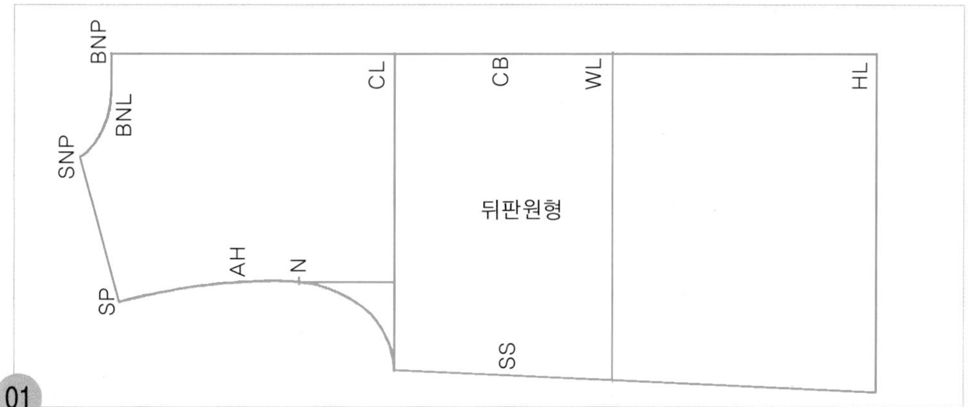

01 뒤판의 원형선을 옮겨 그린다.

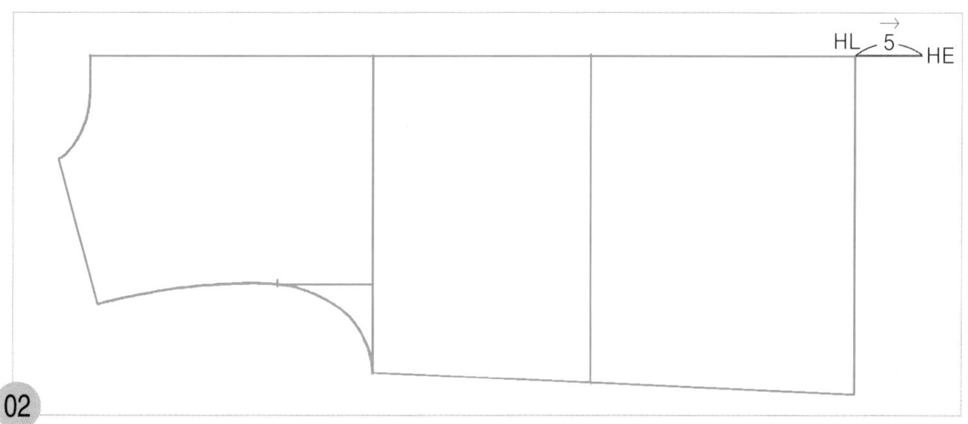

02 **HL~HE=5cm** 뒤 원형의 뒤 중심 쪽 히프선(HL)에서 수평으로 5cm 뒤 중심선을 연장시켜 그리고 밑단 선 위치(HE)를 정한다.

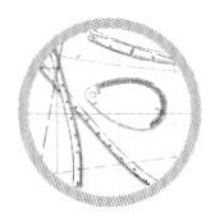

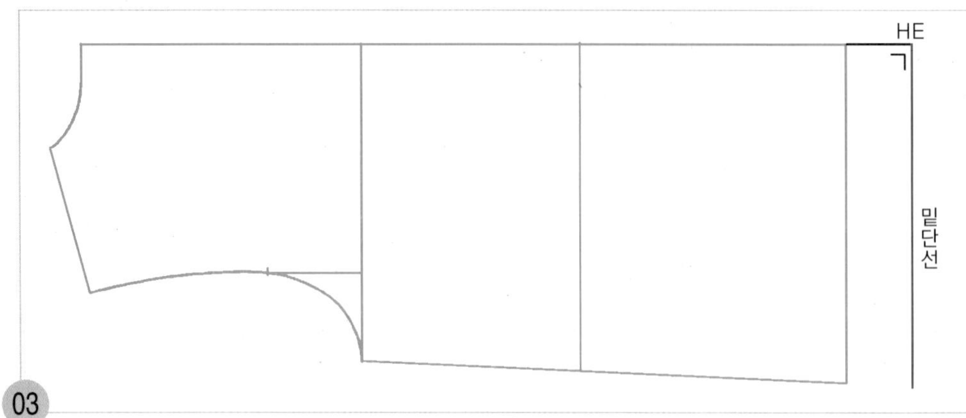

03

HE점에서 직각으로 밑단 선을 내려 그린다.

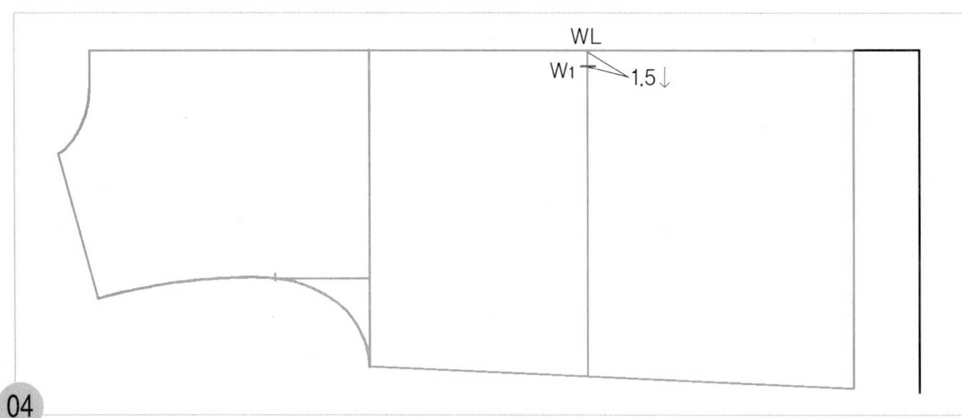

04

WL~W1=1.5cm 뒤 원형의 뒤 중심 쪽 허리선(WL)에서 1.5cm 내려와 수정할 뒤 중심선의 허리선 위치(W1)를 표시한다.

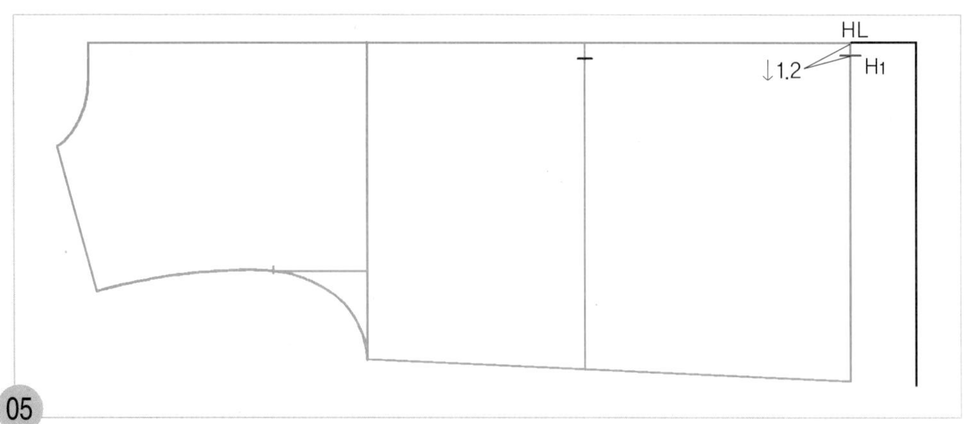

05

HL~H1=1.2cm 뒤 원형의 뒤 중심 쪽 히프선(HL)에서 1.2cm 내려와 수정할 뒤 중심선의 히프선 위치(H1)를 표시한다.

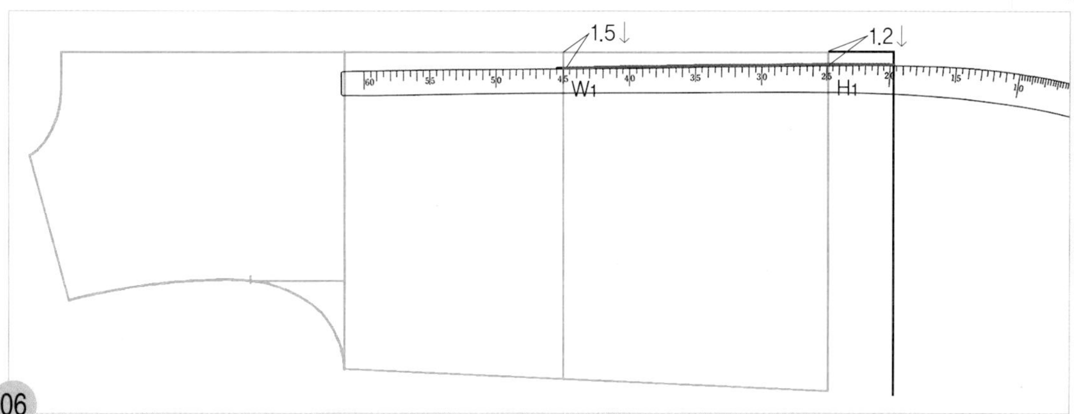

06

W_1~H_1=뒤 중심선
W_1점과 H_1점 두 점을 직선자로 연결하여 밑단 선까지 허리선 아래쪽 뒤 중심 완성선을 그린다.

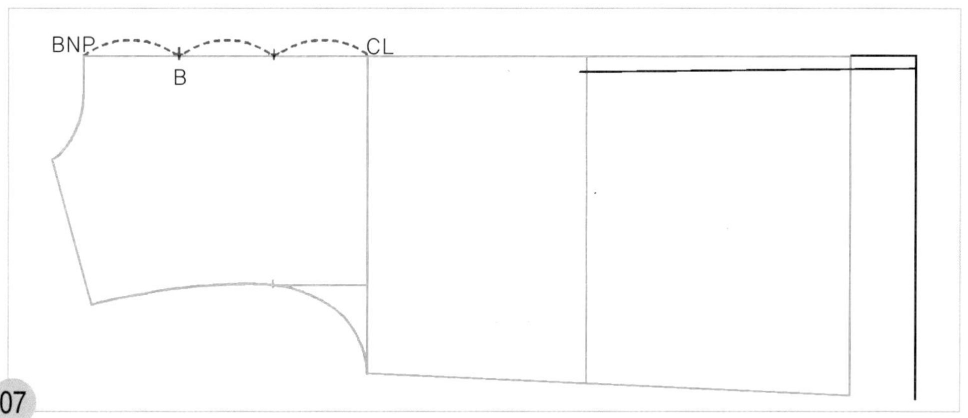

07

BNP~CL=3등분(B) 뒤 목점(BNP)에서 위 가슴둘레 선(CL)까지를 3등분하여, 뒤 목점 쪽의 1/3 지점에 뒤 중심 완성선을 그릴 연결점(B)을 표시한다.

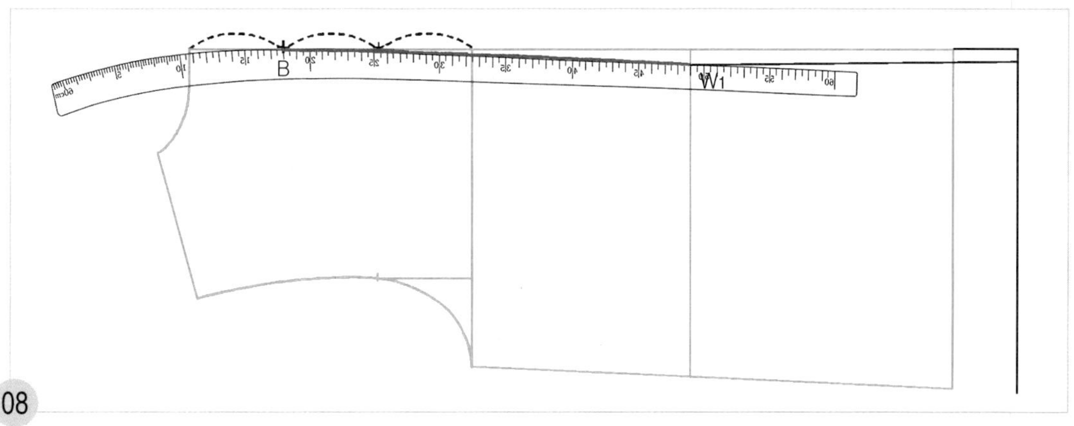

08

B점에 hip곡자 18~20 근처의 위치를 맞추면서 W_1점과 연결하여 허리선 위쪽 뒤 중심 완성선을 그린다.

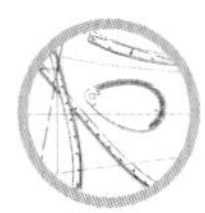

2. 뒤 옆선을 그린다.

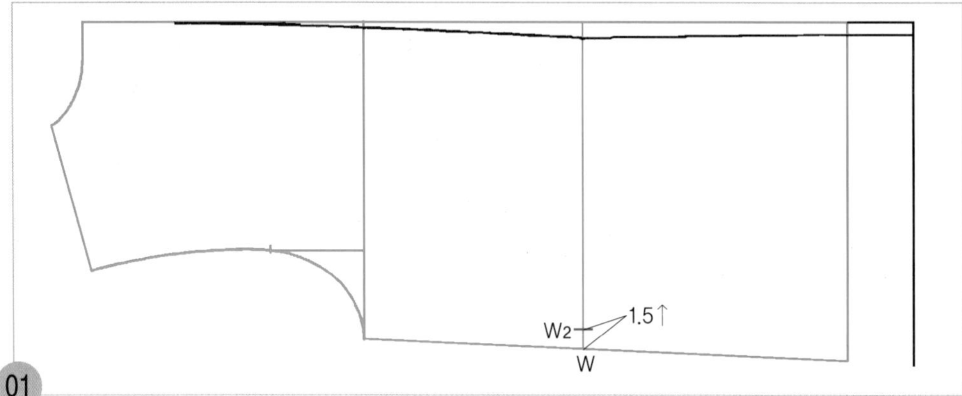

W~W2=1.5cm 뒤 원형의 옆선 쪽 허리선 끝점(W)에서 1.5cm 올라가 수정할 옆선 쪽 허리선 위치(W2)를 표시한다.

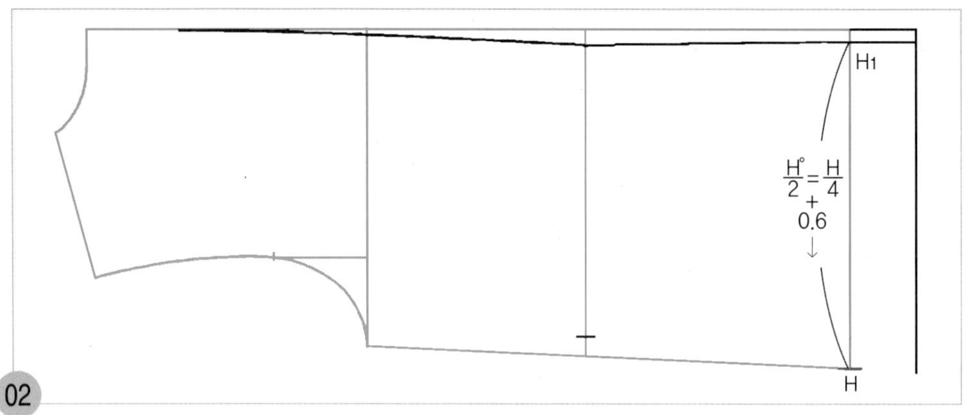

H1~H=(H°/2)+0.6cm =(H/4)+0.6cm

H1점에서 (H°/2)+0.6cm =(H/4)+0.6cm 내려와 옆선을 그릴 히프선 끝점(H)을 표시한다.

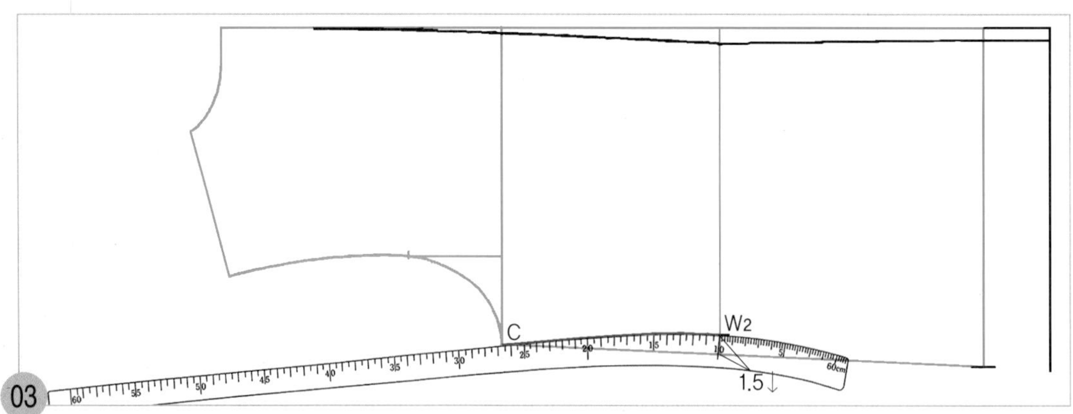

C~W2=허리선 위쪽 옆선의 완성선 허리선에서 1.5cm 올라가 표시한 W2점에 hip곡자 10 위치를 맞추면서 원형의 옆선 쪽 위 가슴둘레 선 끝점(C)과 연결하여 허리선 위쪽 옆선의 완성선을 그린다.

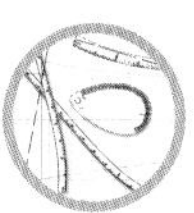

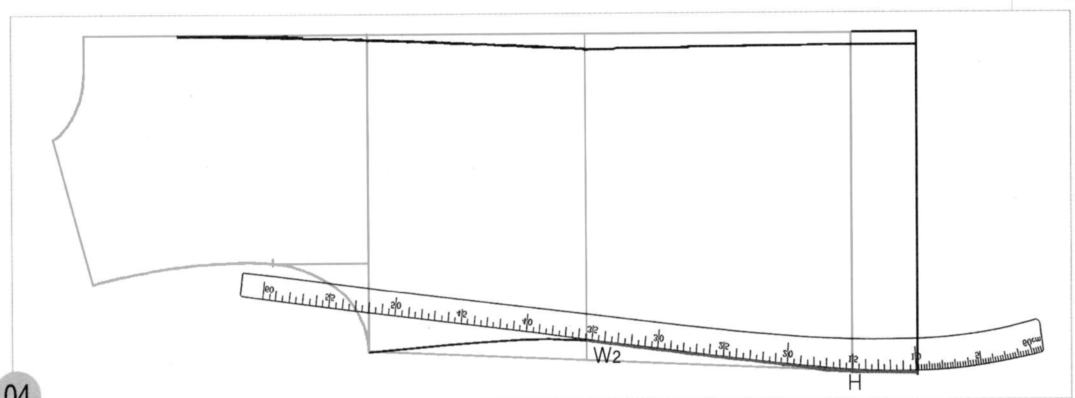

04

W_2~H=허리선 아래쪽 옆선의 완성선 H점에 hip곡자 15 위치를 맞추면서 허리선에서 1.5cm 올라가 표시한 (W_2) 점과 연결하여 밑단선까지 허리선 아래쪽 옆선을 그린다.

3. 뒤 패널라인을 그린다. 참 고 프린세스 라인의 경우는 p. 117~120에 설명되어 있다.

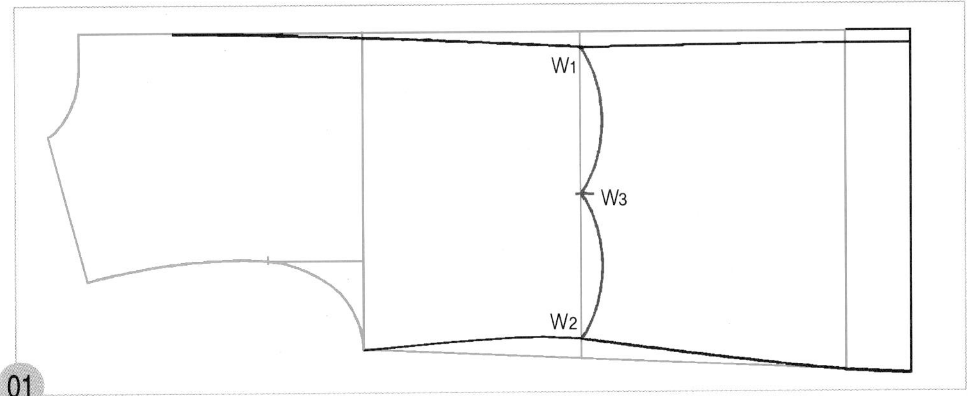

01

W_1~W_2=2등분(W_3)

W_1점에서 W_2점까지를 2등분하여 뒤 중심 쪽 패널라인을 그릴 허리선 위치(W_3)를 표시한다.

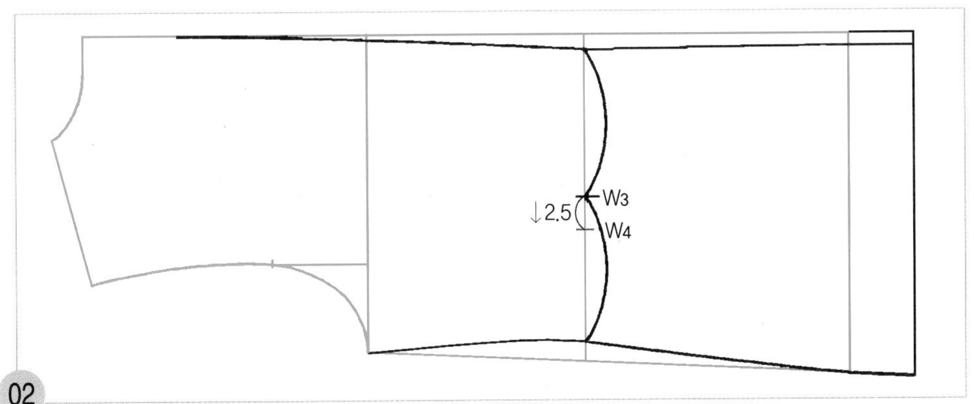

02

W_3~W_4=2.5cm W_3점에서 옆선 쪽으로 2.5cm 내려와 옆선 쪽 패널라인을 그릴 허리선 위치 (W_4)를 표시한다.

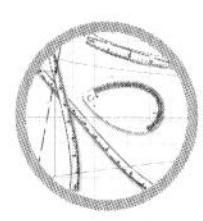

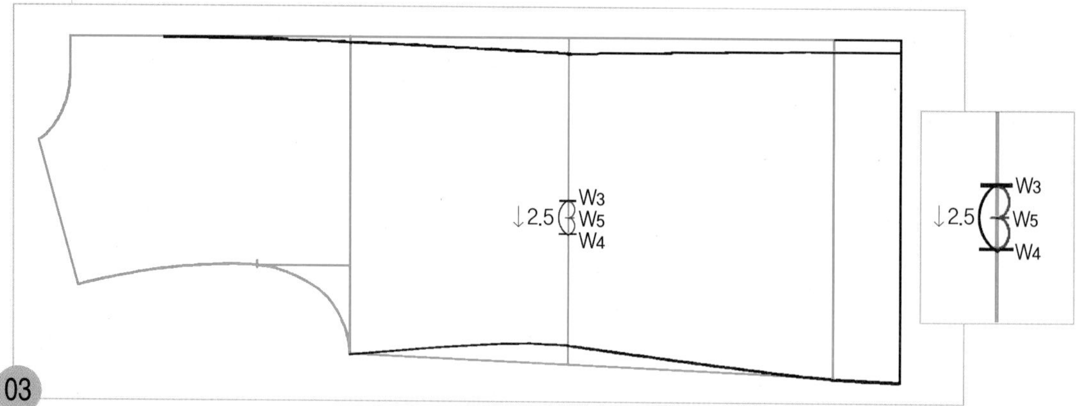

03

W_3~W_4=2등분(W_5) W_3점과 W_4점 두 점을 2등분하여 1/2 지점에 패널라인 중심선을 그릴 허리선 위치(W_5)를 표시한다.

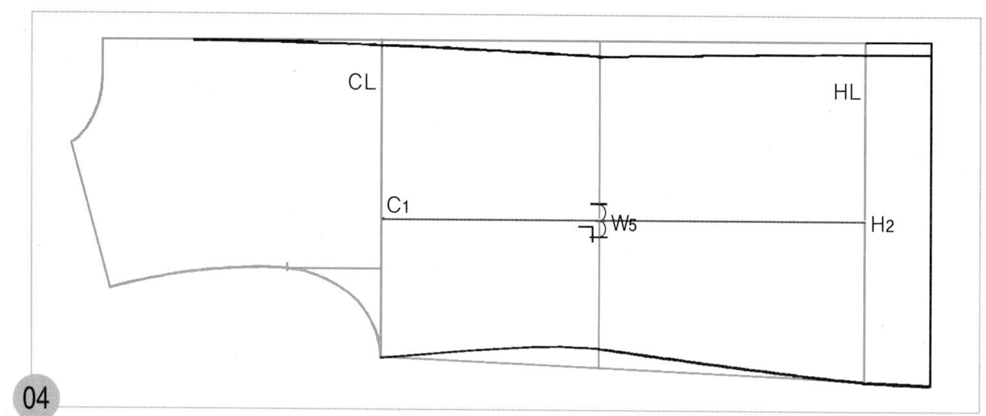

04

W_5점에서 직각으로 원형의 히프선 위치(H_2)까지 패널라인 중심선을 그리고, 다시 W_5점에서 직각으로 원형의 위 가슴둘레 선 위치(C_1)까지 패널라인 중심선을 그린다.

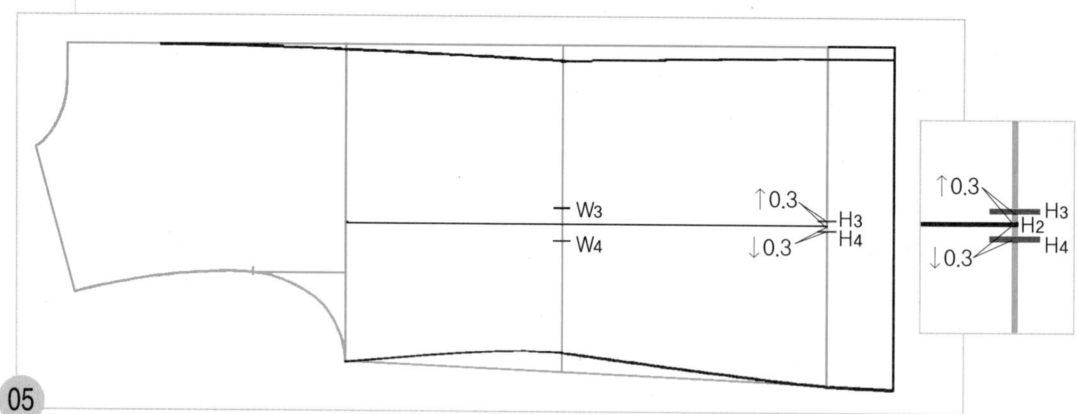

05

H_2~H_3=0.3cm, H_2~H_4=0.3cm H_2에서 0.3cm 올라가 뒤 중심 쪽 패널라인을 그릴 통과점(H_3)을 표시하고, 0.3cm 내려와 옆선 쪽 패널라인을 그릴 통과점(H_4)을 표시한다.

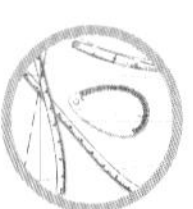

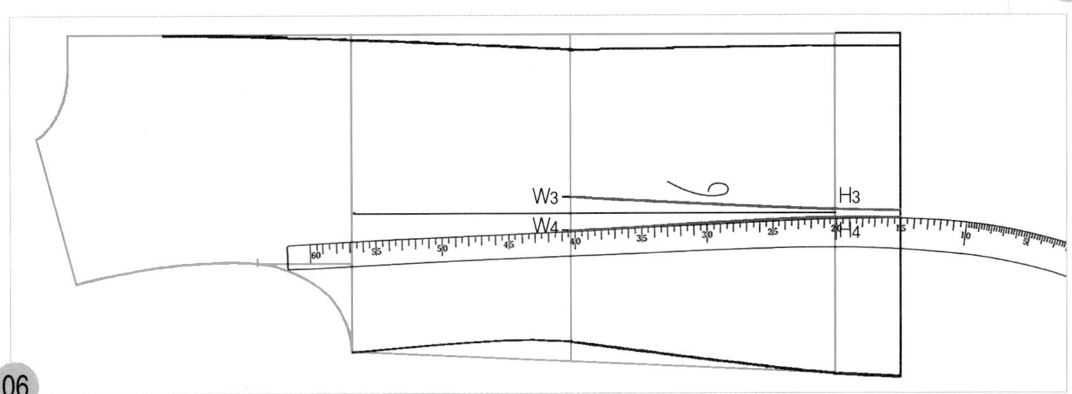

06

W_3~H_3, W_4~H_4=허리선 아래쪽 패널라인 H_3점에 hip곡자 20 위치를 맞추면서 W_3점과 연결하여 밑단 선까지 뒤 중심 쪽 허리선 아래쪽 패널라인을 그린 다음, hip곡자를 수직 반전하여 H_4점에 hip곡자 20 위치를 맞추면서 W_4점과 연결하여 옆선 쪽 허리선 아래쪽 패널라인을 그린다.

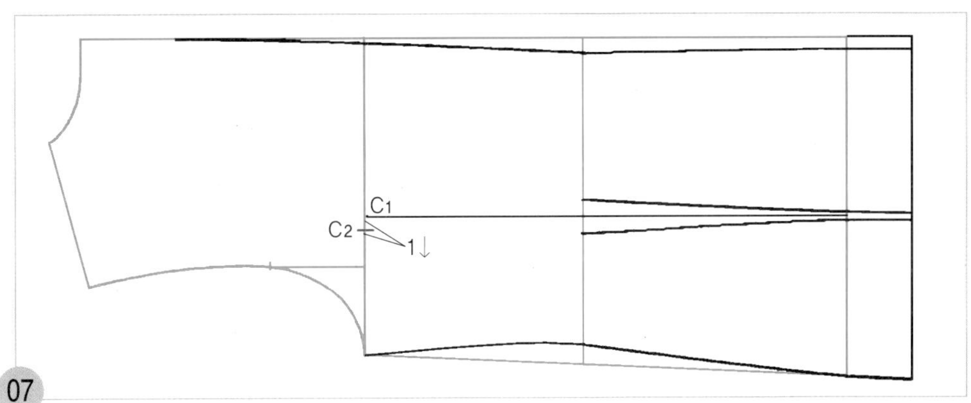

07

C_1~C_2=1cm 원형의 위 가슴둘레 선(CL)까지 그린 패널라인 중심선(C_1)에서 1cm 내려와 뒤 중심 쪽 패널라인을 그릴 통과점(C_2)을 표시한다.

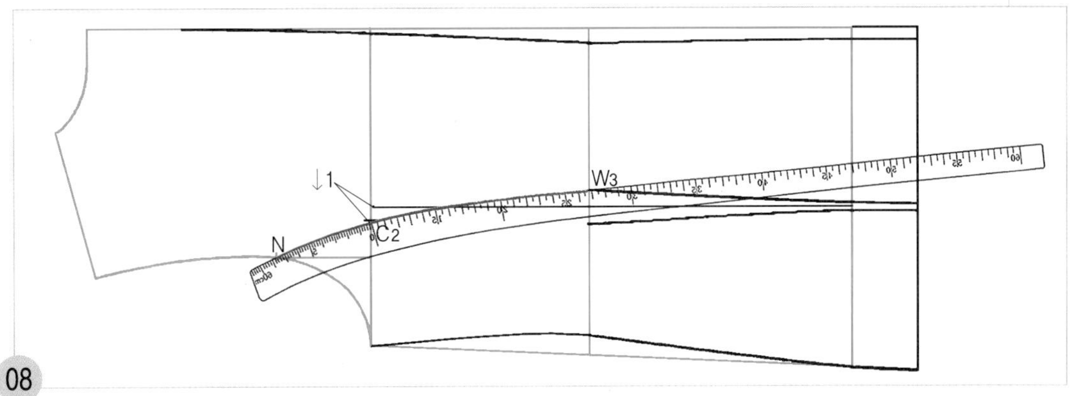

08

N~C_2~W_3=뒤 중심 쪽 허리선 위쪽 패널라인 C_2점에 hip곡자 10 위치를 맞추면서 W_3점, 원형의 N점을 연결하여 뒤 중심 쪽의 허리선 위쪽 패널라인을 그린다.

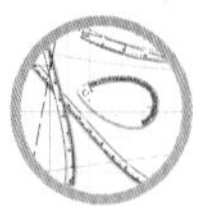

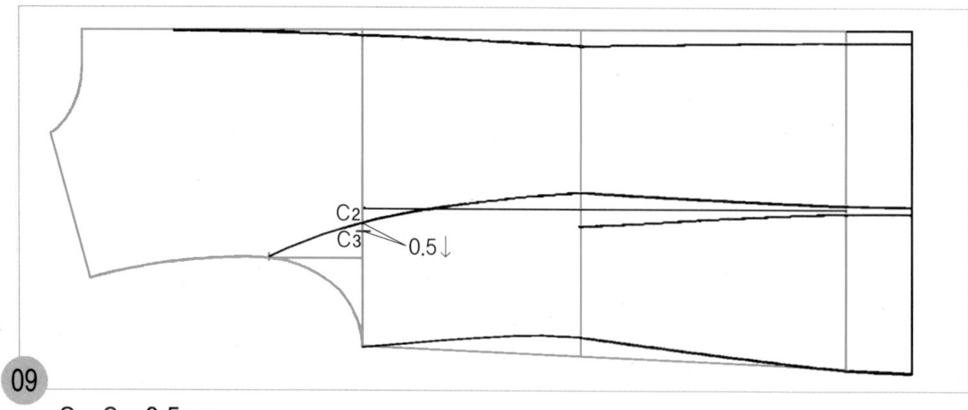

C2~C3=0.5cm
C2점에서 0.5cm 내려와 옆선 쪽 허리선 위쪽 패널라인을 그릴 통과점(C3)을 표시한다.

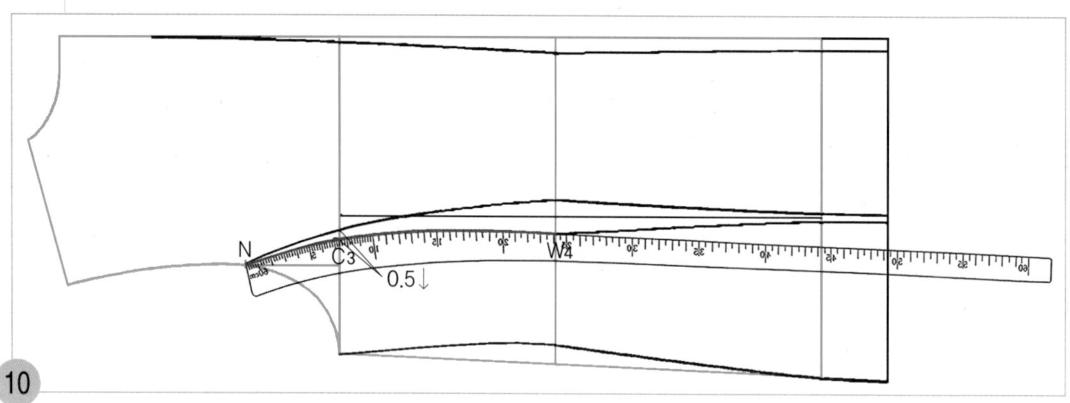

N~C3~W4=옆선쪽 허리선 위쪽 패널라인 C3점에 hip곡자를 8 위치를 맞추면서 W4점, 원형의 N점과 연결하여 옆선 쪽의 허리선 위쪽 패널라인을 그린다.

■ 프린세스라인의 경우

• 뒤 프린세스 라인을 그린다.

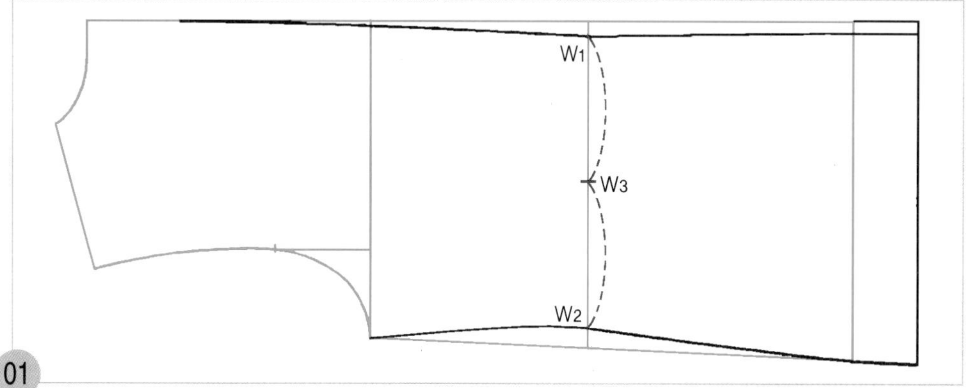

01

W_1~W_2=2등분(W_3) W_1점에서 W_2점까지를 2등분하여 옆선 쪽 프린세스 라인 위치(W_3)를 표시한다.

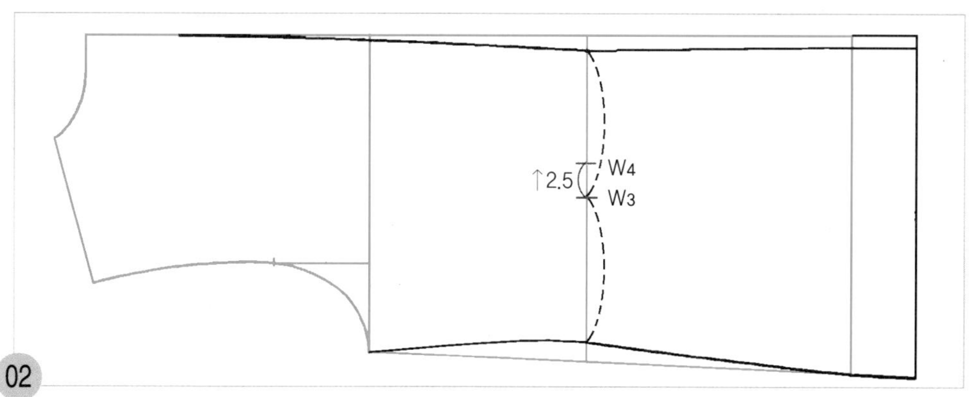

02

W_3~W_4=2.5cm

W_3점에서 뒤 중심 쪽으로 2.5cm 올라가 뒤 중심선 쪽 프린세스 라인 위치(W_4)를 표시한다.

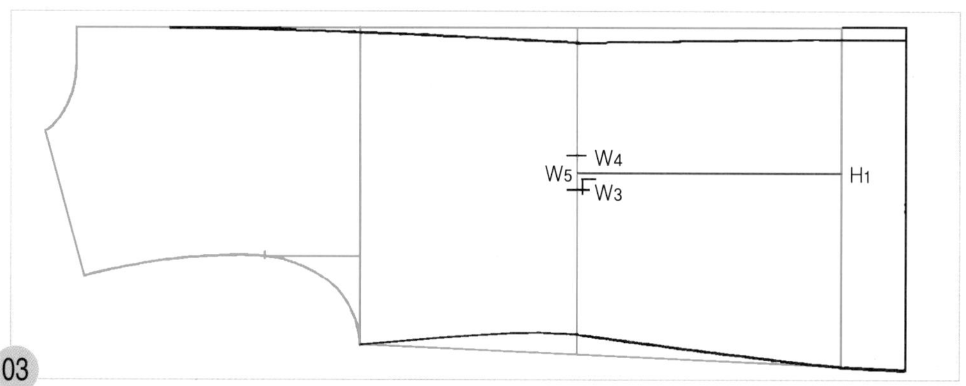

03

W_3~W_4=2등분(W_5) W_3점과 W_4점 두 점을 2등분하여 프린세스 라인 중심선 위치(W_5)를 표시하고, 직각으로 원형의 히프선까지 프린세스 라인 중심선(H_1)을 그린다.

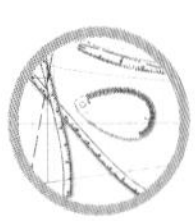

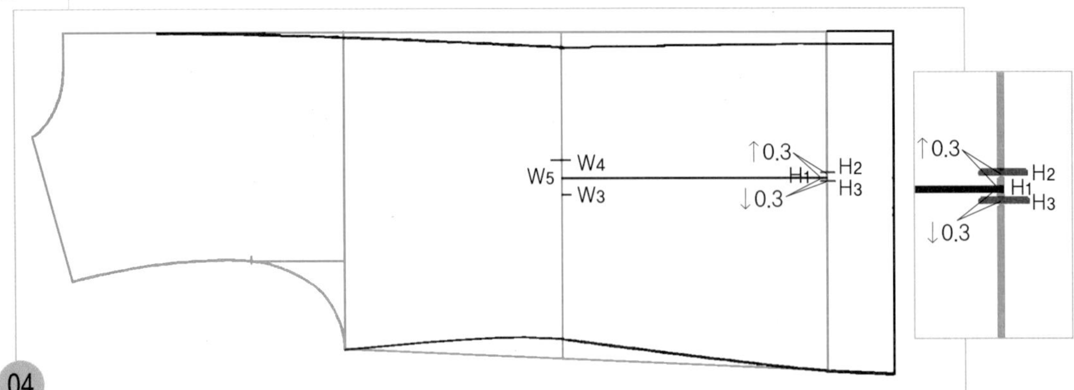

04

H1~H2=0.3cm, H1~H3=0.3cm H1점에서 뒤 중심 쪽으로 0.3cm 올라가 허리선 아래쪽 프린세스 라인을 그릴 통과점(H2)을 표시하고, H1점에서 옆선 쪽으로 0.3cm 내려와 허리선 아래쪽 프린세스 라인을 그릴 통과점(H3)을 표시한다.

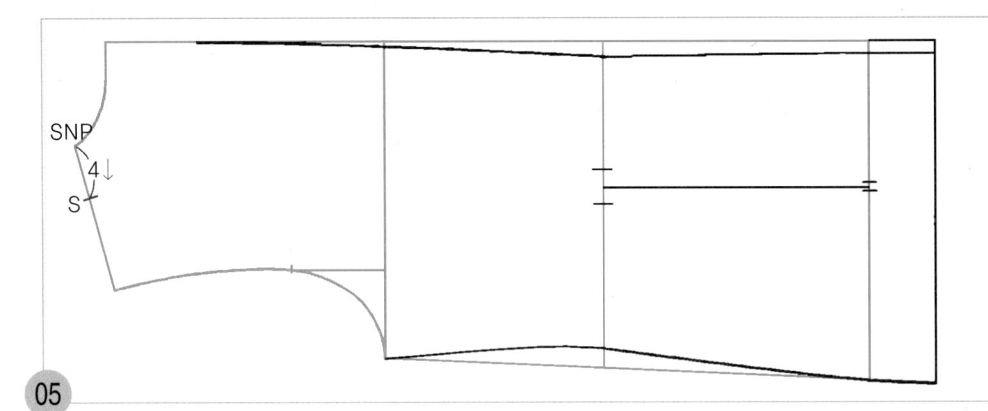

05

SNP~S=4cm 원형의 옆 목점(SNP)에서 어깨선을 따라 4cm 내려와 어깨선 쪽 프린세스 라인 위치(S)를 표시한다.

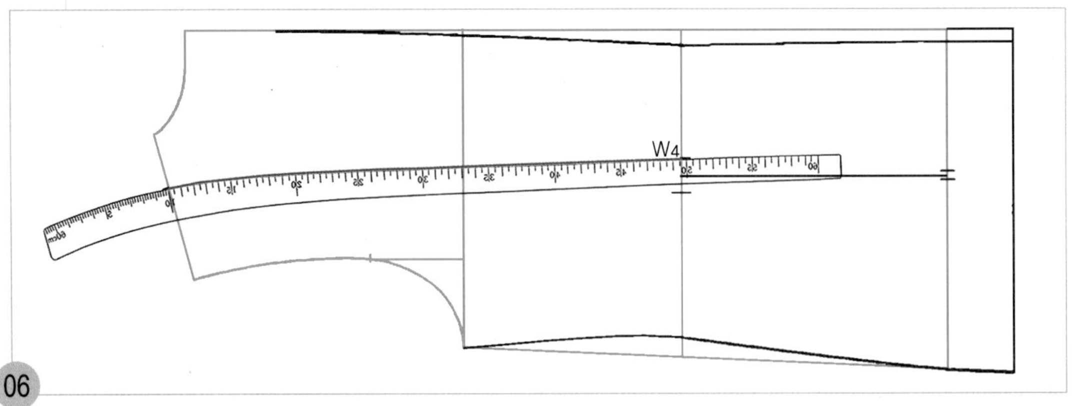

06

S점에 hip곡자 10 위치를 맞추면서 W4점과 연결하여 뒤 중심 쪽의 허리선 위쪽 프린세스 라인을 그린다.

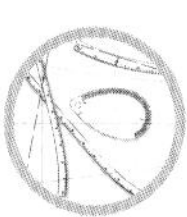

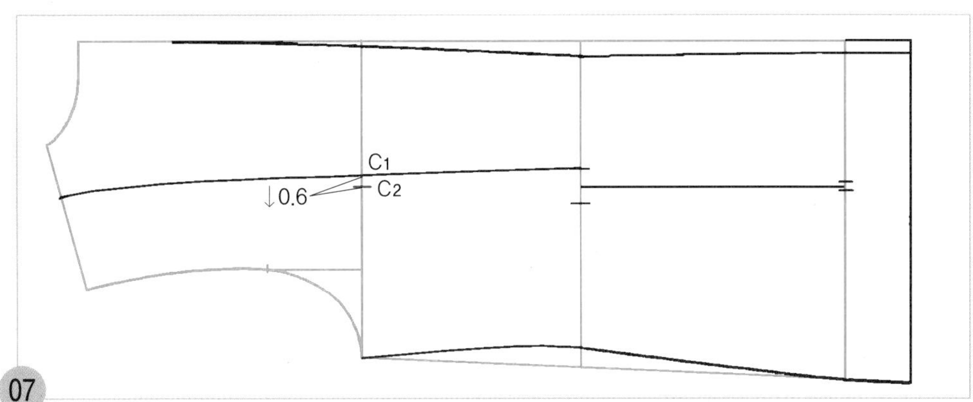

07

원형의 위 가슴둘레 선(CL)과 06에서 그린 뒤 중심 쪽 프린세스 라인과의 교점(C_1)에서 0.6cm 내려와 옆선 쪽 프린세스 라인을 그릴 통과점(C_2)을 표시한다.

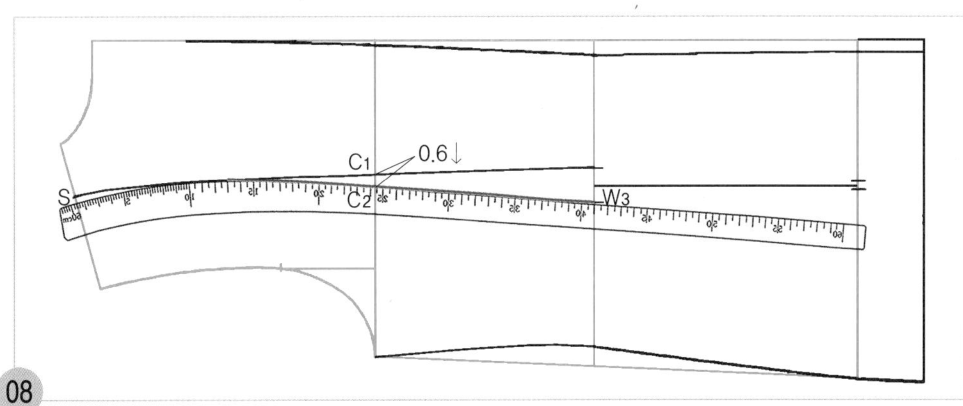

08

C_2점과 W_3점 두 점을 hip곡자로 연결하였을 때 06에서 그린 프린세스 라인과 이어지도록 맞추어 S점에서 C_1점까지의 1/2 위치까지 옆선 쪽의 허리선 위쪽 프린세스 라인을 그린다.

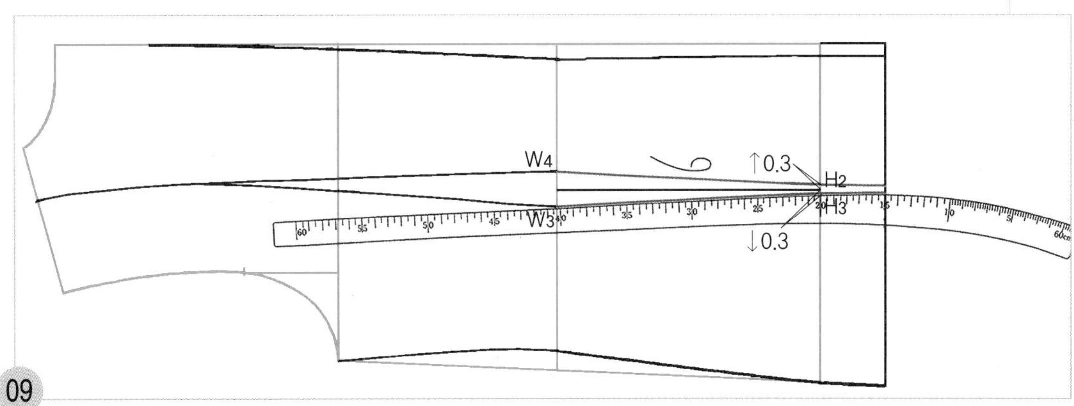

09

원형의 히프선까지 그린 프린세스 라인 중심선(H_1) 점에서 0.3cm 올라가 표시한 점(H_2)에 hip곡자 20 위치를 맞추면서 W_4점과 연결하여 뒤 중심 쪽의 허리선 아래쪽 프린스 라인을 그린 다음, hip곡자를 수직 반전하여 H_3점에 hip곡자 20 위치를 맞추면서 W_3점과 연결하여 옆선 쪽의 허리선 아래쪽 프린세스 라인을 그린다.

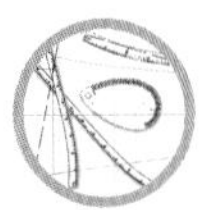

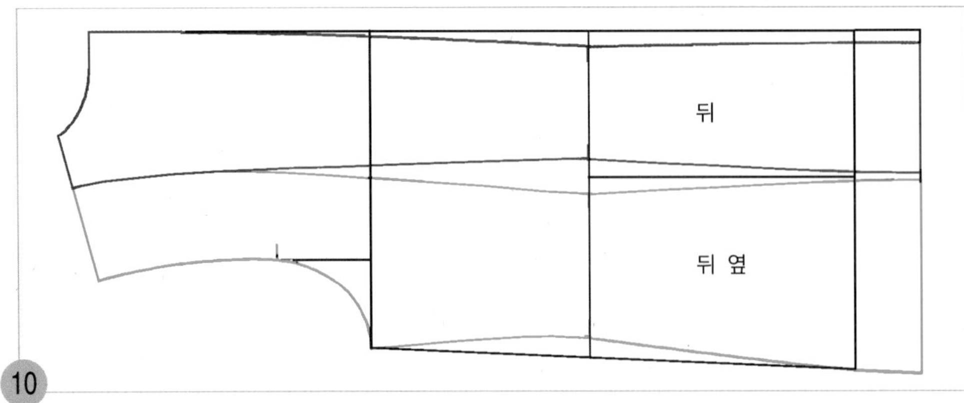

적색선이 뒤 중심 쪽, 청색선이 옆선 쪽의 완성선이다.

4. 뒤 목둘레 선을 그린다.

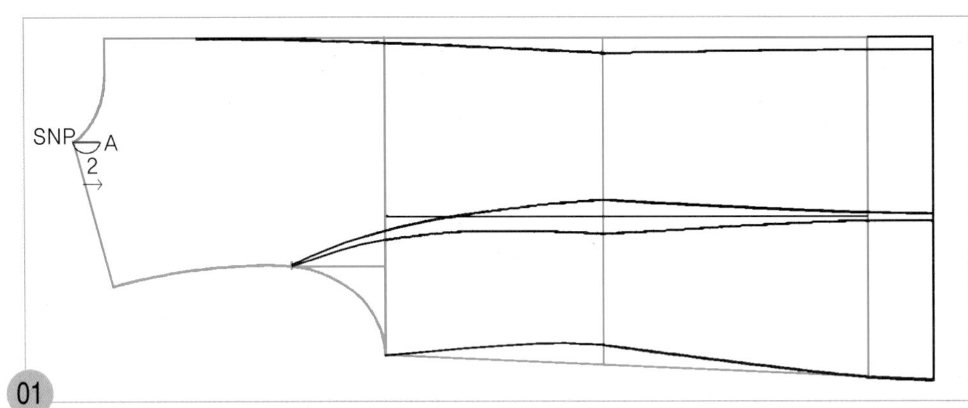

SNP~A = 2cm(노칼라의 경우 고정 치수)
원형의 옆 목점(SNP)에서 수평으로 2cm 그리고, 뒤 목둘레 선을 수정할 안내선 점(A)을 표시한다.

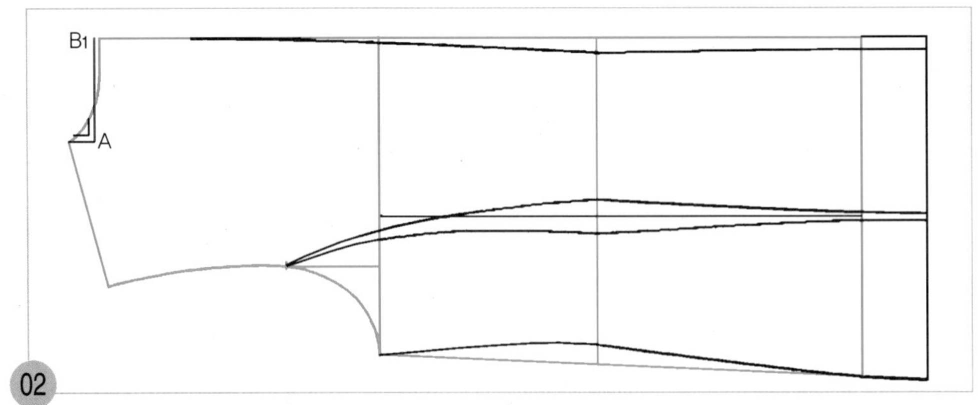

A점에서 직각으로 뒤 중심선까지 올려 그리고 뒤 목점 위치(B1)를 표시한다.

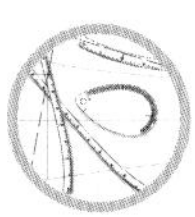

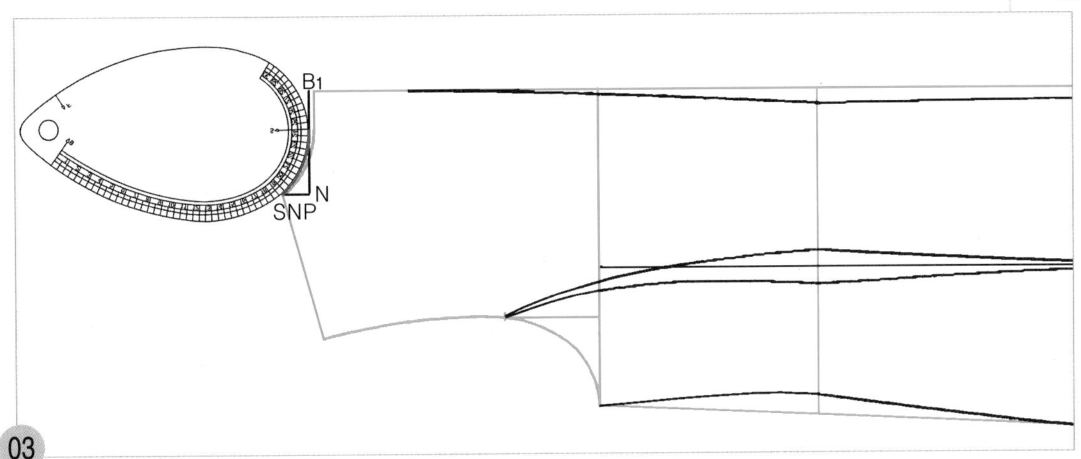

03

원형의 옆 목점(SNP)과 A점에서 B1점의 1/2 위치까지 뒤 AH자를 수평으로 바르게 맞추어 연결하여 뒤 목둘레 선을 그리고, 뒤 중심 쪽의 1/2 정도는 안내선을 뒤 목둘레 완성선으로 한다.

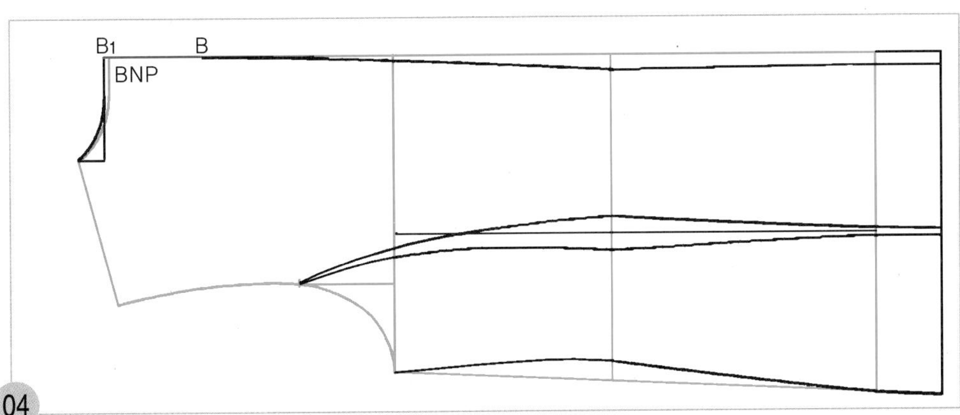

04

수정한 뒤 목점(B1)에서 원형의 B점까지 뒤 중심선을 그린다.

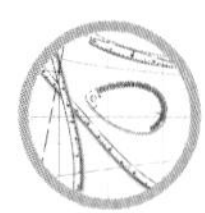

5. 어깨선을 그린다.

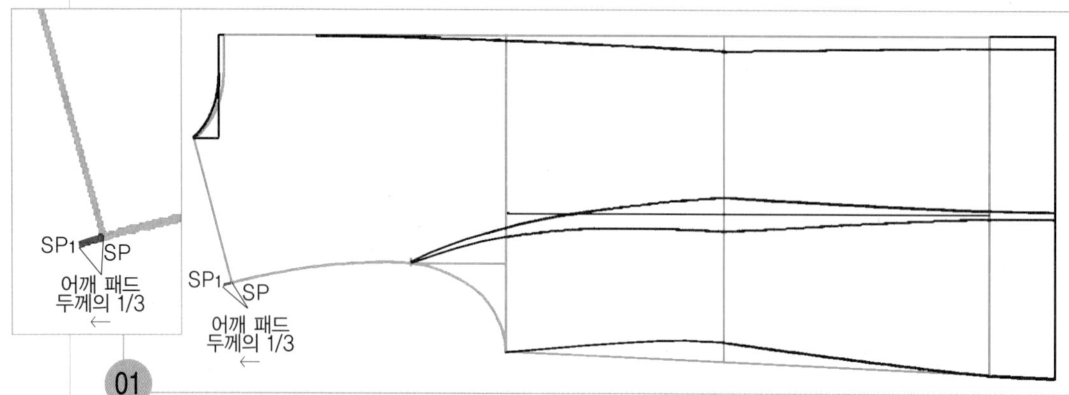

SP~SP1=어깨 패드 두께의 1/3 원형의 어깨끝점(SP)점에서 어깨패드 두께의 1/3 분량만큼 뒤 진동 둘레 선(AH)을 추가하여 그리고 뒤 어깨 끝점(SP1)으로 한다.

주 어깨 패드를 넣지 않는 경우에는 원형의 어깨선을 그대로 사용한다.

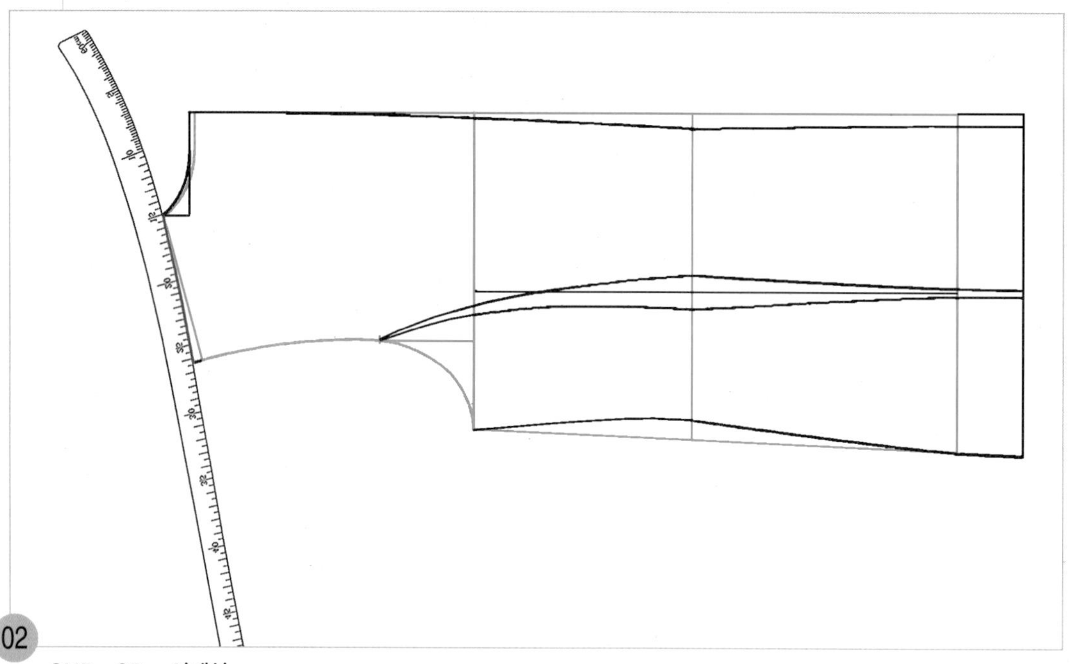

SNP~SP1=어깨선

옆 목점(SNP)에 hip곡자 15 위치를 맞추면서 수정한 어깨 끝점(SP1)과 연결하여 곡선으로 어깨 완성선을 그린다.

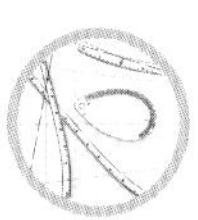

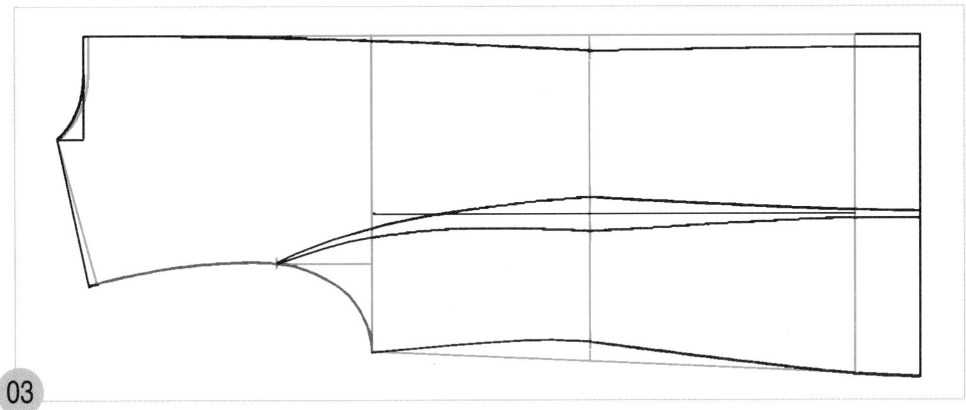

03

적색으로 표시된 진동 둘레 선(AH)은 원형의 선을 그대로 사용한다.

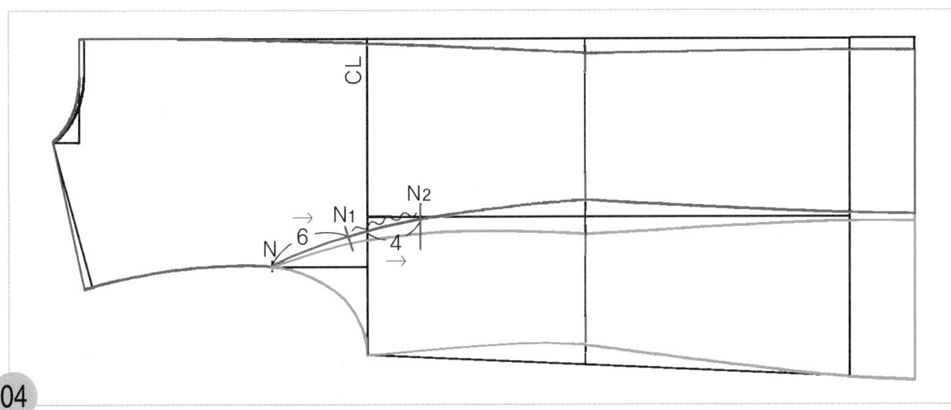

04

적색선이 뒤 몸판의 완성선이고, 청색선이 뒤옆 몸판의 완성선이다. N점에서 뒤 중심 쪽 패널라인을 따라 6cm 나간 위치에서 패널라인에 직각으로 이세(오그림) 처리 시작 위치의 너치 표시(N_1)를 넣고, 위 가슴둘레 선(CL)에서 4cm 나가 수직으로 이세 처리 끝 위치의 너치 표시(N_2)를 넣은 다음 N_1~N_2사이에 기호를 넣는다. 허리선에 맞춤 표시를 넣는다.

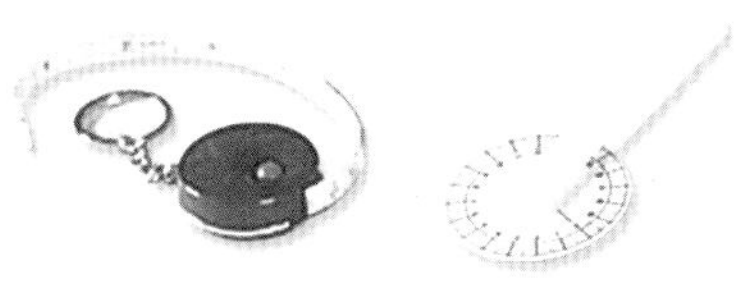

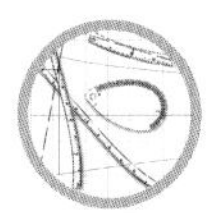

앞판 제도하기

1. 앞 중심선과 밑단의 안내선을 그린다.

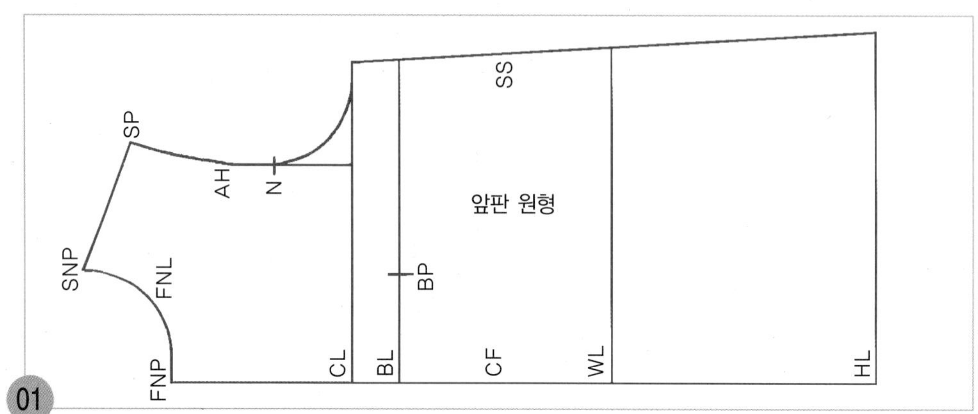

01 앞판의 원형선을 옮겨 그린다.

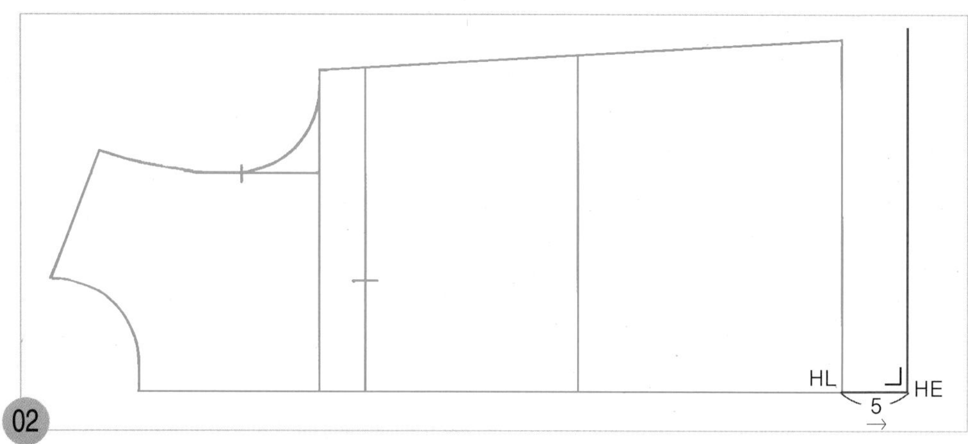

02 HL~HE=5cm

직각자를 대고 앞 원형의 HL점에서 수평으로 밑단 선(HE)까지 5cm 앞 중심선을 연장시켜 그리고, 직각으로 밑단의 안내선을 올려 그린다.

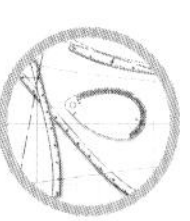

2. 옆선과 밑단의 완성선을 그린다.

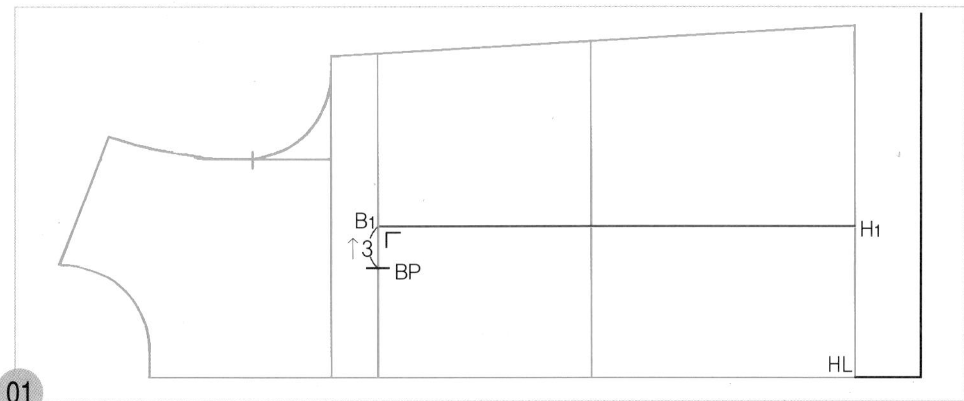

01

BP~B1=3cm 유두점(BP)에서 3cm 올라가 패널라인 중심선 위치(B1)를 표시하고 직각으로 원형의 히프선(HL)까지 패널라인 중심선(H1)을 그려둔다.

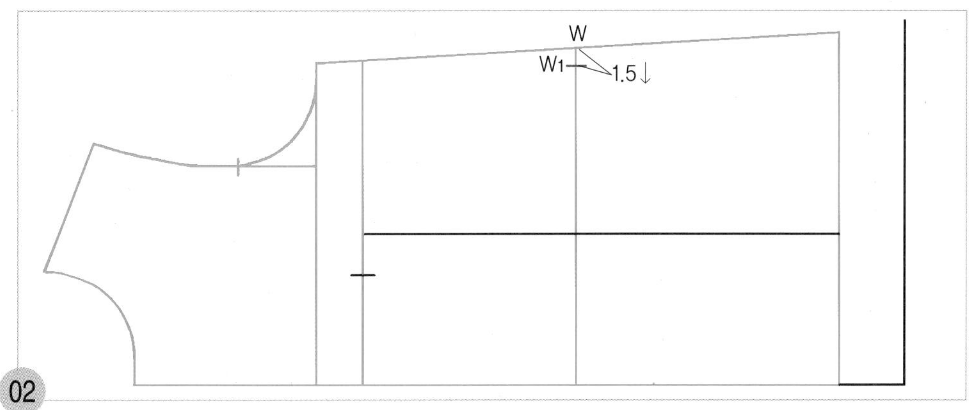

02

W~W1=1.5cm 앞 원형의 허리선(WL) 옆선 쪽 끝점(W)에서 1.5cm 내려와 수정할 옆선 쪽 허리선 위치(W1)를 표시한다.

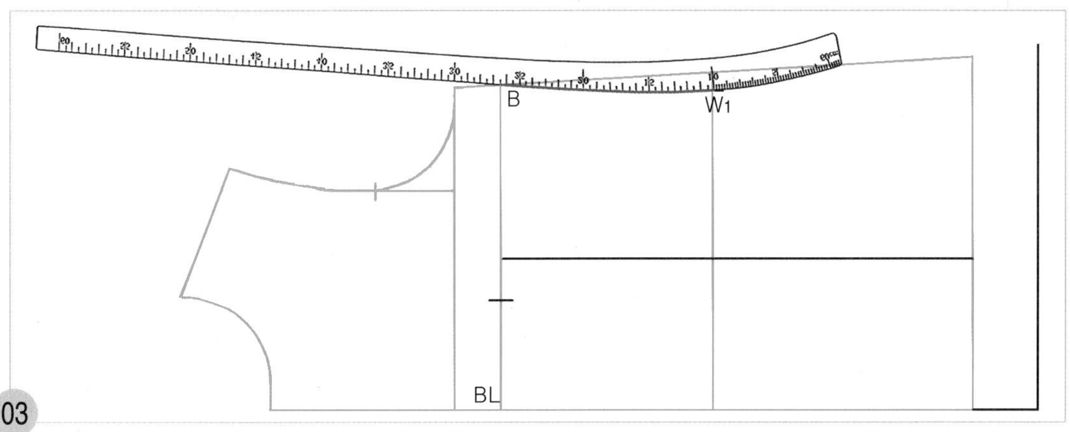

03

B~W1=앞 허리선 위쪽 옆선 W2점에 hip곡자 10 위치를 맞추면서 앞 원형의 가슴둘레 선(BL) 옆선 쪽 끝점(B)과 연결하여 허리선 위쪽 옆선의 완성선을 그린다.

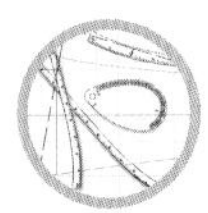

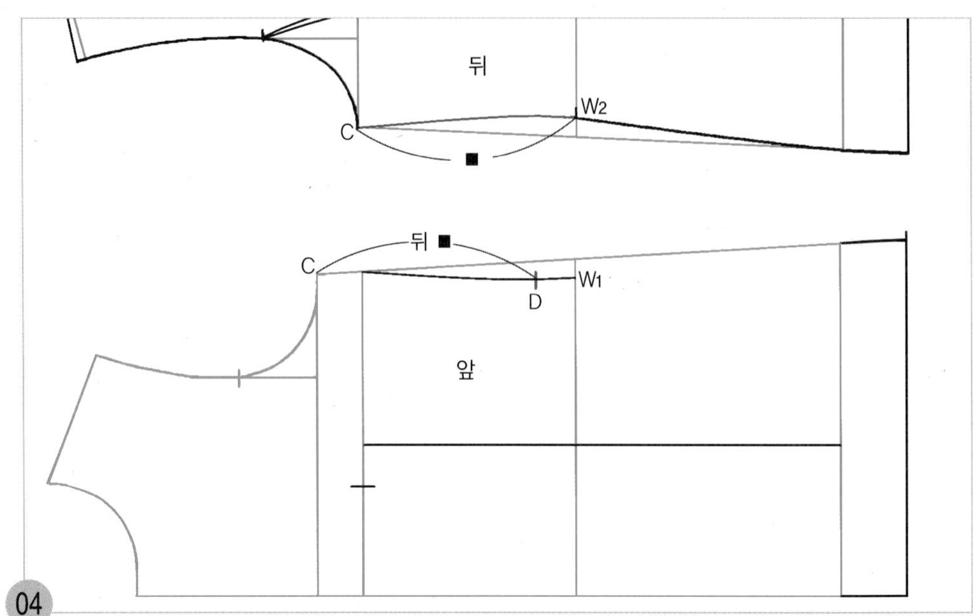

C~D=뒤 허리선 위쪽 옆선 길이(■) 뒤판의 C점에서 W_2점까지의 뒤 허리선 위쪽 옆선 길이(■)를 재어, 같은 길이(■)를 앞판의 위 가슴둘레 선(CL) 옆선 쪽 끝점(C)에서 앞판의 허리선 위쪽 옆선의 완성선을 따라 허리선 쪽으로 나가 가슴 다트량을 구할 위치(D)를 표시한다.

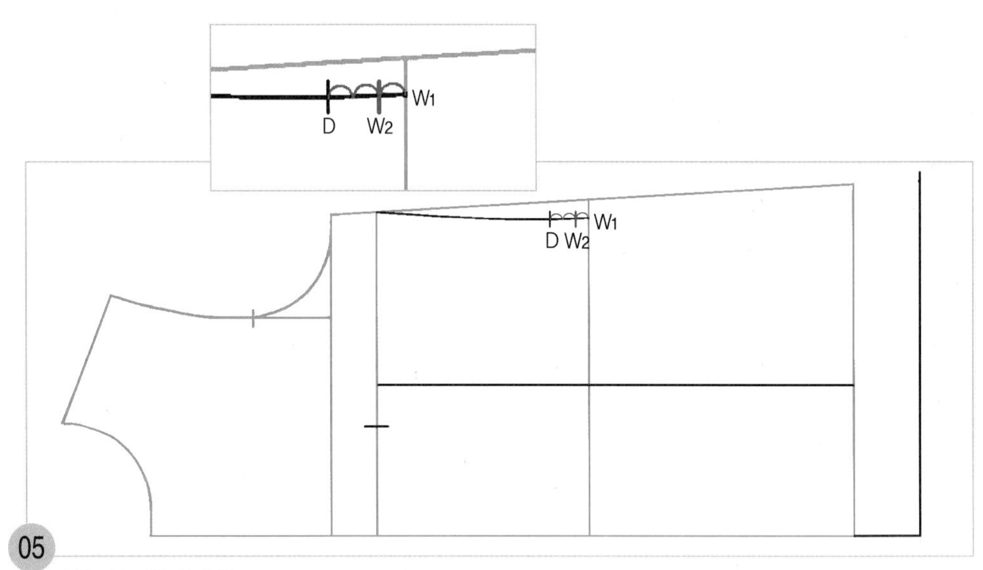

W_2=D~W_1의 1/3

D점에서 W_1점까지를 3등분하여 W_1점 쪽의 1/3 위치에 수정할 허리선 위치(W_2)를 표시한다.

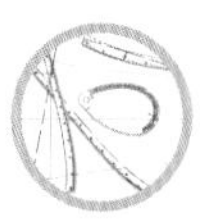

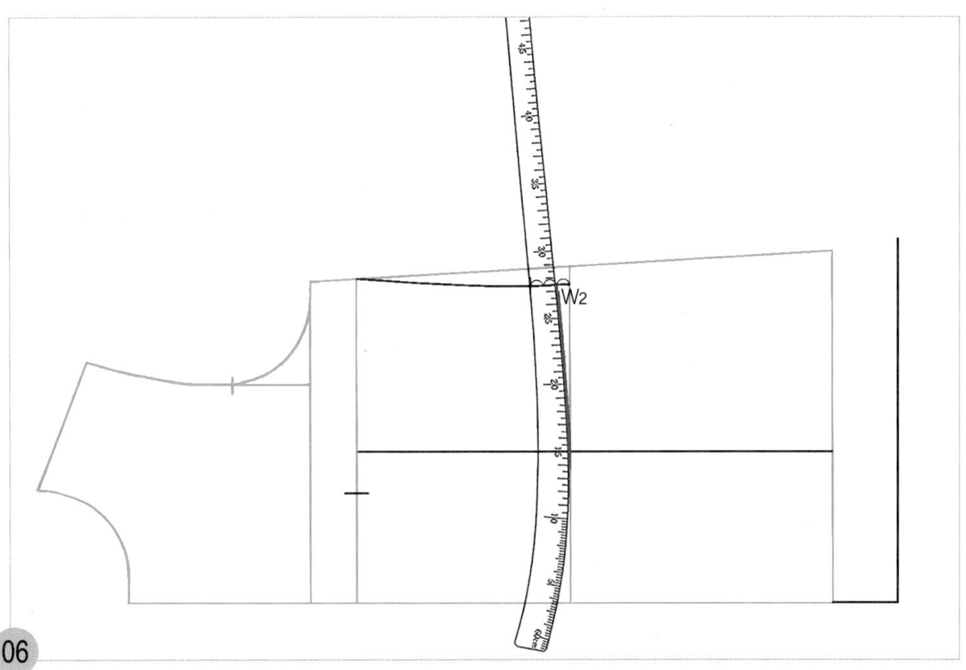

06
패널라인 중심선의 허리선 위치에 hip곡자 15 근처의 위치를 맞추면서 W_2점과 연결하여 허리선을 수정한다.

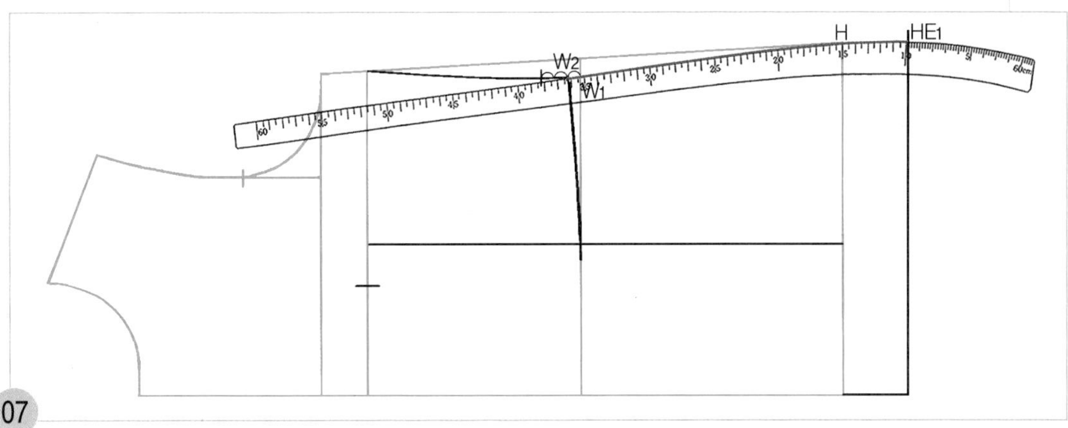

07
W_2~HE_1=앞 허리선 아래쪽 옆선

원형의 히프선(HL) 옆선 쪽 끝점(H)에 hip곡자 15 위치를 맞추면서 W_2점과 연결하여 밑단선(HE_1)까지 앞 허리선 아래쪽 옆선의 완성선을 그린다.

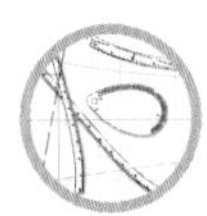

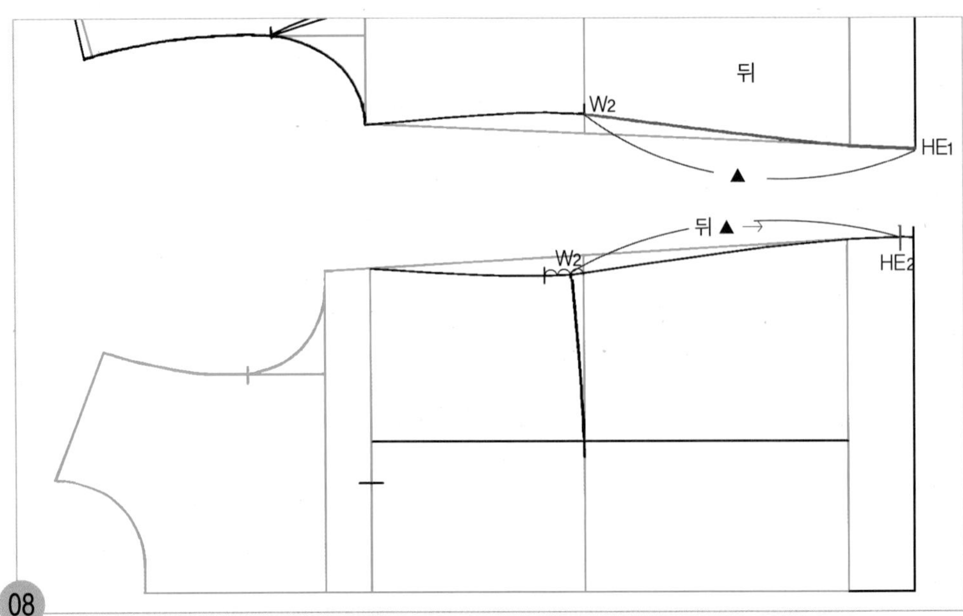

08

W2~HE2=뒤 허리선 아래쪽 옆선 길이(▲)

뒤판의 W_2점에서 HE_1까지의 뒤 허리선 아래쪽 옆선 길이(▲)를 재어, 같은 길이(▲)를 앞판의 W_2 점에서 허리선 아래쪽 옆선을 따라 나가 앞 옆선 쪽 밑단 위치(HE_2)를 표시한다.

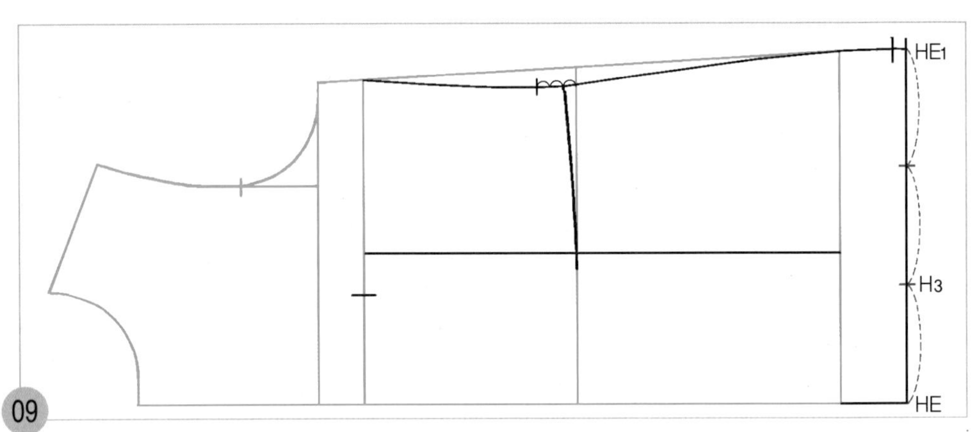

09

HE~HE1=3등분

HE점에서 HE_1점까지의 밑단 선을 3등분하여 앞 중심 쪽 1/3 지점을 HE_3점으로 한다.

10

HE~HE_4=0.6cm, HE_3~HE_5=0.6cm

HE점과 HE_3점에서 각각 0.6cm씩 수평으로 앞 처짐분(HE_4, HE_5)을 추가하여 그린다.

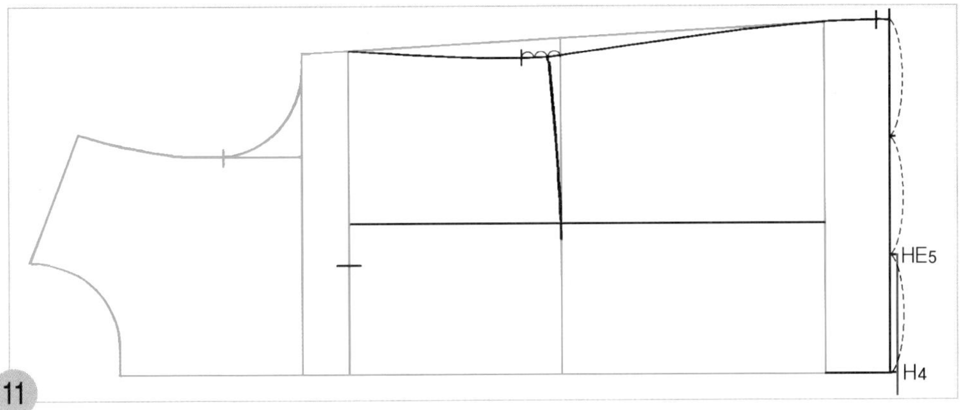

11

HE_4점과 HE_5점 두 점을 직선자로 연결하여 밑단의 완성선을 앞 중심 쪽에서 조금 길게 내려 그린다.

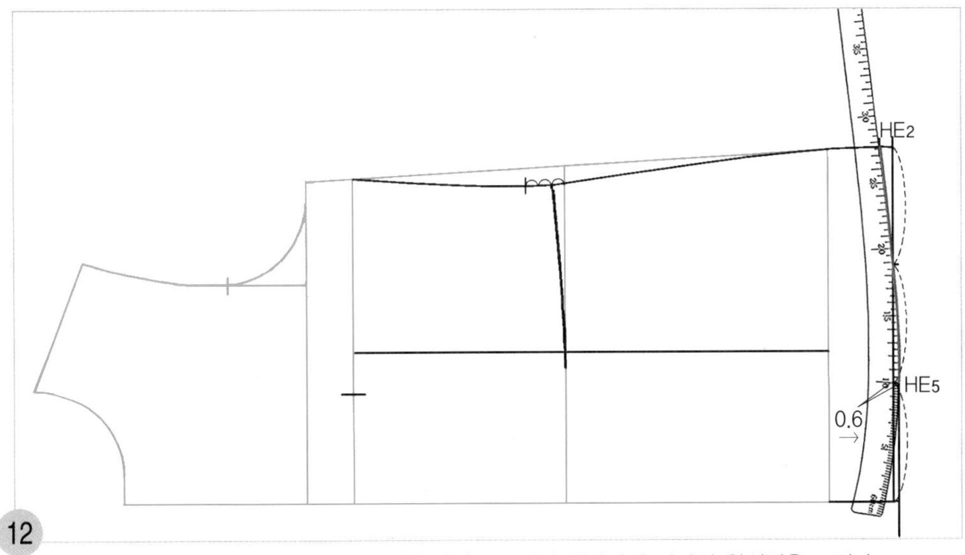

12

HE_5점에 hip곡자 10 근처의 위치를 맞추면서 HE_2점과 연결하여 밑단의 완성선을 그린다.

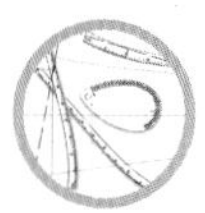

3. 앞 패널라인을 그린다. **참 고** 프린세스 라인의 경우는 p. 133~138에 설명되어 있다.

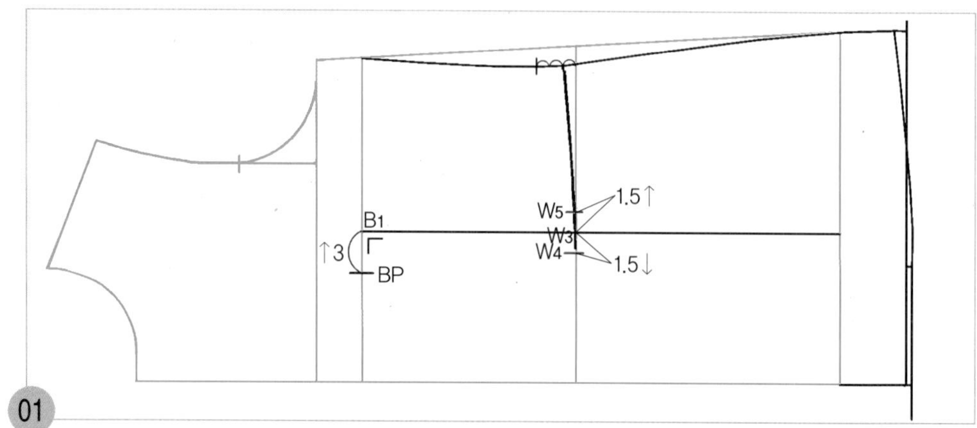

W_3~W_4=1.5cm, W_3~W_5=1.5cm BP에서 3cm 올라가 직각으로 그린 패널라인 중심선의 허리선 위치(W_3)에서 1.5cm 내려와 앞 중심 쪽 패널라인 위치(W_4)를 표시하고, 패널라인 중심선의 허리선 위치에서 1.5cm 올라가 옆선 쪽 패널라인 위치(W_5)를 표시한다.

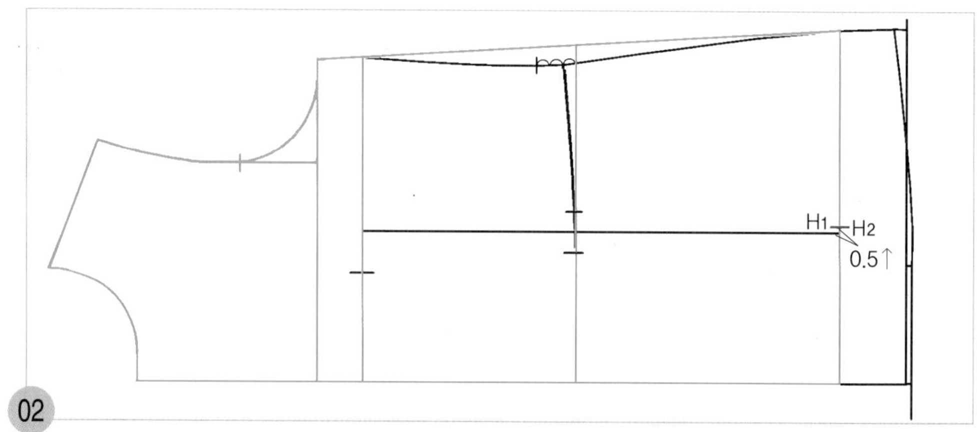

H_1~H_2=0.5cm 원형의 히프선 위치의 패널라인 중심선(H_1)에서 0.5cm 올라가 옆선 쪽 패널라인을 그릴 통과점(H_2)을 표시한다.

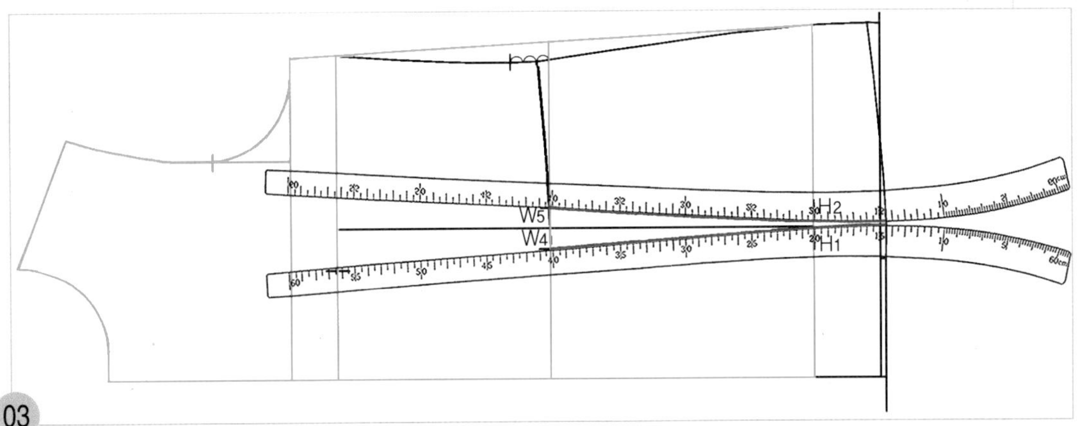

03

H_1점에 hip곡자 20 위치를 맞추면서 W_4점과 연결하여 밑단 선까지 앞 중심 쪽의 허리선 아래쪽 패널라인을 밑단 선까지 그린 다음, hip곡자를 수직 반전하여, H_2점에 hip 곡자 20 위치를 맞추면서 W_5점과 연결하여 밑단 선까지 옆선 쪽의 허리선 아래쪽 패널라인을 그린다.

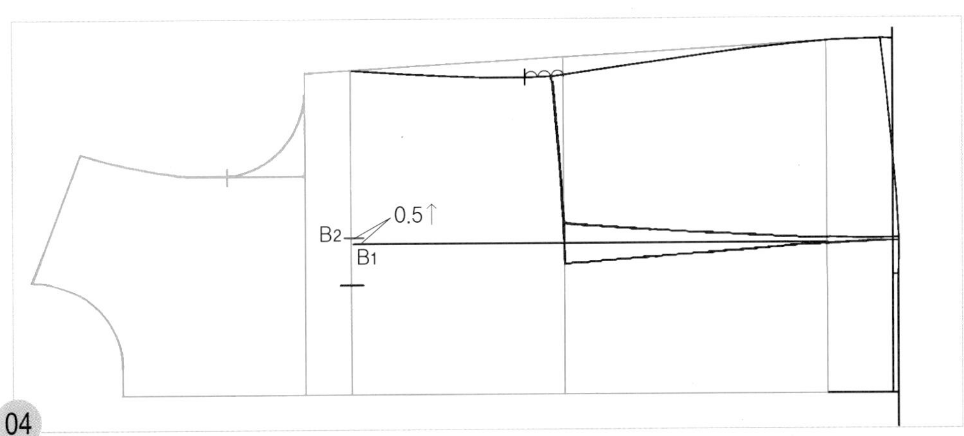

04

B_1~B_2=0.5cm B_1점에서 0.5cm 올라가 옆선 쪽 패널라인을 그릴 통과점(B_2)을 표시한다.

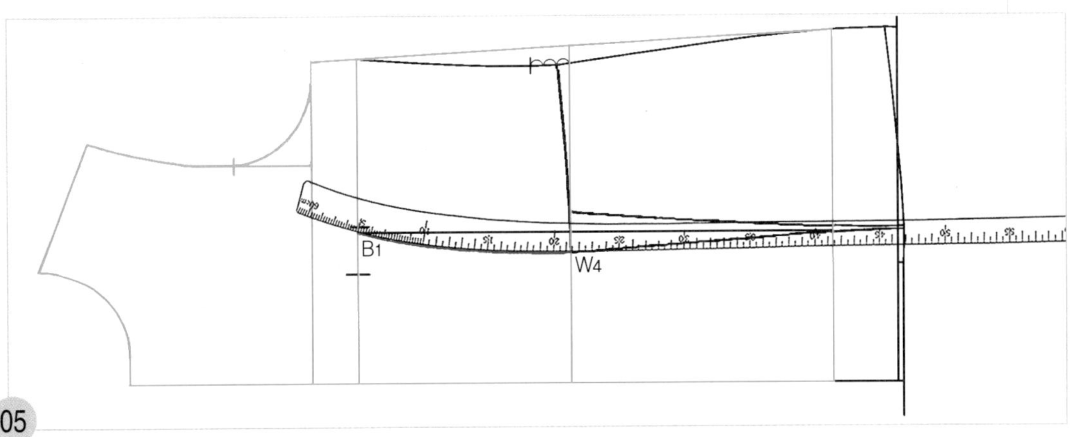

05

B_1점에 hip곡자 5 위치를 맞추면서 W_4점과 연결하여 앞 중심 쪽의 허리선 위쪽 패널 라인을 그린다.

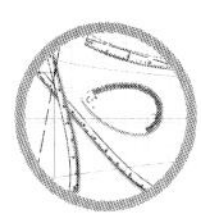

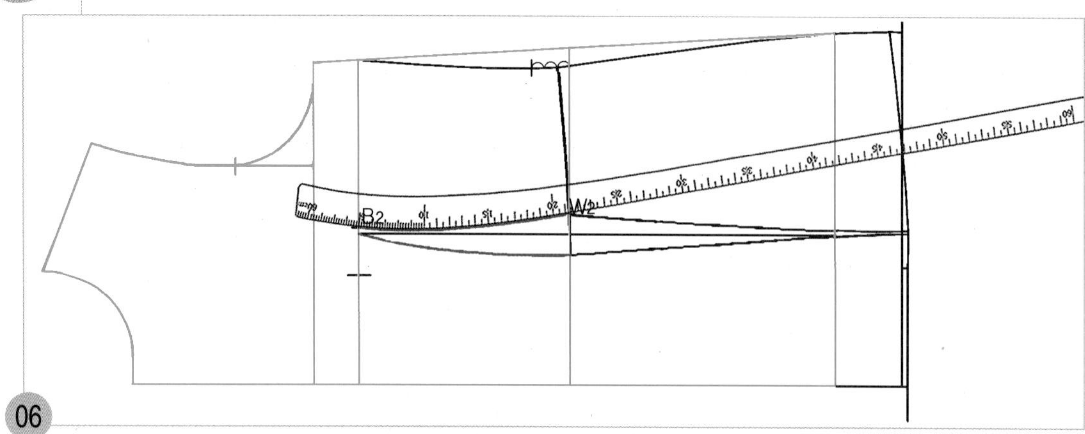

06

B_2점에 hip곡자 5 위치를 맞추면서 W_5점과 연결하여 옆선 쪽의 허리선 위쪽 패널 라인을 그린다.

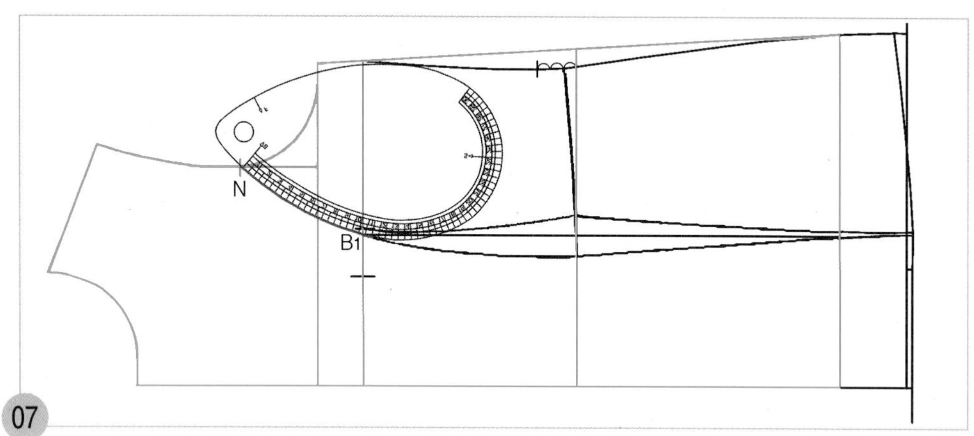

07

원형의 진동 둘레 선상의 너치 표시(N)점과 B_1점을 뒤 AH자 쪽으로 연결하여 앞 중심 쪽의 가슴 둘레 선(BL) 위쪽 패널라인을 그린다.

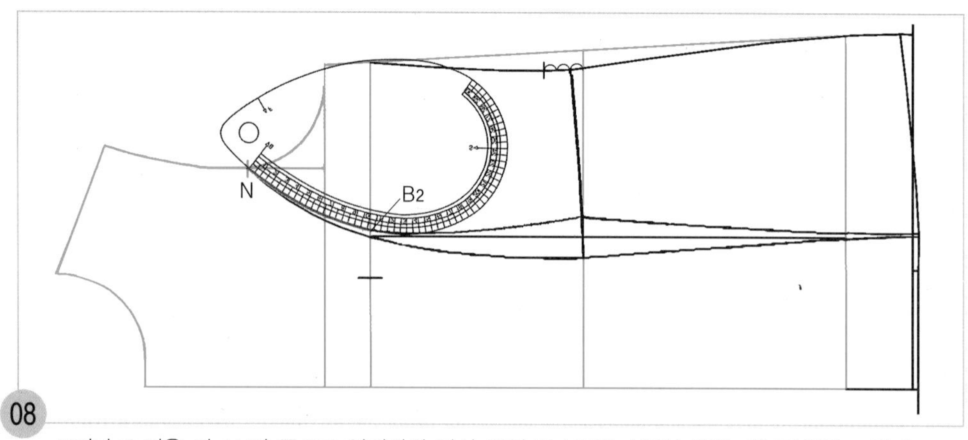

08

N점과 B_2점을 뒤 AH자 쪽으로 연결하여 옆선 쪽의 가슴둘레 선(BL) 위쪽 패널라인을 그린다.

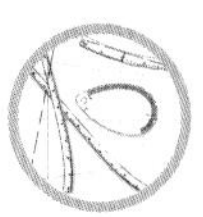

■ 프린세스라인의 경우

• 앞 프린세스 라인을 그린다.

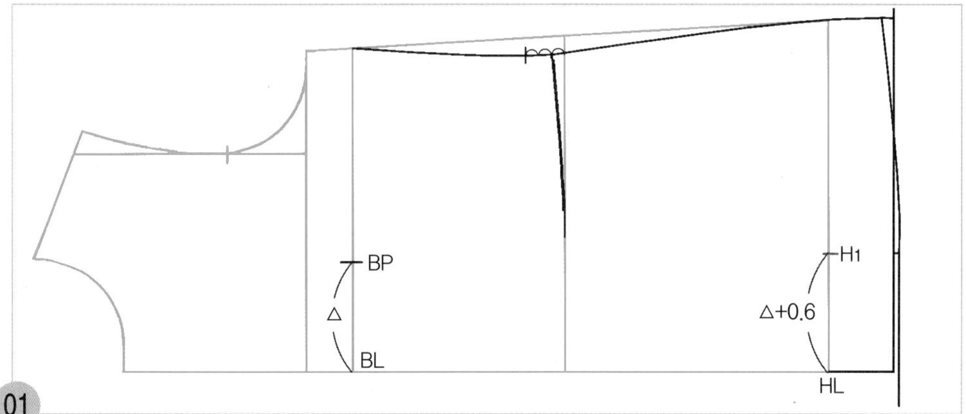

01

BL~BP=유두간격/2(△), HL~H1=유두간격/2+0.6cm BL에서 BP까지의 길이(△)에 0.6cm 더한 치수를 HL점에서 올라가 프린세스 라인 중심선을 그릴 안내선 점(H1)을 표시한다.

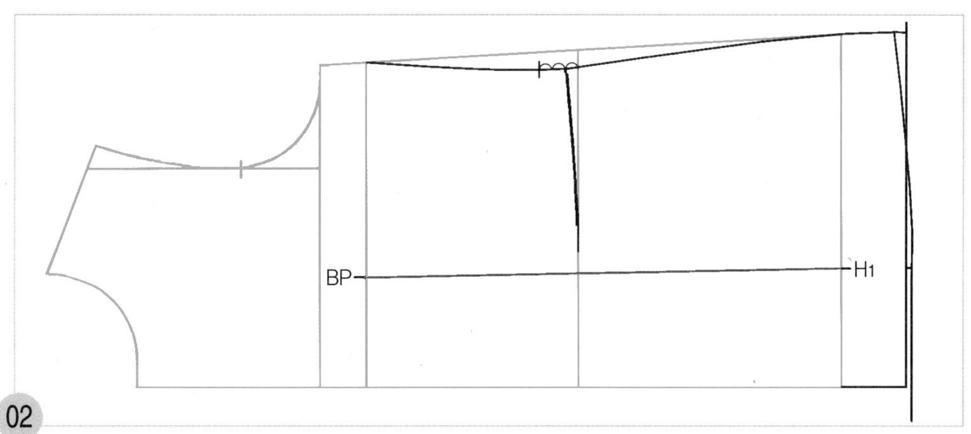

02

BP와 H1점 두 점을 직선자로 연결하여 프린세스 라인 중심선을 그린다.

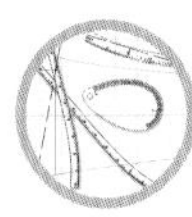

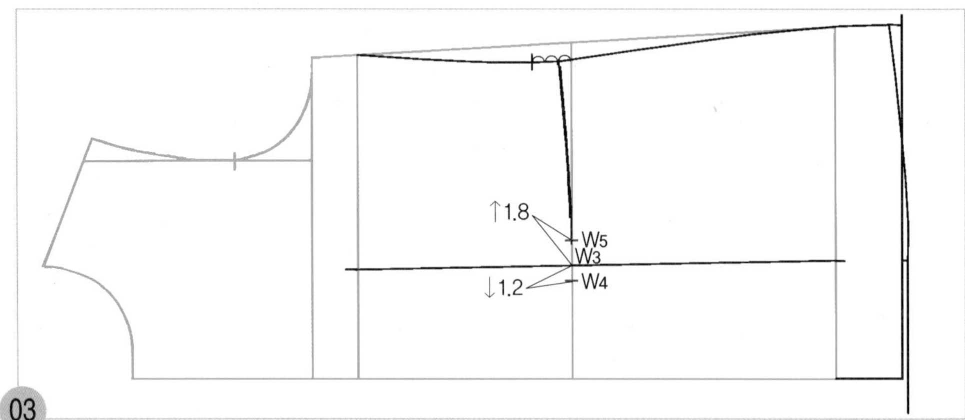

03

W3~W4=1.2cm, W3~W5=1.8cm 02에서 그린 프린세스 라인 중심선의 허리선 위치(W3)에서 앞 중심 쪽으로 1.2cm 내려와 앞 중심 쪽 프린세스 라인을 그릴 통과점(W4)을 표시하고, 뒤 중심 쪽으로 1.8cm 올라가 옆선 쪽 프린세스 라인을 그릴 통과점(W5)을 표시한다.

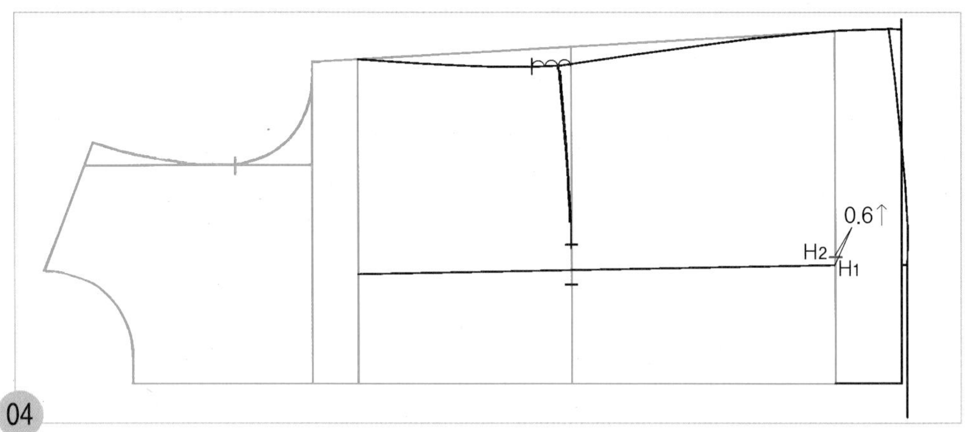

04

H1~H2=0.6cm H1점에서 0.6cm 올라가 옆선 쪽 프린세스 라인을 그릴 통과점(H2)을 표시한다.

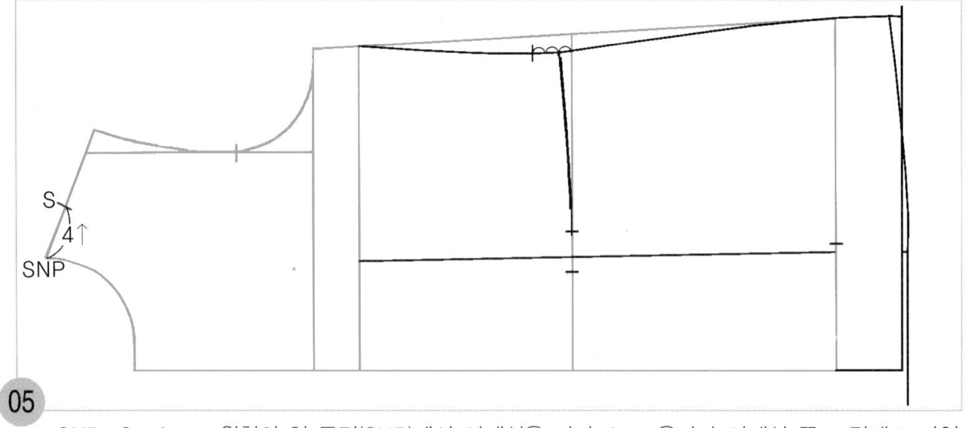

05

SNP~S=4cm 원형의 옆 목점(SNP)에서 어깨선을 따라 4cm 올라가 어깨선 쪽 프린세스 라인 위치(S)를 표시한다.

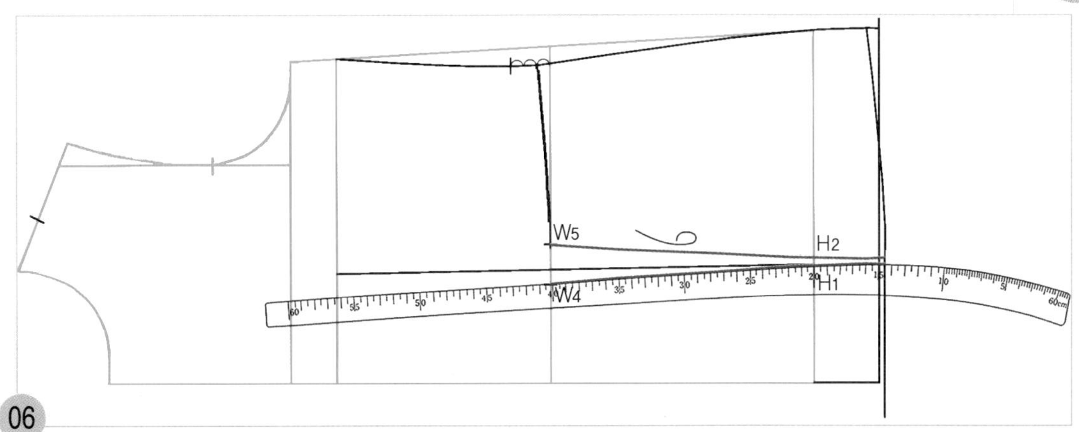

06

H2점에 hip곡자 20 위치를 맞추면서 W5점과 연결하여 밑단 선까지 옆선 쪽의 허리선 아래쪽 프린세스 라인을 그린 다음, hip곡자를 수직 반전하여 H1점에 hip 곡자 20 위치를 맞추면서 W4점과 연결하여 앞 중심 쪽의 허리선 아래쪽 프린세스 라인을 그린다.

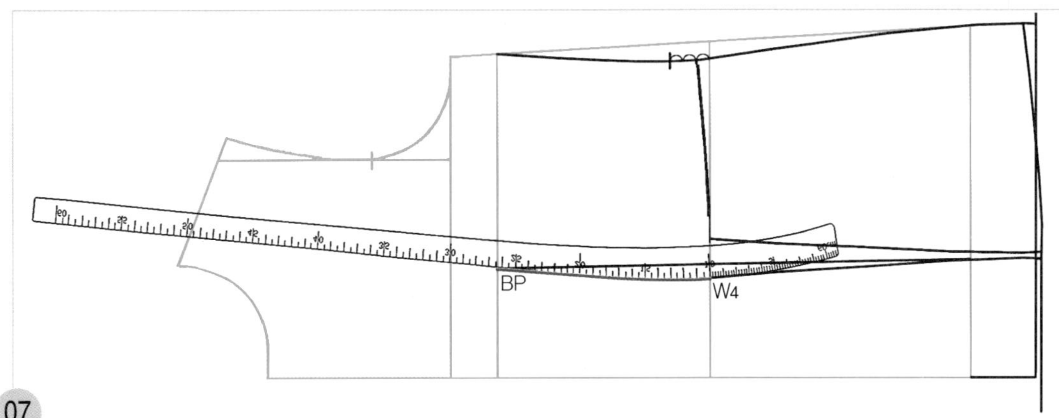

07

W4점에 hip곡자 10 위치를 맞추면서 BP와 연결하여 앞 중심 쪽의 허리선 위쪽 프린세스 라인을 그린다.

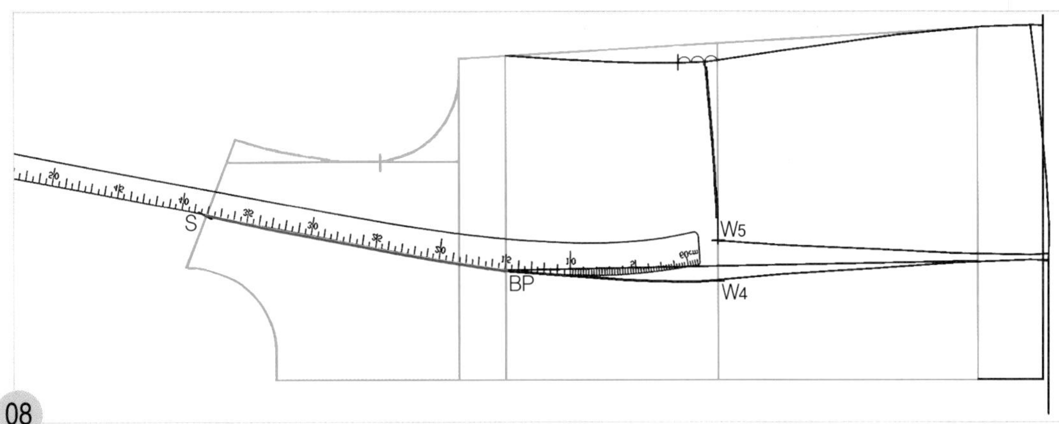

08

유두점(BP)에 hip곡자 15 위치를 맞추면서 S점과 연결하여 앞 중심 쪽의 가슴둘레 선(BL) 위쪽 프린세스 라인을 그린다.

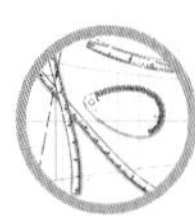

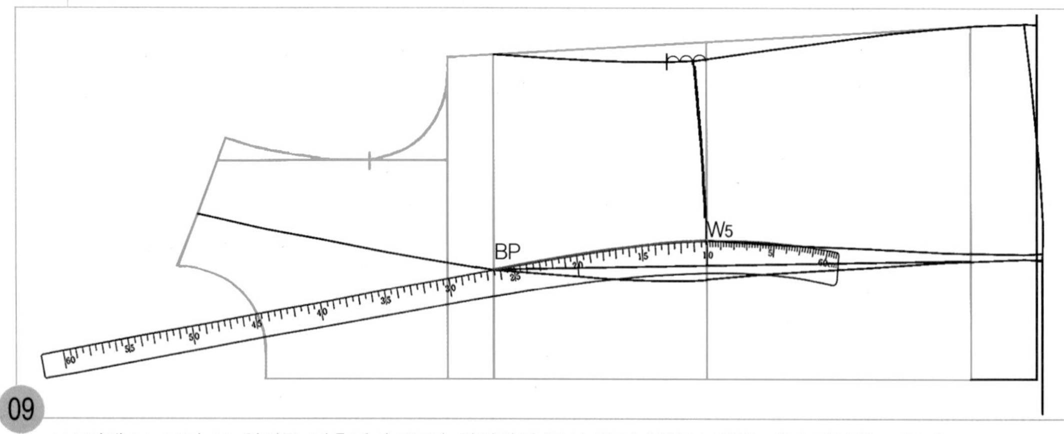

09

W_5점에 hip곡자 10 위치를 맞추면서 BP와 연결하여 옆선 쪽의 허리선 위쪽 패널 라인을 그린다.

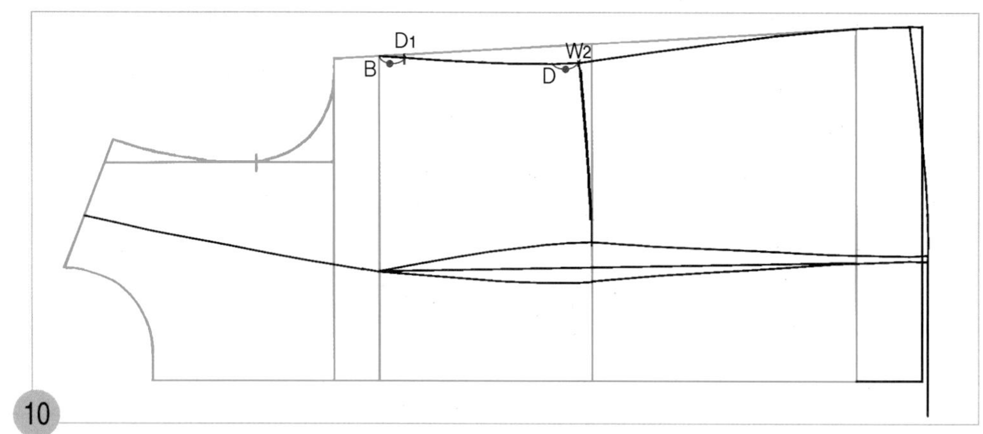

10

D~W_2=가슴 다트 분량 D점에서 W_2점까지의 길이를 재어 원형의 가슴둘레 선(BL) 옆선 쪽 끝점(B)에서 옆선을 따라 나가 가슴 다트를 그릴 위치(D_1)를 표시한다.

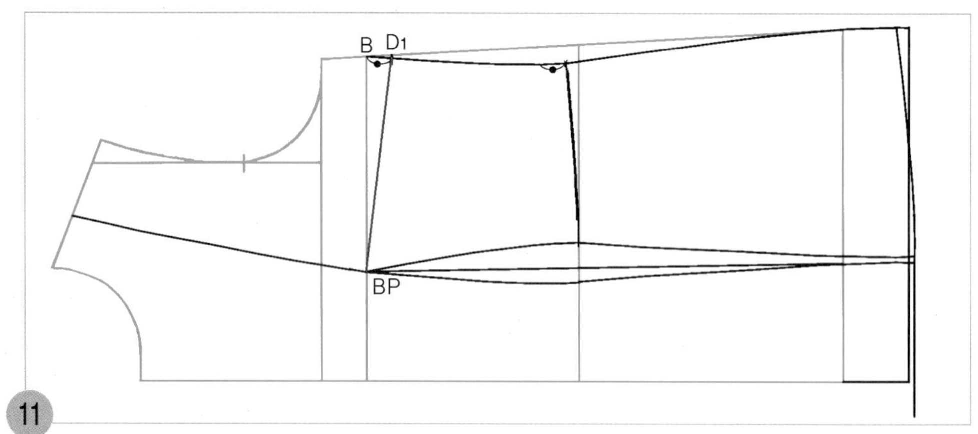

11

D_1~BP = 가슴 다트선 D_1점과 BP 두 점을 직선자로 연결하여 가슴 다트선을 그린다.

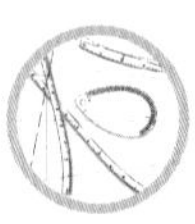

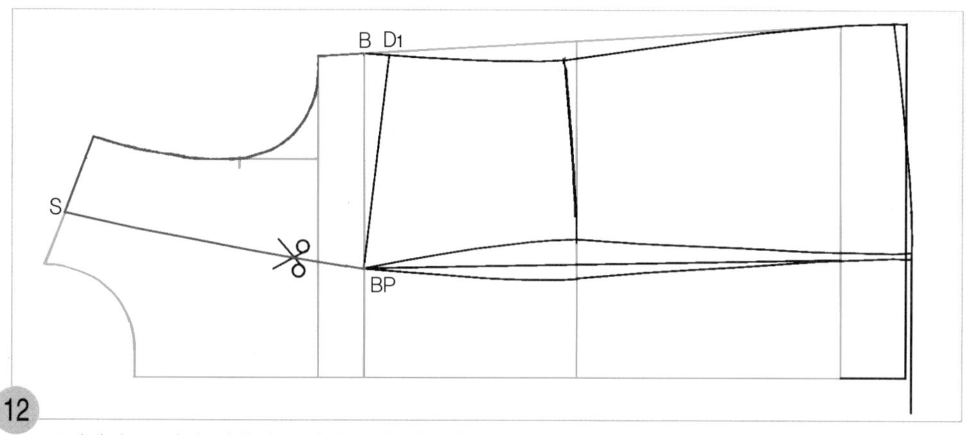

12

S점에서 BP까지 적색의 프린세스 라인을 자른다.

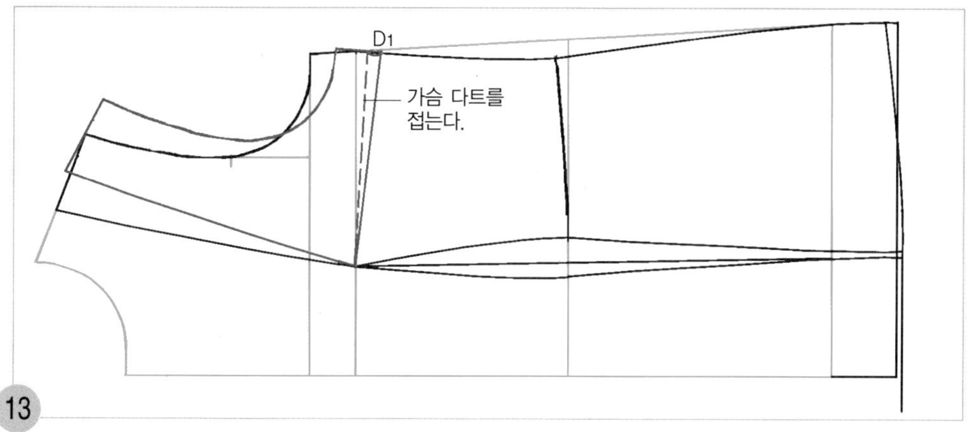

13

가슴 다트를 접으면 적색선과 같이 옆선 쪽의 가슴둘레 선 위쪽이 이동하게 된다.

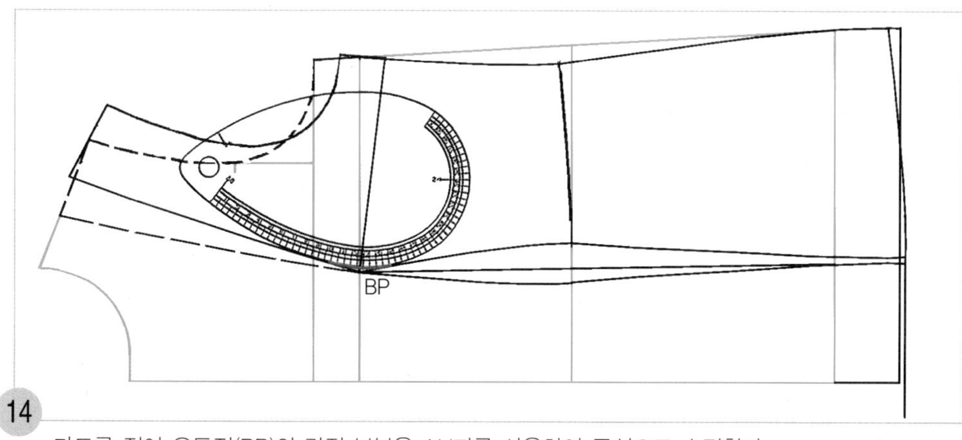

14

다트를 접어 유두점(BP)의 각진 부분을 AH자를 사용하여 곡선으로 수정한다.

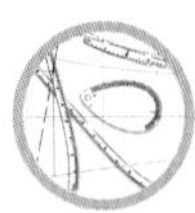

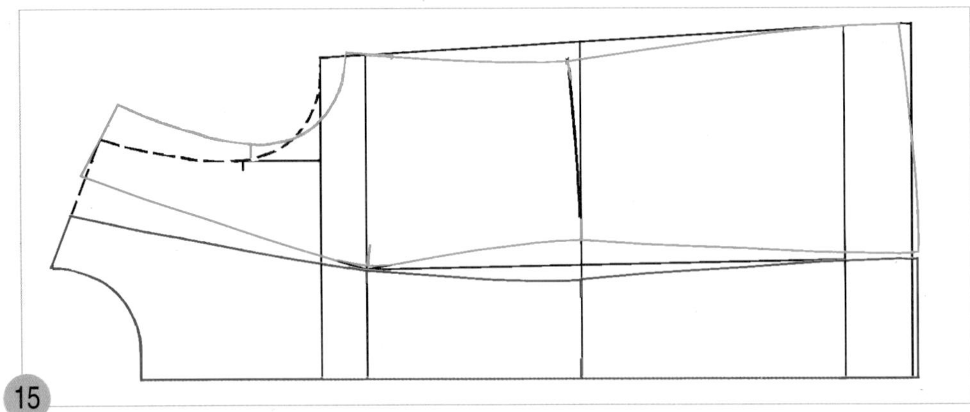

15

적색선이 앞 중심 쪽의 완성선이고, 청색선이 옆선 쪽의 완성선이다.

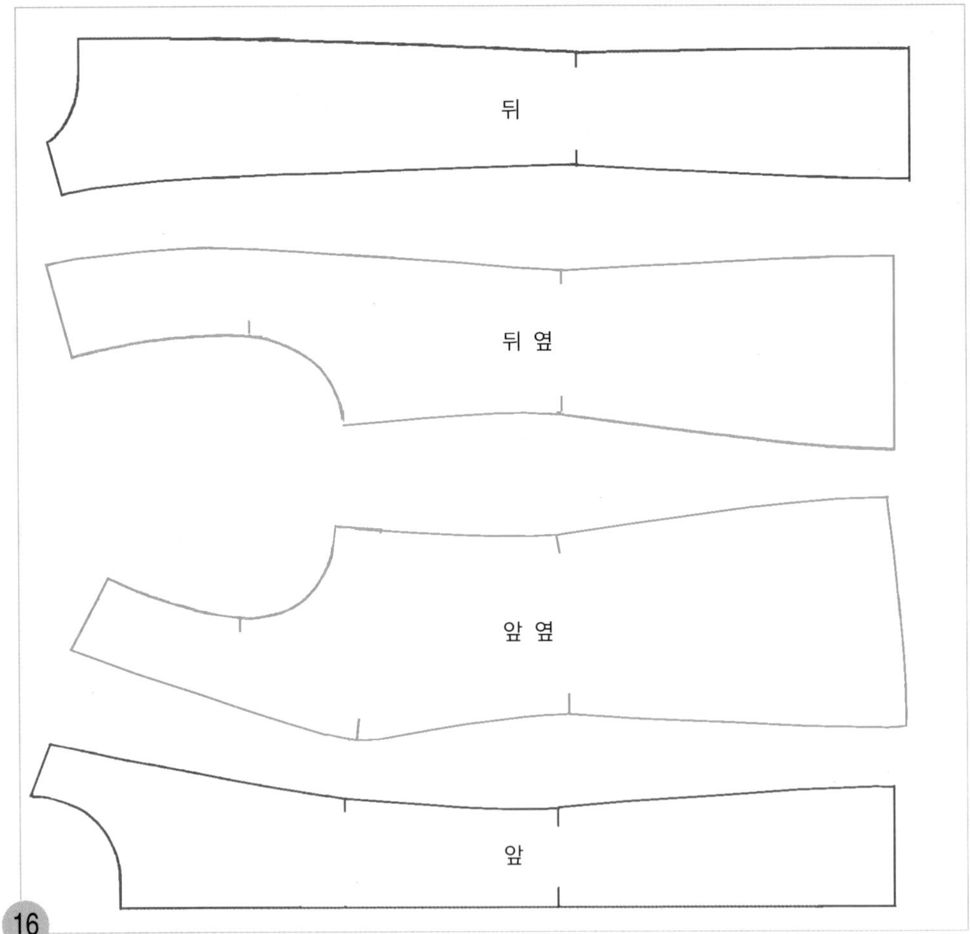

뒤

뒤 옆

앞 옆

앞

16

적색선과 청색선을 따라 오려내어 패턴을 분리한다.

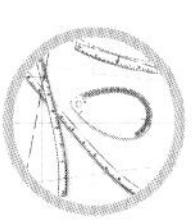

4. 가슴 다트선을 그린다.

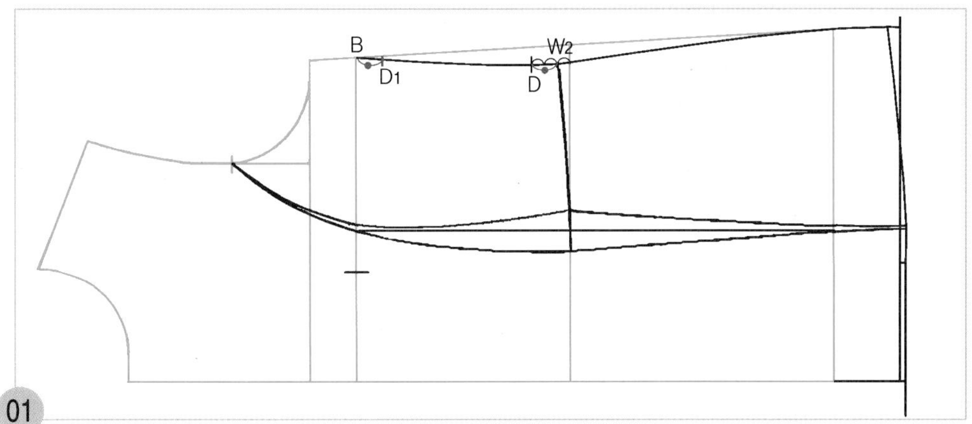

01

D~W2=가슴 다트 분량 D점에서 W2점까지의 분량을 재어 원형의 가슴 둘레 선(BL) 옆선 쪽 끝점(B)에서 옆선을 따라 나가 가슴 다트를 그릴 위치(D1)를 표시한다.

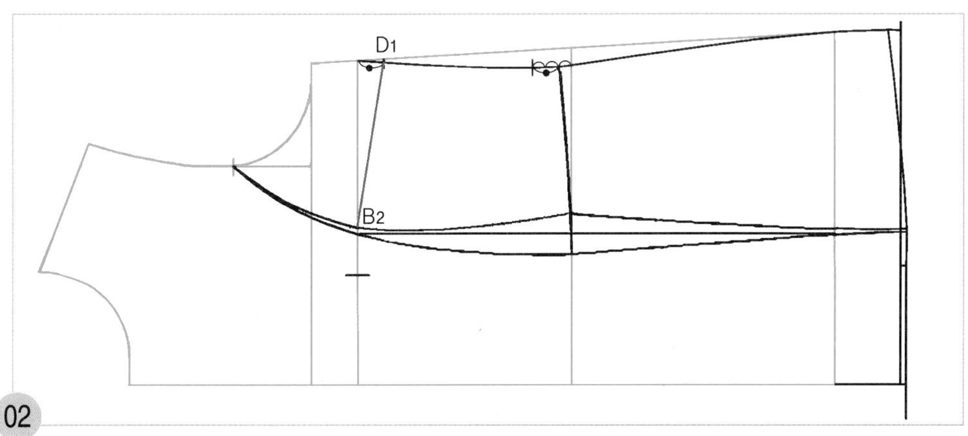

02

D1~B2=가슴 다트선

D1점과 B2점 두 점을 직선자로 연결하여 가슴 다트선을 그린다.

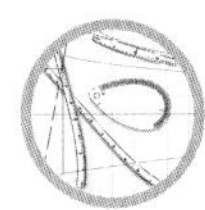

5. 어깨선을 그린다.

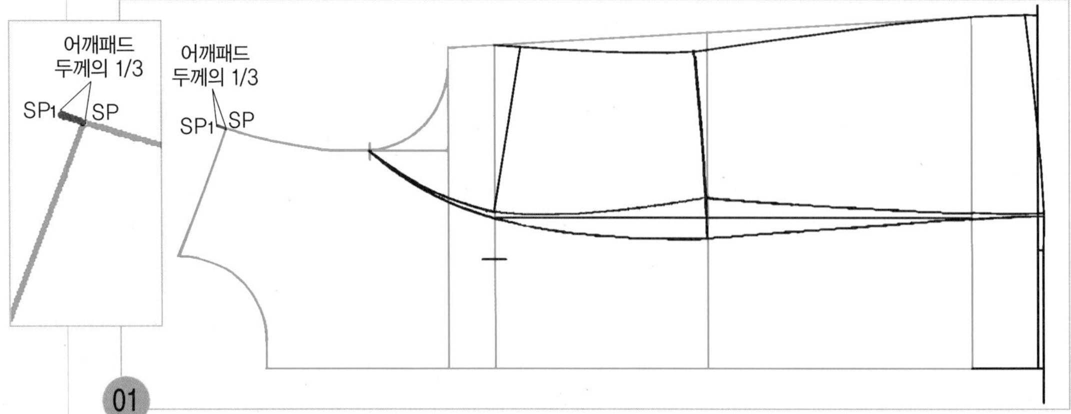

SP~SP1=어깨 패드 두께의 1/3 원형의 어깨 끝점(SP)점에서 어깨 패드 두께의 1/3 분량만큼 앞 진동 둘레 선(AH)을 추가하여 그리고 앞 어깨 끝점(SP1)으로 한다.

주 어깨 패드를 넣지 않는 경우에는 원형의 어깨선을 그대로 사용한다.

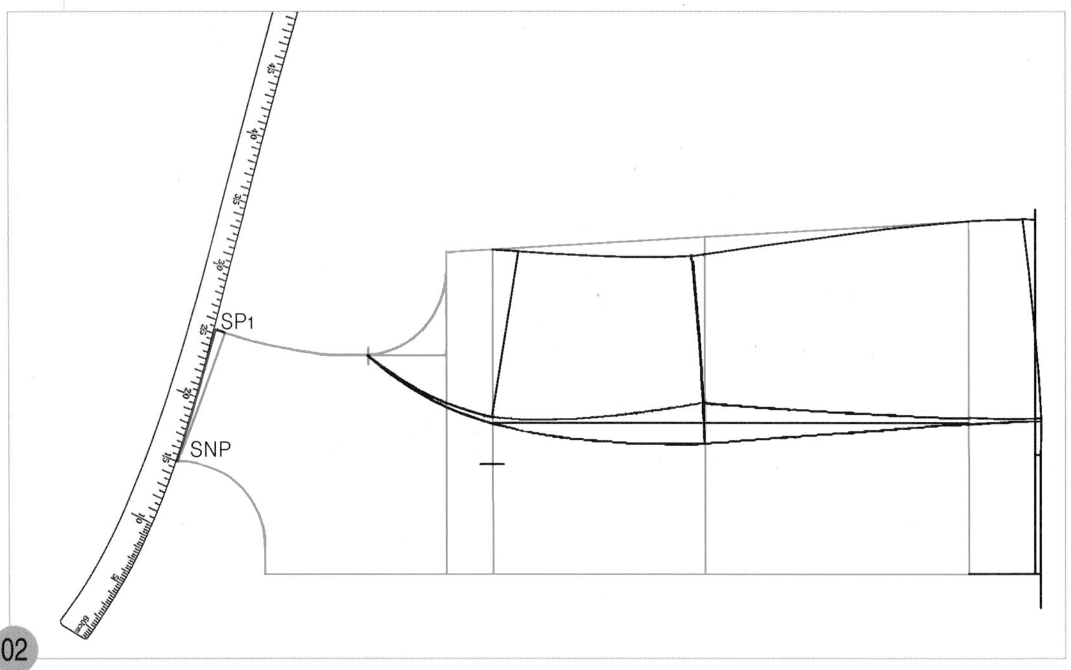

SNP~SP1=어깨선

원형의 옆 목점(SNP)에 hip곡자 15 위치를 맞추면서 수정한 어깨 끝점(SP1)점과 연결하여 곡선으로 어깨 완성선을 그린다.

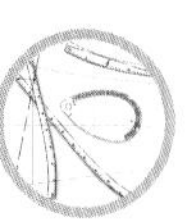

6. 앞 여밈분 선과 앞 목둘레 선을 그린다.

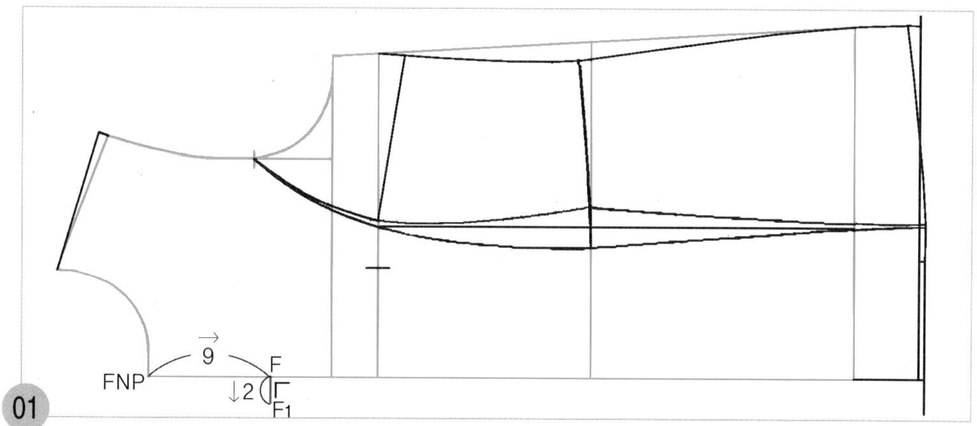

FNP~F=9cm, F~F1=2cm 원형의 앞 목점(FNP)에서 앞 중심선을 따라 9cm 나가 앞 목둘레 선을 그릴 통과점(F)을 표시하고, F점에서 직각으로 2cm 앞 여밈분 선(F1)을 내려 그린다.

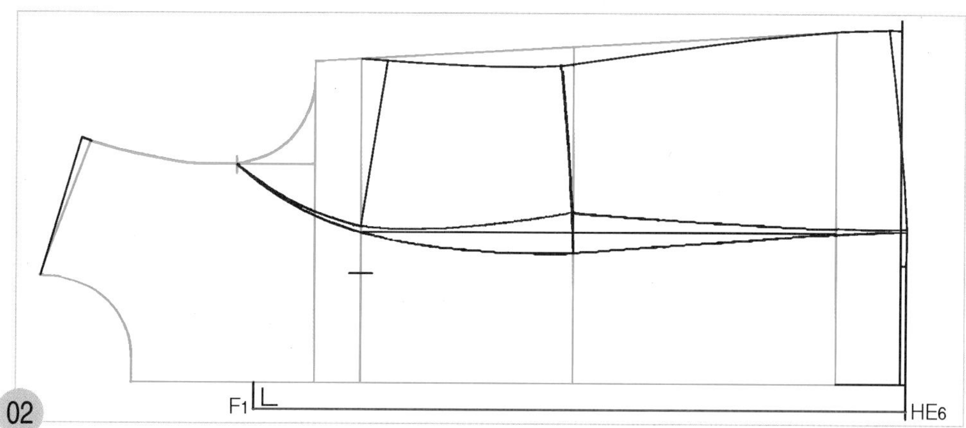

F1점에서 직각으로 밑단 선까지 앞 여밈분 선(HE6)을 그린다.

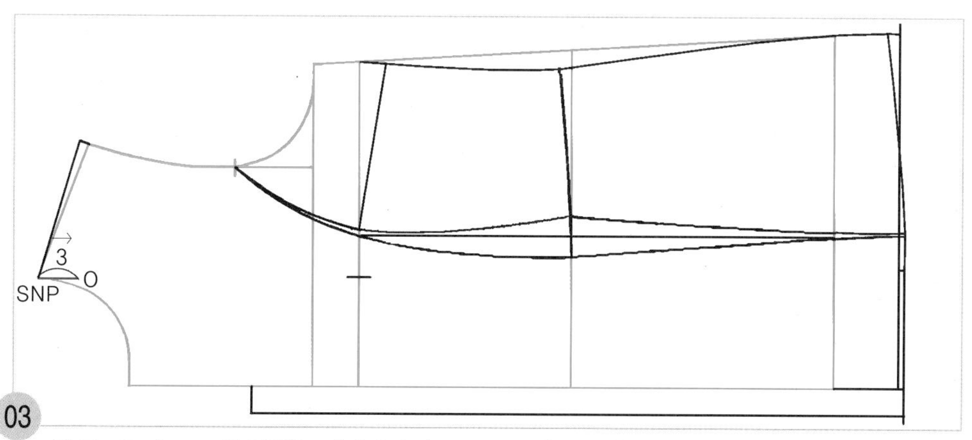

SNP~O=3cm 옆 목점(SNP)에서 수평으로 3cm 앞 목둘레 안내선(O)을 그린다.

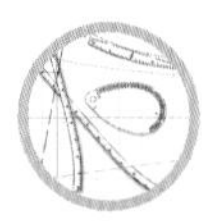

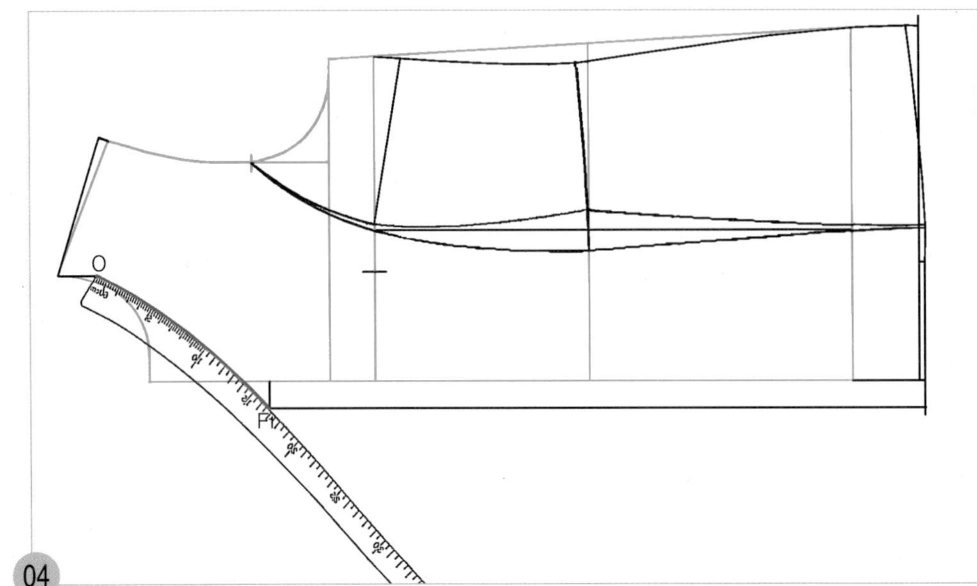

04 O점에 hip곡자 끝 위치를 맞추면서 F1점과 연결하여 앞 목둘레 선을 그린다.

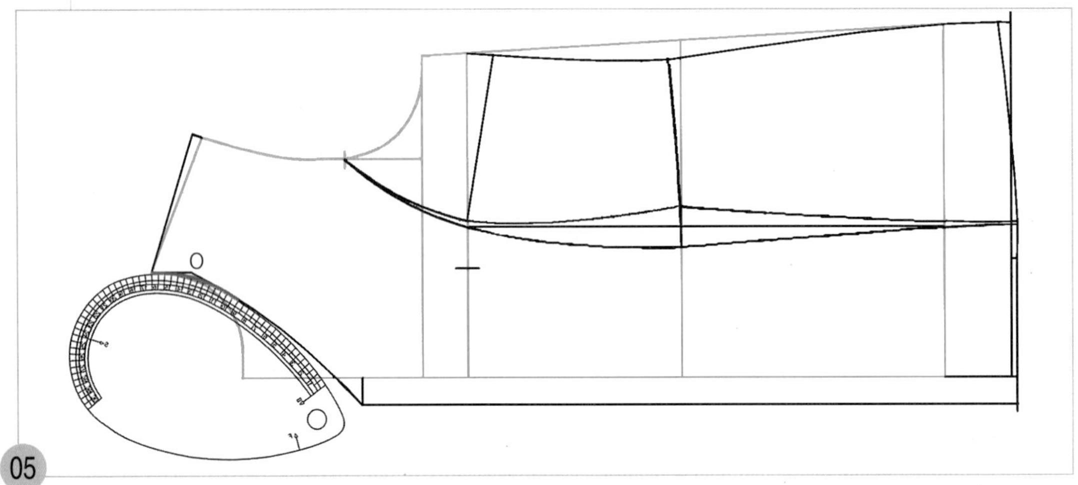

05 O점의 각진 부분을 뒤 AH자 쪽으로 연결하여 자연스런 곡선으로 수정한다.

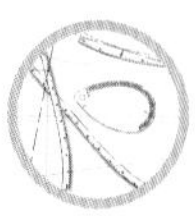

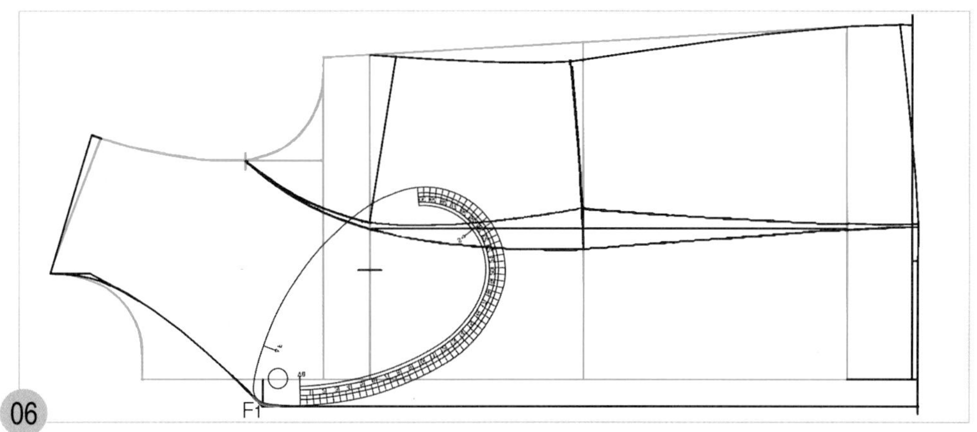

06

F1점의 모서리를 AH자 끝 쪽을 사용하여 약한 곡선으로 수정한다.

7. 단춧구멍 위치를 표시한다.

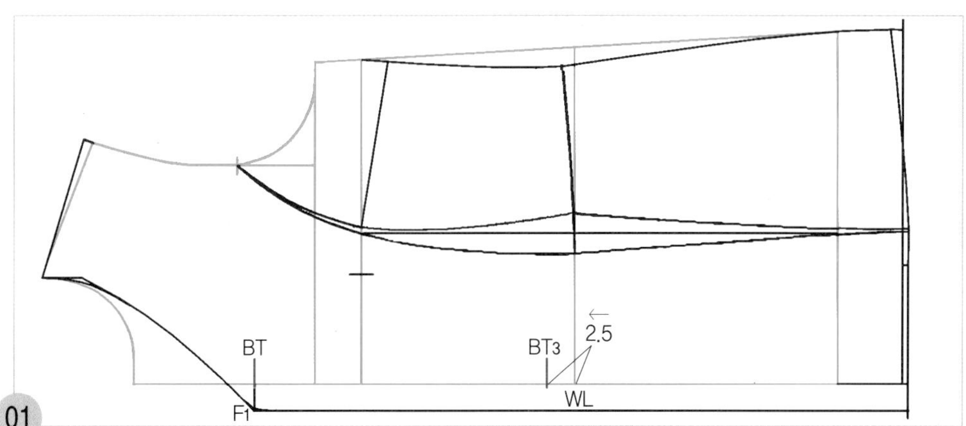

01

F1점에서 수직으로 첫 번째 단춧구멍 위치선(BT)을 그리고, 앞 중심 쪽 허리선 위치(WL)에서 첫 번째 단춧구멍 위치(BT) 쪽으로 2.5cm 나가 세 번째 단춧구멍 위치(BT3)를 표시한다.

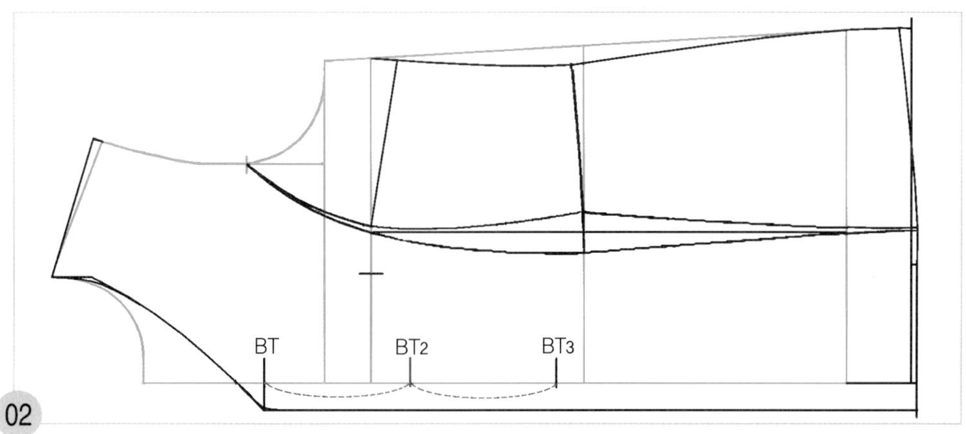

02

BT2=BT~BT3의 2등분점 첫 번째 단춧구멍 위치(BT)에서 세 번째 단춧구멍 위치(BT3)를 2등분하여 1/2점에 두 번째 단춧구멍 위치(BT2)를 표시한다.

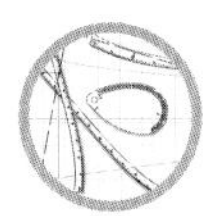

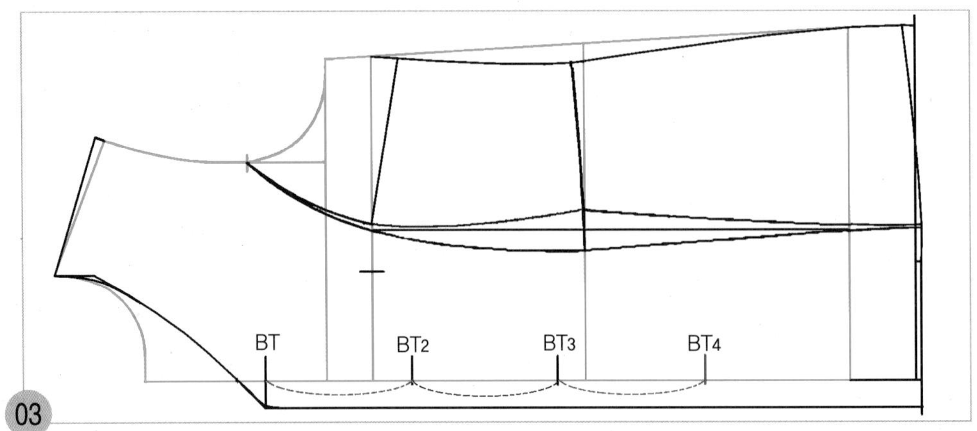

BT3~BT4=BT~BT2와 같은 거리

첫 번째 단춧구멍 위치(BT)에서 두 번째 단춧구멍 위치(BT2)와 같은 치수를 세 번째 단춧구멍 위치(BT3)에서 밑단 쪽으로 나가 네 번째 단춧구멍 위치(BT4)를 표시한다.

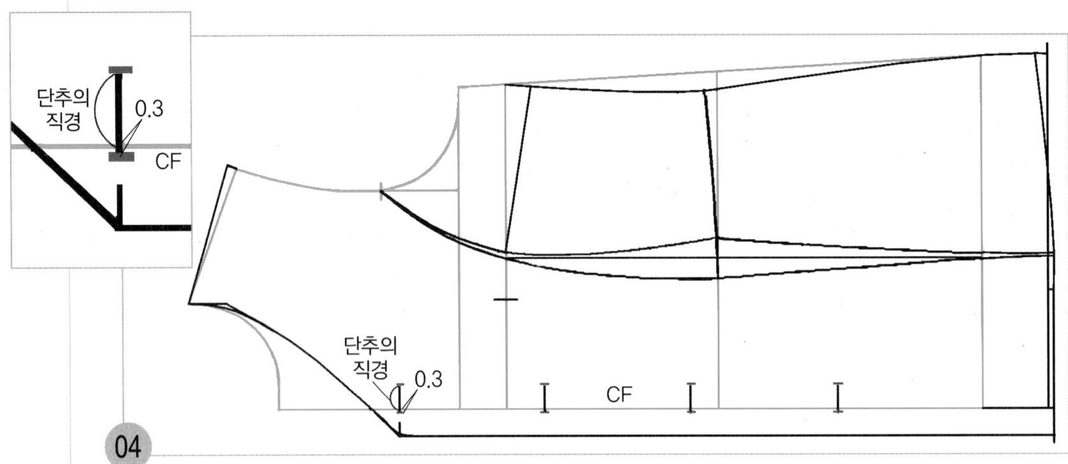

각 단춧구멍 위치의 앞 중심선에서 여유분 0.3cm를 내려와 앞 중심 쪽 단춧구멍의 트임 끝 위치를 표시하고, 각 단춧구멍 위치의 앞 중심선에서 단추의 직경 치수를 올라가 단춧구멍의 트임 끝 위치를 표시한다.

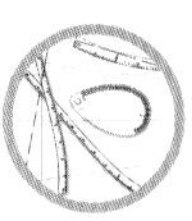

8. 패치 포켓 선을 그린다.

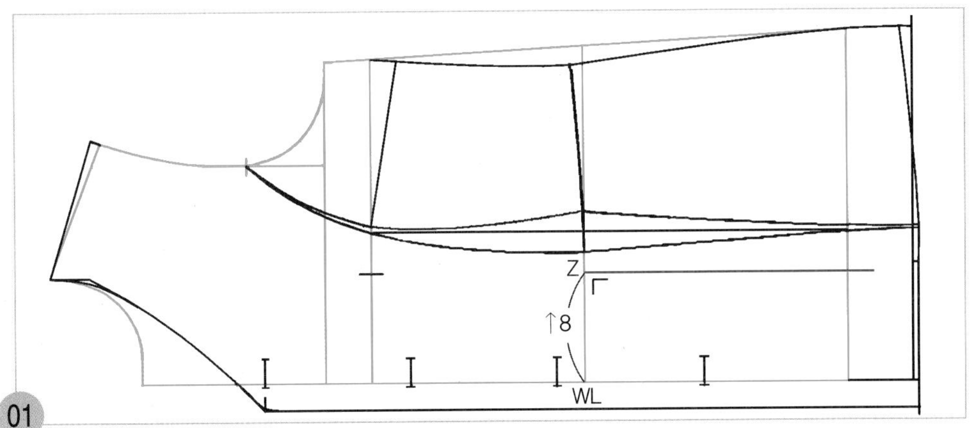

01

WL~Z=8cm

앞 중심 쪽 허리선 위치(WL)에서 허리선을 따라 8cm 올라가 앞 중심 쪽 패치 포켓 위치의 안내선 점(Z)을 표시하고 직각으로 길게 패치 포켓 안내선을 그려둔다.

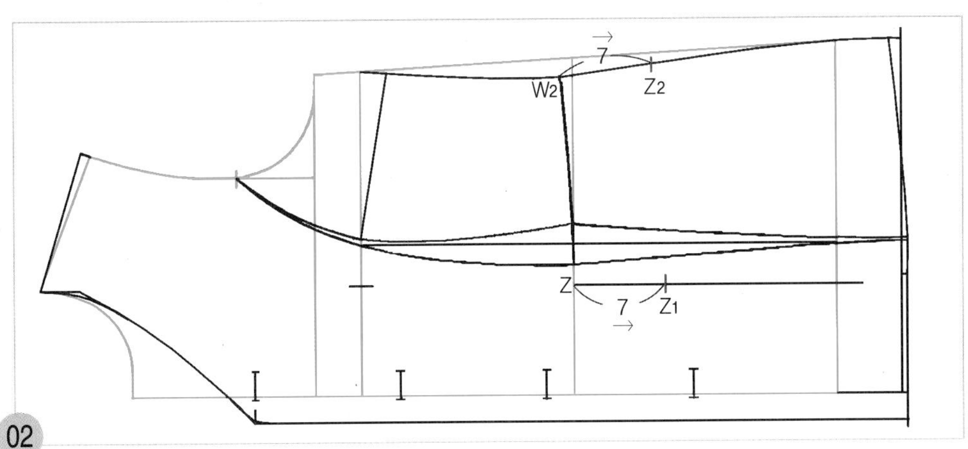

02

Z~Z1=7cm, W2~Z2=7cm

Z점에서 플랩 포켓 위치의 안내선을 따라 7cm 나가 앞 중심 쪽 패치 포켓 위치(Z1)를 표시하고, 옆선 쪽 허리선(W2) 점에서 7cm 나가 패치 포켓 선을 그릴 안내선 점(Z2)을 표시한다.

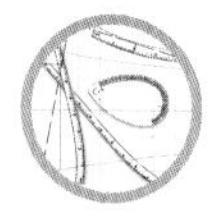

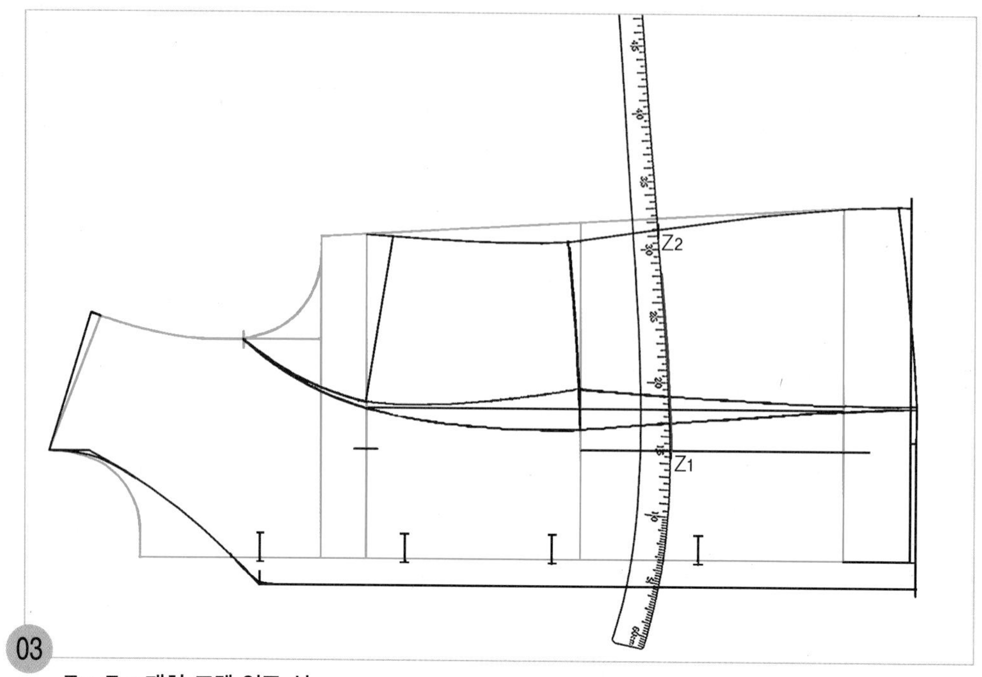

03

Z_1~Z_2=패치 포켓 입구 선

Z_1점에 hip곡자 15 위치를 맞추면서 Z_2점과 연결하여 패치 포켓 입구 선을 그린다.

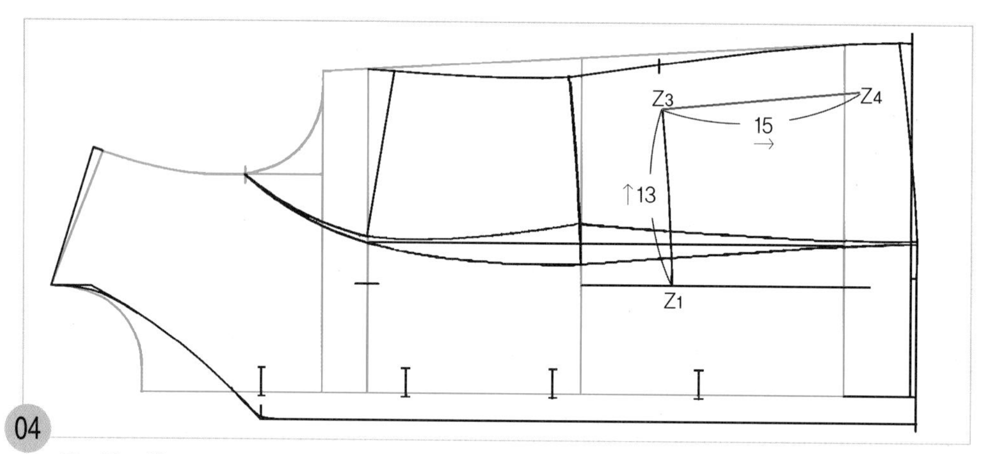

04

Z_1~Z_3=13cm

Z_1점에서 패치 포켓 입구 선을 따라 패치 포켓 입구 치수 13cm를 올라가 패치 포켓 입구 끝점(Z_3)를 정하고, 직각으로 15cm 패치 포켓 깊이 선(Z_4)을 그린다.

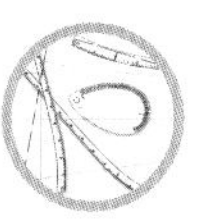

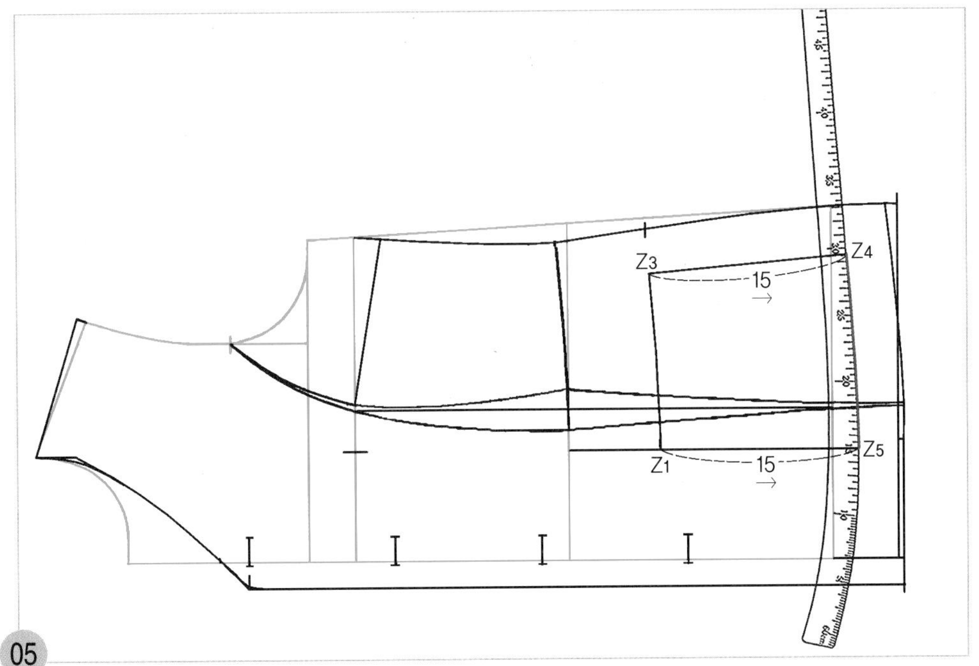

05

Z_1~Z_5=15cm

앞 중심 쪽 패치 포켓 입구 선 위치(Z_1)에서 15cm 나가 패치 포켓 깊이선 위치(Z_5)를 표시하고, Z_5 점에 hip곡자 15 위치를 맞추면서 Z_4점과 연결하여 패치 포켓의 밑단 선을 그린다.

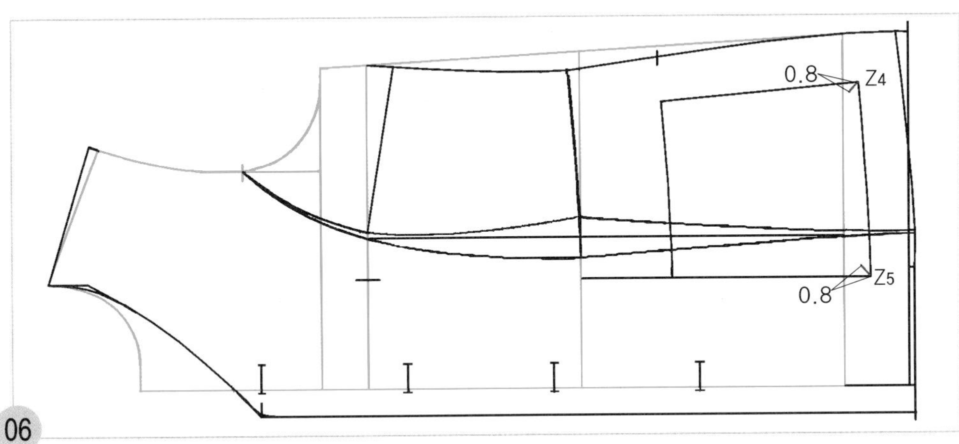

06

Z_5와 Z_4점에서 45도 각도로 0.8cm 모서리 부분을 곡선으로 수정하기 위한 통과 선을 그린다.

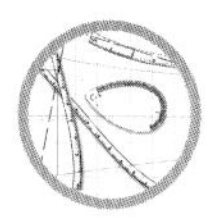

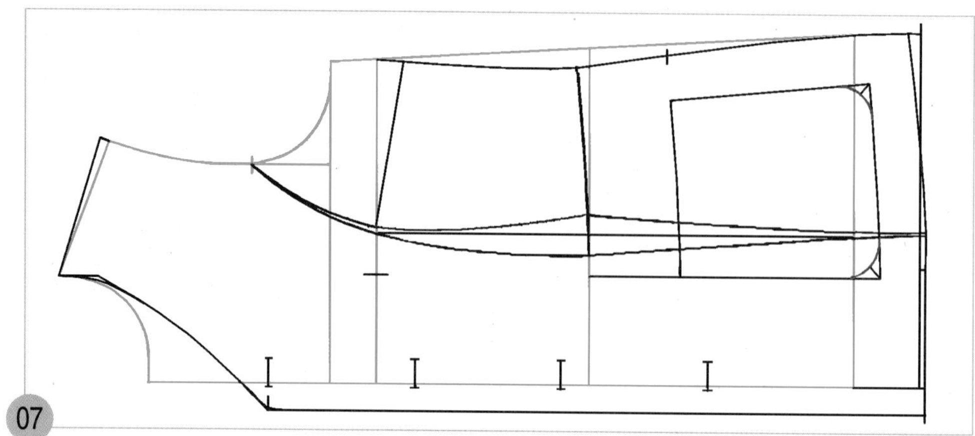

07

패치 포켓 아래쪽의 선의 모서리 부분을 0.8cm의 통과선을 통과하는 곡선으로 수정한다.
주 직경 3.5cm 정도의 곡선으로 그려도 무방하다.

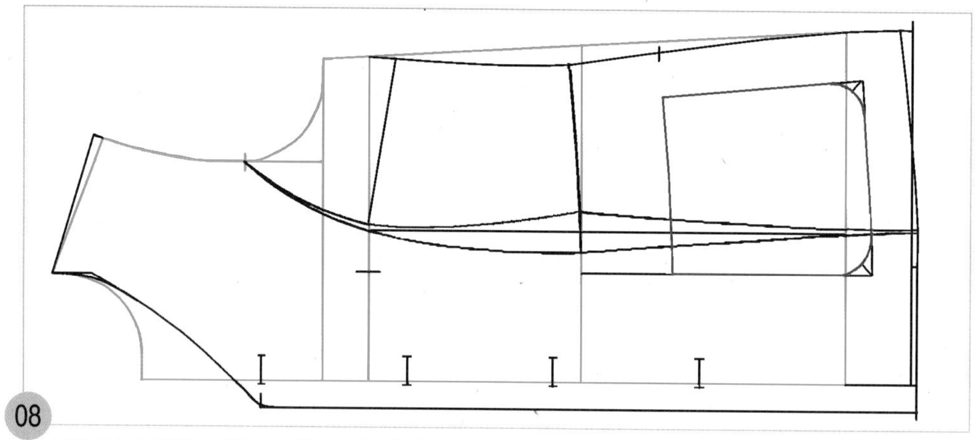

08

적색선이 패치 포켓의 완성선이다. 패치 포켓의 패턴 밑에 새 패턴지를 끼우고 룰렛으로 눌러 패치 포켓의 완성선을 옮겨 그린 다음, 새 패턴지에 옮겨 그린 패치 포켓의 완성선을 따라 오려내어 패턴에 차이가 없는지 몸판의 패치 포켓 완성선에 맞추어 얹고 확인한다.

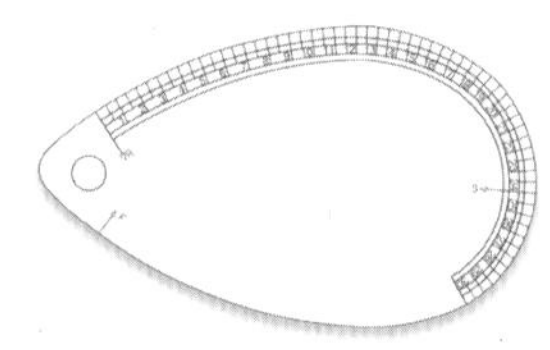

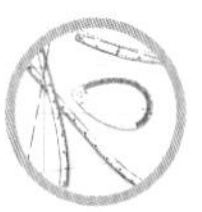

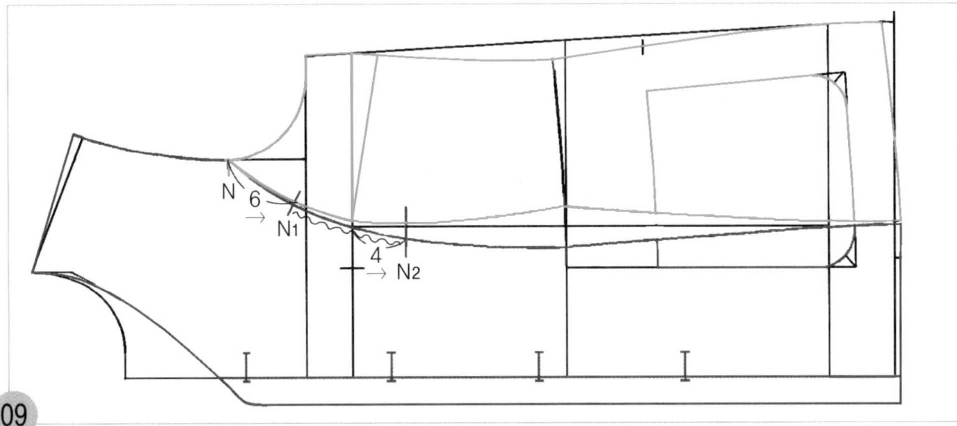

09

적색선이 앞 몸판의 완성선이고, 청색선이 앞옆 몸판의 완성선이다. N점에서 6cm 앞 중심 쪽 패널라인을 따라 나가 직각으로 이세(오그림) 처리 시작 위치의 너치 표시(N1)를 넣고, 가슴 둘레 선(BL)에서 4cm 나간 곳에 이세 처리 끝 위치의 너치 표시(N2)를 수직으로 넣은 다음, N1에서 N2사이에 이세 기호를 넣는다.

참고 패턴을 분리하는 방법은 소매 제도 후 p.163~165에 설명되어 있다.

소매 제도하기

1. 소매 기초선을 그린다.

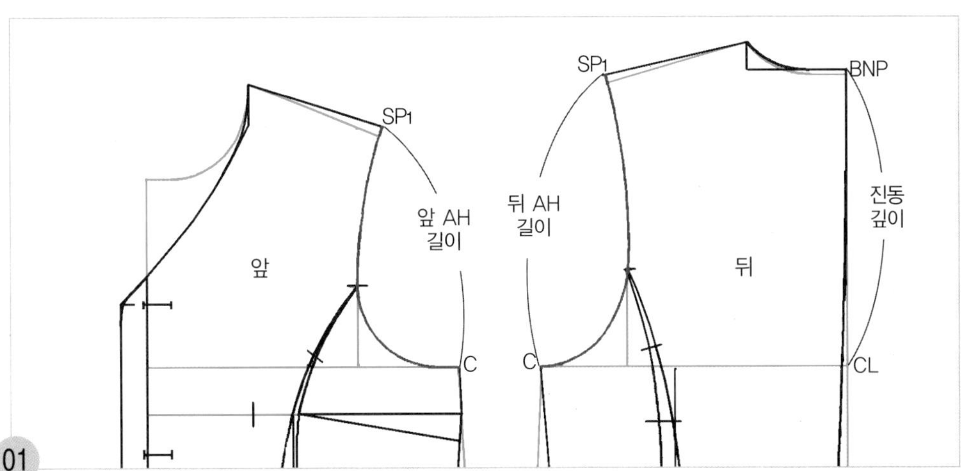

01

SP~C = 앞뒤 진동 둘레 선(AH) 수정한 어깨 끝점(SP1)점에서 C점의 앞뒤 진동 둘레 선(AH) 길이와 뒤판의 원형의 뒤 목점(BNP)에서 위 가슴둘레 선(CL)까지인 진동 깊이 길이를 각각 재어 둔다.

주 뒤 AH-앞 AH=2cm가 가장 이상적 치수이다. 즉, 뒤 AH이 앞 AH보다 2cm 정도 더 길어야 하며 허용 치수는 ±0.8cm이다. 만약 뒤 AH-앞 AH=2~2.8cm보다 크거나 작으면 몸판의 겨드랑 밑 옆선 위치를 이동한다.

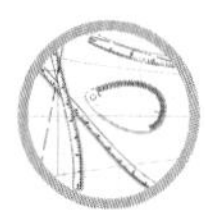

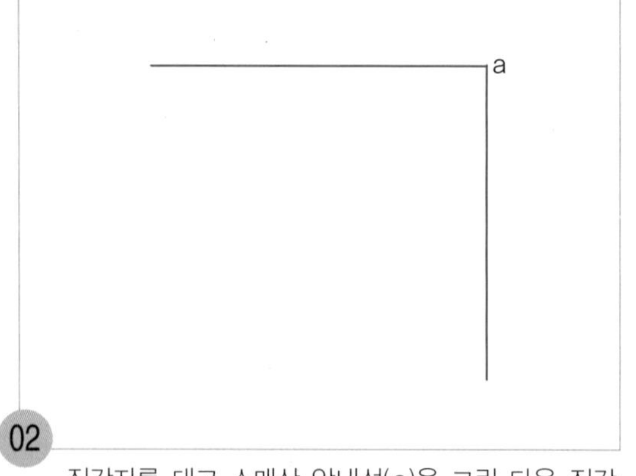

02

직각자를 대고 소매산 안내선(a)을 그린 다음 직각으로 소매산 높이 안내선을 내려 그린다.

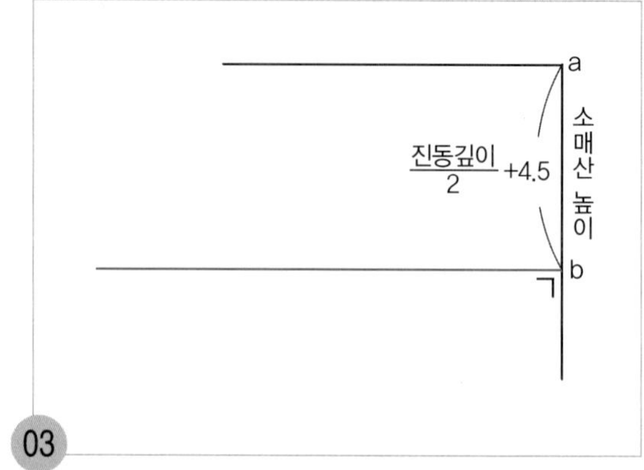

03

a~b=소매산 높이 : (진동 깊이/2)+4.5cm

진동 깊이는 뒤 몸판 원형의 뒤 목점(BNP)에서 위 가슴둘레 선(CL)까지의 길이이다. a점에서 소매산 높이, 즉 (진동 깊이/2)+4.5cm를 내려와 앞 소매 폭 점(b)을 표시하고 직각으로 소매 폭 안내선을 그린다.

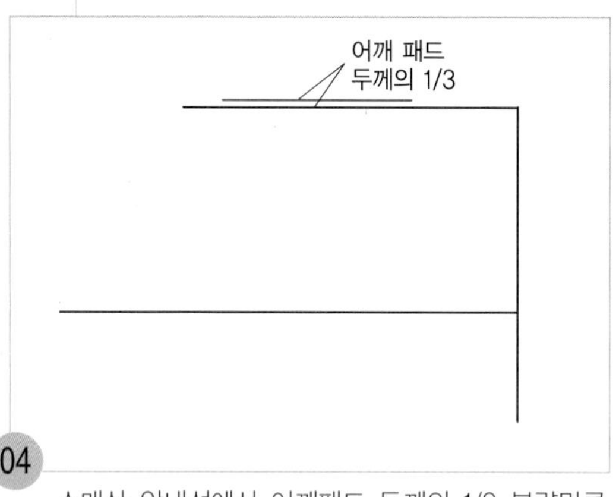

04

소매산 안내선에서 어깨패드 두께의 1/3 분량만큼 올라가 제2 소매산 안내선을 수평으로 그린다.

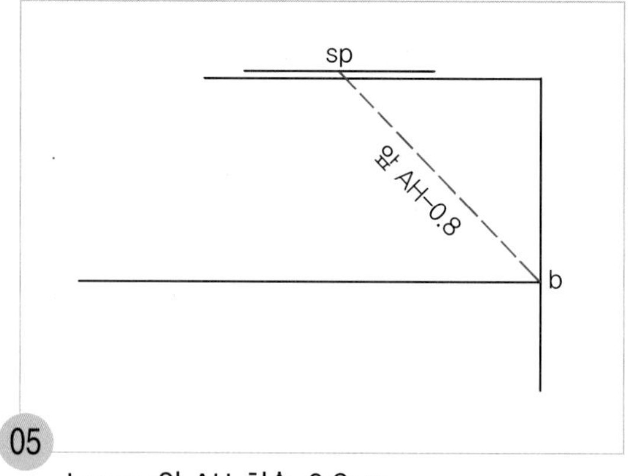

05

b~sp=앞 AH 치수-0.8cm

직선자로 b점에서 제2 소매산 안내선을 향해 앞 AH 치수-0.8cm 한 치수가 마주 닿는 위치를 소매산 점(sp)으로 하여 점선으로 그린다.

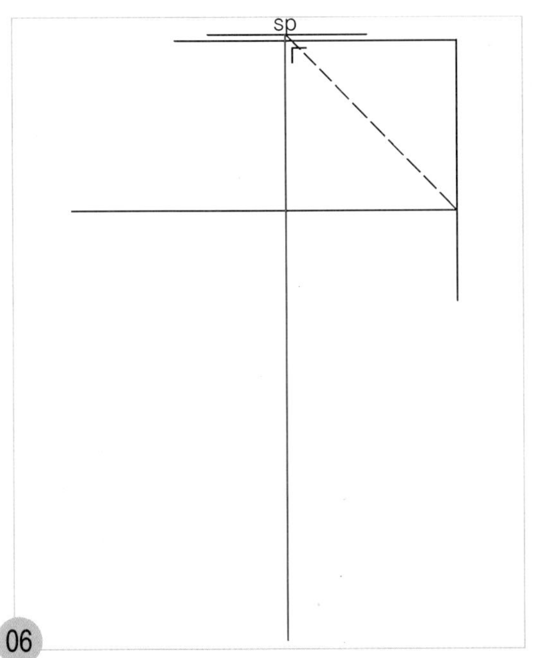

06

sp=소매산 점

sp점에서 직각으로 소매 중심선을 내려 그린다.

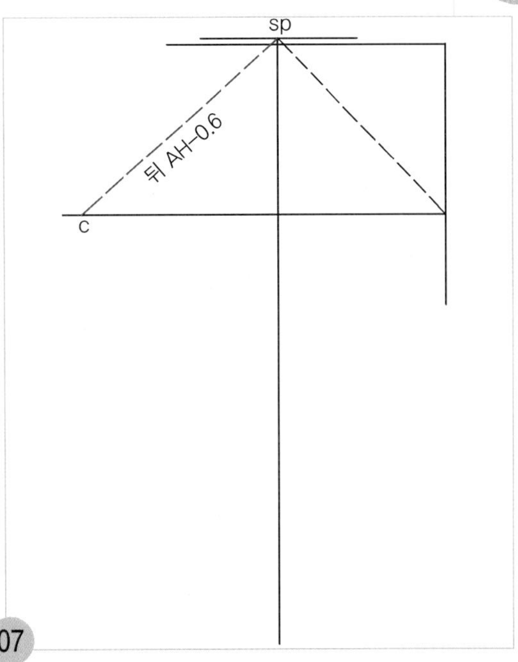

07

c~sp=뒤 AH 치수-0.6cm

직선자로 c점에서 소매 폭 안내선을 따라 뒤 AH 치수-0.6cm 한 치수가 마주 닿는 위치를 뒤 소매 폭 점(c)으로 하여 점선으로 그린다.

2. 소매산 곡선을 그릴 안내선을 그린다.

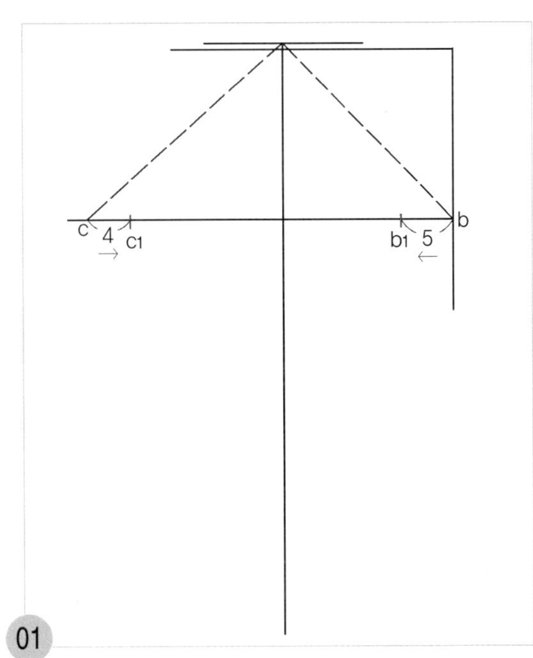

01

$b \sim b_1$=5cm, $c \sim c_1$=4cm

앞 소매 폭 끝점(b)에서 소매 폭 선을 따라 5cm 나가 앞 소매산 곡선을 그릴 안내선 점(b_1)을 표시하고, 뒤 소매 폭 끝점(c)에서 4cm 나가 뒤 소매산 곡선을 그릴 안내선 점(c_1)을 표시한다.

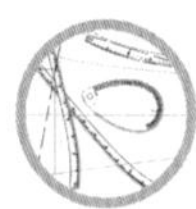

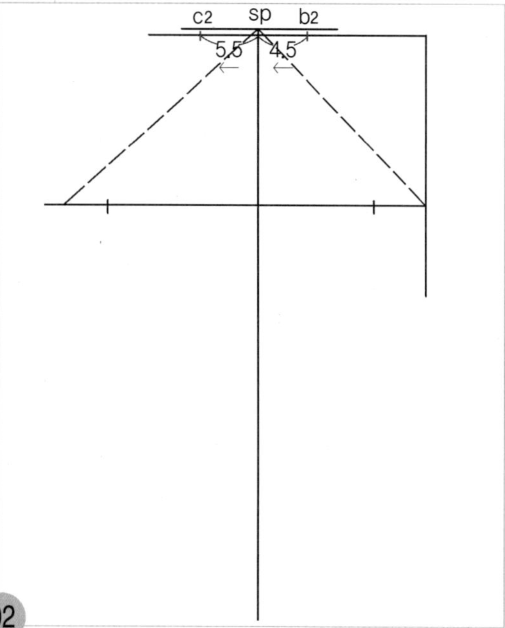

02

sp~b_2=4.5cm, sp~c_2=5.5cm

소매산 점(sp)에서 앞 소매산 쪽은 4.5cm 나가 앞 소매산 곡선을 그릴 안내선 점(b_2)을 표시하고, 뒤 소매산 쪽은 5.5cm 나가 뒤 소매산 곡선을 그릴 안내선 점(c_2)을 표시한다.

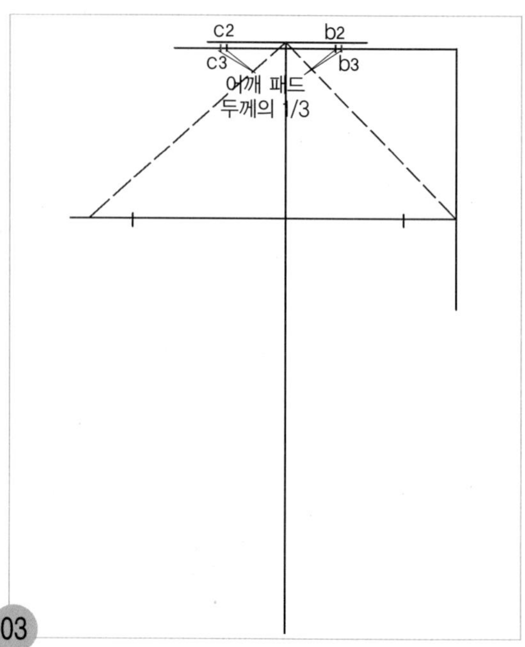

03

b_2~b_3, c_2~c_3=어깨 패드 두께의 1/3 분량

b_2점과 c_2점에서 각각 어깨 패드 두께의 1/3 분량만큼 앞 소매 쪽(b_3)과 뒤 소매 쪽(c_3)으로 이동하여 뒤 소매산 곡선을 그릴 안내선 점을 표시한다.

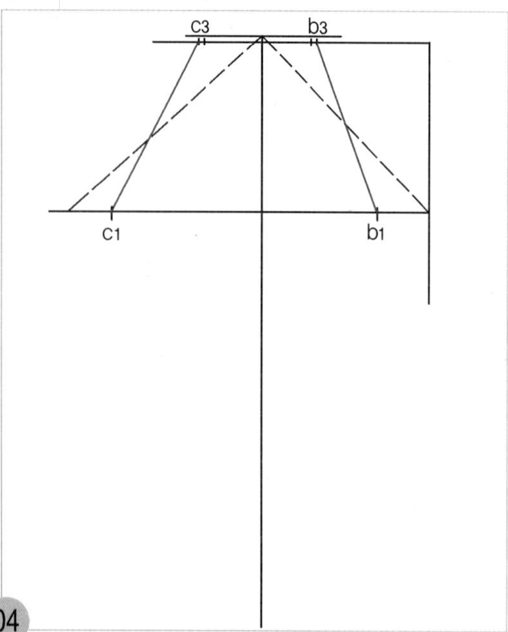

04

b_1~b_3=앞 소매산 곡선 안내선,
c_1~c_3=뒤 소매산 곡선 안내선

b_1~b_3, c_1~c_3 두 점을 각각 직선자로 연결하여 소매산 곡선을 그릴 안내선을 그린다.

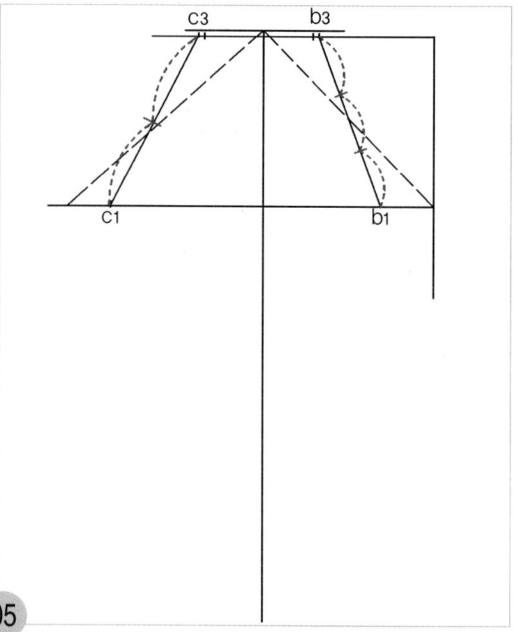

05

b_1~b_3= 3등분, c_1~c_3=2등분

앞 소매산 곡선 안내선(b_1~b_3)은 3등분, 뒤 소매산 곡선 안내선(c_1~c_3)은 2등분한다.

3. 소매산 곡선을 그린다.

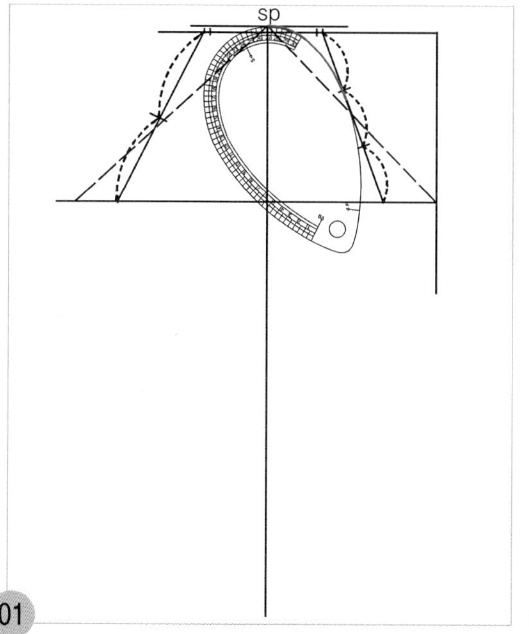

01

앞 소매산 곡선 안내선의 1/3 위치와 소매산 점(sp)을 앞 AH자로 연결하였을 때 1/3 위치에서 소매산 곡선 안내선을 따라 1cm가 수평으로 앞 소매산 곡선 안내선과 이어지는 곡선으로 맞추어 앞 소매산 곡선을 그린다.

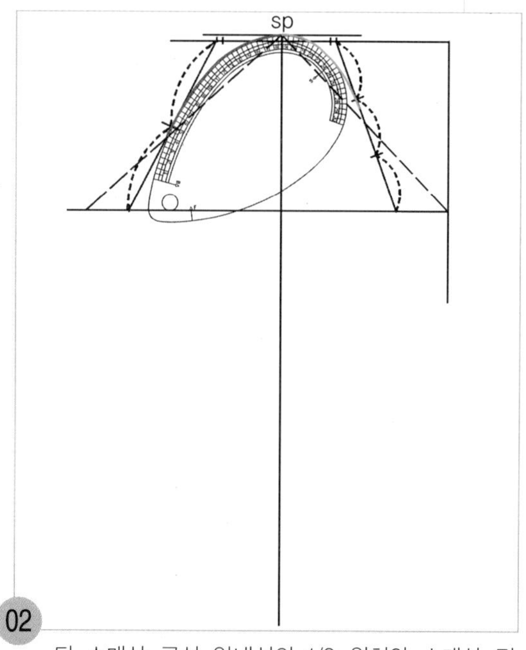

02

뒤 소매산 곡선 안내선의 1/2 위치와 소매산 점(sp)을 뒤 AH자로 연결하였을 때 1/2 위치에서 소매산 곡선 안내선을 따라 1cm가 수평으로 뒤 소매산 곡선 안내선과 이어지는 곡선으로 맞추어 뒤 소매산 곡선을 그린다.

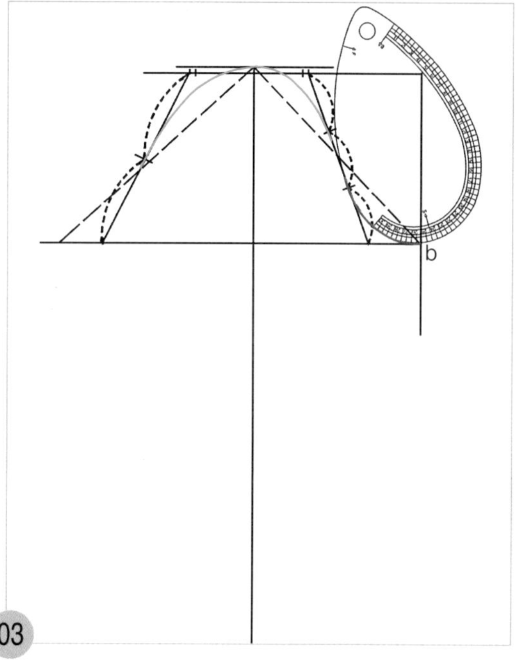

03

앞 소매 폭 점(b)과 앞 소매산 곡선 안내선의 1/3 위치를 앞 AH자로 연결하였을 때 1/3 위치에서 앞 소매산 곡선 안내선을 따라 1cm가 수평으로 이어지는 곡선으로 맞추어 남은 앞 소매산 곡선을 그린다.

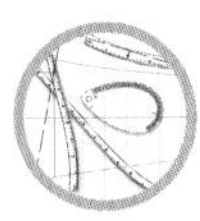

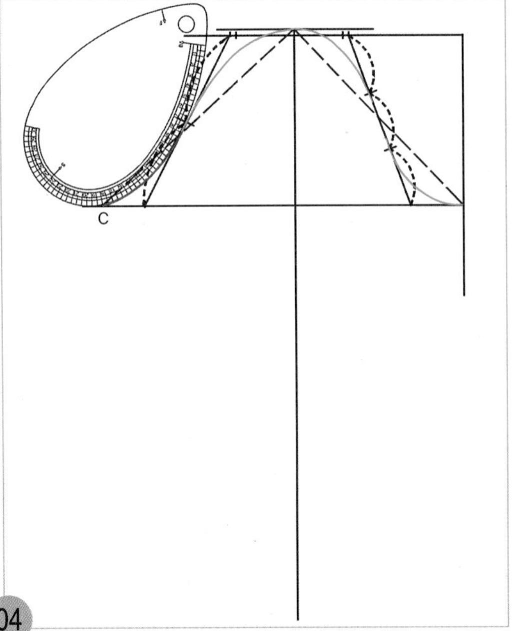

04

뒤 소매 폭 점(c)과 뒤 소매산 곡선 안내선의 1/2 위치를 뒤 AH자로 연결하였을 때 뒤 AH자가 뒤 소매산 곡선 안내선과 마주 닿으면서 1cm가 수평으로 이어지는 곡선으로 맞추어 남은 뒤 소매산 곡선을 그린다.

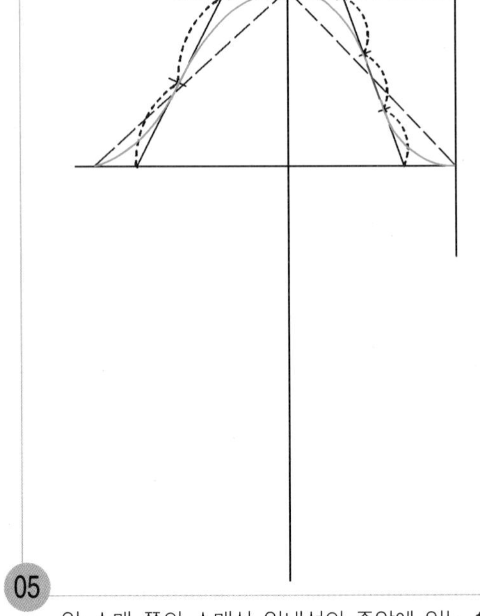

05

앞 소매 쪽의 소매산 안내선의 중앙에 있는 1/3분량은 안내선이 소매산 곡선으로 사용된다.

4. 소매 밑 선을 그린다.

s~f = 소매 길이, f~f1 = 2cm

소매산점(sp)점 아래쪽에 있는 소매산 안내선과 소매 중심선과의 교점(s)에서 소매 길이 만큼 내려와 소매단 안내점 위치(f)를 표시하고, 직각으로 앞 소매 쪽을 향해 2cm 이동할 소매 중심선(f1)을 그린다.

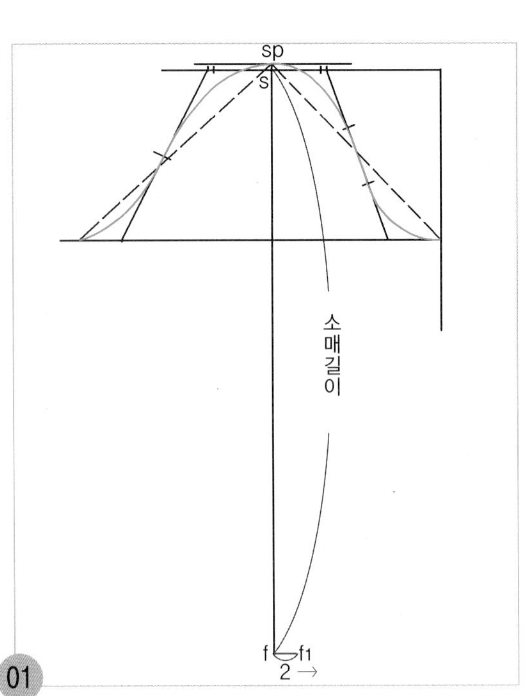

01

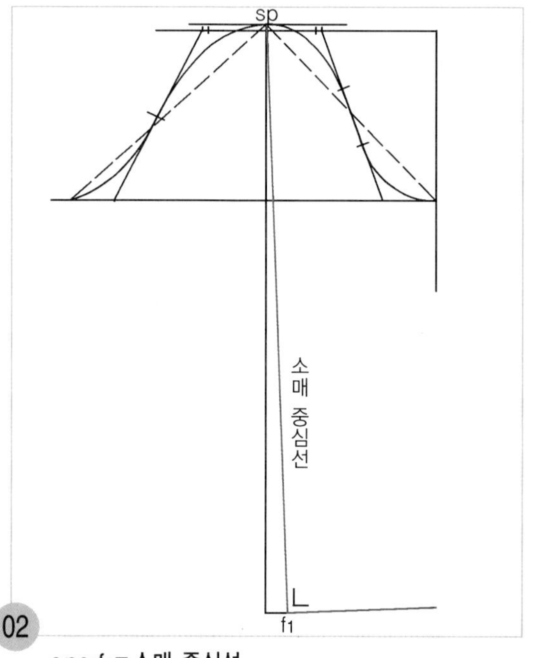

02

sp~f_1=소매 중심선

sp와 f_1점 두 점을 직선자로 연결하여 소매 중심선을 이동하고 f_1점에서 이동한 소매 중심선에 직각으로 앞 소매 쪽을 향해 소매단 선을 그린다.

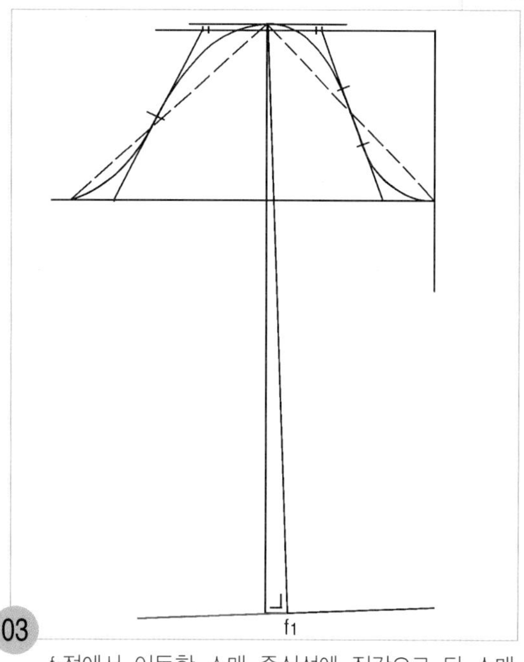

03

f_1점에서 이동한 소매 중심선에 직각으로 뒤 소매 쪽을 향해 소매단 선을 그린다.

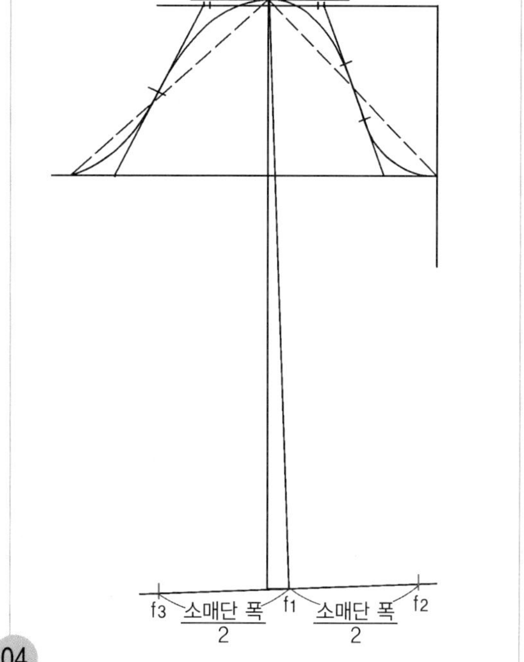

04

f_1~f_2=소매단 폭/2, f_1~f_3=소매단 폭/2

f_1점에서 앞 소매단 선을 향해 소매단 폭/2 치수를 나가 앞 소매단 폭 점(f_2)을 표시하고, f_1점에서 뒤 소매단 선을 향해 소매단 폭/2 치수를 나가 뒤 소매단 폭 점(f_3)을 표시한다.

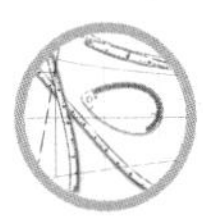

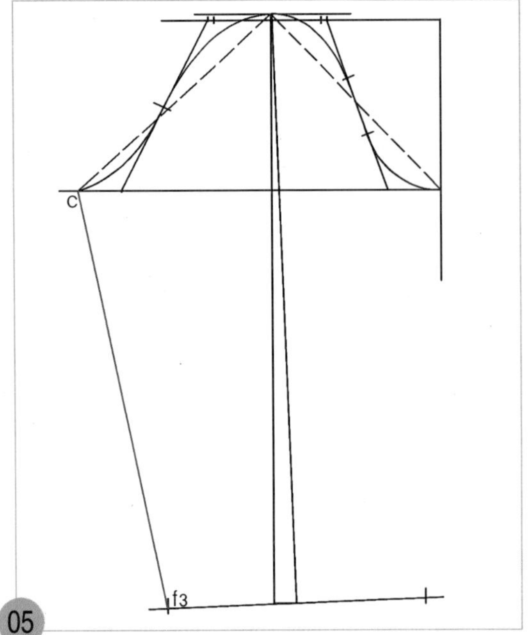

c~f3=뒤 소매 밑 안내선

뒤 소매 폭 끝점(c)과 뒤 소매단 폭 끝점(f3)을 직선자로 연결하여 뒤 소매 밑 안내선을 그린다.

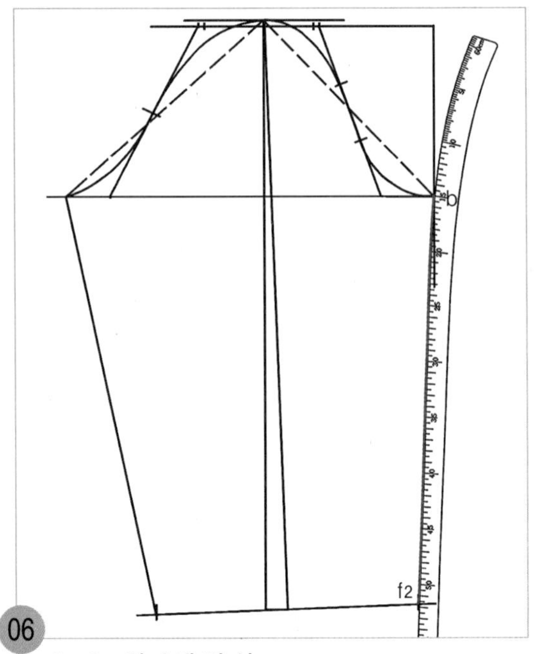

b~f2=앞 소매 밑 선

앞 소매 폭 끝점(b)에 hip곡자 15 위치를 맞추면서 앞 소매단 폭 끝점(f2)과 연결하여 앞 소매 밑 선을 그린다.

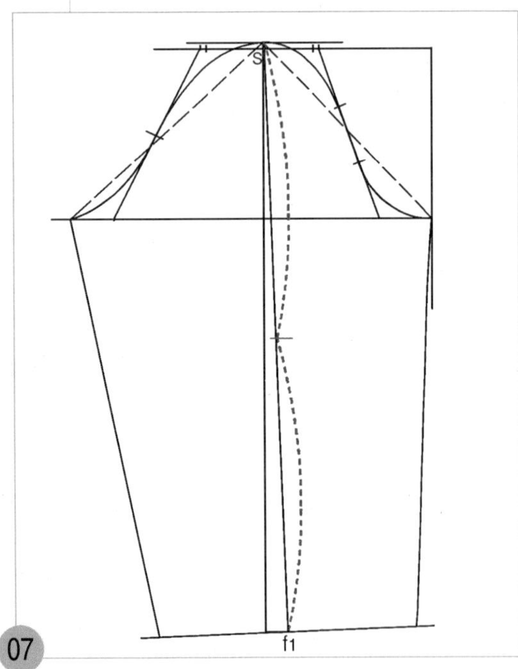

s~f1=2등분

s점에서 f1점의 소매 중심선을 2등분한다.

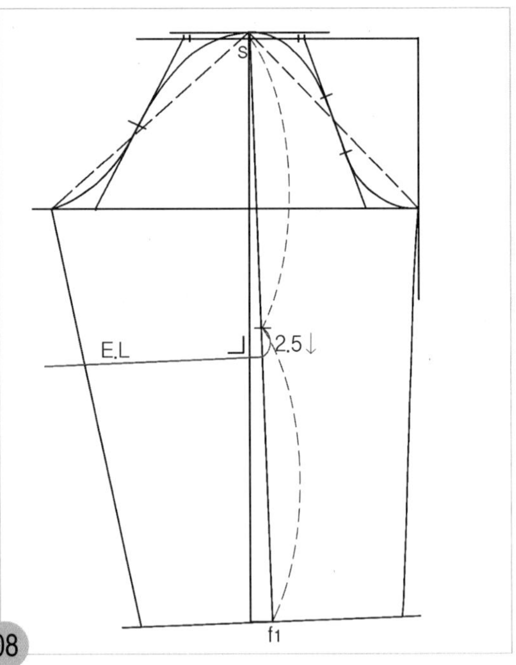

소매 중심선을 2등분한 위치에서 2.5cm 내려와 소매 중심선에 직각으로 팔꿈치 선(EL)을 그린다.

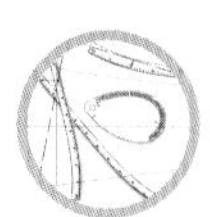

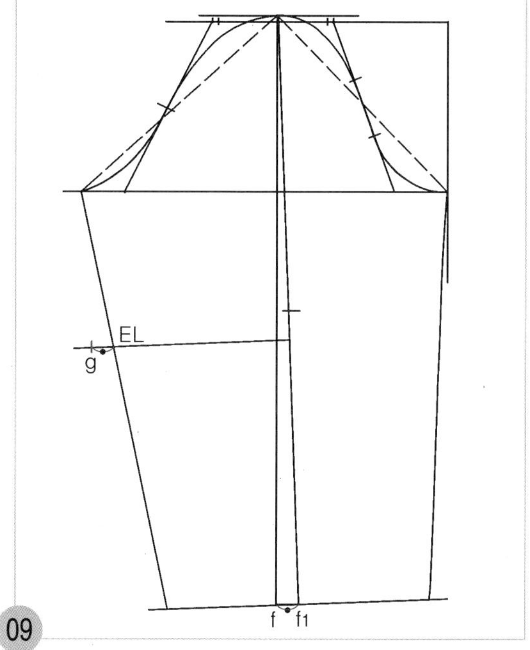

09

g~EL=f~f1(2cm) 뒤 소매 밑 안내선과 팔꿈치 선의 교점(EL)에서 f점~f1점의 치수만큼 나가 뒤 소매 밑 선을 그릴 안내선 점(g)을 표시한다.

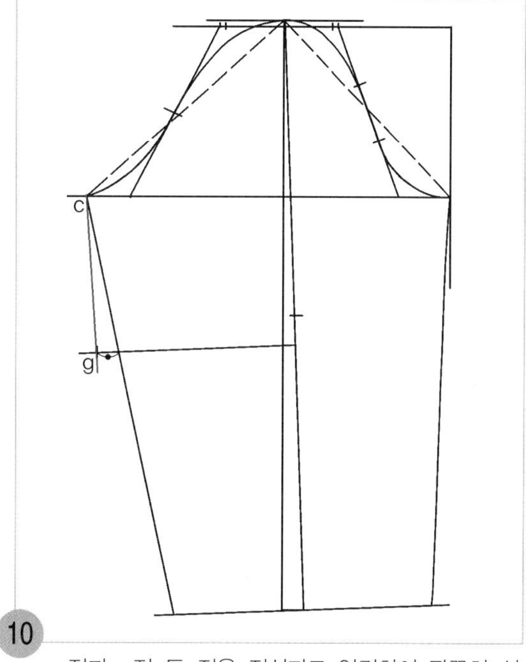

10

c점과 g점 두 점을 직선자로 연결하여 팔꿈치 선(EL) 위쪽 뒤 소매 밑 선을 그린다.

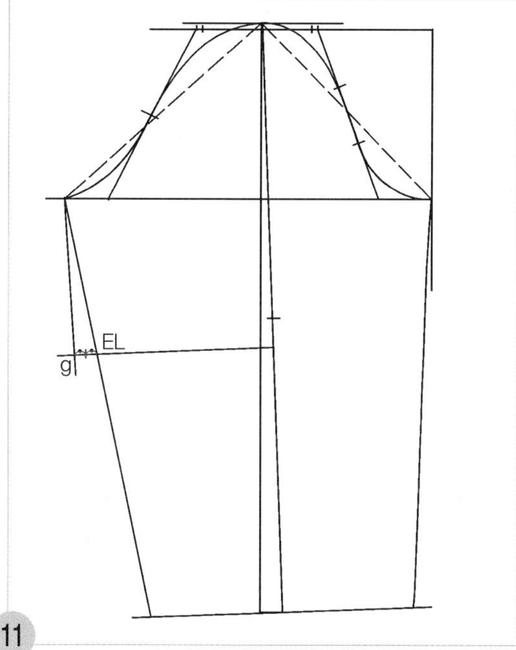

11

뒤 소매 밑 안내선과 팔꿈치 선(EL)과의 교점에서 g점까지를 2등분한다.

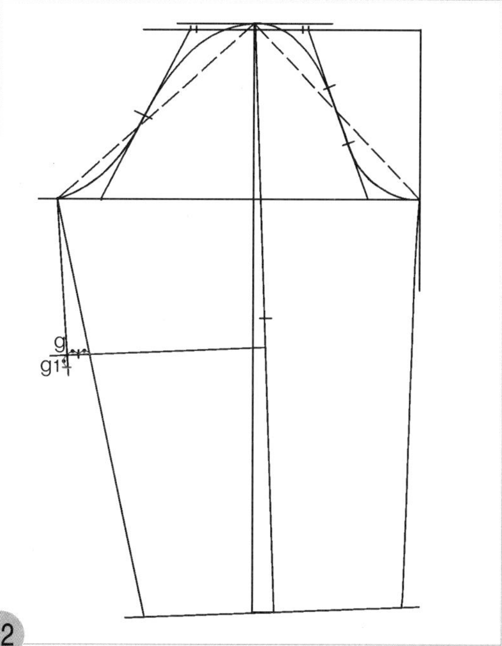

12

11에서 2등분한 1/2 치수를 g점에서 내려와 팔꿈치 선(EL) 아래쪽 뒤 소매 밑 선을 그릴 안내선 점(g1)을 표시한다.

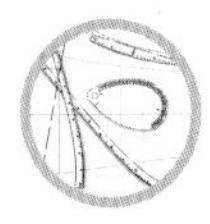

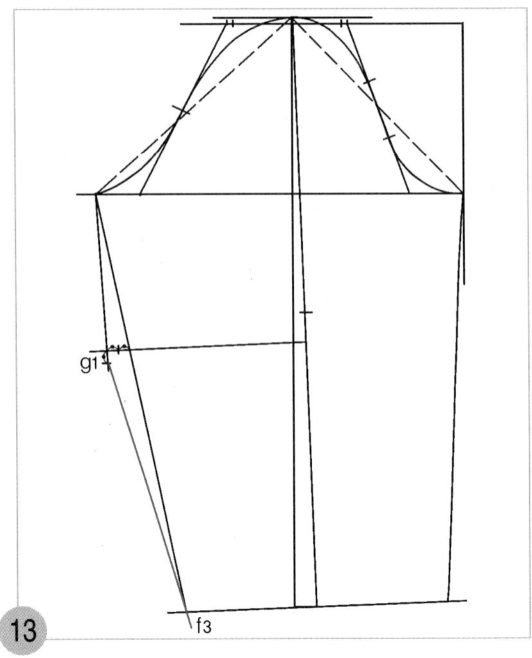

13

g1점과 f3점 두 점을 직선자로 연결하여 팔꿈치 선(EL) 아래쪽 뒤 소매 밑 선을 그린다. 이때 f3점에서 약간 길게 내려 그려둔다.

5. 소매단 선과 뒤 소매 폭 선을 수정하여 소매를 완성한다.

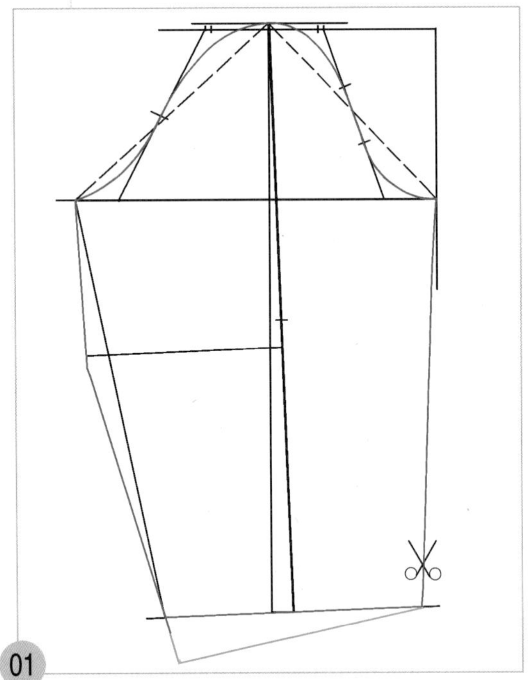

01

적색선이 일차적인 소매 완성선이다. 가위로 소매 완성선을 오려내고 소매단 쪽은 수정을 하기 위해 청색처럼 여유 있게 오려둔다.

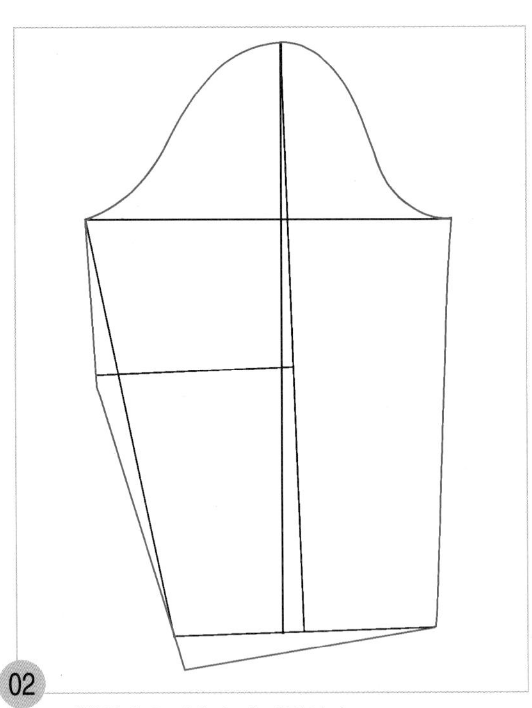

02

적색선이 오려낸 소매 패턴이다.

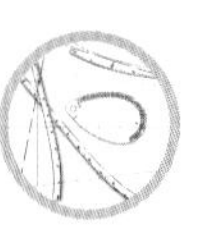

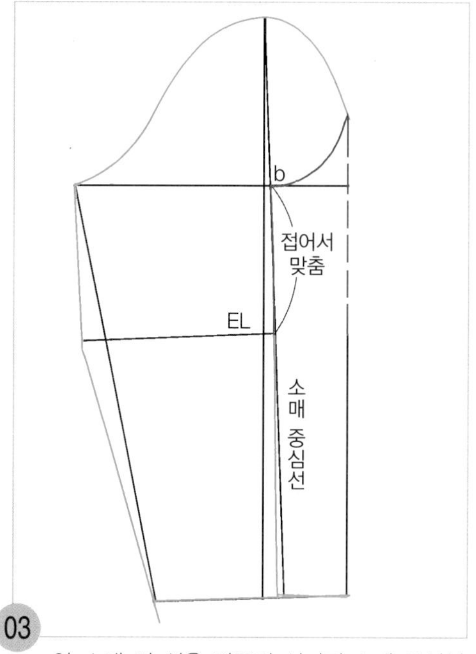

03

앞 소매 밑 선을 팔꿈치 선까지 소매 중심선에 맞추어 반으로 접는다.

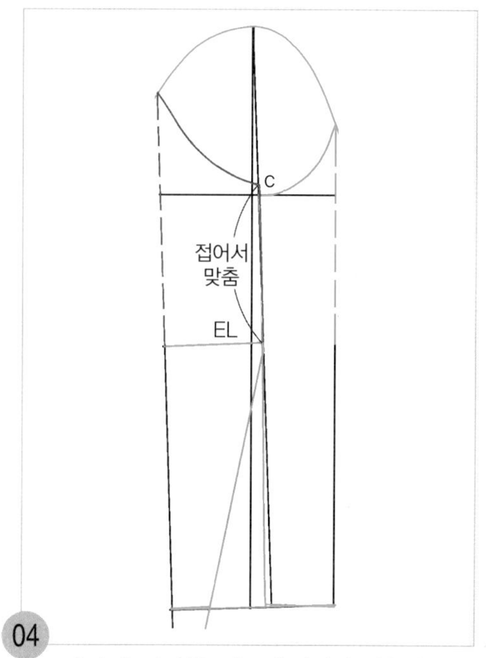

04

뒤 소매 밑 선을 팔꿈치 선끼리 맞추면서 소매 중심선에 맞추어 반으로 접는다.

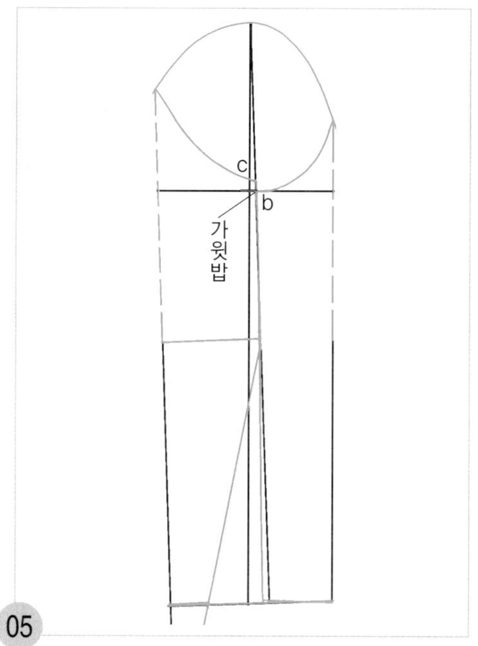

05

앞 소매 폭 점(b)과 뒤 소매 폭 점(c)이 소매 중심선과 소매 폭 선의 교점에서 차이지게 된다. 앞 소매 폭 점(b)에 맞추어 뒤 소매 쪽에 가윗밥을 넣어 뒤 소매 폭 선 위치를 수정할 위치를 표시해 둔다.

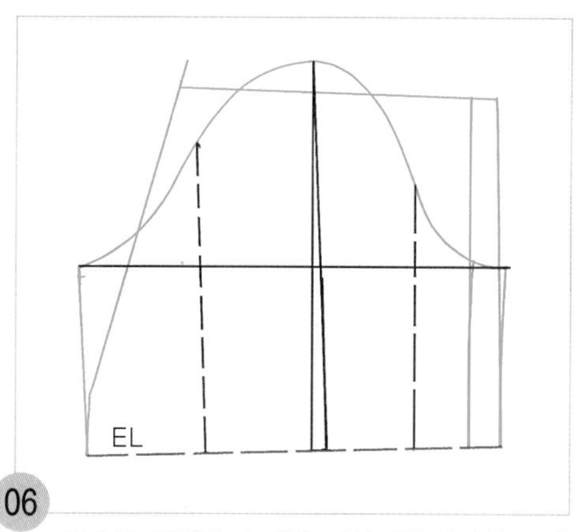

06

반으로 접었던 소매를 펴서 팔꿈치 선(EL)에서 접는다.

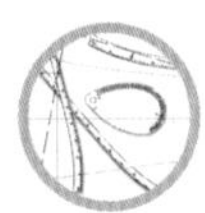

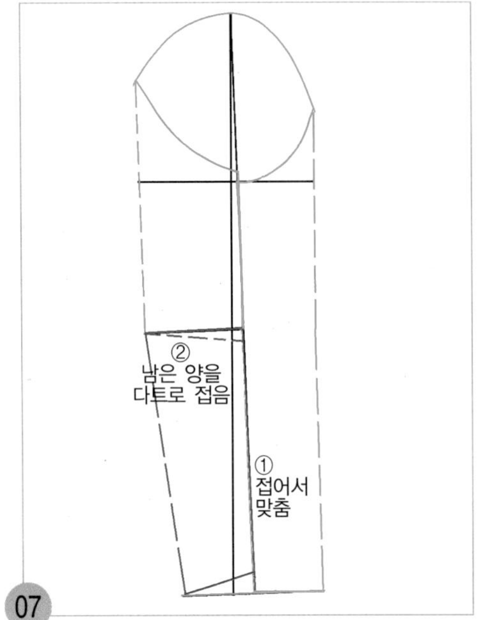

팔꿈치 선(EL) 아래쪽 ① 앞 소매 밑 선을 소매 중심선에 맞추어 반으로 접고, 뒤 소매 밑 선을 소매 중심선에 맞추어 반으로 접으면 팔꿈치 선(EL)에서 뜨는 분량이 다트분량이다. ② 팔꿈치 선(EL) 다트분량을 접는다.

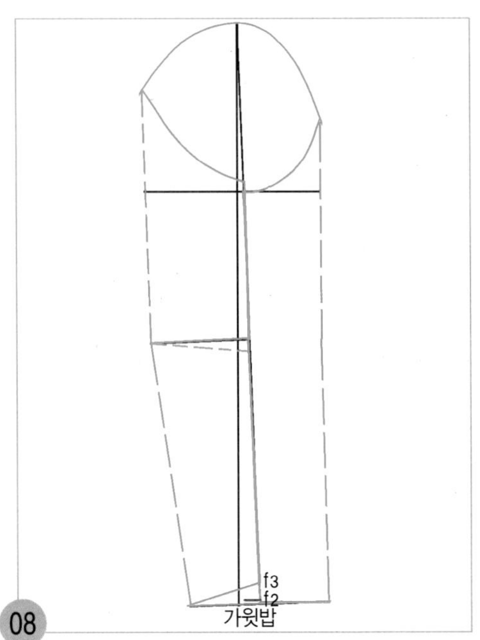

소매단 쪽의 f_2점과 f_3점이 차이지게 될 것이다. 이 차이지는 분량만큼 뒤 팔꿈치 아래쪽 소매 밑 선을 늘려 주어야 하므로, 앞 소매단 폭 점(f_2)에 맞추어 가윗밥을 넣어 표시해 둔다.

앞 소매단 폭의 1/2점에 hip곡자 15 위치를 맞추면서 뒤 소매단 쪽에 가윗밥을 넣어 표시해둔 점과 연결하여 소매단 선을 그린다.

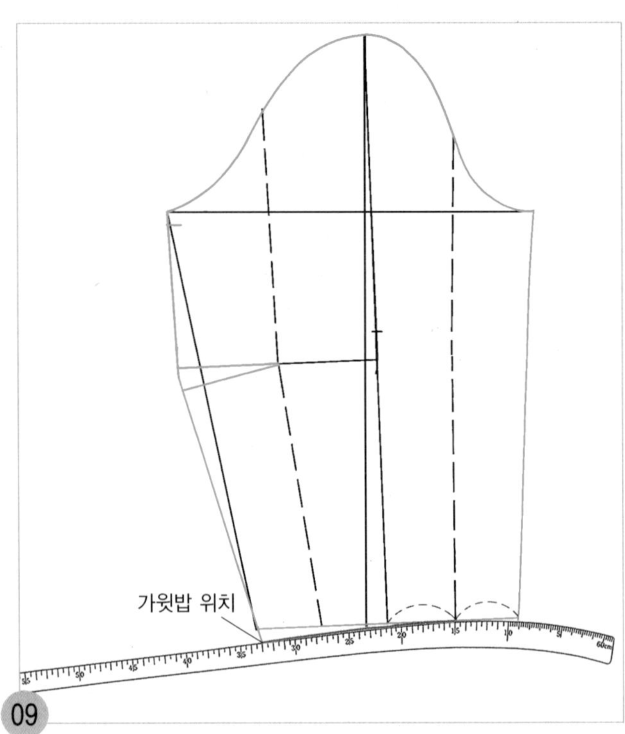

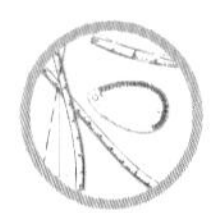

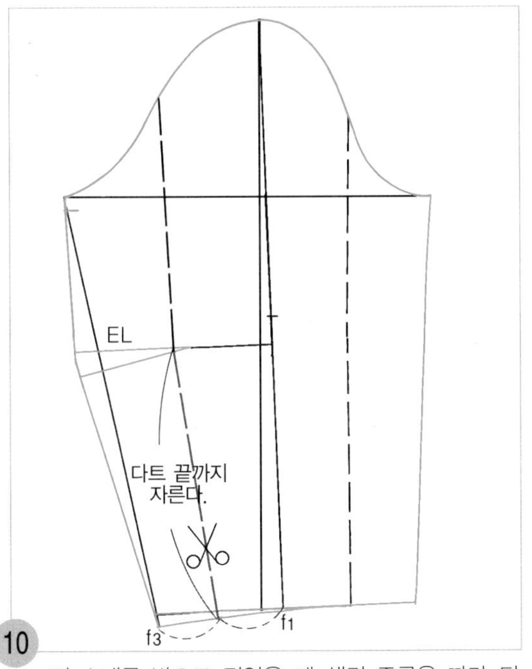

뒤 소매를 반으로 접었을 때 생긴 주름을 따라 뒤 소매단의 1/2 점에서 팔꿈치 선의 다트 끝점까지 가위로 자른다.

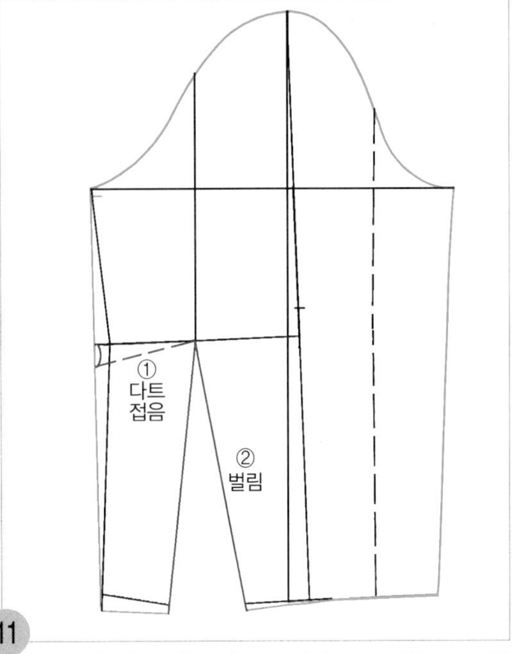

10에서 자른 선을 팔꿈치 선의 다트 분을 접어 벌어지는 양만큼 벌린다.

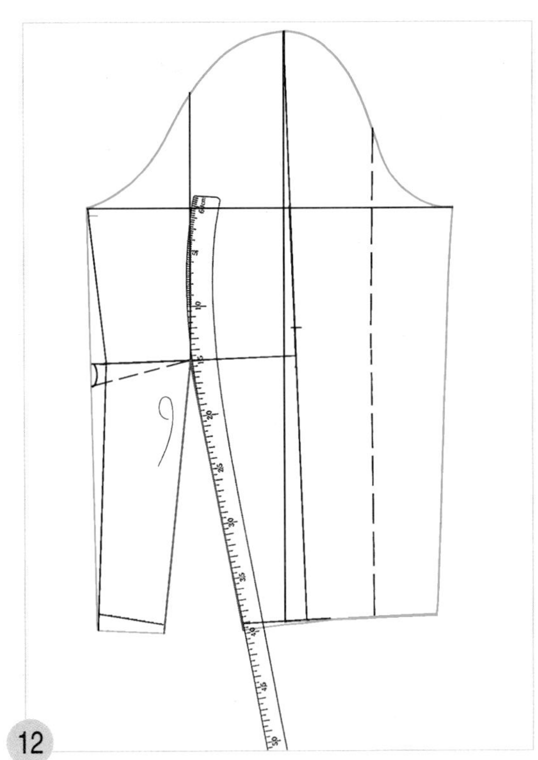

팔꿈치 선의 다트 끝점에 hip 곡자 15 위치를 맞추면서 소매단 선과 연결하여 절개선을 수정한다.

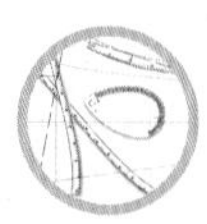

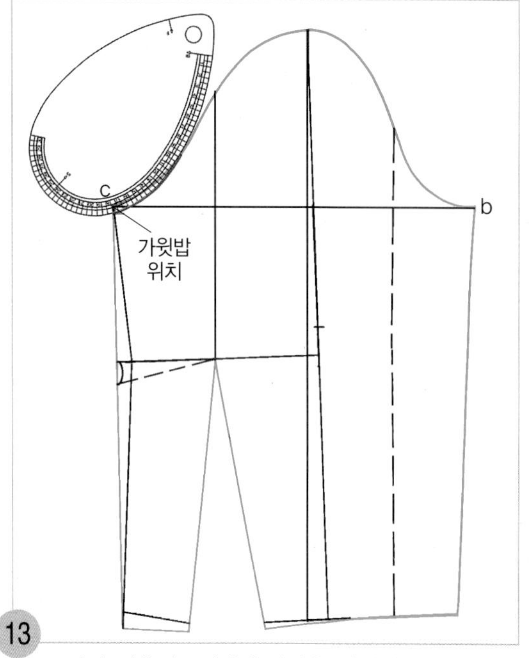

13

b점과 맞추어 c점에서 내려온 위치에 가윗밥을 넣어 표시해둔 뒤 소매산 곡선을 뒤 AH자로 연결하여 뒤 소매산 곡선을 수정한다.

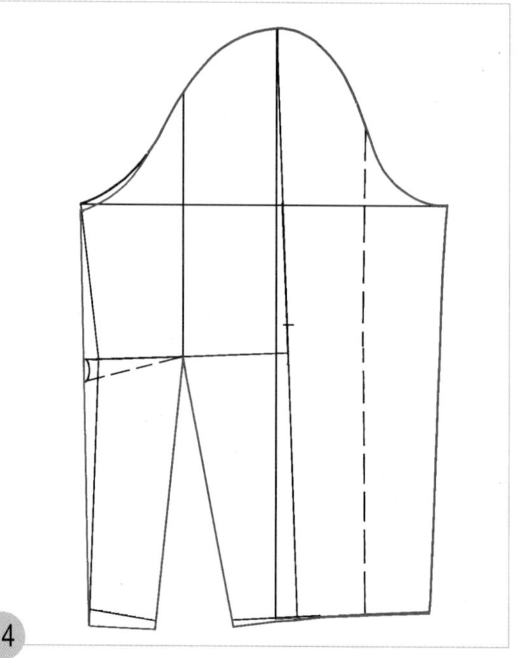

14

적색선이 한 장 소매의 완성선이다.

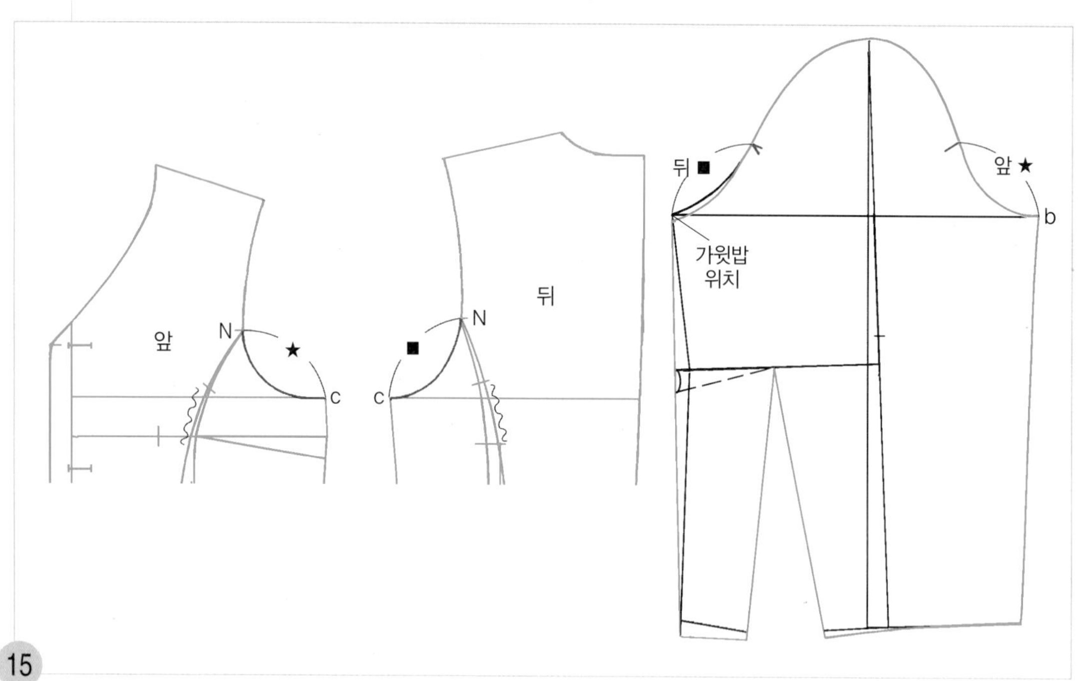

15

앞뒤 진동 둘레선의 패널라인 끝점(N)에서 위 가슴둘레 선(CL) 옆선 쪽 끝점(c)까지의 치수를 재어, 앞 뒤 소매폭 점(b, 가윗밥 위치)에서 소매산 곡선을 따라 올라가 소매산 곡선에 맞춤 표시를 넣는다.

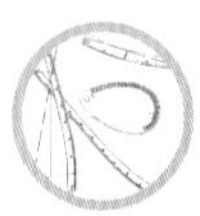

패턴 분리하기

1. 앞뒤 몸판의 패턴을 분리한다.

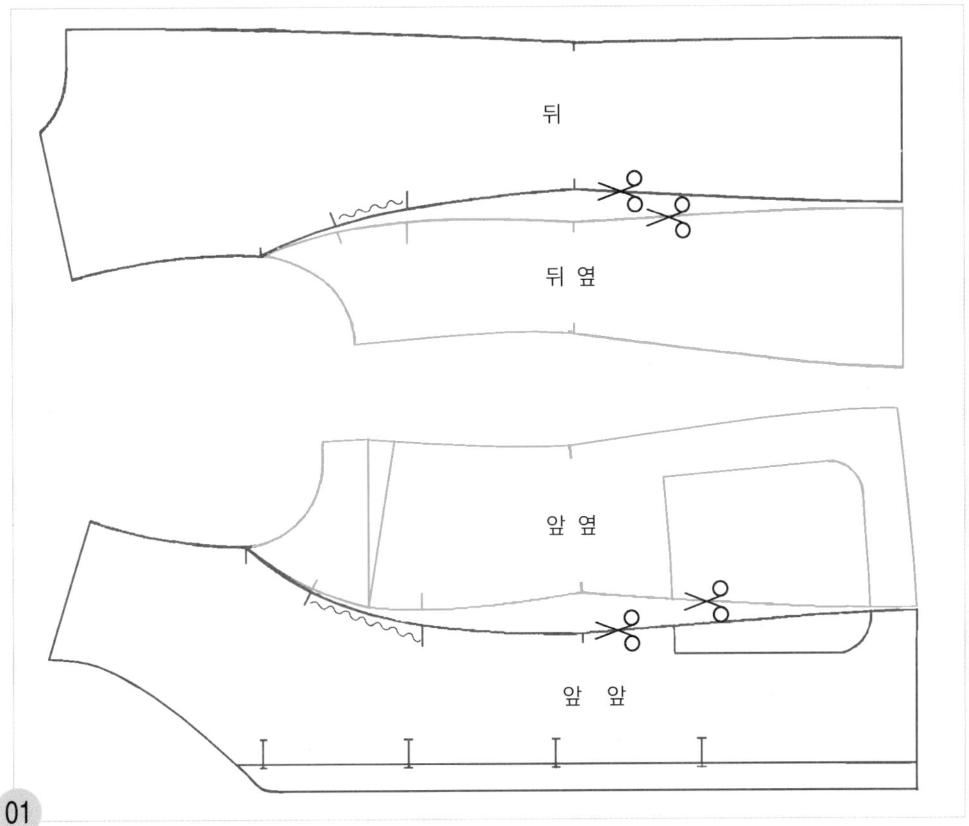

01
적색선은 앞뒤 중심 쪽 몸판, 청색선은 앞뒤 옆 몸판의 완성선이다. 앞뒤 완성선을 따라 패턴을 각각 오려내어 분리한다.

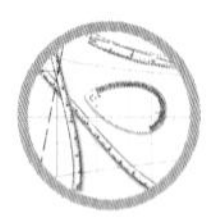

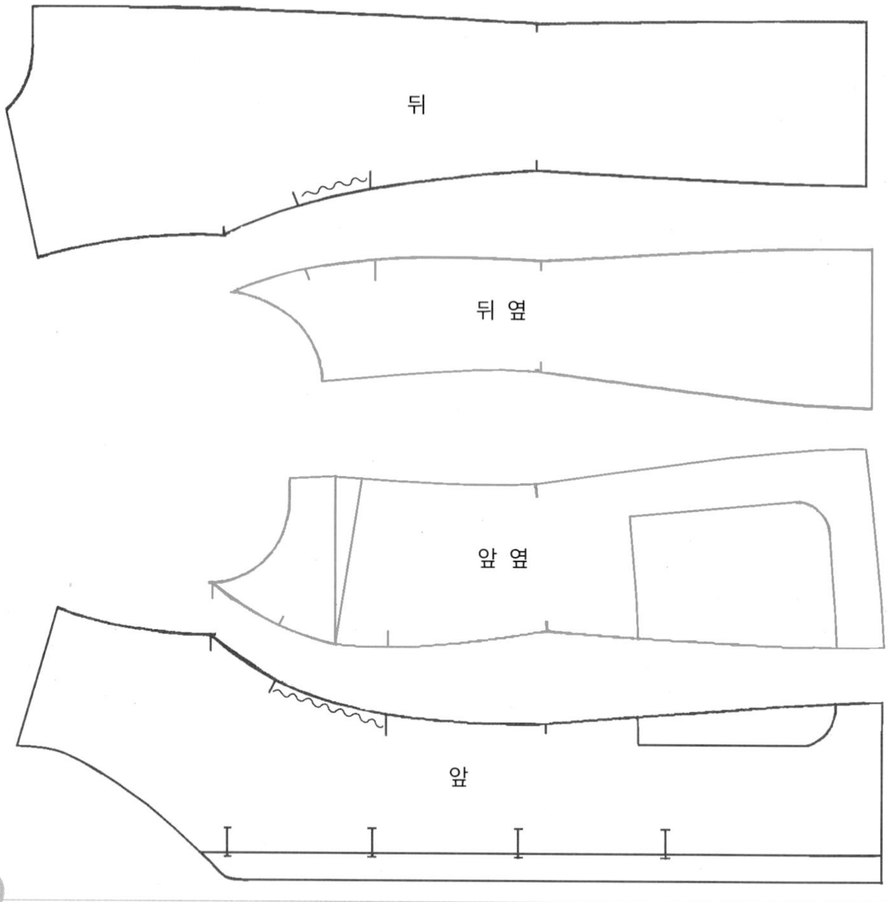

뒤

뒤 옆

앞 옆

앞

02

앞뒤 중심 쪽과 앞뒤 옆 몸판의 패턴이 분리된 상태이다.

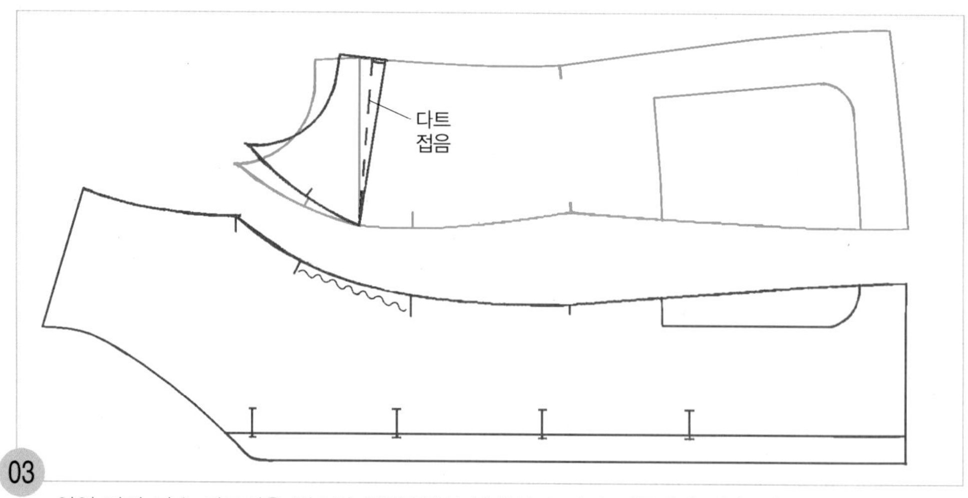

03

앞옆 판의 가슴 다트선을 접으면 청색선에서 적색선과 같이 이동하게 된다. 맨딩 테이프나 셀로판 테이프로 접은 다트를 고정시킨다.

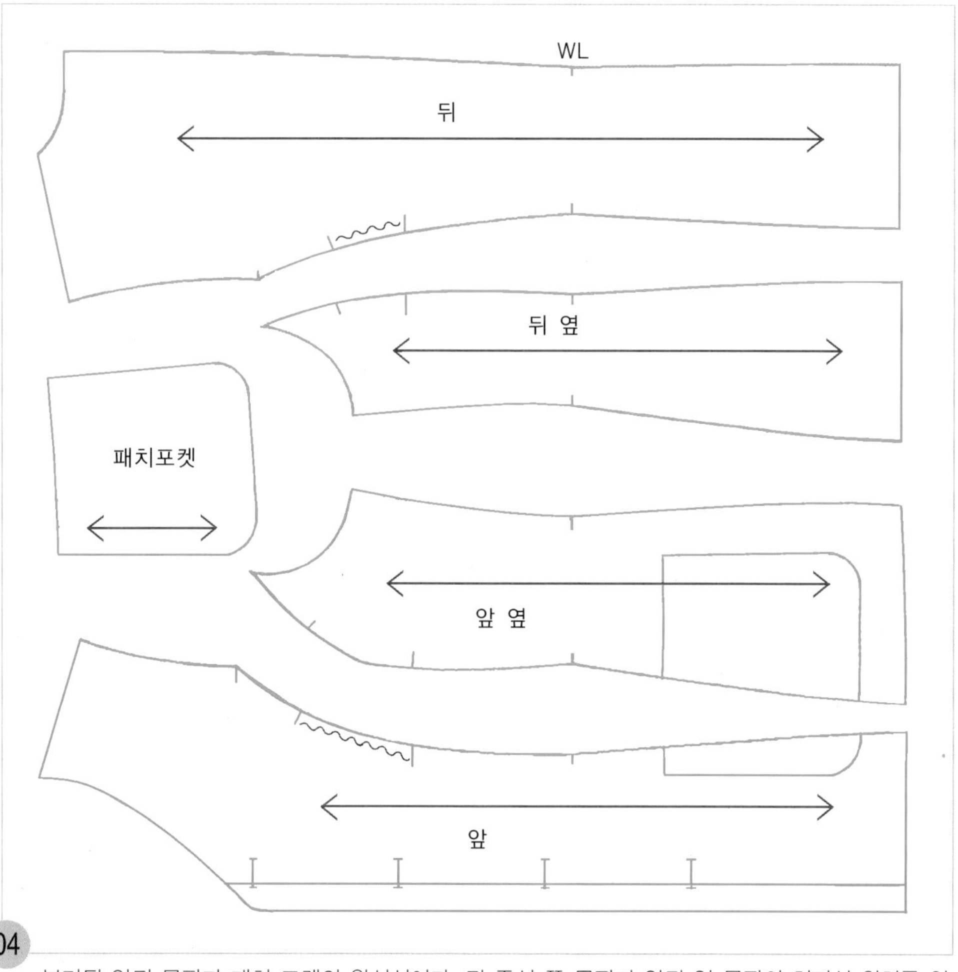

WL

뒤

뒤 옆

패치포켓

앞 옆

앞

04

분리된 앞뒤 몸판과 패치 포켓의 완성선이다. 뒤 중심 쪽 몸판과 앞뒤 옆 몸판의 허리선 위치를 앞 중심 쪽의 허리선에 일직선으로 맞추어 배치하고 수평으로 식서 방향 표시를 한다. 패치 포켓은 앞 중심 쪽 선과 평행으로 식서 방향 표시를 한다.

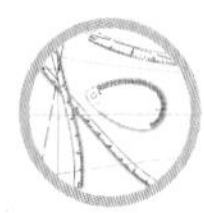

래글런 소매 재킷 Raglan Sleeve Jacket (Shirts Collar)

■■■ J.A.C.K.E.T 04

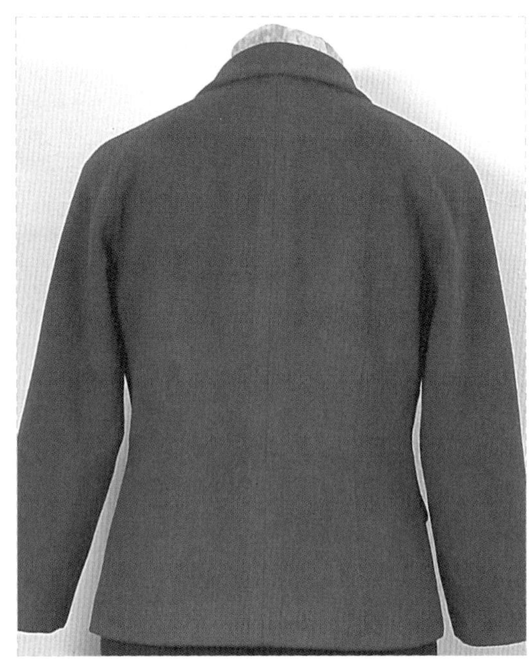

실루엣 ●●● 소매둘레가 정상적인 소매둘레의 위치에 있지 않고, 목선에서 바로 소매산이 되는 것과 같은 래글런 소매와 셔츠칼라는 목둘레가 자연스럽도록 칼라의 꺽임선 부분을 스탠드 밴드로 절개하였으며, 앞 뒤 허리다트를 넣어 허리 부분을 피트시킨 짧은 길이의 귀여우면서도 여성스러운 느낌의 재킷이다.

포인트 ●●● 셔츠 칼라, 래글런 소매, 허리다트 선 그리는 법을 배운다.

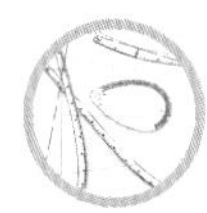

Raglan Sleeve Jacket
(Shirts Collar)

래글런 소매 재킷의 제도순서

제도 치수 구하기

계측 부위	계측 치수의 예	자신의 계측 치수	제도 각자 사용 시의 제도 치수	일반 자 사용 시의 제도 치수	자신의 제도 치수
가슴 둘레(B)	86cm		B°/2	B/4	
허리 둘레(W)	66cm		W°/2	W/4	
엉덩이 둘레(H)	94cm		H°/2	H/4	
등 길이	38cm		38cm		
앞 길이	41cm		41cm		
뒤 품	34cm		뒤 품/2=17		
앞 품	32cm		앞 품/2=16		
유두 길이	25cm		25cm		
유두 간격	18cm		유두 간격/2=9		
어깨 너비	37cm		어깨 너비/2=18.5		
재킷 길이	58~61cm		계측한 등길이+20cm=58~61cm		
소매 길이	54cm		54cm		
진동 깊이			B°/2	B/4=21.5	
뒤 위 가슴둘레선			(B°/2)+3cm	(B/4)+3cm	
앞 위 가슴둘레선			(B°/2)+1cm	(B/4)+1cm	
히프선 뒤			(H°/2)+0.6cm	(H/4)+0.6cm=24.1cm	
히프선 앞			(H°/2)+2.5cm	(H/4)+2.5cm=26cm	
소매산 높이			(진동깊이/2)+4.5cm=15.25cm		

주 진동 깊이=B/4의 산출치가 20~24cm 범위 안에 있으면 이상적인 진동 깊이의 길이라 할 수 있다. 따라서 최소치=20cm, 최대치=24cm까지이다. 이는 예를 들면 가슴둘레 치수가 너무 큰 경우에는 진동 깊이가 너무 길어 겨드랑 밑 위치에서 너무 내려가게 되고, 가슴둘레 치수가 너무 적은 경우에는 진동 깊이가 너무 짧아 겨드랑 밑 위치에서 너무 올라가게 되어 이상적인 겨드랑 밑 위치가 될 수 없다. 따라서 B/4의 산출치가 20cm 미만이면 뒤 목점(BNP)에서 20cm 나간 위치를 진동 깊이로 정하고, B/4의 산출치가 24cm 이상이면 뒤 목점(BNP)에서 24cm 나간 위치를 진동 깊이로 정한다.

01 자신의 각 계측 부위를 계측하여 빈칸에 넣어두고 제도 치수를 구하여 둔다.

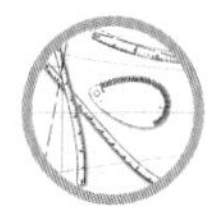

뒤판 제도하기

1. 뒤 중심선을 그린다.

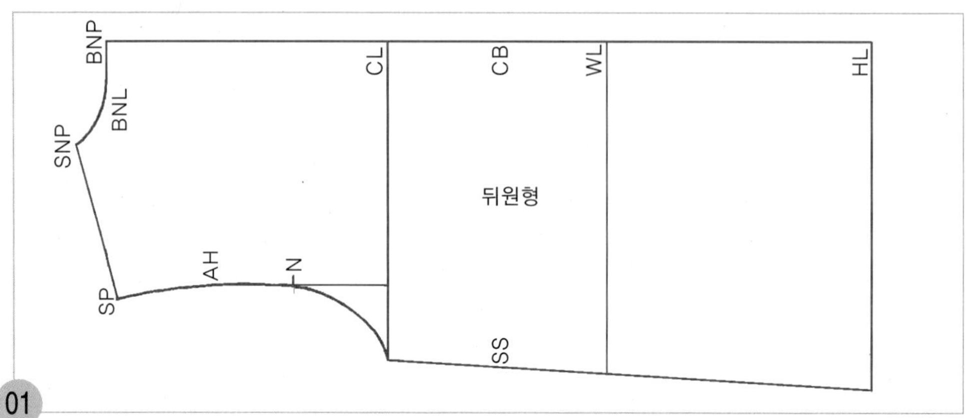

01 뒤판의 원형선을 옮겨 그린다.

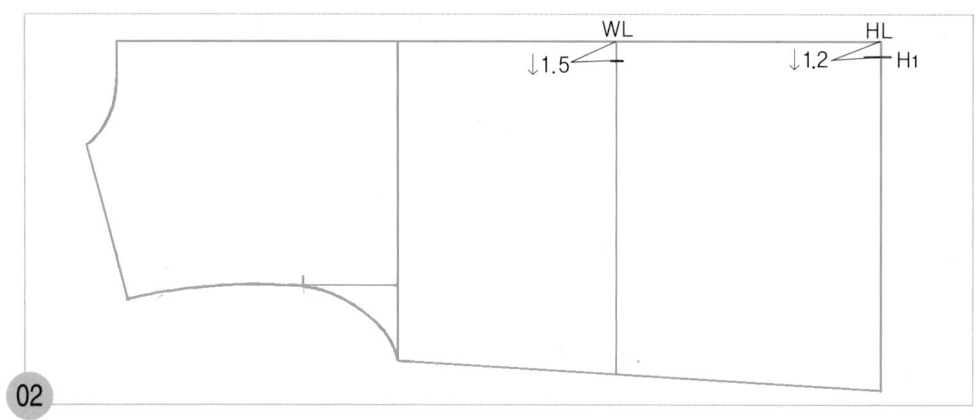

02 WL~W_1=1.5cm, HL~H_1=1.2cm

원형의 뒤 중심 쪽 허리선(WL)에서 1.5cm 내려와 뒤 중심 완성선을 그릴 허리선 위치(W_1)를 표시하고, 원형의 뒤 중심 쪽 히프선(HL)에서 1.2cm 내려와 뒤 중심 완성선을 그릴 히프선 위치(H_1)를 표시한다.

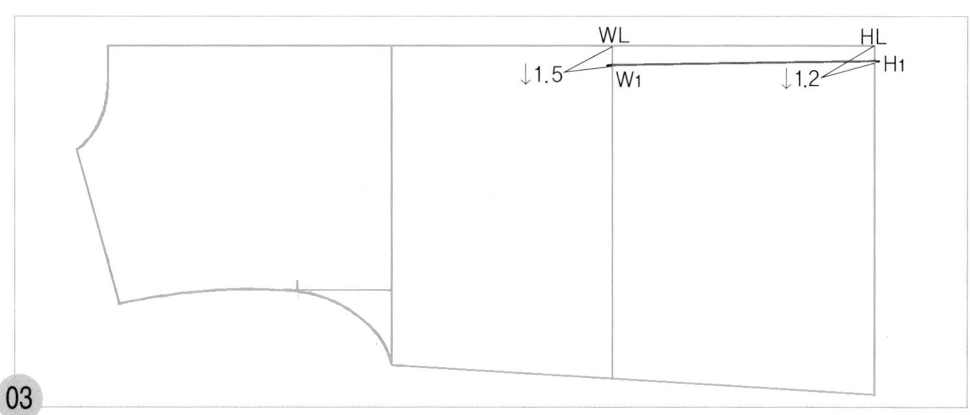

03

W_1～H_1=허리선 아래쪽의 뒤 중심 완성선
W_1점과 H_1점 두 점을 직선자로 연결하여 허리선 아래쪽의 뒤 중심 완성선을 그린다.

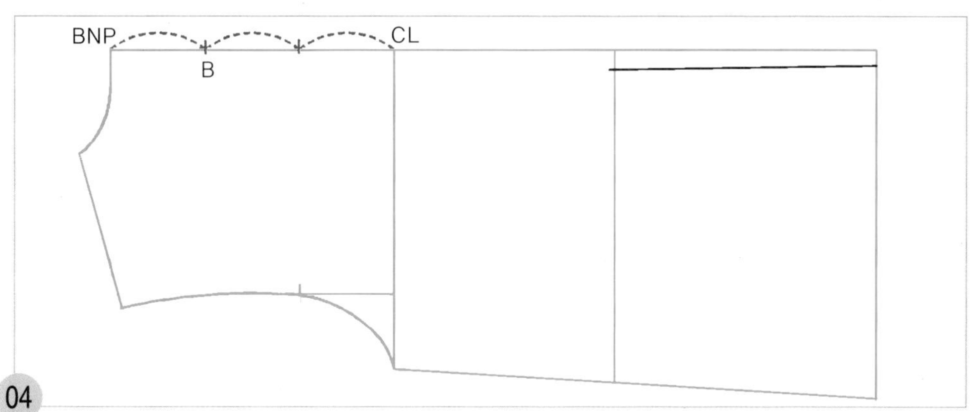

04

BNP～CL=3등분(B) 뒤 원형의 뒤 목점(BNP)에서 위 가슴둘레 선(CL)까지를 3등분하여 뒤 목점 쪽 1/3 위치에 허리선 위쪽 뒤 중심 완성선을 그릴 연결점(B)을 표시한다.

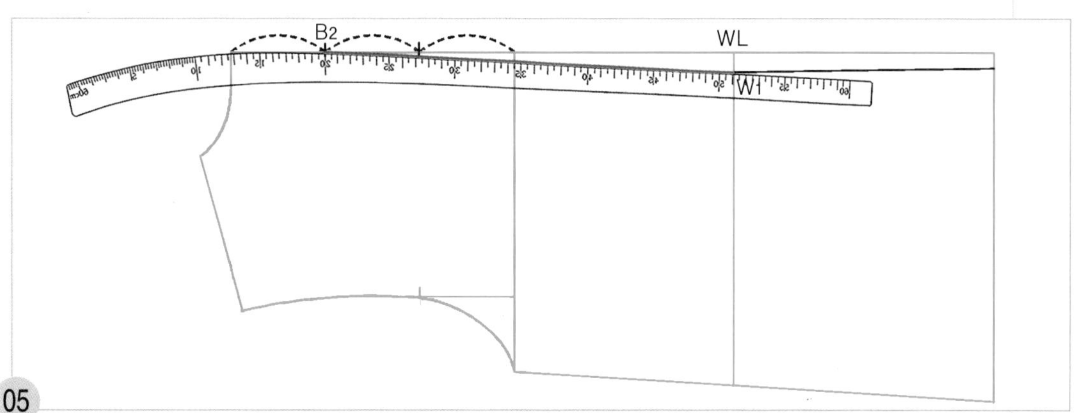

05

B～W_1=허리선 위쪽 뒤 중심 완성선
B점에 hip곡자 20 위치를 맞추면서 W_1점과 연결하여 허리선 위쪽 뒤 중심 완성선을 그린다.

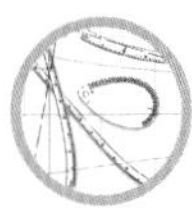

2. 뒤 옆선을 그린다.

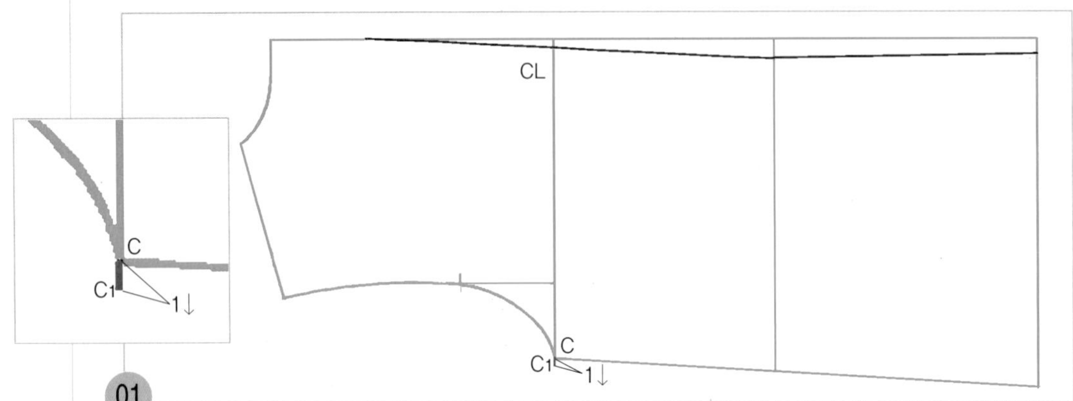

01

C~C_1=1cm 위 가슴둘레 선(CL)의 옆선 쪽 끝점(C)점에서 1cm 내려 그려 위 가슴둘레 선의 옆선 쪽 끝점 위치(C_1)를 이동한다.

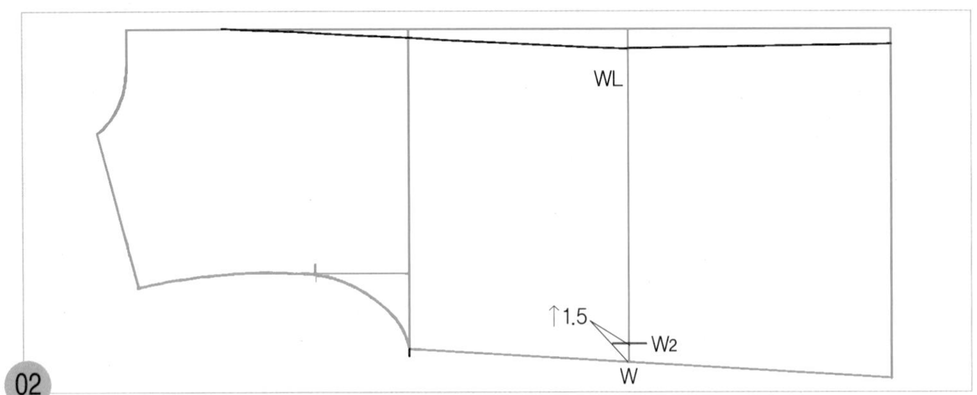

02

W~W_2=1.5cm 원형의 옆선 쪽 허리선(WL) 끝점(W)에서 1.5cm 올라가 옆선의 완성선을 그릴 허리선 위치(W_2)를 표시한다.

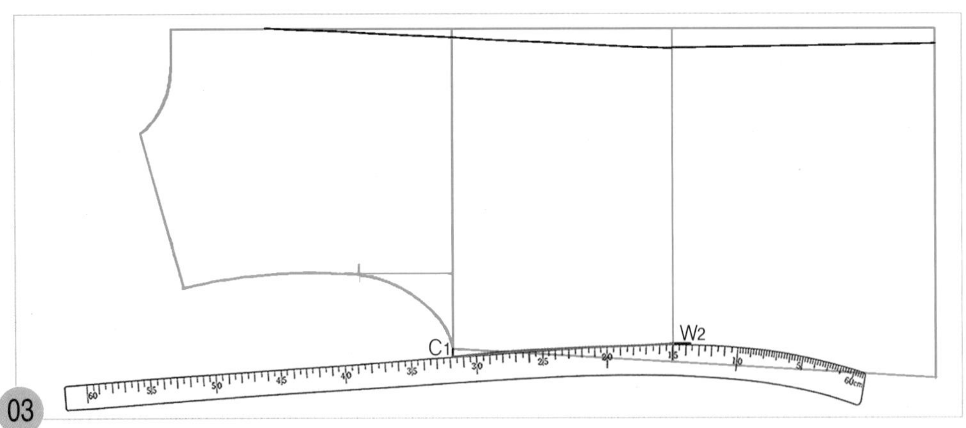

03

C_1~W_2=허리선 위쪽 옆선의 완성선 W_2점에 hip곡자 15 위치를 맞추면서 원형의 옆선 쪽 위 가슴둘레 선 끝점(C_1)과 연결하여 허리선 위쪽 옆선의 완성선을 그린다.

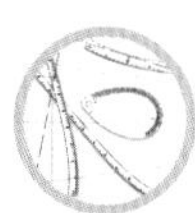

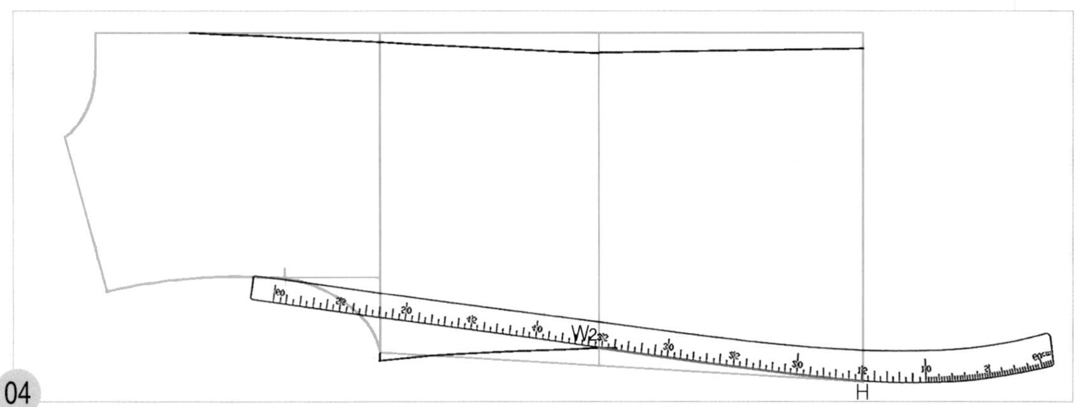

04

W_2~H=허리선 아래쪽 옆선의 완성선 원형의 옆선 쪽 히프선 끝점(H)에 hip곡자 15 위치를 맞추면서 허리선에서 1.5cm 올라가 표시한(W_2)점과 연결하여 허리선 아래쪽 옆선의 완성선을 그린다.

3. 뒤 허리 다트 선을 그린다.

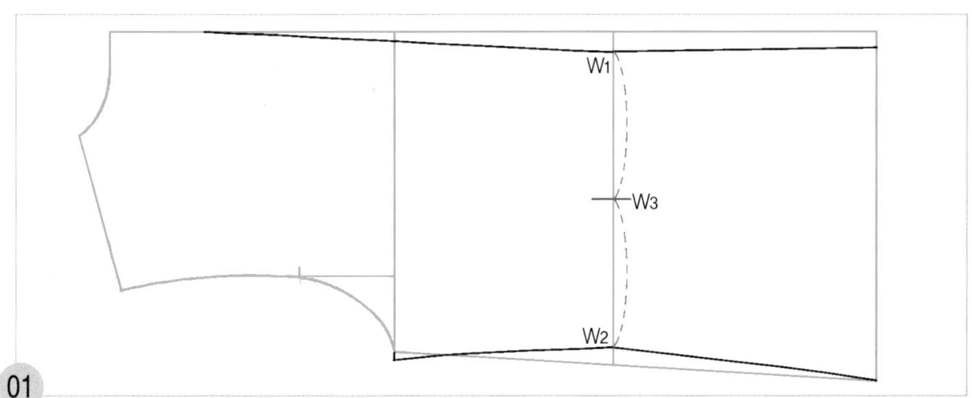

01

W_1~W_2=2등분(W_3) W_1점에서 W_2점까지를 2등분하여 뒤 옆선 쪽 허리 다트 선을 그릴 허리선 위치(W_3)를 표시한다.

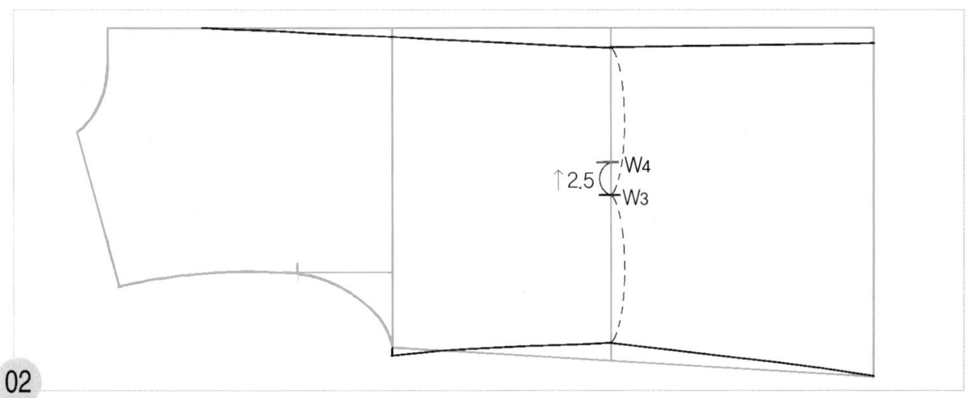

02

W_3~W_4=2.5cm W_3점에서 뒤 중심 쪽으로 2.5cm 올라가 뒤 중심 쪽 허리 다트 선을 그릴 허리선 위치(W_4)를 표시한다.

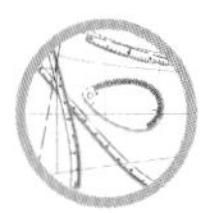

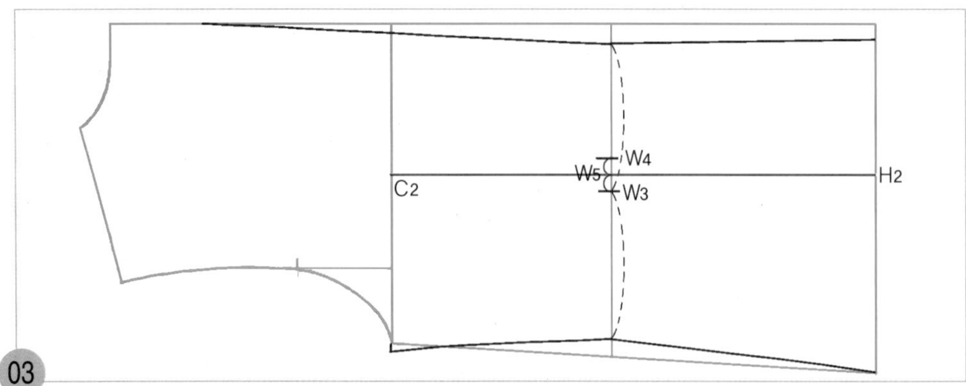

03

$W_5=W_3\sim W_4$의 2등분 점 W_3점에서 W_4점까지를 2등분하여 허리 다트 중심선 위치(W_5)를 표시하고, 직각으로 원형의 히프선(HL)까지 허리선 아래쪽 다트 중심선(H_2)을 그린 다음, 직각으로 원형의 위 가슴둘레 선(CL)까지 허리선 위쪽 다트 중심선(C_2)을 그린다.

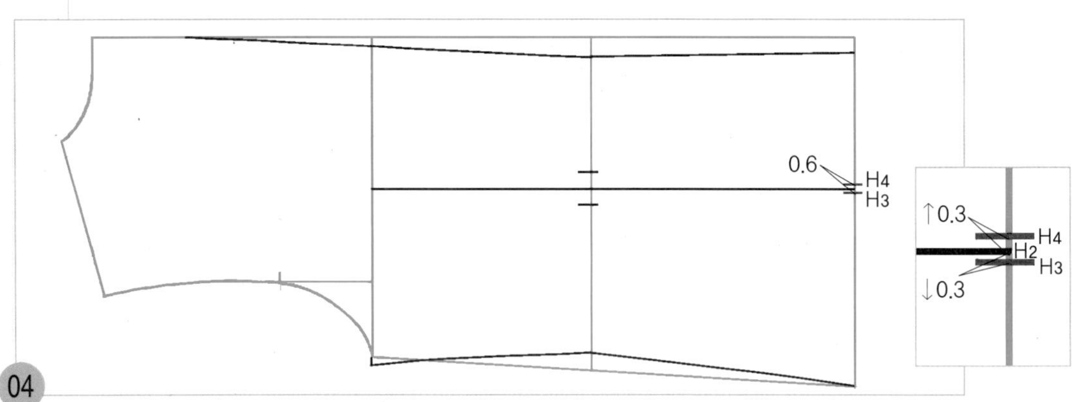

04

$H_2\sim H_3=0.3cm,\ H_2\sim H_4=0.3cm$

H_2점에서 0.3cm 옆선 쪽으로 내려와 허리선 아래쪽 다트 끝점(H_3)을 표시하고, H_2점에서 0.3cm 뒤 중심 쪽으로 올라가 허리선 아래쪽 다트 끝점(H_4)을 표시한다.

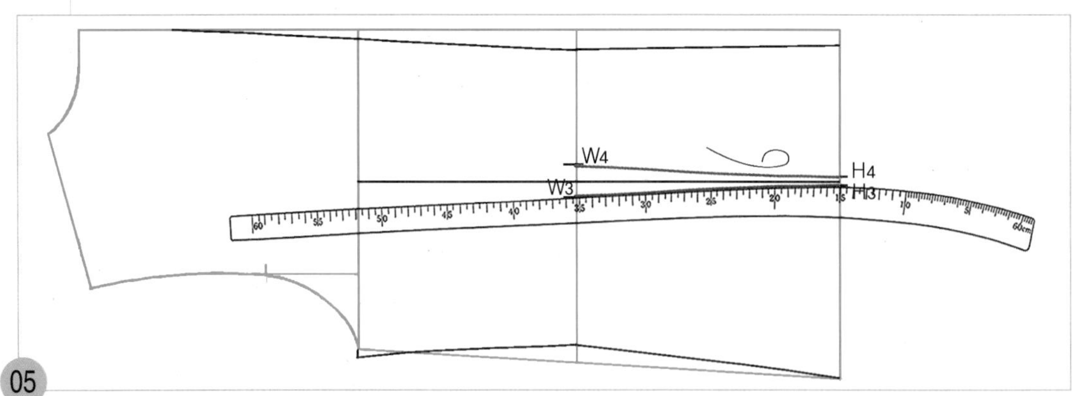

05

$W_3\sim H_3$, $W_4\sim H_4$=허리선 아래쪽 다트선 H_4점에 hip곡자 15 위치를 맞추면서 W_4점과 연결하여 뒤 중심 쪽의 허리선 아래쪽 다트 선을 그린 다음, hip곡자를 수직 반전하여 H_3점에 hip곡자 15 위치를 맞추면서 W_3점과 연결하여 옆선 쪽의 허리선 아래쪽 다트선을 그린다.

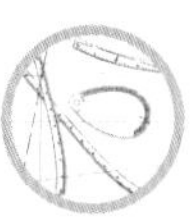

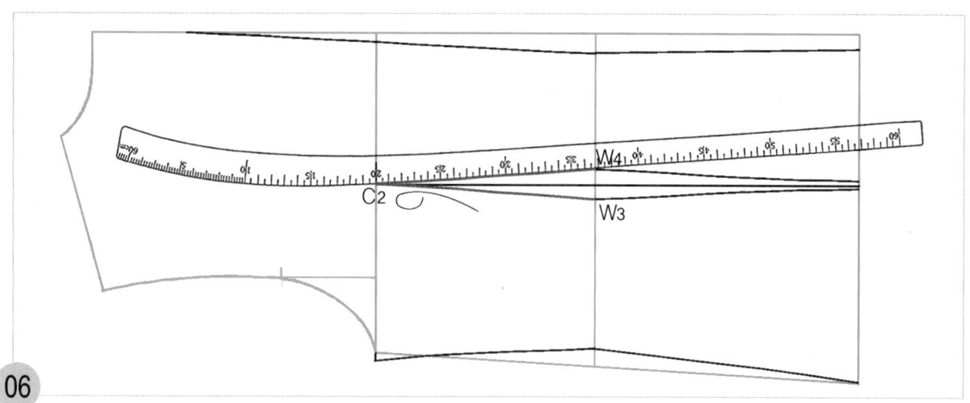

06

C2~W3, C2~W4=허리선 위쪽 다트선 C2점에 hip곡자 20 위치를 맞추면서 W3점과 연결하여 옆선 쪽의 허리선 위쪽 다트선을 그린 다음, hip곡자를 수직 반전하여 C2점에 hip곡자 20 위치를 맞추면서 W4점과 연결하여 뒤 중심 쪽의 허리선 위쪽 다트선을 그린다.

4. 뒤 목둘레 선을 그린다.

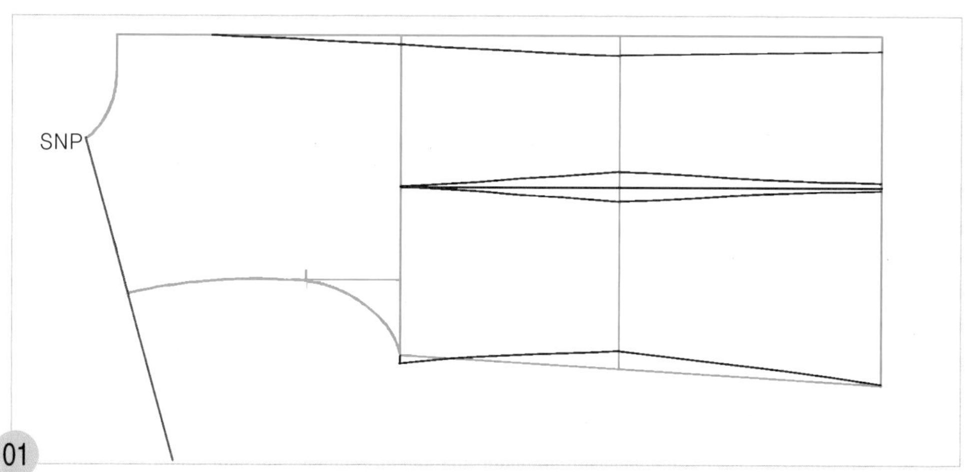

01

원형의 옆 목점(SNP)과 어깨 끝점(SP)을 직선자로 연결하여 어깨 끝점에서 길게 연장시켜 그려 둔다.

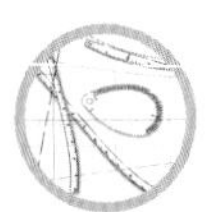

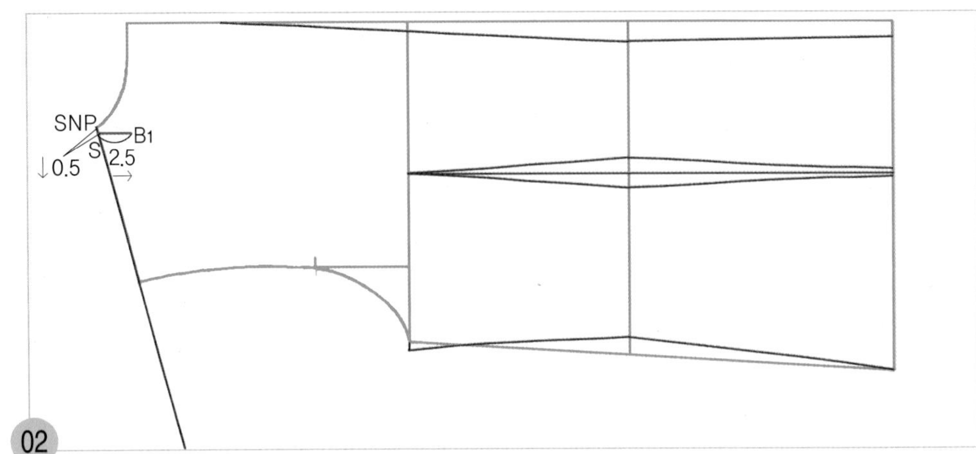

SNP~S=0.5cm, S~B1=2.5cm 원형의 옆 목점(SNP)에서 어깨선을 따라 0.5cm 내려와 수정할 옆 목점 위치(S)를 표시하고 수평으로 2.5cm 뒤 목둘레 선을 그릴 안내선(B1)을 그린다.

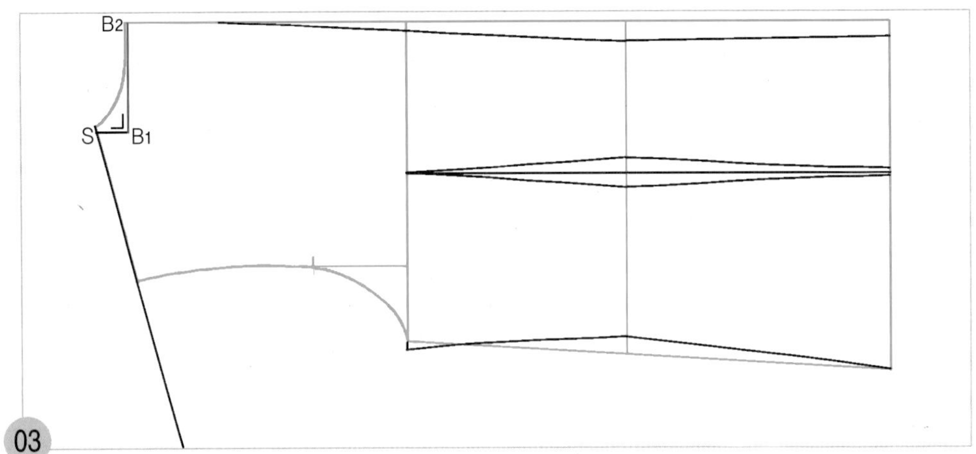

B1~B2=뒤 목둘레 안내선 B1점에서 직각으로 뒤 중심선까지 뒤 목둘레 선을 그리고 뒤 목점 위치(B2)를 뒤 중심선과의 교점으로 이동한다.

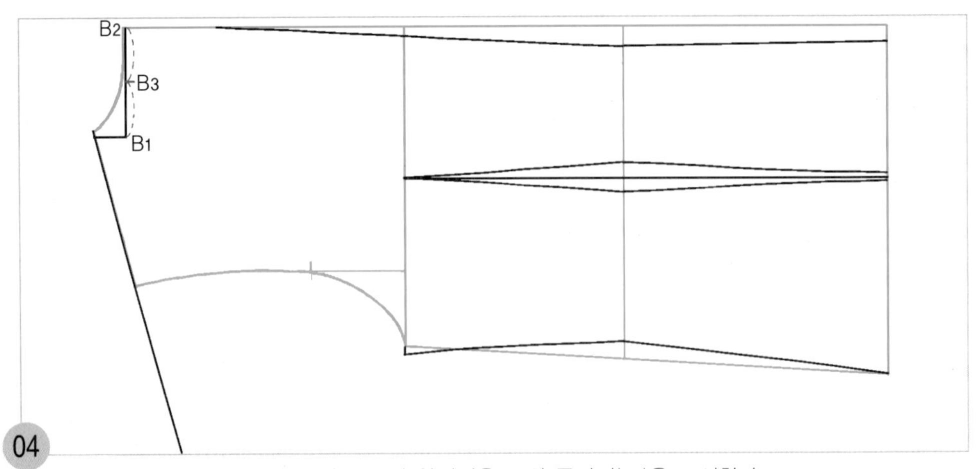

B1~B2점까지를 2등분하여 뒤 목둘레 완성선을 그릴 통과점(B3)을 표시한다.

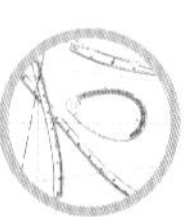

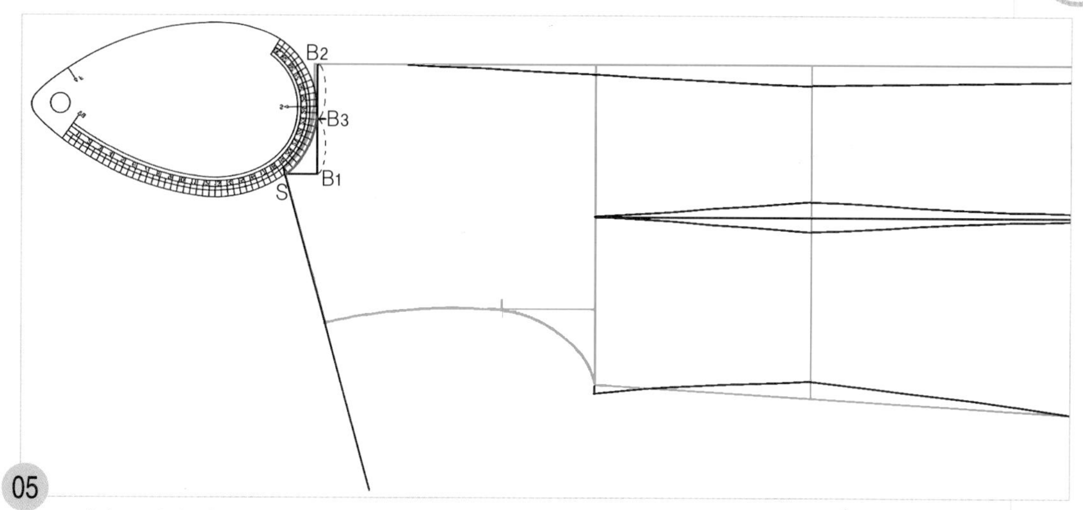

05
S점과 B3점에 뒤 AH자 쪽을 수평으로 바르게 맞추어 대고 곡선으로 뒤 목둘레 완성선을 그린다.

5. 몸판의 래글런 선을 그린다.

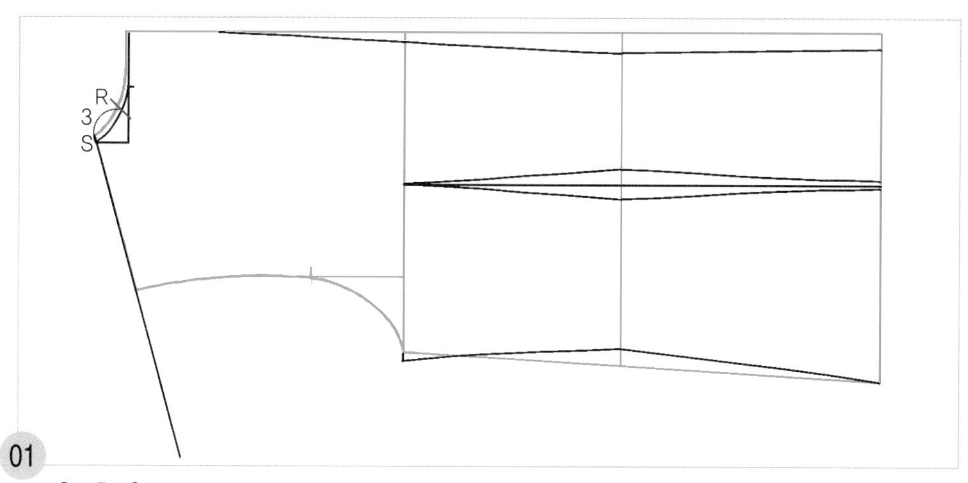

01
S~R=3cm
S점에서 뒤 목둘레 완성선을 따라 3cm 올라가 뒤 목둘레 선의 래글런 선 위치(R)를 표시한다.

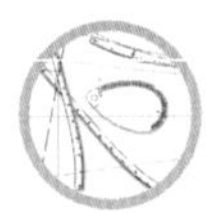

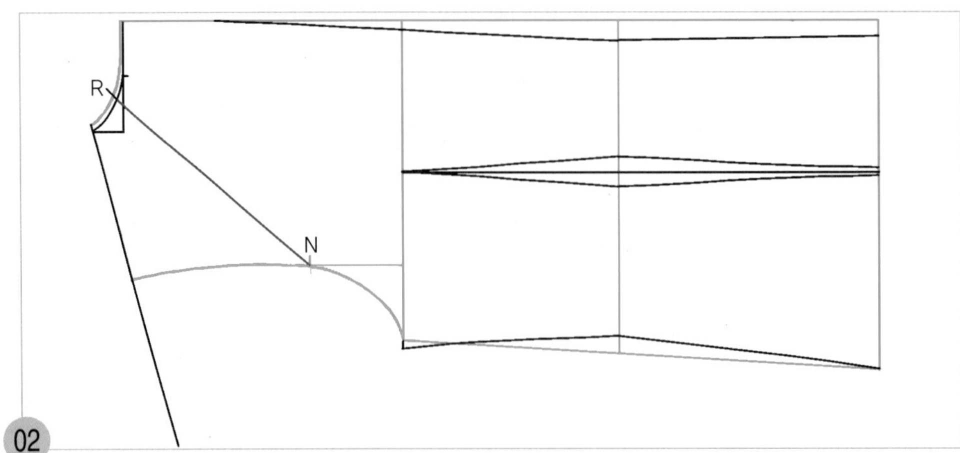

02

R점과 원형의 N점 두 점을 직선자로 연결하여 래글런 선을 그릴 안내선을 그린다.

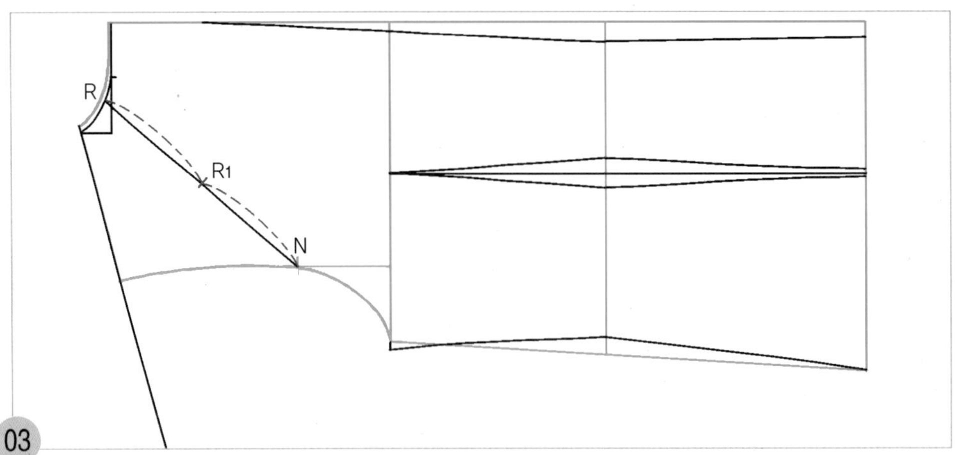

03

R_1=R~N의 2등분 R점에서 N점까지를 2등분하여 1/2 위치에 래글런 완성선을 그리기 위한 안내선 점(R_1)을 표시한다.

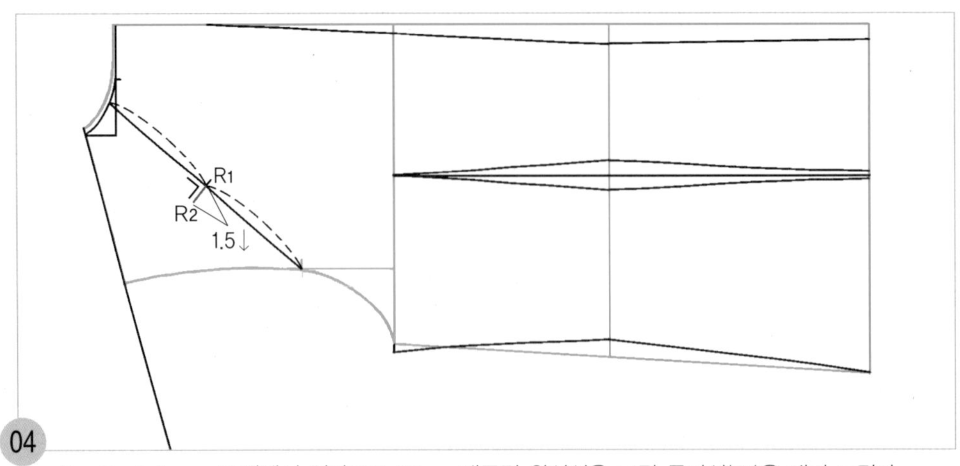

04

R_1~R_2=1.5cm R_1점에서 직각으로 1.5cm 래글런 완성선을 그릴 통과선(R_2)을 내려 그린다.

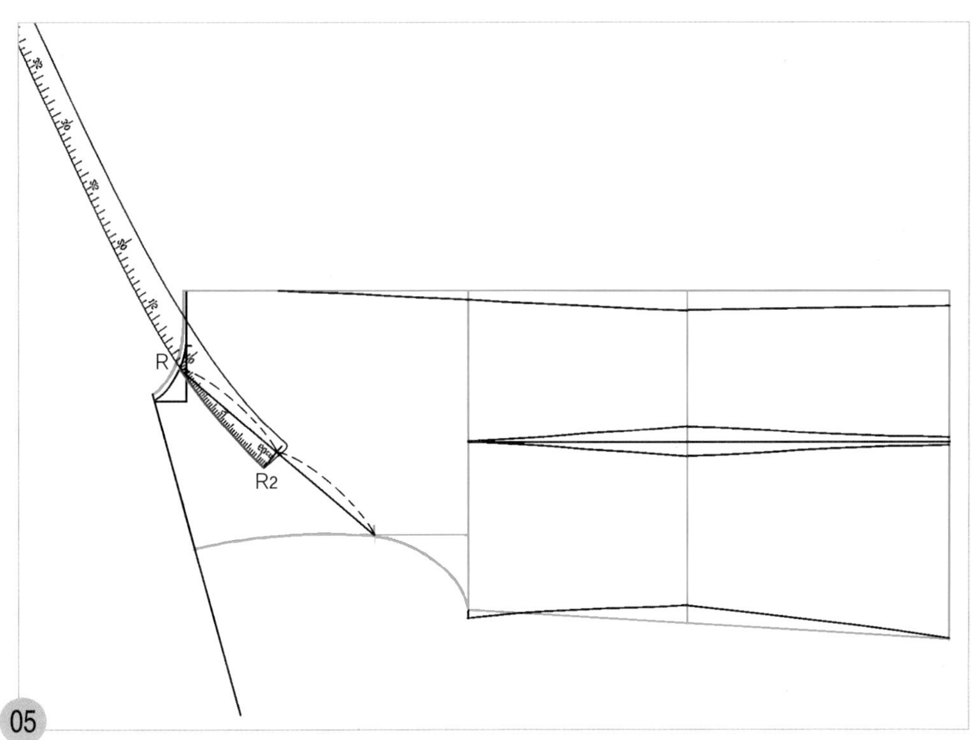

05
R2점에 hip곡자 끝 위치를 맞추면서 R점과 연결하여 래글런 완성선을 그린다.

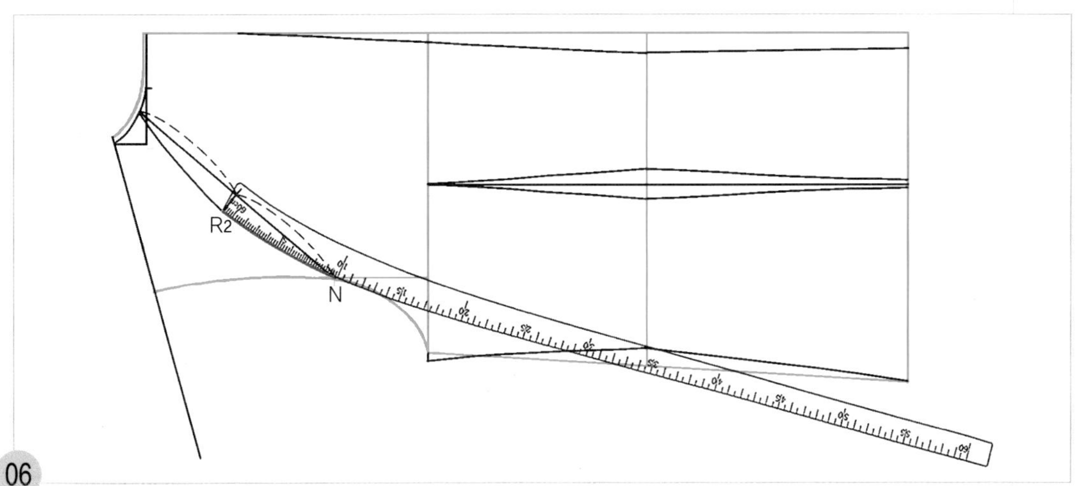

06
R2점에 hip곡자 끝 위치를 맞추면서 N점과 연결하여 래글런 완성선을 그린다.

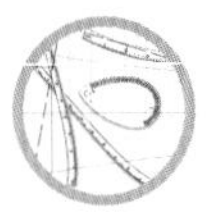

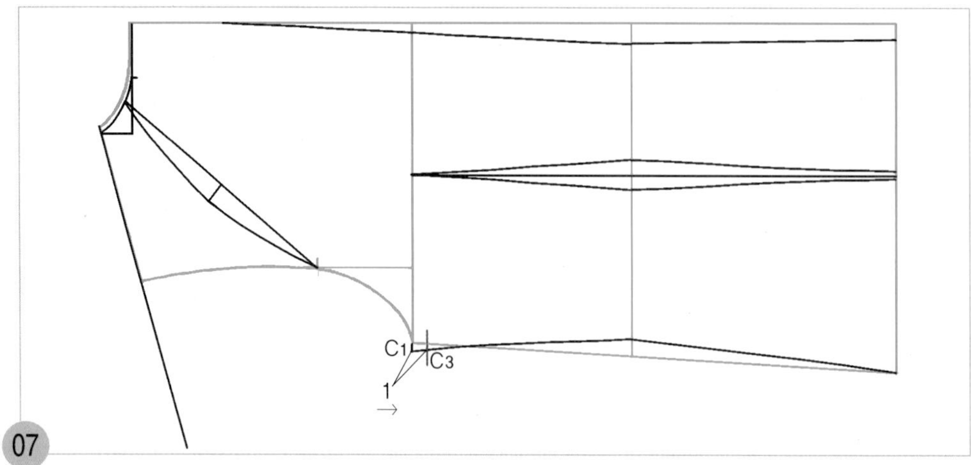

07

$C_1 \sim C_3$=1cm

C_1점에서 1cm 허리선 쪽으로 옆선을 따라 나가 위 가슴둘레 선의 옆선 쪽 끝점(C_3)을 표시한다.

참고 원형의 뒤 목점(BNP)에서 위 가슴둘레 선까지가 진동 깊이가 되므로 C_3점의 위치는 진동 깊이 선의 위치가 된다.

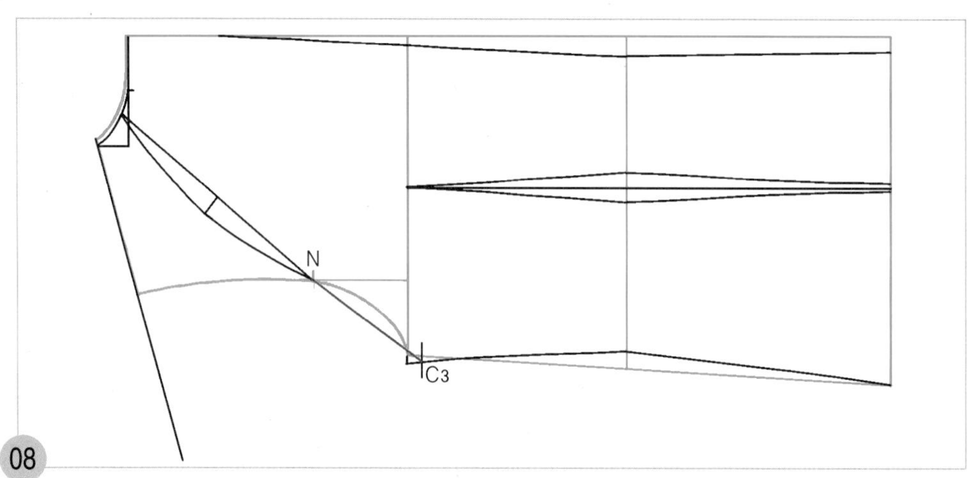

08

N점과 C_3점을 직선자로 연결하여 래글런 선을 그릴 안내선을 그린다.

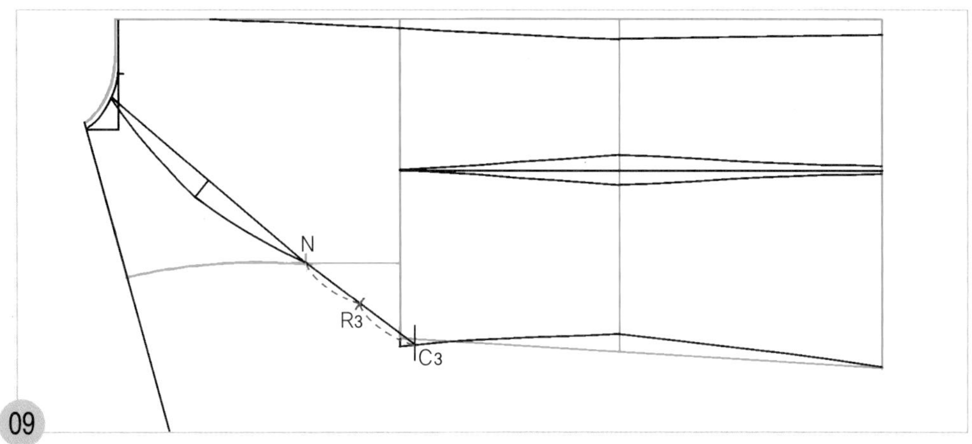

09

N~C3=2등분

N점에서 C3점까지를 2등분하여 위 가슴둘레 선 쪽 래글런 선을 그릴 안내점(R3)을 표시한다.

주 여기서부터는 원형의 선과 래글런 선이 겹쳐지게 되므로 설명의 정확한 선을 이해할 수 있도록 하기 위하여 원형의 N점에서 위 가슴둘레 선 쪽의 진동 둘레 선을 지운 상태로 설명하도록 한다.

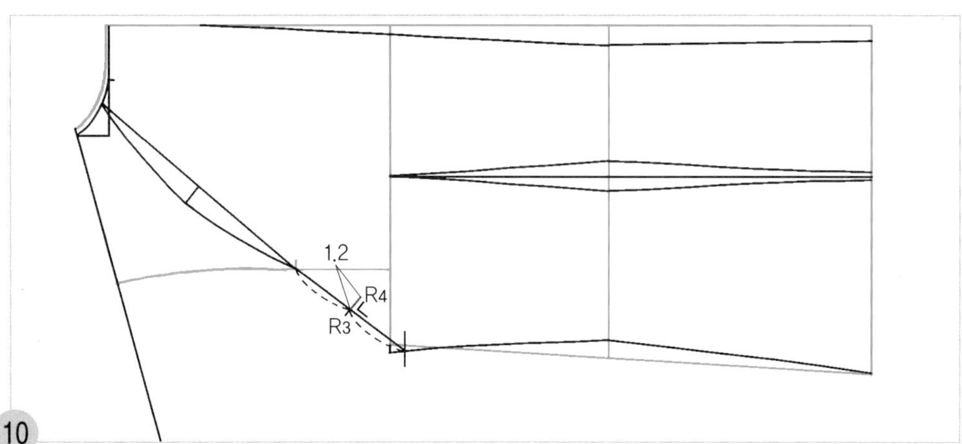

10

R3~R4=1.2cm R3점에서 직각으로 1.2cm 래글런 완성선을 그릴 통과선(R4)을 올려 그린다.

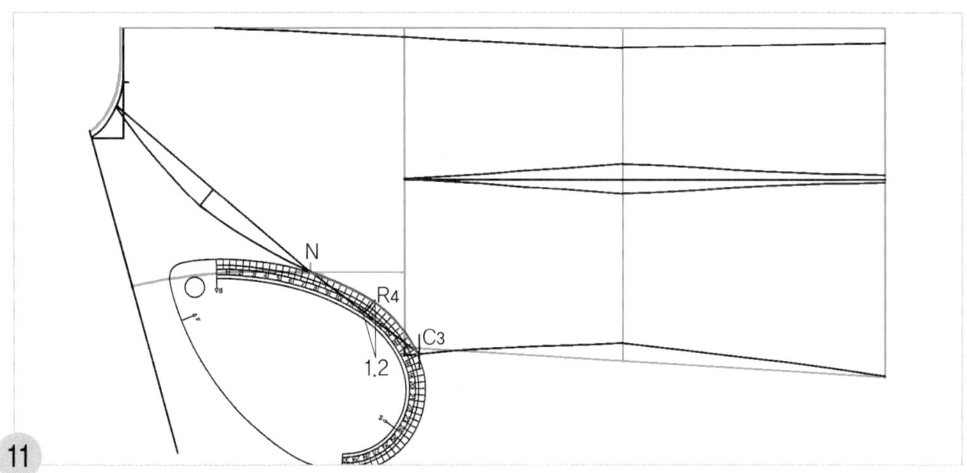

11

뒤 AH자 쪽을 사용하여 R4점을 통과하면서 N점과 C3점이 연결되도록 맞추어 몸판의 래글런 선을 완성한다.

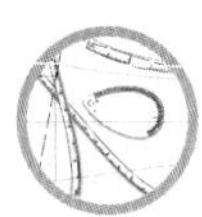

6. 소매 래글런 선을 그린다.

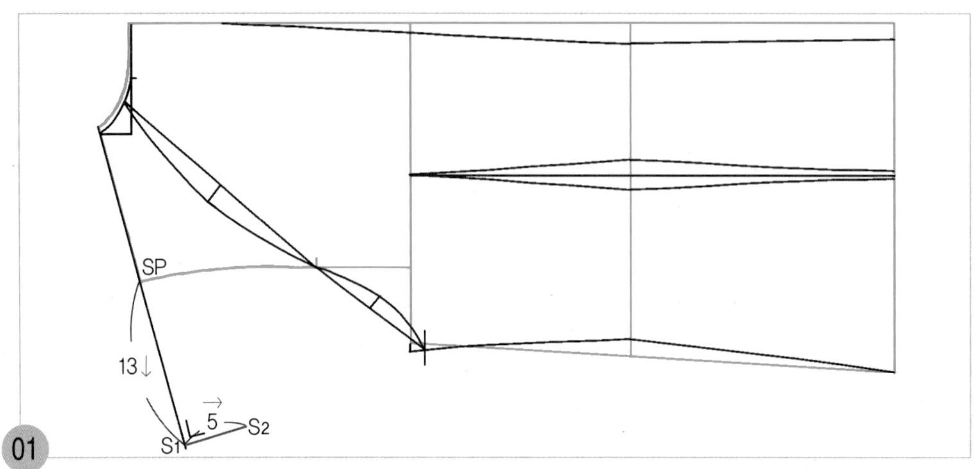

SP~S1=13cm, S1~S2=5cm

원형의 어깨 끝점(SP)에서 앞에서 그려둔 안내선을 따라 13cm 내려와 소매 래글런 선을 그릴 안내선 점 위치(S_1)를 표시하고, 직각으로 5cm 소매 길이 선을 그릴 통과점 위치선(S_2)을 그린다.

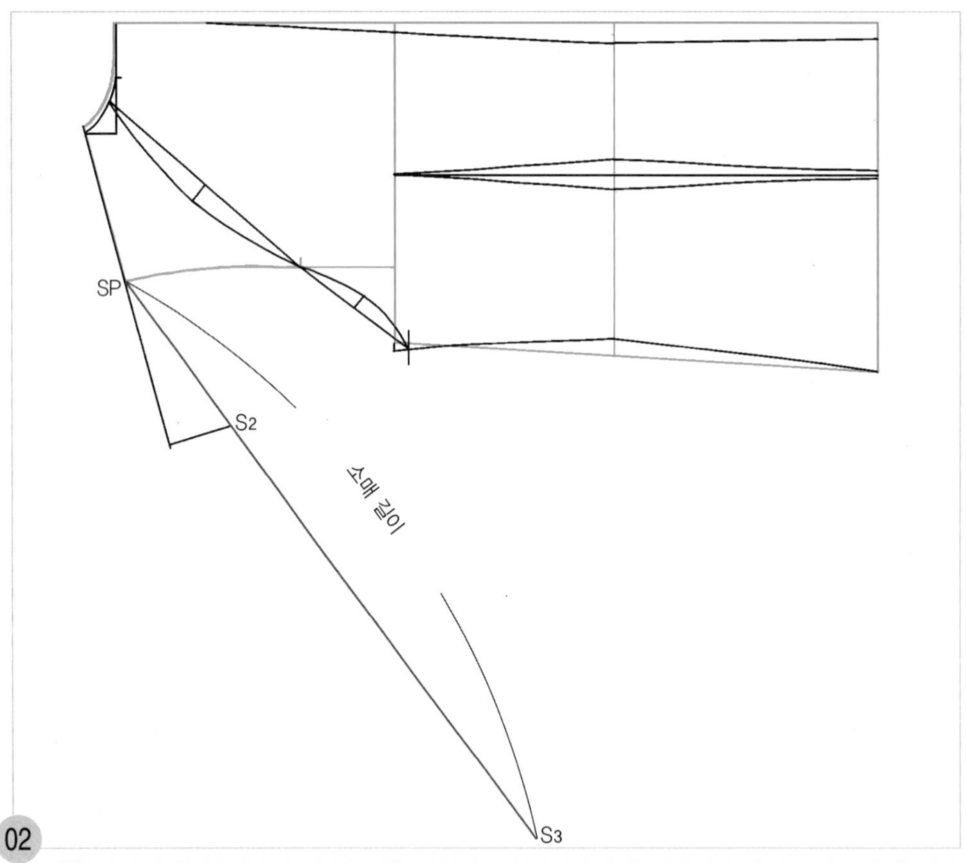

원형의 어깨 끝점(SP)과 S_2점 두 점을 직선자로 연결하여 소매 길이만큼 내려 그리고 소매 길이 끝점(S_3)을 표시해 둔다.

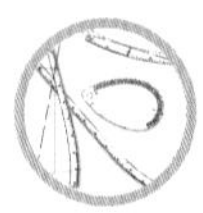

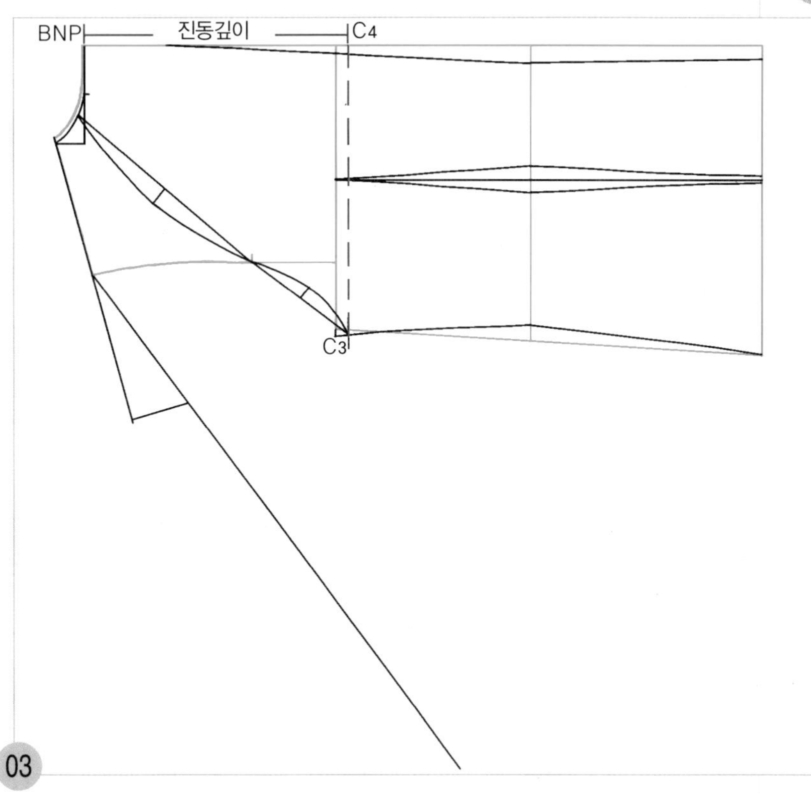

C_3점에서 뒤 중심선까지 직각으로 올라간 곳(C_4)에서 원형의 뒤 목점(BNP) 위치까지의 길이가 진동 깊이가 된다.

03

04

SP~S_4= (진동 깊이/2)+3cm

원형의 어깨 끝점(SP)에서 (진동 깊이/2)+3cm를 소매 길이 선을 따라 내려와 소매 래글런 안내선을 그릴 안내선점(S_4)을 표시하고 직각으로 소매 래글런 선을 그릴 안내선을 길게 그려 둔다.

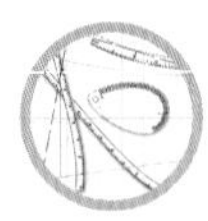

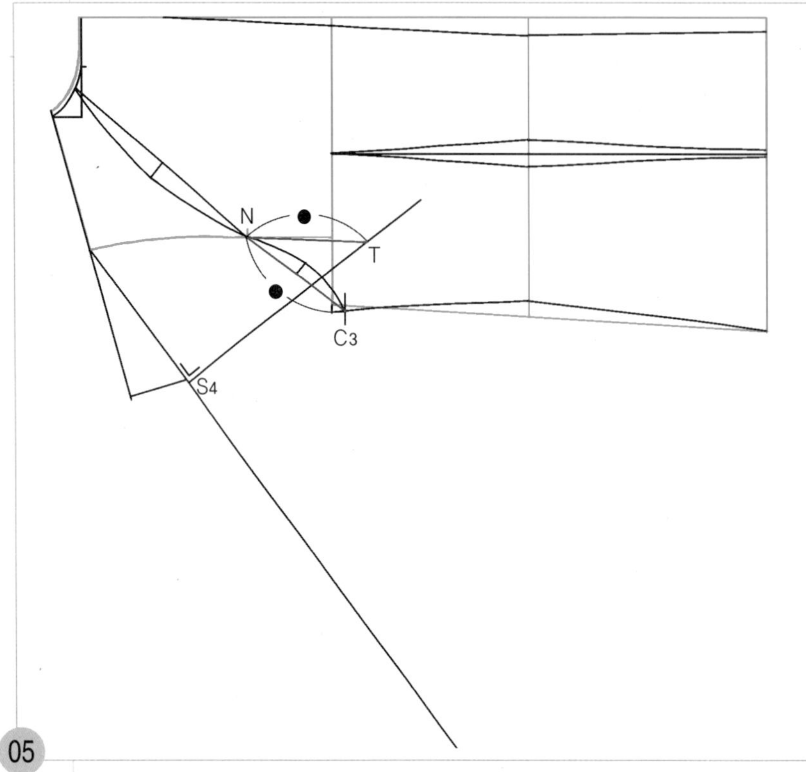

N~C3=N~T

N점에서 C3점까지의 길이(●)를 재어, 같은 치수(●)를 N점에서 04의 S4점에서 직각으로 그린 안내선과 마주 닿는 위치를 찾아 소매 겨드랑 밑점(T)을 표시한다.

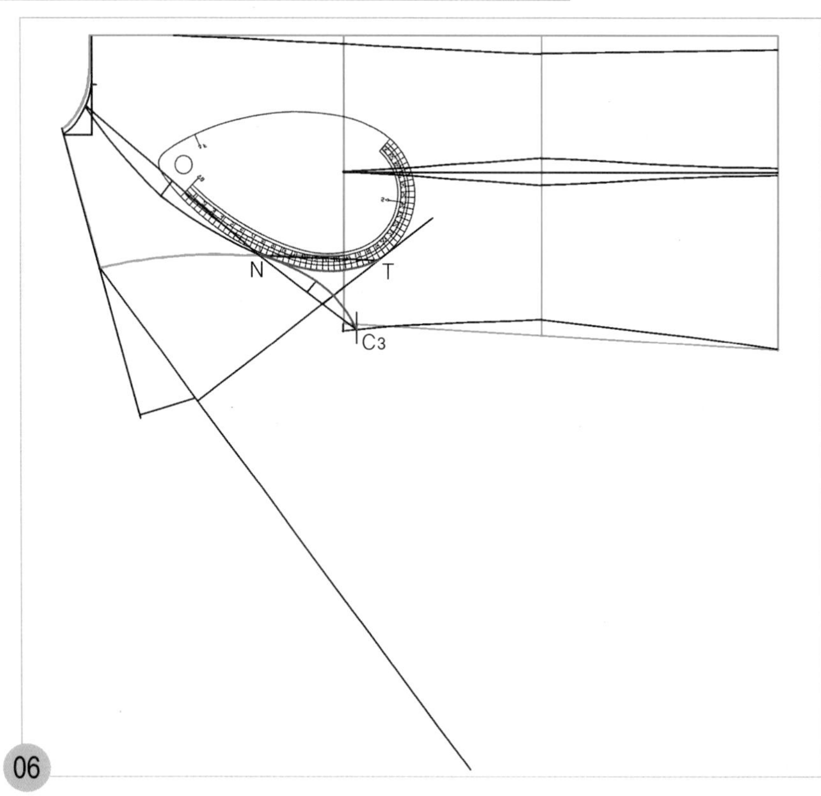

N~C3점까지의 몸판 쪽 래글런 선을 그릴 때 사용한 AH자를 그대로 반대쪽으로 뒤집어서 N점과 T점에 맞추어 대고 소매 래글런 선을 그린다.

7. 소매를 그린다.

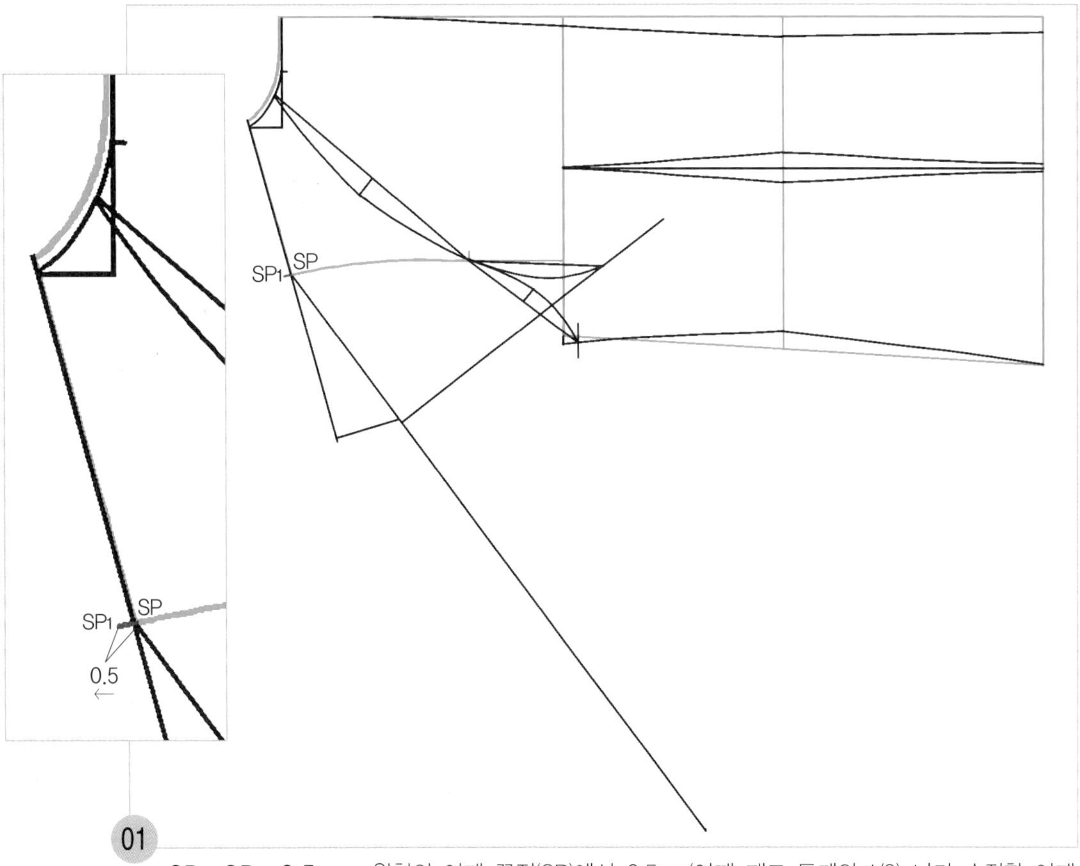

01

SP～SP_1=0.5cm 원형의 어깨 끝점(SP)에서 0.5cm(어깨 패드 두께의 1/3) 나가 수정할 어깨 끝점 위치(SP_1)를 표시한다.

주 어깨 패드를 넣지 않을 경우에는 원형의 어깨 끝점(SP)을 그대로 사용한다.

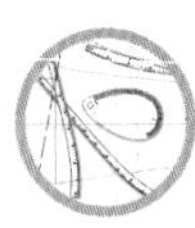

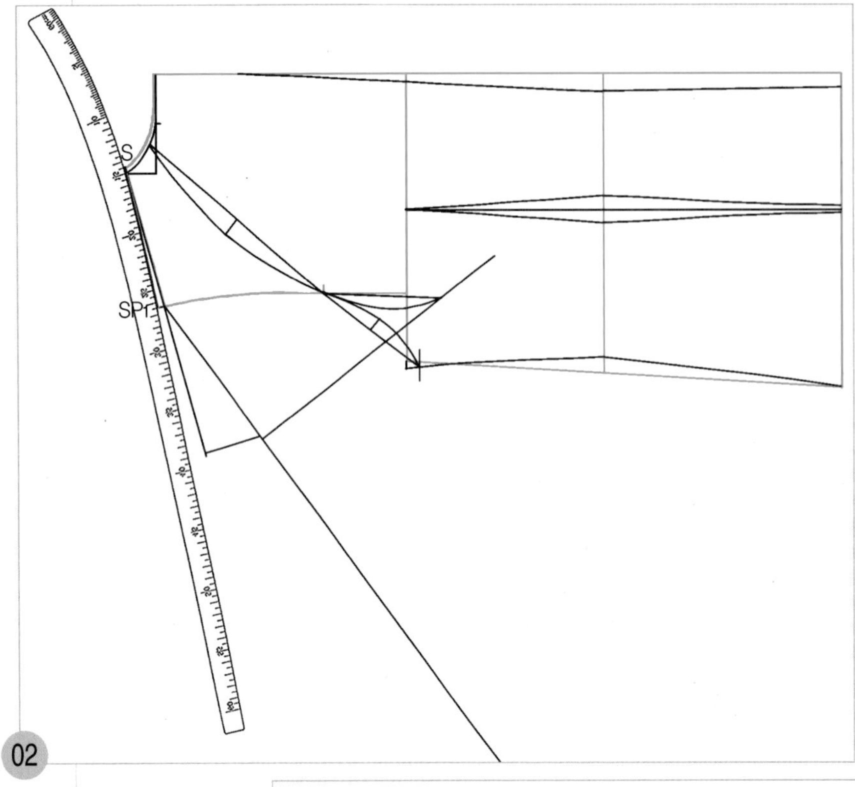

원형의 옆 목점(SNP)에서 0.5cm 내려와 수정한 옆 목점 위치(S)에 hip곡자 15 위치를 맞추면서 수정한 어깨끝점(SP1)과 연결하여 어깨선을 수정한다.

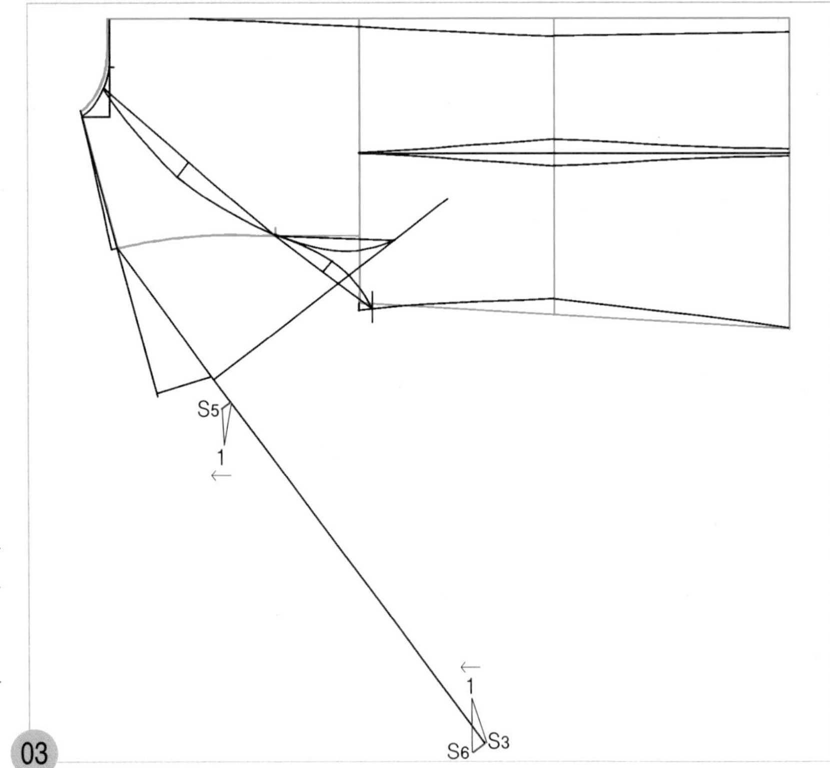

소매 길이 선의 소매단선 끝점(S3)과 어깨선 쪽의 소매 길이 선상에서 각각 직각으로 1cm씩 소매 완성선을 그릴 안내선(S5, S6)을 그린다.

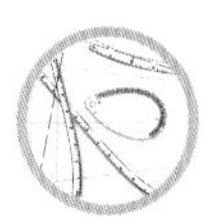

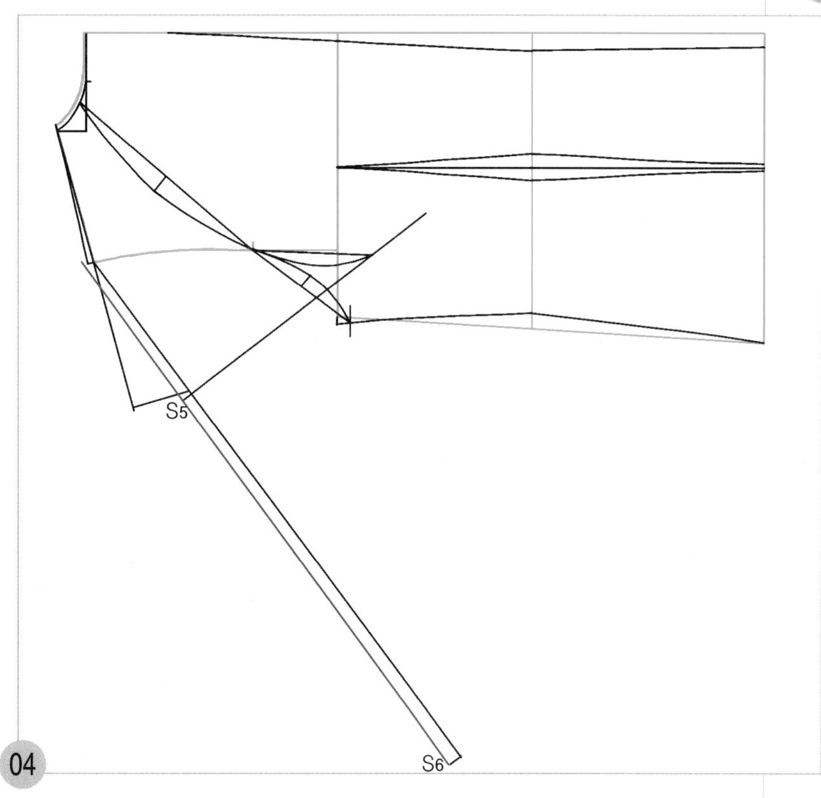

S5점과 S6점 두 점을 직선자로 연결하여 어깨 끝점(SP1) 위쪽까지 길게 소매 완성선을 그린다.

04

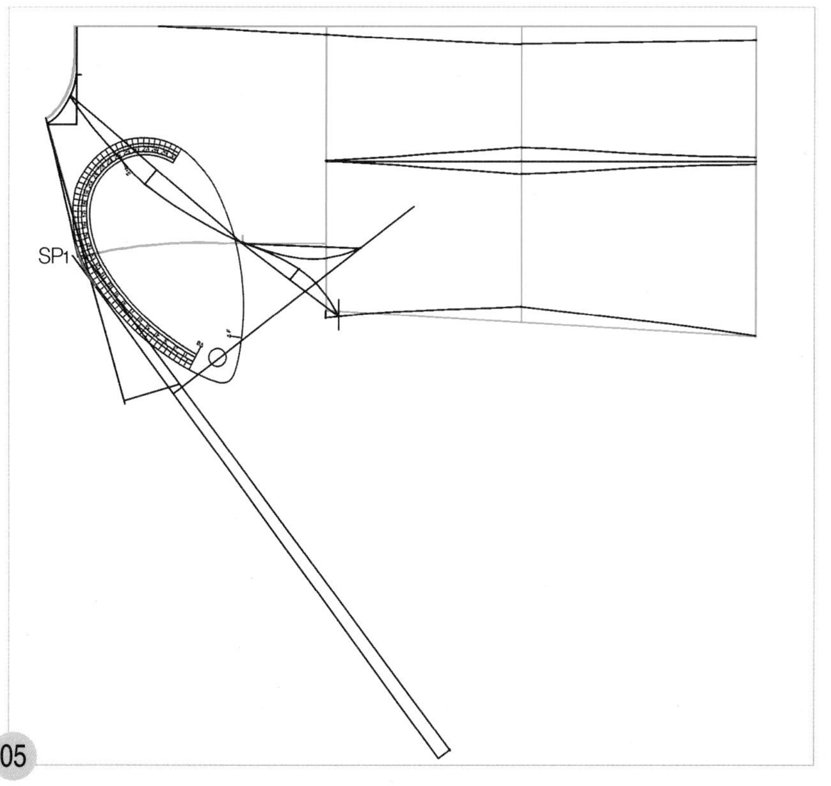

05

어깨 끝점(SP1)의 각진 곳을 AH자로 연결하여 자연스런 곡선으로 수정한다.

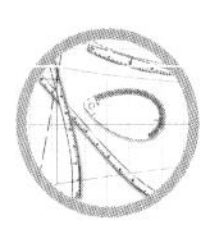

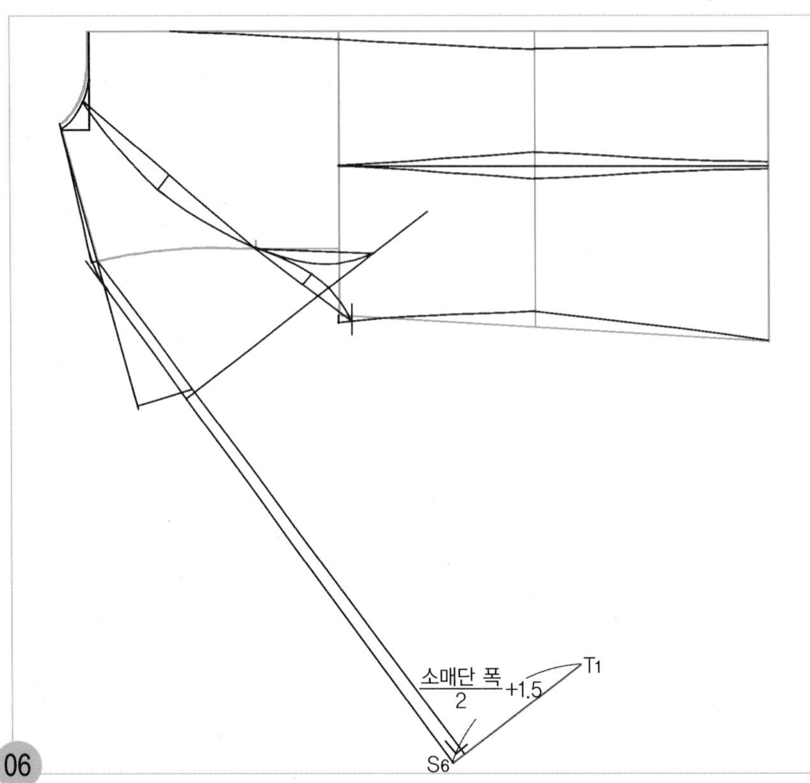

S6~T1=
(소매단 폭/2)+1.5cm
소매 완성선의 소매단 끝점(S6)에서 직각으로 (소매단 폭/2)+1.5cm의 소매단 완성선(T1)을 그린다.

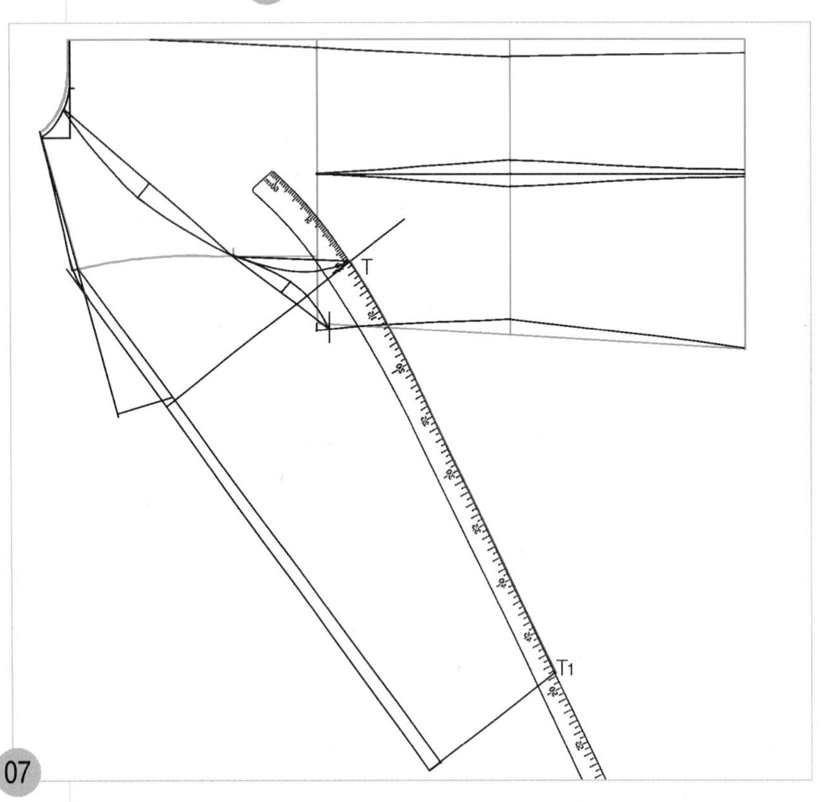

T점에 hip곡자 10 위치를 맞추면서 T1점과 연결하여 소매 밑 선의 완성선을 그린다.

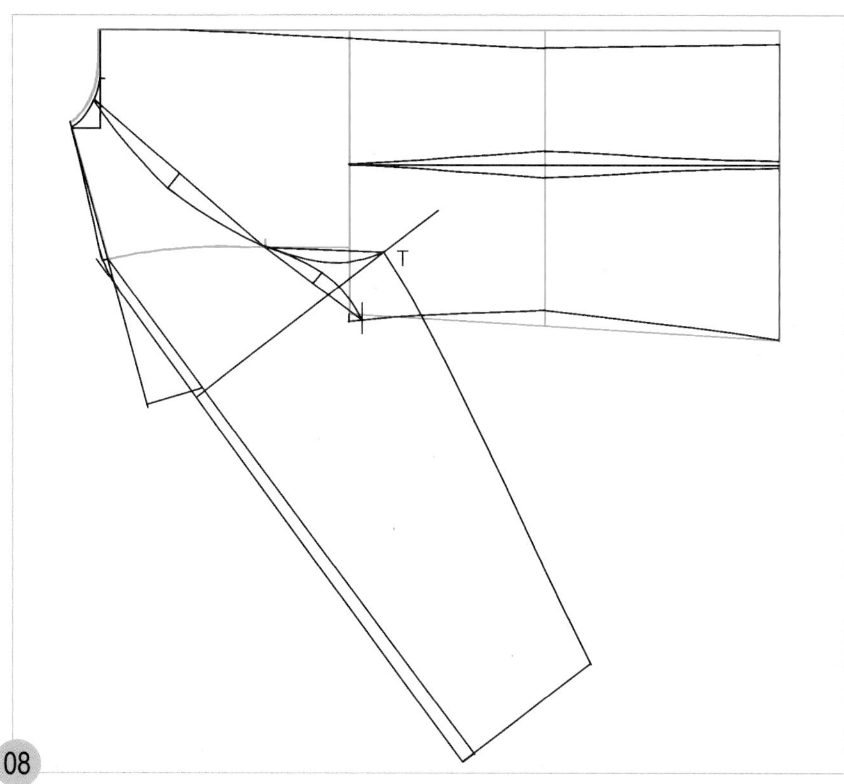

08

적색선으로 표시된 B2~B까지의 뒤 중심선, H1~H까지의 히프선은 원형의 선을 그대로 사용한다.

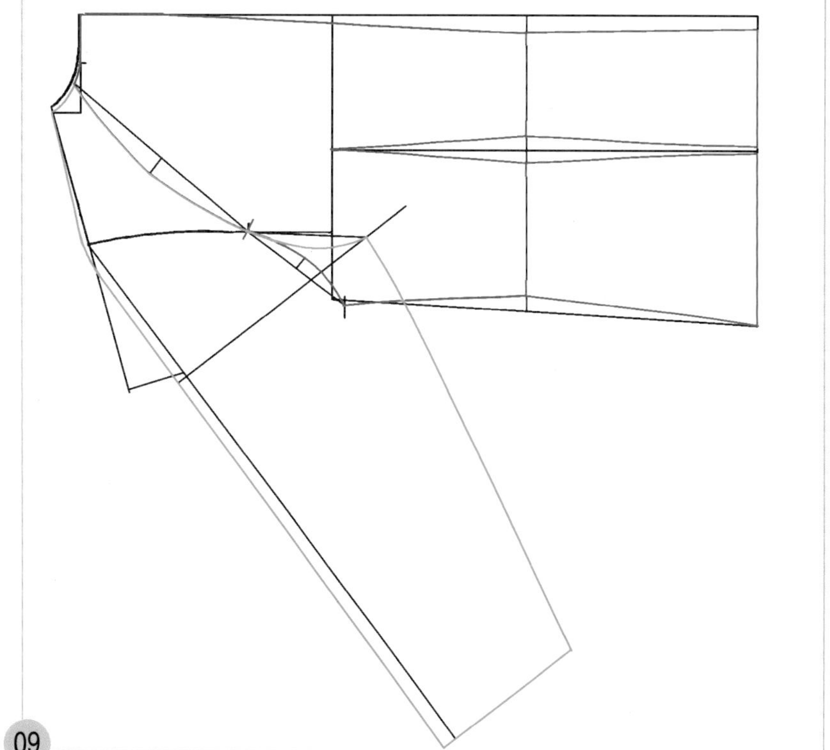

09

적색선이 몸판의 완성선이고, 청색선이 소매의 완성선이다.

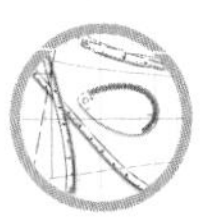

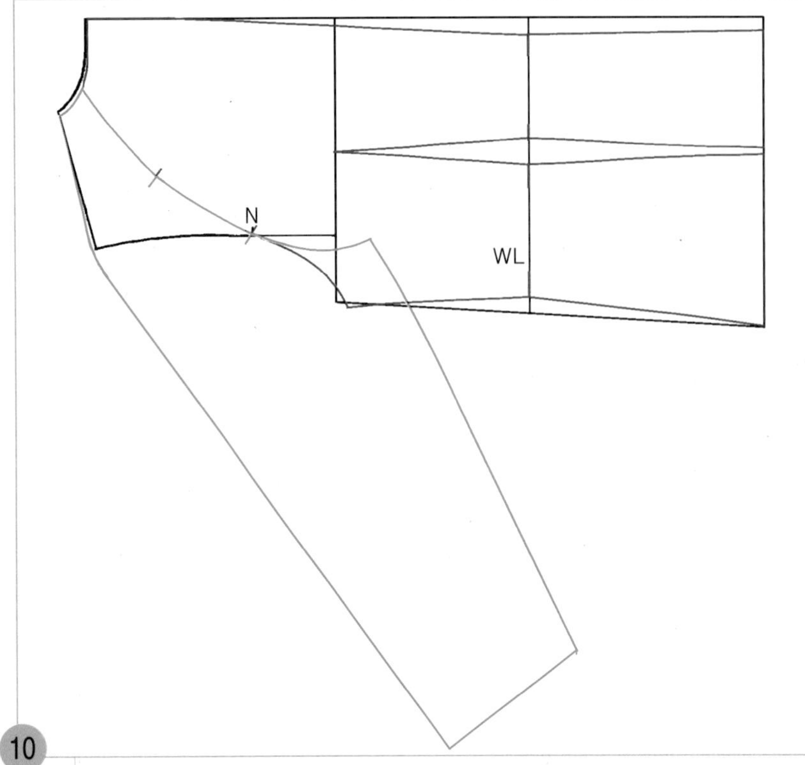

10 허리선과 래글런 선에 맞춤 표시를 넣는다.

앞판 제도하기

1. 옆선과 허리 다트, 가슴 다트선을 그린다.

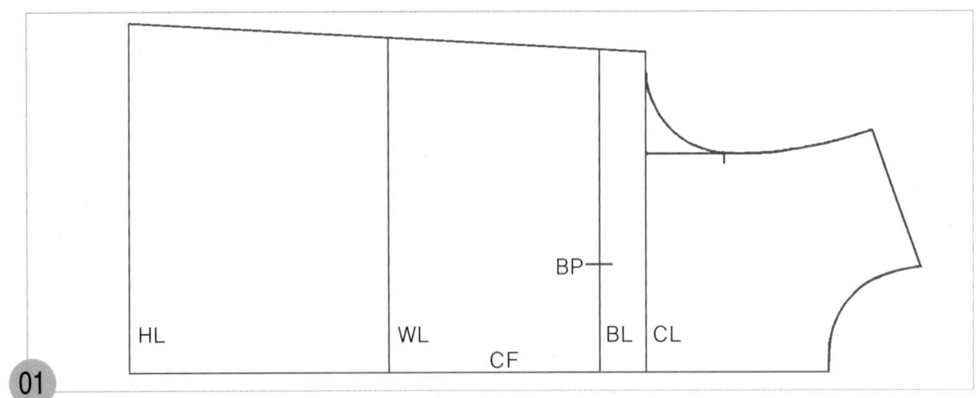

01 앞판의 원형선을 옮겨 그린다.

주 래글런 소매의 경우 패턴지 한 장 안에 들어 갈 수 있도록 앞 원형을 다른 재킷과는 달리 수평 반전된 상태로 시작한다.)

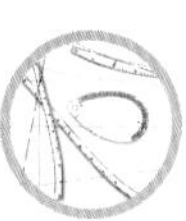

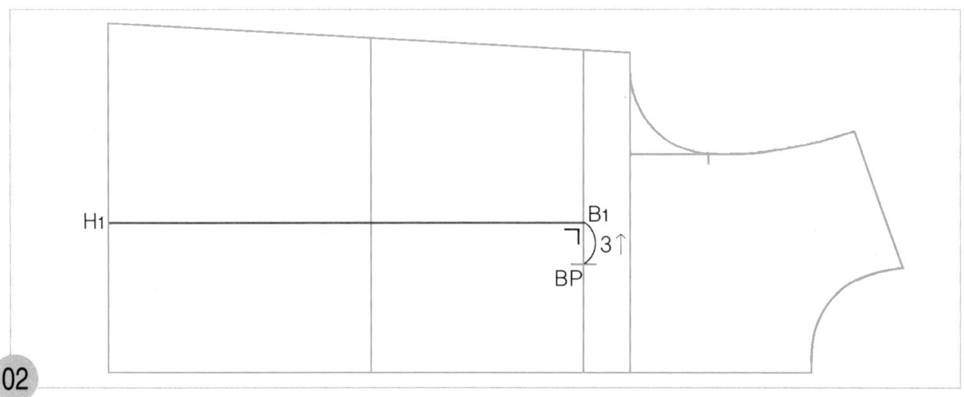

02

BP~B1=3cm 원형의 유두점(BP)에서 옆선 쪽으로 3cm 올라가 가슴 다트의 끝점(B1)을 표시하고 직각으로 원형의 히프선(HL) 위치(H1)까지 허리 다트 중심선을 그린다.

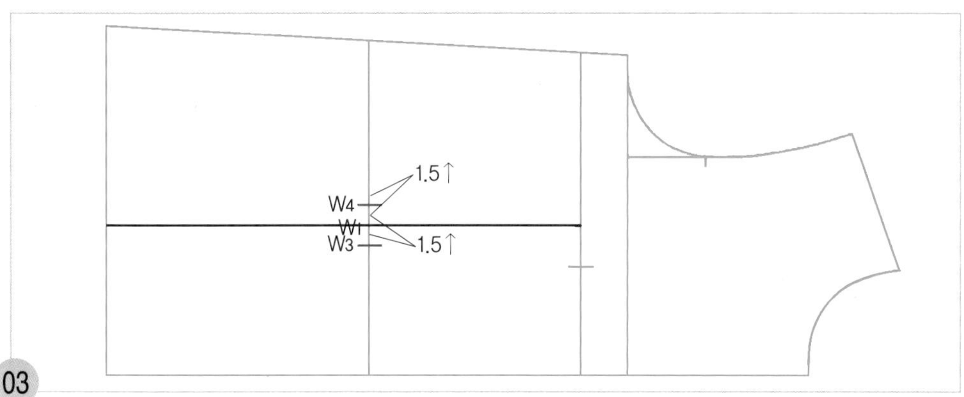

03

허리 다트 중심선의 허리선 위치(W1)에서 1.5cm씩 위아래로 나가 허리선의 다트 위치(W3=앞 중심 쪽, W4=옆선 쪽)를 표시한다.

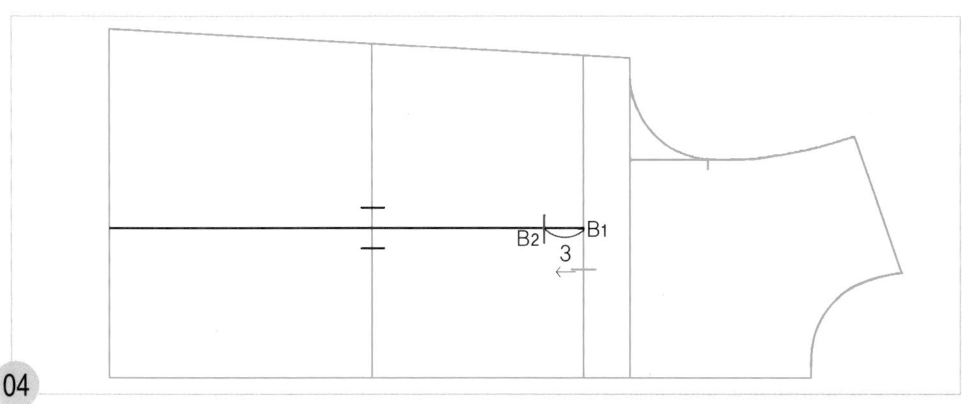

04

B1~B2=3cm B1점에서 다트 중심선을 따라 3cm 허리선 쪽으로 들어가 허리선 위쪽의 허리 다트 끝점 위치(B2)를 표시한다.

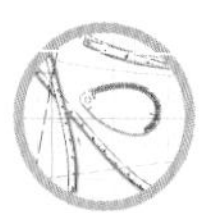

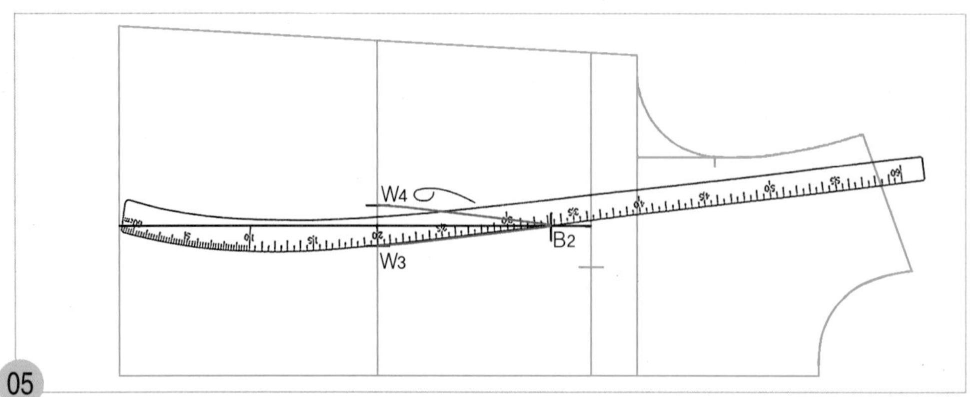

W_3~B_2, W_4~B_2=허리선 위쪽 허리 다트선

W_4점에 hip곡자 20 위치를 맞추면서 B_2점과 연결하여 옆선 쪽의 허리선 위쪽 허리 다트선을 그리고, hip곡자를 앞 중심 쪽으로 수직 반전하여 W_3점에 hip곡자 20 위치를 맞추면서 허리 다트 끝점(B_2)과 연결하여 앞 중심 쪽의 허리선 위쪽 허리 다트선을 그린다.

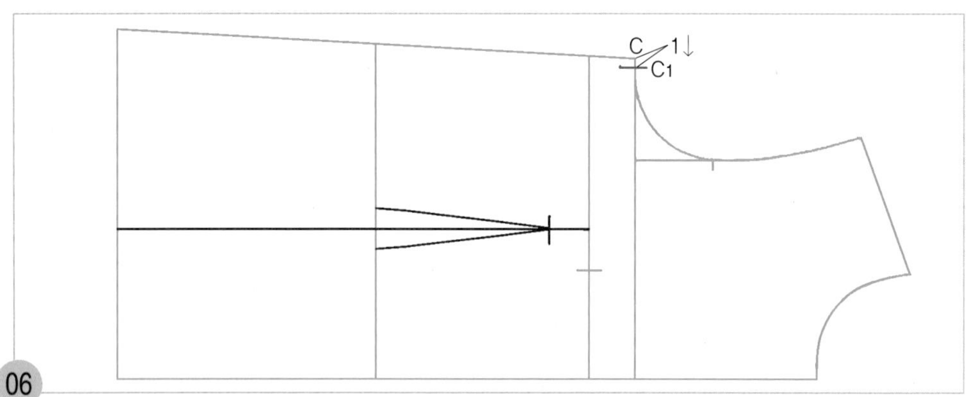

C~C_1=1cm 원형의 위 가슴둘레 선(CL) 옆선 쪽 끝점(C)에서 1cm 내려와 위 가슴 둘레 선의 옆선 쪽 끝점 위치(C_1)를 이동한다.

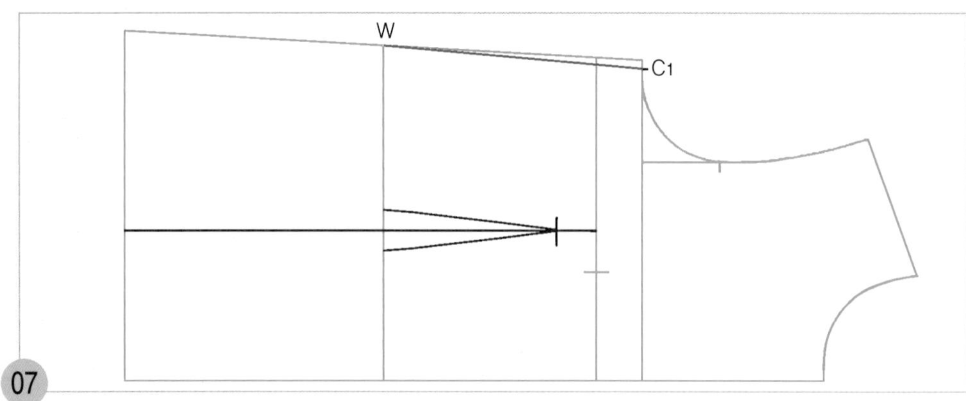

W~C_1=허리선 위쪽 옆선의 안내선 원형의 허리선(WL) 옆선 쪽 끝점(W)과 C_1점 두 점을 직선자로 연결하여 허리선 위쪽 옆선의 안내선을 그린다.

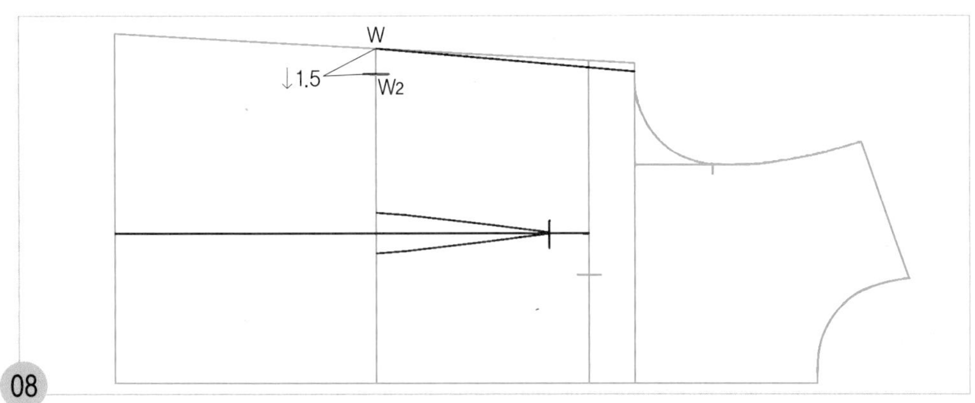

08

W~W_2=1.5cm W점에서 1.5cm 내려와 옆선의 완성선을 그릴 허리선 위치(W_2)를 표시한다.

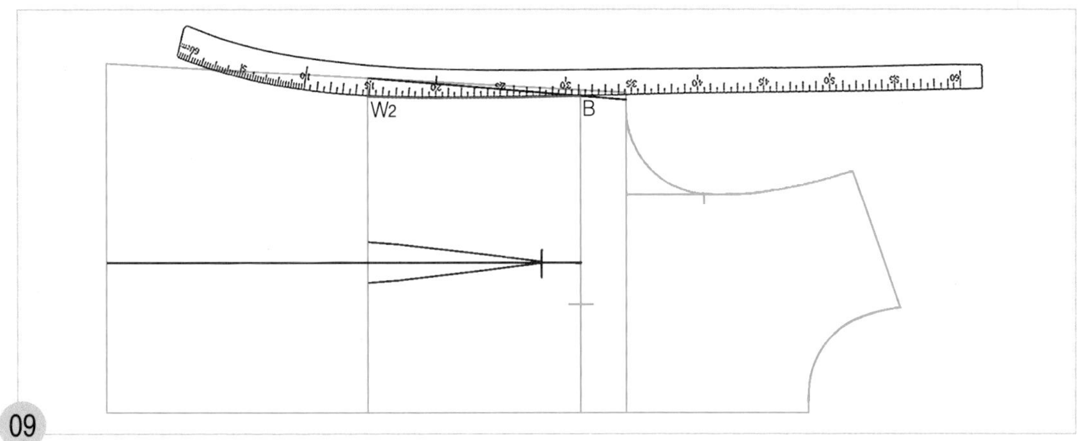

09

W_2~B=허리선 위쪽 옆선 W_2점에 hip곡자 15 위치를 맞추면서 옆선의 안내선(원형선이 아닌 새로 그린 옆선의 안내선임)과 가슴둘레 선(BL)과의 교점(B)과 연결하여 허리선 위쪽 옆선의 완성선을 그린다.

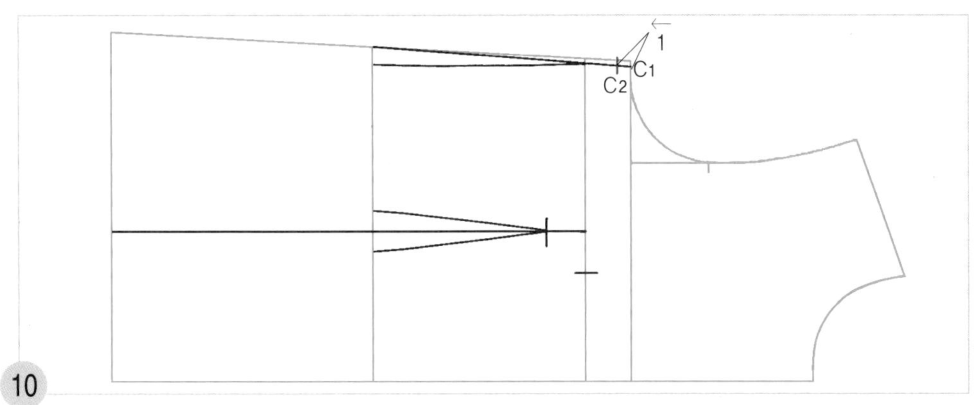

10

C_1~C_2=1cm C_1점에서 1cm 허리선 쪽으로 옆선의 안내선을 따라 나가 위 가슴둘레 선의 옆선 쪽 끝점 위치(C_2)를 이동한다.

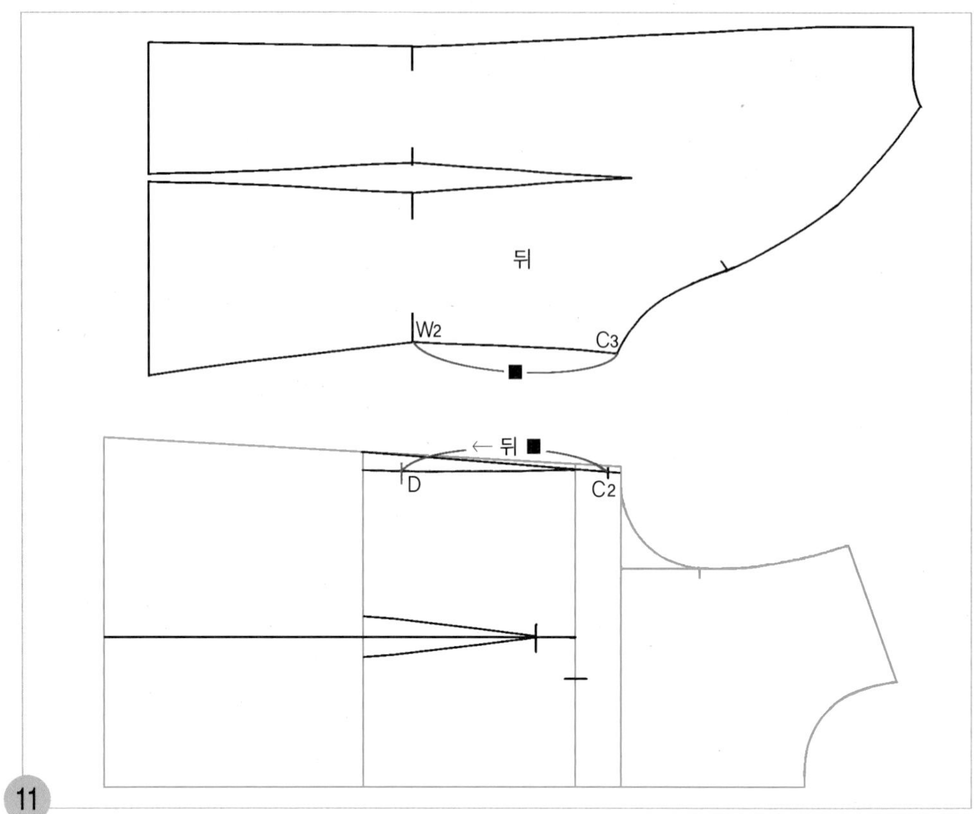

11

C2~D=뒤판의 허리선 위쪽 옆선 길이(C3~W2)

뒤판의 C3점에서 W2점까지의 길이(■)를 재어, 그 길이(■)를 앞판의 위 가슴둘레 선 위치를 이동한 C2점에서 허리선 쪽으로 옆선의 완성선을 따라 나가 가슴 다트량을 정할 위치(D)를 표시한다.

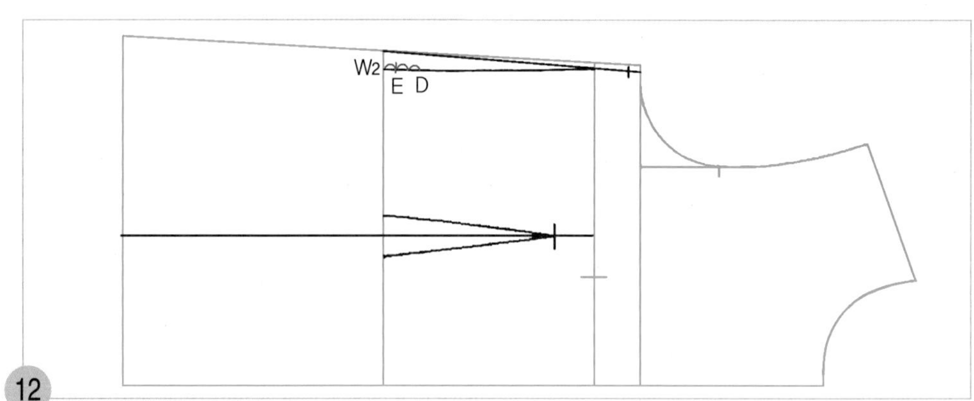

12

E=D~W2의 1/3 D점에서 W2점까지를 3등분하여 W2점 쪽의 1/3 위치에 허리 완성선을 수정할 위치(E)를 표시한다.

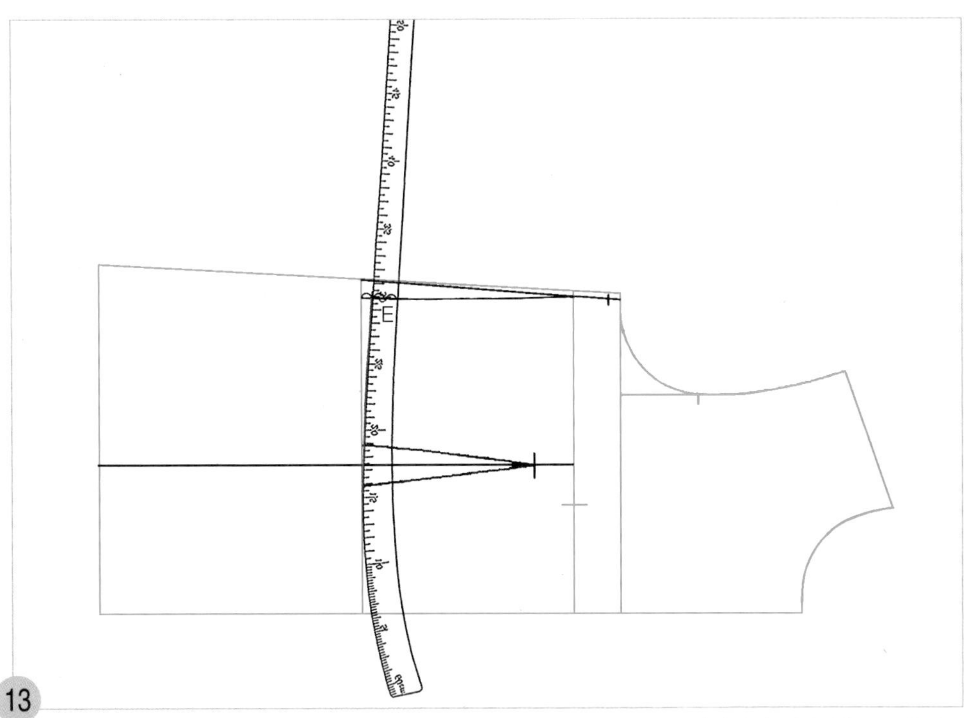

13 허리선의 앞 중심 쪽 1/3 위치에 hip곡자 15 위치를 맞추면서 E점과 연결하여 허리선을 수정한다.

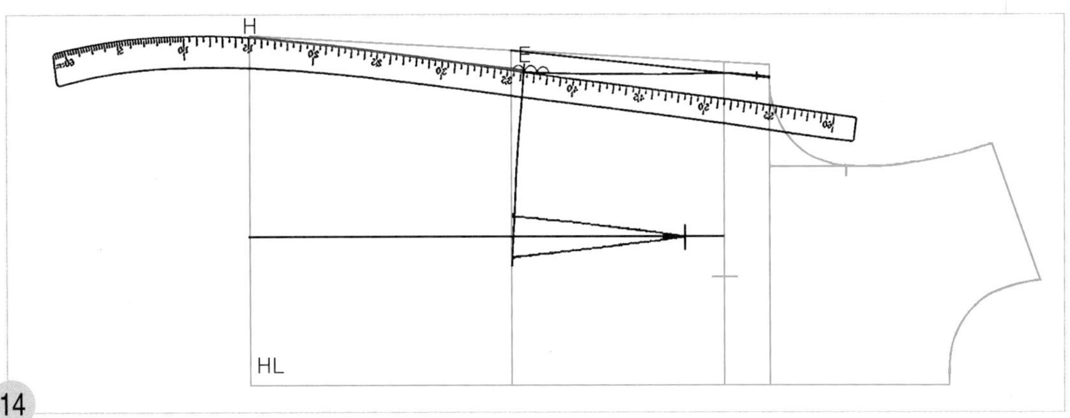

14 원형의 옆선 쪽 히프선(HL) 끝점(H)에 hip곡자 15 위치를 맞추면서 E점과 연결하여 허리선 아래쪽 옆선의 완성선을 그린다.

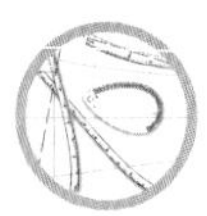

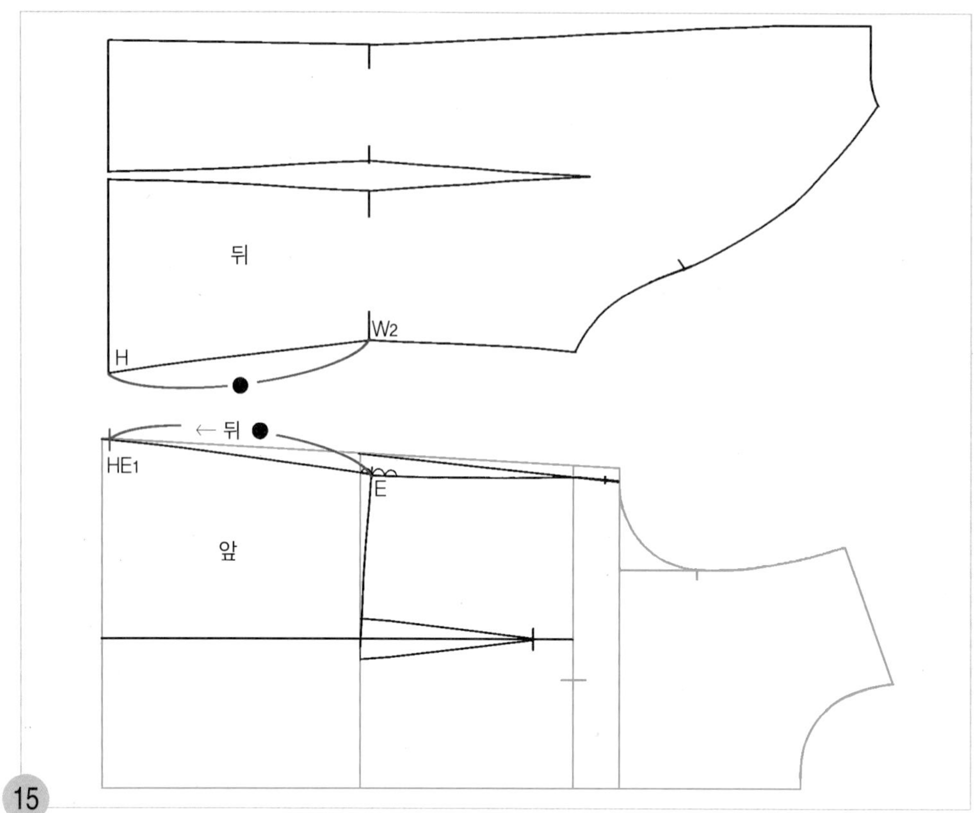

15

E~HE₁=뒤 허리선 아래쪽 옆선의 완성선 길이(W₂~H)

뒤판의 W₂점에서 H점까지의 뒤 허리선 아래쪽 옆선의 완성선 길이(●)를 재어, 그 길이(●)를 앞판의 E점에서 옆선 쪽의 허리선 아래쪽 옆선을 따라 나가 옆선 쪽 밑단 선 위치(HE₁)를 표시한다.

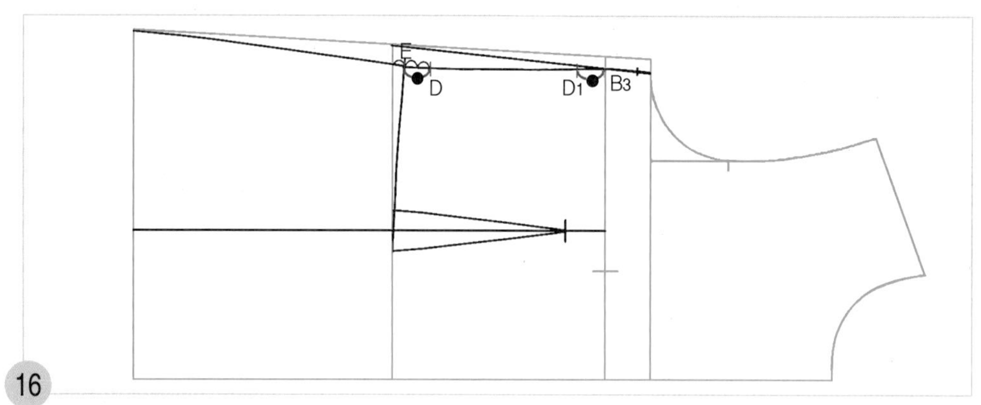

16

D~E=가슴 다트 분량

앞 허리선 위쪽 옆선의 허리 완성선 위치(E)점에서 D점까지의 분량(●)을 재어, 가슴둘레 선의 옆선 쪽 끝점(B₃)에서 옆선의 완성선을 따라 나가 가슴 다트를 그릴 위치(D₁)를 표시한다.

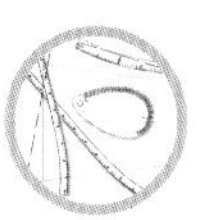

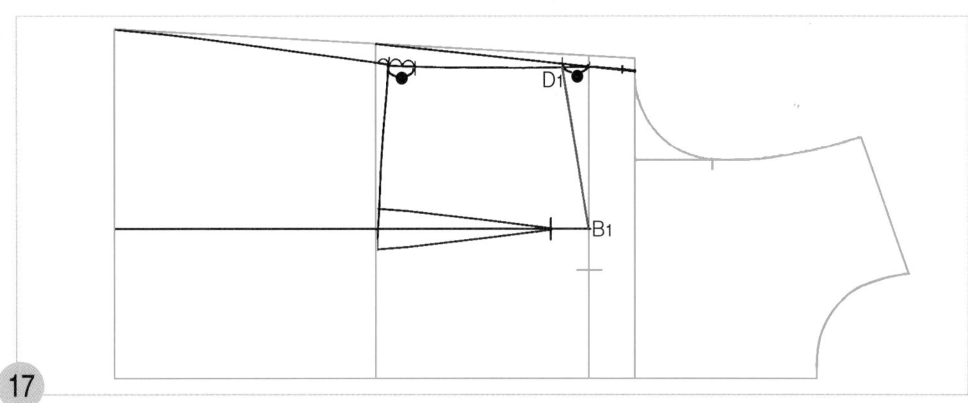

17

D_1~B_1=가슴 다트선

D_1점과 B_1점 두 점을 직선자로 연결하여 가슴 다트선을 그린다.

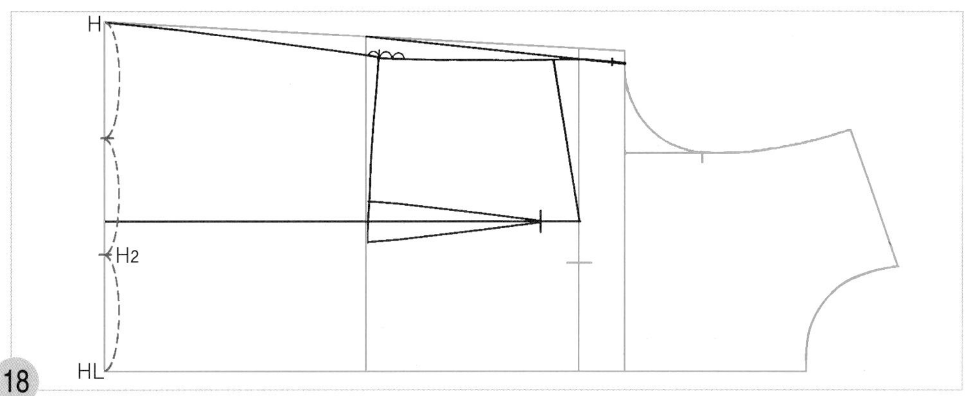

18

H_2=HL~H의 1/3 원형의 히프선(HL~H)을 3등분하여 앞 중심 쪽의 1/3 위치에서 앞 처짐분 선을 그릴 위치(H_2)를 표시한다.

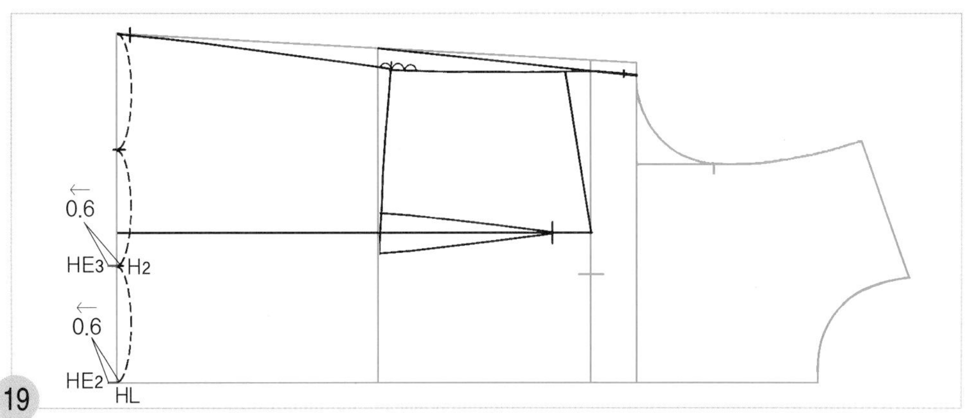

19

HL~HE_2=0.6cm, H_2~HE_3=0.6cm 앞 중심 쪽 히프선 끝점(HL)과 H_2점에서 앞 처짐분 0.6cm를 수평으로 그리고 밑단의 완성선 위치(HE_2, HE_3)를 표시한다.

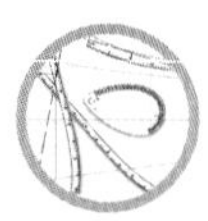

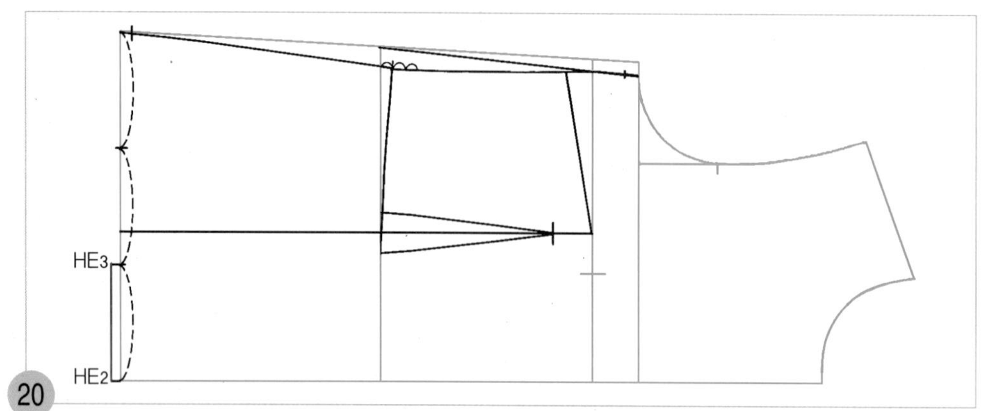

20

HE_2~HE_3=밑단의 완성선

HE_2점과 HE_3점 두 점을 직선자로 연결하여 앞 중심 쪽 밑단의 완성선을 그린다.

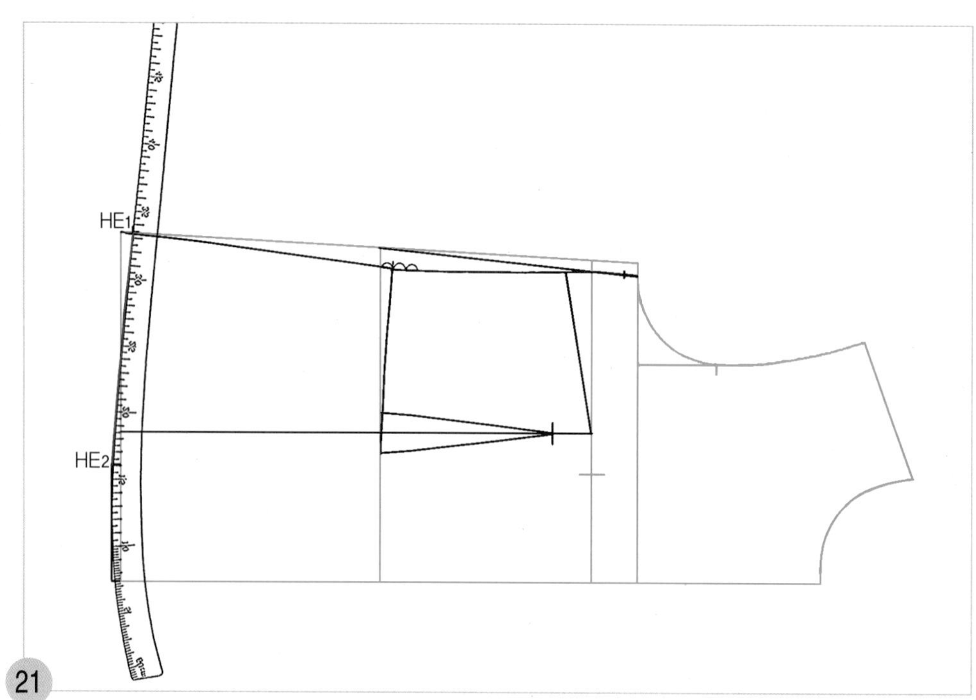

21

HE_1점과 HE_2점을 hip곡자로 연결하였을 때 HE_2점이 각지지 않고 자연스런 곡선으로 연결되도록 맞추어 남은 밑단의 완성선을 그린다.

참고 허리 완성선을 그릴 때 사용한 hip곡자의 위치를 그대로 밑단 선 쪽으로 밀어 연결하는 것이 가장 편리할 것이다.

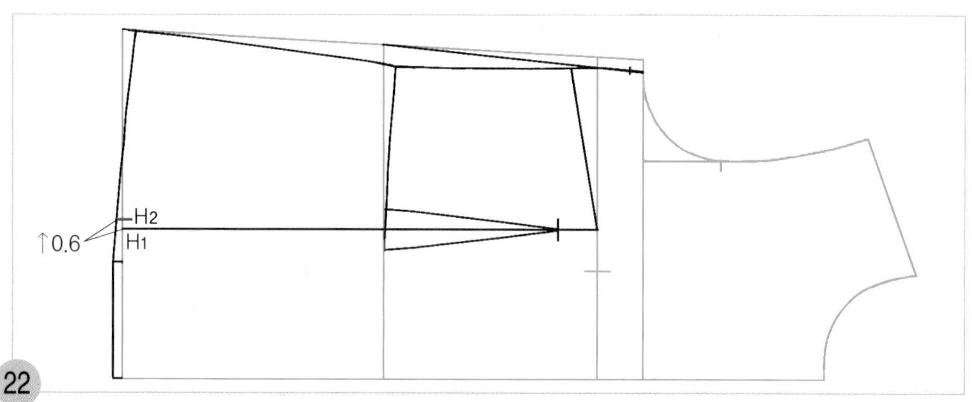

22

H1~H2=0.6cm H1점에서 옆선 쪽으로 0.6cm 올라가 허리선 아래쪽의 옆선 쪽 허리 다트 선을 그릴 통과점(H2)을 표시한다.

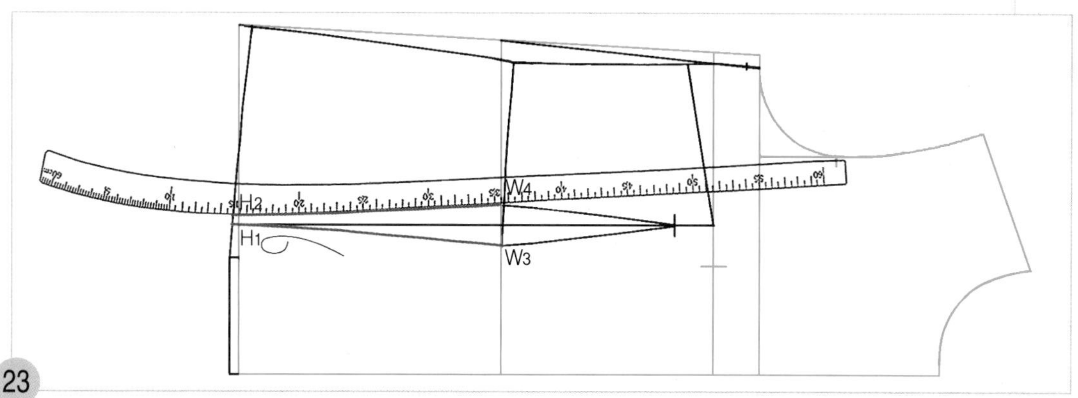

23

H1점에 hip곡자 15 위치를 맞추면서 W3점과 연결하여 앞 중심 쪽 허리 다트 선을 그리고, hip곡자를 수직 반전하여 H2점에 hip곡자 15 위치를 맞추면서 W4점과 연결하여 옆선 쪽 허리 다트선을 그린다.

2. 앞 몸판의 래글런 선을 그린다.

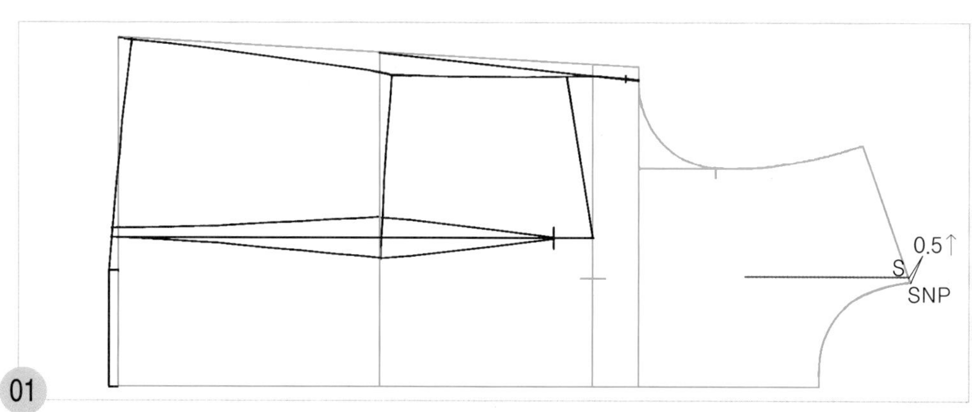

01

SNP~S=0.5cm 원형의 옆 목점(SNP)에서 어깨선을 따라 0.5cm 올라가 수정할 옆 목점 위치(S)를 표시하고 수평선을 조금 길게 그린다.

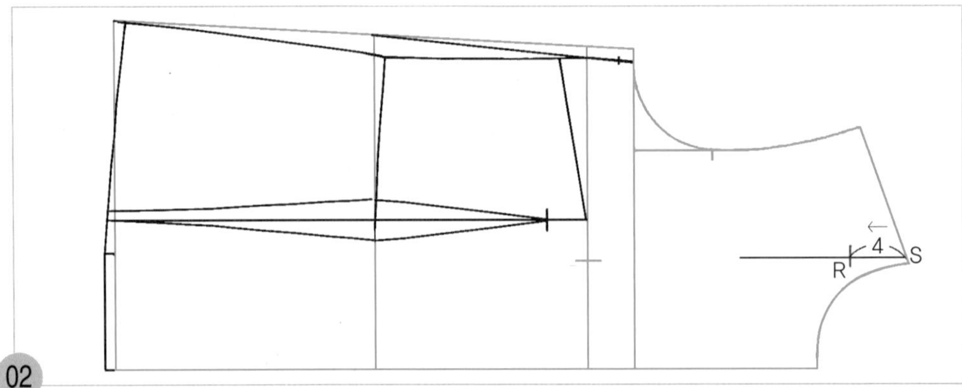

02

S~R=4cm 수정한 옆 목점(S) 위치에서 4cm 수평선을 따라 들어가 앞 목둘레 쪽 래글런 선 위치(R)를 표시한다.

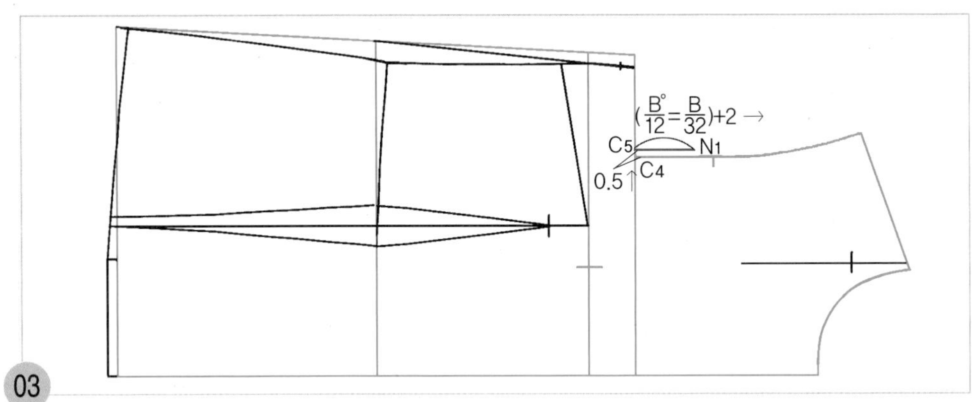

03

C_4~C_5=0.5cm, C_5~N_1=(B°/12=B/32)+2cm

원형의 앞품 점(C_4)에서 0.5cm 옆선 쪽으로 올라가 앞품 점 위치(C_5)를 이동하고, C_5점에서 직각으로 (B°/12)+2cm=(B/32)+2cm 그리고, 래글런 선을 그릴 앞품 선 안내선 끝점(N_1)을 표시한다.

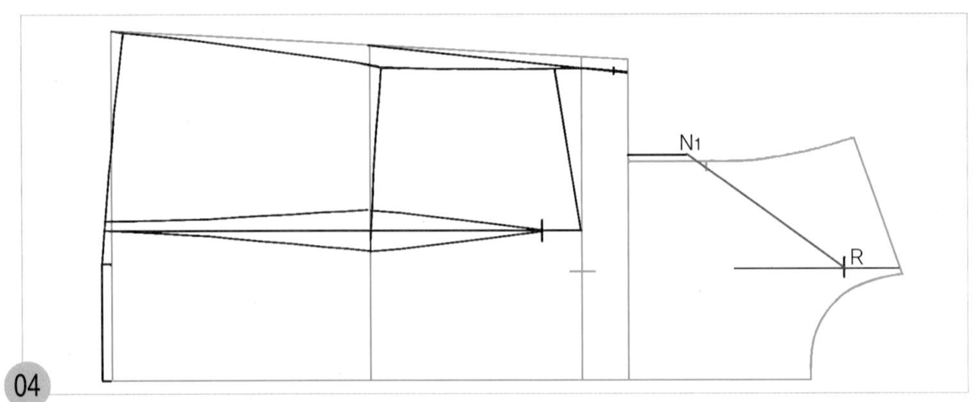

04

R~N_1=래글런 안내선

R점과 N_1점 두 점을 직선자로 연결하여 래글런 선을 그릴 안내선을 그린다.

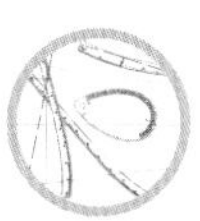

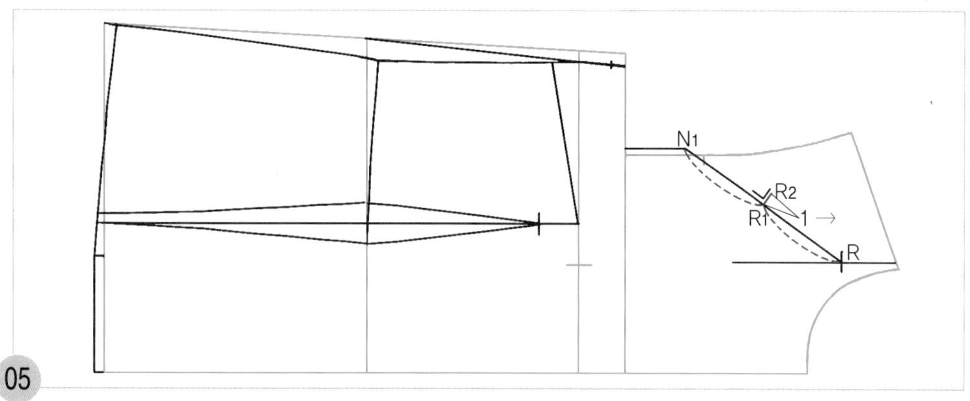

05

R1~R2=1cm R점에서 N1점까지를 2등분하여 1/2 지점(R1)에서 직각으로 1cm 래글런 선을 그릴 안내선(R2)을 그린다.

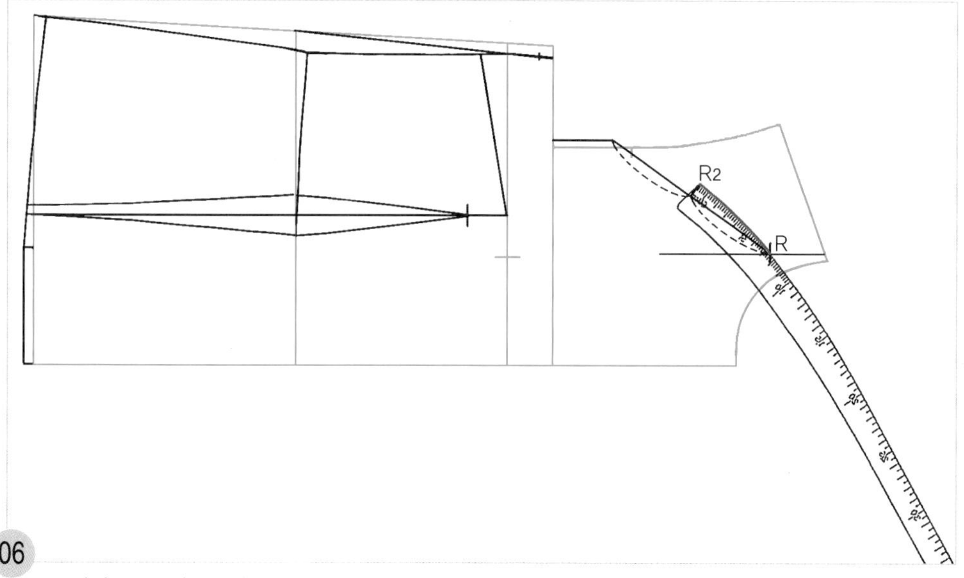

06

R2점에 hip곡자 끝 위치를 맞추면서 R점과 연결하여 래글런 완성선을 그린다.

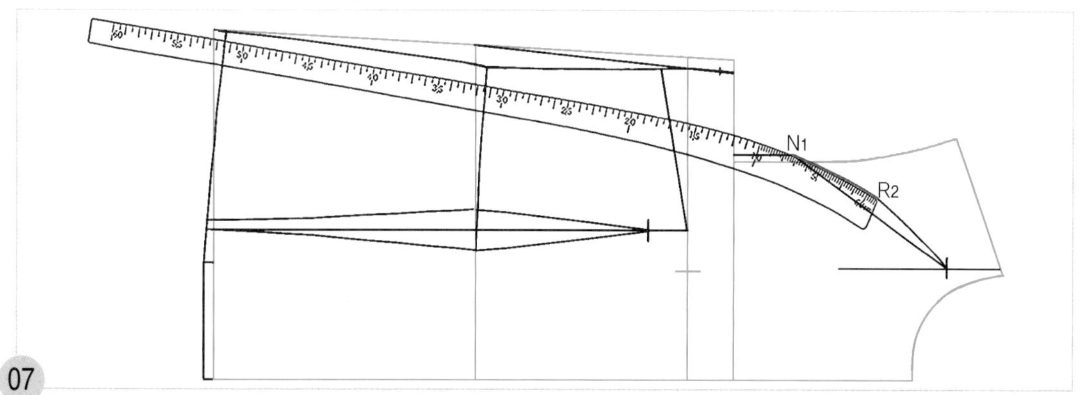

07

R2점에 hip곡자 끝 위치를 맞추면서 N1점과 연결하여 래글런 완성선을 그린다.

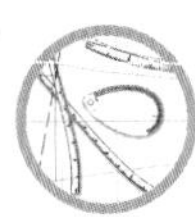

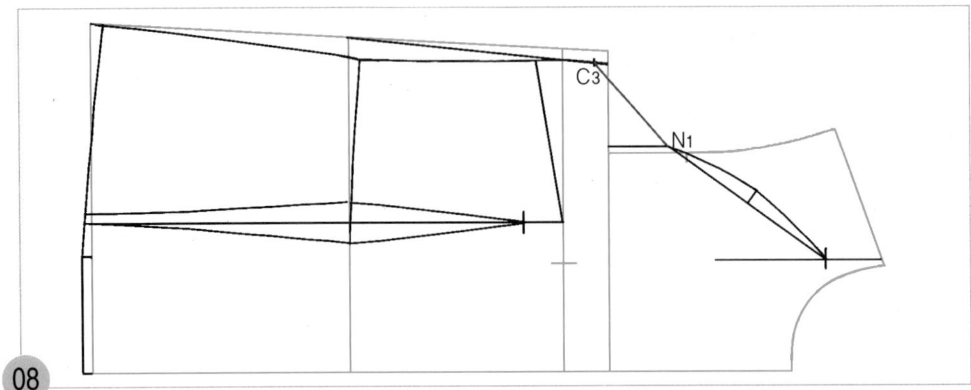

C3점과 N1점 두 점을 직선자로 연결하여 래글런 선을 그릴 안내선을 그린다.

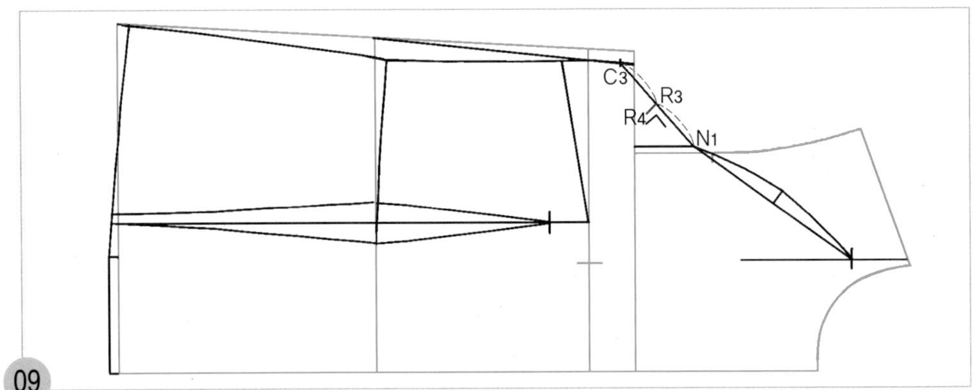

R3~R4=1cm C3점에서 N1점까지를 2등분하여 1/2 지점(R3)에서 직각으로 1cm 래글런 선을 그릴 안내선(R4)을 그린다.

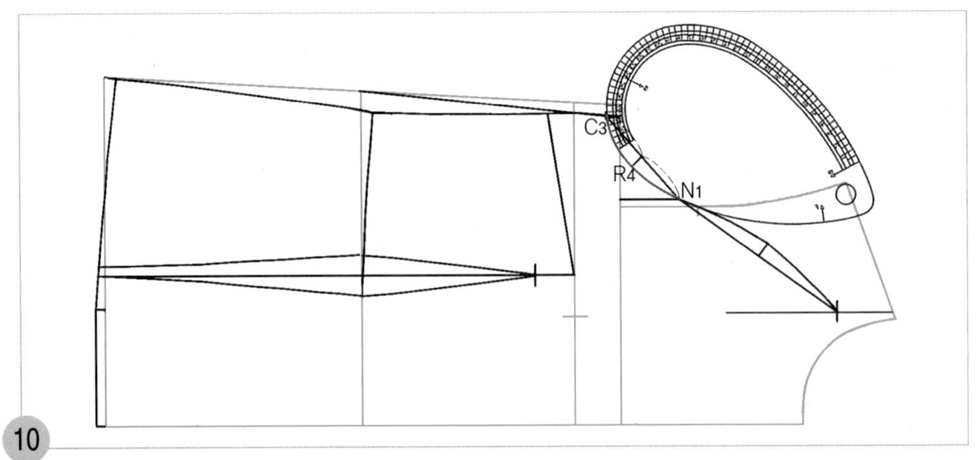

앞 AH자 쪽을 사용하여 R4점을 통과하면서 N1점과 C3점이 연결되도록 맞추어 몸판의 래글런 선을 그린다.

3. 소매 래글런 선과 소매를 그린다.

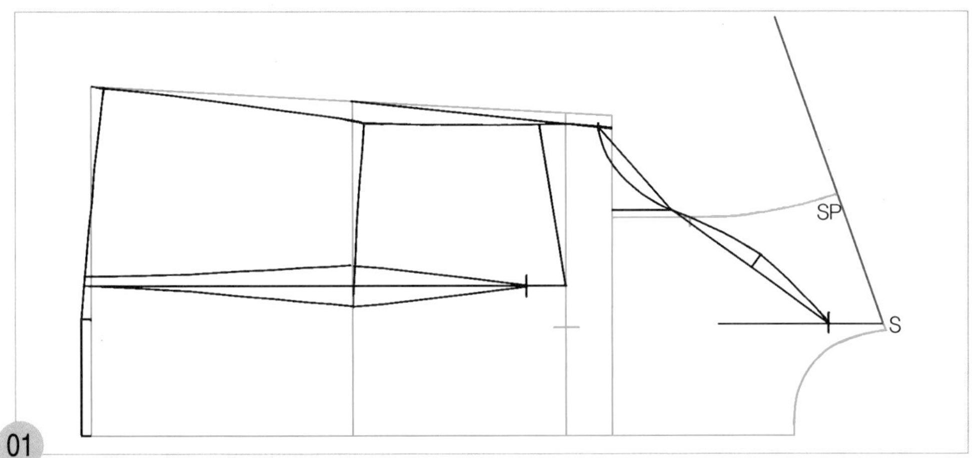

01

S점과 원형의 어깨 끝점(SP) 두 점을 직선자로 연결하여 어깨 끝점에서 길게 안내선을 올려 그려 둔다.

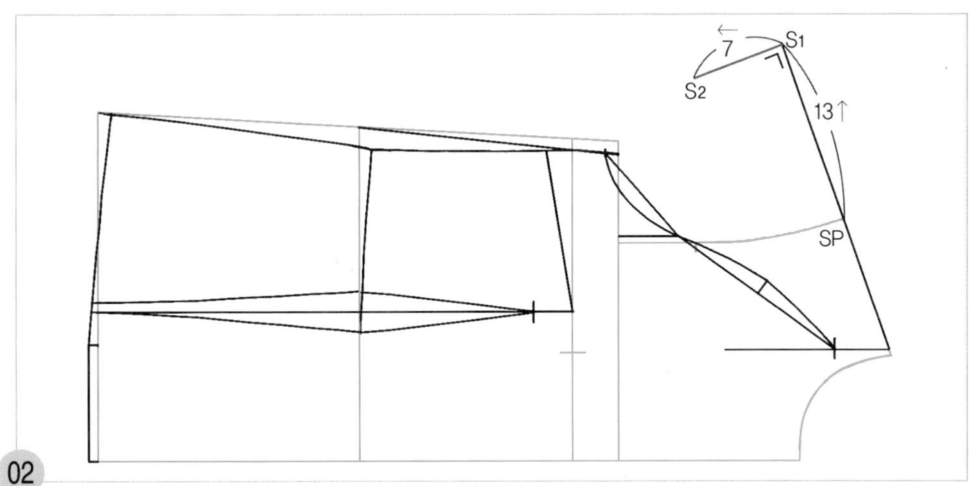

02

SP~S_1=13cm, S_1~S_2=7cm

원형의 어깨 끝점(SP)에서 01에서 그려둔 안내선을 따라 13cm 올라가 소매 래글런 선을 그릴 안내선 점 위치(S_1)를 표시하고, 직각으로 7cm 소매 길이 선을 그릴 통과 선(S_2)을 그린다.

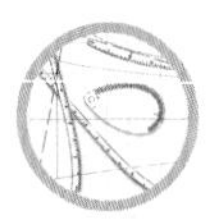

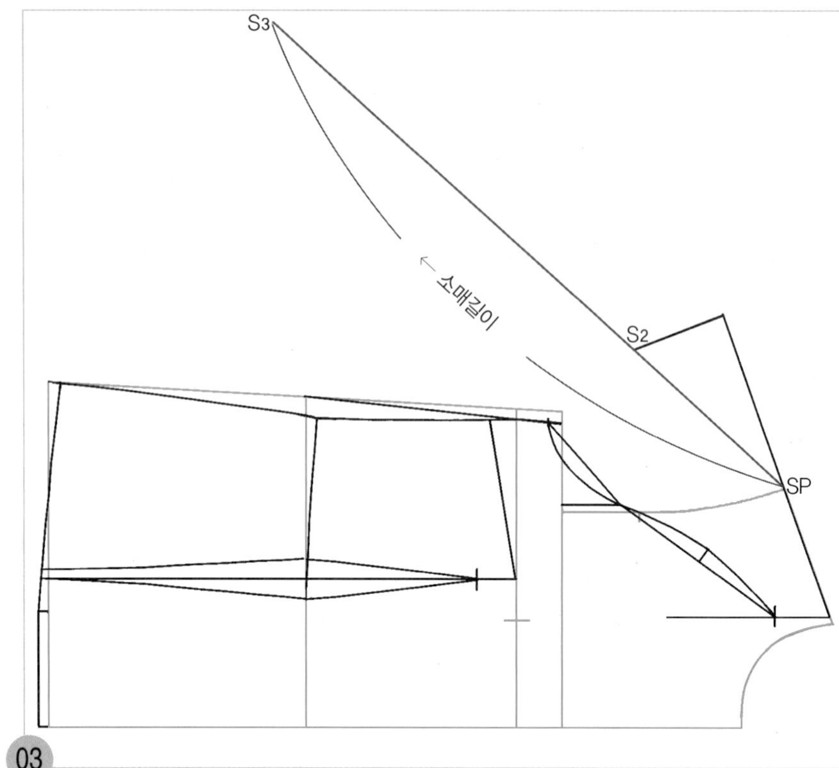

SP~S3=소매 길이
원형의 어깨 끝점(SP)과 S2점 두 점을 직선 자로 연결하여 소매 길이 만큼 올려 그리고 소매 길이 끝점(S3)을 표시해 둔다.

03

S4

$\frac{\text{진동깊이}}{2}+3$

SP

04

SP~S4=뒤판의 진동 깊이/2+3cm
원형의 어깨 끝점(SP)에서 (뒤판의 진동 깊이/2)+3cm를 소매 길이 선을 따라 올라가 소매 래글런 선을 그릴 안내선 점(S4)을 표시하고, 직각으로 길게 소매 래글런 선을 그릴 안내선을 길게 내려 그려둔다.

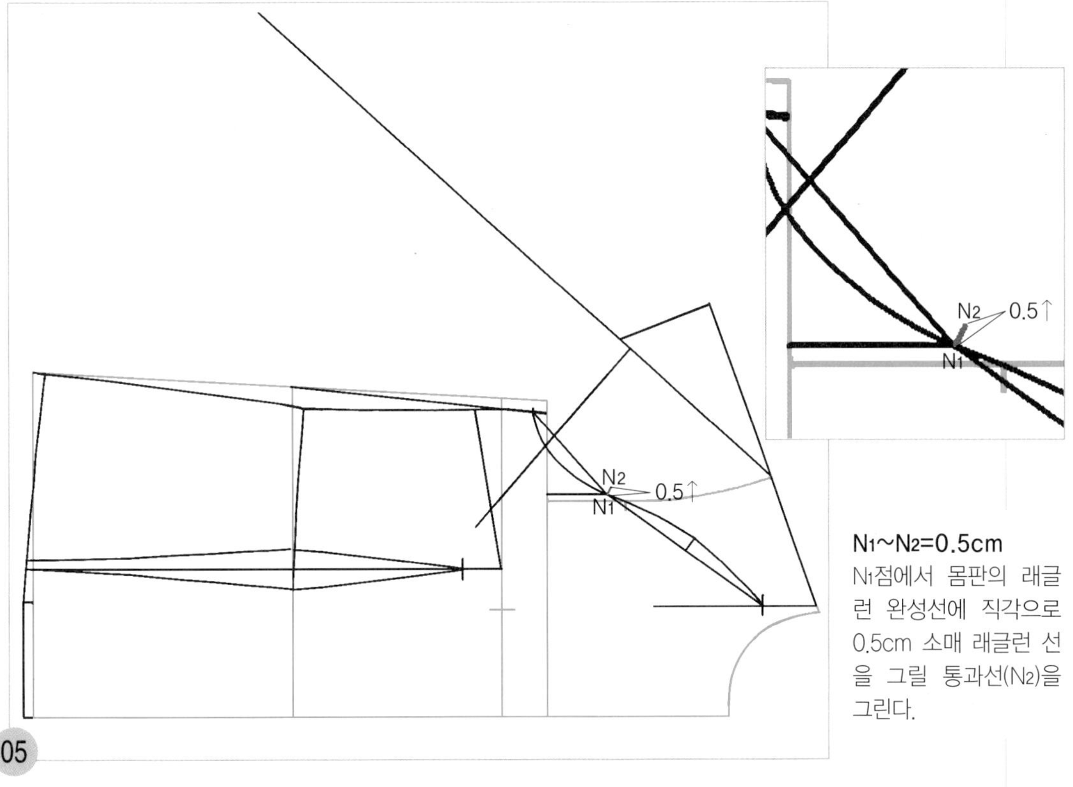

05

$N_1 \sim N_2$=0.5cm

N_1점에서 몸판의 래글런 완성선에 직각으로 0.5cm 소매 래글런 선을 그릴 통과선(N_2)을 그린다.

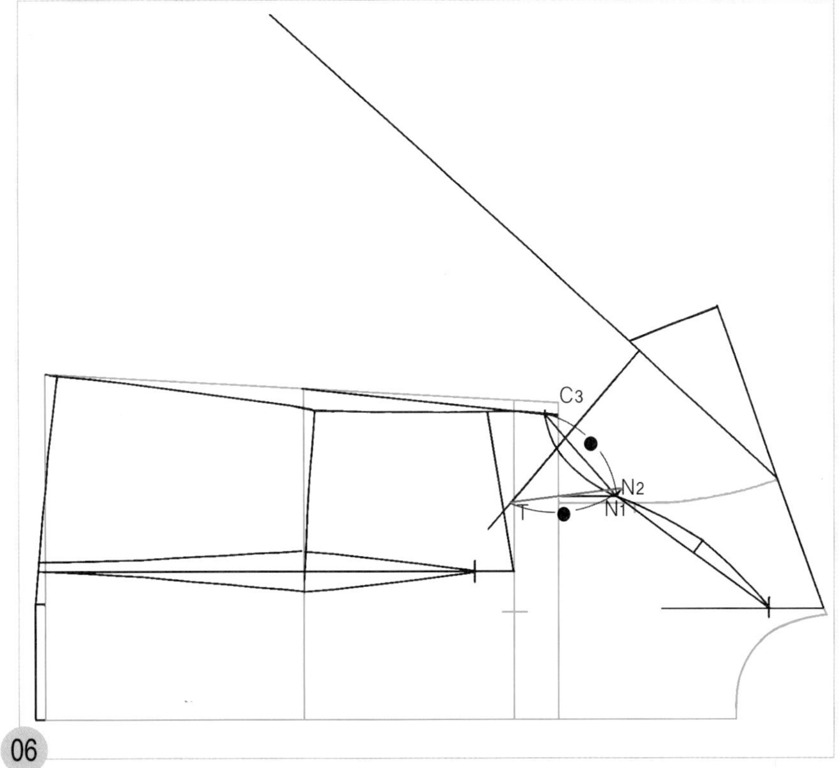

06

$N_1 \sim C_3 = N_2 \sim T$

N_1점에서 C_3점까지의 길이(●)를 재어 같은 치수(●)를 N_2점에서 04의 S_4점에서 직각으로 그린 안내선과 마주 닿는 위치를 찾아 맞추고 소매 겨드랑 밑 점(T)을 표시한다.

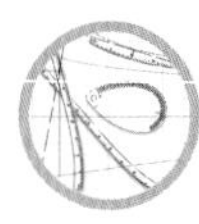

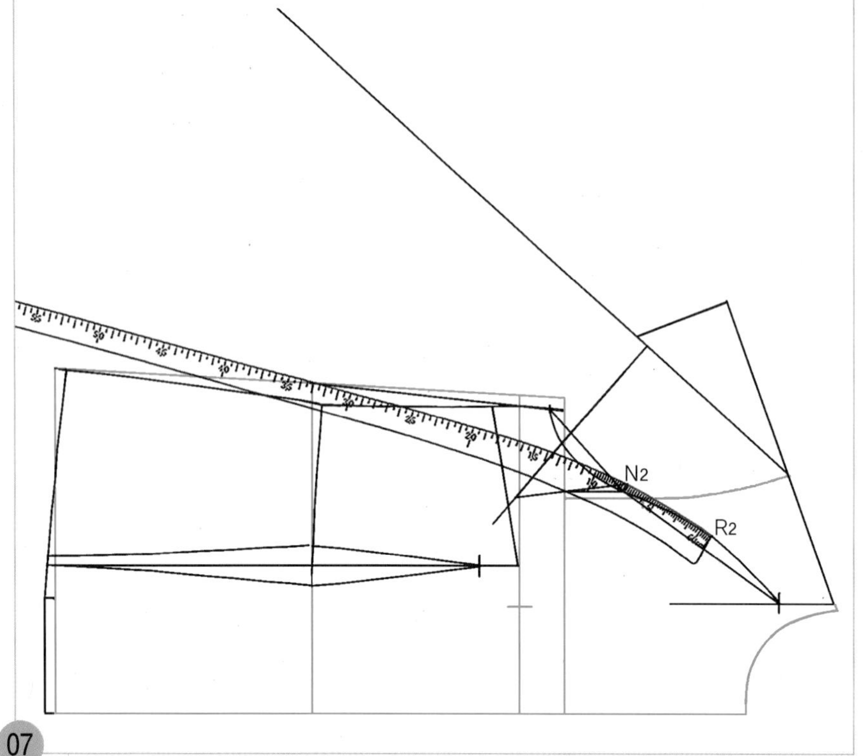

07

R2점에 hip곡자 끝 위치를 맞추면서 N2점과 연결하여 소매 래글런 완성선을 그린다.

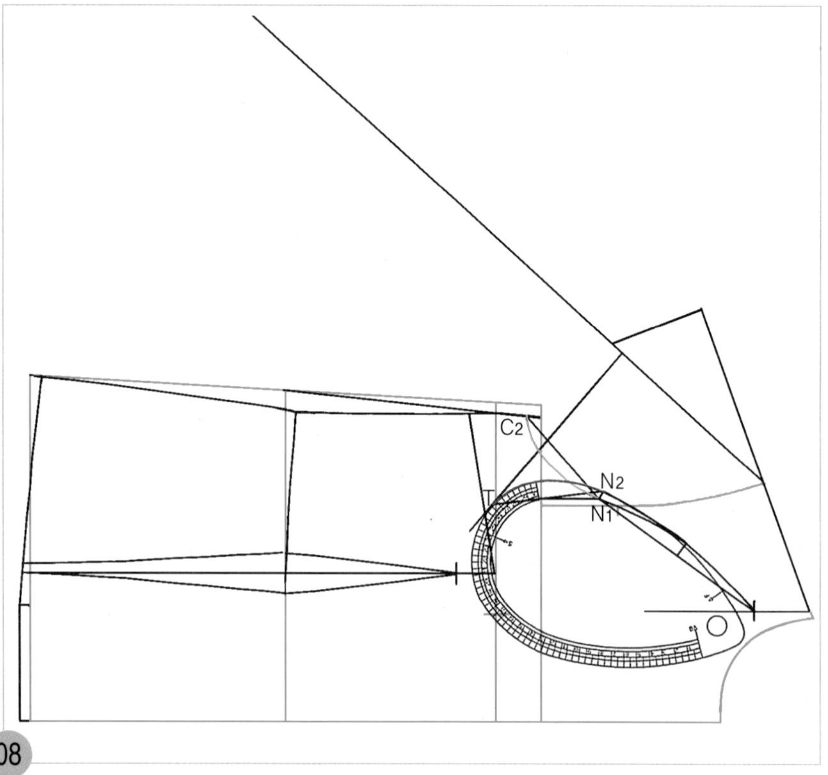

08

연한 빨강 선으로 표시된 C2점에서 N1점까지의 몸판 쪽 래글런 선을 그릴 때 사용한 AH자를 그대로 반대쪽으로 뒤집어서 N2점과 T점에 맞추어 대고 소매 래글런 선을 완성한다.

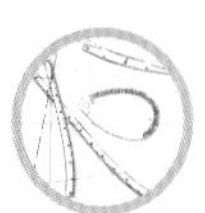

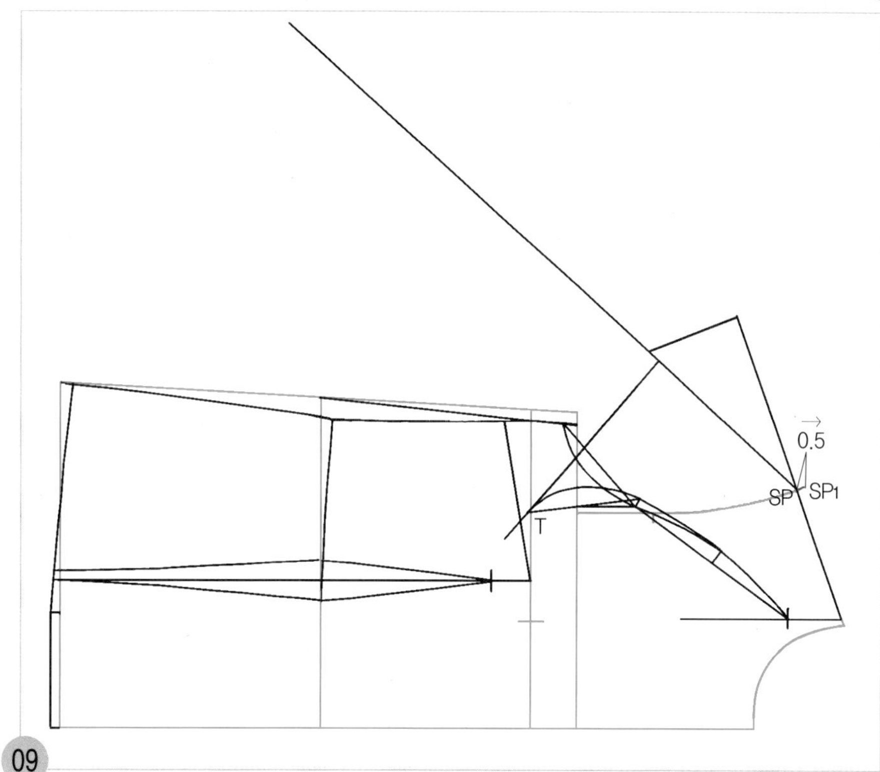

원형의 어깨 끝점 (SP)에서 0.5cm(어깨 패드 두께의 1/3) 나가 수정할 어깨 끝점 위치 (SP_1)를 표시한다.

09

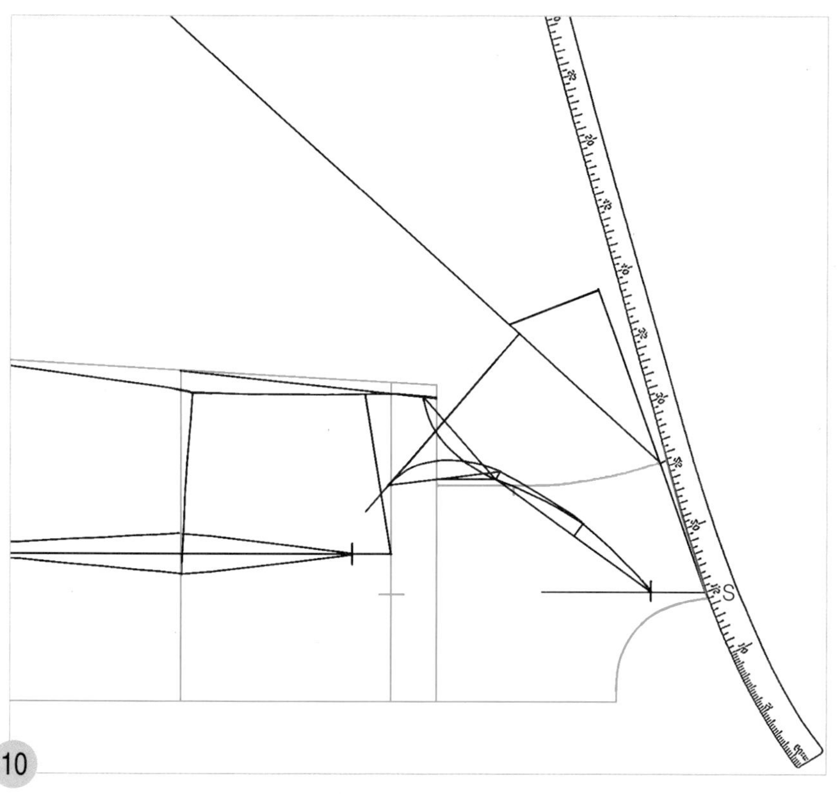

10

원형의 옆 목점(SNP)에서 0.5cm 나가 수정한 옆 목점 위치(S)에 hip곡자 15 위치를 맞추면서 수정한 어깨 끝점(SP_1)점과 연결하여 어깨선을 수정한다.

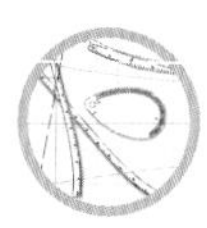

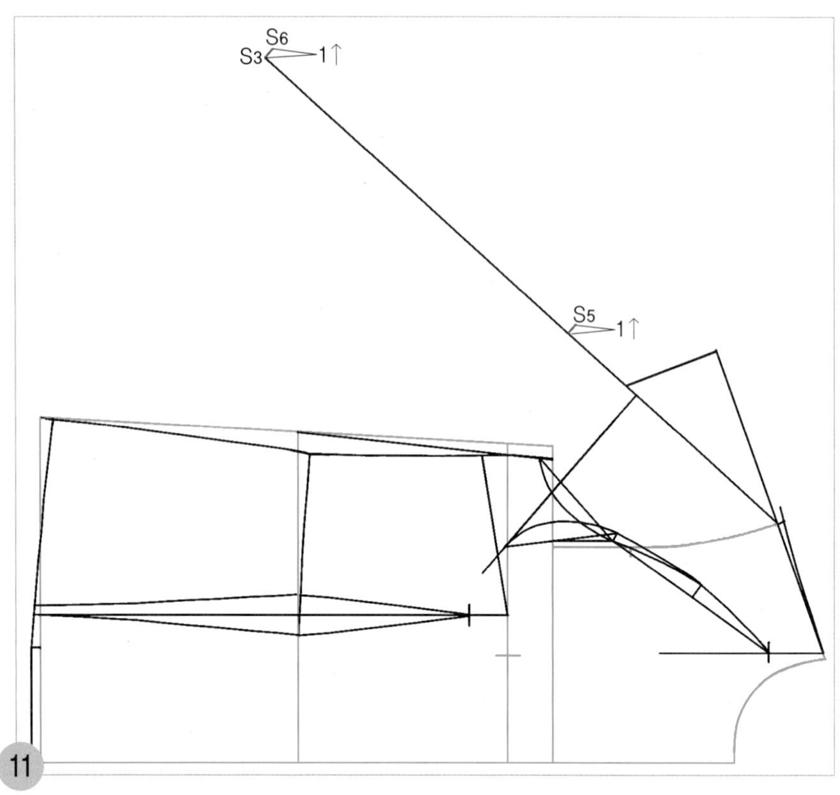

소매 길이 끝점(S3)과 소매 길이 선상에서 직각으로 각각 1cm씩 소매 완성선을 그릴 안내선(S5, S6)을 그린다.

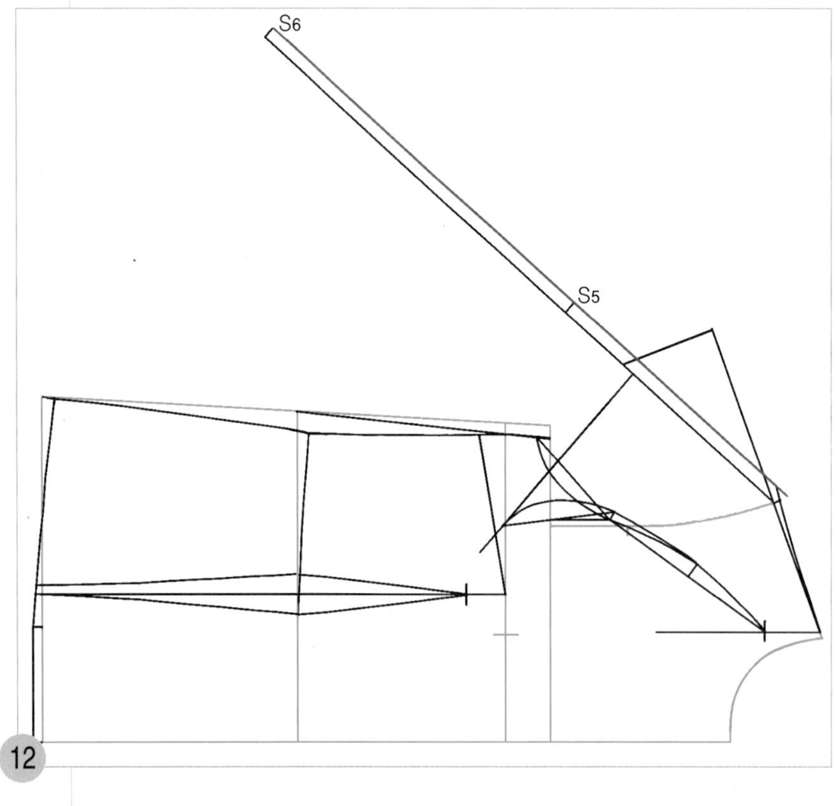

S5점과 S6점 두 점을 직선자로 연결하여 어깨 끝점(SP1) 위쪽까지 길게 소매 완성선을 그린다.

주 어깨 패드를 넣지 않을 경우에는 09~12까지는 생략한다.

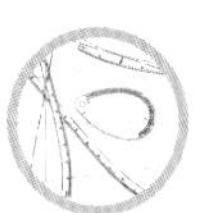

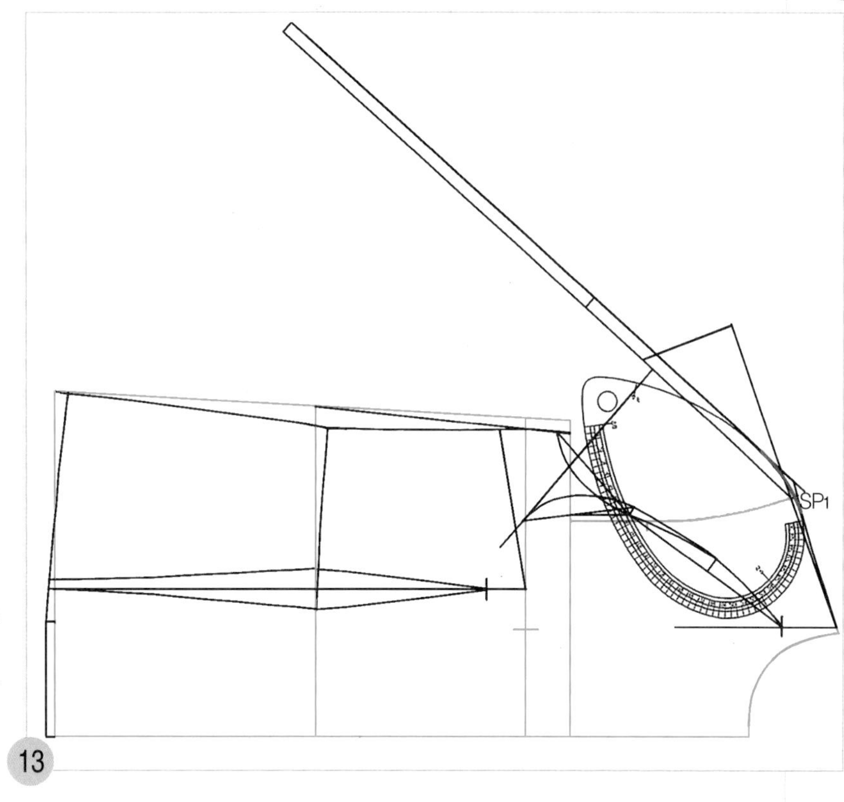

어깨 끝점(SP1)의 각진 곳을 AH자로 연결하여 자연스런 곡선으로 수정한다.

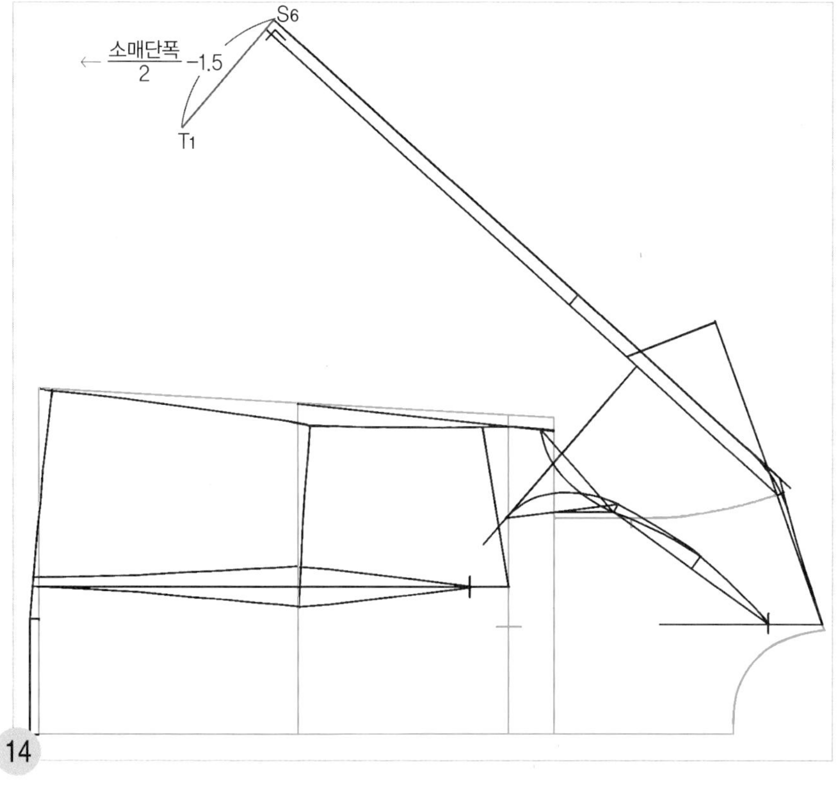

S6점에서 직각으로 (소매단 폭/2)−1.5cm의 소매단 완성선(T1)을 그린다.

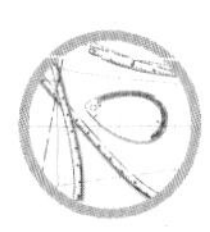

T점에 hip곡자 20 위치를 맞추면서 T1점과 연결하여 소매 밑 선의 완성선을 그린다.

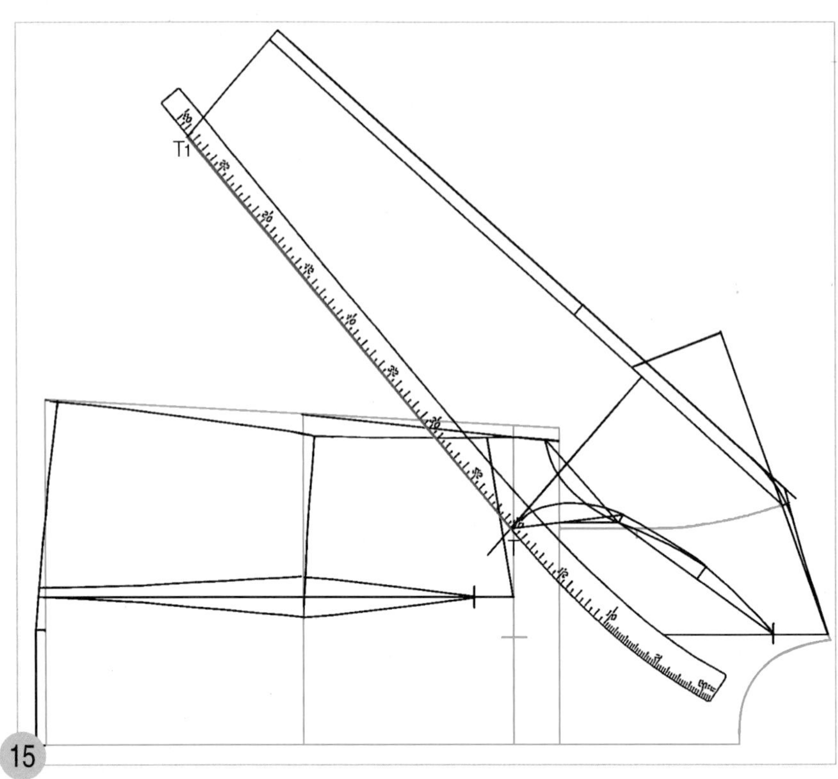

4. 앞 목둘레 선을 그린다.

FNP~F=3cm
원형의 앞 목점(FNP)에서 앞 중심선을 따라 3cm 나가 앞 목점 위치(F)를 표시하고 직각으로 앞 목둘레 선을 그릴 안내선을 S점의 수평 안내선(F_1)까지 올려 그린다.

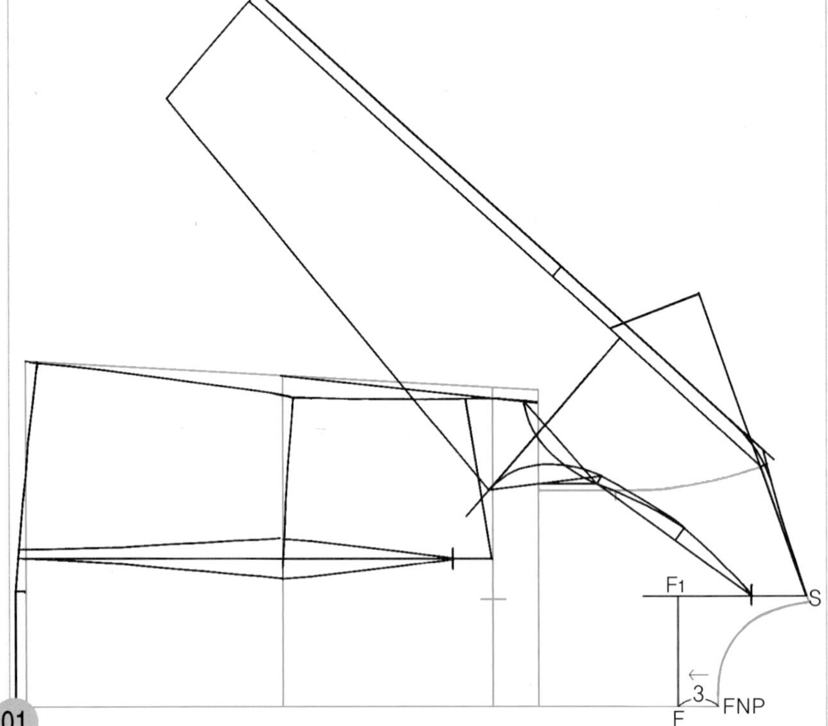

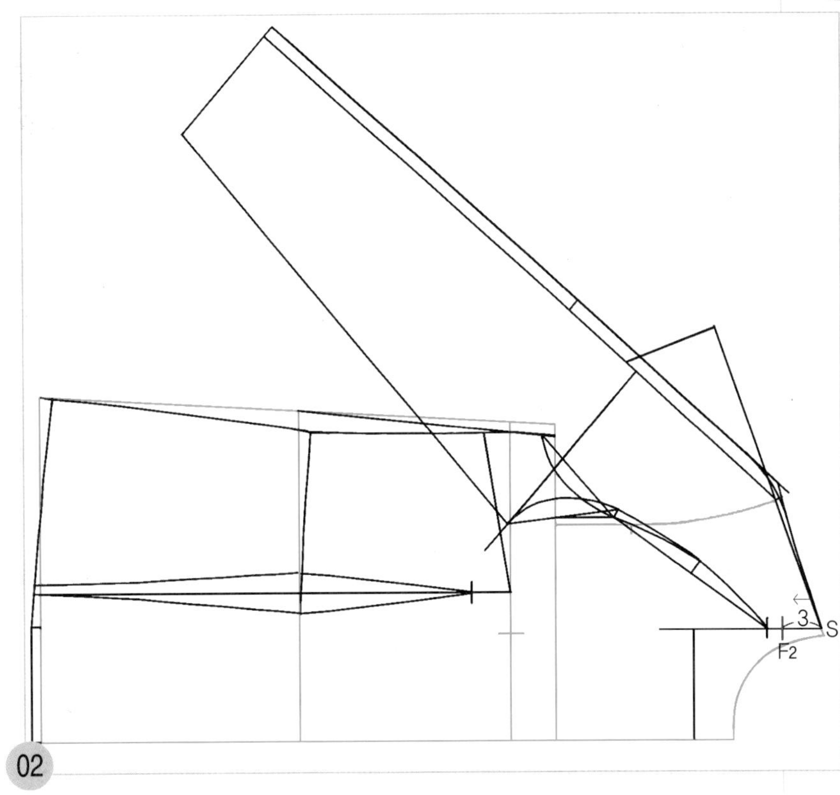

02

S~F2=3cm
S점에서 3cm 나가 앞 목둘레 완성선을 그릴 안내선 점(F2)을 표시한다.

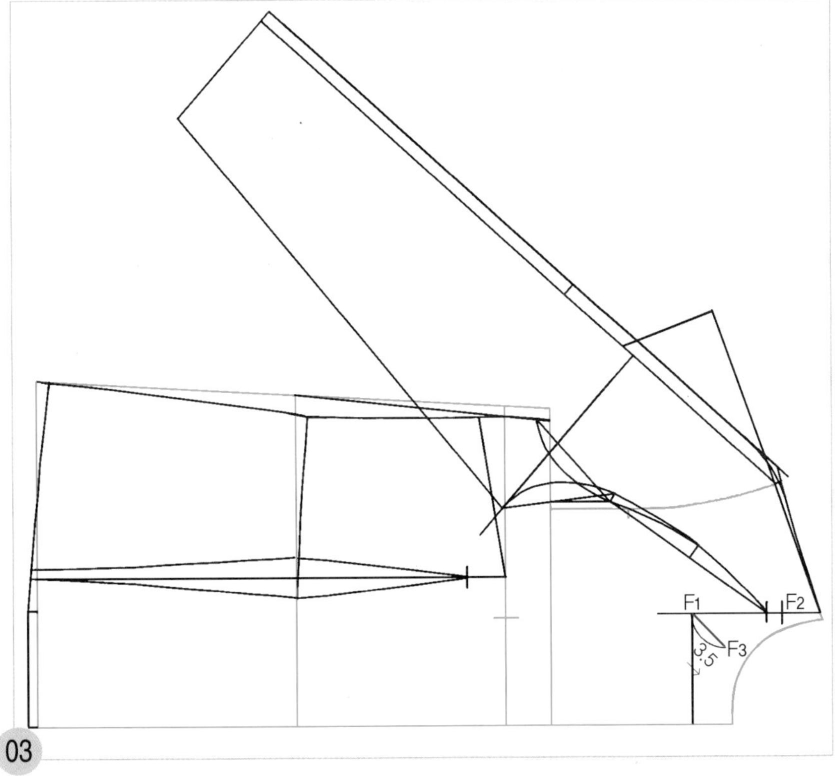

03

F1~F3=3.5cm
F1점에서 45도 각도로 3.5cm 앞 목둘레 완성선을 그릴 통과선(F3)을 그린다.

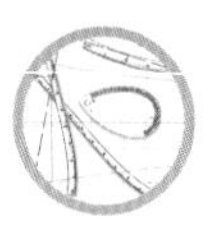

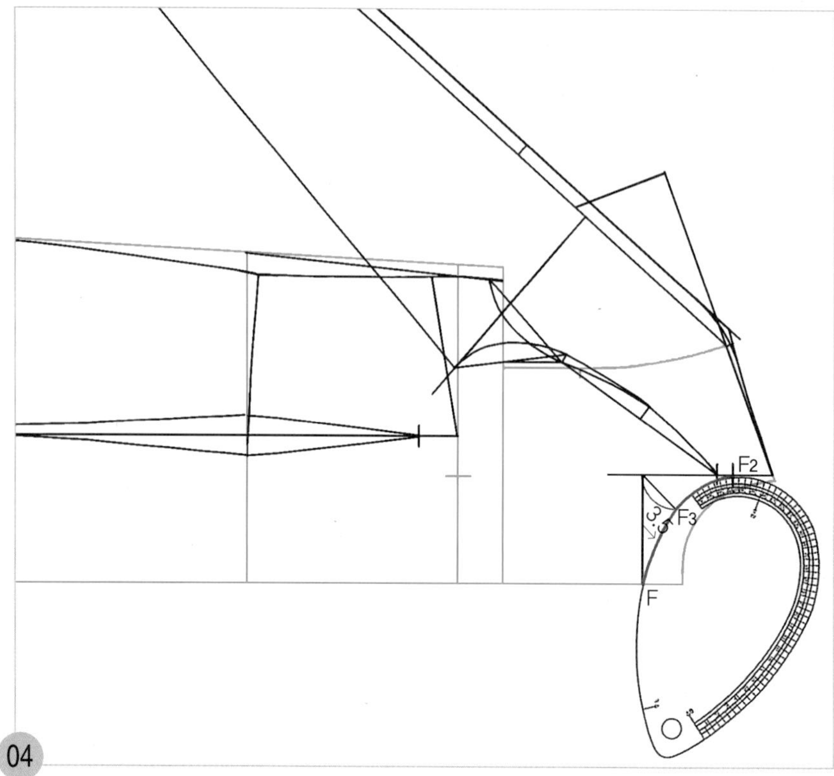

04

F점과 F2점을 앞 AH자 쪽으로 연결하였을 때 F3점을 통과하면서 연결되도록 맞추어 앞 목둘레 완성선을 그린다.

5. 앞 여밈분 선을 그리고 단춧구멍 위치를 표시한다.

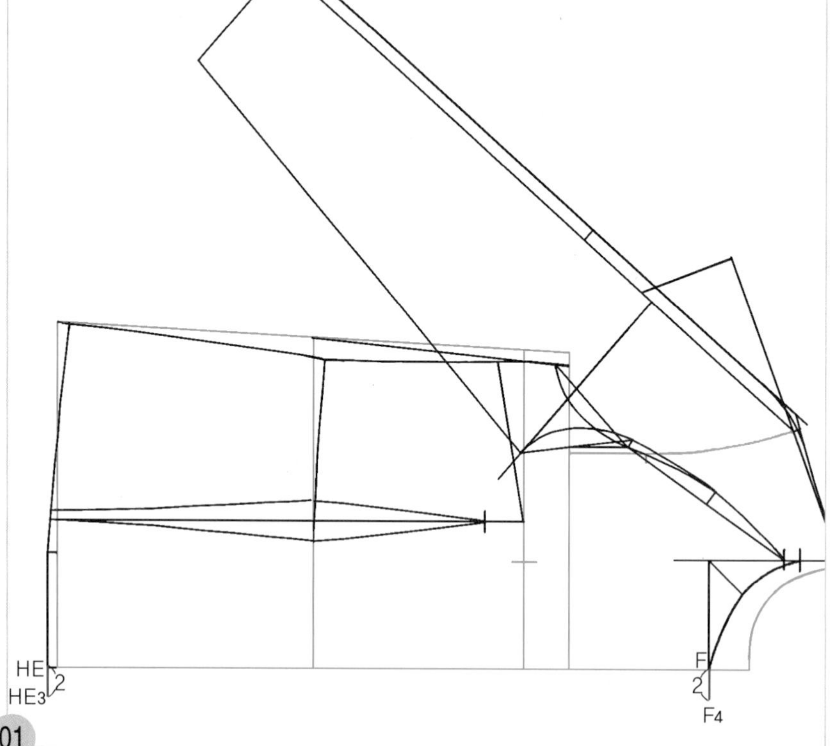

01

F~F4, HE~HE3=2cm

수정한 앞 목점(F)과 밑단 선(HE)에서 각각 2cm 앞 여밈분(F4, HE3)을 수직으로 내려 그린다.

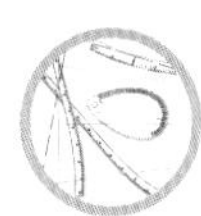

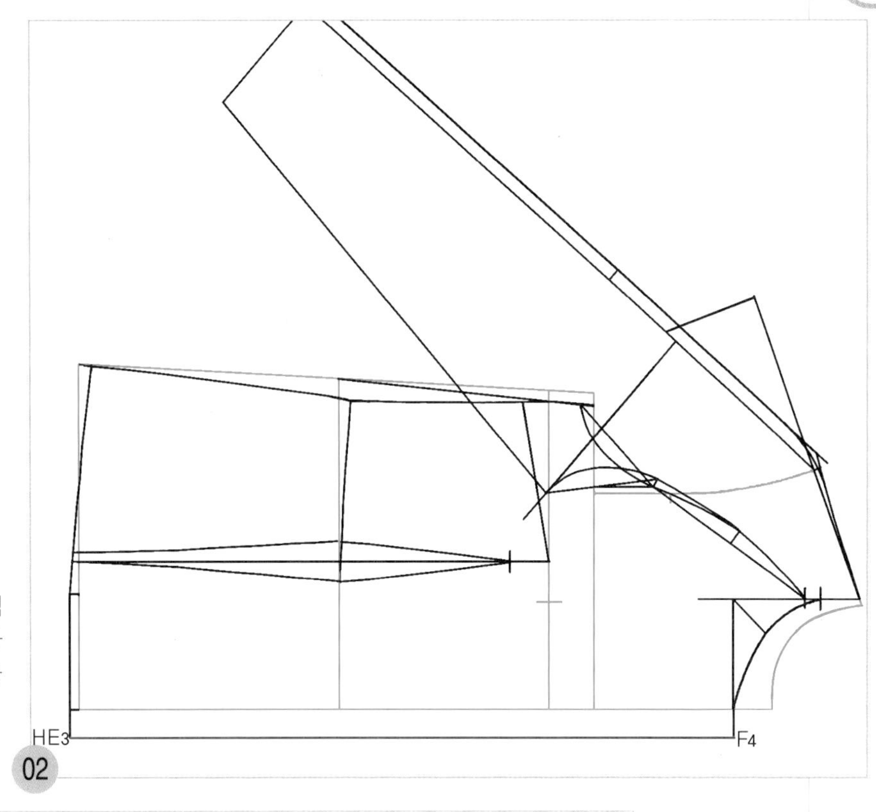

F4점과 HE3점 두 점을 직선자로 연결하여 앞 여밈분 선을 그린다.

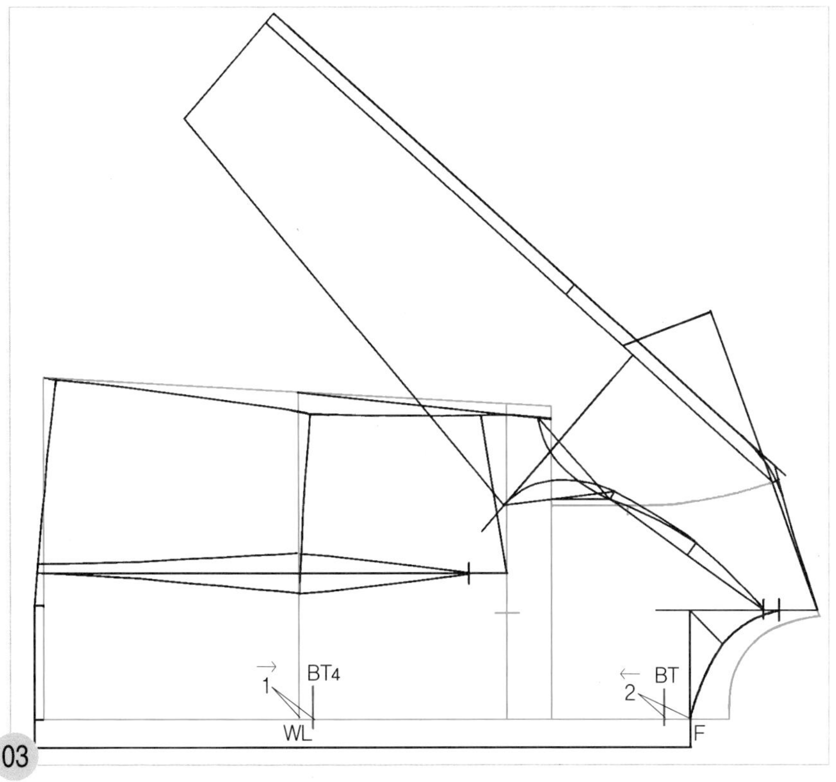

F~BT=2cm,
WL~BT4=1cm
앞 목점 위치(F)에서 앞 중심선을 따라 왼쪽으로 2cm 나가 첫 번째 단춧구멍 위치(BT)를 표시하고, 허리선(WL)에서 오른쪽으로 1cm 나가 네 번째 단춧구멍 위치(BT4)를 표시한다.

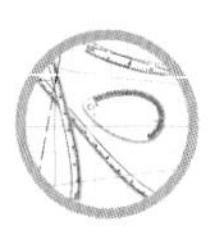

BT~BT4=3등분

BT점에서 BT4점까지를 3등분하여 1/3 위치에 두 번째 단춧구멍 위치(BT2), 세 번째 단춧구멍 위치(BT3)를 표시한다.

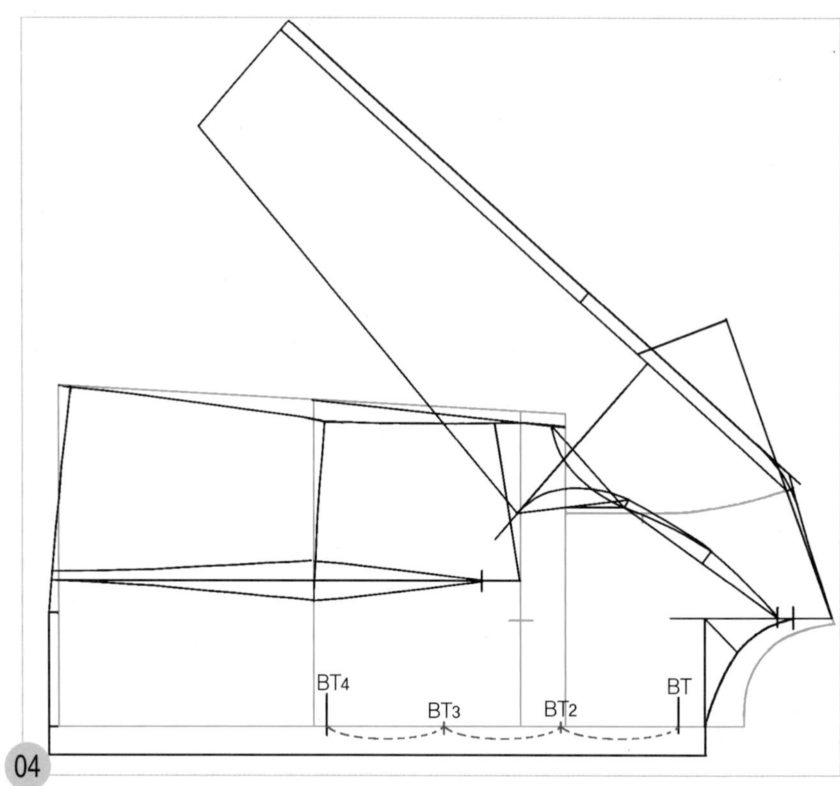

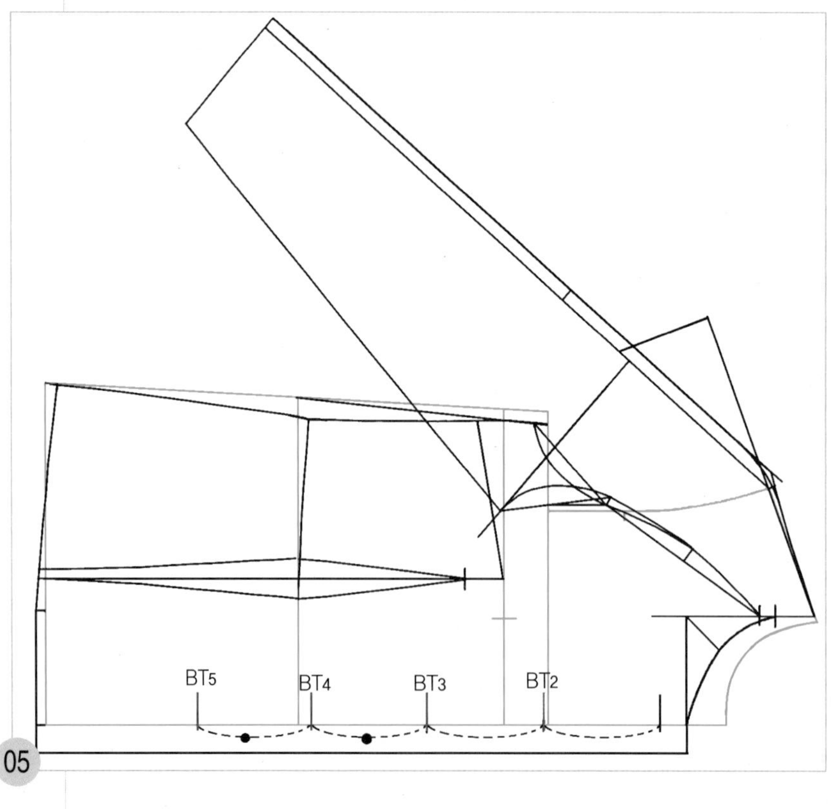

03에서 3등분한 1/3 치수를 BT4점에서 밑단 쪽으로 나가 다섯 번째 단춧구멍 위치(BT5)를 표시하고, 각 단춧구멍 위치에서 단춧구멍 선을 길게 그려둔다.

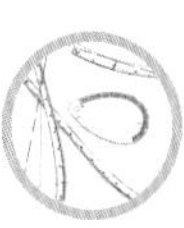

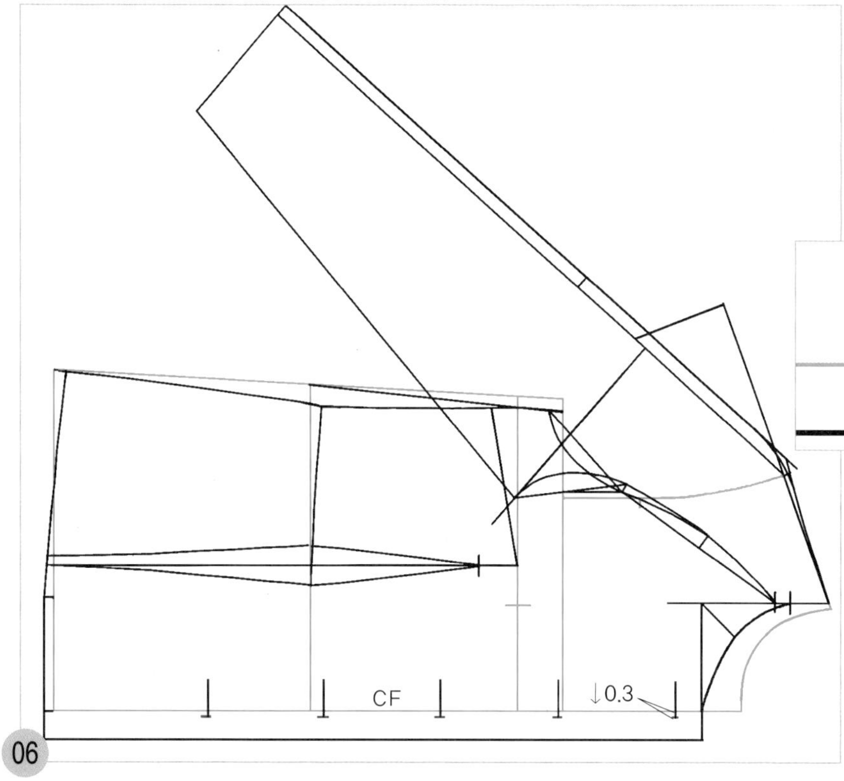

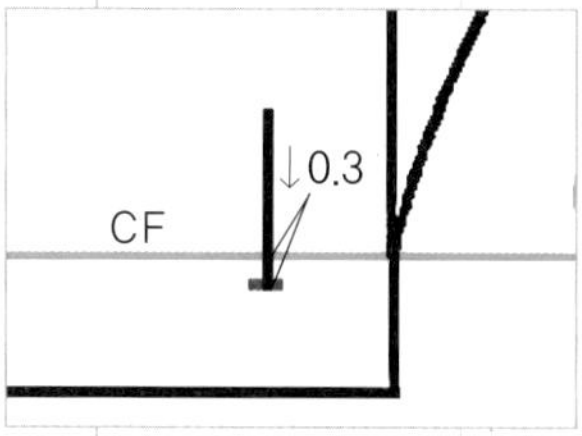

06

각 단춧구멍 위치의 앞 중심선에서 여유분 0.3cm를 내려와 앞 중심 쪽 단춧구멍의 트임 끝 위치를 표시한다.

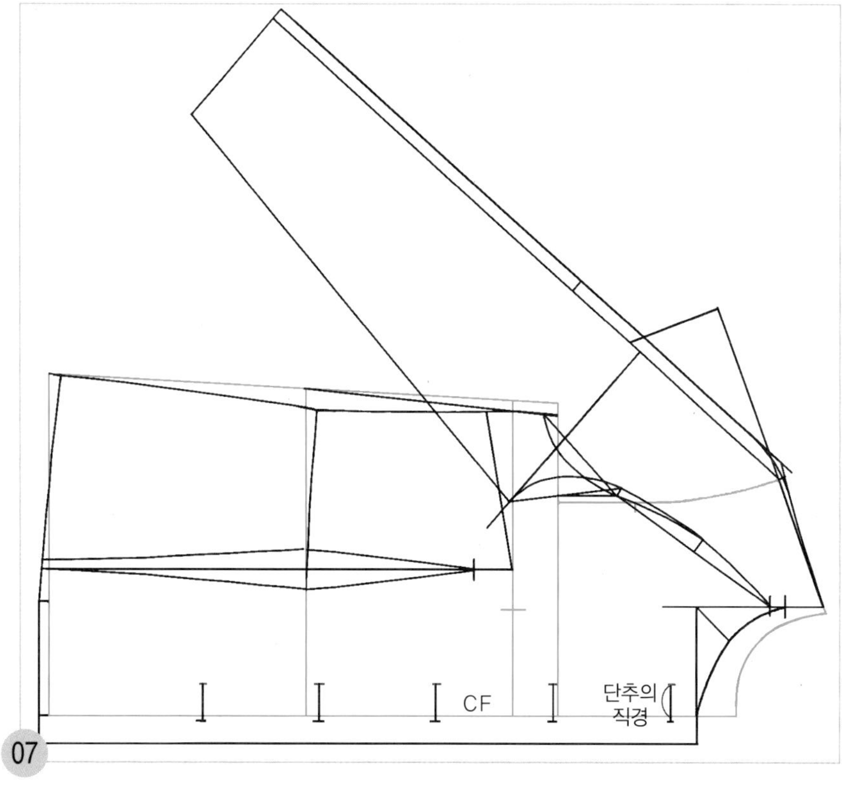

07

각 단춧구멍 위치의 앞 중심선에서 단추의 직경을 올라가 단춧구멍의 트임 끝 위치를 표시한다.

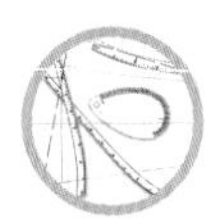

6. 플랩 포켓을 그린다.

플랩 포켓을 그리는 방법은 스탠드 칼라 재킷의 경우와 같으므로 p. 252의 01~p.255의 08를 참조하여 플랩 포켓을 그리고, 새 패턴지에 플랩 포켓의 완성선을 옮겨 그린 다음 옮겨 그린 플랩 포켓의 완성선을 따라 오려내고 패턴에 차이가 없는지 확인한다.

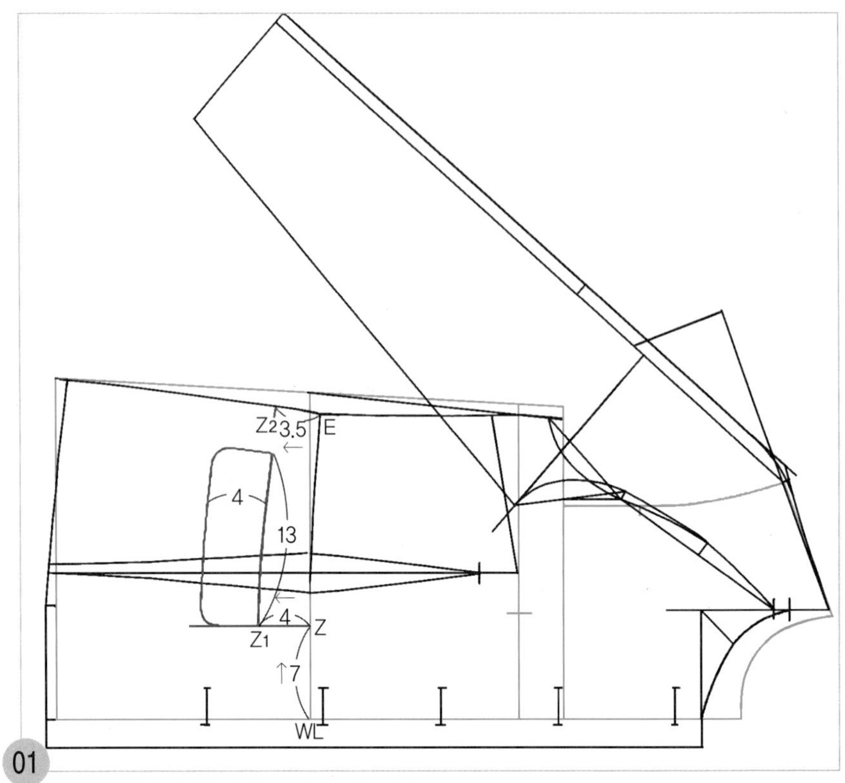

01

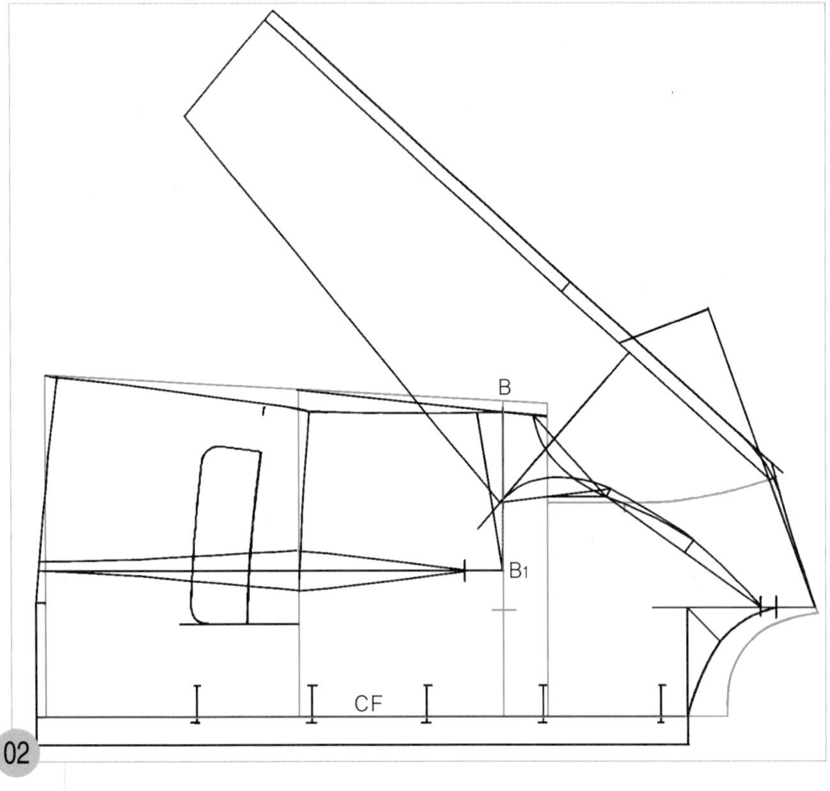

02

적색선으로 표시된 가슴다트 선과 앞 중심선은 원형의 선을 그대로 사용한다.

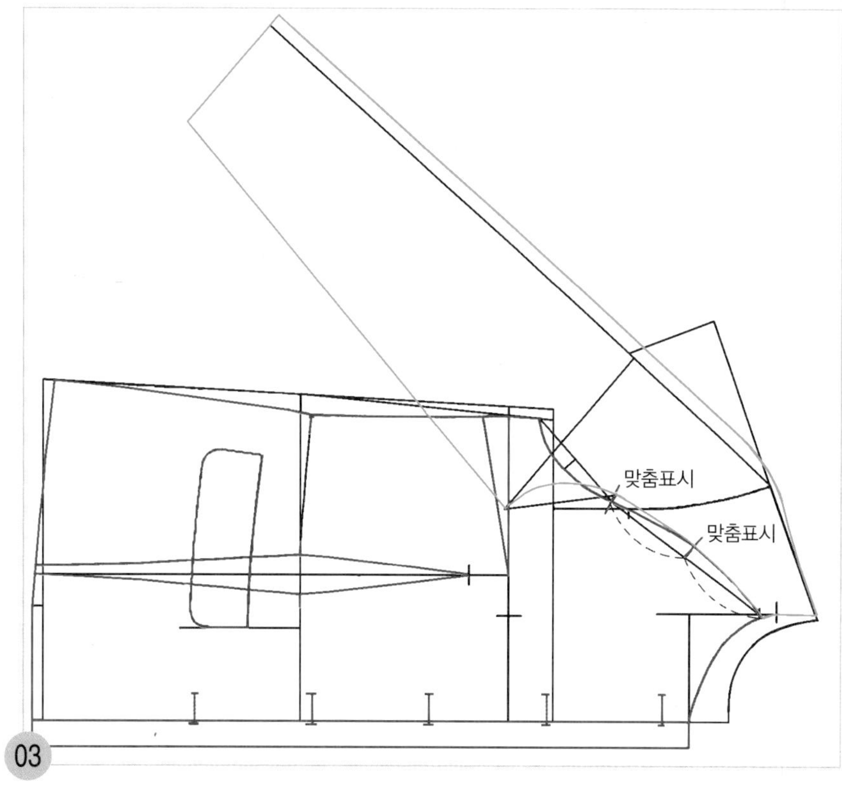

적색선이 앞 몸판의 완성선이고, 청색선이 래글런 소매의 완성선이다. 소매와 몸판의 래글런 선에 맞춤표시를 넣고 허리 완성선에 맞춤표시를 넣어둔다.

셔츠 칼라 제도하기

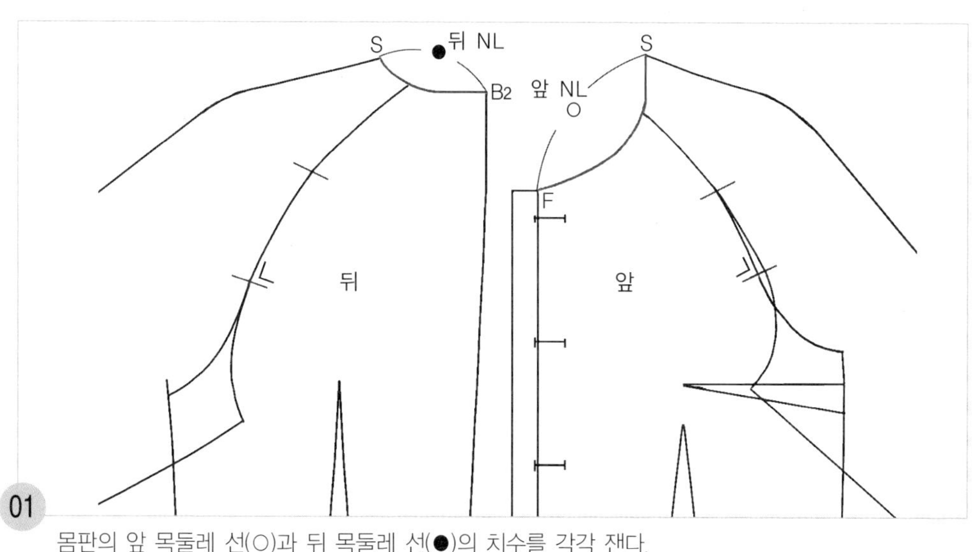

몸판의 앞 목둘레 선(○)과 뒤 목둘레 선(●)의 치수를 각각 잰다.

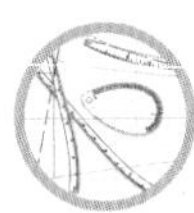

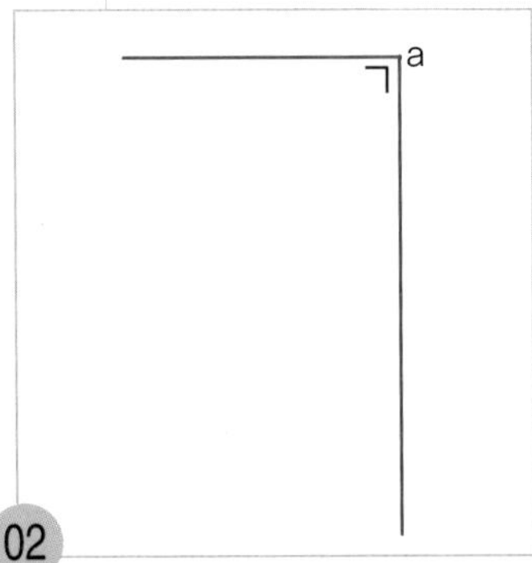

02

직각자를 대고 칼라의 뒤 중심 안내선(a)을 그린 다음 직각으로 칼라의 앞 목점 안내선을 내려 그린다.

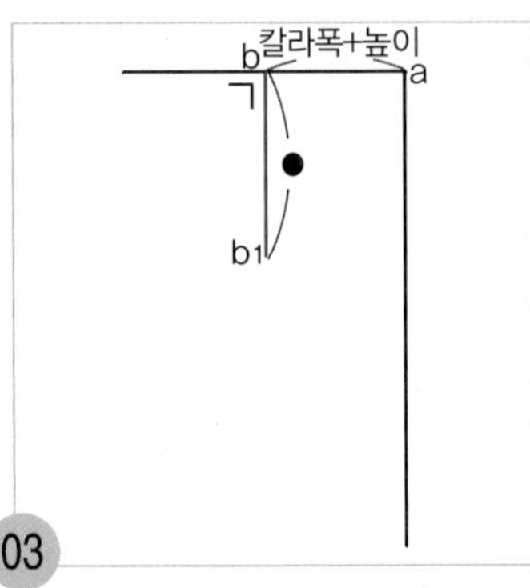

03

a~b=칼라 폭(4cm)+높이 (3cm), $b \sim b_1$=뒤 목둘레 치수 a점에서 칼라 폭 4cm+칼라 높이 3cm의 치수를 나가 뒤 목점 위치(b)를 표시하고, 직각으로 뒤 목둘레 치수(●) 만큼 뒤 칼라 솔기선(b_1)을 내려 그린다.

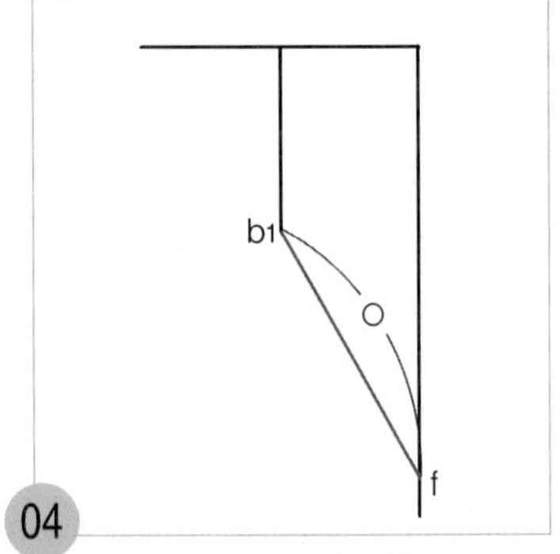

04

$b_1 \sim f$=앞 목둘레 치수 b_1점에서 앞 목둘레 치수(○)가 칼라의 앞 목점 안내선에 마주 닿는 곳을 찾아 앞 목둘레 끝점(f)으로 정하고 앞 칼라 솔기선을 그린다.

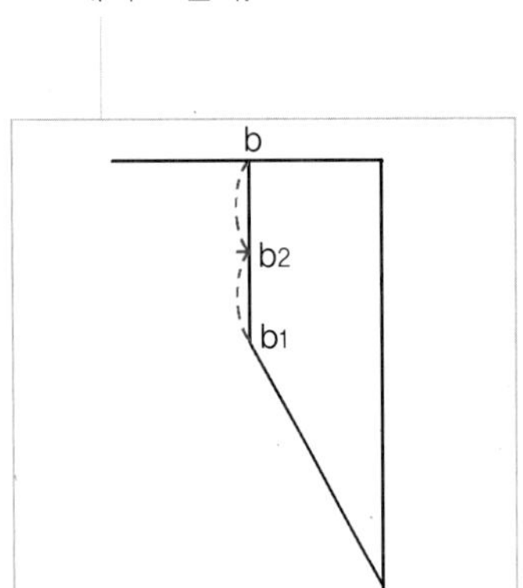

05

$b \sim b_1$=2등분(b_2) b점에서 b_1점까지를 2등분하고, 1/2 위치를 b_2점을 표시한다.

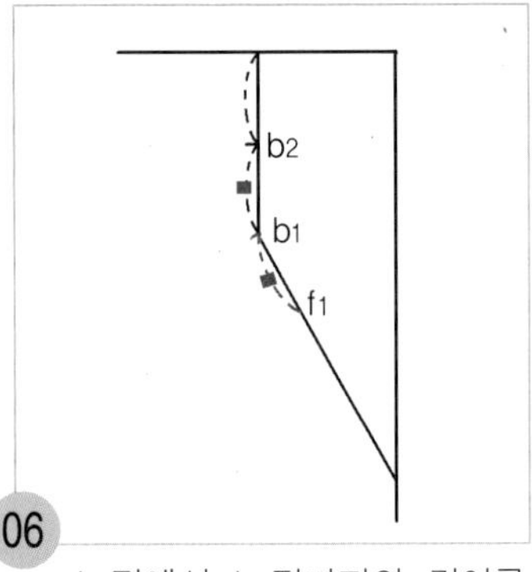

06

b_1점에서 b_2점까지의 길이를 재어 b_1점에서 앞 칼라 솔기선을 따라 내려가 f_1을 표시한다.

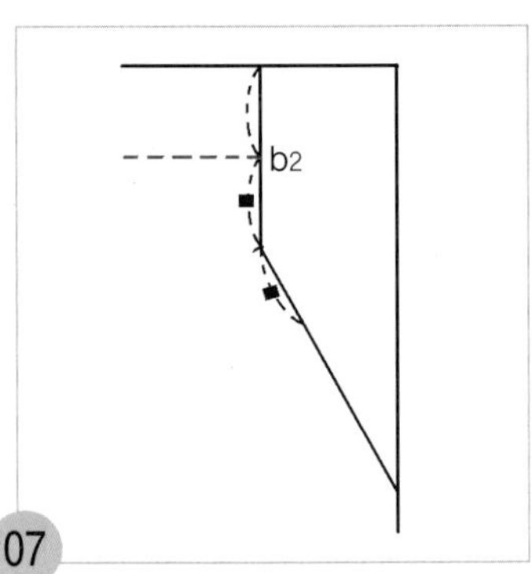

07

b_2점에서 수평으로 뒤 칼라 완성선을 그릴 안내선을 점선으로 표시한다.

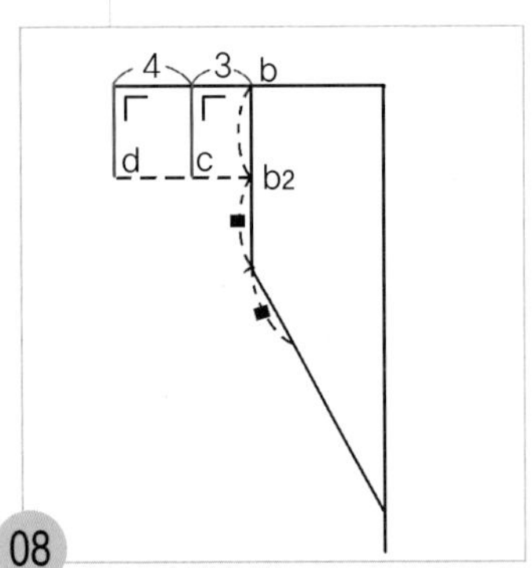

08

b점에서 칼라 폭 4cm와 칼라 높이 3cm를 나가 직각으로 칼라 완성선(d)과 칼라 꺾임 선(c)을 내려 그린다.

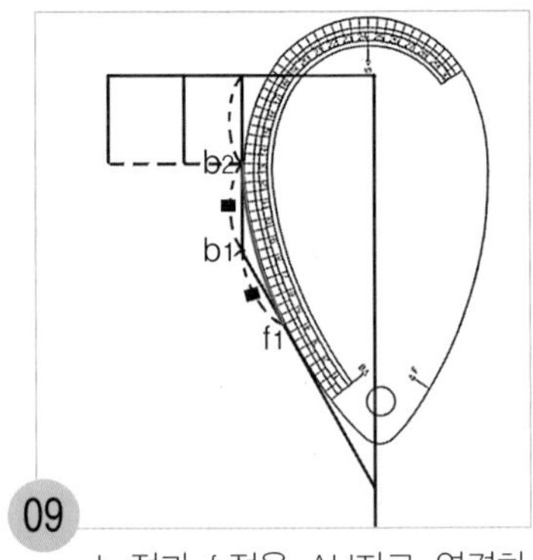

09

b_2점과 f_1점을 AH자로 연결하여 b_1점의 각진 부분을 자연스런 곡선으로 칼라 솔기선을 수정한다.

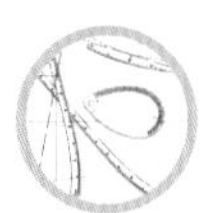

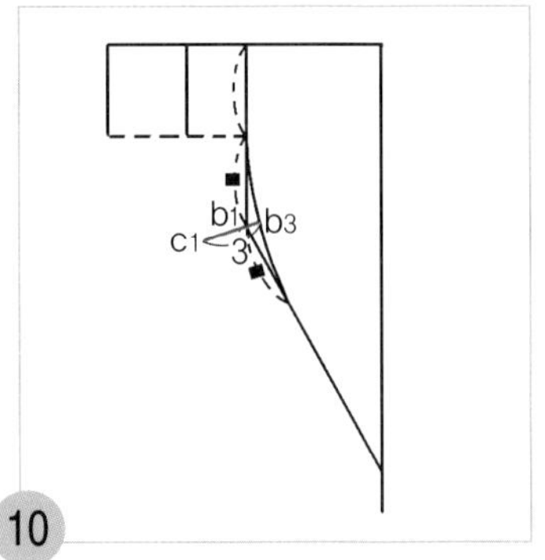

10

b_3~c_1=3cm b_1점의 각진 부분을 수정한 칼라 솔기선(b_3)에서 직각으로 3cm 칼라 꺾임 선을 그릴 안내 점(c_1)을 표시한다.

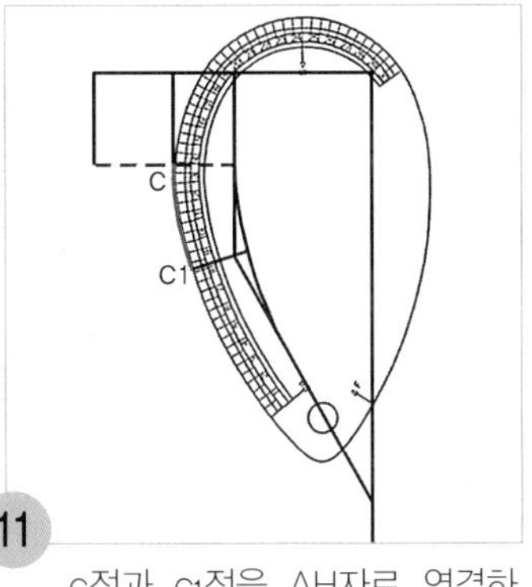

11

c점과 c_1점을 AH자로 연결하여 칼라 꺾임 선을 그린다.

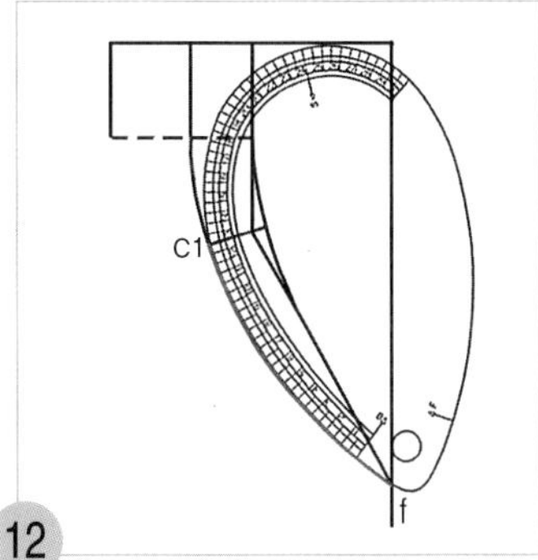

12

c_1점과 f점을 AH자로 연결하여 칼라 꺾임 선을 그린다.

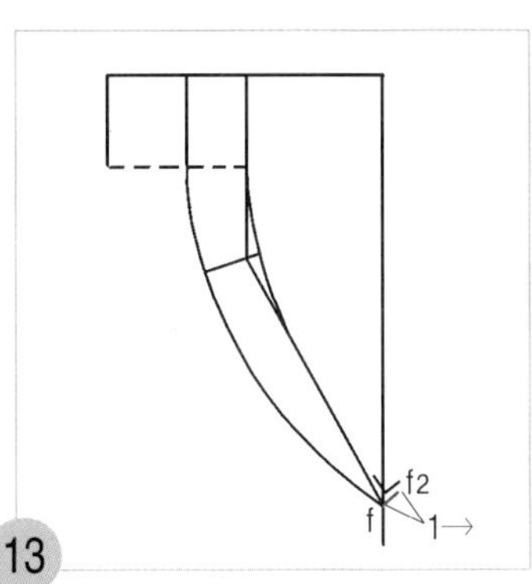

13

f점에서 칼라 솔기선에 직각으로 1cm 칼라 솔기선을 수정할 안내 점(f_2)을 표시한다.

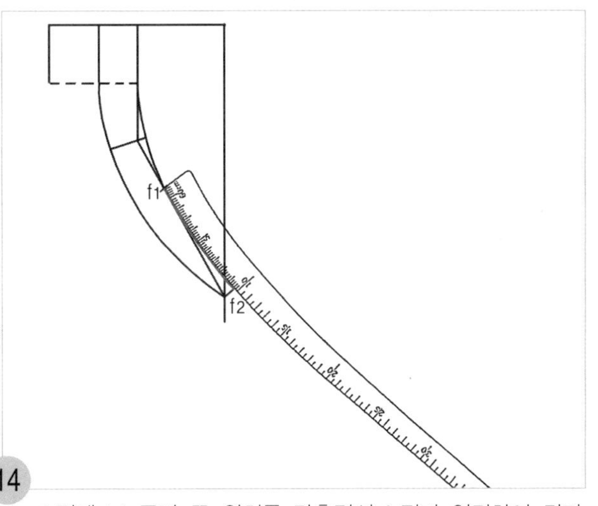

14

f_1점에 hip곡자 끝 위치를 맞추면서 f_2점과 연결하여 칼라 솔기선을 그릴 안내선을 그린다.

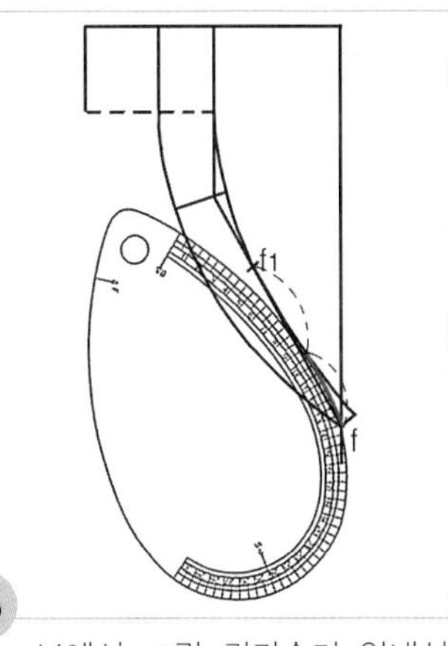

15

14에서 그린 칼라솔기 안내선의 1/2 위치와 f점을 AH자로 연결하여 칼라 솔기 완성선을 그린다.

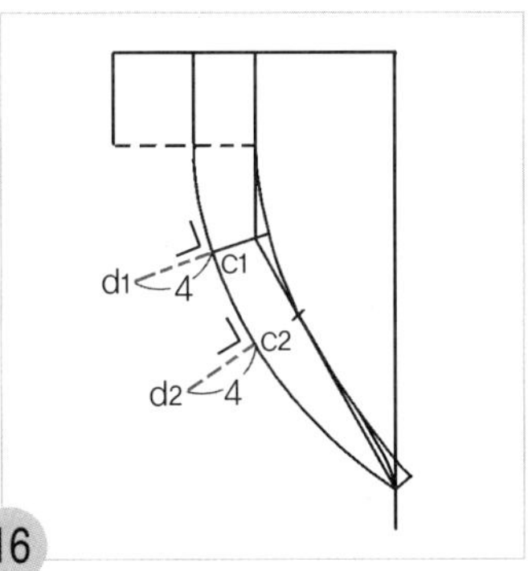

16

칼라 꺾임 선의 c_1점과 c_2점에서 칼라 꺾임 선에 직각으로 칼라 완성선을 그릴 4cm 폭의 안내선(d_1, d_2)을 그린다.

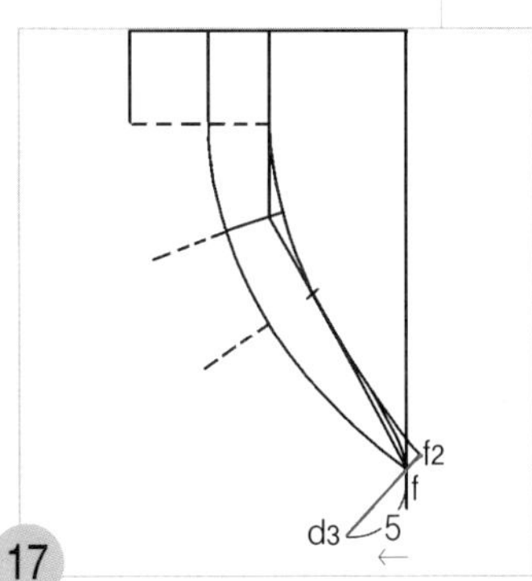

17

f_2점에서 칼라솔기 안내선에 맞추어 직각으로 앞 중심쪽 칼라 폭 선을 그리고, f점에서 5cm 앞 중심쪽 칼라 폭 끝점(d_3)을 표시한다.

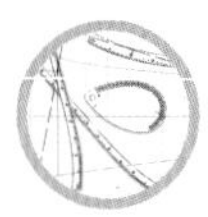

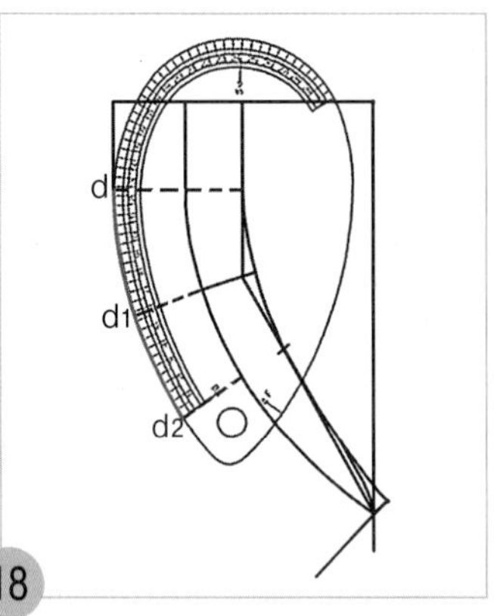

18

뒤 AH자 쪽을 사용하여 d점에서 d_1점을 통과하면서 d_2점과 연결되도록 맞추어 대고 칼라 완성선을 그린다.

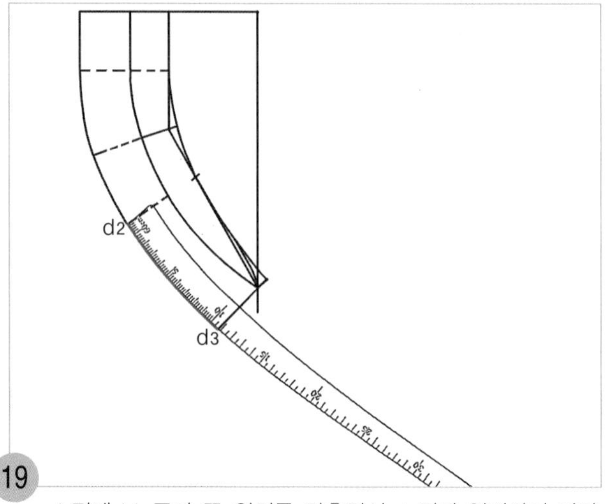

19

d_2점에 hip곡자 끝 위치를 맞추면서 d_3점과 연결하여 칼라 완성선을 그린다.

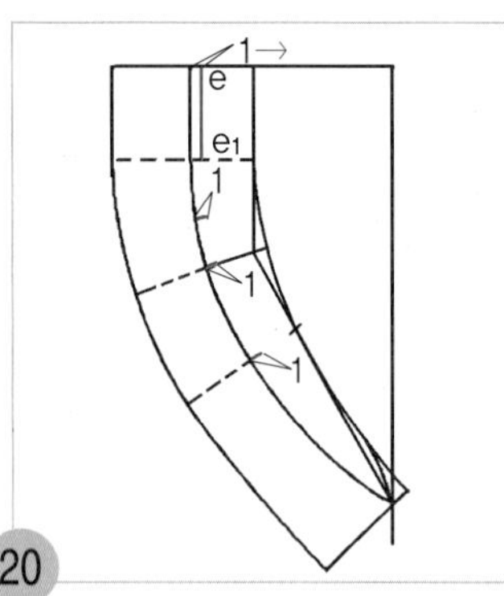

20

칼라 꺾임선에서 1cm 폭으로 칼라 솔기선을 그릴 안내점을 표시하고 e_1~e의 칼라 뒤 중심 선까지는 직각으로 올려 그린다.

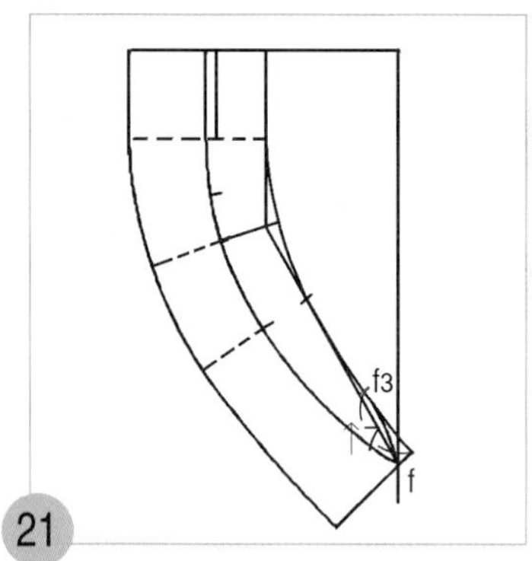

21

f점에서 칼라 솔기선을 따라 7cm 올라가 칼라 솔기 완성선 상의 절개선 끝점을 정해(f_3) 표시한다.

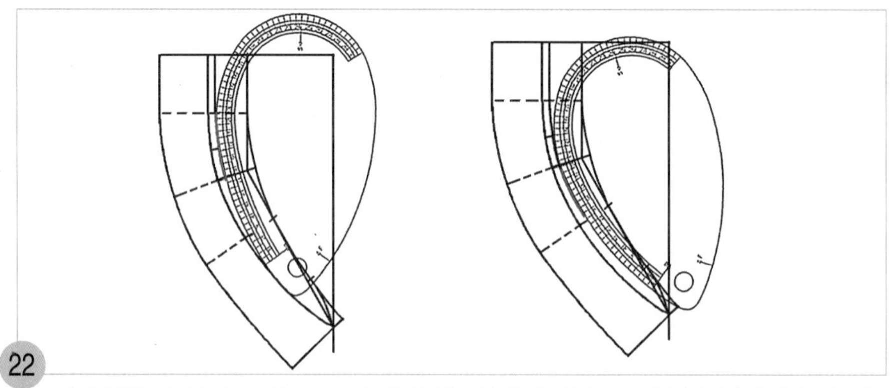

22

칼라 꺾임 선에서 1cm 폭으로 표시해 둔 절개선 안내 점을 AH자를 돌려가면서 연결한다.

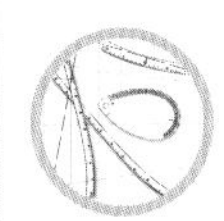

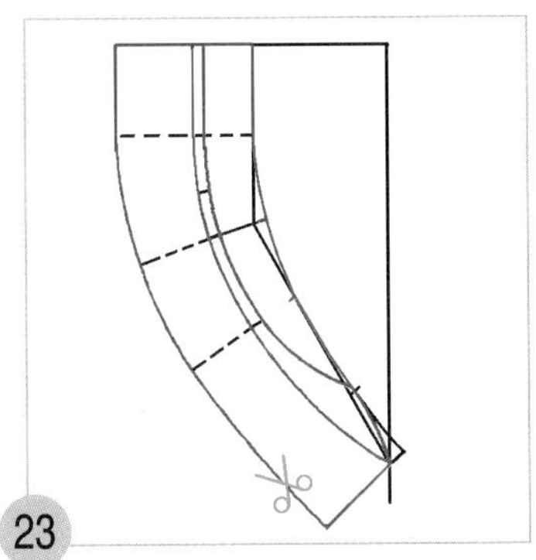

23

적색선이 칼라의 완성선이다. 완성선을 따라 오려낸다.

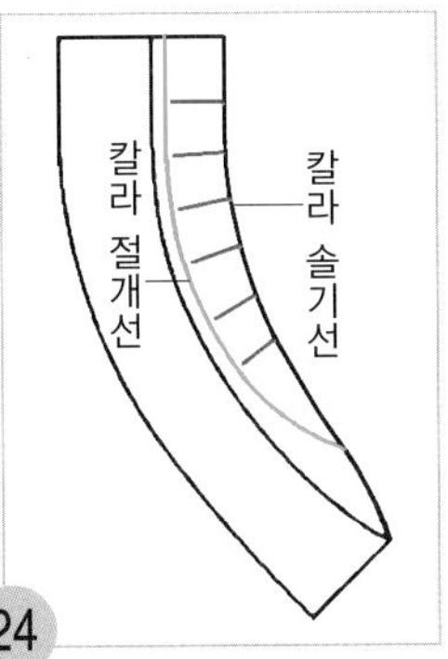

24

칼라 솔기선을 직선으로 늘려 패턴을 수정하기 위해 칼라 솔기선에서 칼라 절개선의 0.2cm 전까지 가윗밥을 넣는다.

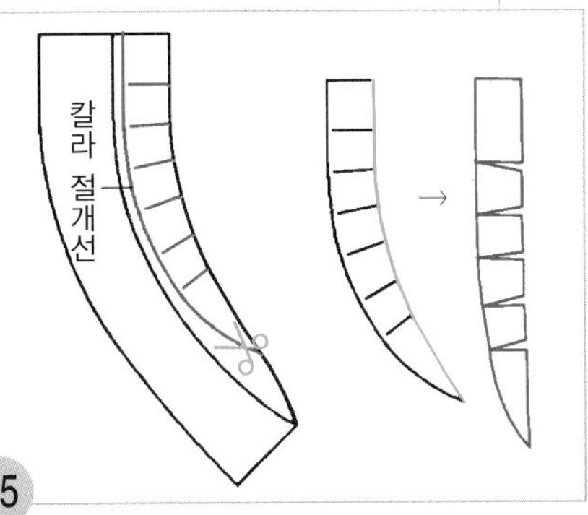

25

칼라 절개선을 따라 오려내고 가윗밥을 넣은 칼라 솔기선이 일직선이 되도록 늘려 테이프로 고정시킨다.

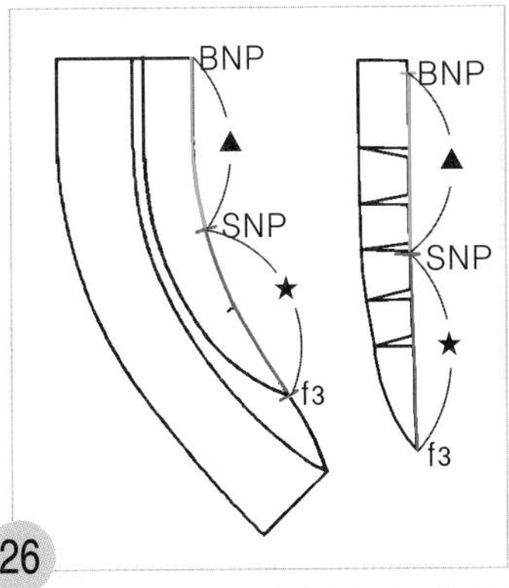

26

적색으로 표시된 앞 목점 쪽 절개선 끝점(f3)에서 옆 목점(SNP)까지의 길이(★)를 재어 칼라 스탠드의 절개선 위치(f3)에서 올라가 표시하고, 청색으로 표시된 뒤 목점(BNP)에서 옆 목점(SNP)까지의 길이를 재어(▲) 옆 목점 위치에서 올라가 표시한다.

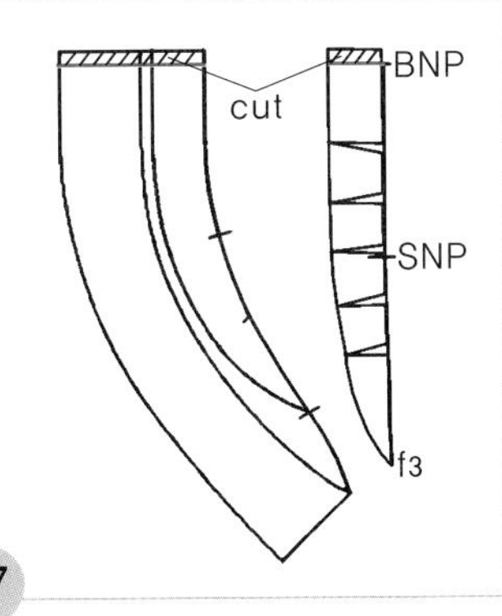

27

뒤 목점에서 옆 목점, 절개선 끝점(f3)까지의 길이를 제하고 남는 분량을 잘라 버린다.

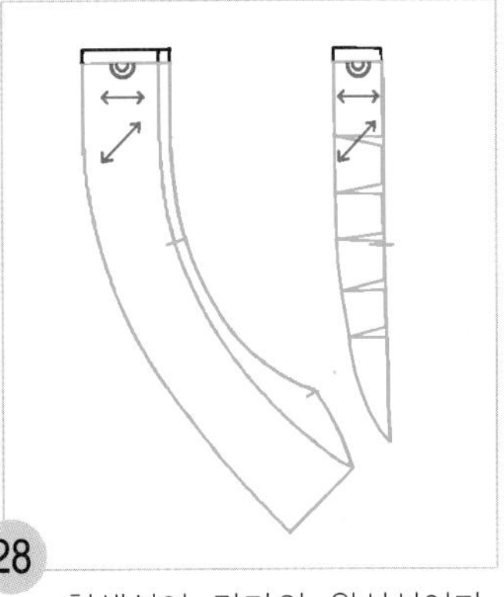

28

청색선이 칼라의 완성선이다. 칼라와 스탠드 밴드의 뒤 중심선에 골선 표시를 넣고, 식서 방향 표시를 넣는다.

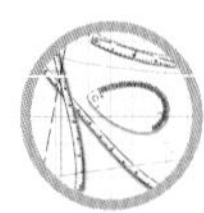

패턴 분리하기

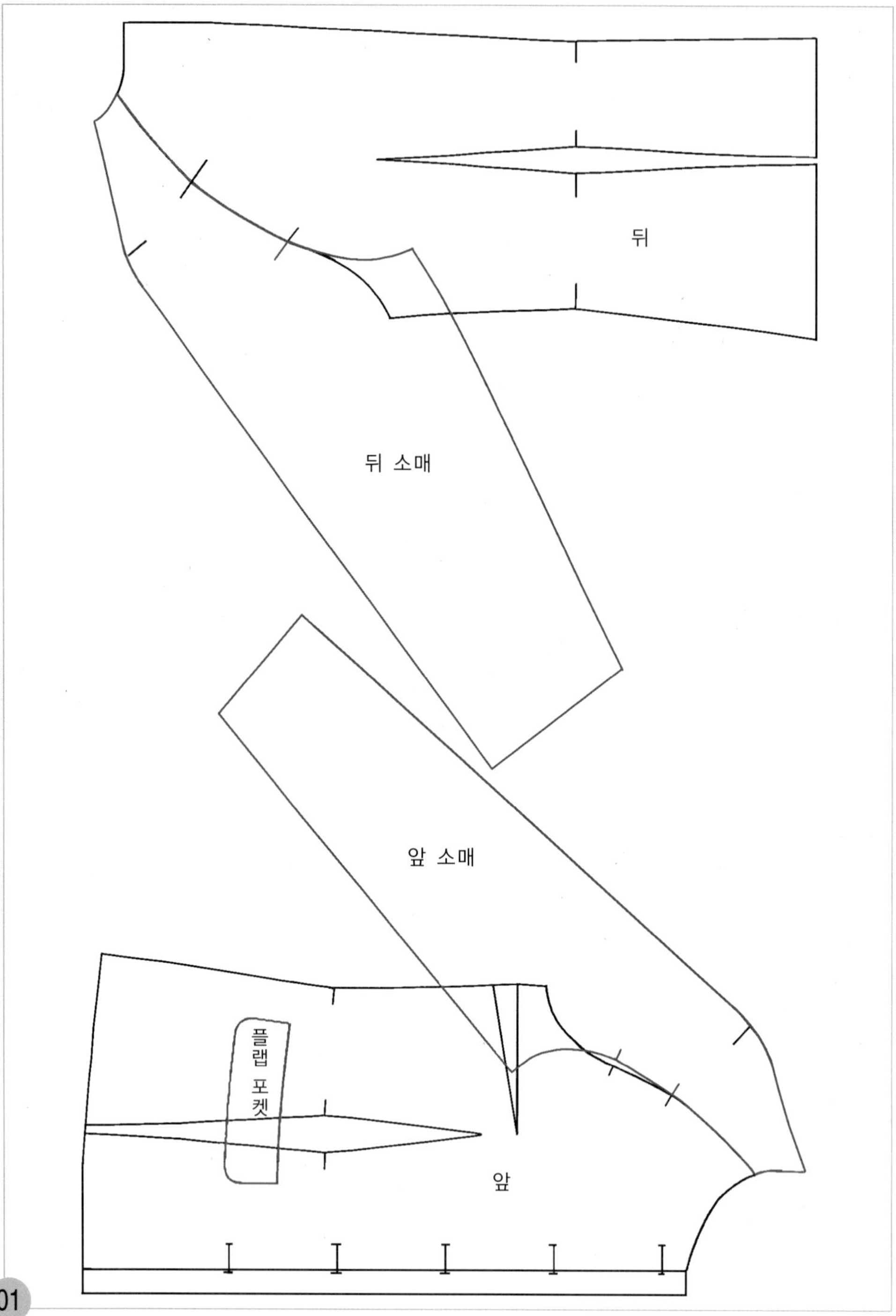

뒤

뒤 소매

앞 소매

플랩 포켓

앞

01

플랩 포켓의 완성선과 앞뒤 소매의 완성선을 새 패턴지에 옮겨 그린다음 완성선을 따라 오려내고 패턴에 차이가 없는지 맞추어 확인한다.

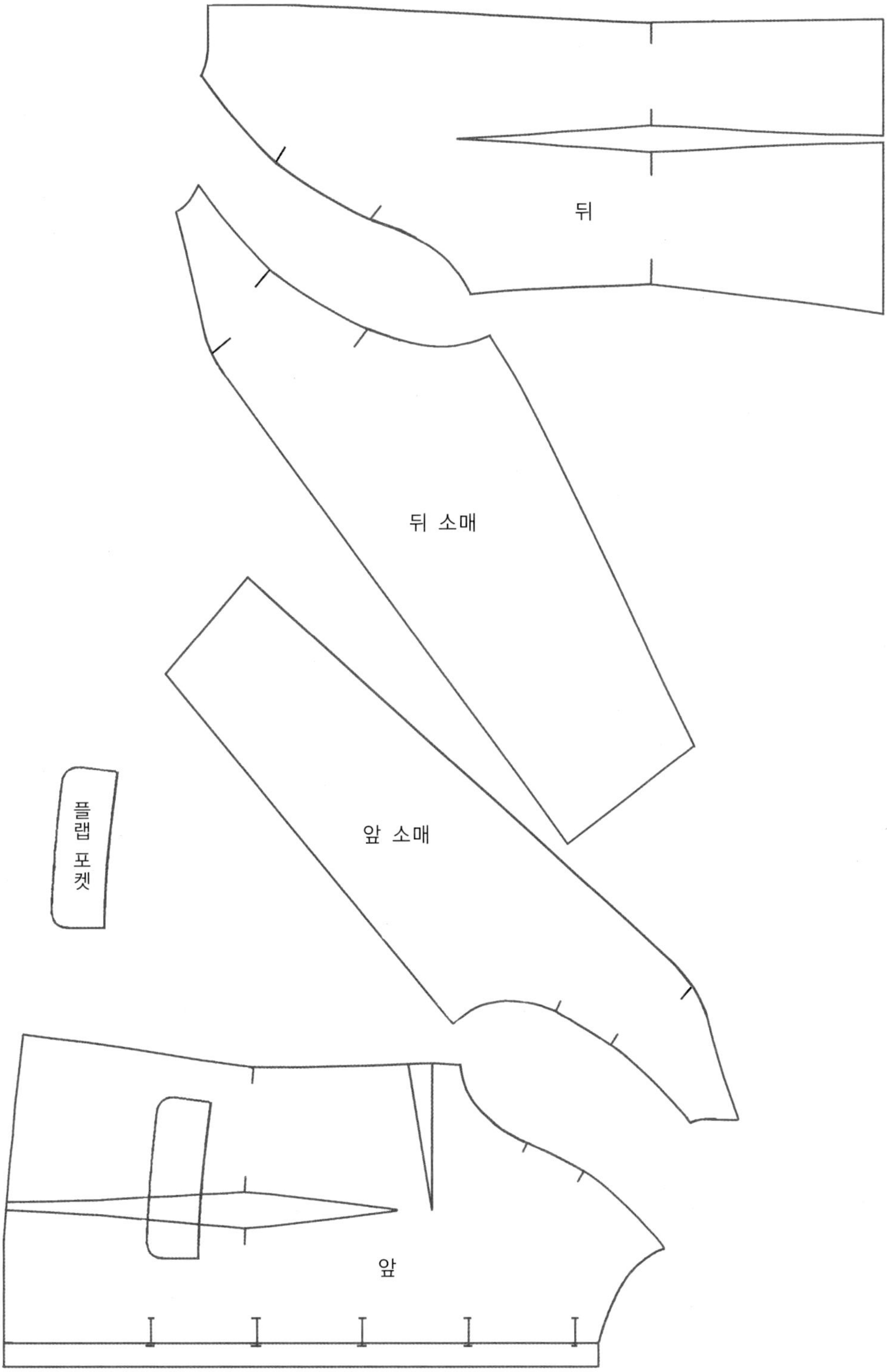

02 각 패턴이 분리된 상태이다.

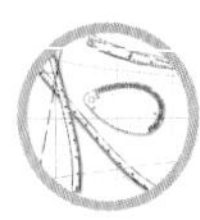

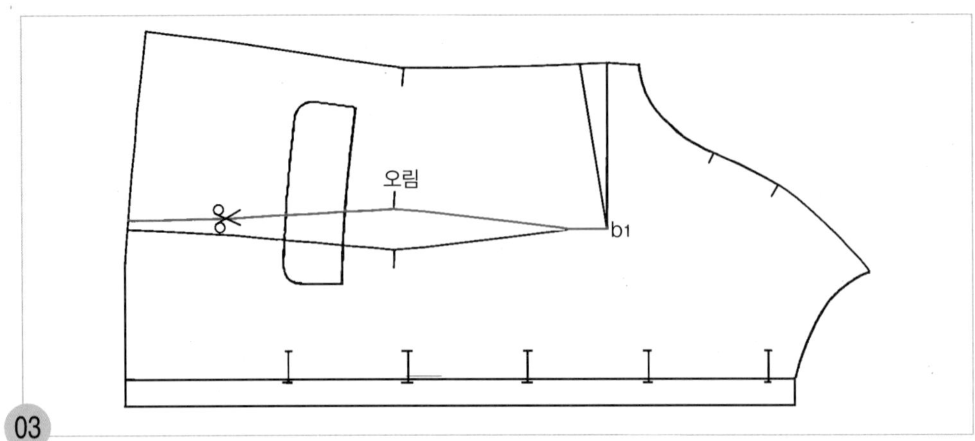

03

적색으로 표시된 옆선 쪽 앞 허리 다트 선을 가슴 다트 끝점(b1)까지 오린다.

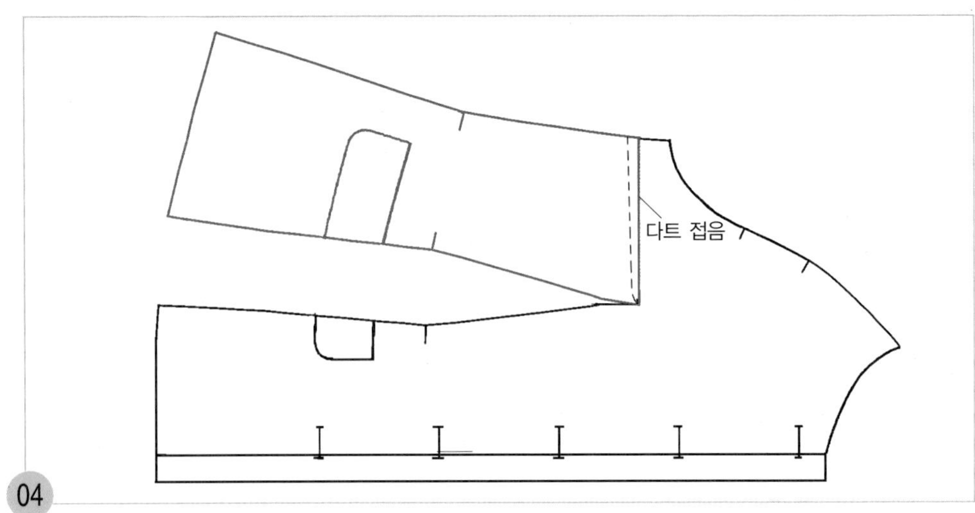

04

가슴 다트를 접는다.

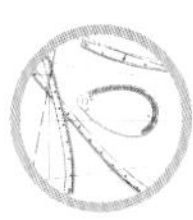

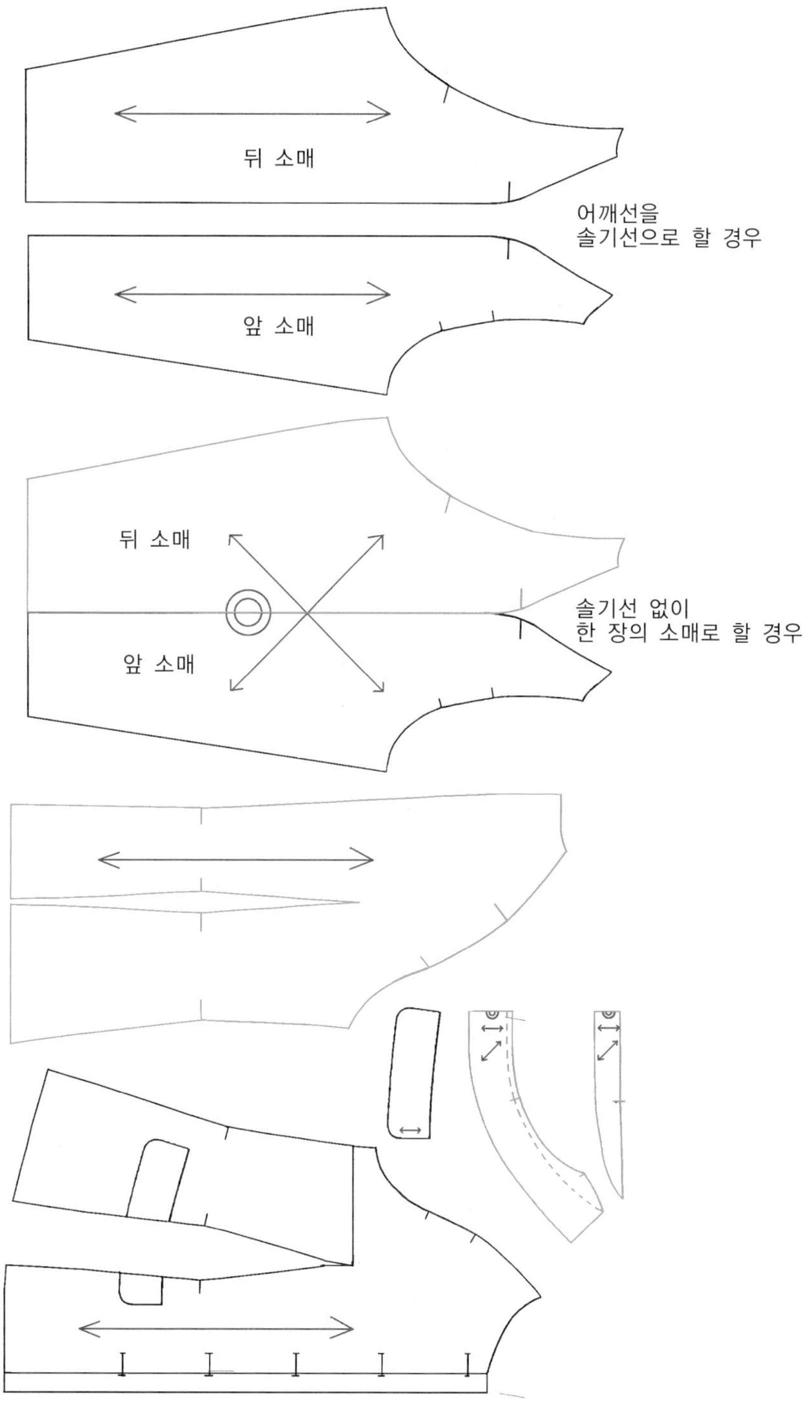

05

앞뒤 소매가 어깨선을 솔기선으로 할 경우에는 따로따로 식서 방향 표시를 하고, 한 장의 소매로 할 경우에는 앞뒤 소매의 솔기선을 마주 대어 붙이고 바이어스 방향으로 식서 방향 표시를 넣는다. 앞뒤 몸판과 플랩 포켓, 칼라와 스탠드 밴드에 각각 식서 방향 표시를 넣는다.

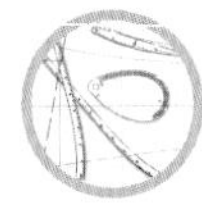

스탠드 칼라 재킷 Stand Collar Jacket

■■■ J.A.C.K.E.T 05

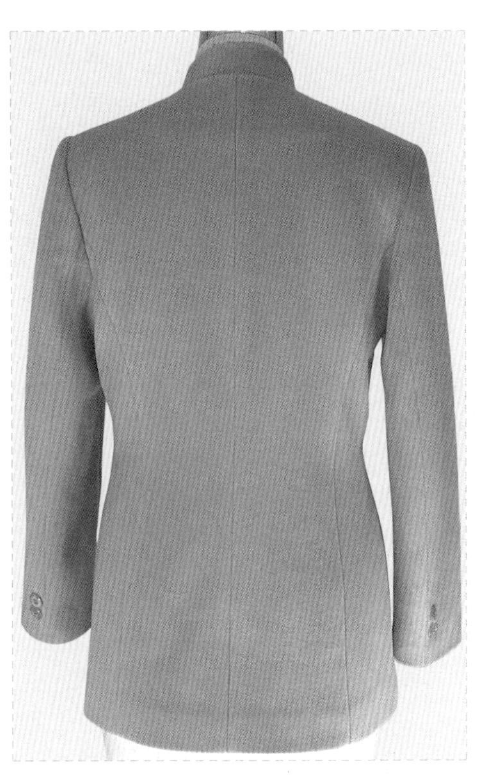

실루엣 ●●● 앞 허리다트와 앞 뒤 패널라인이 들어간 세트인 슬리브의 허리를 피트시킨 실루엣과 스탠드 칼라가 잘 조화된 차이니스풍의 두장소매 롱 재킷.

포인트 ●●● 허리다트와 패널라인이 동시에 들어가는 경우에 선의 위치 정하는 법, 스탠드 칼라 그리는 법, 플랩 포켓 그리는 법을 배운다.

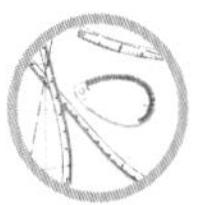

Stand Collar Jacket

스탠드 칼라 재킷의 제도순서

제도 치수 구하기

계측 부위		계측 치수의 예	자신의 계측 치수	제도 각자 사용 시의 제도 치수	일반 자 사용 시의 제도 치수	자신의 제도 치수
가슴 둘레(B)		86cm		B°/2	B/4	
허리 둘레(W)		66cm		W°/2	W/4	
엉덩이 둘레(H)		94cm		H°/2	H/4	
등 길이		38cm		38cm		
앞 길이		41cm		41cm		
뒤 품		34cm		뒤 품/2=17		
앞 품		32cm		앞 품/2=16		
유두 길이		25cm		25cm		
유두 간격		18cm		유두 간격/2=9		
어깨 너비		37cm		어깨 너비/2=18.5		
재킷 길이		66~72cm		원형의 뒤중심길이+8~14cm=66~72cm		
소매 길이		54cm		54cm		
진동 깊이				B°/2	B/4=21.5	
앞/뒤 위 가슴둘레선				(B°/2)+2cm	(B/4)+2cm	
히프선	뒤			(H°/2)+0.6cm	(H/4)+0.6cm=24.1cm	
	앞			(H°/2)+2.5cm	(H/4)+2.5cm=26cm	
소매산 높이				(진동깊이/2)+4.5cm=15.25cm		

주 진동 깊이=B/4의 산출치가 20~24cm 범위 안에 있으면 이상적인 진동 깊이의 길이라 할 수 있다. 따라서 최소치=20cm, 최대치=24cm까지이다. 이는 예를 들면 가슴둘레 치수가 너무 큰 경우에는 진동 깊이가 너무 길어 겨드랑 밑 위치에서 너무 내려가게 되고, 가슴 둘레 치수가 너무 적은 경우에는 진동 깊이가 너무 짧아 겨드랑 밑 위치에서 너무 올라가게 되어 이상적인 겨드랑 밑 위치가 될 수 없다. 따라서 B/4의 산출치가 20cm 미만이면 뒤 목점(BNP)에서 20cm 나간 위치를 진동 깊이로 정하고, B/4의 산출치가 24cm 이상이면 뒤 목점(BNP)에서 24cm 나간 위치를 진동 깊이로 정한다.

01

자신의 각 계측 부위를 계측하여 빈 칸에 넣어두고 제도 치수를 구하여 둔다.

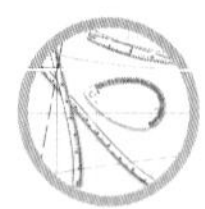

뒤판 제도하기

1. 뒤 중심선과 밑단 선을 그린다.

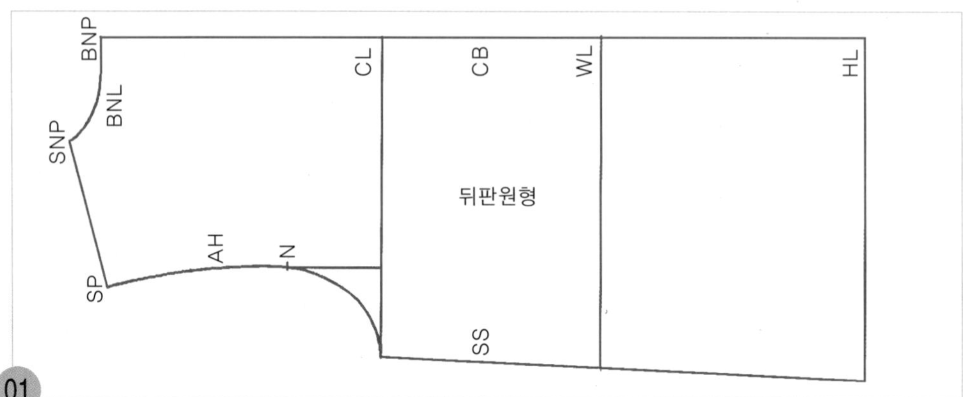

01 뒤판의 원형 선을 옮겨 그린다.

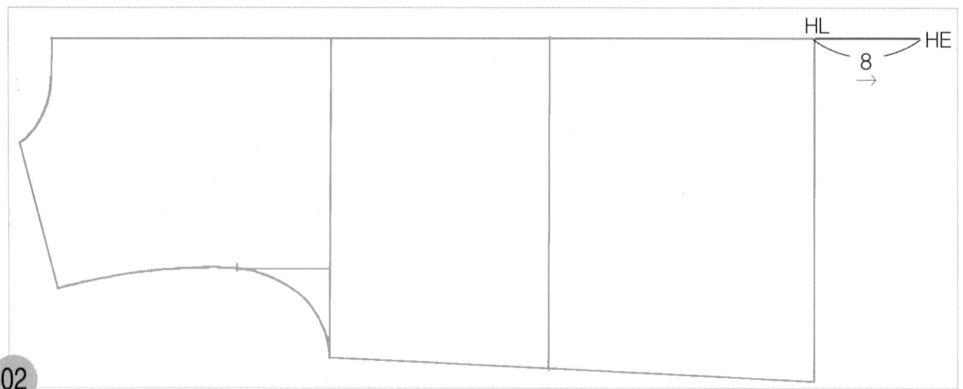

02 **HL~HE=8cm(원하는 길이로 조정 가능)** 뒤 원형의 뒤 중심 쪽 히프선(HL) 끝점에서 수평으로 8cm 뒤 중심선을 연장시켜 그리고 밑단 선 끝점 위치(HE)를 표시한다.

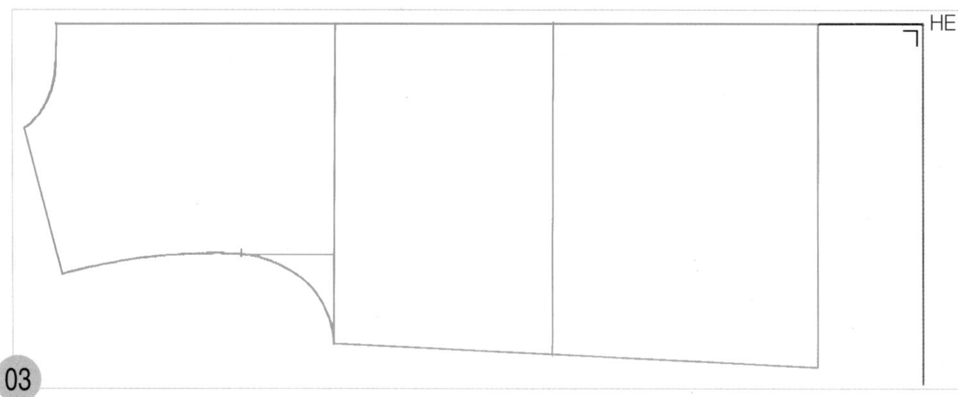

03 HE점에서 직각으로 밑단 선을 내려 그린다.

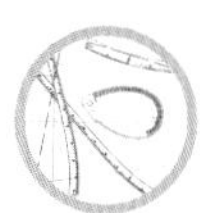

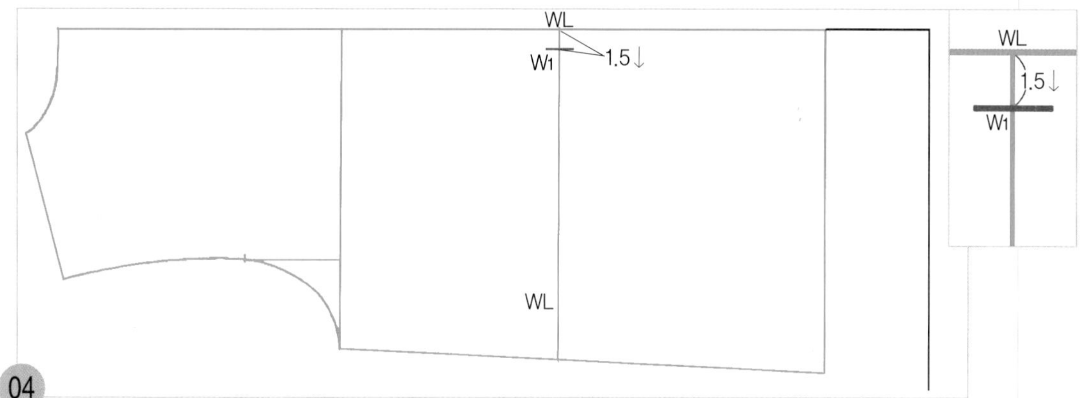

04

WL~W₁=1.5cm 뒤 원형의 뒤 중심 쪽 허리선(WL) 위치에서 1.5cm 내려와 뒤 중심선의 완성선을 그릴 허리선 위치(W₁)를 표시한다.

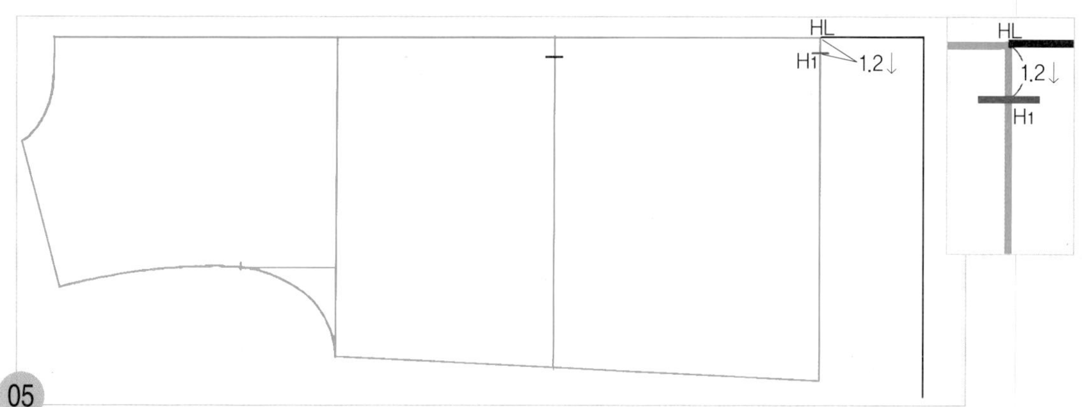

05

HL~H₁=1.2cm 뒤 원형의 뒤 중심 쪽 히프선(HL) 위치에서 1.2cm 내려와 뒤 중심선의 완성선을 그릴 히프선 위치(H₁)를 표시한다.

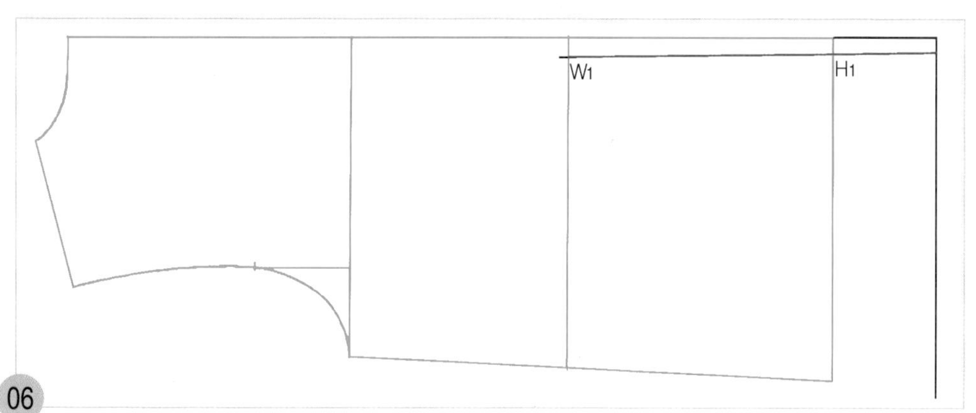

06

W₁~H₁=뒤 중심선

W₁점과 H₁점 두 점을 직선자로 연결하여 밑단 선까지 허리선 아래쪽 뒤 중심 완성선을 그린다.

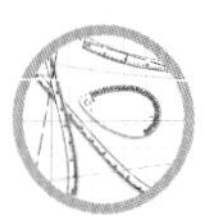

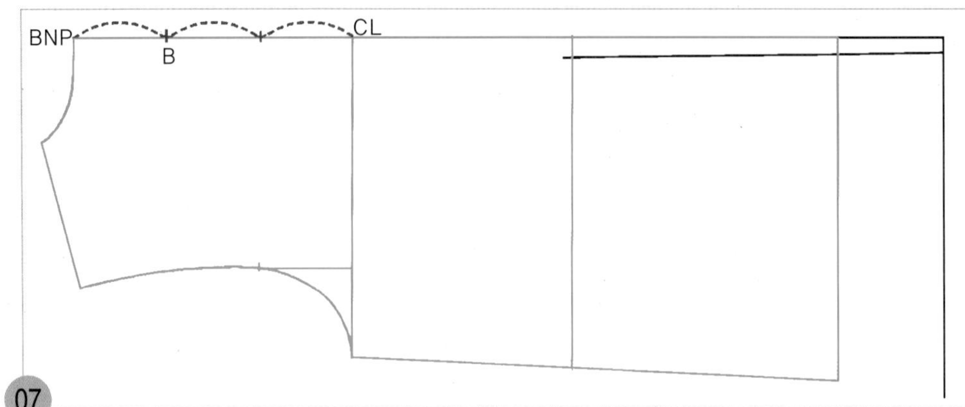

BNP~B=BNP~CL의 1/3 뒤 원형의 뒤 목점(BNP)에서 뒤 원형의 위 가슴둘레 선(CL)까지를 3등분하여 뒤 목점 쪽 1/3 위치에 뒤 중심 완성선을 수정할 위치(B)를 표시한다.

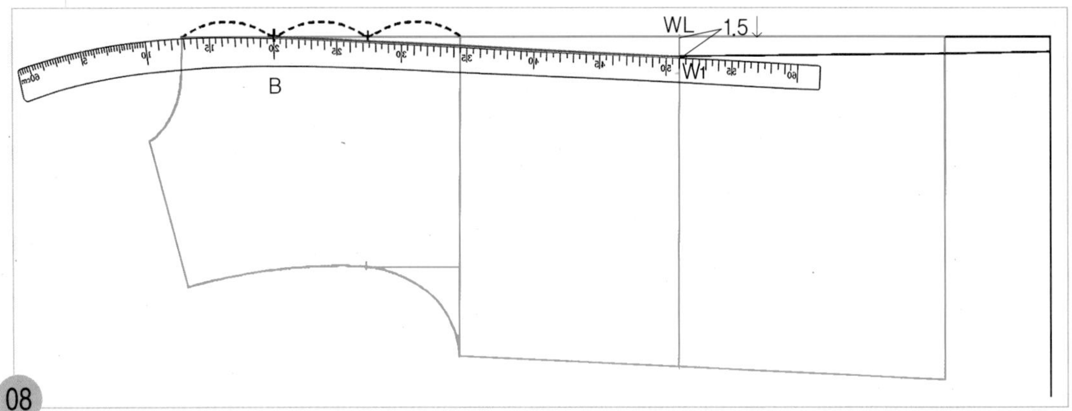

BNP~B의 1/3 위치(B)에 hip곡자 20 위치를 맞추면서 W1점과 연결하여 허리선 위쪽 뒤 중심 완성선을 그린다.

2. 뒤 옆선을 그린다.

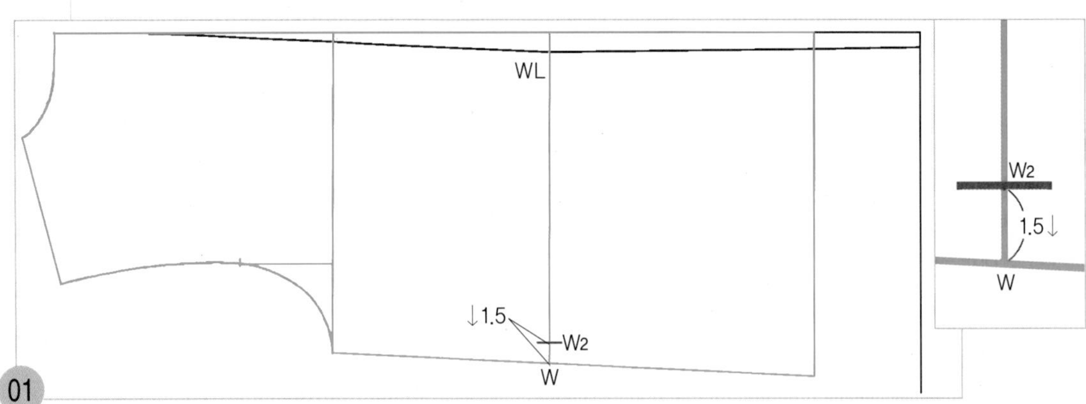

W~W2=1.5cm 원형의 옆선 쪽 허리선(WL) 끝점(W)에서 1.5cm 올라가 수정할 옆선 쪽 허리선 위치(W2)를 표시한다.

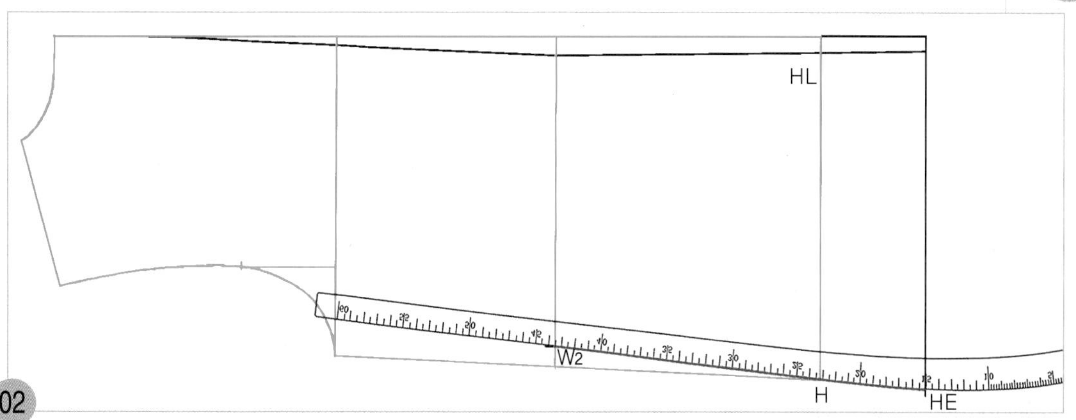

02

W_2~HE = 허리선 아래쪽 옆선의 완성선

밑단 선에 hip곡자 15 위치를 맞추었을 때 hip곡자가 원형의 옆선 쪽 히프선(HL) 끝점(H)을 통과하면서 허리선에서 1.5cm 올라가 표시한(W_2) 점과 연결되도록 맞추어 대고 밑단 선까지 허리선 아래쪽 옆선을 그린다.

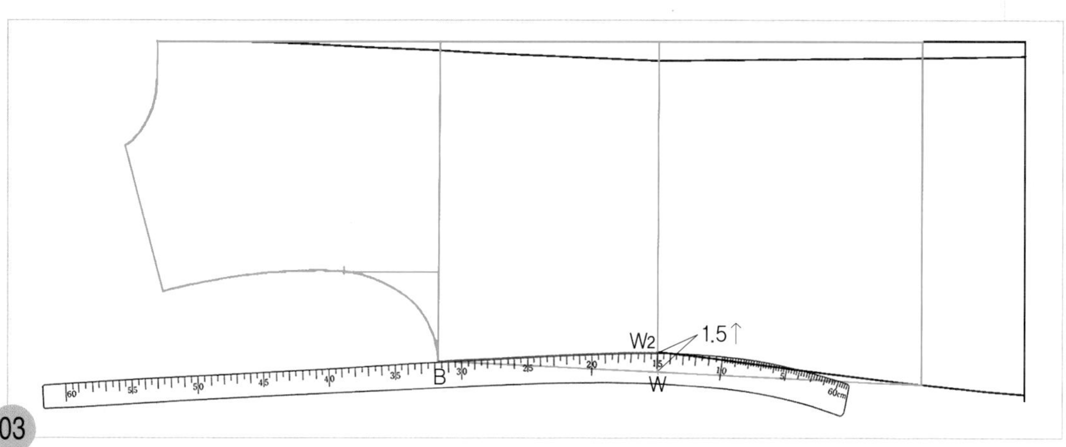

03

B~W_2 = 허리선 위쪽 옆선의 완성선

원형의 옆선 쪽 허리선(WL) 끝점(W)에서 1.5cm 올라가 표시한 W_2점에 hip곡자 15 위치를 맞추면서 원형의 위 가슴둘레 선(CL) 옆선 쪽 끝점(B)과 연결하여 허리선 위쪽 옆선의 완성선을 그린다.

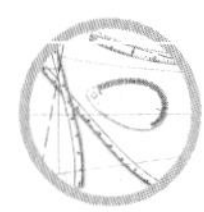

3. 뒤 패널라인을 그린다.

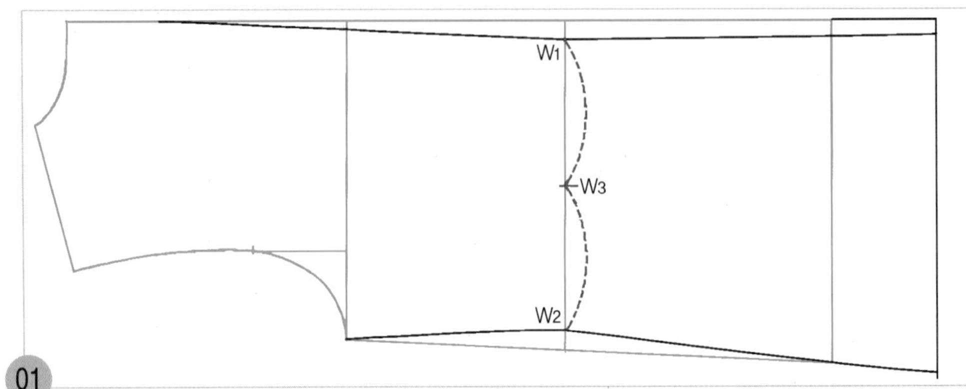

W1~W2=2등분(W3) W1점에서 W2점까지를 2등분하여 그 1/2 지점에 뒤 중심 쪽 패널라인의 허리선 위치(W3)를 표시한다.

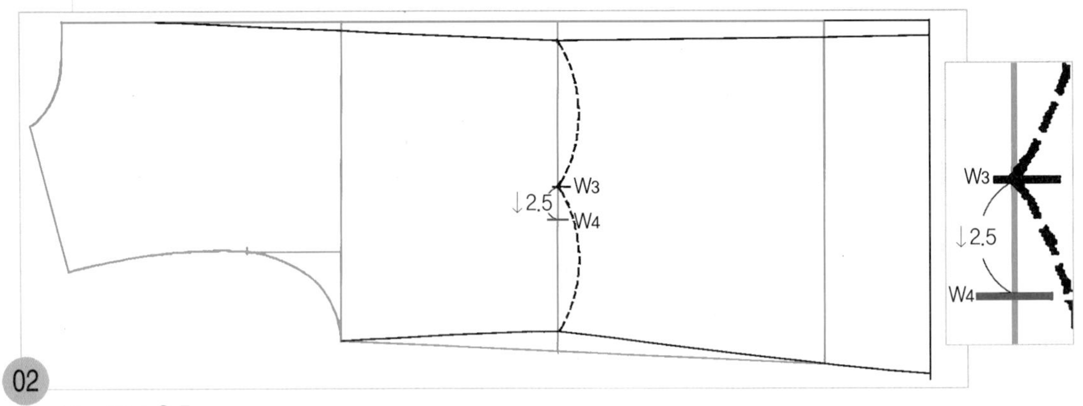

W3~W4=2.5cm

W3점에서 옆선 쪽으로 2.5cm 내려와 옆선 쪽 패널라인의 허리선 위치(W4)를 표시한다.

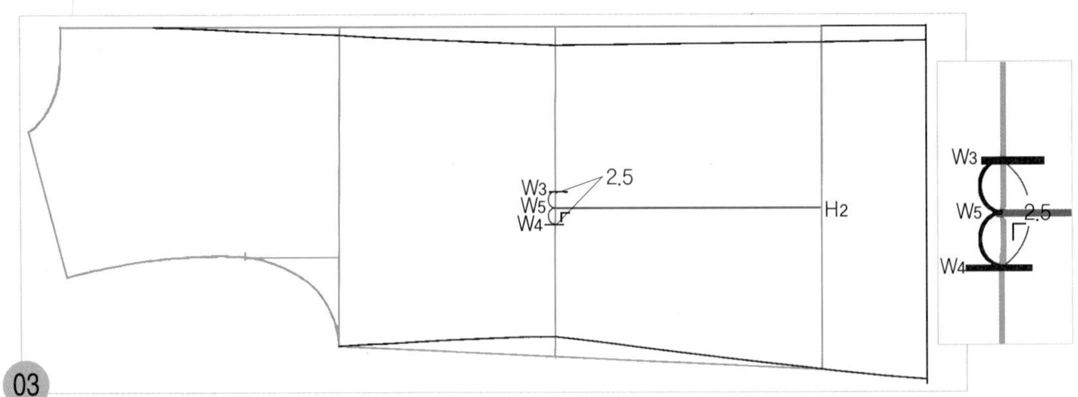

W3~W4=2등분(W5) W3점에서 W4점까지를 두 점을 2등분하여 그 1/2 지점에 패널라인 중심선을 그릴 위치(W5)를 표시하고, 직각으로 원형의 히프선까지 패널라인 중심선(H2)을 그린다.

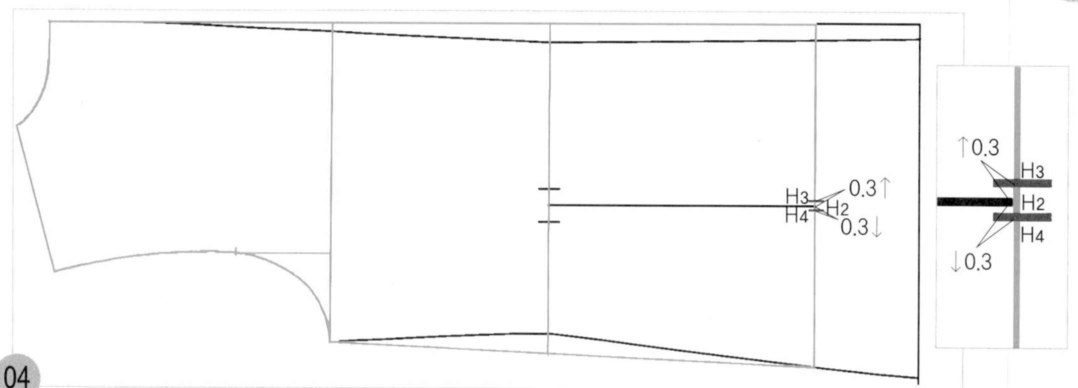

04

H_2~H_3=0.3cm, H_2~H_4=0.3cm

H_2점에서 뒤 중심 쪽으로 0.3cm 올라가 뒤 중심 쪽 패널라인을 그릴 통과점(H_3)을 표시하고, H_2 점에서 옆선 쪽으로 0.3cm 내려와 옆선 쪽 패널라인을 그릴 통과점(H_4)을 표시한다.

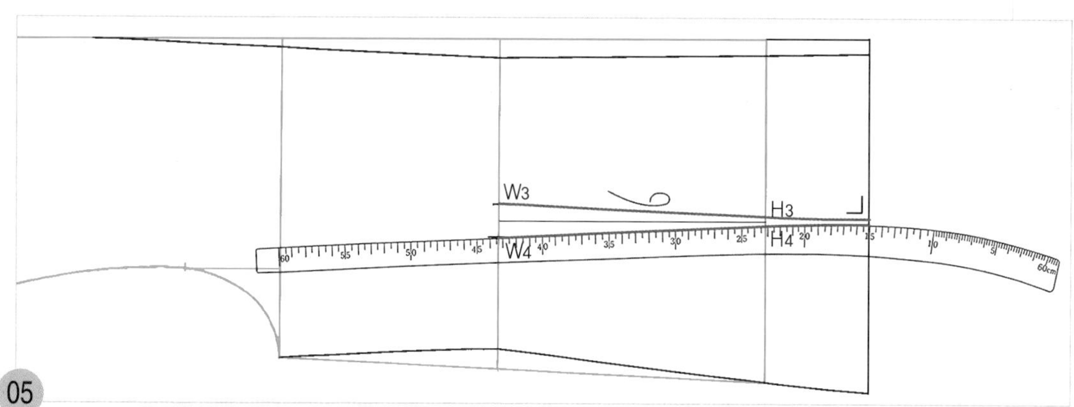

05

W_3~H_3, W_4~H_4=허리선 아래쪽 패널라인 밑단 선에 hip곡자 15 위치를 맞추었을 때 H_3점을 통과하면서 W_3점과 연결되도록 맞추어 뒤 중심 쪽의 허리선 아래쪽 패널라인을 그린 다음, hip곡자를 수직 반전하여 H_4 점을 통과하면서 W_4점과 연결되도록 맞추어 옆선 쪽의 허리선 아래쪽 패널라인을 그린다.

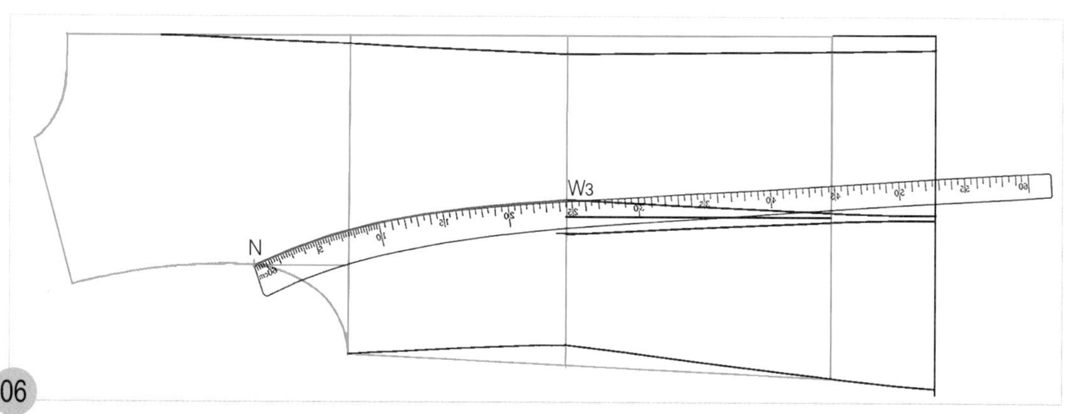

06

N~W_3=뒤 중심 쪽 허리선 위쪽 패널라인

원형의 N점에 hip곡자 끝 위치를 맞추면서 W_3점과 연결하여 뒤 중심 쪽의 허리선 위쪽 패널라인을 그린다.

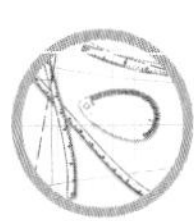

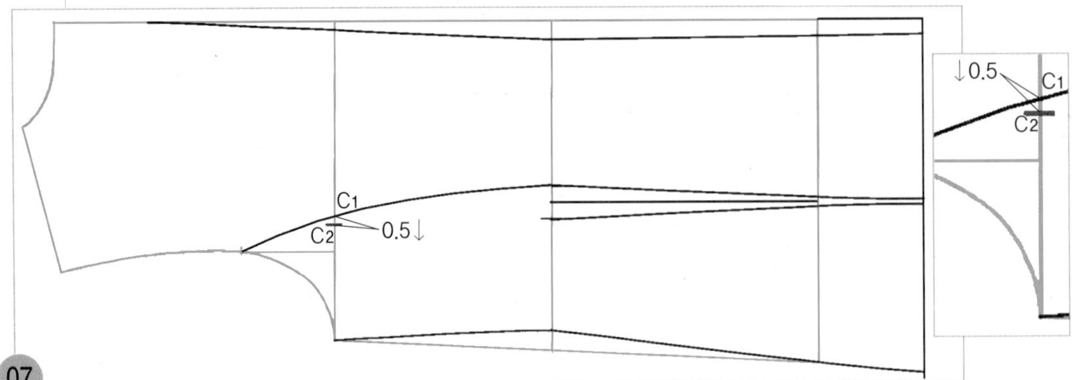

07

뒤 중심 쪽의 허리선 위쪽 패널라인과 위 가슴 둘레 선(CL)과의 교점(C_1)에서 0.5cm 내려와 옆선 쪽 패널라인을 그릴 통과점(C_2)을 표시한다.

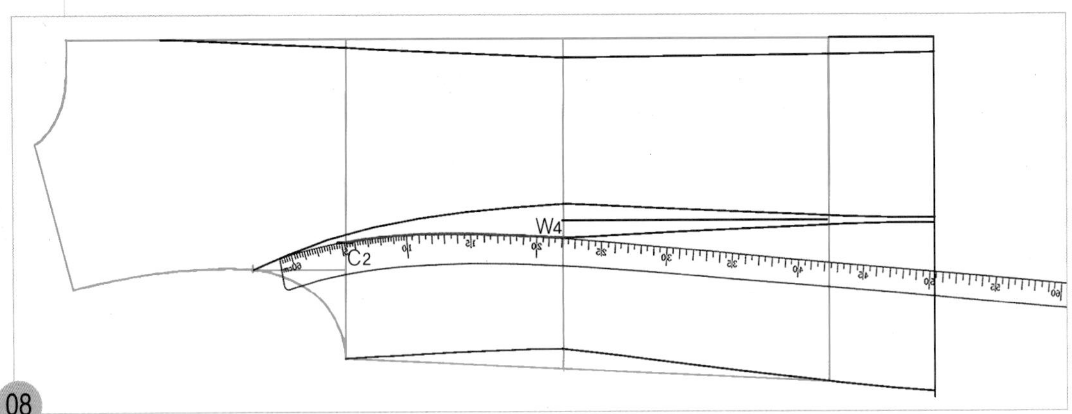

08

C_2점에 hip곡자 5 위치를 맞추면서 W_4점과 연결하여 옆선 쪽의 허리선 위쪽 패널 라인을 그린다.

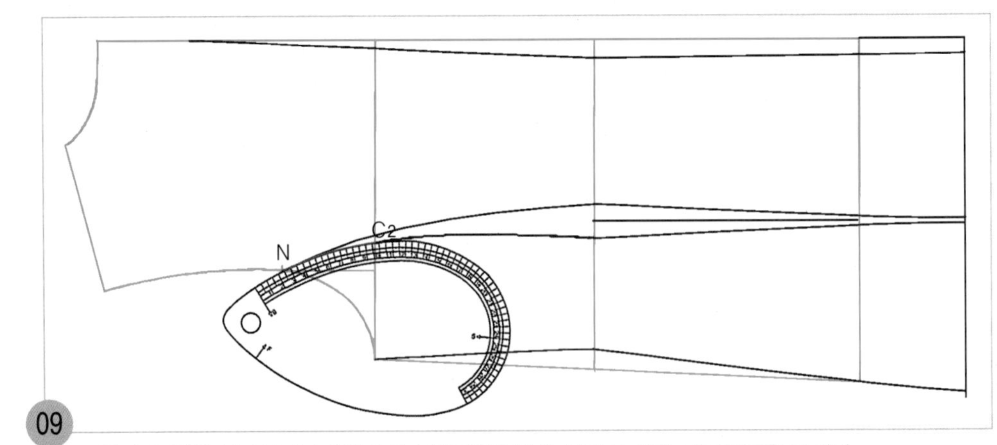

09

N점과 C_2점을 뒤 AH자로 연결하여 남은 옆선 쪽의 허리선 위쪽 패널라인을 그린다.

4. 어깨선을 그린다.

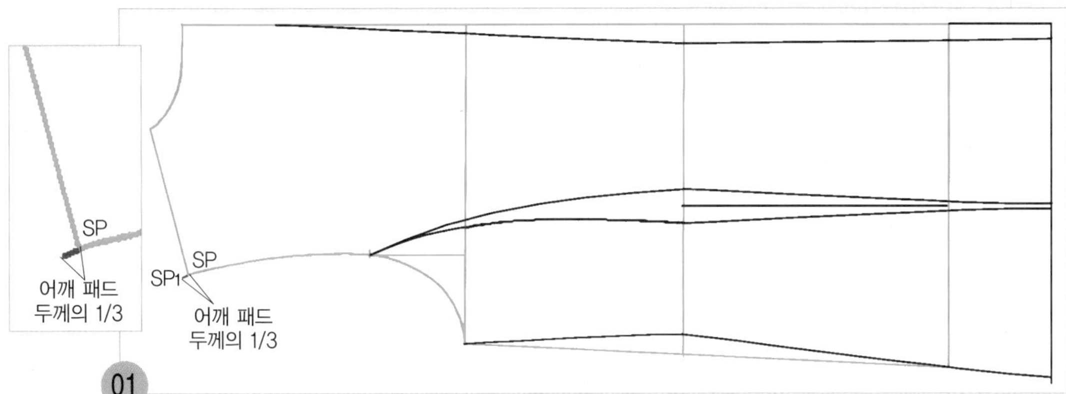

01

SP~SP1=어깨 패드 두께의 1/3 뒤 원형의 어깨 끝점(SP)에서 어깨 패드 두께의 1/3 분량만큼 뒤 진동 둘레 선(AH)을 추가하여 그리고 뒤 어깨 끝점(SP1)으로 한다.

주 어깨 패드를 넣지 않는 경우에는 원형의 어깨선을 그대로 사용한다.

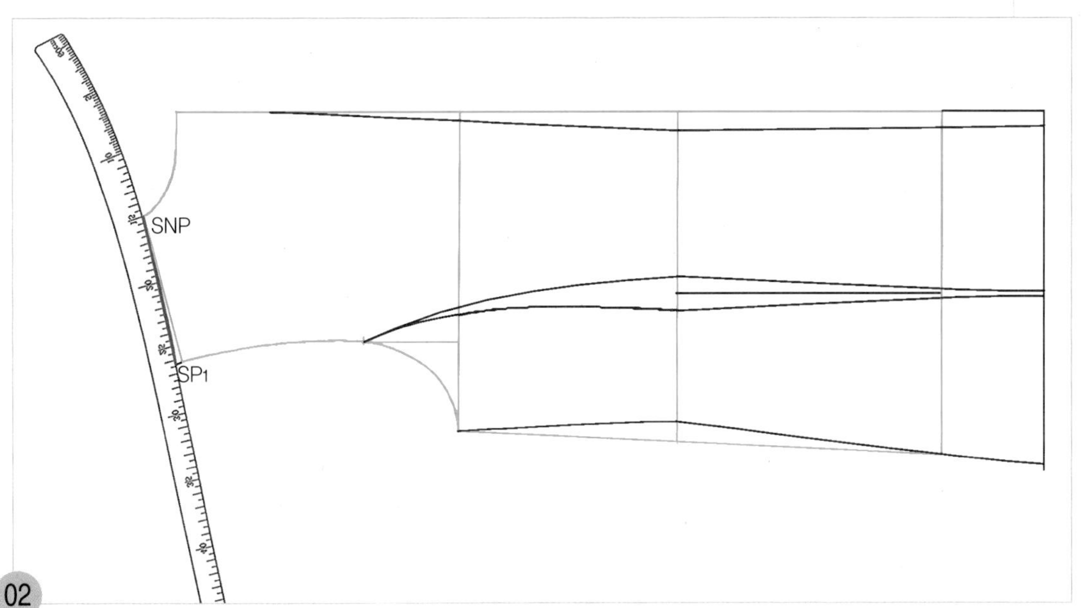

02

SNP~SP1=어깨선

뒤 원형의 옆 목점(SNP)에 hip곡자 15 위치를 맞추면서 수정한 어깨끝점(SP1)과 연결하여 곡선으로 어깨 완성선을 그린다.

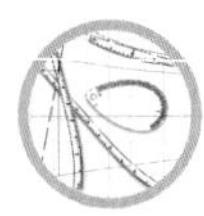

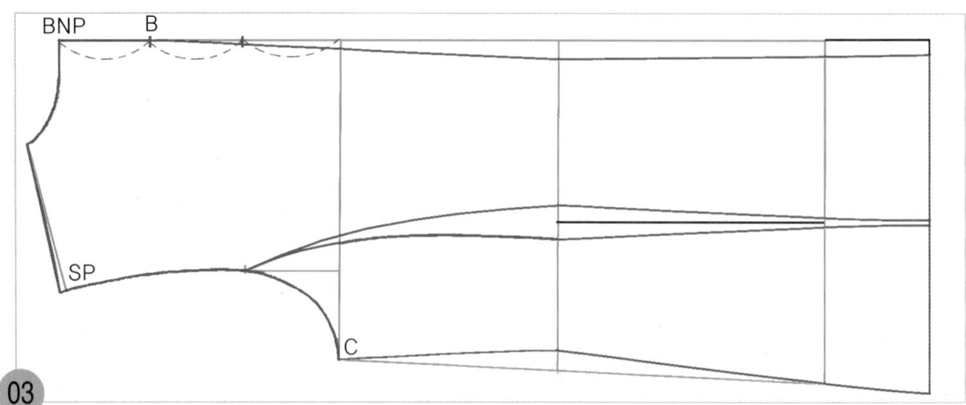

03

뒤 중심선(BNP~B)과 진동 둘레 선(SP~C)은 원형의 선을 그대로 사용한다.

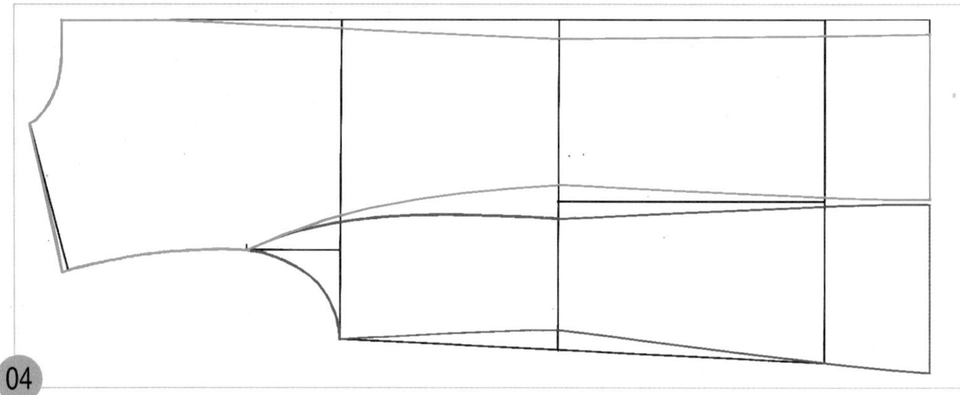

04

청색선이 뒤 중심 쪽, 적색선이 뒤 옆판의 완성선이다.

앞판 제도하기

1. 밑단 선을 추가하고 앞 허리 다트를 그린다.

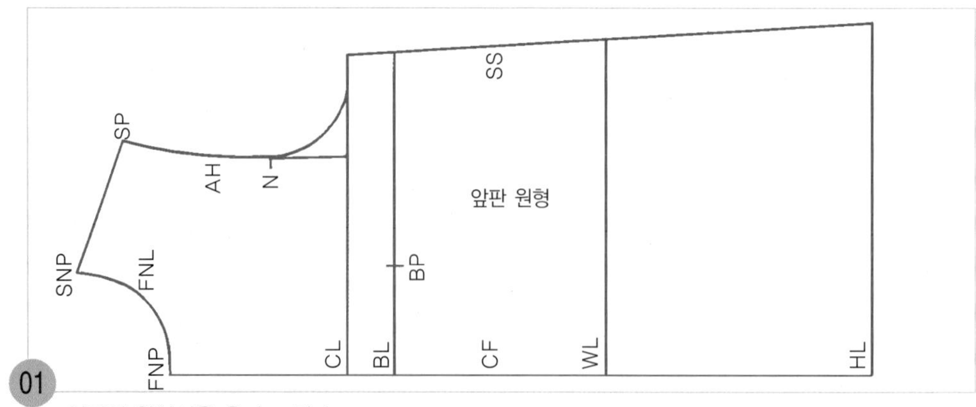

01

앞판의 원형선을 옮겨 그린다.

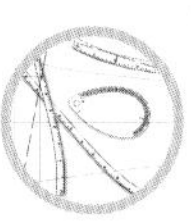

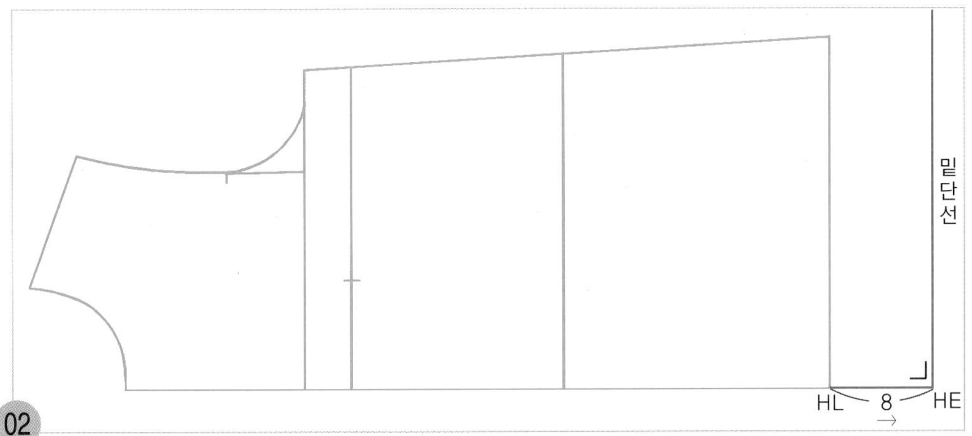

02

HL~HE=8cm(원하는 길이로 조정 가능) 직각자를 대고 앞 원형의 히프선(HL)에서 수평으로 밑단 선(HE)까지 8cm 앞 중심선을 연장시켜 그리고, 직각으로 밑단 선을 올려 그린다.

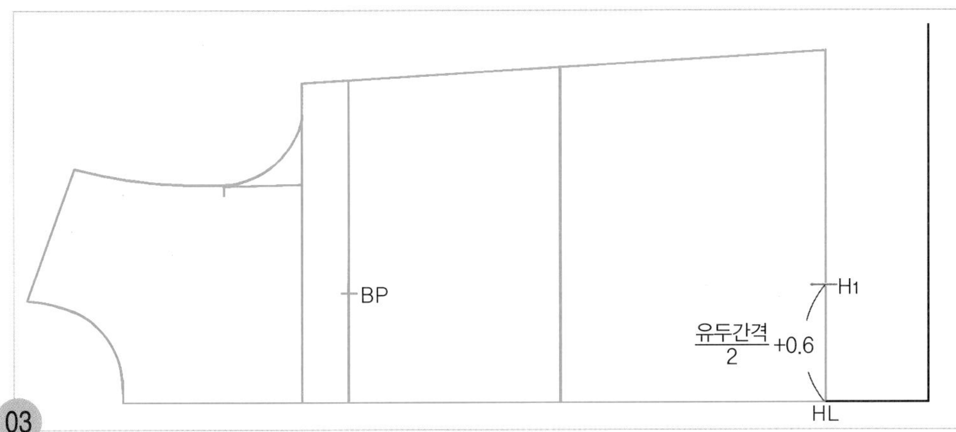

03

HL~H_1=(유두간격/2)+0.6cm 원형의 앞 중심 쪽 히프선(HL) 위치에서 히프선을 따라 (유두간격/2)+0.6cm 올라가 앞 허리 다트 중심선을 그릴 위치(H_1)를 표시한다.

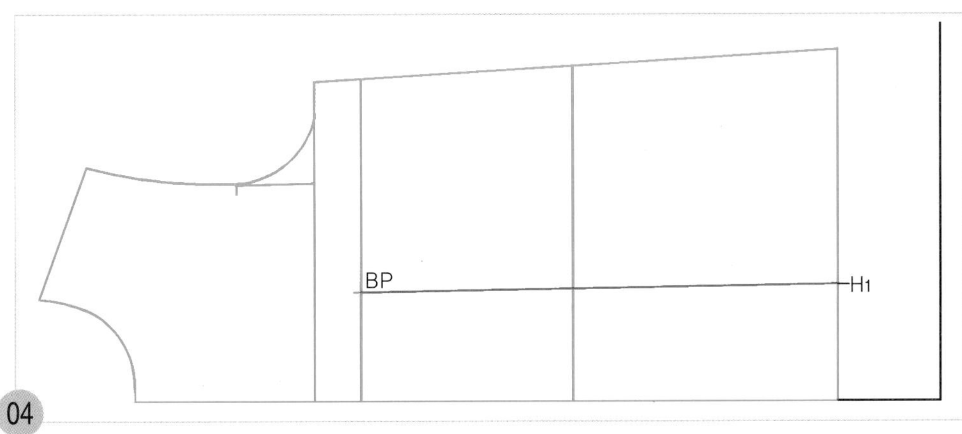

04

BP와 H_1점 두 점을 직선자로 연결하여 앞 허리 다트 중심선을 그린다.

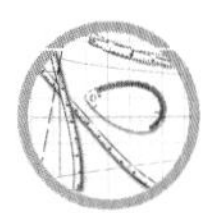

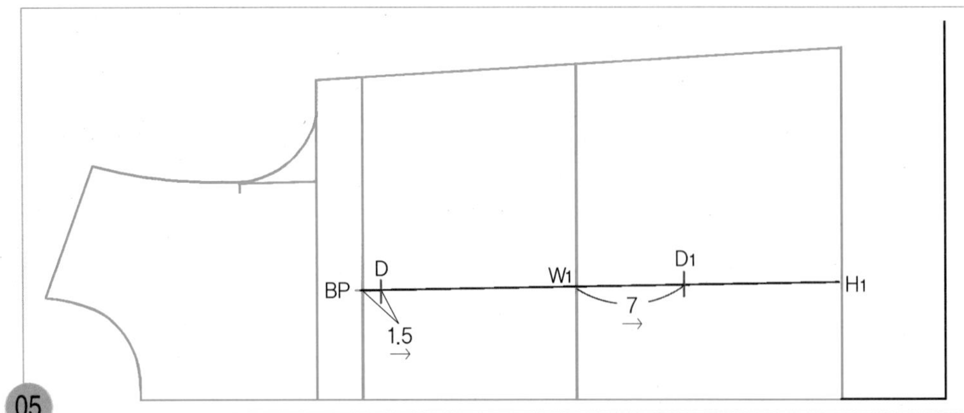

$BP\sim D=1.5cm$, $W_1\sim D_1=7cm$ 앞 원형의 유두점(BP)에서 다트 중심선을 따라 1.5cm 나가 허리선 위쪽 다트 끝점 위치(D)를 표시하고, 다트 중심선과 허리선의 교점(W_1)에서 다트 중심선을 따라 7cm 나가 허리선 아래쪽 다트 끝점 위치(D_1)를 표시한다.

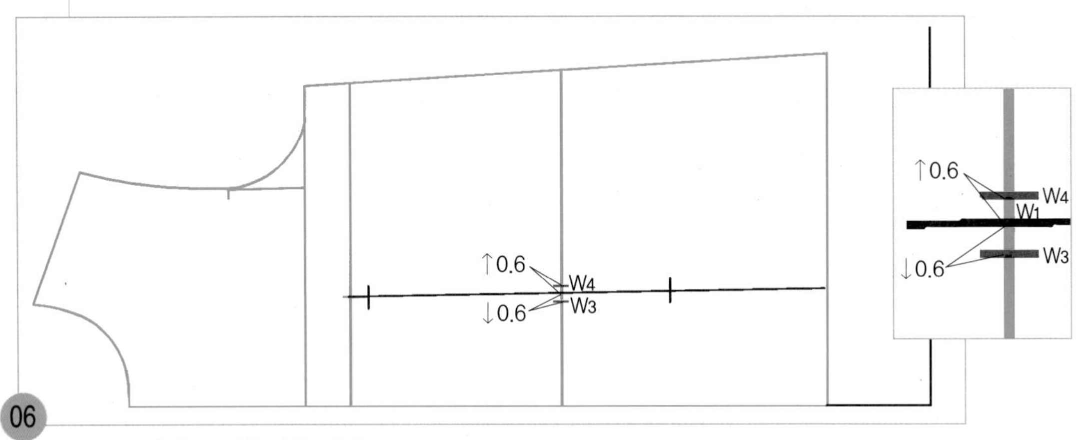

$W_1\sim W_3=0.6cm$, $W_1\sim W_4=0.6cm$

다트 중심선과 허리선의 교점(W_1)에서 0.6cm 내려와 앞 중심 쪽의 허리선 다트 위치(W_3)를 표시하고, 0.6cm 올라가 뒤 중심 쪽의 허리선 다트 위치(W_4)를 표시한다.

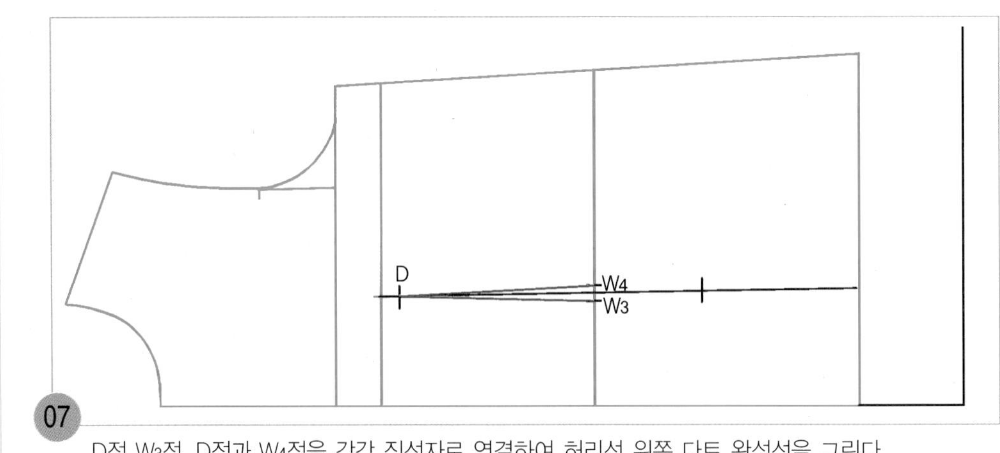

D점 W_3점, D점과 W_4점을 각각 직선자로 연결하여 허리선 위쪽 다트 완성선을 그린다.

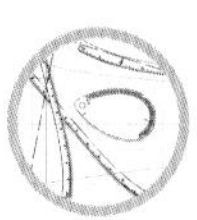

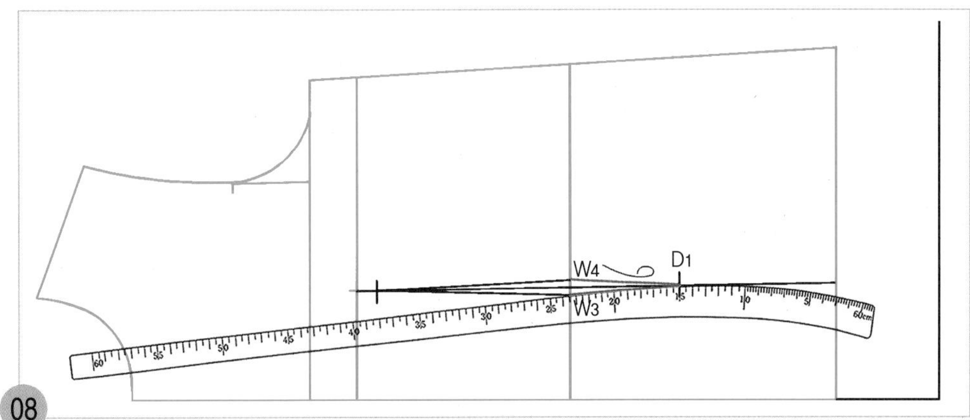

08

D_1점에 hip곡자 15 위치를 맞추면서 W_4점과 연결하여 옆선 쪽의 허리선 아래쪽 다트 완성선을 그리고, hip곡자를 수직 반전하여 D_1점에 hip곡자 15 위치를 맞추면서 W_3점과 연결하여 앞 중심 쪽의 허리선 아래쪽 다트 완성선을 그린다.

2. 옆선과 밑단의 완성선을 그린다.

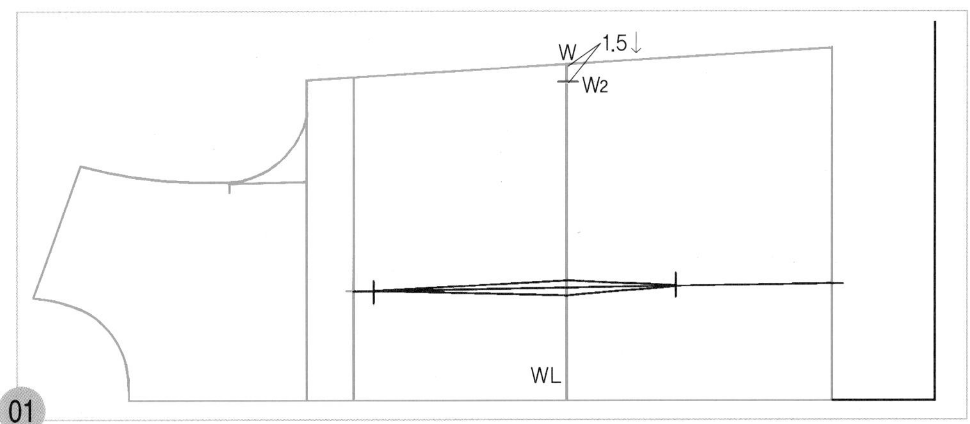

01

W~W2=1.5cm 앞 원형의 허리선(WL) 옆선 쪽 끝점(W)에서 1.5cm 내려와 옆선의 완성선을 그릴 허리선 위치(W_2)를 표시한다.

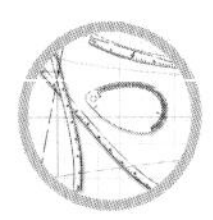

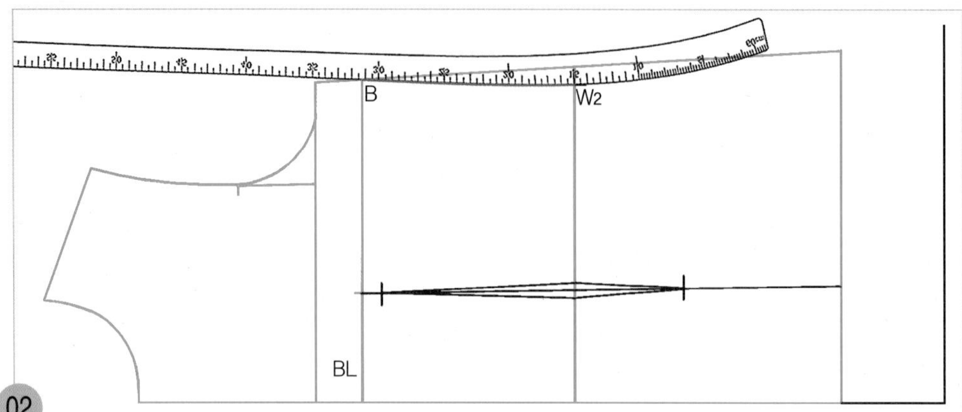

02

B~W_2=앞 허리선 위쪽 옆선 앞 원형의 허리선(WL) 옆선 쪽 끝점(W)에서 1.5cm 내려와 표시한 W_2점에 hip곡자 15 위치를 맞추면서 앞 원형의 가슴 둘레 선(BL)의 옆선 쪽 끝점(B)과 연결하여 허리선 위쪽 옆선의 완성선을 그린다.

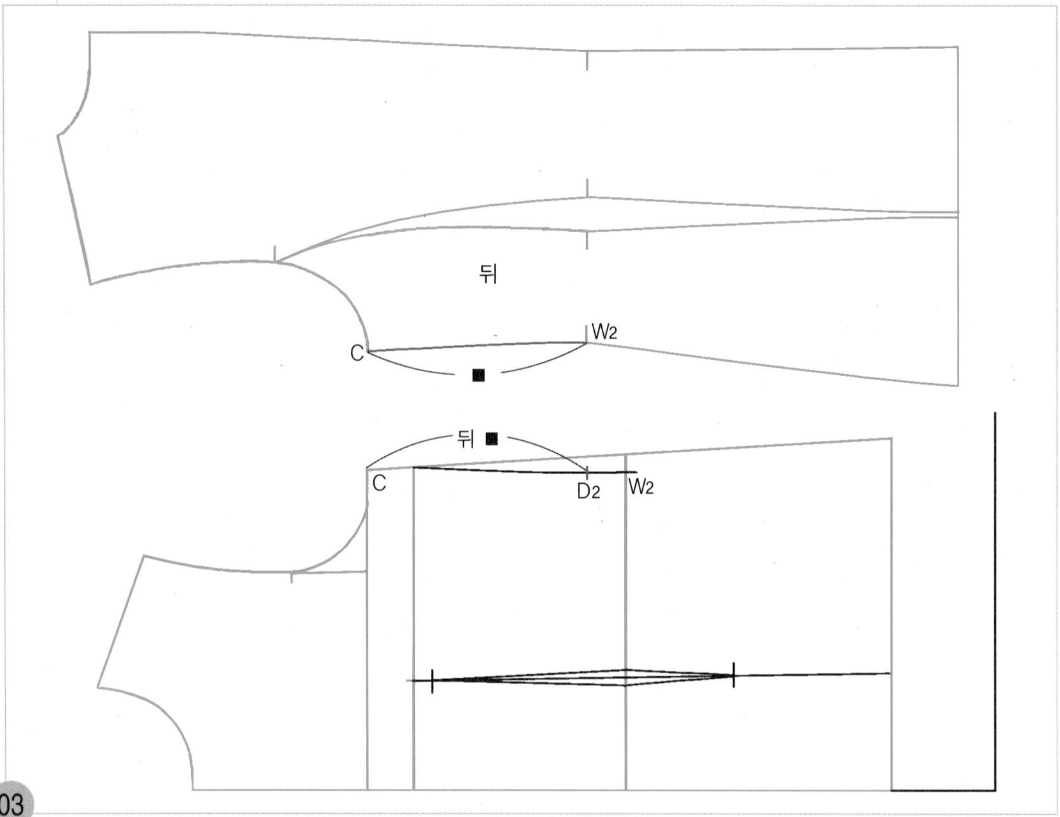

뒤
W_2
C
■
뒤 ■
C
D_2
W_2

03

C~D_2=뒤 허리선 위쪽 옆선 길이(C~W_2=■) 뒤판의 C~W_2점까지의 뒤 허리선 위쪽 옆선 길이(■)를 재어, 같은 길이(■)를 앞 원형의 위 가슴 둘레 선(CL) 옆선 쪽 끝점(C)에서 허리선 쪽으로 옆선의 완성선을 따라 나가 가슴 다트량을 구할 위치(D_2)를 표시한다.

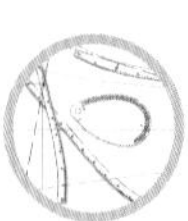

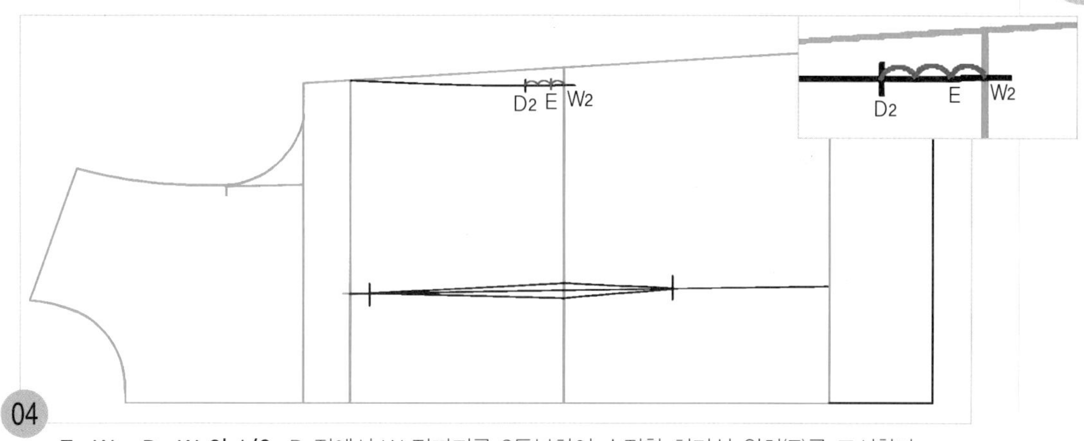

04

E~W2=D~W2의 1/3 D2점에서 W2점까지를 3등분하여 수정할 허리선 위치(E)를 표시한다.

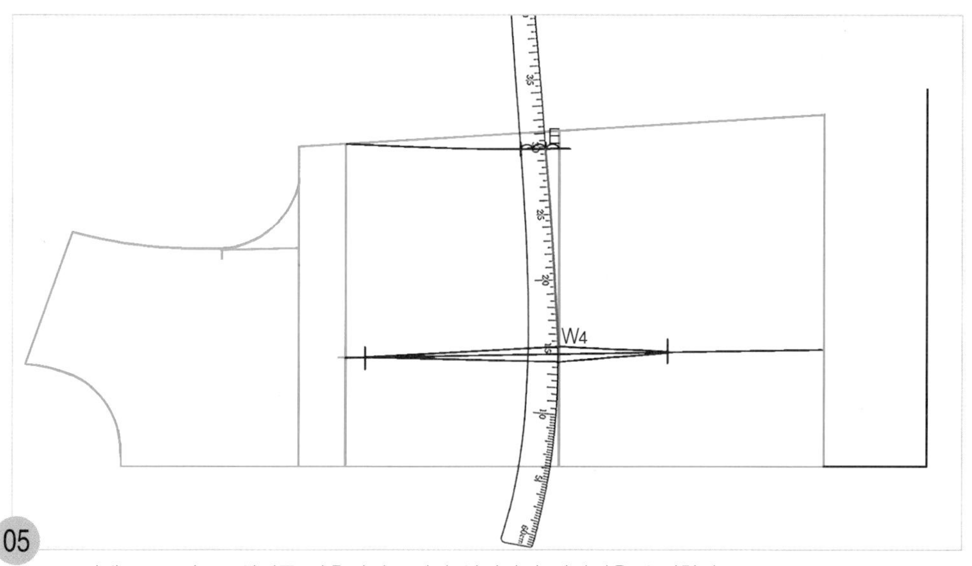

05

W4점에 hip곡자 15 위치를 맞추면서 E점과 연결하여 허리선을 수정한다.

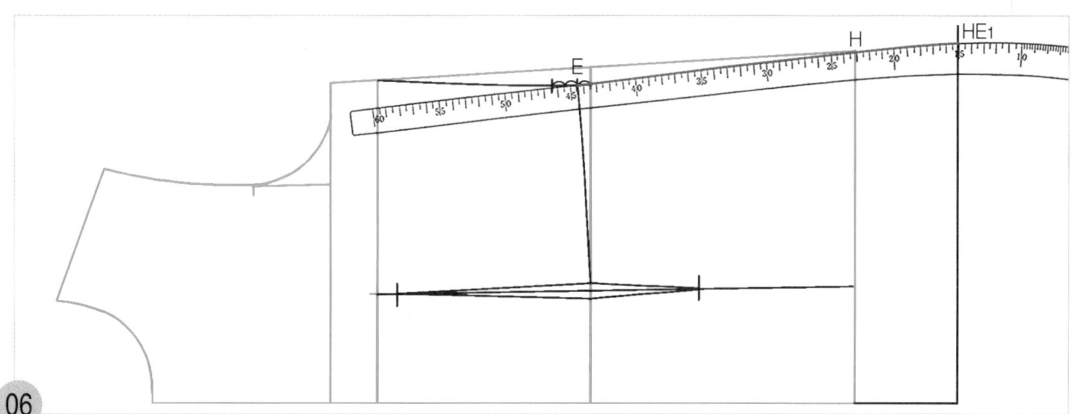

06

E~HE1=허리선 아래쪽 옆선의 완성선 밑단의 안내선에 hip곡자 15 위치를 맞추었을 때 원형의 옆선 쪽 히프선 끝점(H)을 통과하면서 E점과 연결되도록 맞추어 허리선 아래쪽 옆선의 완성선을 그린다.

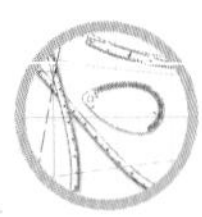

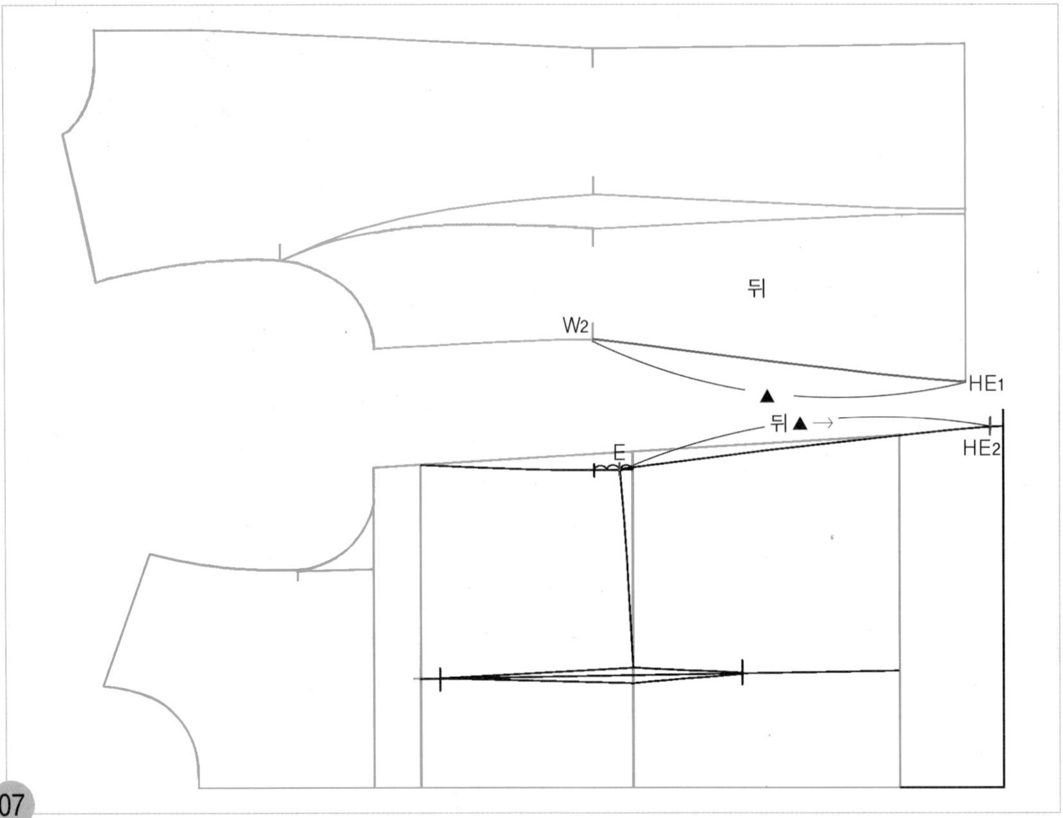

07

E~HE$_2$=뒤 허리선 아래쪽 옆선 길이(W$_2$~HE=▲)

뒤판의 W$_2$점에서 HE$_1$점까지의 뒤 허리선 아래쪽 옆선 길이(▲)를 재어, 같은 길이(▲)를 E점에서 앞판의 허리선 아래쪽 옆선을 따라 나가 앞 밑단 쪽 옆선 위치(HE$_2$)를 표시한다.

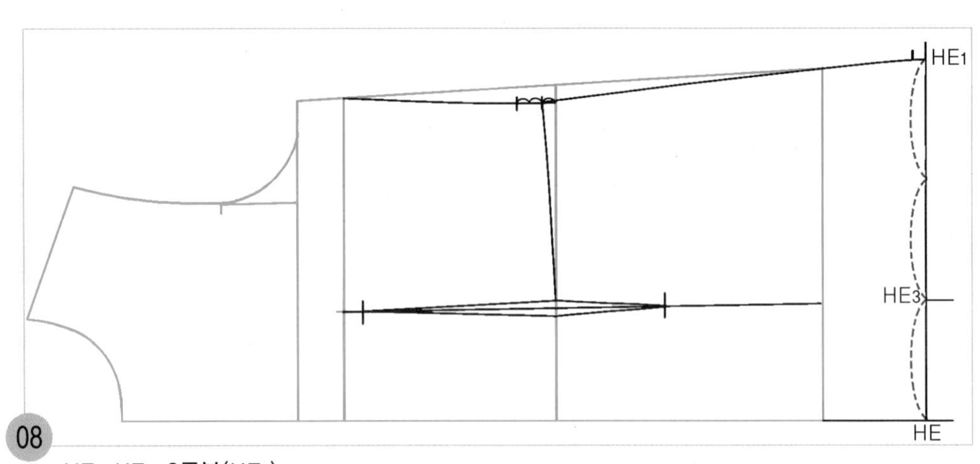

08

HE~HE$_1$=3등분(HE$_3$)

밑단 선의 HE점에서 HE$_1$점까지를 3등분하여 앞 중심 쪽 1/3 위치에 앞 처짐분 선을 그릴 위치(HE$_3$)를 표시한다.

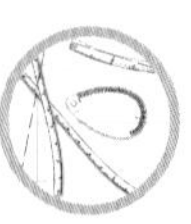

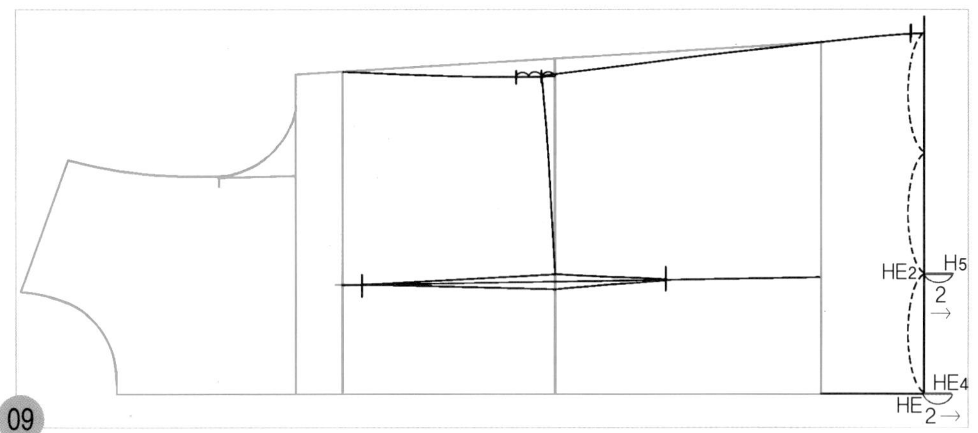

09

HE~HE4=2cm, HE3~HE5=2cm 앞 중심선의 밑단 선 끝점(HE)과 앞 중심 쪽 1/3 위치(HE3)에서 각각 2cm씩 수평으로 앞 처짐분(HE4=앞 중심 쪽, HE5)을 추가하여 그린다.

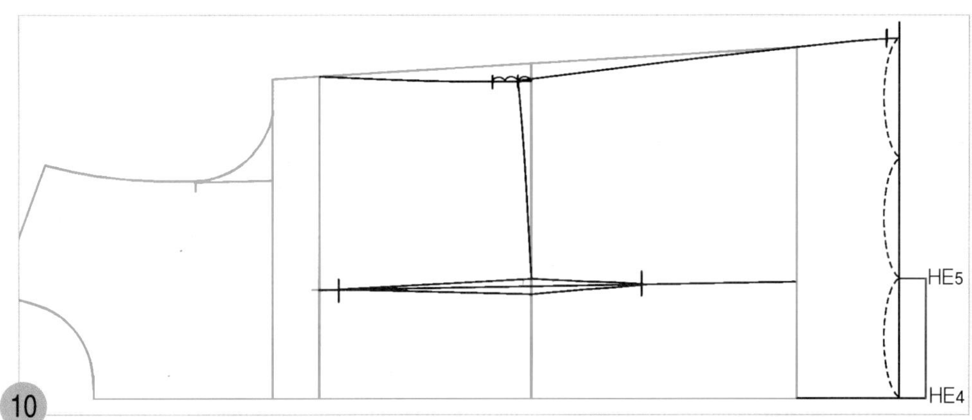

10

밑단 선 쪽에서 2cm씩 추가하여 그린 HE4점과 HE5점 두 점을 직선자로 연결하여 앞 처짐분 밑단의 완성선을 그린다.

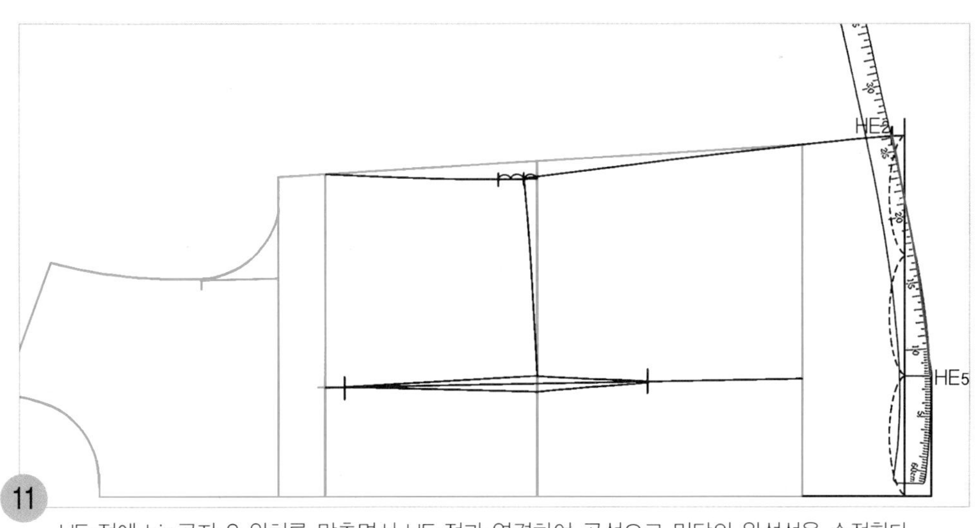

11

HE5점에 hip곡자 8 위치를 맞추면서 HE2점과 연결하여 곡선으로 밑단의 완성선을 수정한다.

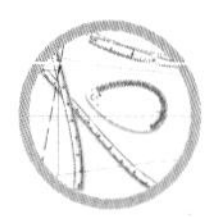

3. 가슴 다트선을 그린다.

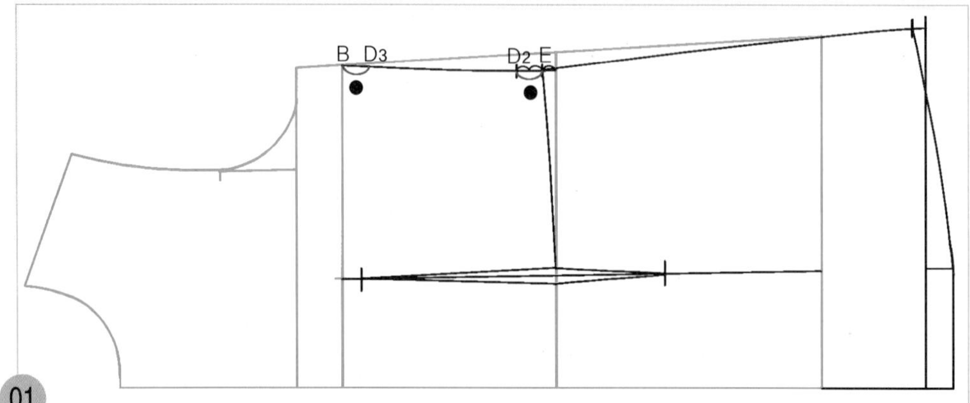

D2~E=가슴 다트 분량 D2점에서 E점까지의 분량(●)을 재어, 같은 길이(●)를 앞 원형의 가슴 둘레 선(BL) 옆선 쪽 끝점(B)에서 옆선을 따라 나가 가슴 다트를 그릴 위치(D3)를 표시한다.

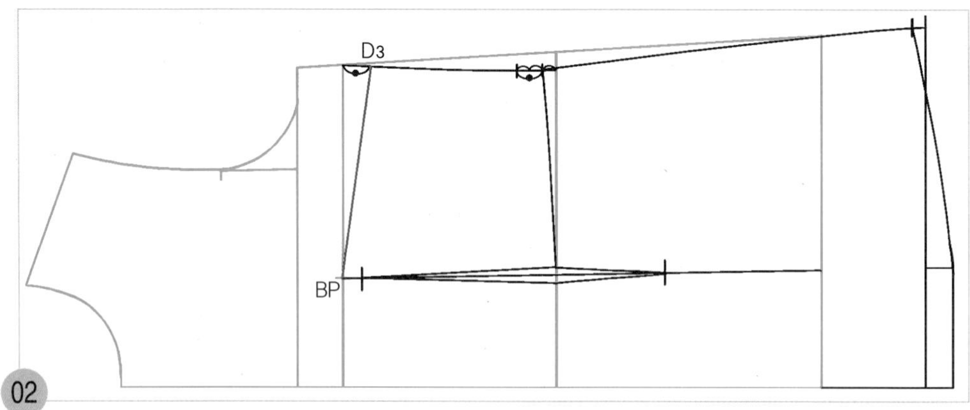

D3~BP=가슴 다트 선 D3점과 유두점(BP) 두 점을 직선자로 연결하여 가슴 다트선을 그린다.

4. 앞 패널라인을 그린다.

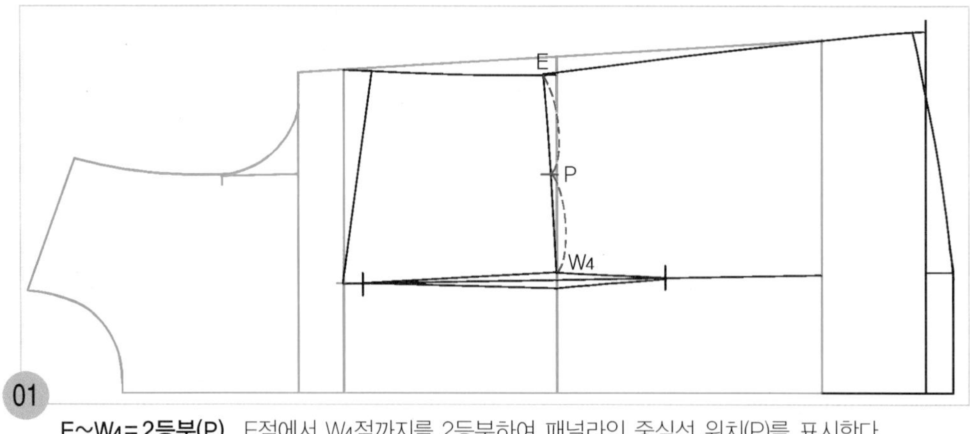

E~W4=2등분(P) E점에서 W4점까지를 2등분하여 패널라인 중심선 위치(P)를 표시한다.

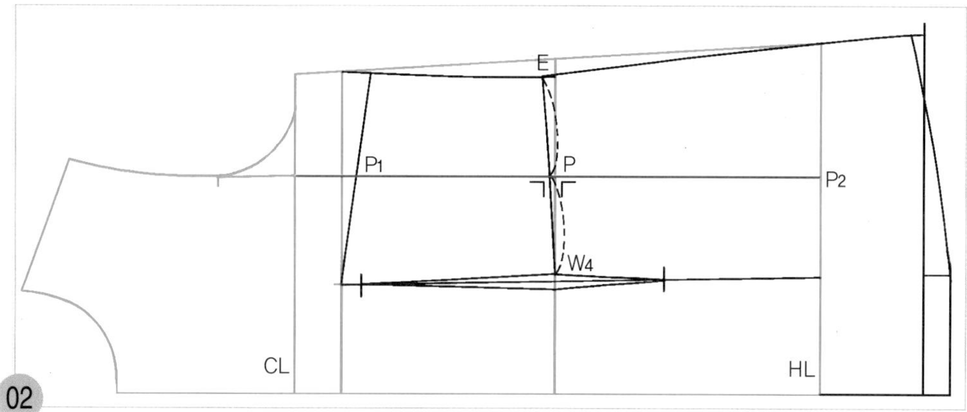

P1~P~P2=패널라인 중심선 P점에서 직각으로 원형의 위 가슴둘레 선(CL)까지 패널라인 중심선(P1)을 그린 다음 P점에서 직각으로 원형의 히프선(HL)까지 패널라인 중심선(P2)을 그린다.

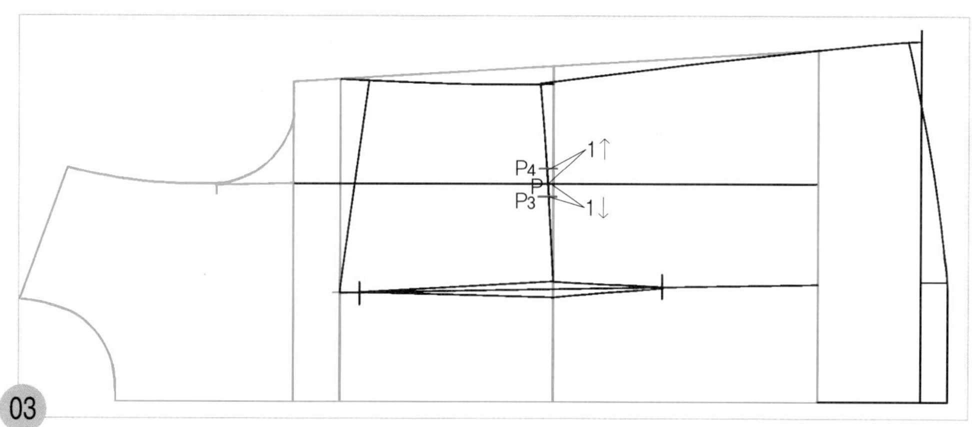

P~P3, P~P4=1cm P점에서 1cm 내려와 앞 중심 쪽 허리선의 패널라인 위치(P3)를 표시하고, P점에서 1cm 올라가 옆선 쪽 허리선의 패널라인 위치(P4)를 표시한다.

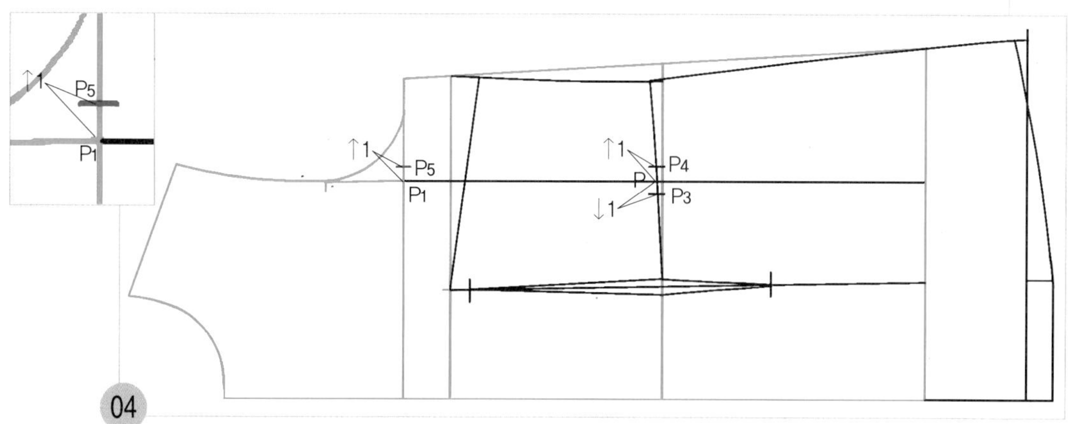

P1~P5=1cm(생략 가능)

P1점에서 1cm 올라가 옆선 쪽의 허리선 위쪽 패널라인을 그릴 통과점(P5)을 표시한다.

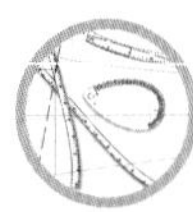

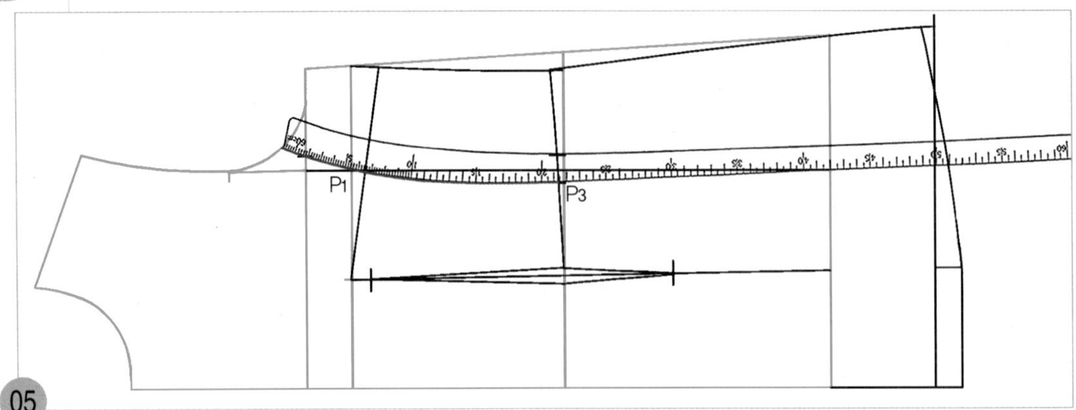

05

P_1점과 P_3점을 hip곡자로 연결하면서 hip곡자 끝이 진동 둘레 선(AH)에 마주 닿게 맞추어 앞 중심 쪽의 허리선 위쪽 패널라인을 그린다.

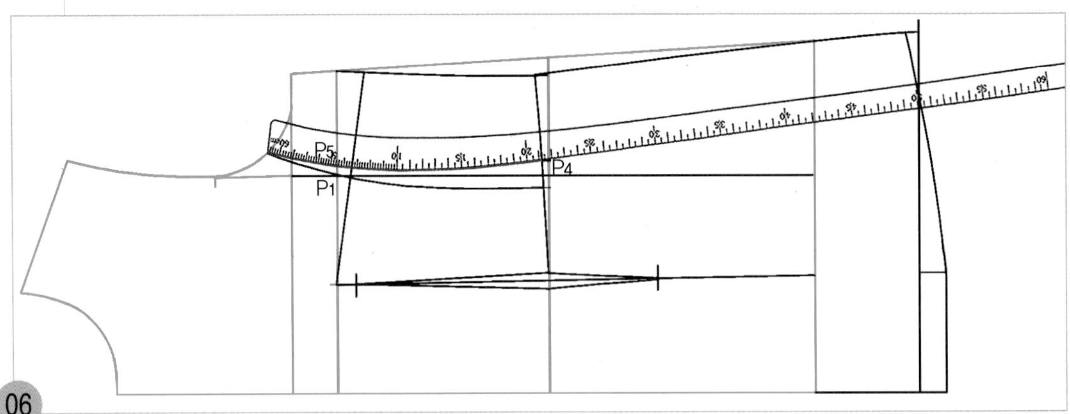

06

05에서 그린 패널라인의 진동 둘레 선 위치에서 hip곡자의 끝을 누르고 hip곡자 아래쪽을 옆선 쪽으로 돌려 P_4점과 연결하고 옆선 쪽의 허리선 위쪽 패널라인을 그린다. 따라서 04는 생략이 가능한 것이나, 만약 P_1점에서 1cm 올라간 P_5점을 통과하지 않는 경우에는 P_5점에 hip곡자 5 위치를 맞추면서 P_4점과 연결하여 옆선 쪽 패널라인을 그린 다음, P_5점과 진동 둘레 선 쪽의 패널라인 끝점을 AH자로 연결하여 두 번에 나누어 그리도록 한다.

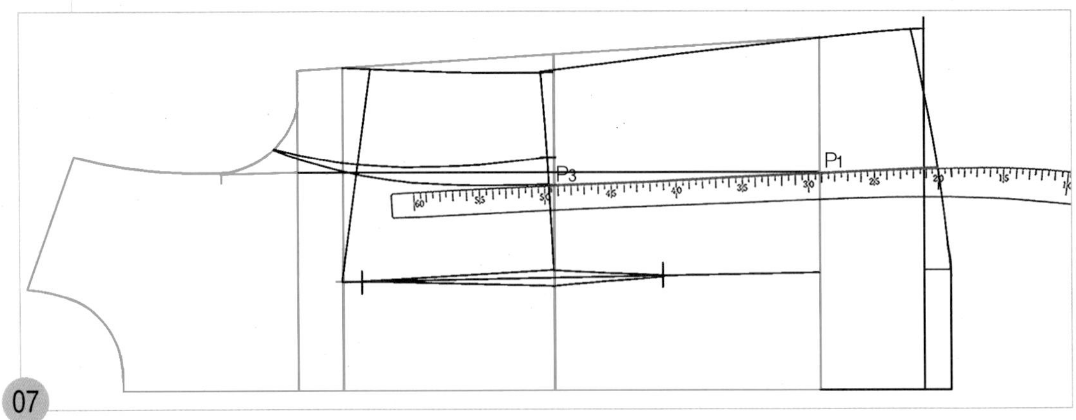

07

P_1점과 P_3점을 hip곡자로 연결하면서 밑단의 완성선에 hip곡자의 20 위치를 맞추어 앞 중심 쪽의 허리선 아래쪽 패널라인을 그린다.

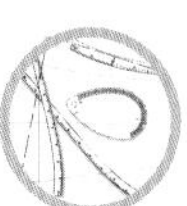

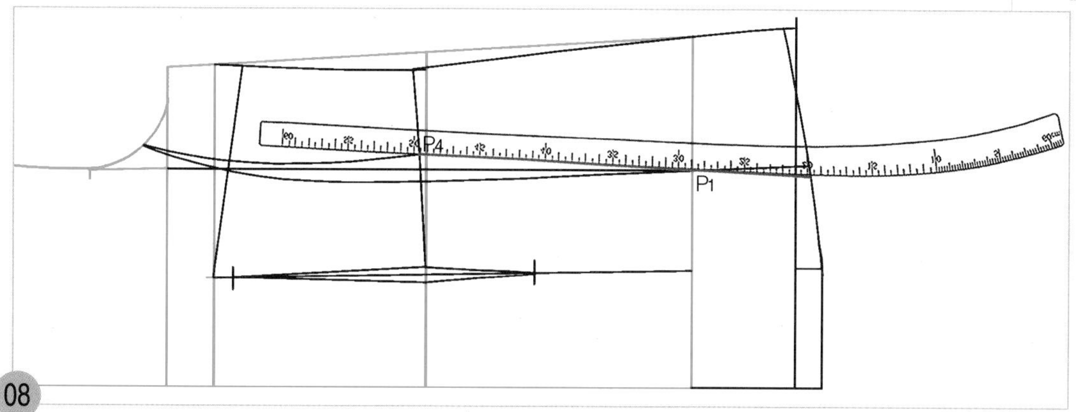

08

P1점과 P4점을 hip곡자로 연결하면서 밑단의 완성선에 hip곡자의 20 위치를 맞추어 옆선 쪽의 허리선 아래쪽 패널라인을 그린다.

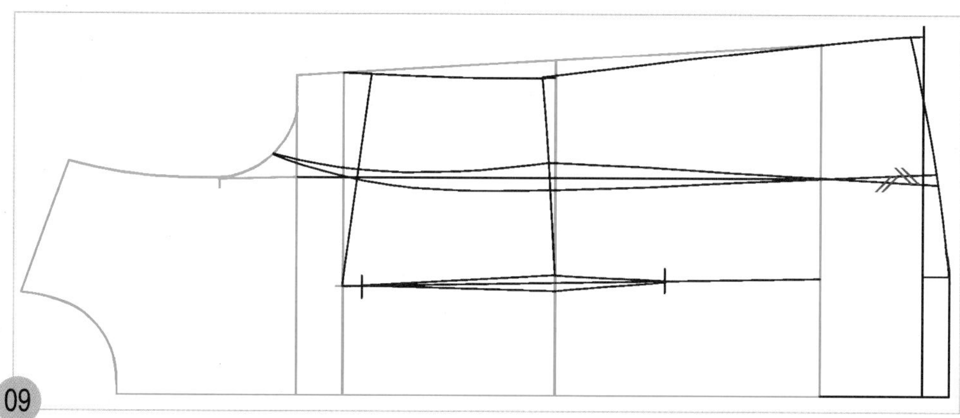

09

히프선 아래쪽의 앞 중심 쪽의 패널라인과 옆선 쪽의 패널라인이 교차되게 되므로 선의 교차 표시를 넣어둔다.

5. 앞 목둘레 선을 그린다.

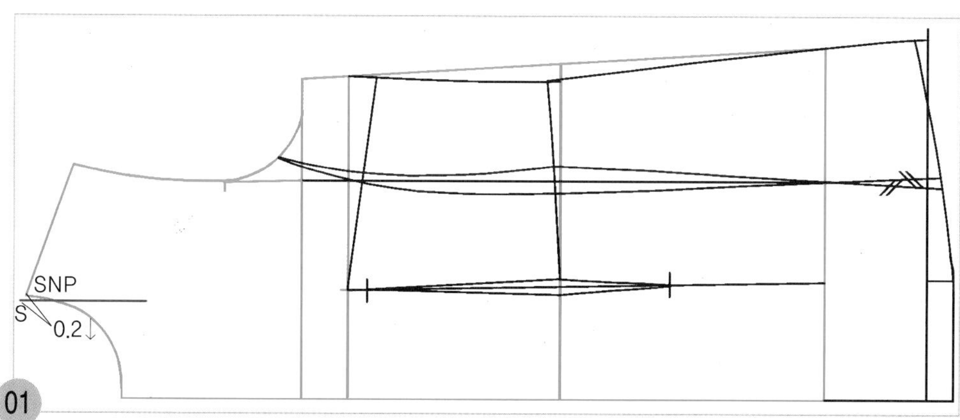

01

원형의 옆 목점(SNP)에서 0.2cm 앞 중심 쪽으로 내려와 수정할 옆 목점 위치(S)를 표시하고 앞 목둘레 선을 그릴 안내선을 수평으로 조금 길게 그려둔다.

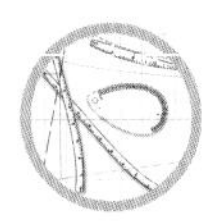

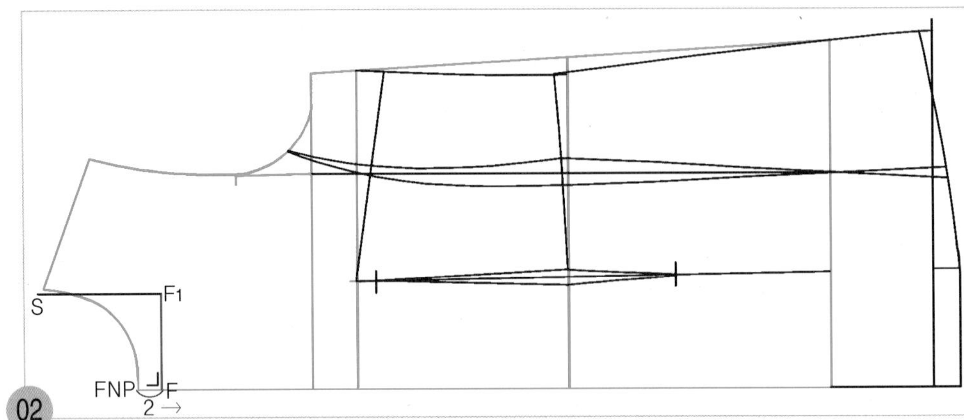

원형의 앞 목점(FNP)에서 앞 중심선을 따라 2cm 나가 앞 목점 위치(F)를 표시하고 직각으로 앞 목둘레 선을 그릴 안내선을 올려 그린 다음, S선과 F선의 교점을 F_1점으로 표시해 둔다.

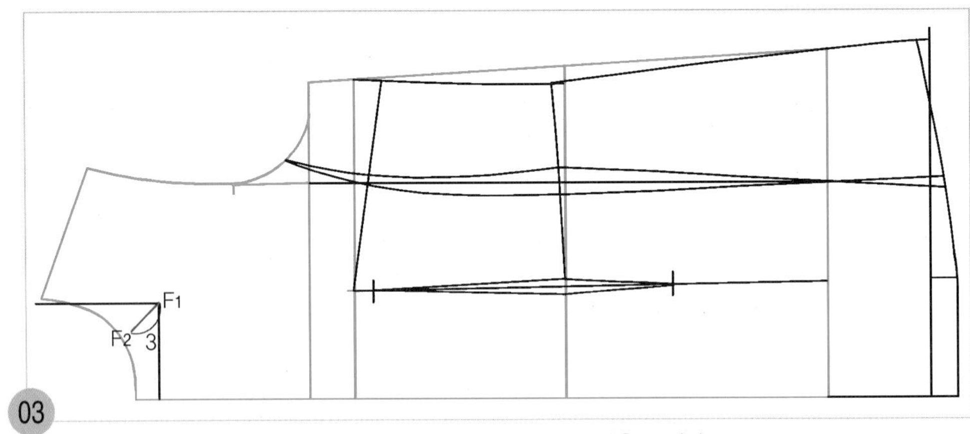

F_1점에서 45도 각도로 3cm 앞 목둘레 선을 그릴 통과선(F_2)을 그린다.

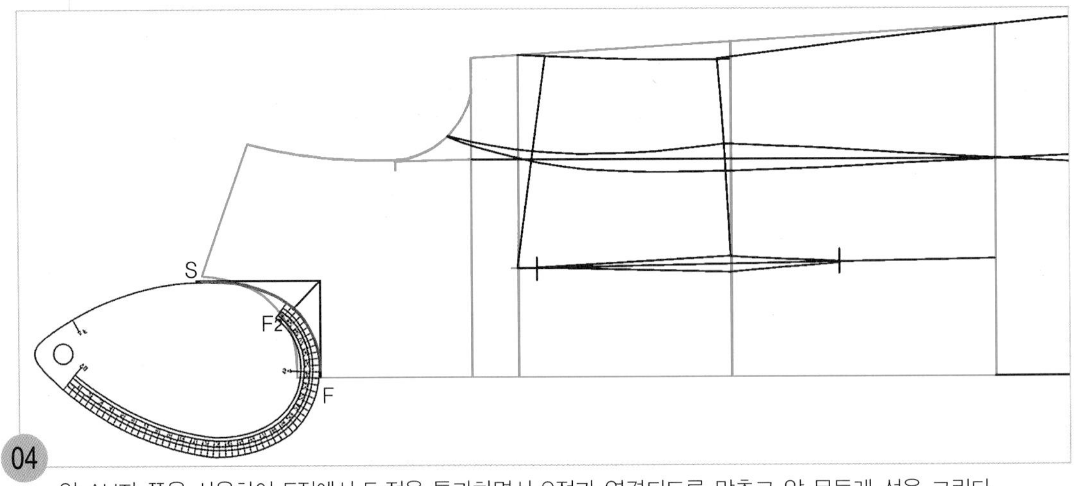

앞 AH자 쪽을 사용하여 F점에서 F_2점을 통과하면서 S점과 연결되도록 맞추고 앞 목둘레 선을 그린다.

6. 어깨선을 그린다.

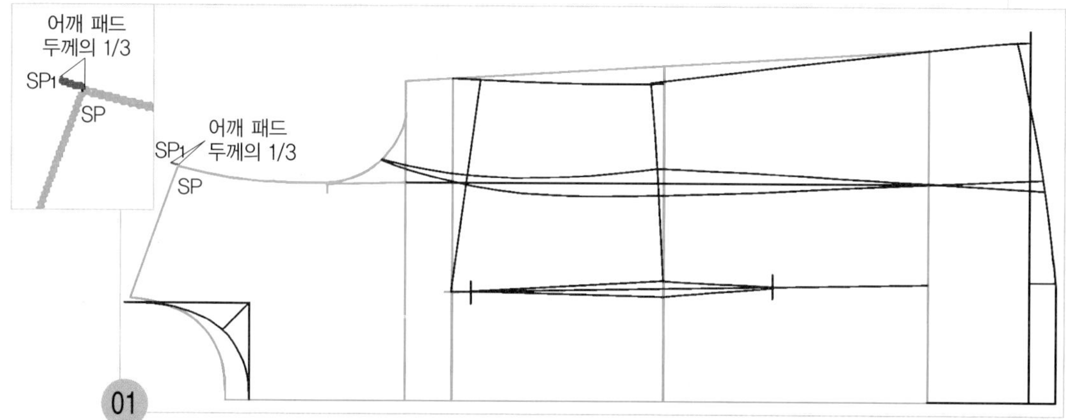

SP~SP1=어깨 패드 두께의 1/3 원형의 어깨 끝점(SP)에서 어깨 패드 두께의 1/3 분량만큼 앞 진동 둘레 선(AH)을 추가하여 그리고 앞 어깨 끝점(SP1)으로 한다.

注 어깨 패드를 넣지 않는 경우에는 원형의 어깨선을 그대로 사용한다.

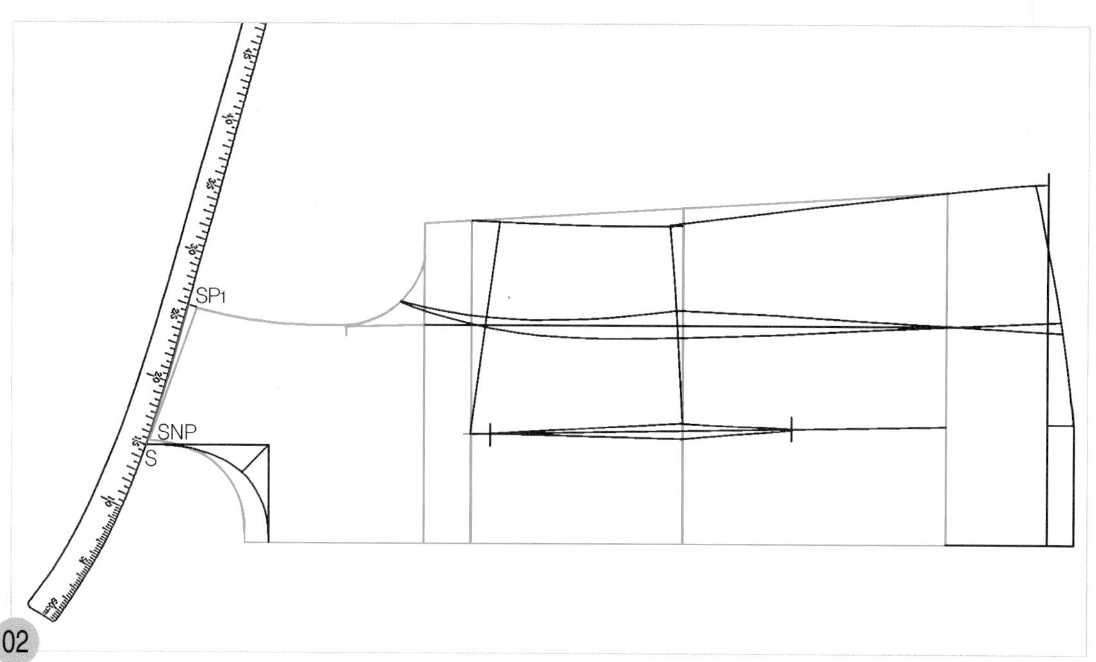

S~SP1=어깨선 원형의 옆 목점(SNP)에 hip곡자 15 위치를 맞추면서 수정한 어깨끝점(SP1)점과 연결하여 0.2cm 내려와 그린 S선까지 곡선으로 어깨 완성선을 수정한다.

注 수정한 어깨 완성선과 S선의 교점이 앞판의 옆 목점 위치가 된다.

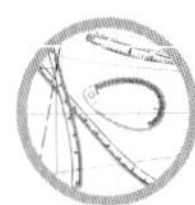

7. 앞 여밈분 선을 그리고 단춧구멍 위치를 표시한다.

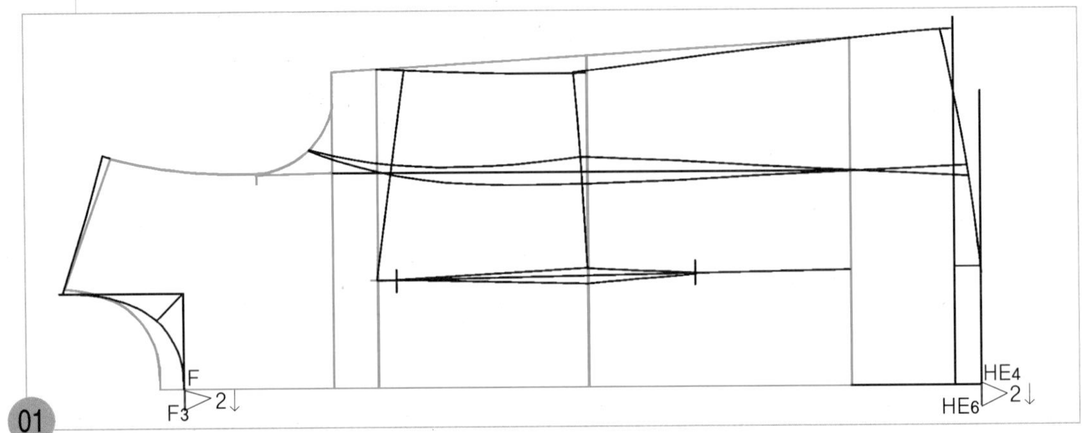

F~F3=2cm, HE4~HE6=2cm F점과 HE4점에서 수직으로 2cm씩 앞 여밈분 선(F3, HE6)을 내려 그린다.

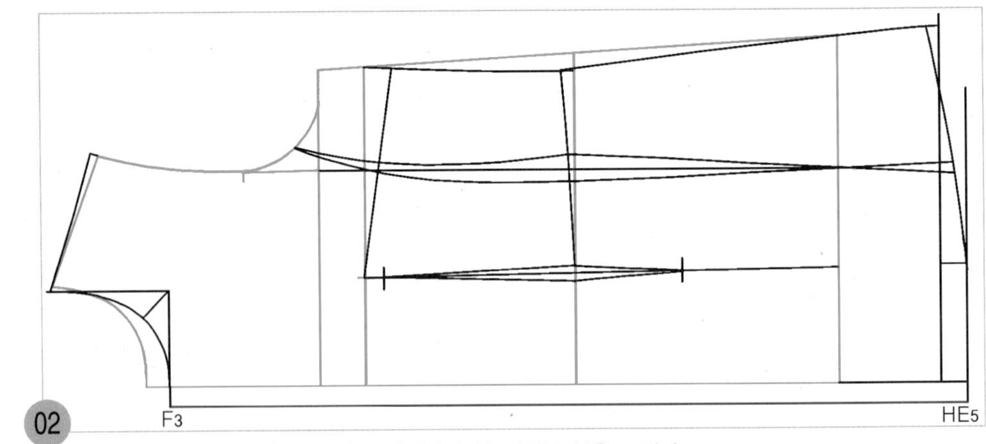

F3점과 HE6점 두 점을 직선자로 연결하여 앞 여밈분 선을 그린다.

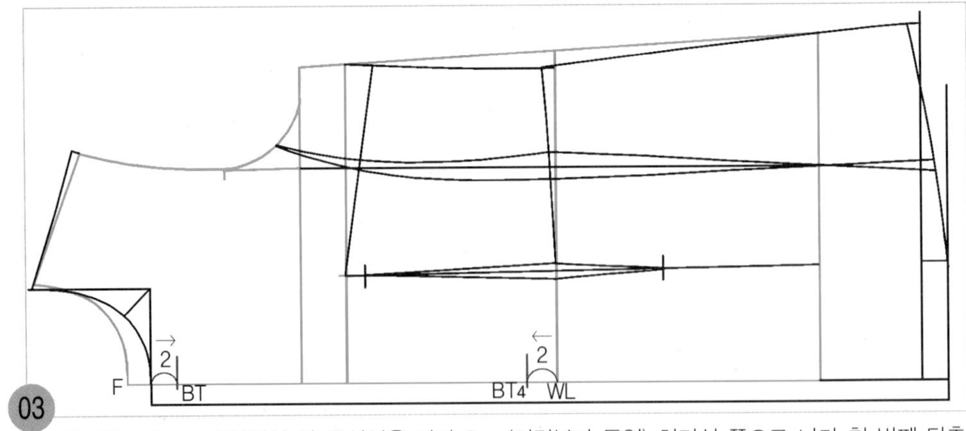

F~BT=2cm F점에서 앞 중심선을 따라 2cm(여밈분과 동일) 허리선 쪽으로 나가 첫 번째 단춧구멍 위치(BT)를 표시하고, 허리선(WL)에서 2cm 앞 목점 쪽으로 나가 네 번째 단춧구멍 위치(BT4)를 표시한다.

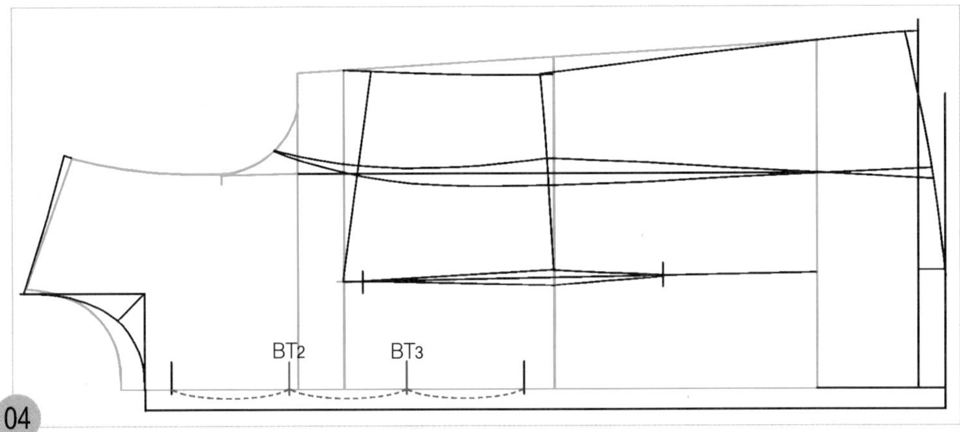

BT~BT4=3등분

BT점에서 BT4점까지를 3등분하여 각 1/3 위치에 두 번째 단춧구멍 위치(BT2), 세 번째 단춧구멍 위치(BT3)를 표시한다. 이때 각 단춧구멍 위치의 표시는 단추의 직경보다 조금 길게 표시한다.

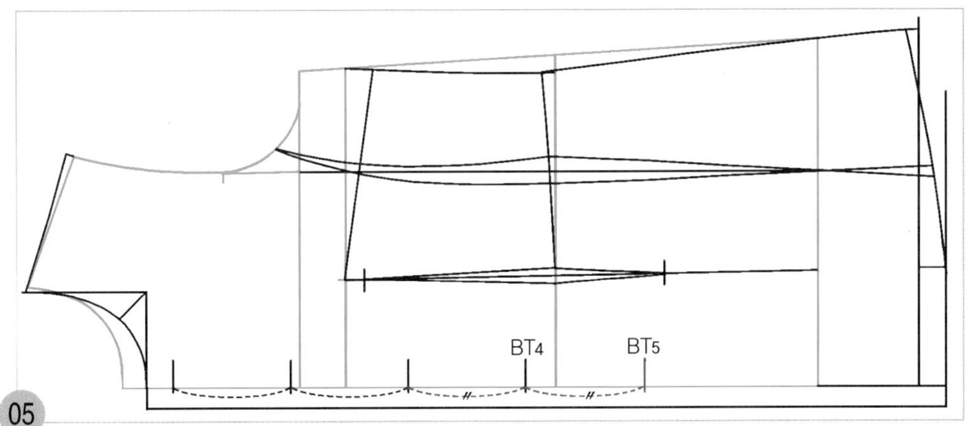

BT점에서 BT4점까지를 3등분한 1/3 치수를 BT4점에서 밑단 쪽으로 나가 다섯 번째 단춧구멍 위치(BT5)를 표시한다.

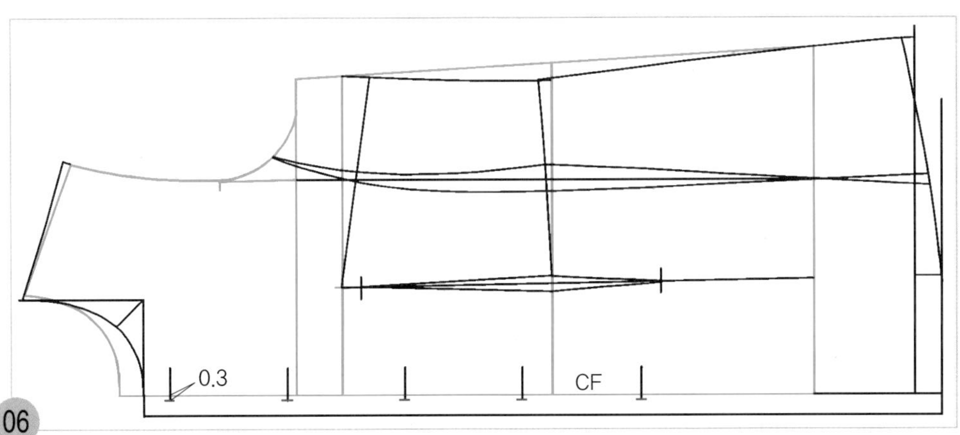

각 단춧구멍 위치의 앞 중심선에서 여유분 0.3cm를 내려와 앞 중심 쪽 단춧구멍의 트임 끝 위치를 표시한다.

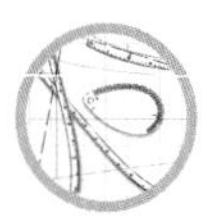

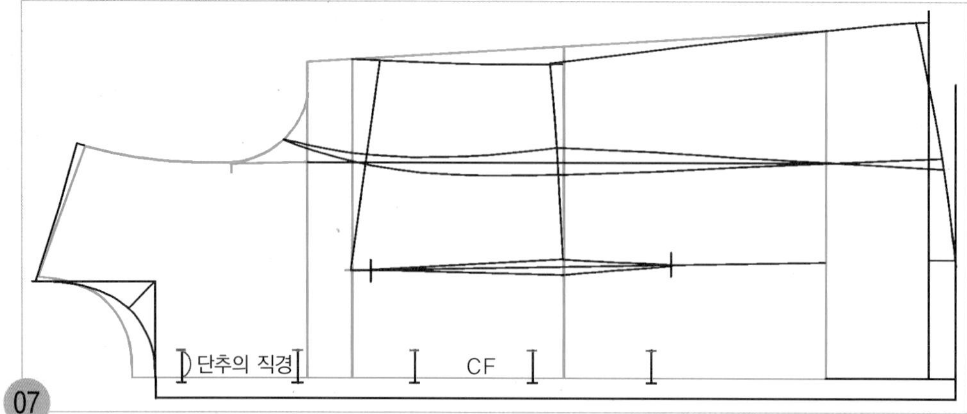

각 단춧구멍 위치의 앞 중심선에서 단추의 직경 치수를 올라가 단춧구멍의 트임 끝 위치를 표시한다.

주 다음 08부터 12까지의 설명은 앞단 선을 곡선으로 디자인을 변형시키고 싶을 때의 경우를 생각하여 참고로 추가해 설명해 두는 것이므로 생략하여도 된다.

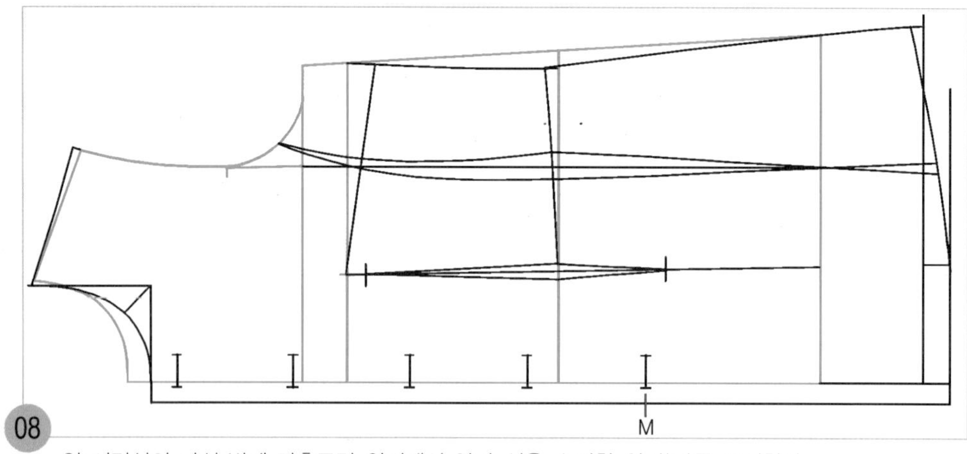

앞 여밈선의 다섯 번째 단춧구멍 위치에서 앞단 선을 수정할 위치(M)를 표시한다.

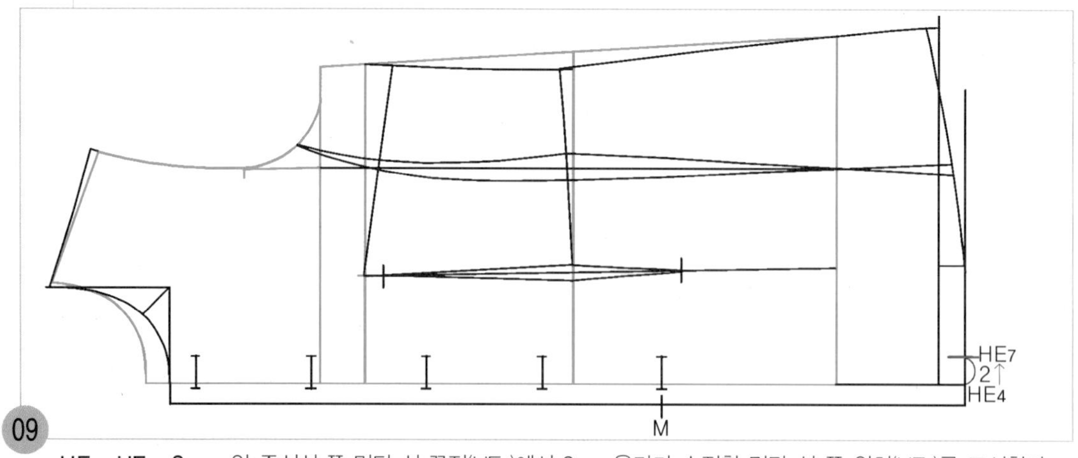

HE_4~HE_7=2cm 앞 중심선 쪽 밑단 선 끝점(HE_4)에서 2cm 올라가 수정할 밑단 선 쪽 위치(HE_7)를 표시한다.

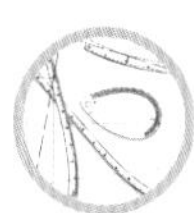

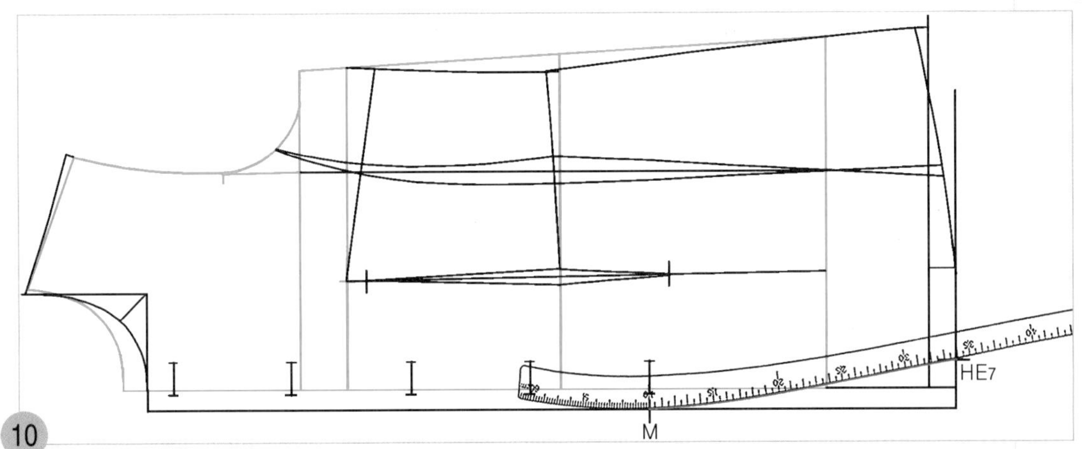

10
M점에 hip곡자 10 위치를 맞추면서 HE7점과 연결하여 앞단의 완성선을 그린다.

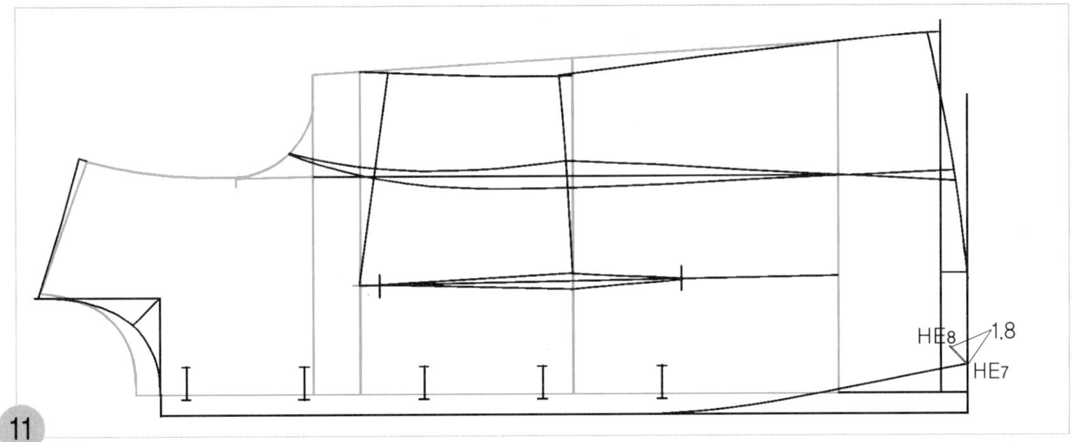

11
HE7점과 밑단선의 45도 각도로 1.8cm 곡선으로 수정할 통과선(HE8)을 그린다.

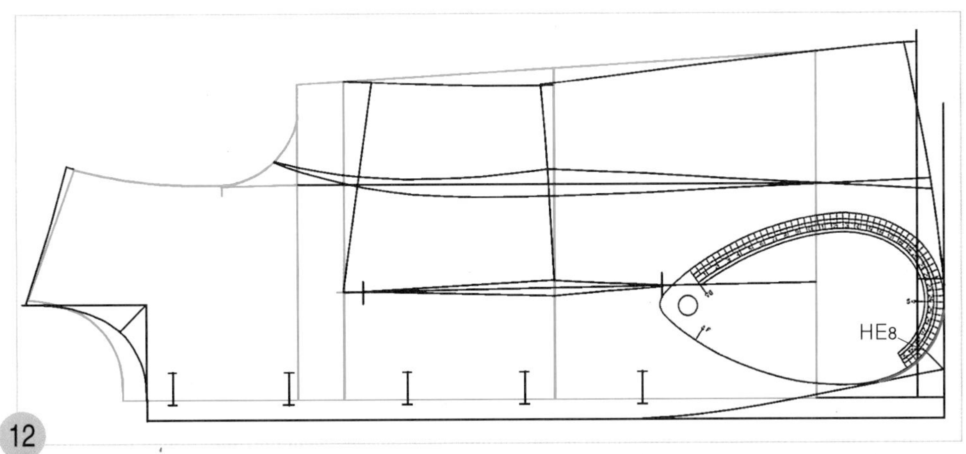

12
10에서 그린 밑단 쪽 앞단의 완성선과 HE8점을 통과하면서 앞 처짐분 선과 연결되도록 AH자로 맞추어 대고 밑단 선 쪽을 둥글게 수정한다.

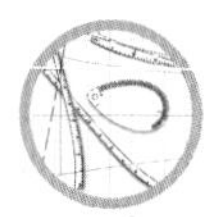

8. 플랩 포켓 입구 선을 그린다.

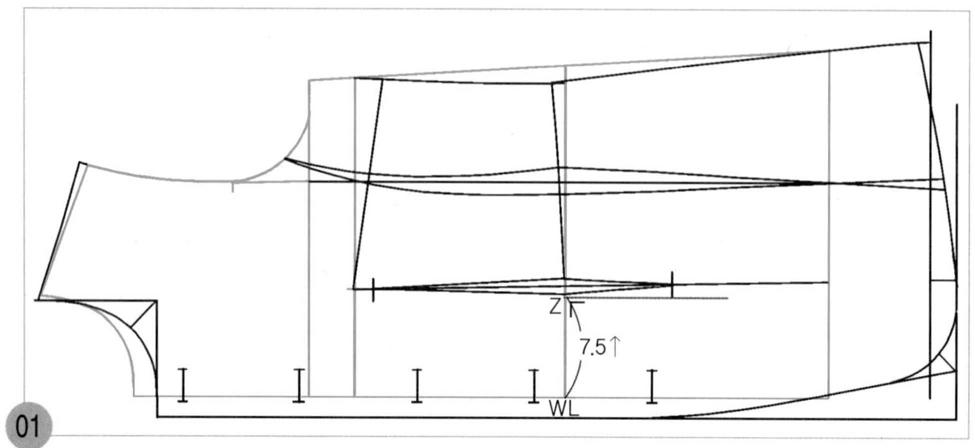

WL~Z=7.5cm

앞 중심 쪽 허리선 위치(WL)에서 허리선을 따라 7.5cm 올라가 앞 중심 쪽 플랩 포켓 위치의 안내선 점(Z)을 표시하고 직각으로 앞 중심 쪽 플랩 포켓 선을 길게 그려둔다.

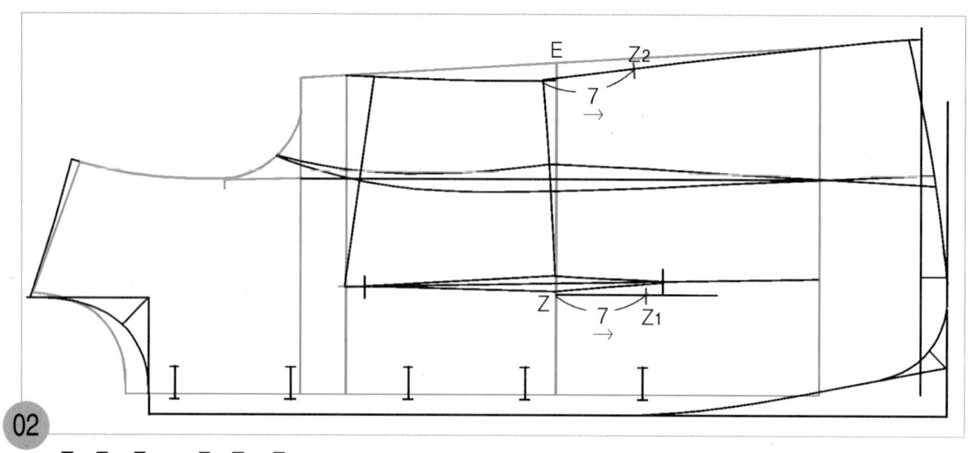

$Z \sim Z_1$=7cm, $E \sim Z_2$=7cm

Z점에서 플랩 포켓 위치의 안내선을 따라 7cm 나가 앞 중심 쪽 플랩 포켓 위치(Z_1)를 표시하고, 옆선 쪽 허리 완성선의 E점에서 7cm 나가 플랩 포켓 입구 선을 그릴 안내선 점(Z_2)을 표시한다.

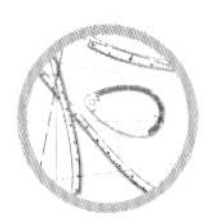

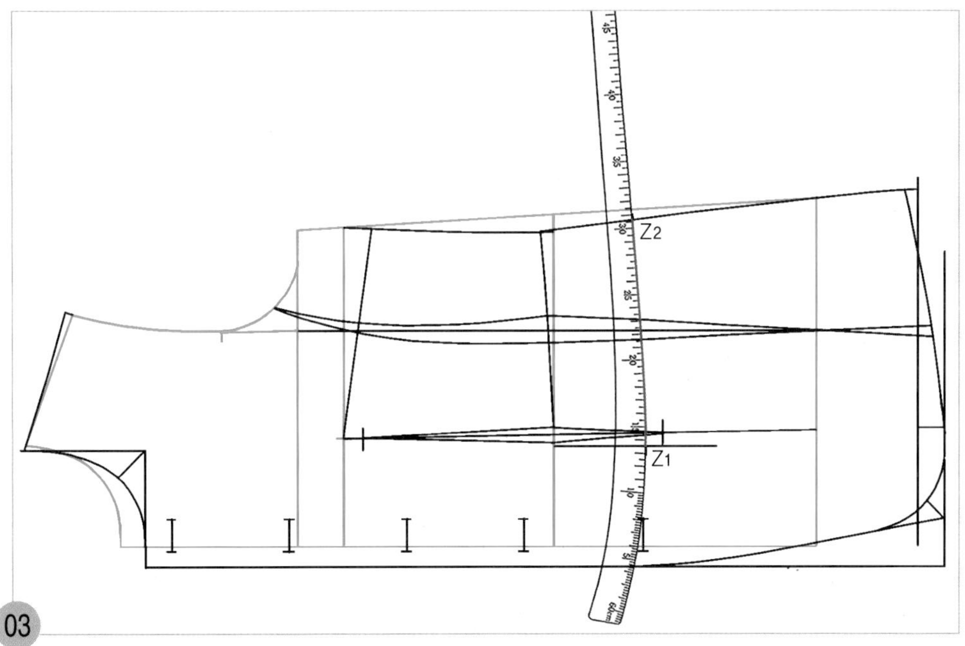

03

Z_1~Z_2=플랩 포켓 입구 선

Z_1점에 hip곡자 15 근처의 위치를 맞추면서 Z_2점과 연결하여 플랩 포켓 입구 선을 그린다.

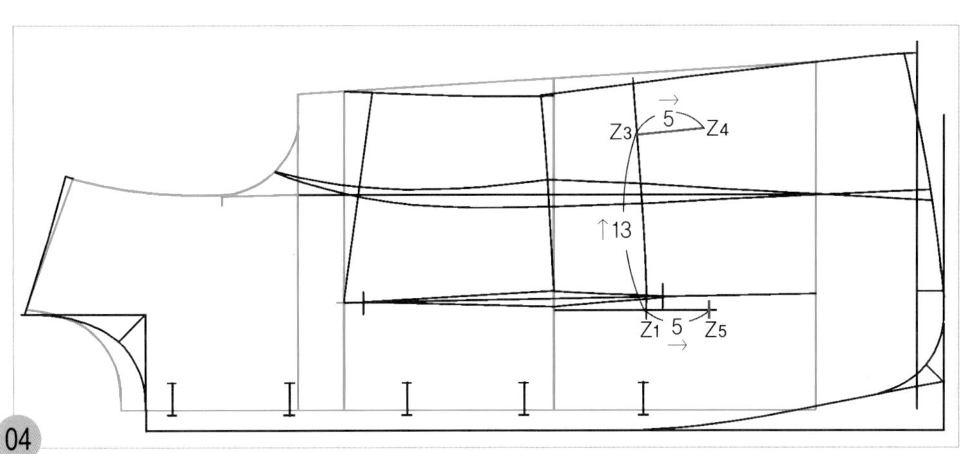

04

Z_1~Z_3=13cm, Z_1~Z_5, Z_3~Z_4=5cm

Z_1점에서 플랩 포켓 입구 선을 따라 플랩 포켓 입구 치수 13cm를 올라가 옆선 쪽 플랩 포켓 위치(Z_3)를 정하고, 직각으로 5cm 옆선 쪽 플랩 포켓 선(Z_4)을 그린 다음, Z_1점에서도 5cm 나가 앞 중심 쪽 플랩 포켓 위치(Z_5)를 표시한다.

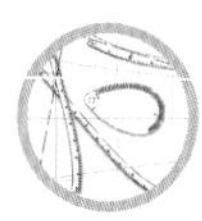

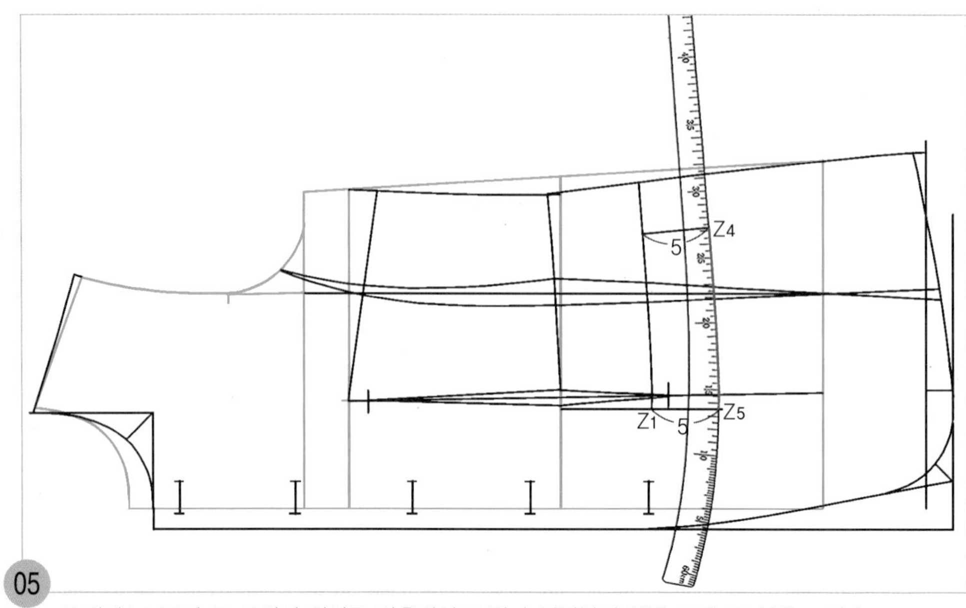

05

Z_5점에 hip곡자 15 근처의 위치를 맞추면서 Z_4점과 연결하여 플랩 포켓 폭 선을 그린다.

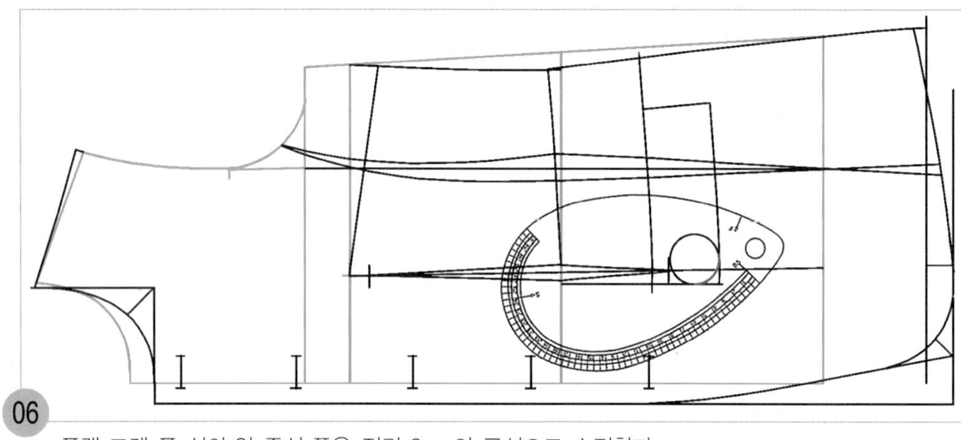

06

플랩 포켓 폭 선의 앞 중심 쪽은 직경 3cm의 곡선으로 수정한다.

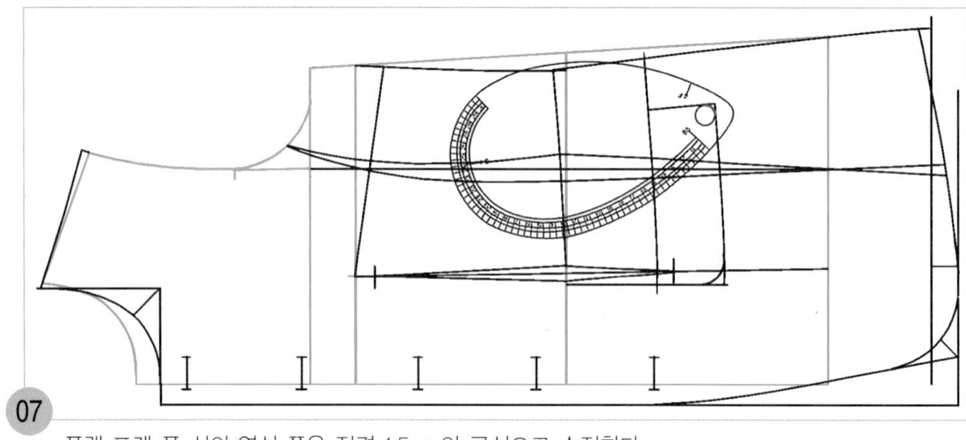

07

플랩 포켓 폭 선의 옆선 쪽은 직경 1.5cm의 곡선으로 수정한다.

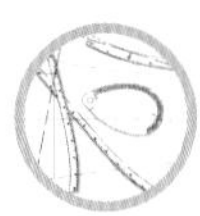

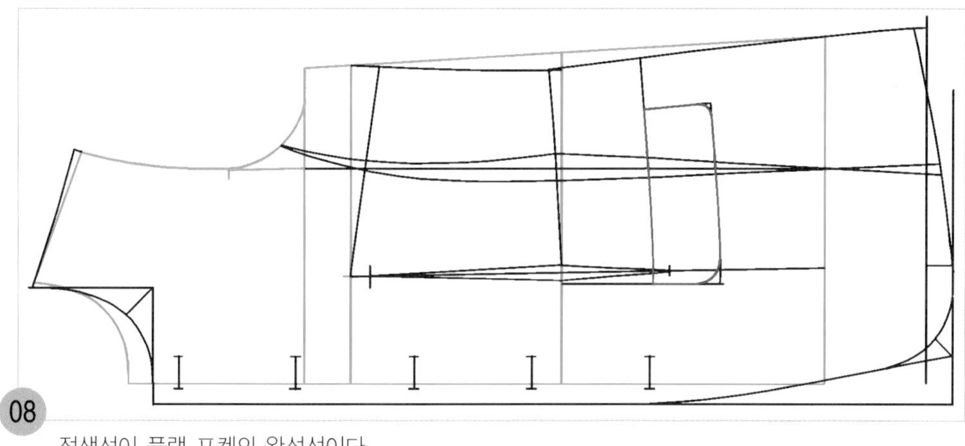

08

적색선이 플랩 포켓의 완성선이다.

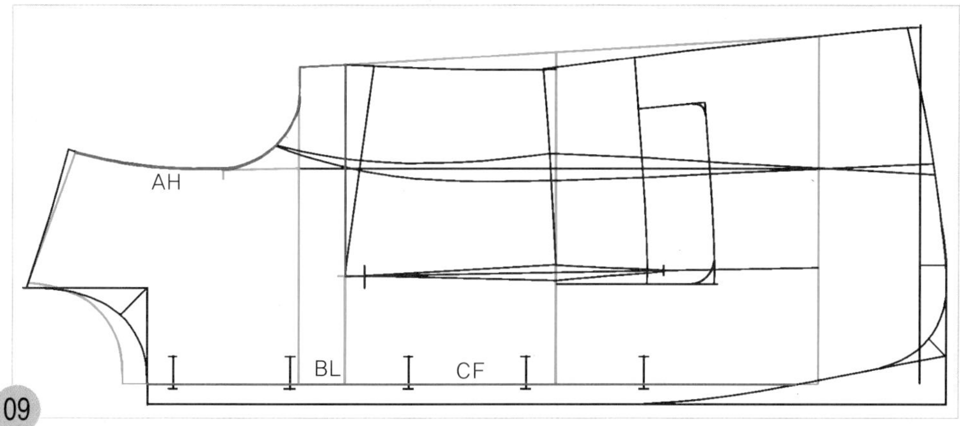

09

앞 중심선과 진동 둘레 선, 가슴둘레 선의 적색으로 표시한 선은 원형의 선을 그대로 완성선으로 사용한다.

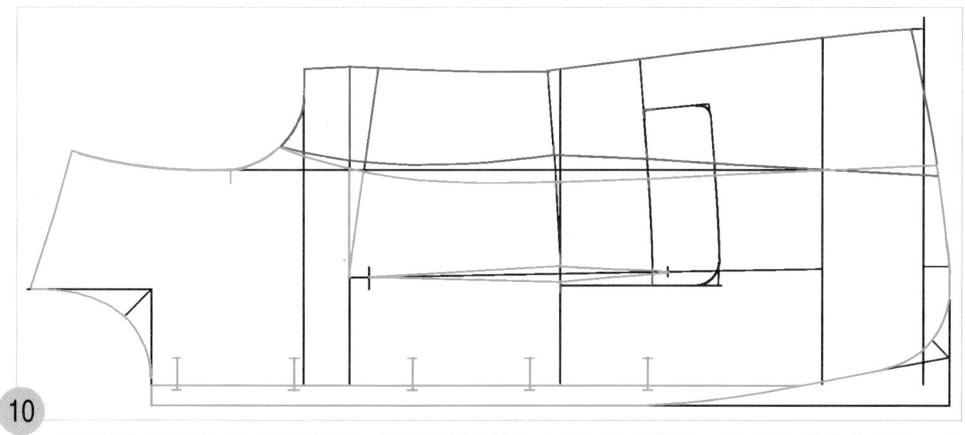

10

청색선이 앞 중심 쪽, 적색선의 앞 옆판의 완성선이다. 허리선과 플랩 포켓 입구 위치에 맞춤 표시를 넣는다.

주 앞판의 가슴 다트선을 접어 패턴을 수정하는 것은 소매와 칼라 제도 후 p.260~261에 설명되어 있다.

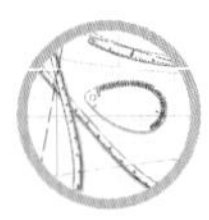

두 장 소매 제도하기

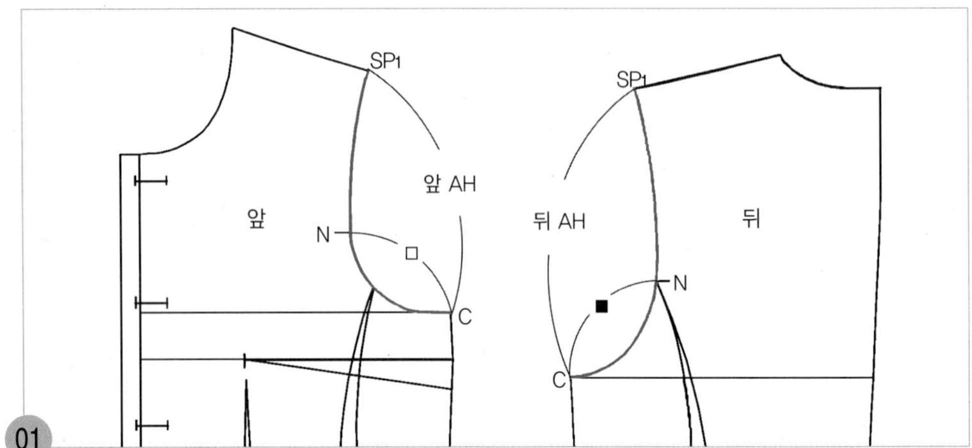

01 앞뒤 진동 둘레 선(C~SP1)의 길이를 잰 다음, 앞뒤 N점에서 C점까지의 진동 둘레 선의 길이를 각각 재어둔다.

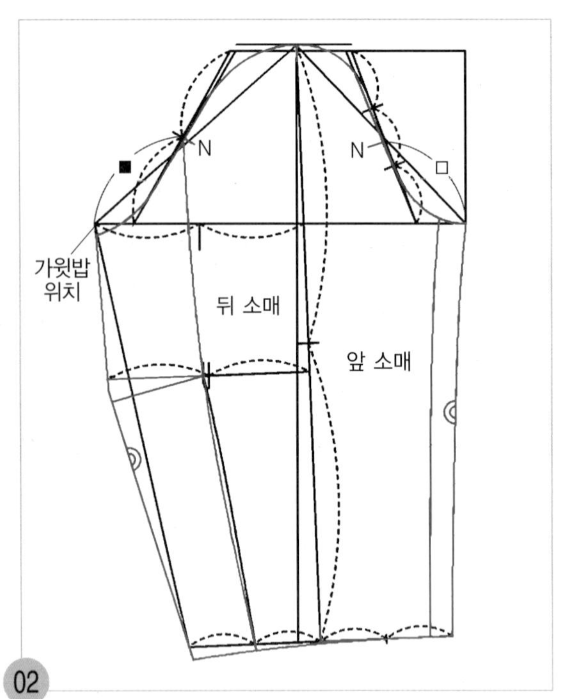

02 두 장 소매를 제도하는 방법은 p.88~p.104 테일러드 재킷의 경우와 동일하다. 01에서 재어둔 N점에서 C점까지의 진동 둘레 선의 길이를 앞뒤 소매 폭 선에서 소매산 곡선을 따라 올라가 각각 맞춤 표시를 넣는다.

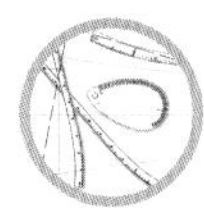

스탠드 칼라 제도하기

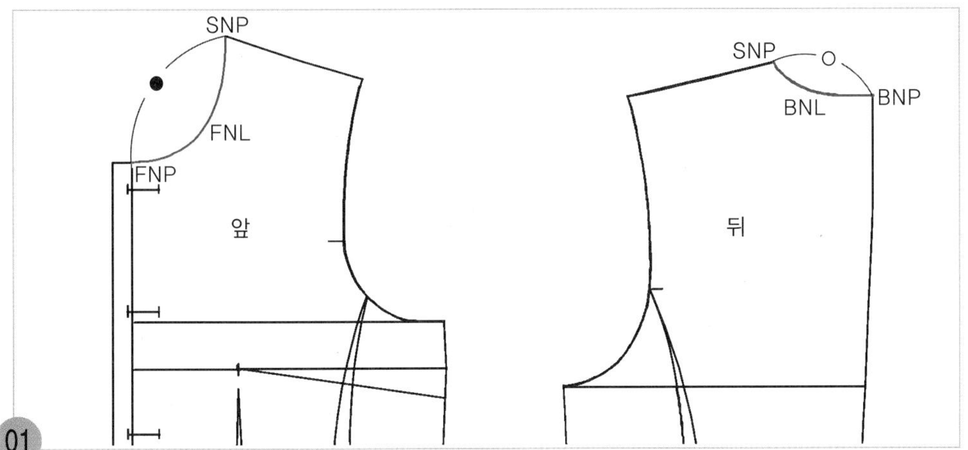

01
수정한 앞 옆 목점(SNP)에서 앞 목점(FNP)까지의 앞 목둘레 치수(●)와 수정한 뒤 옆 목점(SNP)에서 뒤 목점(BNP)까지의 뒤 목둘레 치수(O)를 각각 잰다.

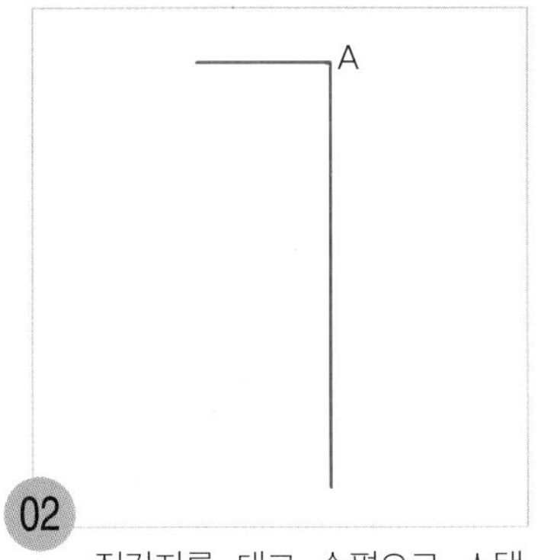

02
직각자를 대고 수평으로 스탠드 칼라의 뒤 중심선(A)을 그린 다음, 직각으로 칼라 솔기 안내선을 내려 그린다.

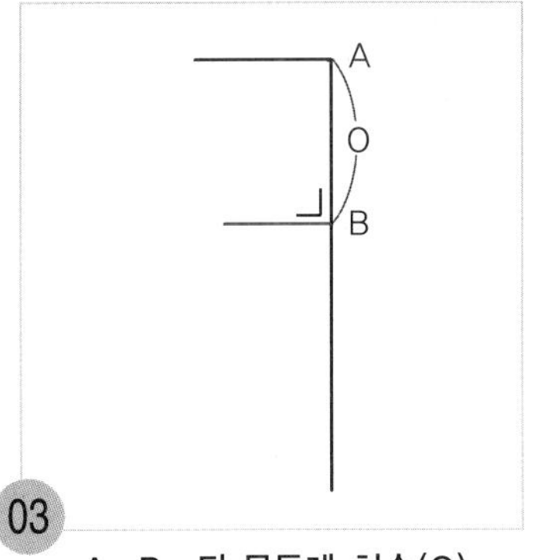

03
A~B=뒤 목둘레 치수(O)
A점에서 뒤 목둘레 치수(O)만큼 내려와 옆 목점 위치(B)를 표시하고 직각으로 칼라 폭 선의 안내선을 그린다.

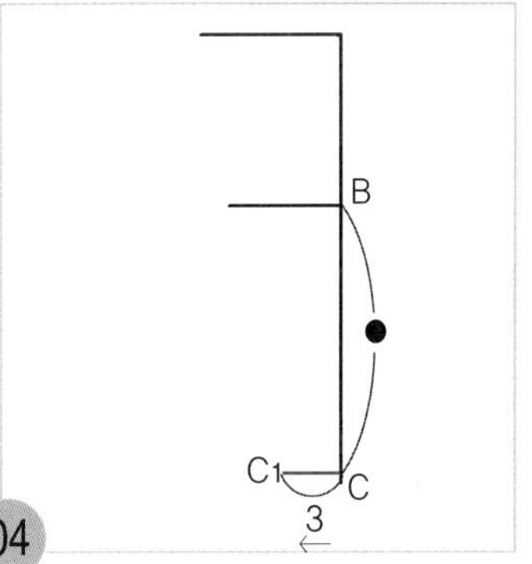

04
B~C=앞 목둘레 치수(●), $C \sim C_1$=3cm
B점에서 앞 목둘레 치수만큼 내려와 앞 목점 위치(C)를 표시하고 직각으로 3cm 칼라 폭 선의 안내선(C_1)을 그린다.

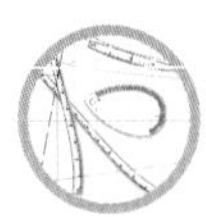

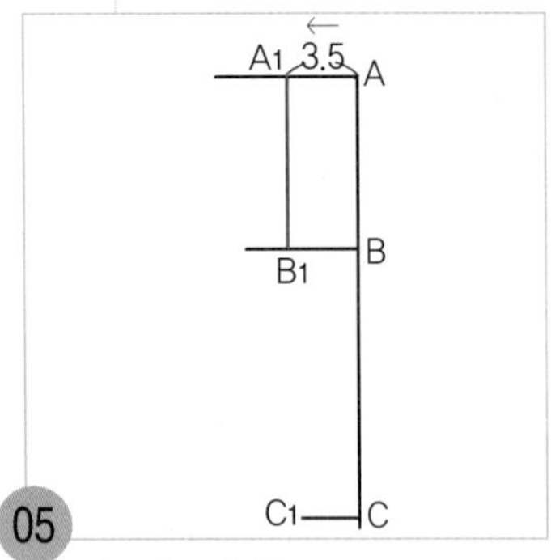

05

A~A1=3.5cm
A점에서 뒤 중심선을 따라 3.5cm 나가 칼라 폭 위치(A1)를 표시하고, 직각으로 옆 목점 위치의 칼라 폭 안내선(B1)까지 뒤 칼라 완성선을 그린다.

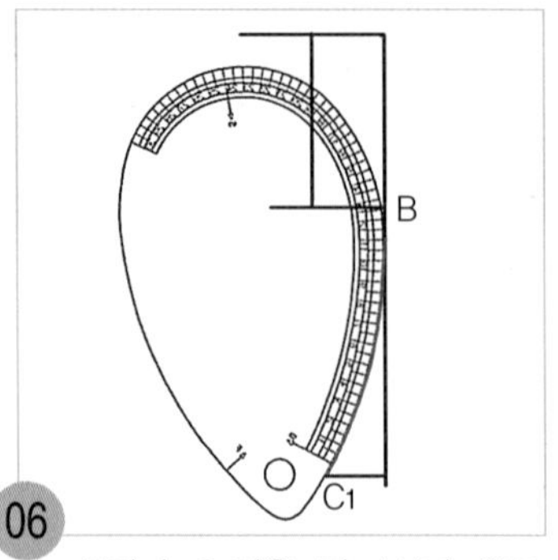

06

B점과 C1점을 뒤 AH자 쪽으로 연결하여 앞 목둘레 솔기선을 곡선으로 그린다.

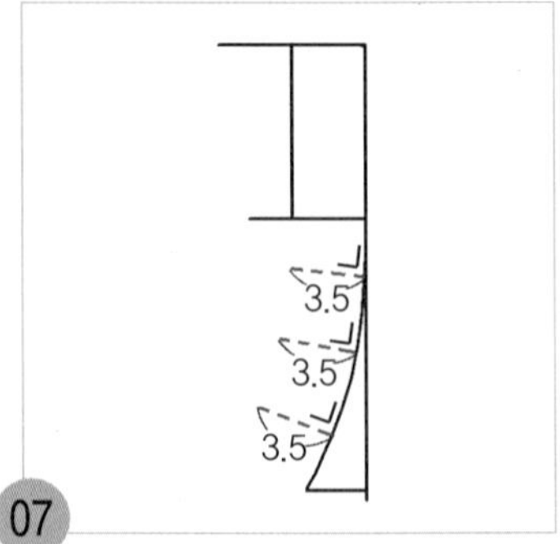

07

06에서 그린 앞 목둘레 솔기선에서 직각으로 3~4군에 3.5cm씩 칼라 폭 안내선 점을 표시한다.

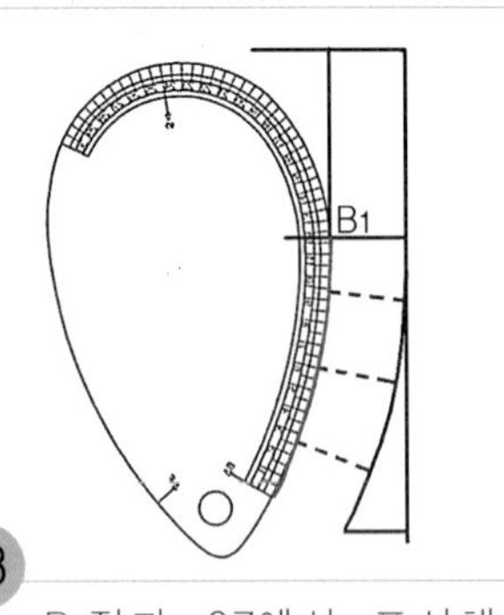

08

B1점과 07에서 표시해둔 3.5cm 폭 점을 연결해 가면서 앞 목둘레의 칼라 완성선을 곡선으로 그린다.

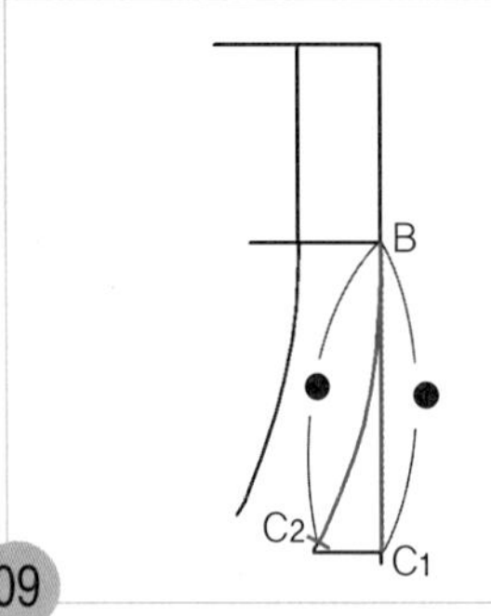

09

앞 목둘레 치수(B~C1)와 같은 치수를 B점에서 06에서 그린 앞 목둘레 솔기선을 따라 내려와 앞 목점 위치(C2)를 표시한다.

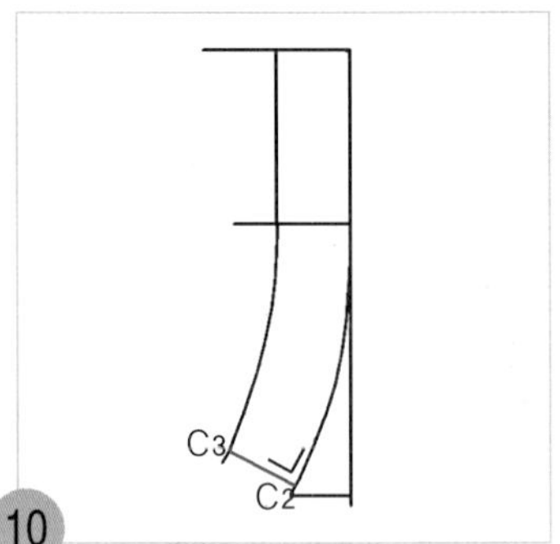

10

C2점에서 직각으로 08에서 그린 앞 목둘레의 칼라 완성선(C3)까지 그린다.

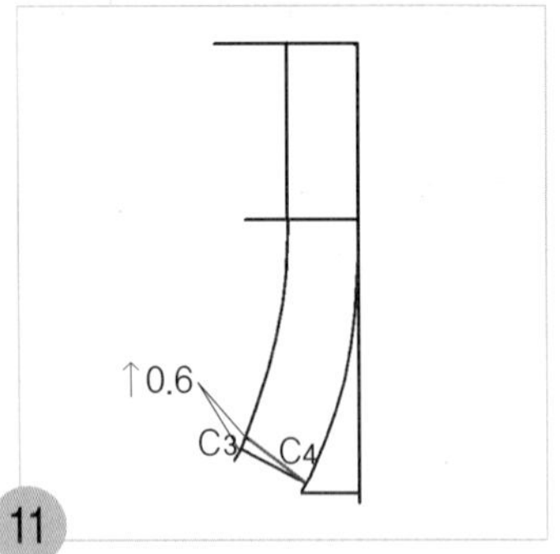

11

C3점에서 0.6cm 앞 목둘레의 칼라 완성선을 따라 올라가 앞 목점의 칼라 스탠드 끝점(C4)을 표시한다.

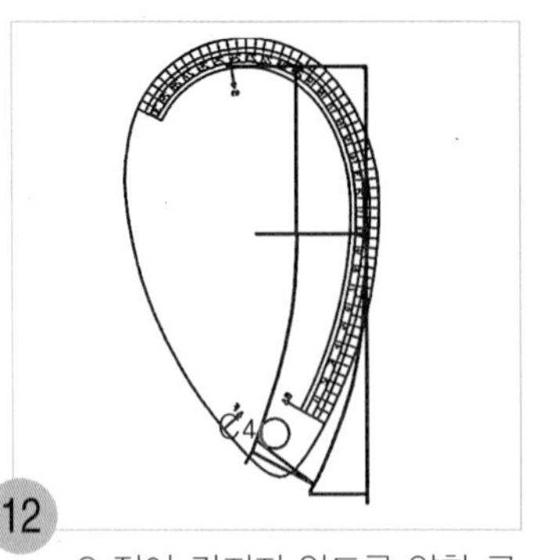

12

C4점이 각지지 않도록 약한 곡선으로 앞 목점의 칼라 스탠드 끝점을 수정한다.

13

적색선이 스탠드 칼라의 완성선이다. 뒤 중심선에 골선 표시를 넣고, 식서 방향 표시를 한다.

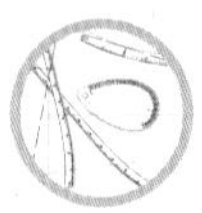

패턴 분리하기

1. 앞 중심과 앞 옆판의 패턴을 분리하여 가슴 다트를 접고 패턴을 수정한다.

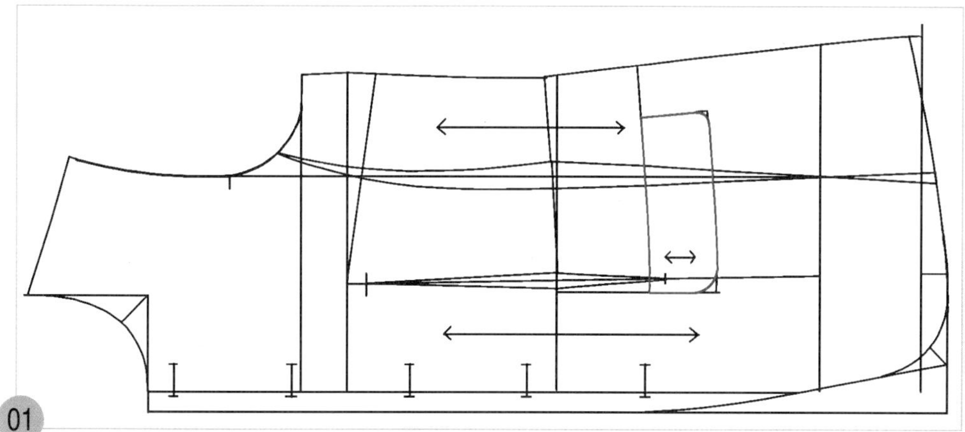

01 플랩 포켓의 완성선을 새 패턴지에 옮겨 그린 다음 완성선을 따라 오려내고 플랩 포켓의 완성선에 맞추어 얹어 패턴에 차이가 없는지 확인한다.

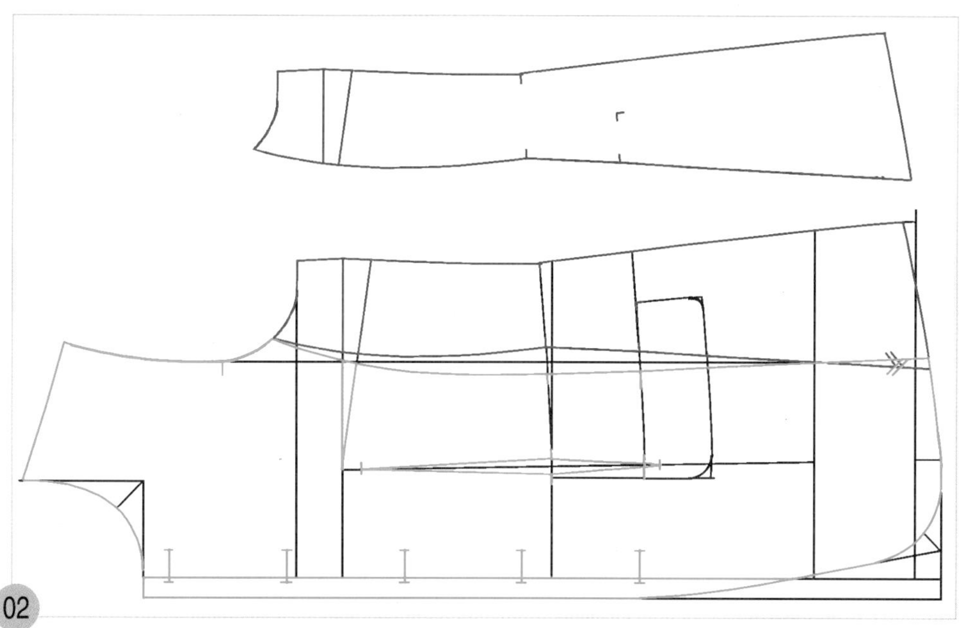

02 앞판과 앞 옆판의 히프선 아래쪽에서 선의 교차가 생겼으므로 새 패턴지에 앞 옆판을 옮겨 그리고, 새 패턴지에 옮겨 그린 완성선을 따라 오려낸 다음, 패턴에 차이가 없는지 확인한다.

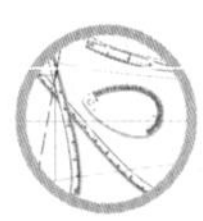

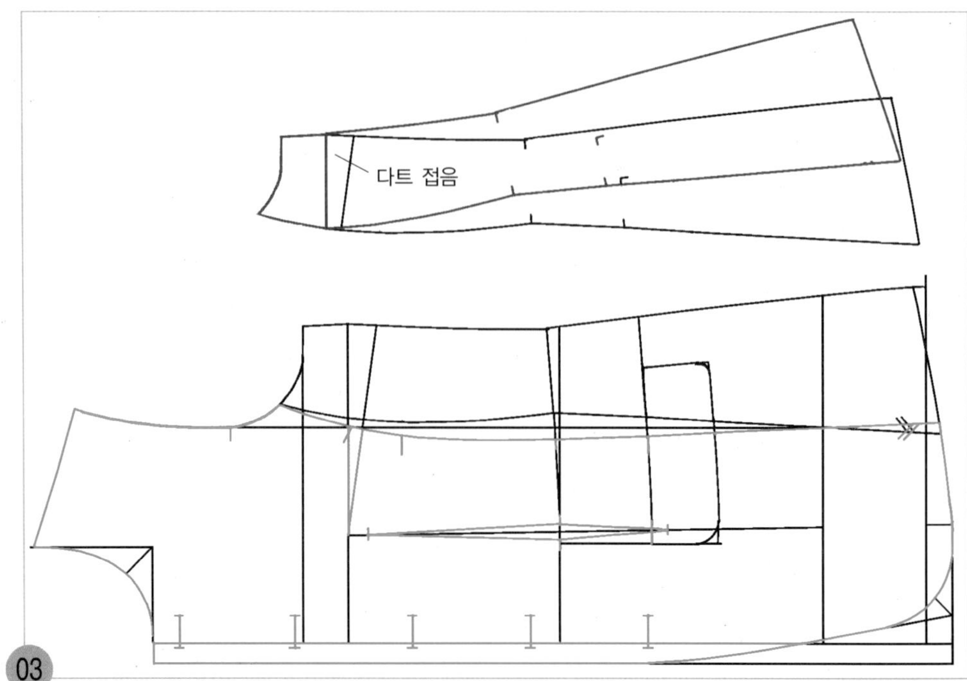

03

앞 옆판의 가슴 다트를 접어 앞 옆판의 패턴을 완성한다(검정선이 적색선과 같이 이동하게 된다).

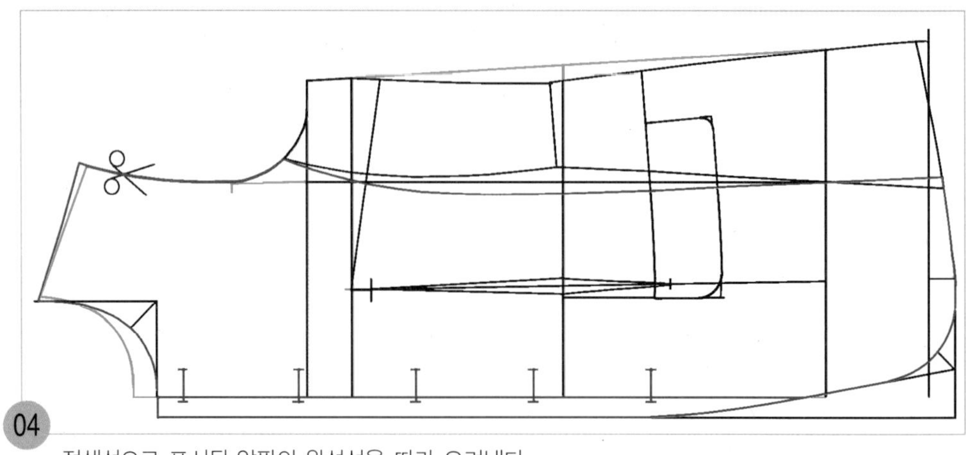

04

적색선으로 표시된 앞판의 완성선을 따라 오려낸다.

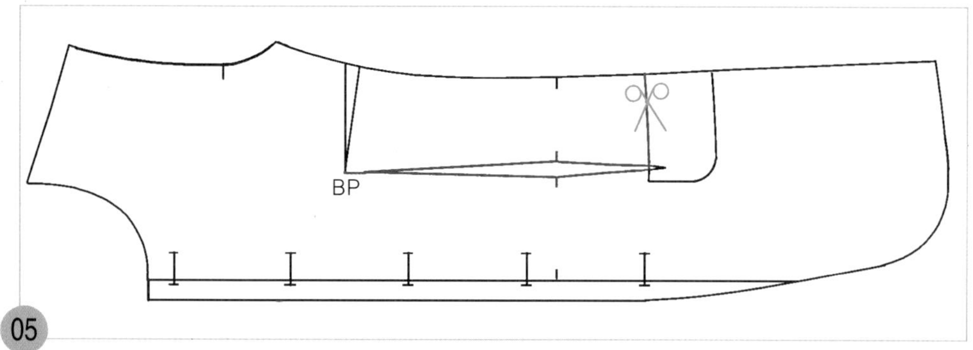

05

앞 중심 쪽 몸판의 패널라인 쪽에서 플랩 포켓 입구 선을 따라 허리 다트 선의 교점까지 오리고 허리 다트 선을 따라 유두점(BP)까지 적색선을 따라 오린다.

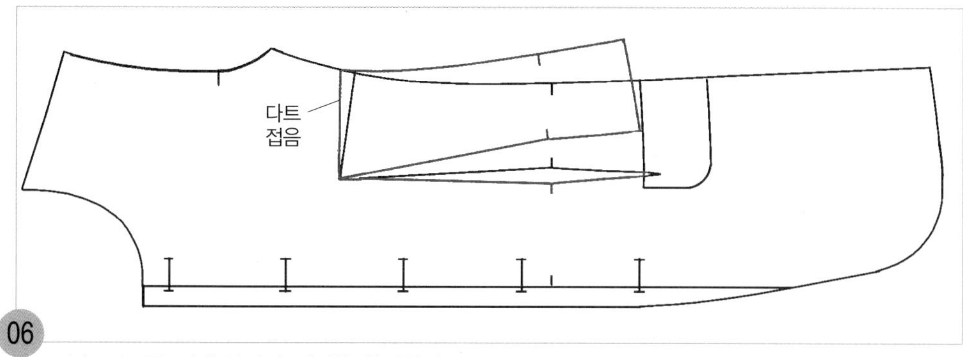

06

가슴 다트를 접어 앞판의 패턴을 완성한다.

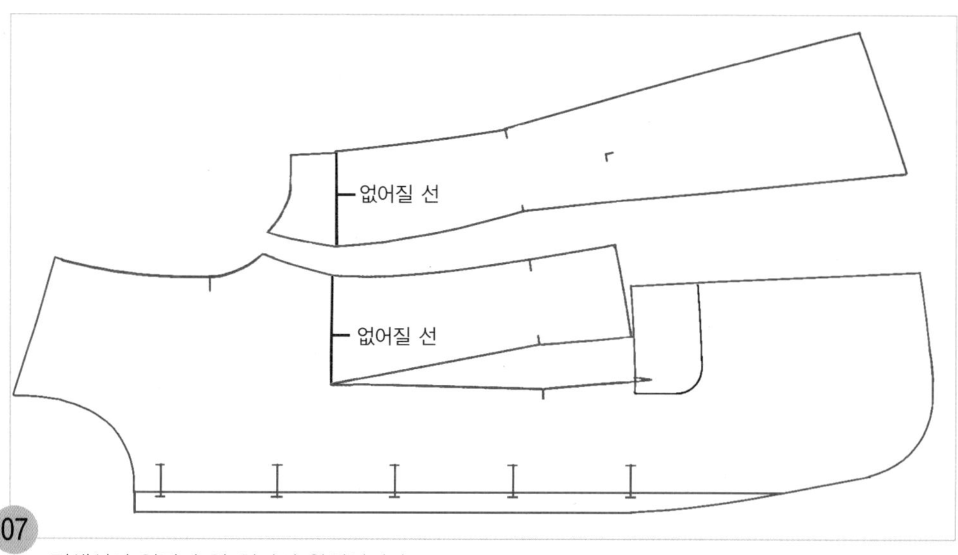

07

적색선이 앞판과 앞 옆판의 완성선이다.

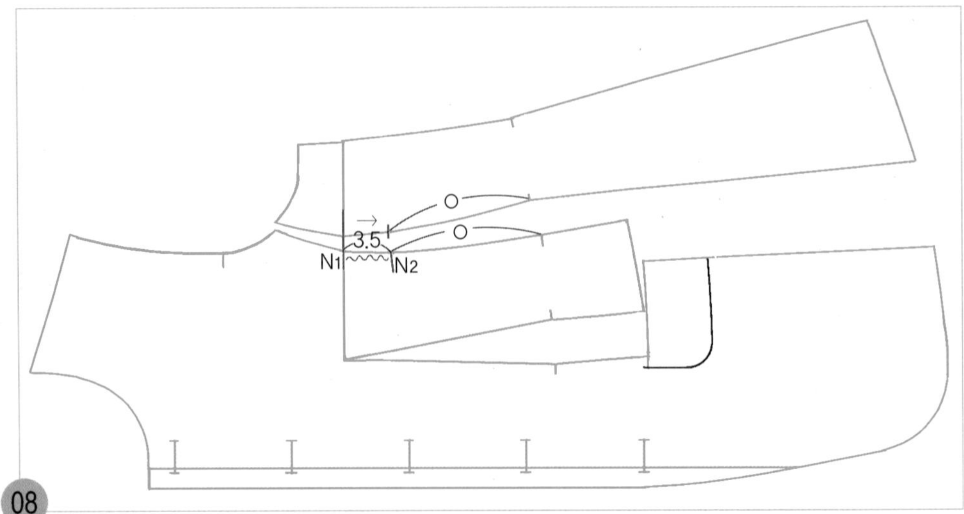

08

앞 중심 쪽 몸판과 앞 옆판의 가슴 다트선을 접은 곳에 이세 처리 시작 위치의 너치 표시(N1)를 넣고, 앞 중심 쪽의 패널라인 쪽의 가슴 다트선에서 허리선 쪽으로 3.5cm 나간 곳에 이세 처리 끝 위치의 너치 표시(N2)를 넣은 다음, 이세 기호를 넣는다.

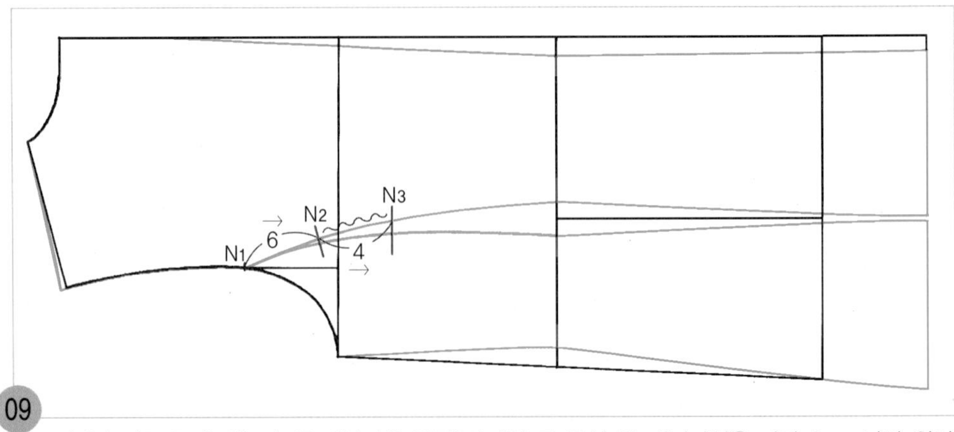

09

뒤판의 진동 둘레 선(AH) 쪽 패널라인 끝점(N1)에서 뒤 중심 쪽 패널라인을 따라 6cm 나간 위치에서 패널라인에 직각으로 이세 처리 시작 위치의 너치 표시(N2)를 넣고, 위 가슴 둘레 선(CL) 위치에서 4cm 나가 수직으로 이세 처리 끝 위치의 너치 표시(N3)를 넣은 다음, N2~N3사이에 기호를 넣는다. 허리 완성선에 맞춤 표시를 넣는다.

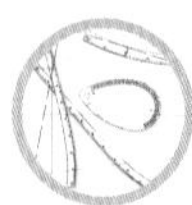

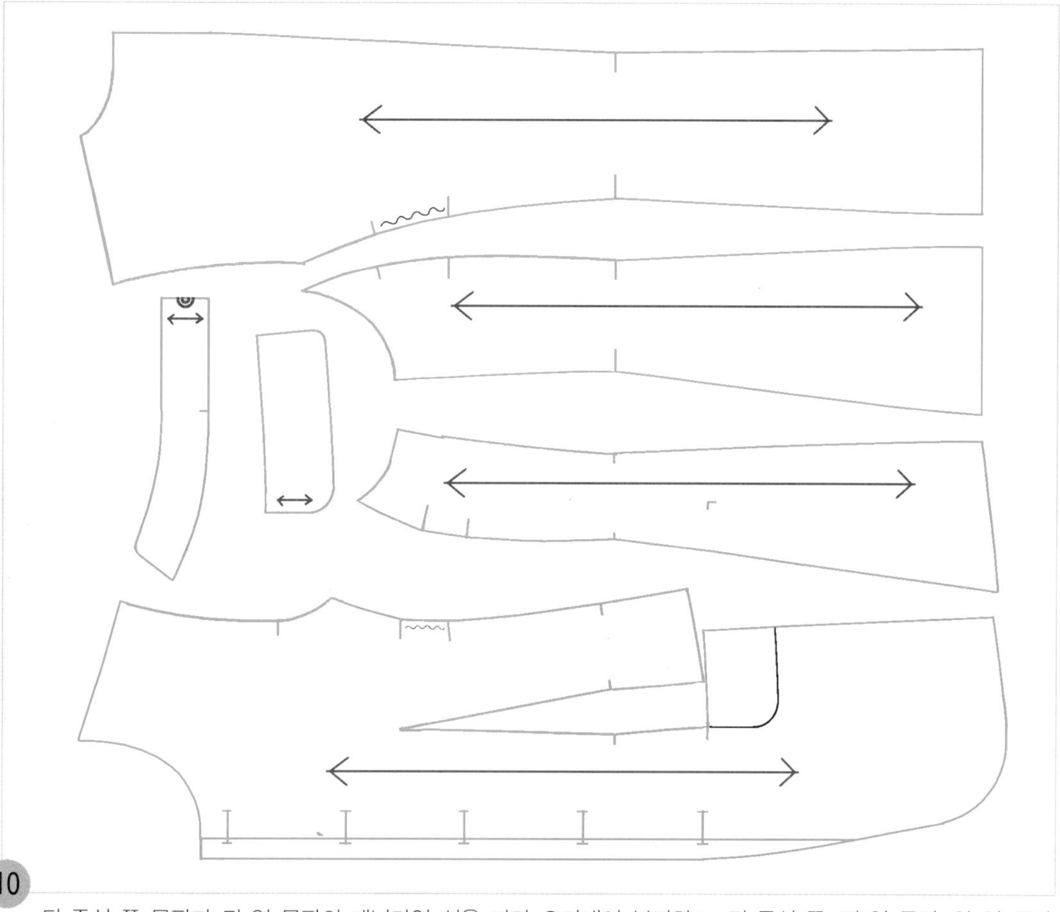

10

뒤 중심 쪽 몸판과 뒤 옆 몸판의 패널라인 선을 따라 오려내어 분리하고, 뒤 중심 쪽, 뒤 옆 몸판, 앞 옆 몸판의 허리선 위치를 앞 중심 쪽 허리선에 일직선으로 맞추어 배치하고, 수평으로 식서 방향 표시를 한다. 플랩 포켓은 앞 중심 쪽 포켓 옆선에 평행으로 식서 방향 표시를 한다. 칼라의 뒤 중심선에 골선 표시를 한다.

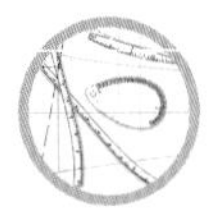

피터팬 칼라 재킷 Peter Pan Collar Jacket

■■■ J.A.C.K.E.T 06

실루엣 ●●● 앞 뒤 패널라인의 허리를 쉐이프 시킨 짧은 길이의 플랫칼라와 두장소매 재킷으로 유행에 상관없이 착용할수 있는 여성스러우면서 귀여운 느낌의 실루엣이다.

포인트 ●●● 피터팬 칼라, 패널라인, 두 장 소매 제도법을 배운다.

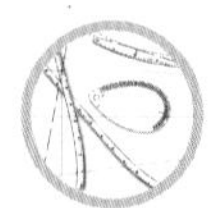

Peter Pan Collar Jacket

피터팬 칼라 재킷의 제도순서

제도 치수 구하기

계측 부위	계측 치수의 예	자신의 계측 치수	제도 각자 사용 시의 제도 치수	일반 자 사용 시의 제도 치수	자신의 제도 치수
가슴 둘레(B)	86cm		B°/2	B/4	
허리 둘레(W)	66cm		W°/2	W/4	
엉덩이 둘레(H)	94cm		H°/2	H/4	
등 길이	38cm		38cm		
앞 길이	41cm		41cm		
뒤 품	34cm		뒤 품/2=17		
앞 품	32cm		앞 품/2=16		
유두 길이	25cm		25cm		
유두 간격	18cm		유두 간격/2=9		
어깨 너비	37cm		어깨 너비/2=18.5		
재킷 길이	58~61cm		등길이+20cm=58~61cm		
소매 길이	54cm		54cm		
진동 깊이	주 : 참조		B°/2	B/4=21.5	
앞/뒤 위 가슴둘레선			(B°/2)+2cm	(B/4)+2cm	
히프선 뒤			(H°/2)+0.6cm	(H/4)+0.6cm=24.1cm	
히프선 앞			(H°/2)+2.5cm	(H/4)+2.5cm=26cm	
소매산 높이			(진동깊이/2)+4.5cm=15.25cm		

주 진동 깊이=B/4의 산출치가 20~24cm 범위 안에 있으면 이상적인 진동 깊이의 길이라 할 수 있다. 따라서 최소치=20cm, 최대치=24cm까지이다. 이는 예를 들면 가슴둘레 치수가 너무 큰 경우에는 진동 깊이가 너무 길어 겨드랑 밑 위치에서 너무 내려가게 되고, 가슴둘레 치수가 너무 적은 경우에는 진동 깊이가 너무 짧아 겨드랑 밑 위치에서 너무 올라가게 되어 이상적인 겨드랑 밑 위치가 될 수 없다. 따라서 B/4의 산출치가 20cm 미만이면 뒤 목점(BNP)에서 20cm 나간 위치를 진동 깊이로 정하고, B/4의 산출치가 24cm 이상이면 뒤 목점(BNP)에서 24cm 나간 위치를 진동 깊이로 정한다.

01 자신의 각 계측 부위를 계측하여 빈칸에 넣어두고 제도 치수를 구하여 둔다.

뒤판 제도하기

1. 뒤 중심선을 그린다.

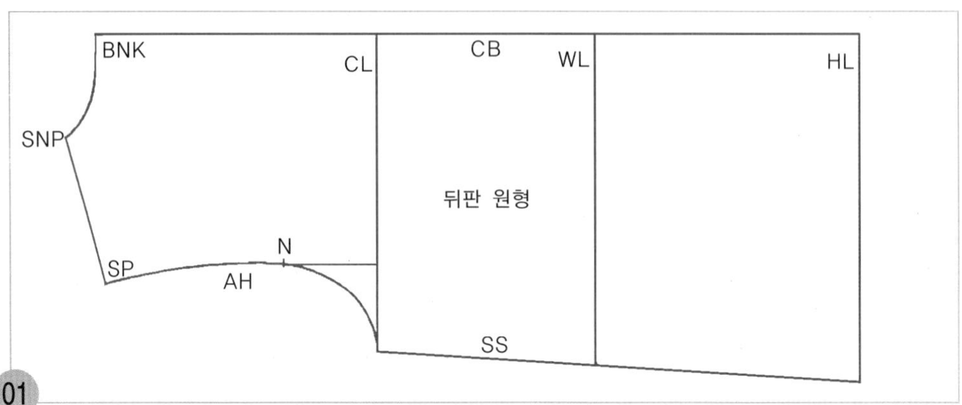

01
뒤판의 원형선을 옮겨 그린다.

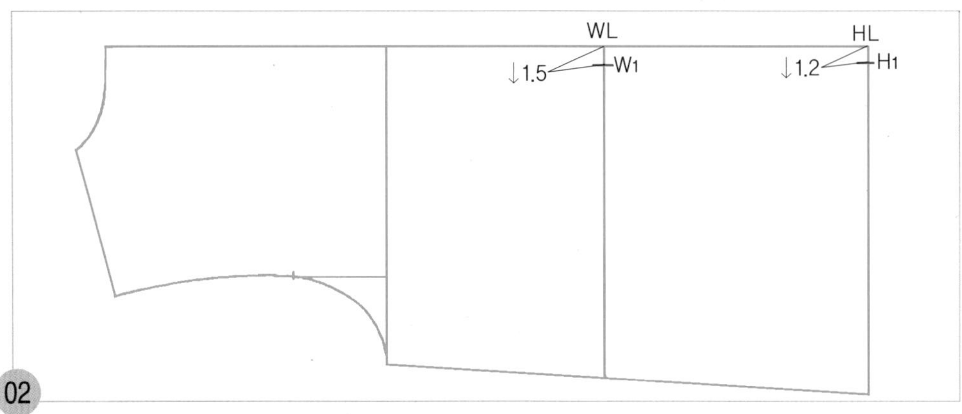

02
WL~W_1=1.5cm, HL~H_1=1.2cm

원형의 뒤 중심 쪽 허리선(WL)에서 1.5cm 내려와 뒤 중심 완성선을 그릴 허리선 위치(W_1)를 표시하고, 원형의 뒤 중심 쪽 히프선(HL)에서 1.2cm 내려와 뒤 중심 완성선을 그릴 히프선 위치(H_1)를 표시한다.

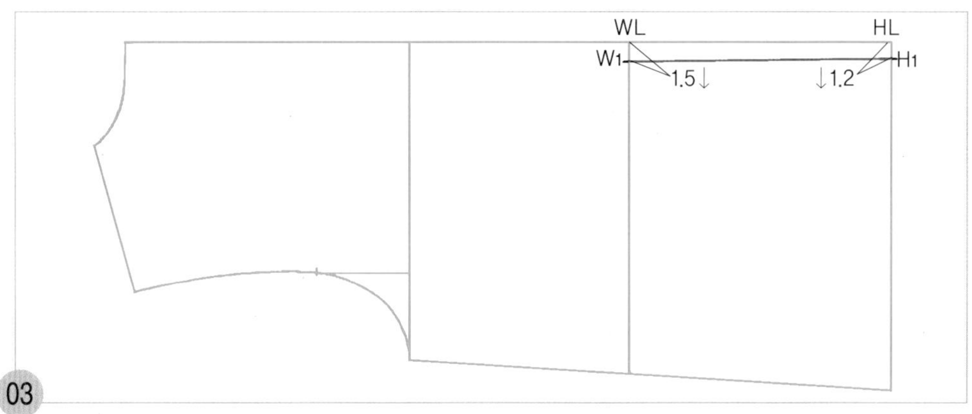

03

W_1~H_1=허리선 아래쪽의 뒤 중심 완성선

W_1점과 H_1점 두 점을 직선자로 연결하여 허리선 아래쪽의 뒤 중심 완성선을 그린다.

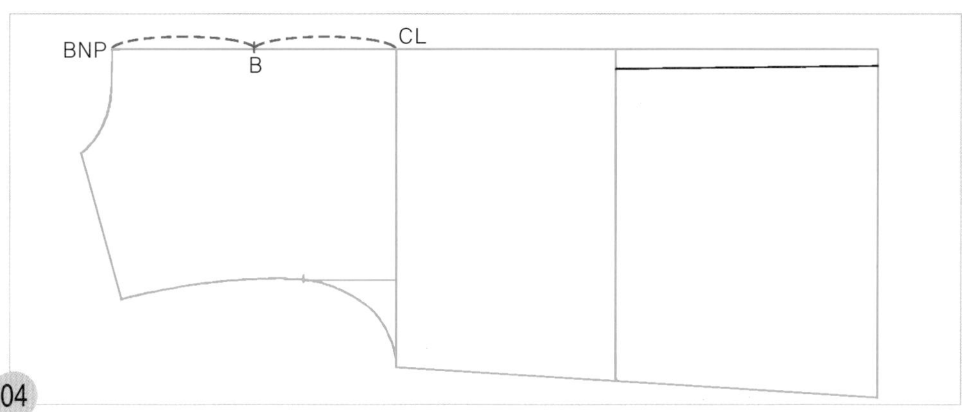

04

BNP~CL=2등분(B) 뒤 원형의 뒤 목점(BNP)에서 위 가슴둘레 선(CL)까지를 2등분하여 허리선 위쪽 뒤 중심 완성선을 그릴 연결점(B)을 표시한다.

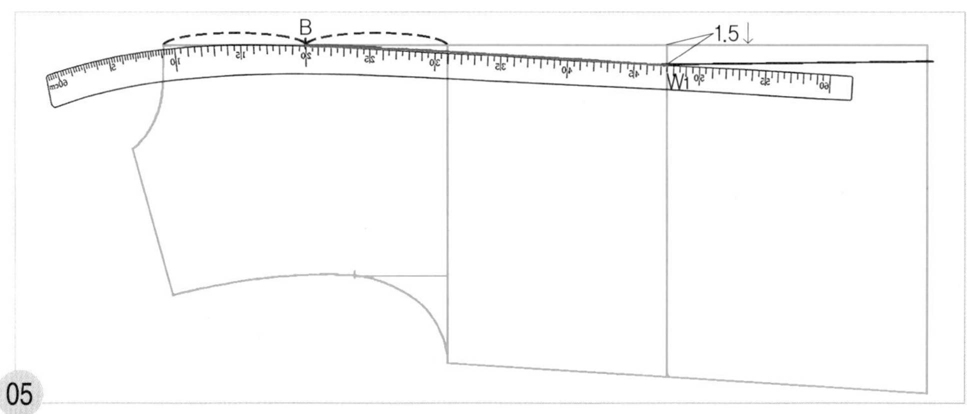

05

B~W_1=허리선 위쪽 뒤 중심 완성선

B점에 hip곡자 20 위치를 맞추면서 W_1점과 연결하여 허리선 위쪽 뒤 중심 완성선을 그린다.

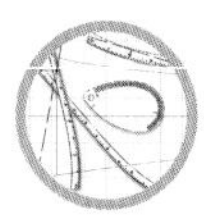

2. 뒤 옆선을 그린다.

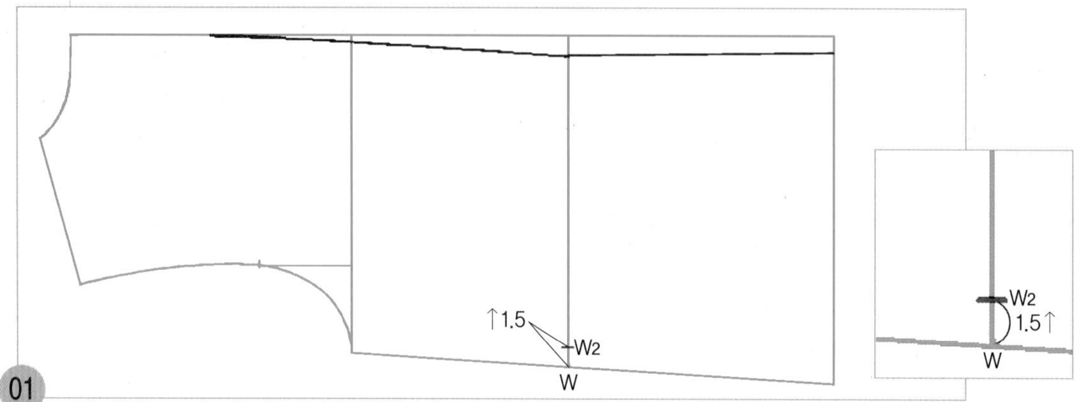

01

$W \sim W_2$=1.5cm 원형의 옆선 쪽 허리선 끝점(W)에서 1.5cm 올라가 옆선의 완성선을 그릴 허리선 위치(W_2)를 표시한다.

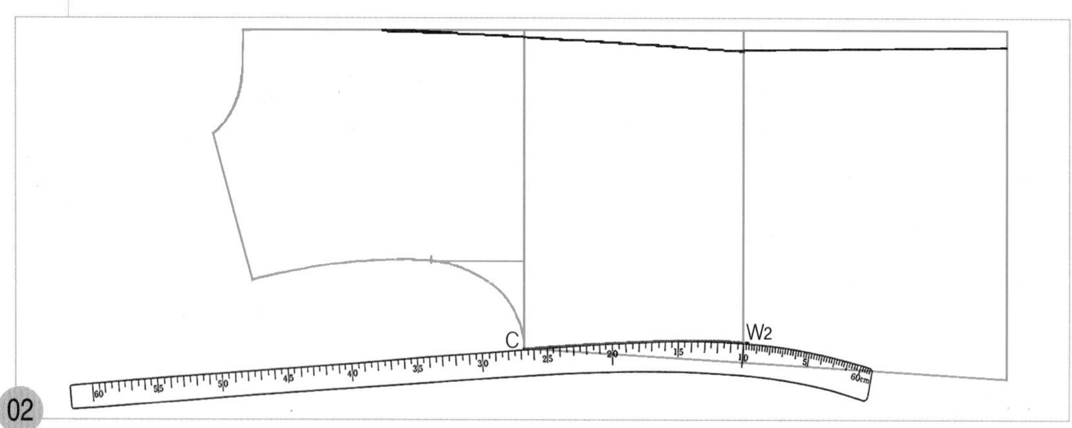

02

$C \sim W_2$=허리선 위쪽 옆선의 완성선 W_2점에 hip곡자 10 위치를 맞추면서 원형의 옆선 쪽 위 가슴둘레 선 끝점(C)과 연결하여 허리선 위쪽 옆선의 완성선을 그린다.

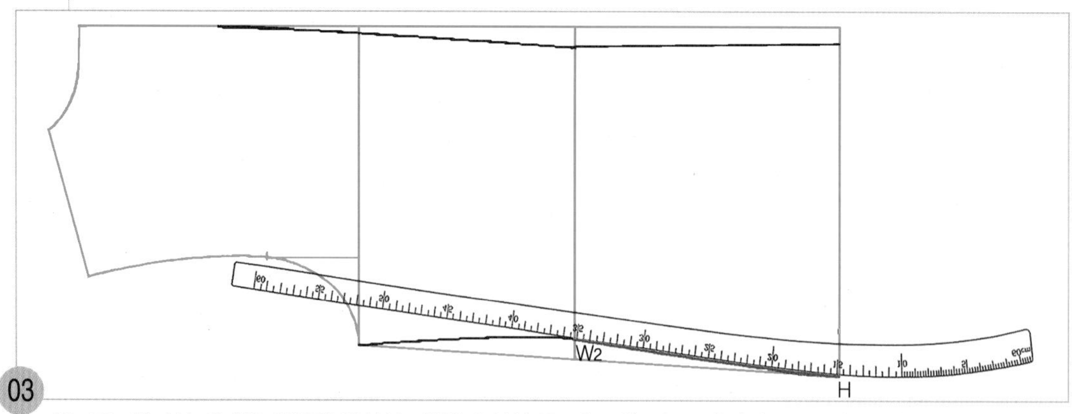

03

$H \sim W$=허리선 아래쪽 옆선의 완성선 원형의 옆선 쪽 히프선(HL) 끝점(H)에 hip곡자 15 위치를 맞추면서 허리선에서 1.5cm 올라가 표시한(W_2) 점과 연결하여 허리선 아래쪽 옆선의 완성선을 그린다.

3. 뒤 패널라인을 그린다.

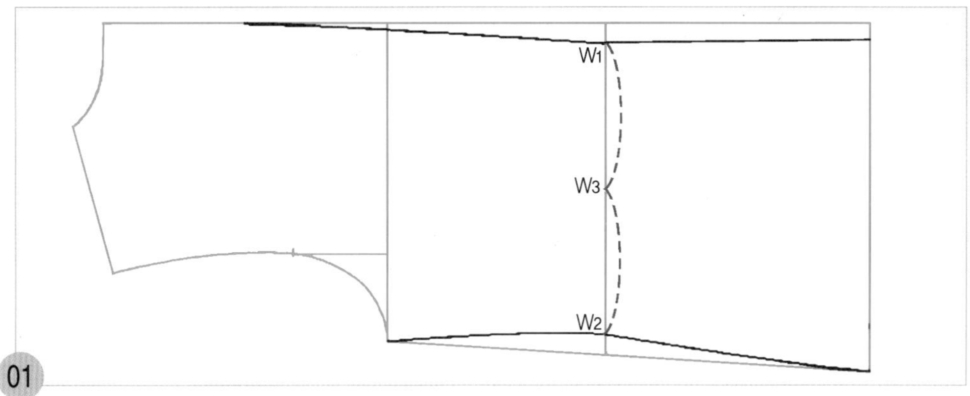

01

W_1~W_2=2등분(W_3)

W_1점에서 W_2점까지를 2등분하여 뒤 중심 쪽 패널라인을 그릴 허리선 위치(W_3)를 표시한다.

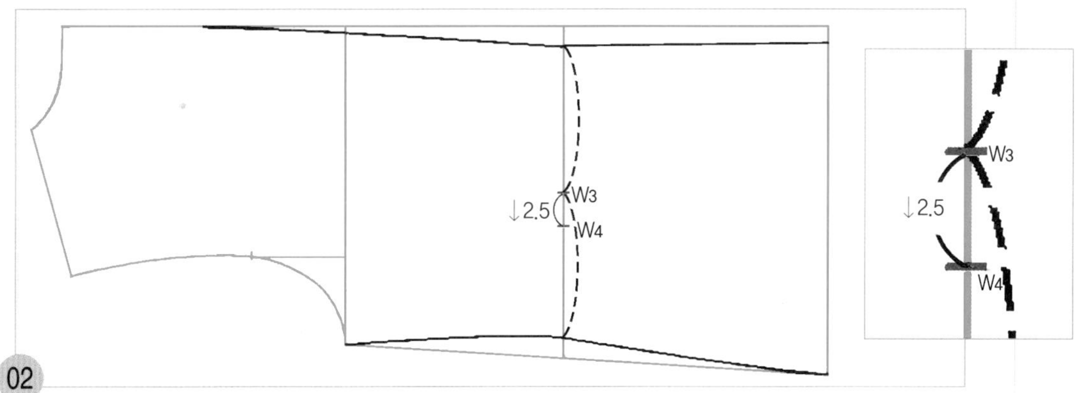

02

W_3~W_4=2.5cm

W_3점에서 옆선 쪽으로 2.5cm 내려와 옆선 쪽 패널라인을 그릴 허리선 위치(W_4)를 표시한다.

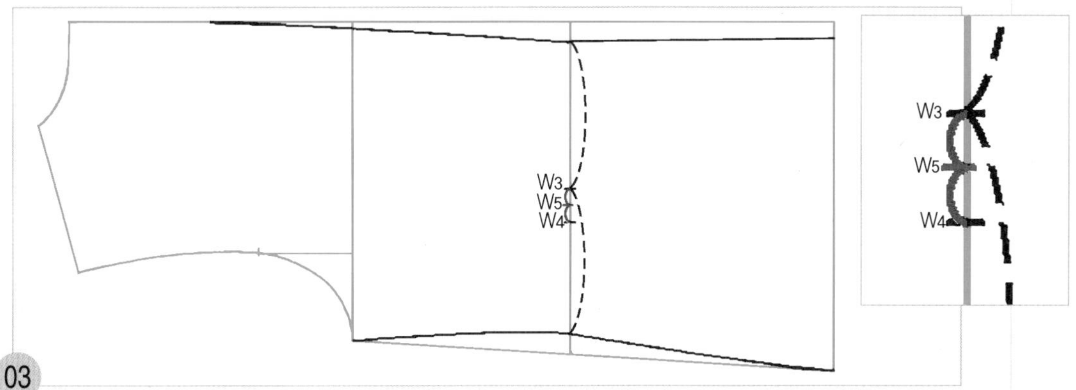

03

W_5=W_2~W_3의 2등분점 W_3점에서 W_4점까지를 2등분하여 1/2 위치에 패널라인 중심선의 허리선 위치(W_5)를 표시한다.

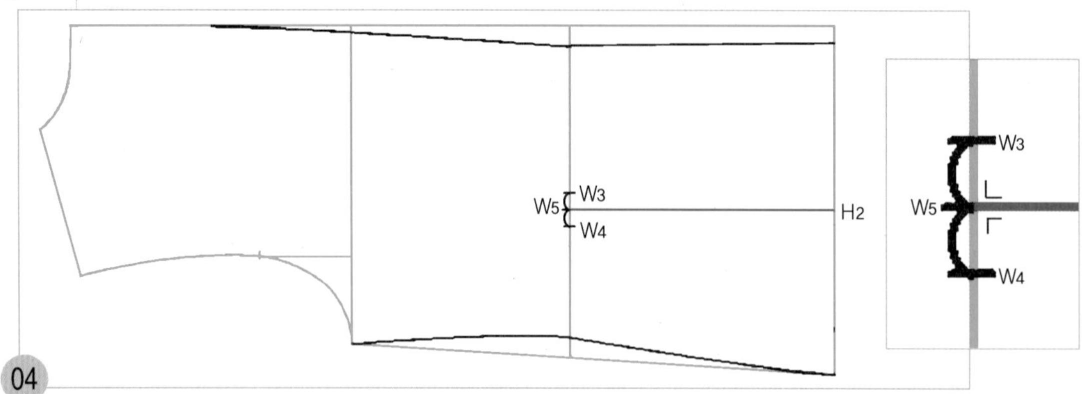

04

W_5~H_2=패널라인 중심선 W_5점에서 직각으로 H_2점까지 패널라인 중심선을 그린다.

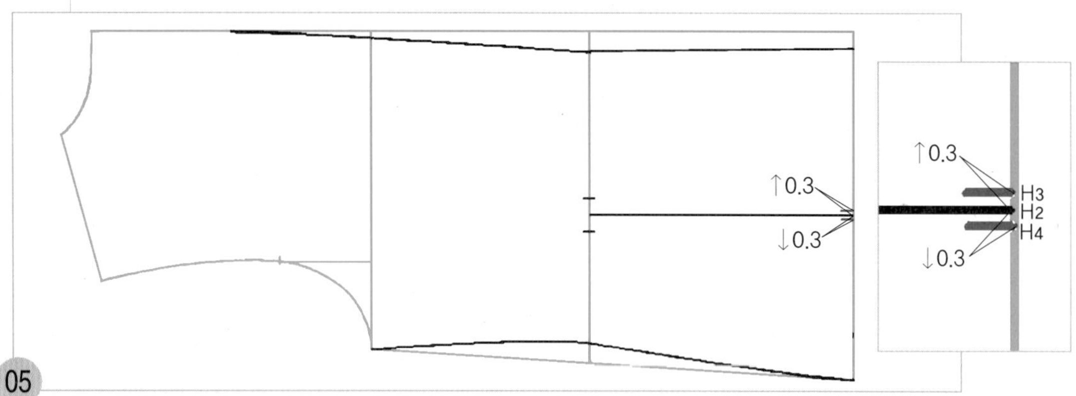

05

H_2~H_3=0.3cm, H_2~H_4=0.3cm H_2점에서 0.6cm를 1/2씩 위아래로 나누어 허리선 아래쪽 패널라인을 그릴 히프선 위치(H_3=뒤 중심 쪽, H_4=옆선 쪽)를 표시한다.

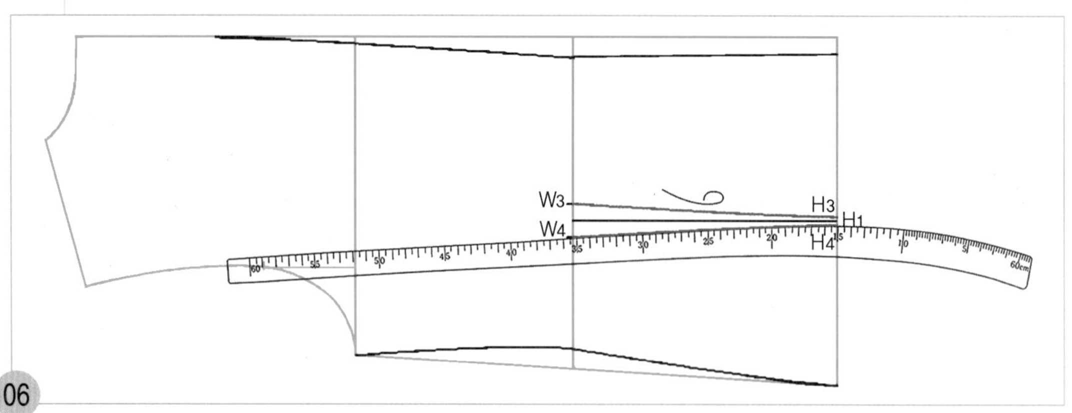

06

W_3~H_3, W_4~H_4=허리선 아래쪽 패널라인 H_3점에 hip곡자 15 위치를 맞추면서 W_4점과 연결하여 뒤 중심 쪽의 허리선 아래쪽 패널라인을 그린 다음, hip곡자를 수직 반전하여 H_3점에 hip곡자 15 위치를 맞추면서 W_3 점과 연결하여 옆선 쪽의 허리선 아래쪽 패널라인을 그린다.

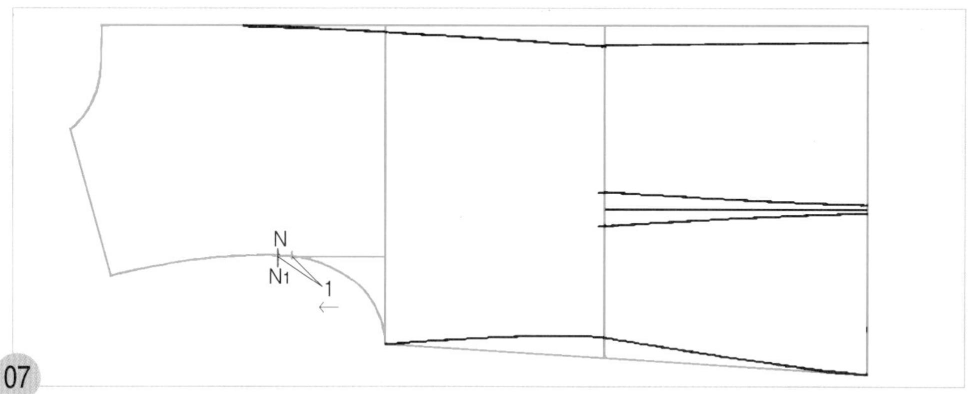

07

N~N1=1cm 뒤 원형의 진동 둘레 선(AH) 너치 표시 N점에서 1cm 어깨선 쪽으로 나가 진동 둘레 선의 패널라인 끝점(N1)을 표시한다.

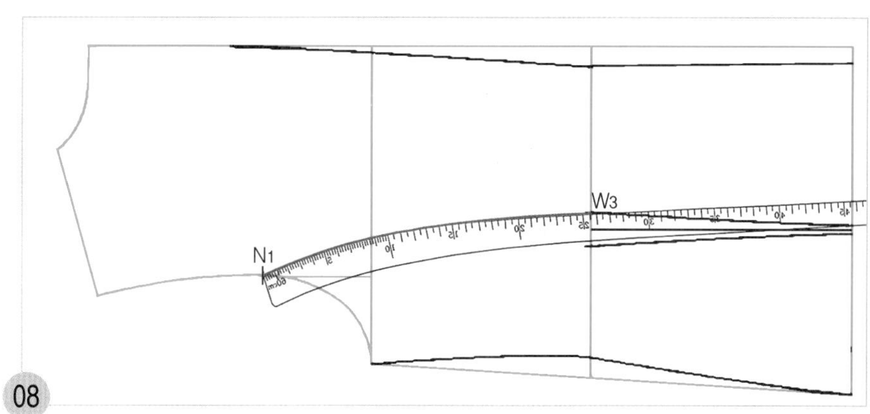

08

N1~W3=뒤 중심 쪽의 허리선 위쪽 패널라인 N1점에 hip곡자 끝 위치를 맞추면서 W3점과 연결하여 뒤 중심 쪽의 허리선 위쪽 패널라인을 그린다.

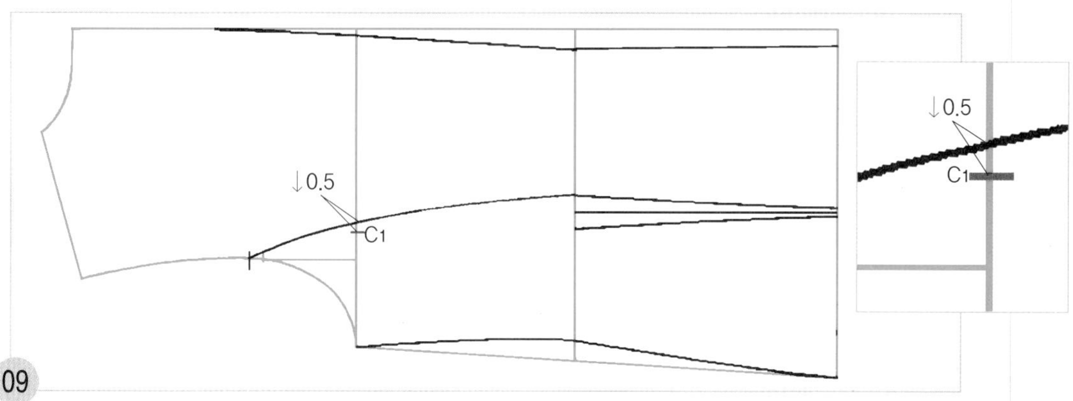

09

위 가슴 둘레 선(CL)과 뒤 중심 쪽 패널라인과의 교점~C1=0.5cm

위 가슴 둘레 선(CL)과 08에서 그린 뒤 중심 쪽의 허리선 위쪽 패널라인과의 교점에서 0.5cm 내려와 옆선 쪽 패널라인을 그릴 통과점(C1)을 표시한다.

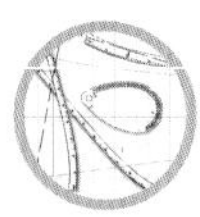

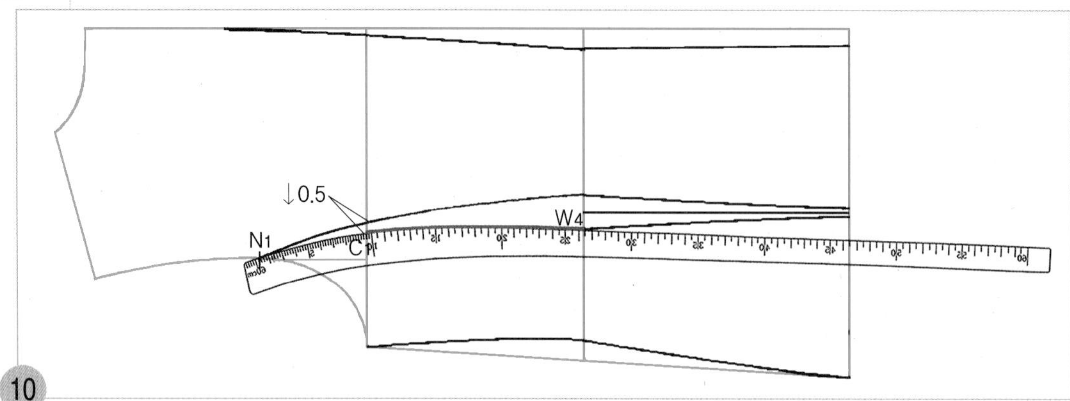

10

C_1~W_4=옆선 쪽의 허리선 위쪽 패널라인 C_1점에 hip곡자 10 위치를 맞추면서 W_4점과 연결하여 위 가슴둘레 선(CL)까지 옆선 쪽의 허리선 위쪽 패널라인을 그린다.

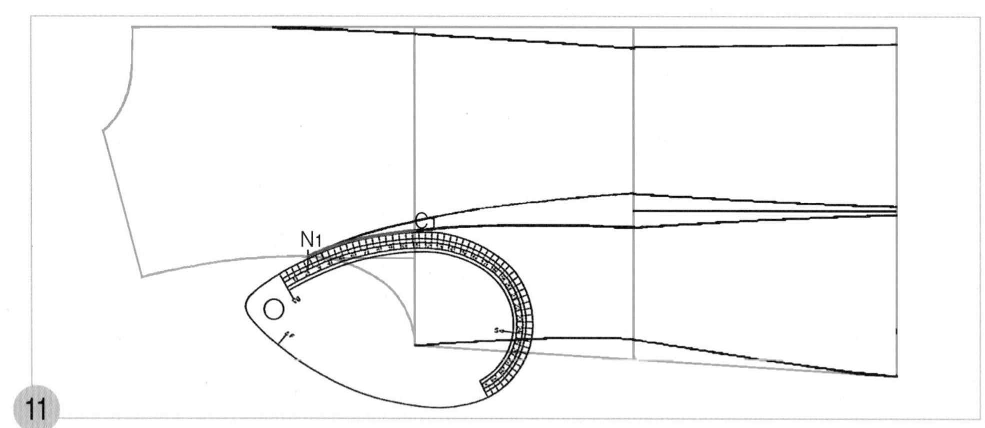

11

N_1~C_1=옆선 쪽의 허리선 위쪽 패널라인 옆선 쪽의 허리선 위쪽 패널라인을 그린 선과 자연스럽게 연결되도록 N_1점과 C_1점을 뒤 AH자로 연결하여 남은 옆선 쪽의 허리선 위쪽 패널라인을 그린다.

4. 뒤 목둘레 선을 그린다.

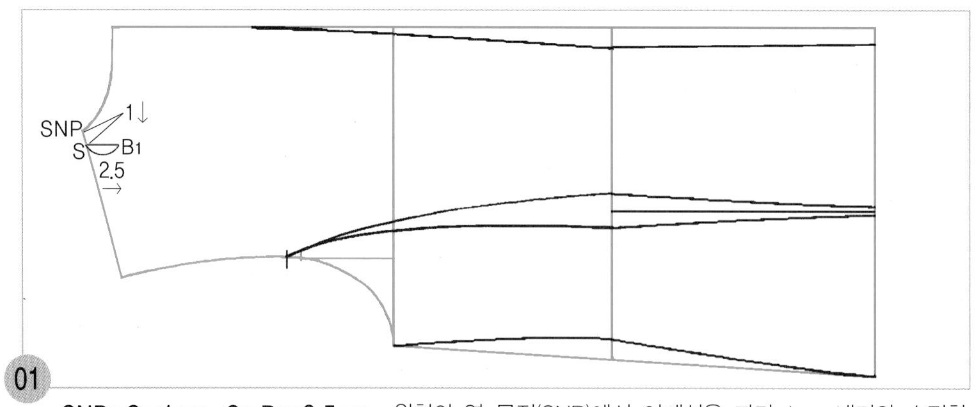

01

SNP~S=1cm, S~B_1=2.5cm 원형의 옆 목점(SNP)에서 어깨선을 따라 1cm 내려와 수정할 옆 목점 위치(S)를 표시하고 수평으로 2.5cm 뒤 목둘레 안내선(B_1)을 그린다.

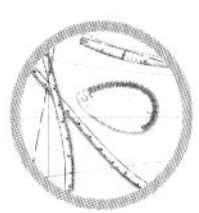

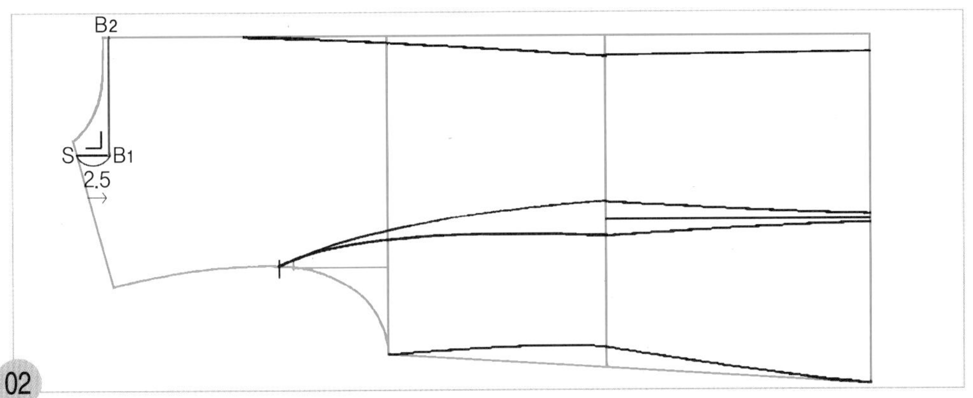

02

B1~B2 = 뒤 목둘레 안내선 B1점에서 직각으로 뒤 중심선까지 뒤 목둘레 선을 그리고 뒤 목점 위치(B2)를 뒤 중심선과의 교점으로 이동한다.

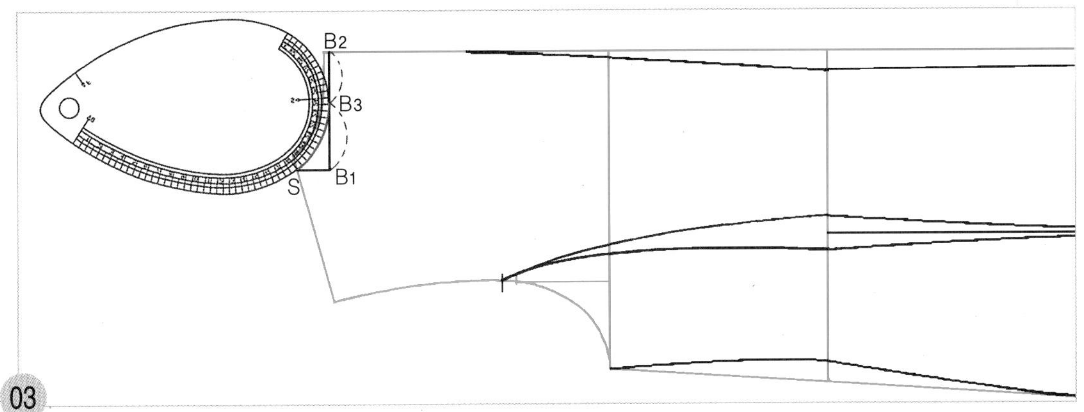

03

B1~B2점까지를 2등분(B3)한 다음, S점과 B3점에 뒤 AH자 쪽으로 연결하여 뒤 목둘레 선을 곡선으로 수정한다.

5. 어깨선을 그린다.

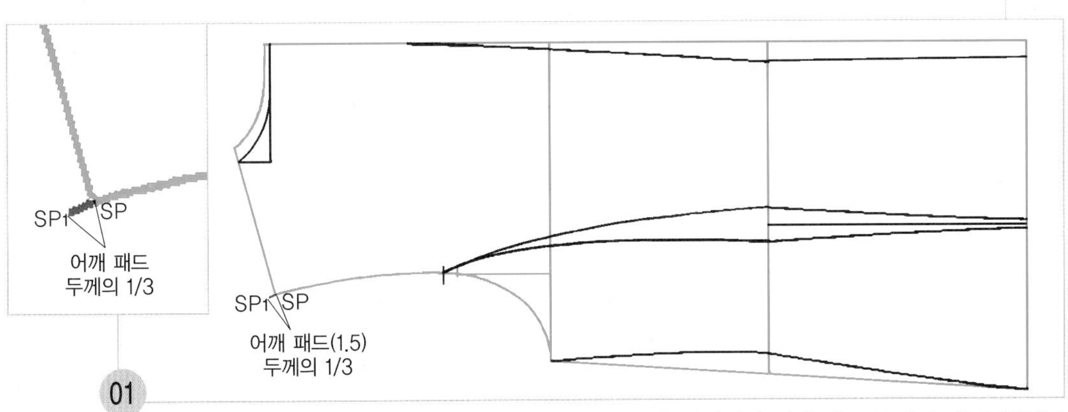

01

SP~SP1 = 어깨 패드 두께의 1/3 원형의 어깨끝점(SP)점에서 어깨 패드 두께의 1/3 분량만큼 뒤 진동 둘레 선(AH)을 추가하여 그리고 뒤 어깨 끝점(SP1)으로 한다.

주 어깨 패드를 넣지 않는 경우에는 원형의 어깨선을 그대로 사용한다.

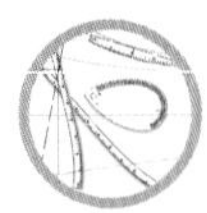

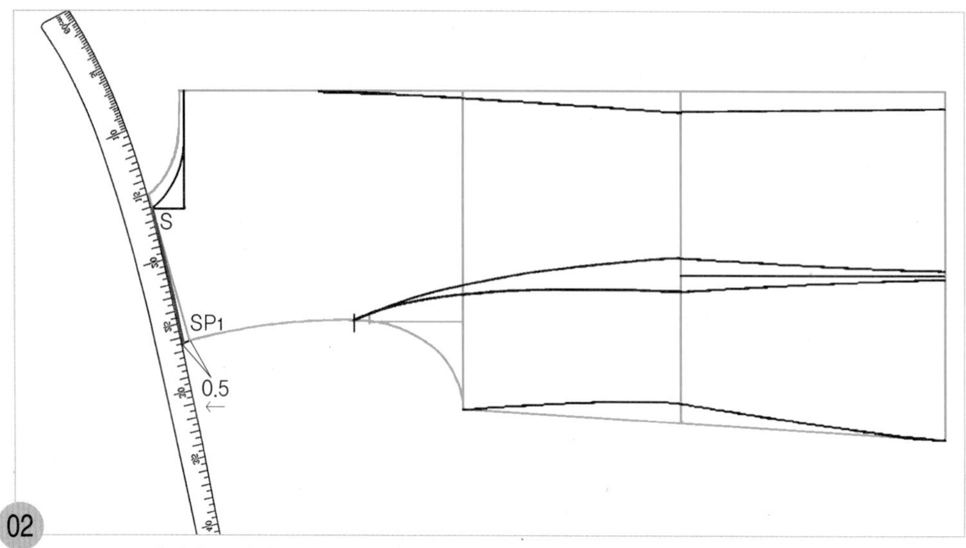

S~SP1=어깨선 S점에 hip곡자 15 위치를 맞추면서 SP1점과 연결하여 곡선으로 어깨선을 그린다.

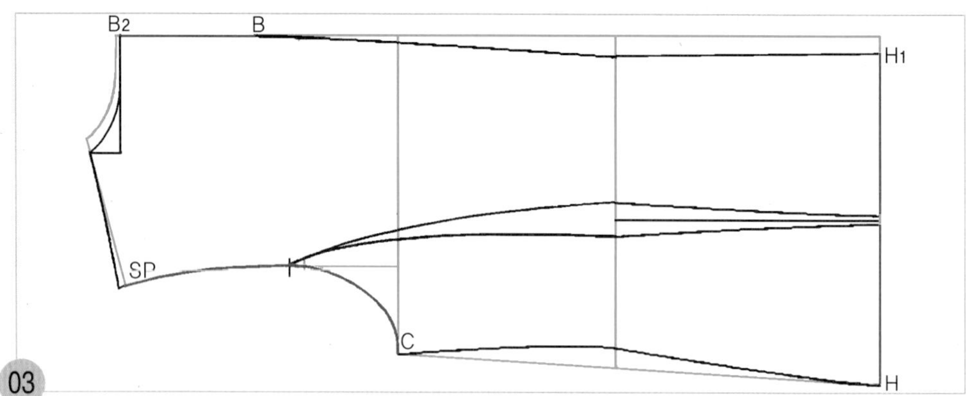

적색선으로 표시된 뒤 목점(B2)에서 B점까지, SP에서 C의 진동 둘레 선(AH), H~H1은 원형의 선을 그대로 사용한다.

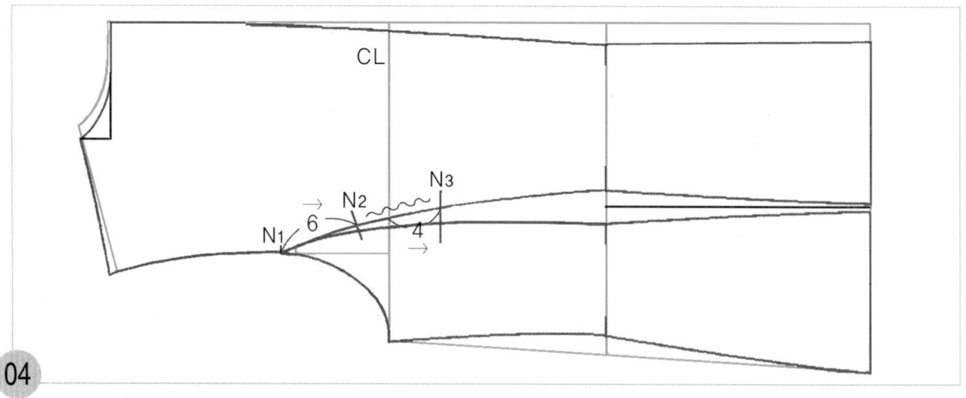

적색선이 뒤판의 완성선이다. 진동 둘레 선(AH) 쪽 패널라인 끝점(N1)에서 뒤 중심 쪽 패널라인을 따라 6cm 나간 위치에서 직각으로 이세 처리 시작 위치의 너치 표시(N2)를 넣고, 위 가슴둘레 선(CL) 위치에서 4cm 나가 수직으로 이세 처리 끝 위치의 맞춤 표시(N3)를 넣은 다음 N2~N3 사이에 이세 기호를 넣는다.

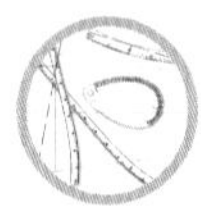

앞판 제도하기

1. 옆선과 밑단 선을 그린다.

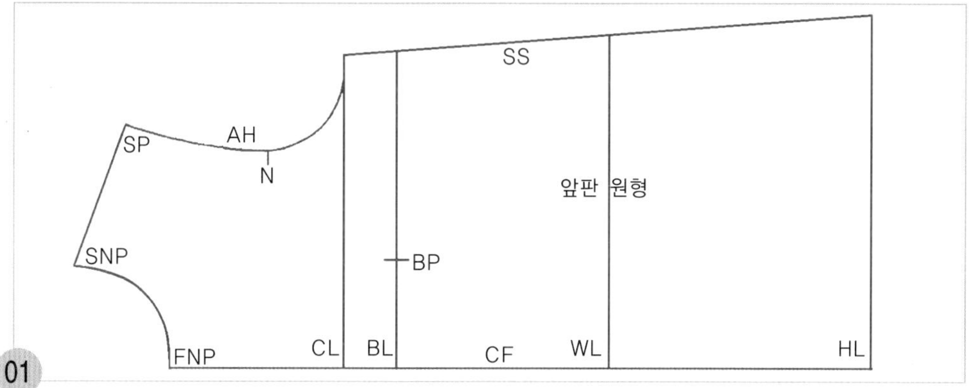

01
앞판의 원형 선을 옮겨 그린다.

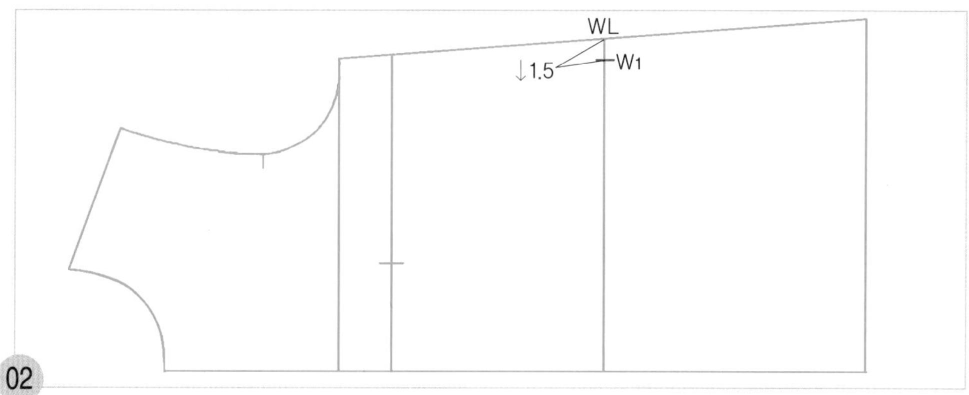

02
WL~W1=1.5cm 원형의 옆선 쪽 허리선 끝점(WL)에서 1.5cm 내려와 옆선의 완성선을 그릴 허리선 위치(W1)를 표시한다.

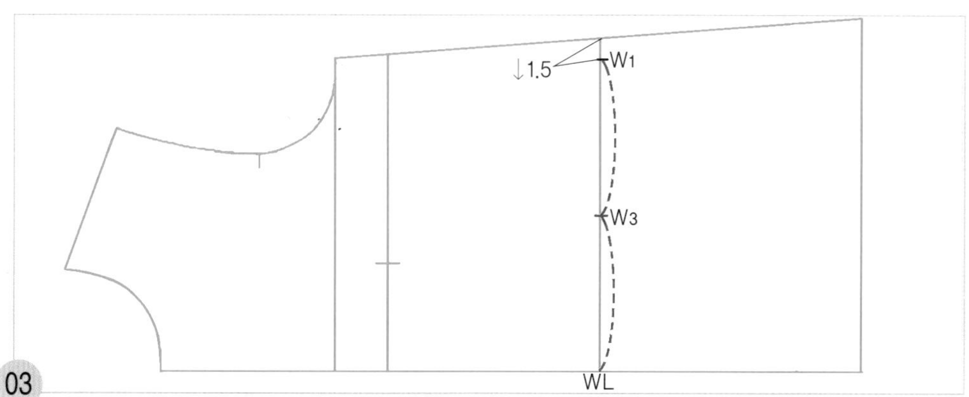

03
W3=WL~W1의 2등분 앞 중심 쪽 허리선 위치(WL)에서 W1점까지를 2등분하여 앞 패널라인 중심선을 그릴 허리선 위치(W3)를 표시한다.

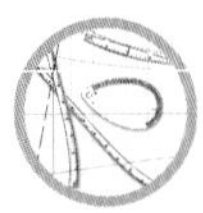

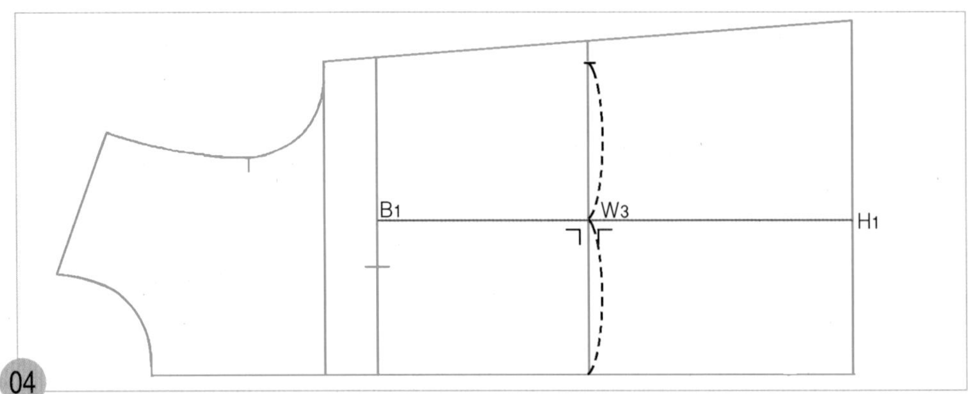

B_1~H_1=패널라인 중심선 W_3점에서 직각으로 H_1점까지 허리선 아래쪽의 패널라인 중심선을 그린 다음, W_3점에서 직각으로 B_1점까지 허리선 위쪽의 패널라인 중심선을 그려둔다.

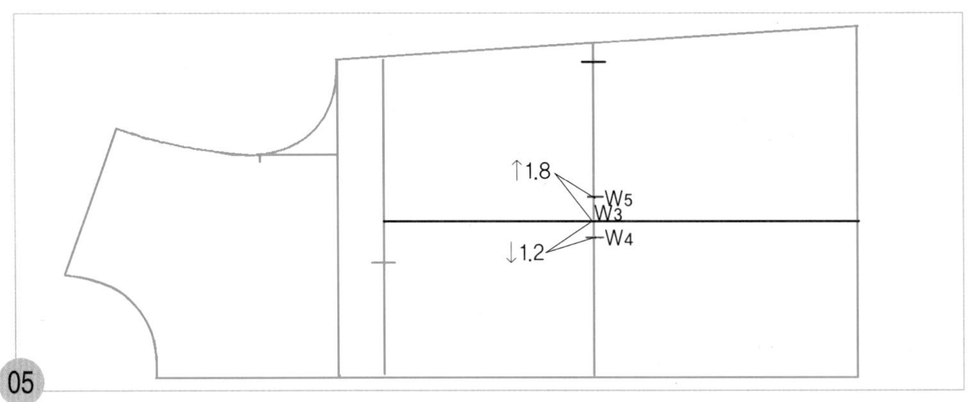

W_3~W_4=1.2cm, W_3~W_5=1.8cm

W_3점에서 앞 중심 쪽으로 1.2cm 내려와 앞 중심 쪽 패널라인을 그릴 허리선 위치(W_4)를 표시하고, W_3점에서 옆선 쪽으로 1.8cm 올라가 옆선 쪽 패널라인을 그릴 허리선 위치(W_5)를 표시한다.

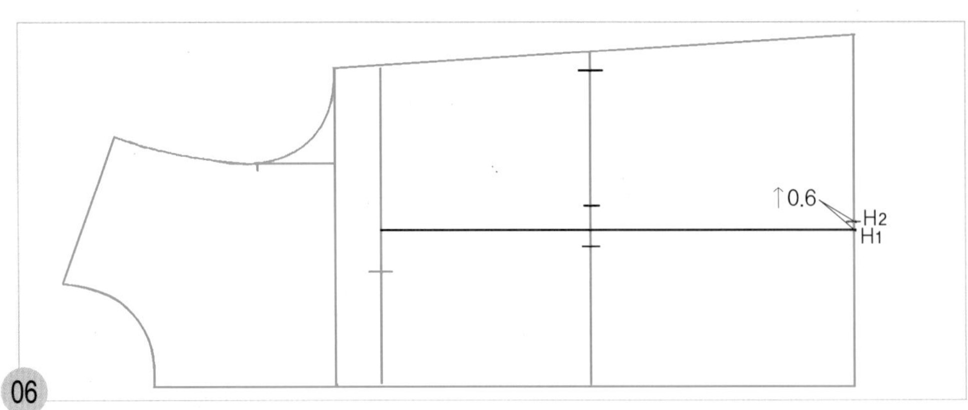

H_1~H_2=0.6cm

H_1점에서 0.6cm 올라가 옆선 쪽의 허리선 아래쪽 패널라인을 그릴 히프선 위치(H_2)를 표시한다.

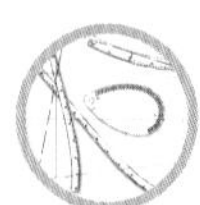

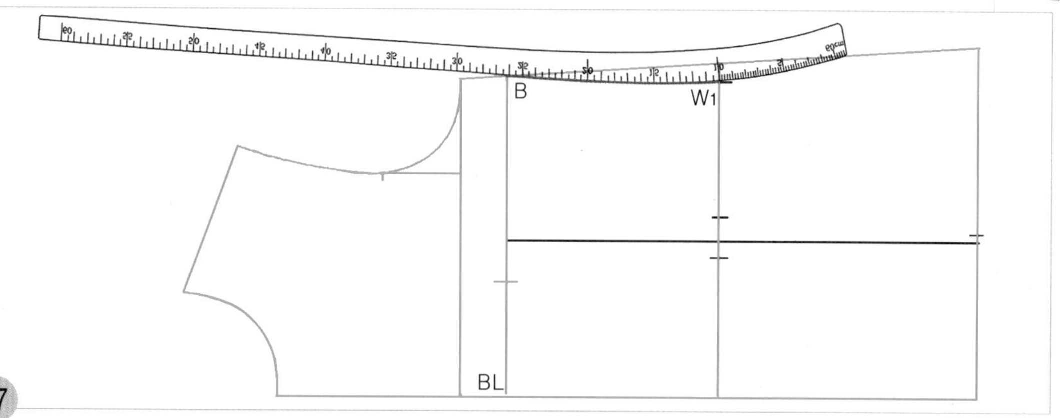

07

B~W_1=허리선 위쪽 옆선의 완성선 W_1점에 hip곡자 10 위치를 맞추면서 원형의 옆선 쪽 가슴둘레 선(BL) 끝점(B)과 연결하여 허리선 위쪽 옆선의 완성선을 그린다.

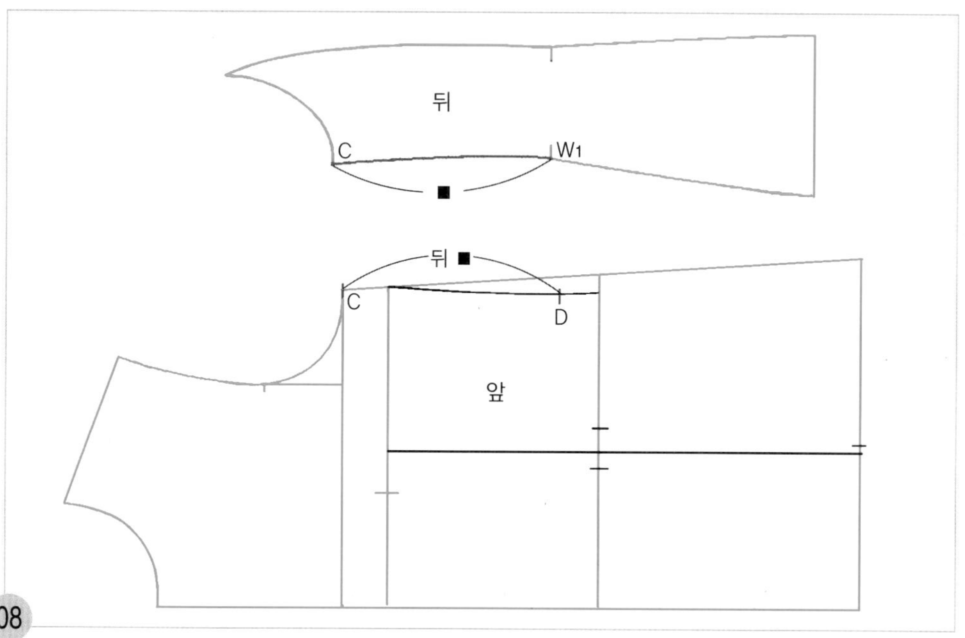

08

C~D=뒤 허리선 위쪽 옆선의 완성선 길이(C~W_1=■)

뒤판의 옆선 쪽 위 가슴둘레 선 끝점(C)에서 허리선(W_1)까지의 옆선의 완성선 길이(■)를 재어, 그 길이(■)를 앞판의 위 가슴둘레 선 끝점(C)에서 허리선 쪽으로 옆선의 완성선을 따라 나가 가슴 다트량을 정할 위치(D)를 표시한다.

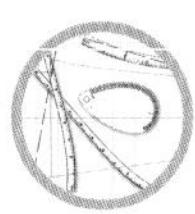

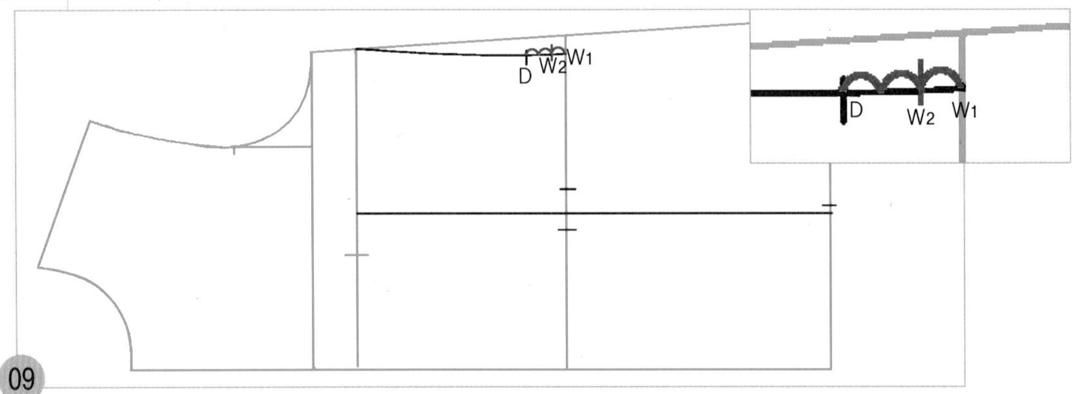

09

W_2 = D~W_1의 1/3 D점에서 W_1점까지를 3등분하여 W_1점 쪽의 1/3 위치에 허리 완성선을 수정할 위치(W_2)를 표시한다.

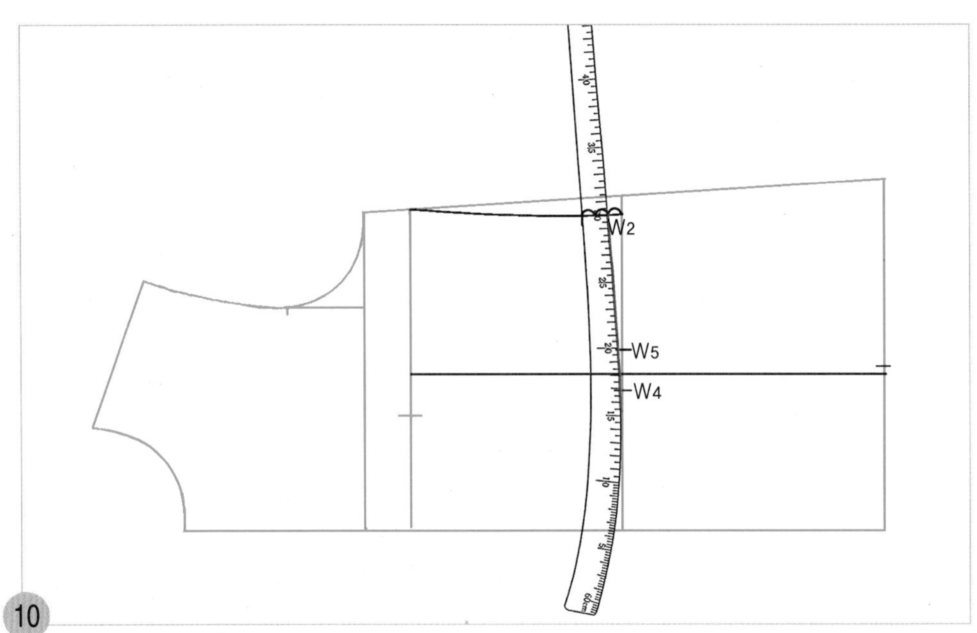

10

W_2점과 원형의 허리선을 hip곡자로 연결하였을 때 hip곡자가 1cm 정도 허리선을 따르면서 마주 닿는 위치로 맞추어 허리 완성선을 그려둔다.

참고 허리선의 앞 중심 쪽 1/3 위치에 hip곡자의 15 위치를 맞추면서 W_2점과 연결한다.

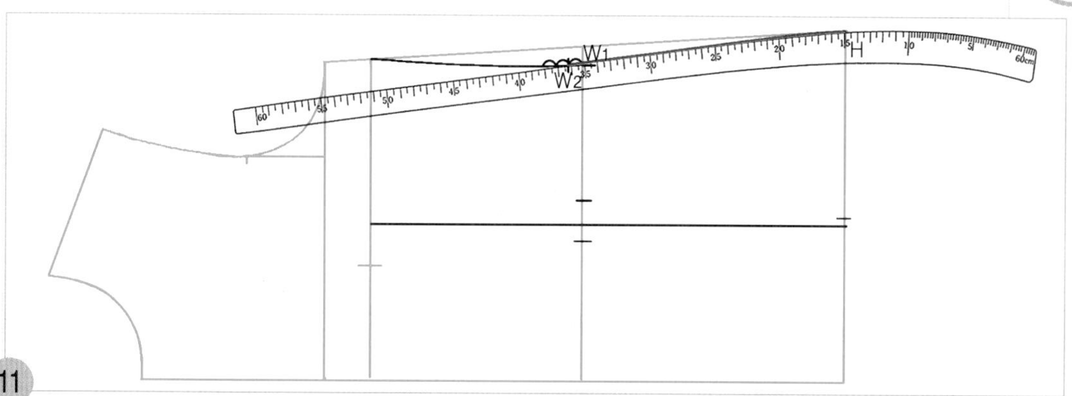

11
원형의 옆선 쪽 히프선 끝점(H)에 hip곡자 15 위치를 맞추면서 W_2점과 연결하여 허리선 아래쪽 옆선의 완성선을 그린다.

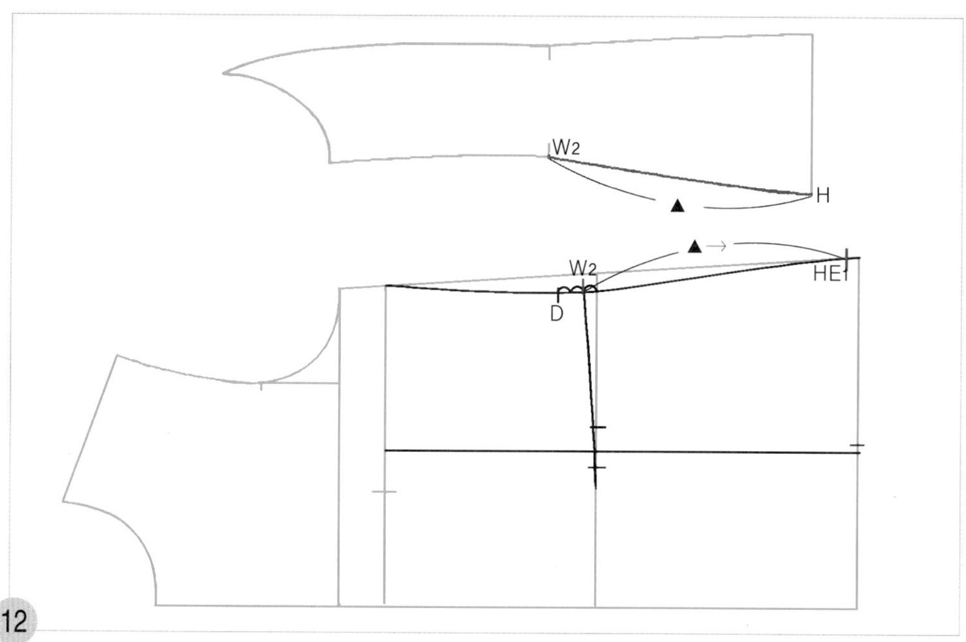

12
W_2~HE_1 = 뒤 허리선 아래쪽 옆선의 완성선 길이(W_2~H=▲)

뒤판의 W_2점에서 H점까지의 뒤 허리선 아래쪽 옆선의 완성선 길이(▲)를 재어, 그 길이(▲)를 앞판의 W_2점에서 옆선 쪽의 허리선 아래쪽 옆선을 따라 나가 옆선 쪽 밑단 선 위치(HE_1)를 표시한다.

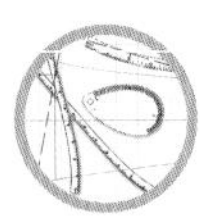

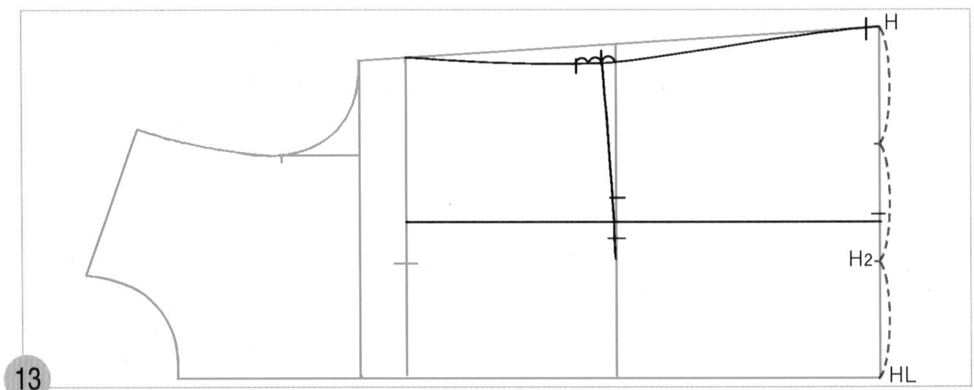

H2=HL~H의 1/3 원형의 히프선(HL~H)을 3등분하여 앞 중심 쪽의 1/3 위치에서 앞 처짐분 선을 그릴 위치(H2)를 표시한다.

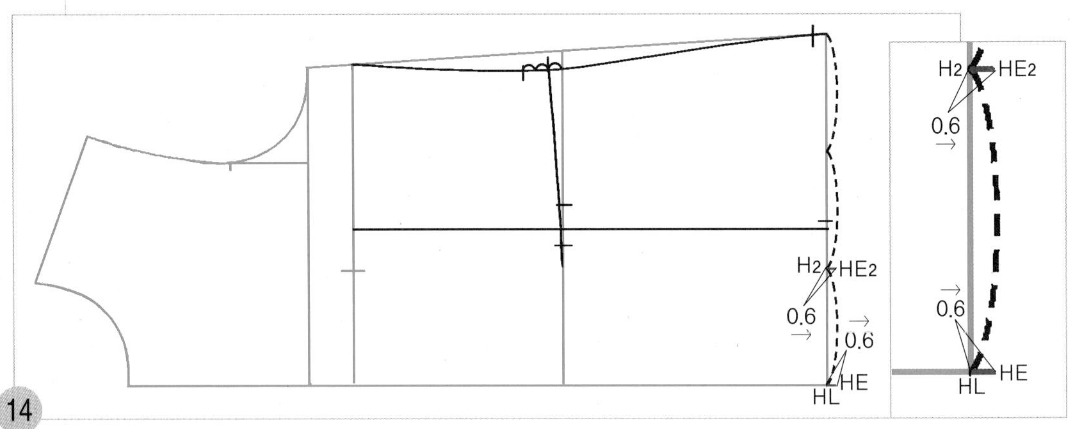

HL~HE=0.6cm, H2~HE2=0.6cm 앞 중심 쪽 히프선 끝점(HL)과 H2점에서 앞 처짐분 0.6cm를 수평으로 그리고 밑단의 완성선 위치(HE=앞 중심 쪽, HE2=옆선 쪽)를 표시한다.

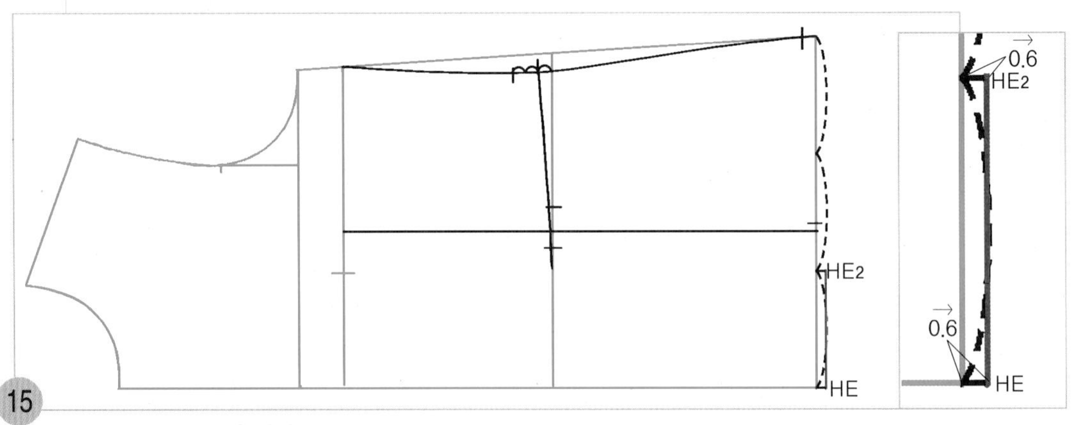

HE~HE2=밑단의 완성선

HE점과 HE2점 두 점을 직선자로 연결하여 앞 중심 쪽 밑단의 완성선을 그린다.

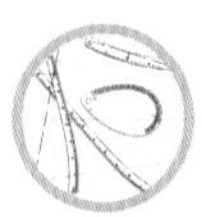

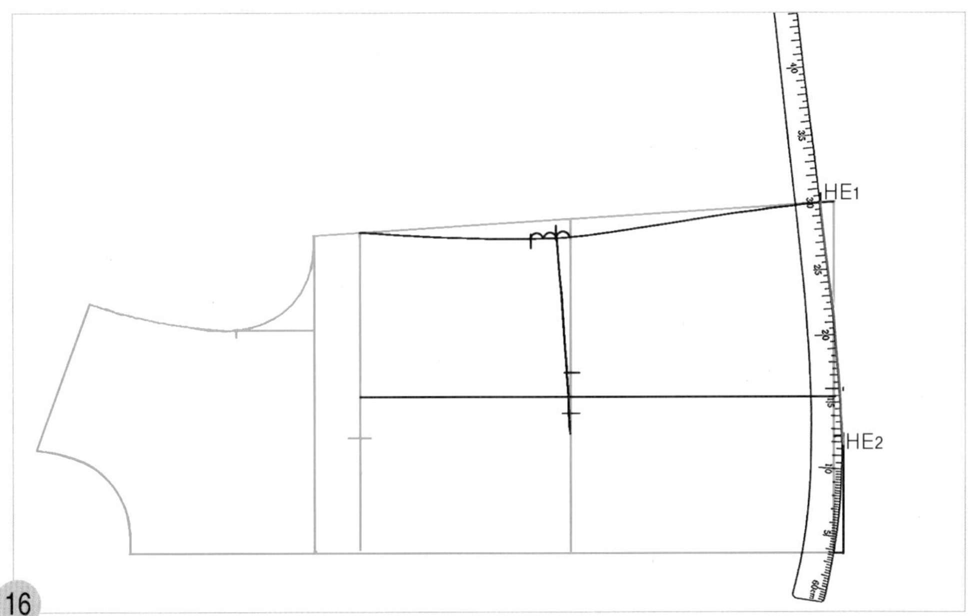

16

HE_1점과 HE_2점을 hip곡자로 연결하였을 때 HE_2점이 각지지 않고 자연스런 곡선으로 연결되도록 맞추어 남은 밑단의 완성선을 그린다.

참고 허리 완성선을 그릴 때 사용한 hip곡자의 위치를 그대로 밑단 선 쪽으로 밀어 연결하는 것이 가장 편리할 것이다.

2. 가슴 다트선을 그린다.

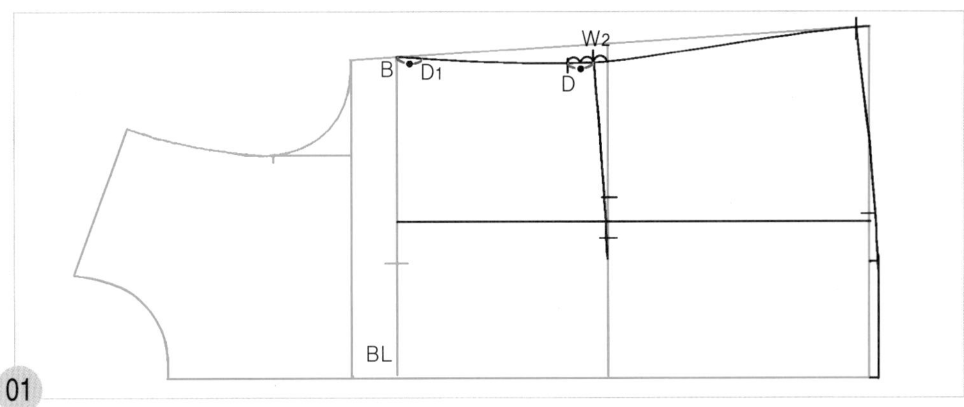

01

D~W_2=가슴 다트 분량

앞 허리선 위쪽 옆선의 허리 완성선 위치(D)에서 W_2점까지의 분량(●)을 재어, 가슴둘레 선(BL)의 옆선 쪽 끝점(B)에서 옆선의 완성선을 따라 나가 가슴 다트를 그릴 위치(D_1)를 표시한다.

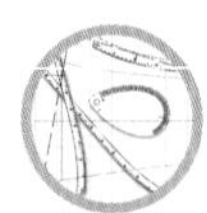

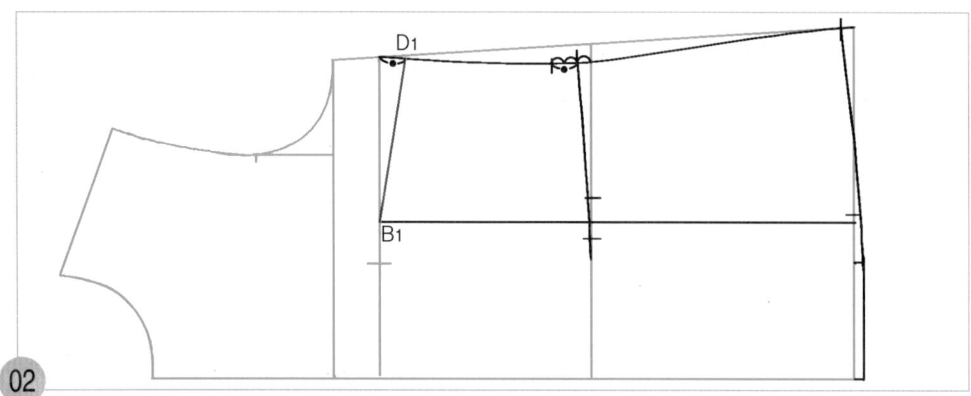

02

D_1~B_1=가슴 다트선 D_1점과 B_1점 두 점을 직선자로 연결하여 가슴 다트선을 그린다.

3. 앞 패널라인을 그린다.

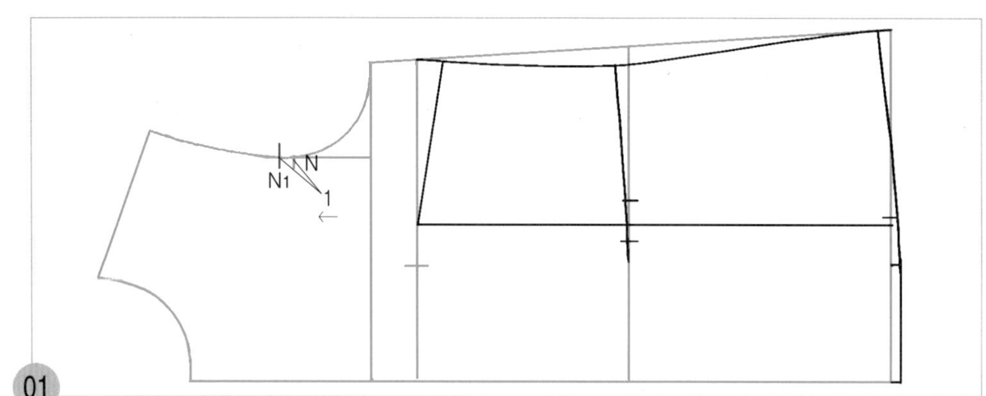

01

N~N_1=1cm 앞 원형의 진동 둘레 선(AH) 너치 표시 N점에서 1cm 어깨선 쪽으로 나가 진동 둘레 선의 패널라인 끝점(N_1)을 표시한다.

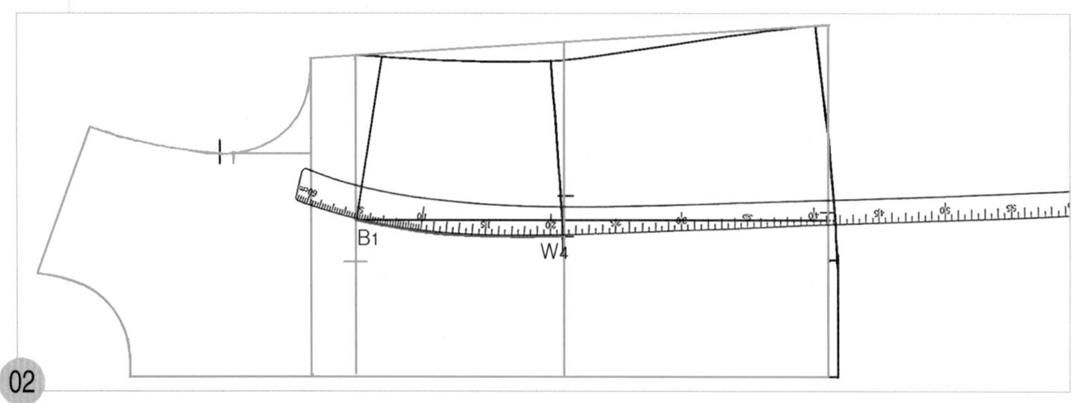

02

B_1~W_4=앞 중심 쪽의 허리선 위쪽 패널라인

B_1점에 hip곡자 5 위치를 맞추면서 W_4점과 연결하여 앞 중심 쪽의 허리선 위쪽 패널라인을 그린다.

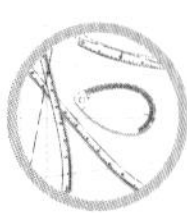

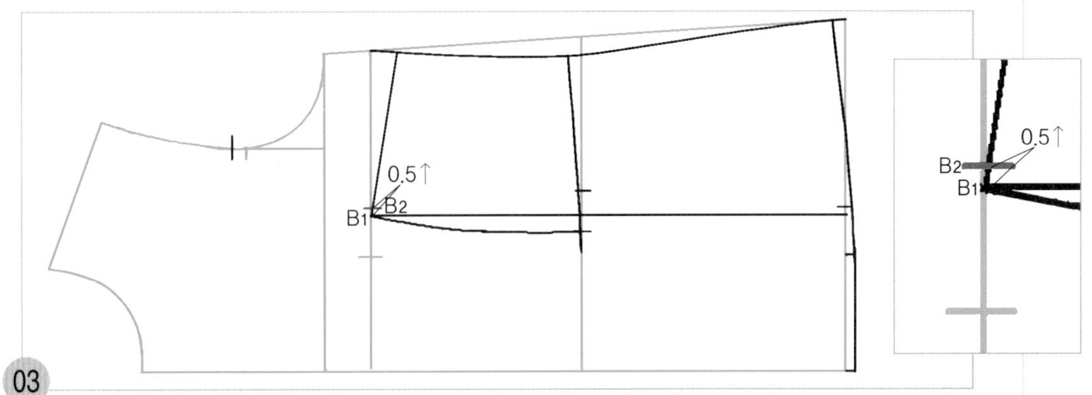

03

B_1~B_2=0.5cm B_1점에서 0.5cm 올라가 옆선 쪽 패널라인을 그릴 통과점(B_2)을 표시한다.

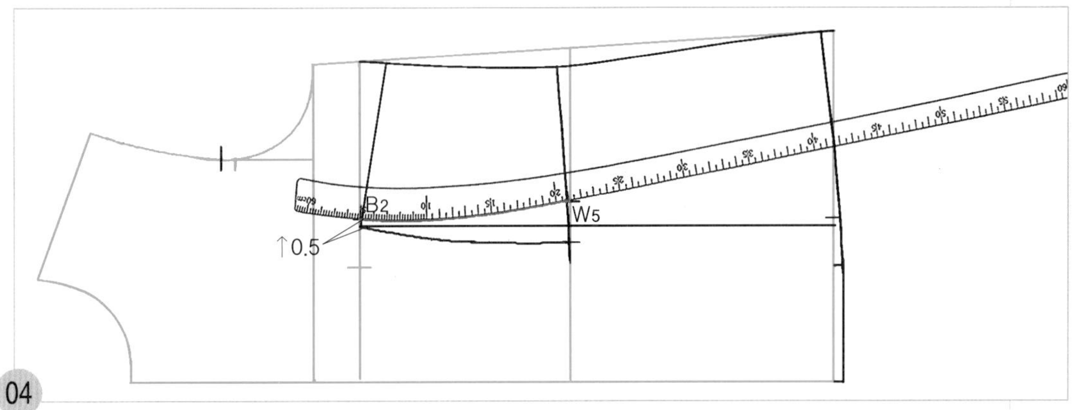

04

B_2~W_5=옆선 쪽의 허리선 위쪽 패널라인

B_2점에 hip곡자 5 위치를 맞추면서 W_5점과 연결하여 옆선 쪽의 허리선 위쪽 패널라인을 그린다.

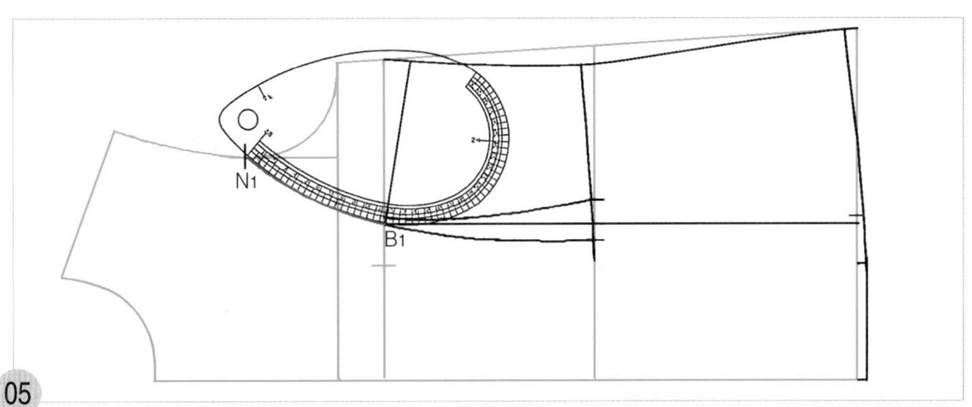

05

N_1~B_1=앞 중심 쪽의 가슴둘레 선 위쪽 패널라인

N_1점과 B_1점을 뒤 AH자 쪽으로 연결하였을 때 B_1점이 각지지 않고 02에서 그린 패널라인과 자연스럽게 연결되도록 맞추어 앞 중심 쪽의 가슴둘레 선 위쪽 패널라인을 그린다.

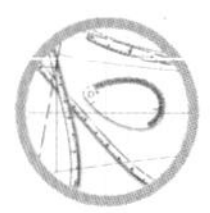

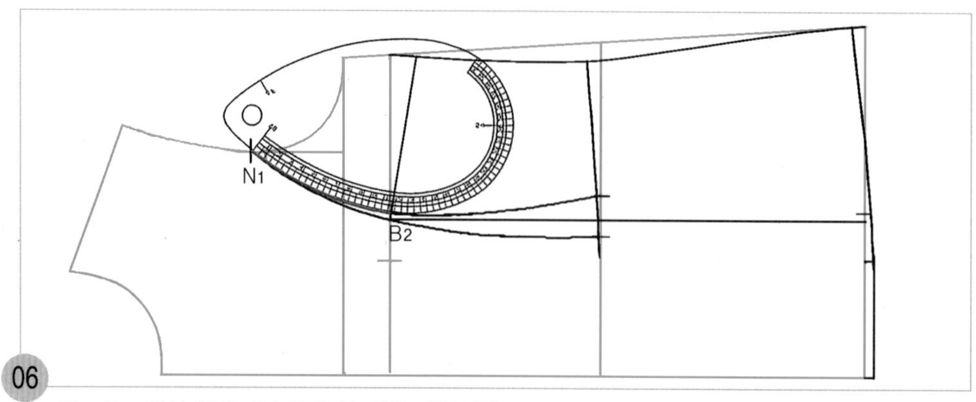

N_1~B_2=옆선 쪽의 가슴둘레 선 위쪽 패널라인

N_1점과 B_2점을 뒤 AH자 쪽으로 연결하였을 때 B_2점이 각지지 않고 04에서 그린 패널라인과 자연스럽게 연결되도록 맞추어 옆선 쪽의 가슴둘레 선 위쪽 패널라인을 그린다.

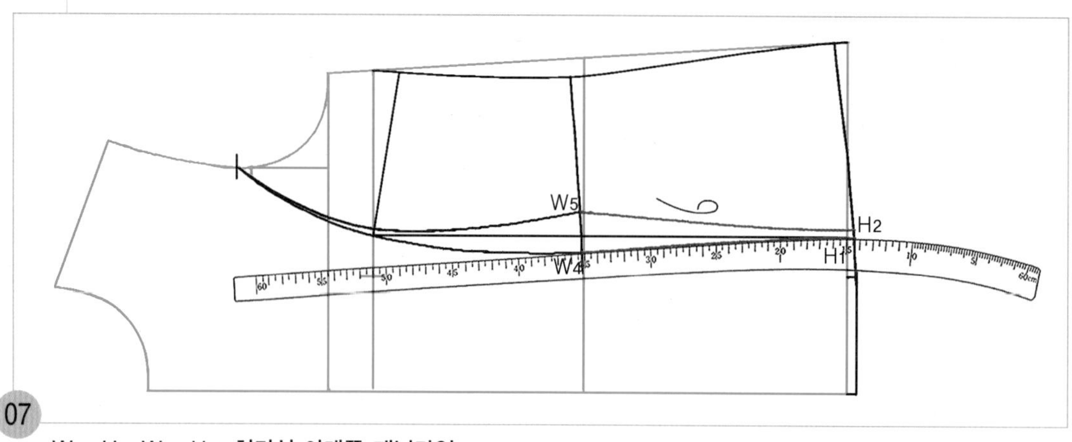

W_4~H_1, W_5~H_2=허리선 아래쪽 패널라인

H_1점에 hip곡자 15 위치를 맞추면서 W_5점과 연결하여 옆선 쪽의 허리선 아래쪽 패널라인을 밑단 선까지 그린 다음, hip곡자를 수직 반전하여 H_1점에 hip곡자 15 위치를 맞추면서 W_4점과 연결하여 앞 중심 쪽 허리선 아래쪽 패널라인을 밑단 선까지 그린다.

4. 앞 여밈분 선을 그리고 단춧구멍 위치를 표시한다.

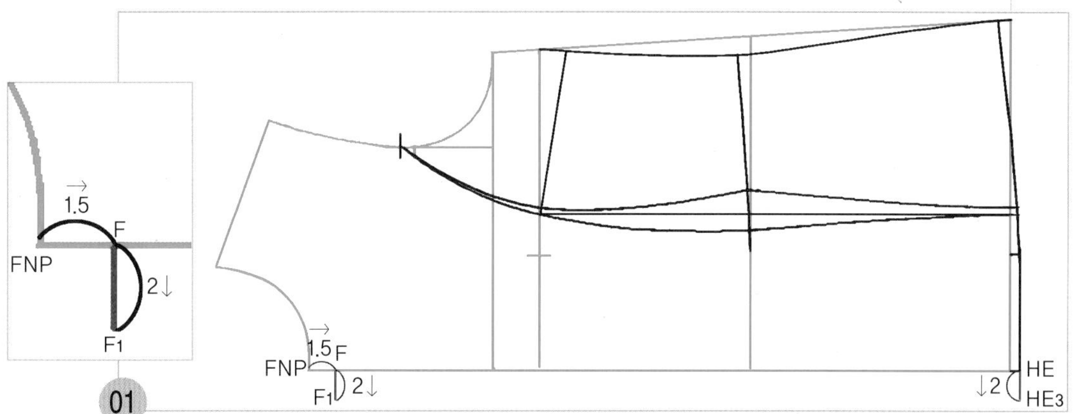

01

FNP~F=1.5cm, F~F1=2cm, HE~HE3=2cm

원형의 앞 목점(FNP)에서 앞 중심선을 따라 1.5cm 나가 수정할 앞 목점 위치(F)를 표시하고, F점에서 2cm, HE점에서 2cm 앞 여밈분 폭 선(F1~HE3)을 내려 그린다.

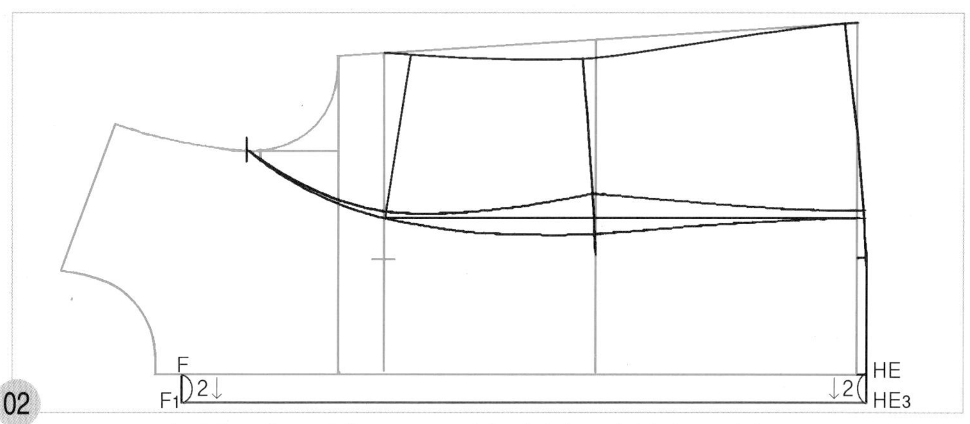

02

F1~HE3 = 앞 여밈분 선 F1점과 HE3점 두 점을 직선자로 연결하여 앞 여밈분 선을 그린다.

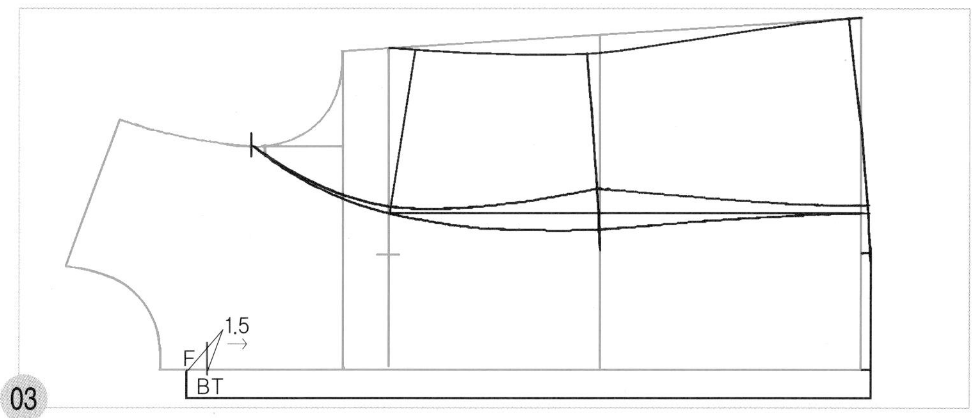

03

F~BT = 1.5cm F1점에서 앞 중심선을 따라 1.5cm 나가 첫 번째 단춧구멍 위치(BT)를 표시한다.

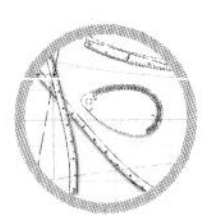

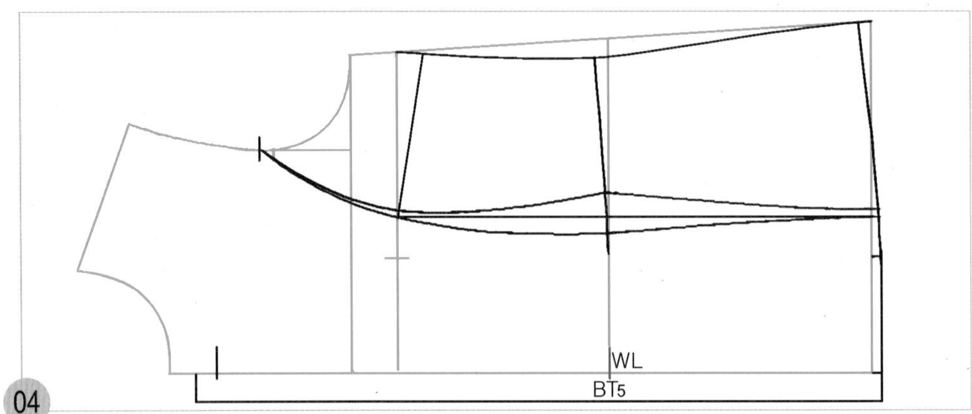

앞 중심 선쪽 허리선 위치에 다섯 번째 단춧구멍 위치(BT5)를 표시한다.

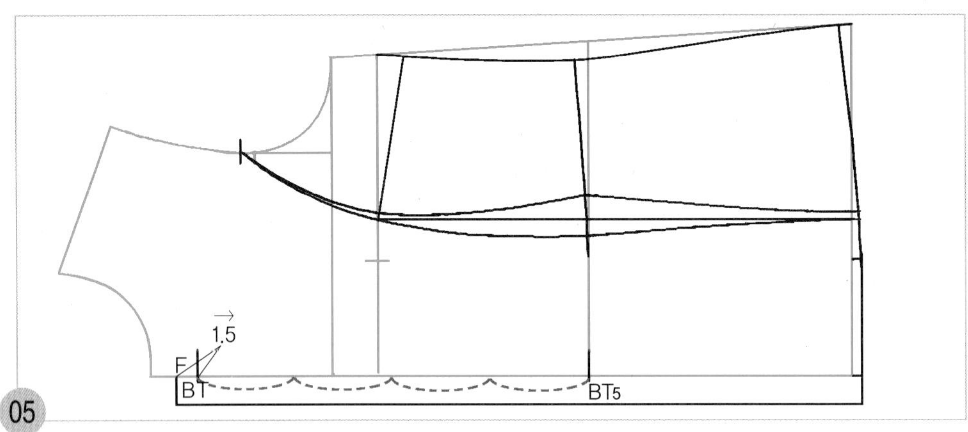

BT~BT5=4등분 첫번째 단춧구멍 위치(BT)에서 다섯 번째 단춧구멍 위치(BT5)까지를 4등분한다.

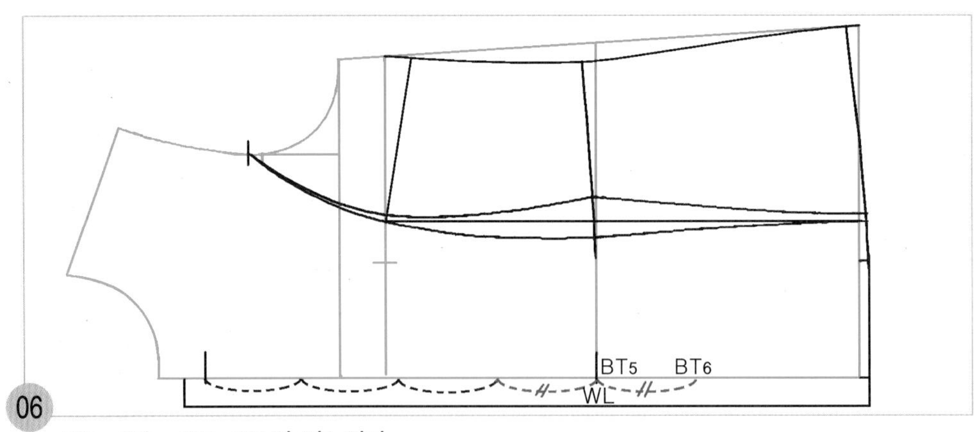

BT5~BT6=BT~BT5의 1/4 길이

첫 번째 단춧구멍 위치(BT)에서 다섯 번째 단춧구멍 위치(BT5)까지의 1/4 길이를 재어 다섯 번째 단춧구멍 위치(BT5)에서 밑단 쪽으로 나가 여섯 번째 단춧구멍 위치(BT6)를 표시한다.

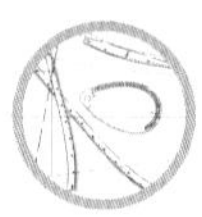

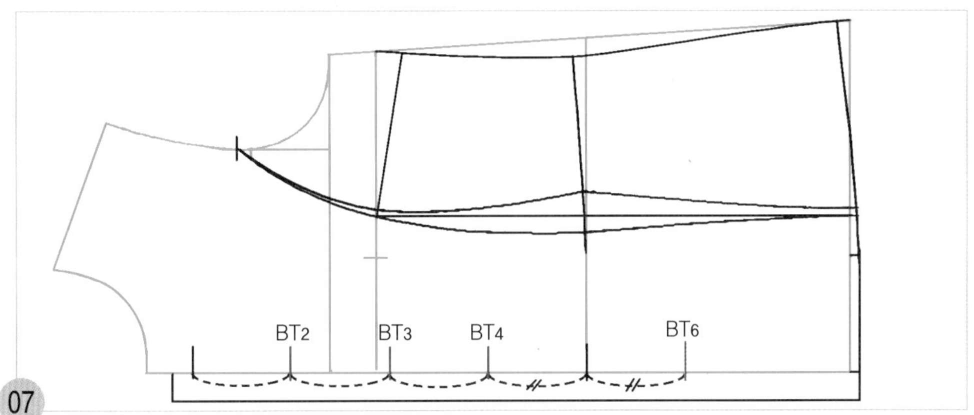

07

각 단춧구멍의 위치에서 단춧구멍의 선을 그린다. 이때 앞 중심선에서 단추의 직경 치수는 위쪽으로, 여유분 0.3cm는 아래쪽으로 내려오도록 그리면 되나, 정확하게 단추의 직경+0.3cm를 그리라는 것은 아니고 조금 길게 그려두어도 상관없다.

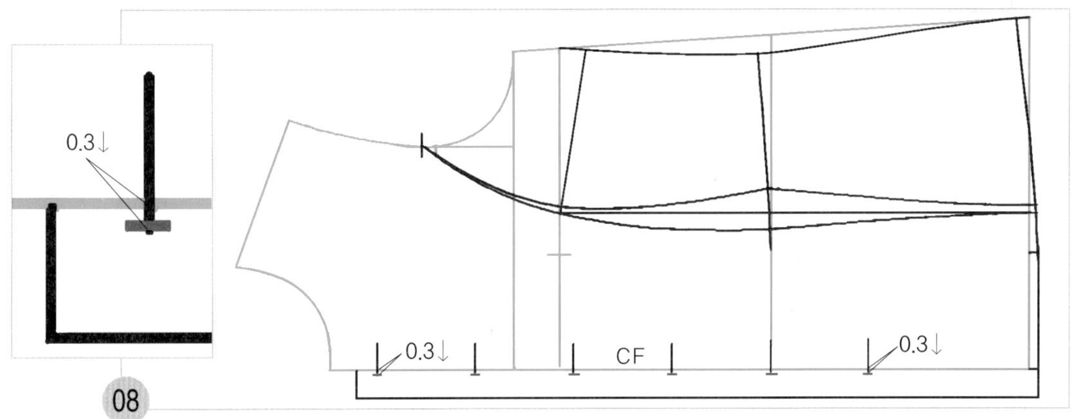

08

첫 번째 단춧구멍 위치와 여섯 번째 단춧구멍 위치의 앞 중심선에서 각각 0.3cm 내려와 표시하고, 직선자로 두 점을 연결하여 각 단춧구멍 위치에서 앞 여밈 쪽 단춧구멍 트임 끝 위치를 각각 표시한다.

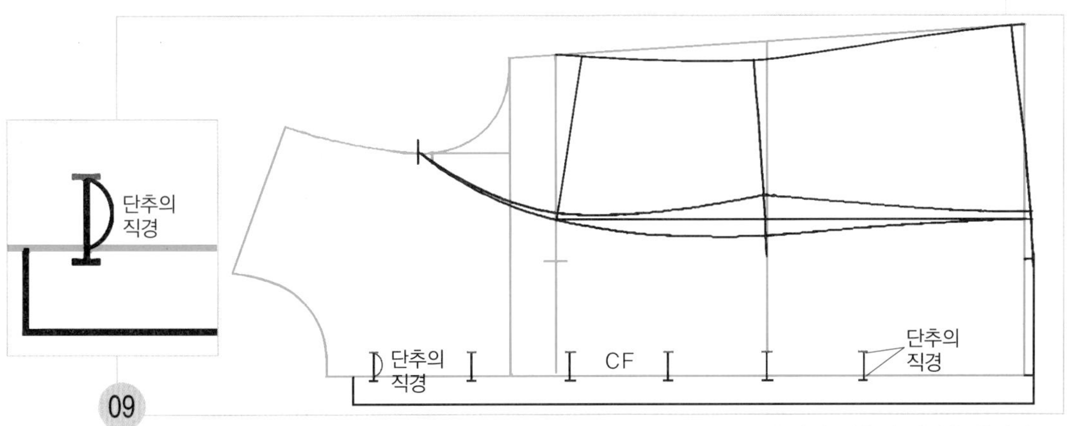

09

첫 번째 단춧구멍 위치와 여섯 번째 단춧구멍 위치의 앞 중심선에서 각각 단추의 직경을 올라가 표시하고, 직선자로 두 점을 연결하여 각 단춧구멍 위치에서 단춧구멍 트임 끝 위치를 각각 표시한다.

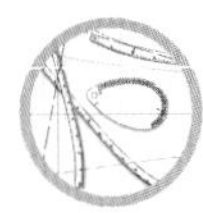

5. 어깨선을 그린다.

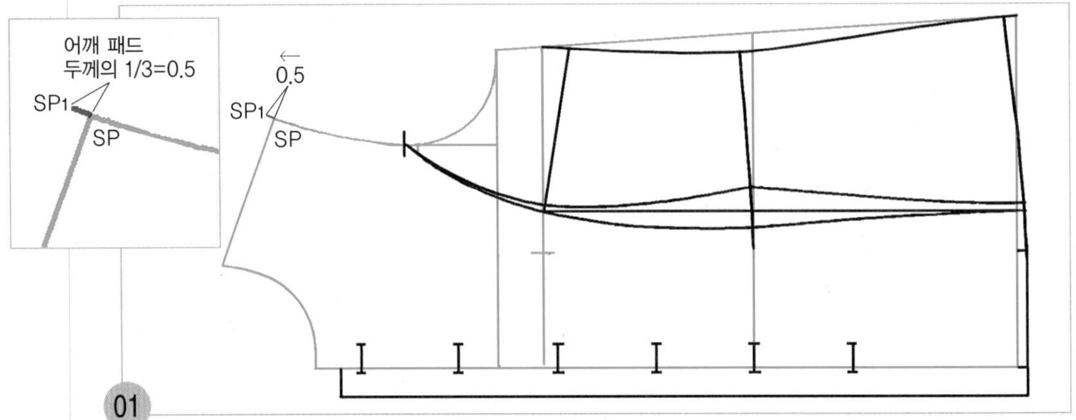

SP~SP1= 어깨 패드 두께의 1/3=0.5cm

원형의 SP점에서 어깨 패드 두께의 1/3분량만큼 앞 진동둘레선(AH)을 추가하여 그리고 앞 어깨끝점(SP1)으로 한다.

주 어깨 패드를 넣지 않는 경우에는 원형의 어깨선을 그대로 사용한다.

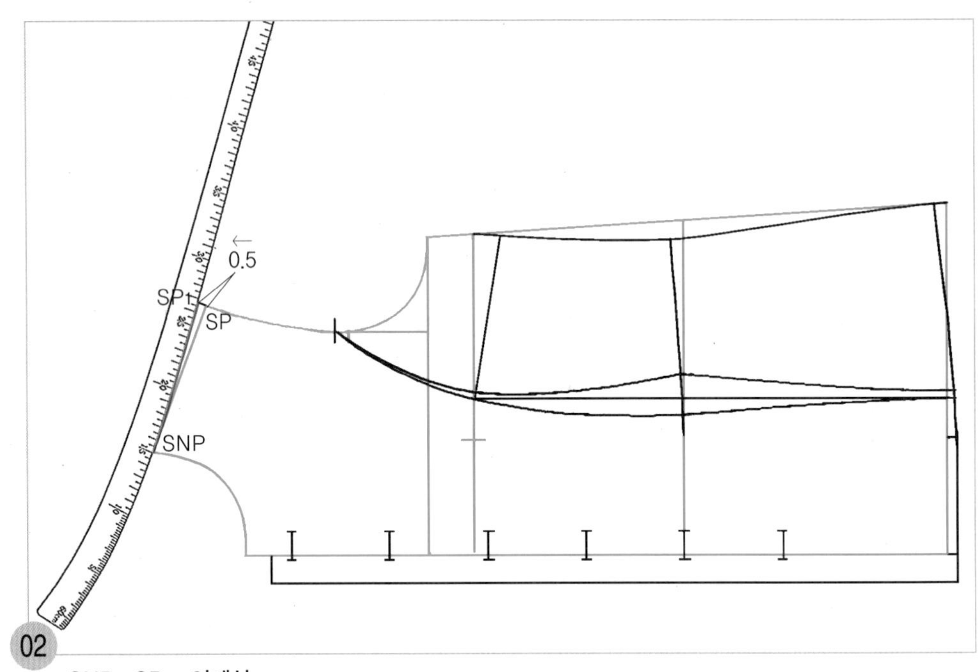

SNP~SP1= 어깨선

옆목점(SNP)에 hip곡자 15 위치를 맞추면서 수정한 어깨끝점(SP1)과 연결하여 곡선으로 어깨선을 그린다.

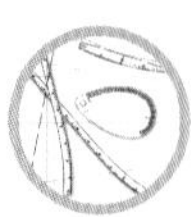

6. 앞 목둘레 선을 그린다.

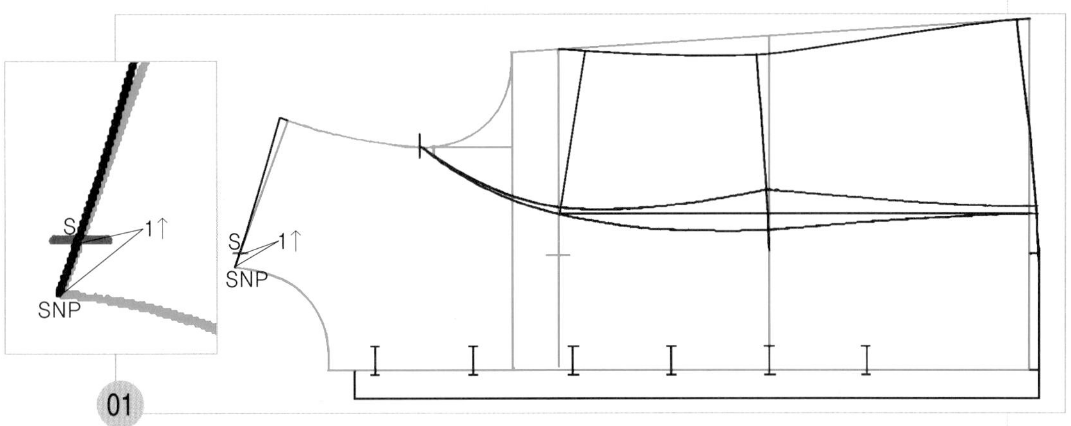

01

SNP~S=1cm

원형의 옆목점(SNP)에서 어깨 완성선을 따라 1cm 올라가 수정할 옆 목점 위치(S)를 표시한다.

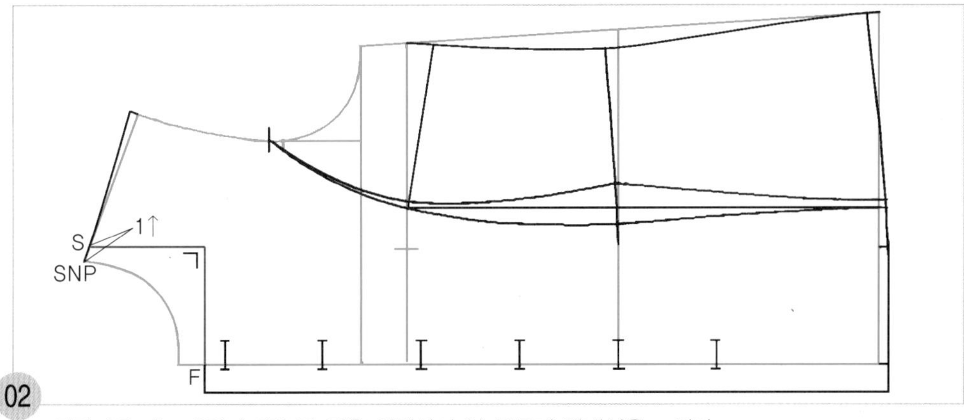

02

직각자를 대고 S점과 F점 두 점을 연결하여 앞 목둘레 안내선을 그린다.

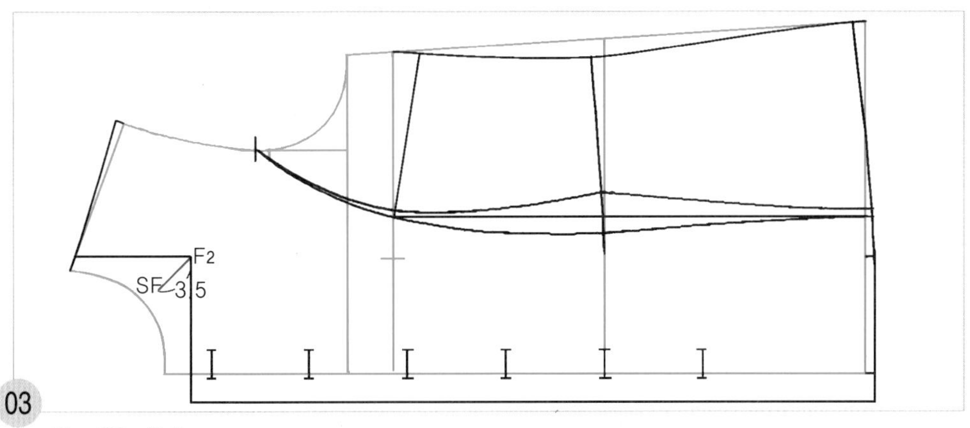

03

F_2~SF=3.5cm

S점과 F점의 직각점(F_2)에서 45도 각도로 3.5cm 앞 목둘레 선을 그릴 통과선(SF)을 그린다.

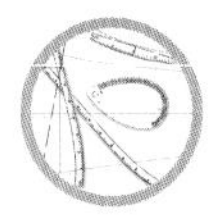

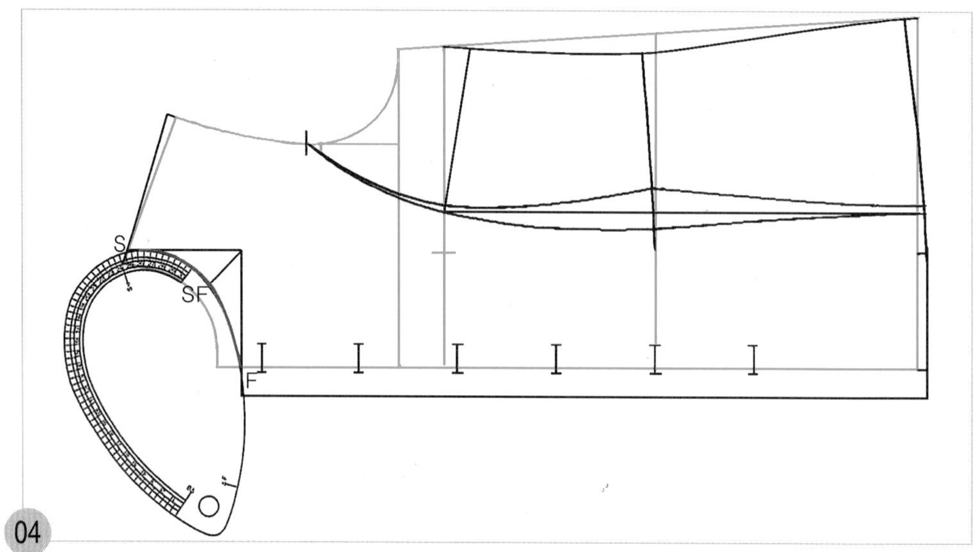

04

S점과 F점을 앞 AH자 쪽으로 연결하였을 때 SF점을 통과하면서 연결되는 위치로 맞추어 앞 목둘레 선을 그린다.

7. 피터팬 칼라를 제도한다.

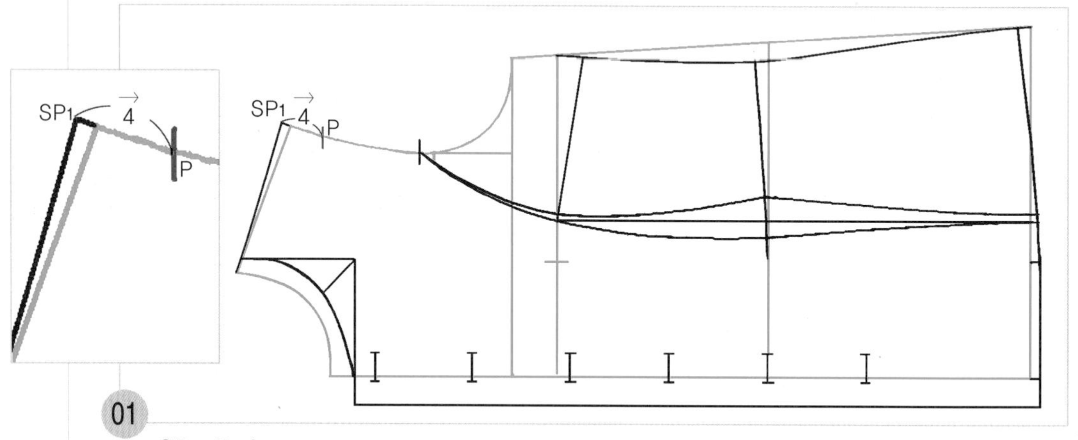

01

SP1~P=4cm

앞판의 어깨 끝점(SP1)에서 진동 둘레 선(AH)을 따라 4cm 나가 뒤 어깨선을 맞출 안내선 점(P)을 표시한다.

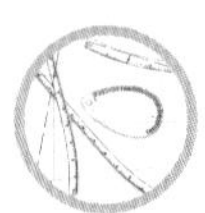

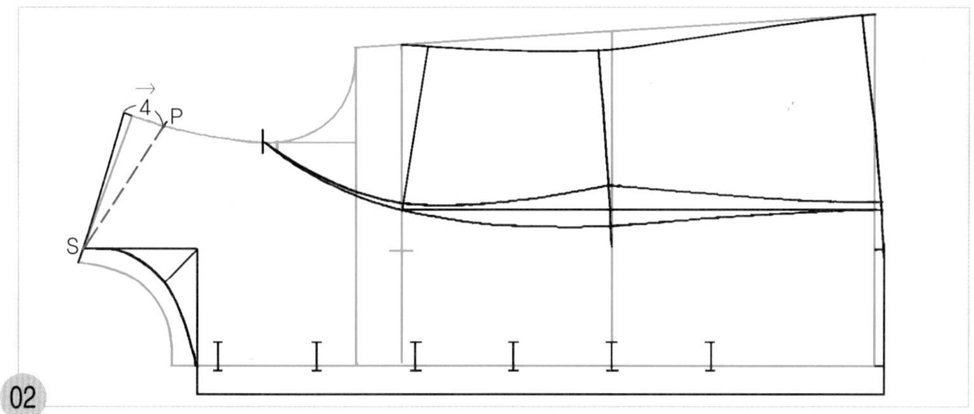

02

S점과 P점 두 점을 직선자로 연결하여 점선으로 뒤 어깨선을 맞출 안내선을 그린다.

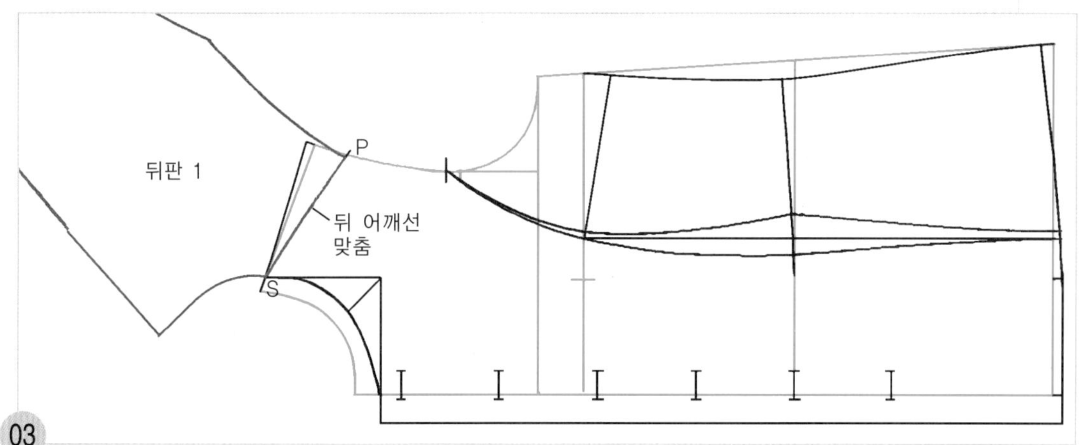

03

적색선인 뒤판의 옆 목점(S)을 앞판의 옆 목점(S)과 맞추고, P점과의 안내선에 뒤판의 어깨선을 맞추어 핀이나 맨딩 테이프로 고정시킨다.

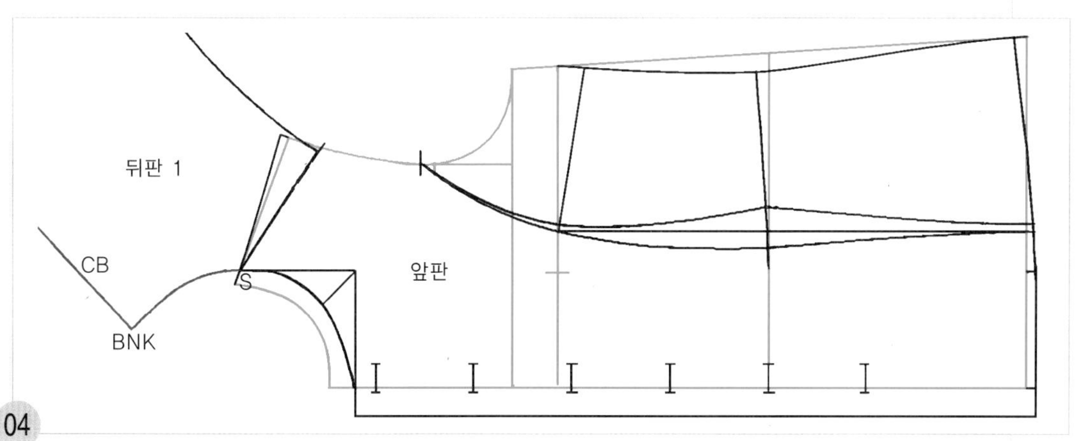

04

뒤판의 옆 목점(S)에서 뒤 목둘레 완성선과 뒤 중심 완성선을 따라 옮겨 그린다.

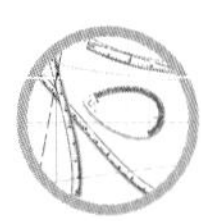

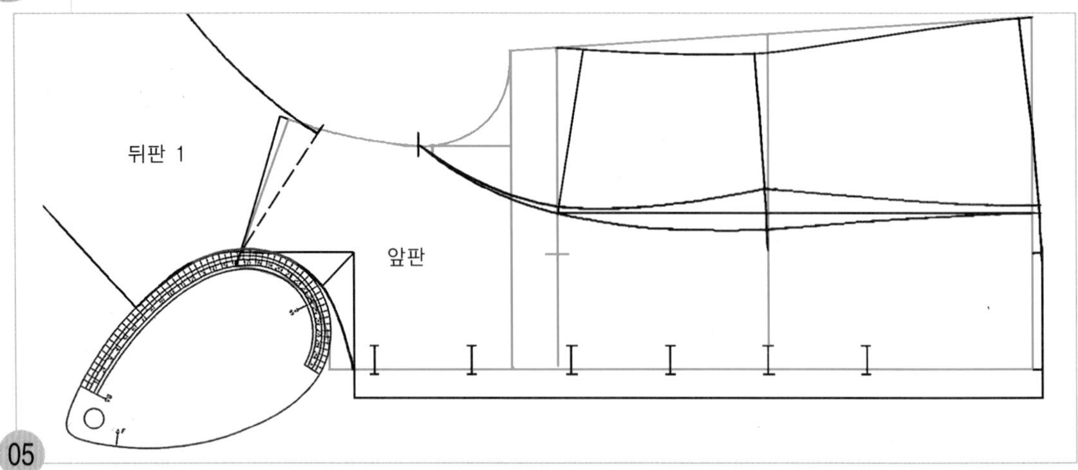

05

S점의 각진 부분을 뒤 AH자 쪽으로 연결하여 앞뒤 목둘레 선을 자연스런 곡선으로 수정한다.

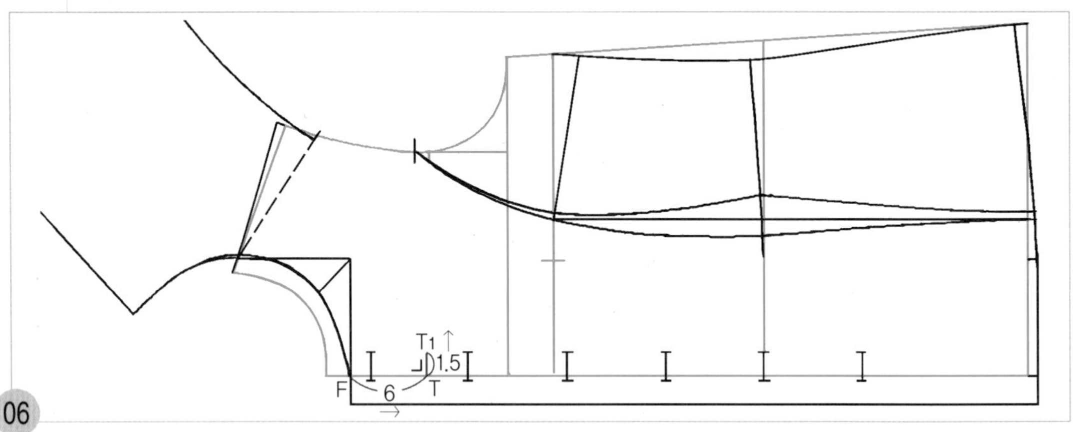

06

F~T=6cm, T~T1=1.5cm F점에서 원형의 앞 중심선을 따라 6cm 나가 칼라를 그릴 안내선 점(T)을 표시하고, 직각으로 1.5cm 올려 그려 칼라의 안내선 끝점(T1)을 표시한다.

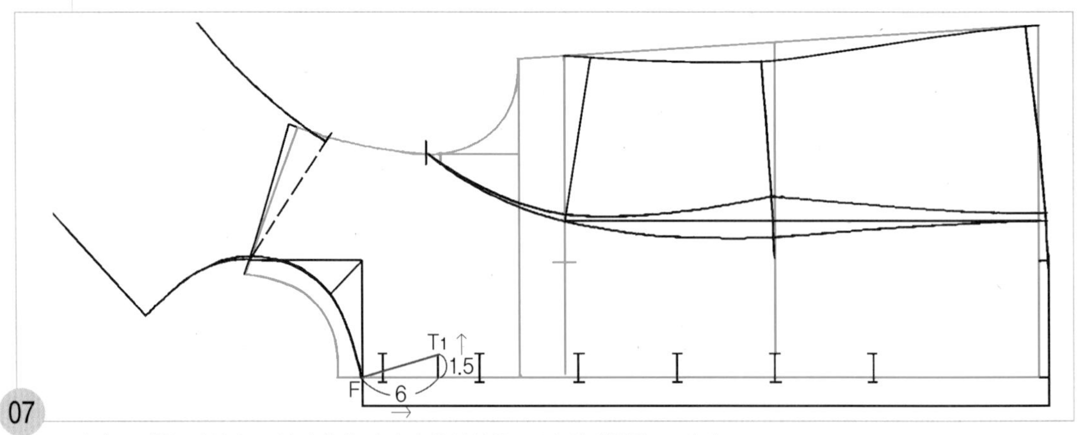

07

F점과 T1점을 직선자로 연결하여 칼라의 완성선을 그릴 안내선을 그린다.

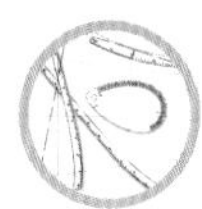

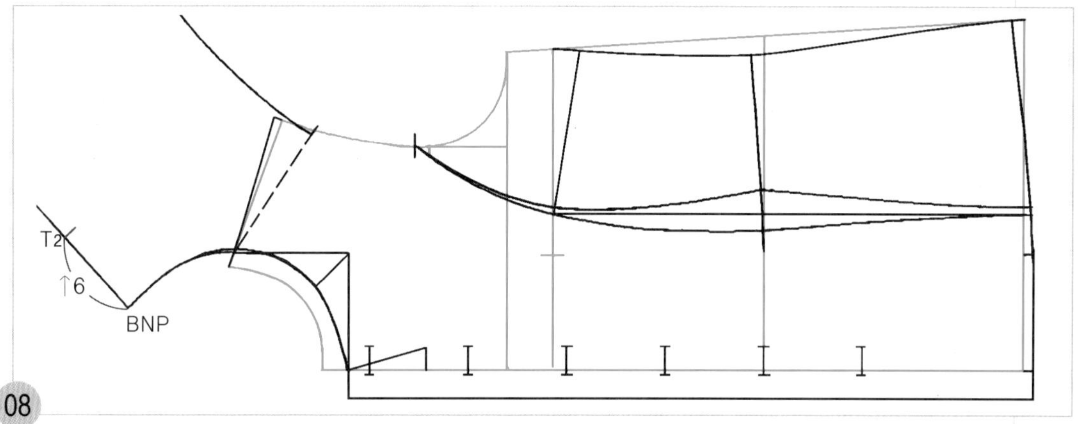

08

BNP~T2=6~7cm(칼라 폭 : 디자인에 따라 조정 가능)

뒤판의 뒤 목점(BNP)에서 뒤 중심선을 따라 칼라 폭 치수(T2)를 나가 표시한다.

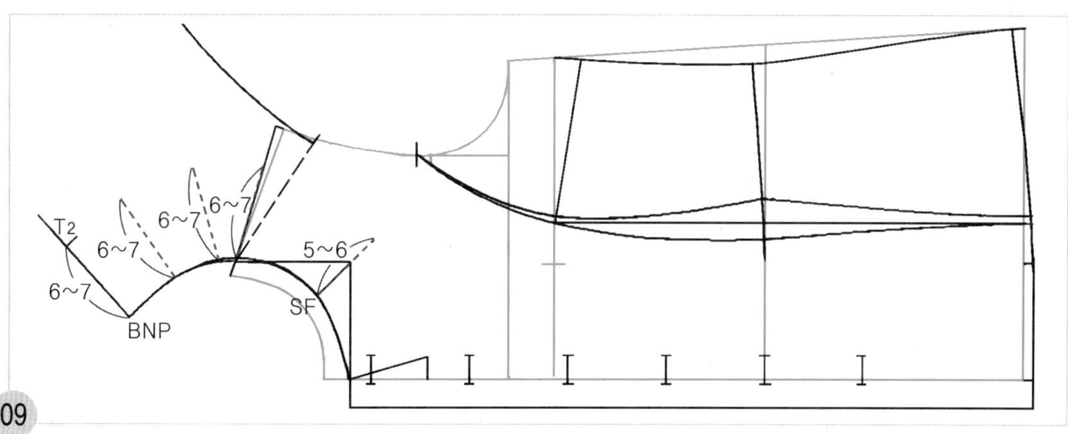

09

뒤 목점(BNP)에서 어깨선까지의 1/3 위치 정도에서 뒤 목둘레 완성선에 직각으로 6~7cm(조정 가능 치수임) 폭으로 칼라의 완성선을 그릴 안내점을 표시하고, SF점에서는 앞 목둘레 완성선에 직각으로 5~6cm(조정 가능 치수임) 폭으로 칼라 바깥쪽의 완성선을 그릴 안내점을 표시한다.

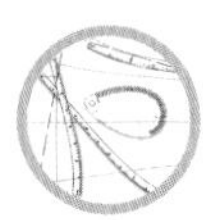

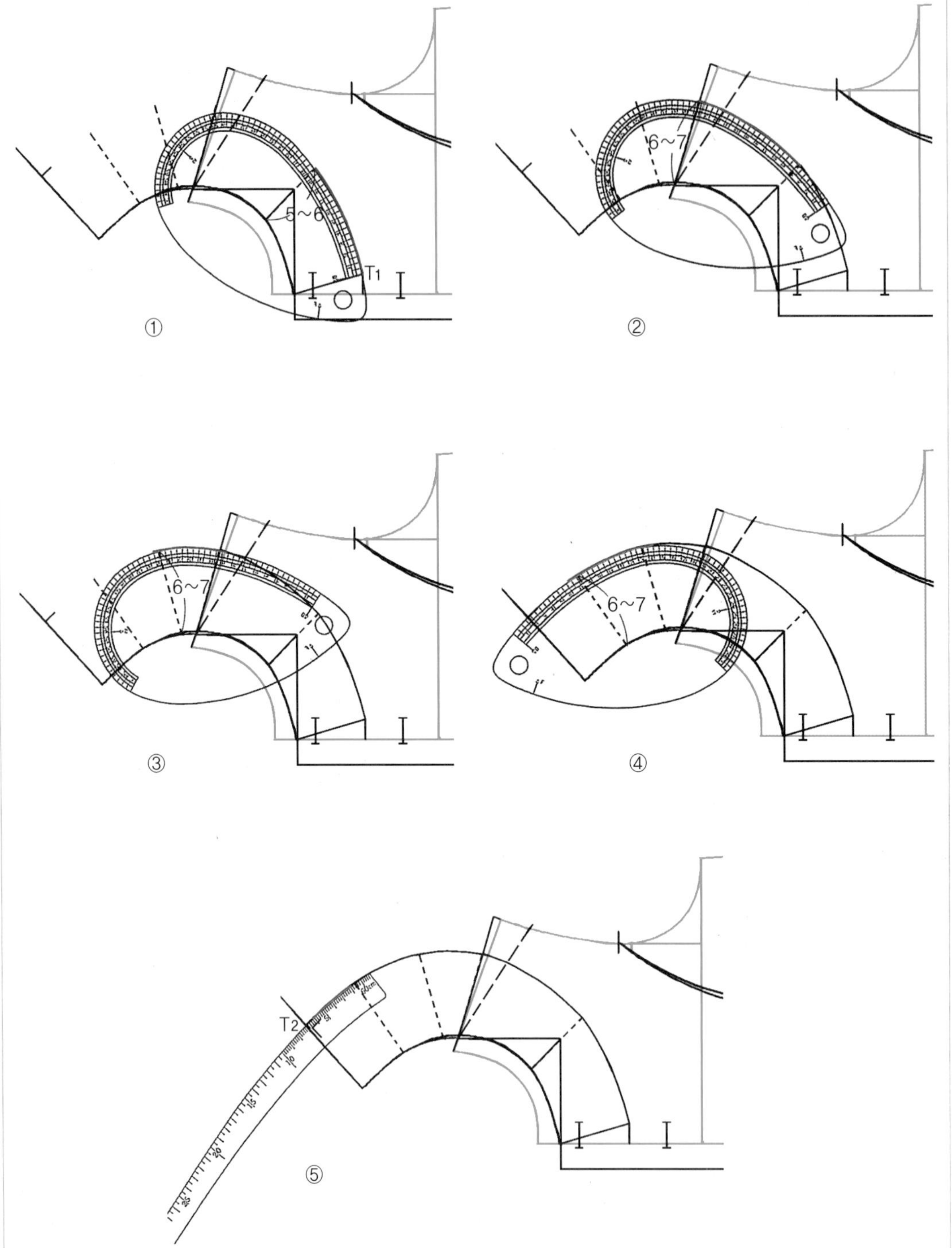

5~6
T1
①

6~7
②

6~7
③

6~7
④

T2
⑤

10

그림 ①~④와 같이 칼라 바깥쪽의 완성선을 AH자로 각각 연결하여 그린 다음, 그림 ⑤와 같이 T_2점에서는 직각이 되도록 hip곡자로 연결하여 칼라 바깥쪽의 완성선을 그린다.

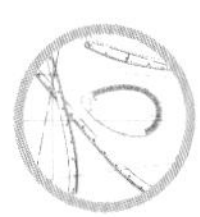

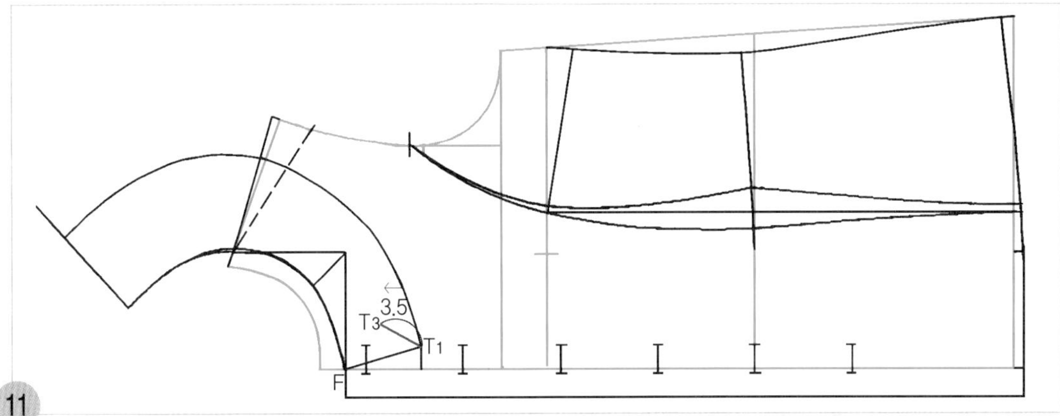

11

T_1~T_3=3.5cm(조정 가능)

T_1점에서 F점과의 안내선에 45도 각도로 3.5cm 칼라 바깥쪽의 완성선을 수정할 안내선(T_3)을 그린다.

주 여기서는 초보자가 가장 쉽게 자연스러운 곡선으로 수정할 수 있도록 일반적으로 많이 사용되는 곡선으로 안내선 위치를 설정하여 설명하고 있으나 칼라 바깥쪽 완성선은 AH자가 앞 중심 쪽으로 들어오게 되면 앞 중심 쪽으로 칼라 바깥쪽 완성선이 둥그런 모양으로 접근하게 되고, AH자가 어깨선 쪽으로 기울게 되면 칼라 바깥쪽 완성선이 타원에 가까운 모양으로 좁아지면서 어깨선 쪽으로 접근하게 된다. 따라서 일률적으로 정할 수 있는 수치가 아니므로 원하는 모양으로 AH자로 연결하여 그려도 무방하다.

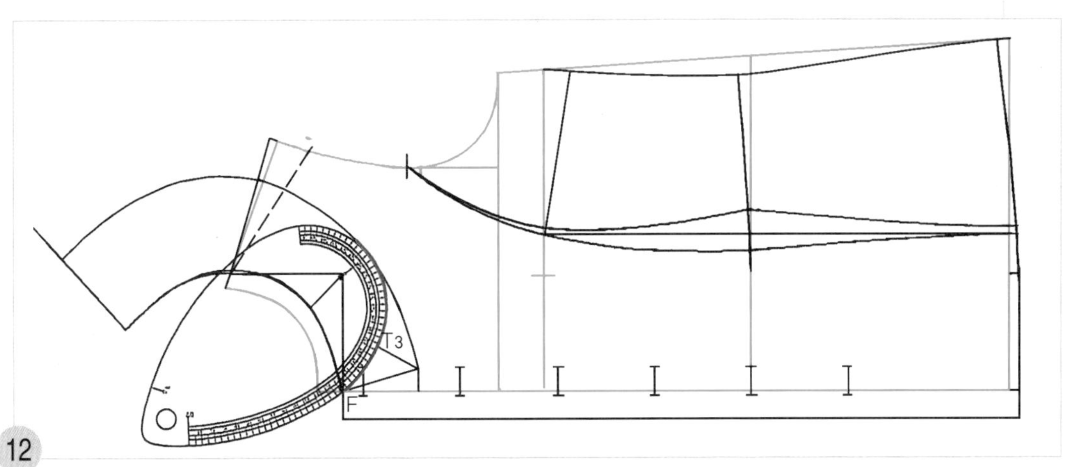

12

F점과 T_3점을 통과하면서 10에서 그린 칼라 폭의 완성선과 자연스런 곡선이 되도록 뒤 AH자 쪽으로 연결하여 칼라의 완성선을 수정한다.

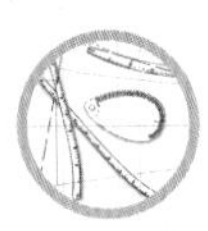

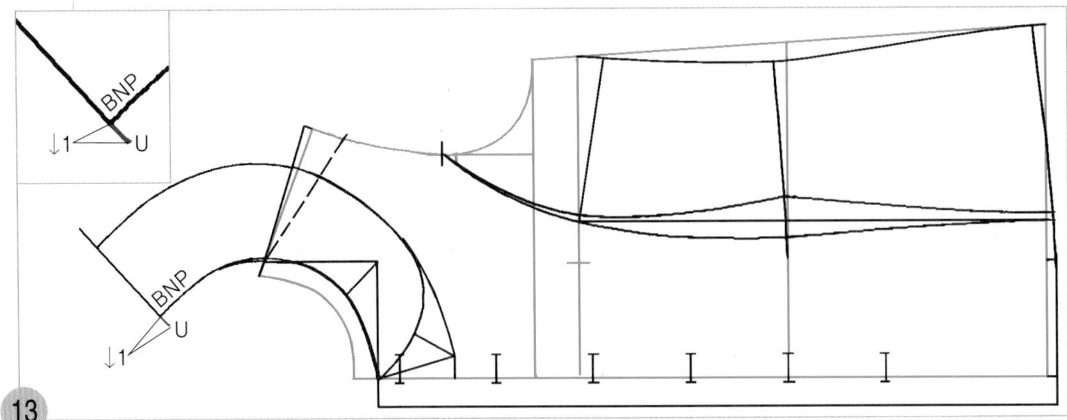

13

BNP~U=1cm 칼라의 뒤 목점(BNP)에서 1cm 나와 칼라 솔기선의 뒤 목점 위치(U)를 표시한다.

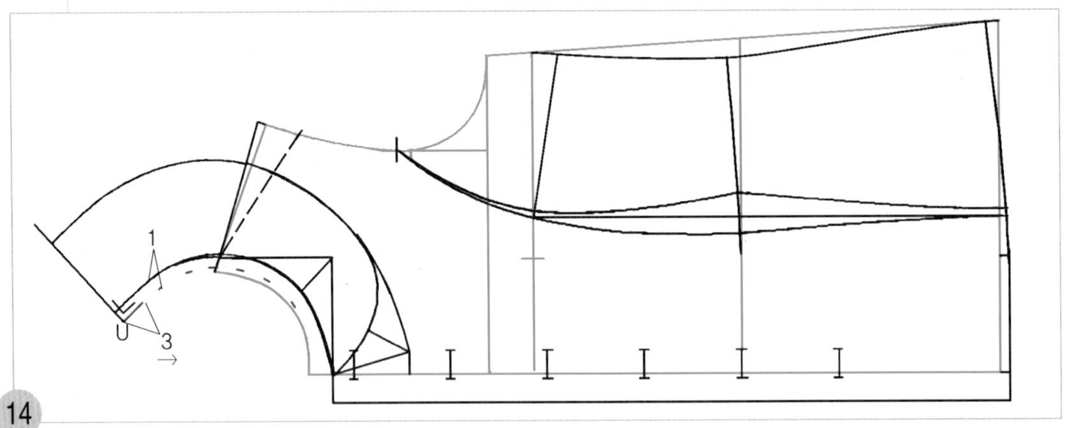

14

13에서 그린 칼라 솔기선의 뒤 목점 위치(U)에서 직각으로 3cm 정도 그린 다음, 그림과 같이 앞 목둘레 선 쪽까지 1cm 폭으로 칼라 솔기선을 그릴 안내점을 표시한다.

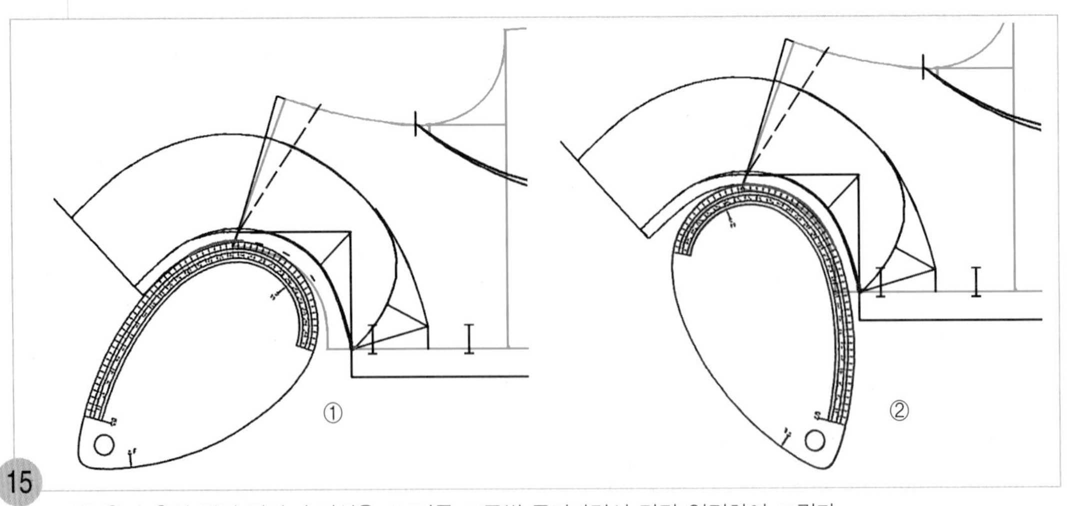

15

그림 ①과 ②와 같이 칼라 솔기선을 AH자를 조금씩 돌려가면서 각각 연결하여 그린다.

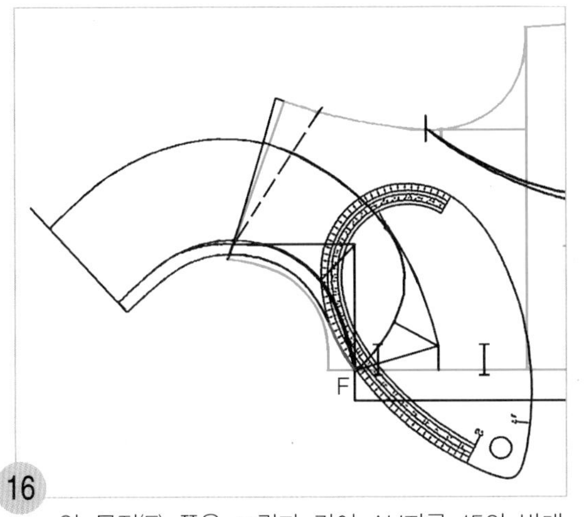

16 앞 목점(F) 쪽은 그림과 같이 AH자를 15의 반대 방향으로 연결하여 칼라 솔기선을 그린다.

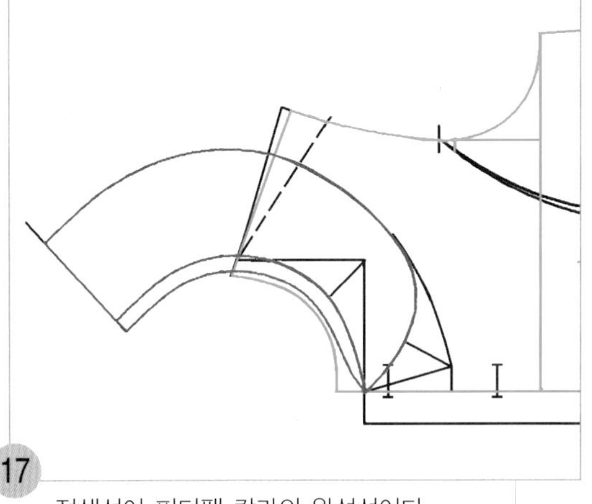

17 적색선이 피터팬 칼라의 완성선이다.

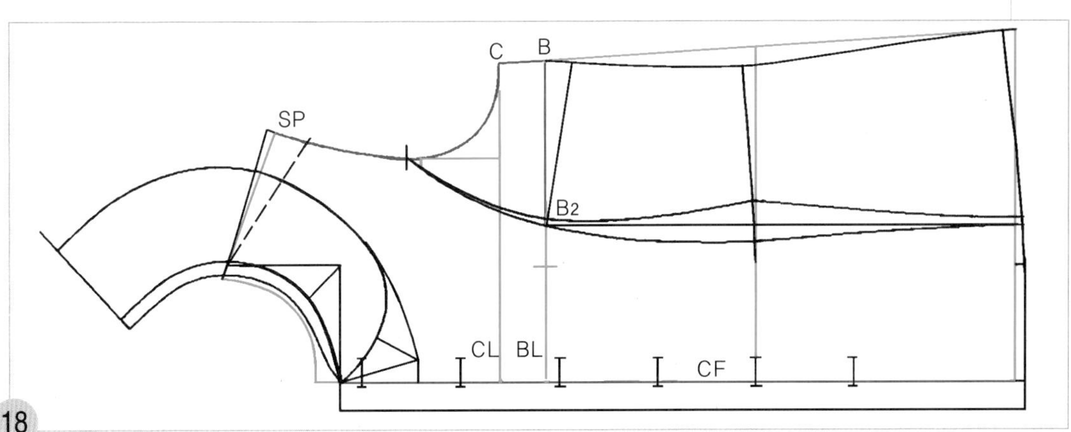

18 원형의 앞 진동 둘레 선(SP~C), 위 가슴둘레 선의 옆선 쪽 끝점(C)에서 가슴둘레 선(BL)의 옆선 쪽 끝점(B), 가슴둘레 선의 다트선(B~B2), 앞 중심선(CF)은 원형의 선을 그대로 사용한다.

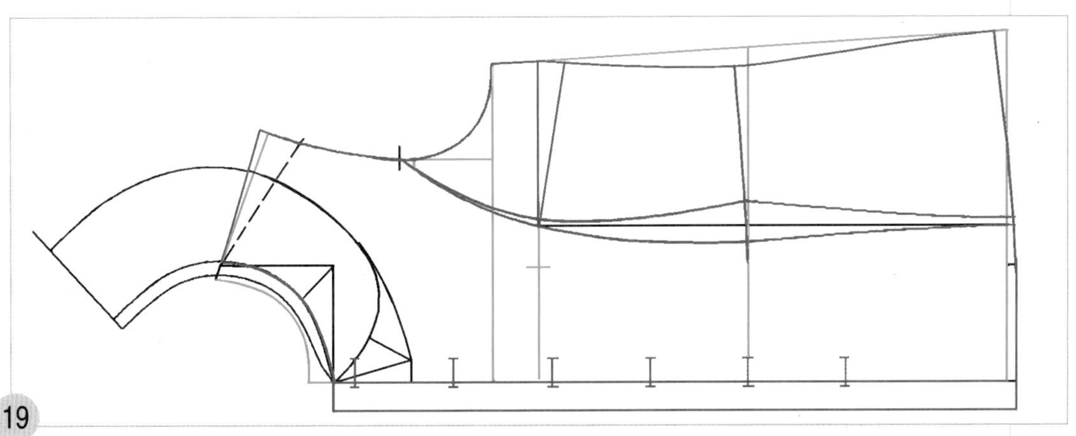

19 적색선이 앞 몸판의 완성선이다.

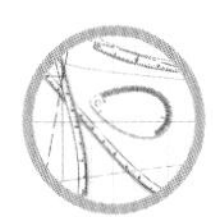

8. 패치 포켓 선을 그린다.

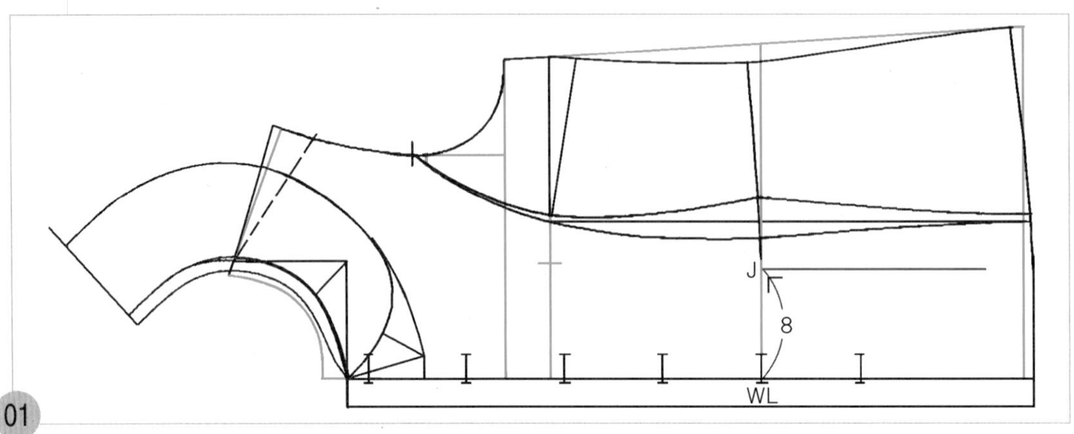

01

WL~J=8cm 앞 중심 쪽 허리선 위치(WL)에서 허리선을 따라 8cm 올라가 앞 중심 쪽 패치 포켓 위치의 안내선 점(J)을 표시하고 직각으로 앞 중심 쪽 패치 포켓 깊이 선을 그린다.

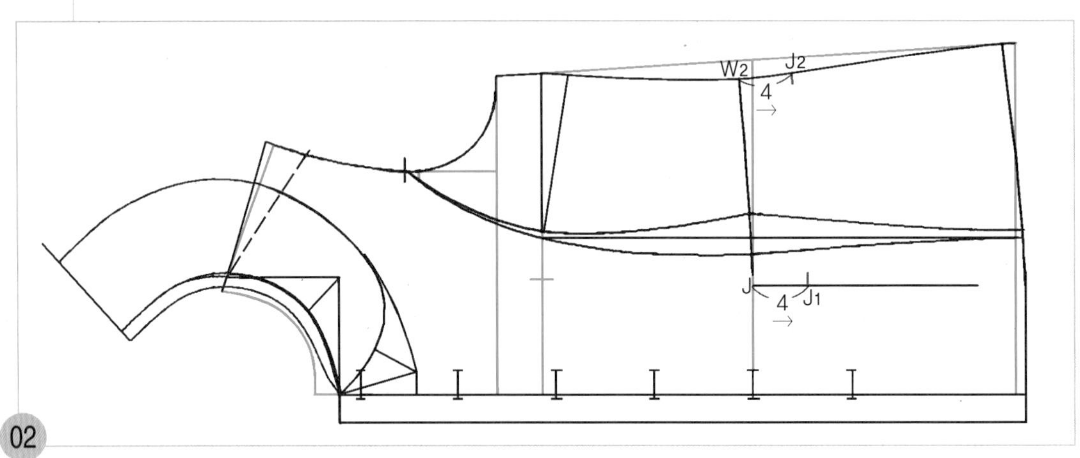

02

J~J1=4cm, W2~J2=4cm

J점에서 패치 포켓 위치의 안내선을 따라 4cm 나가 앞 중심 쪽 패치 포켓 입구 선 위치(J1)를 표시하고, 옆선 쪽 허리선 위치(W2)에서 4cm 나가 패치 포켓의 입구 선을 그릴 안내선 점(J2)을 표시한다.

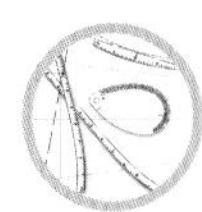

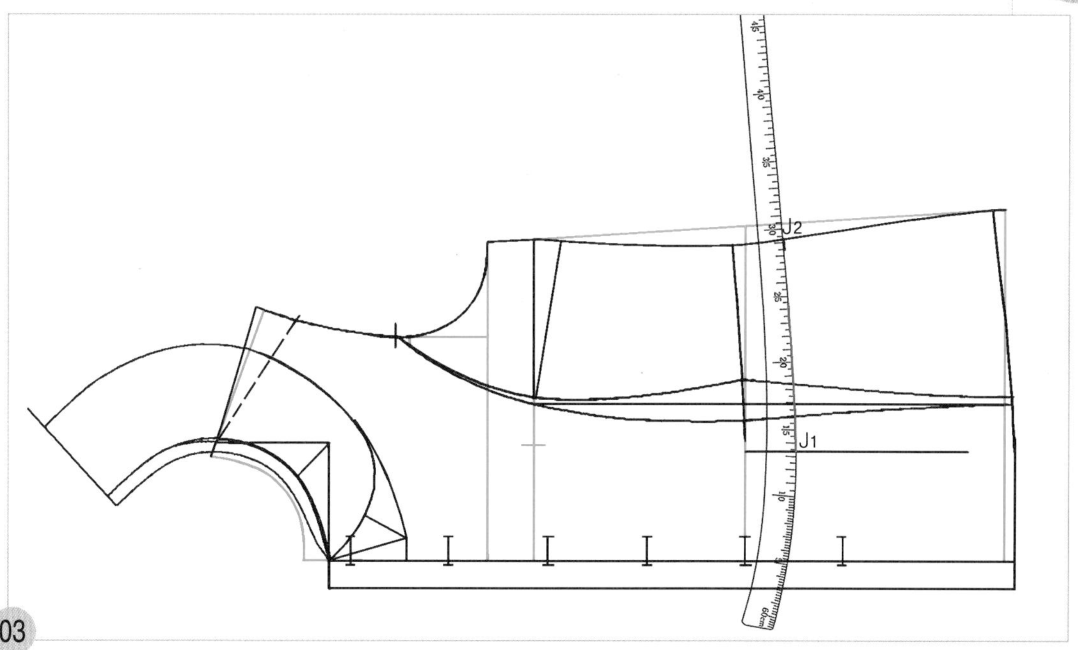

03

J1~J2=패치 포켓 입구 선 J1점과 J2점을 허리 완성선을 그릴 때 사용한 hip곡자의 위치와 똑같은 위치의 hip곡자로 연결하여 패치 포켓 입구 선을 그린다.

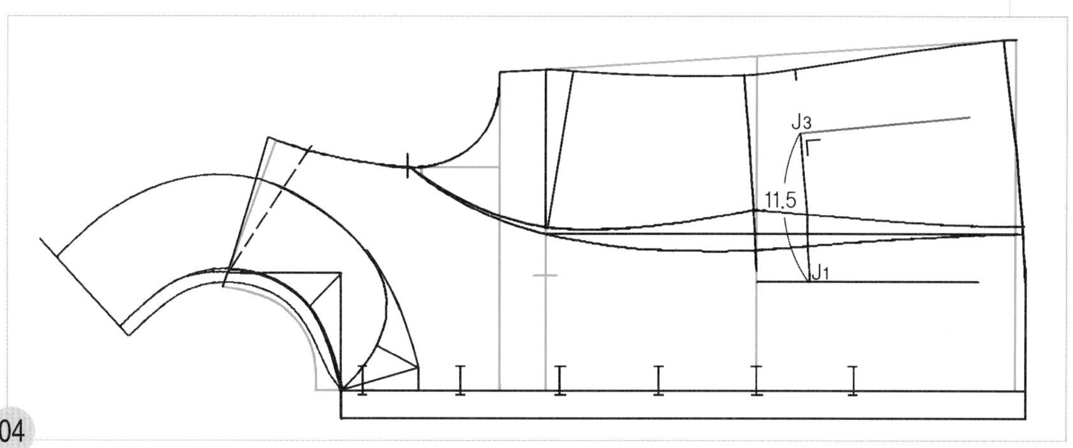

04

J1~J3=11.5cm (체형에 따라 조정 가능)

J1점에서 패치 포켓 입구 선을 따라 패치 포켓 입구 치수 11.5cm를 올라가 옆선 쪽 패치 포켓 입구 위치(J3)를 표시하고, 옆선쪽 패치 포켓 입구 선(J3)에서 직각으로 옆선 쪽 패치 포켓 깊이 선을 그린다.

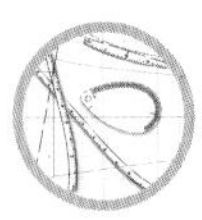

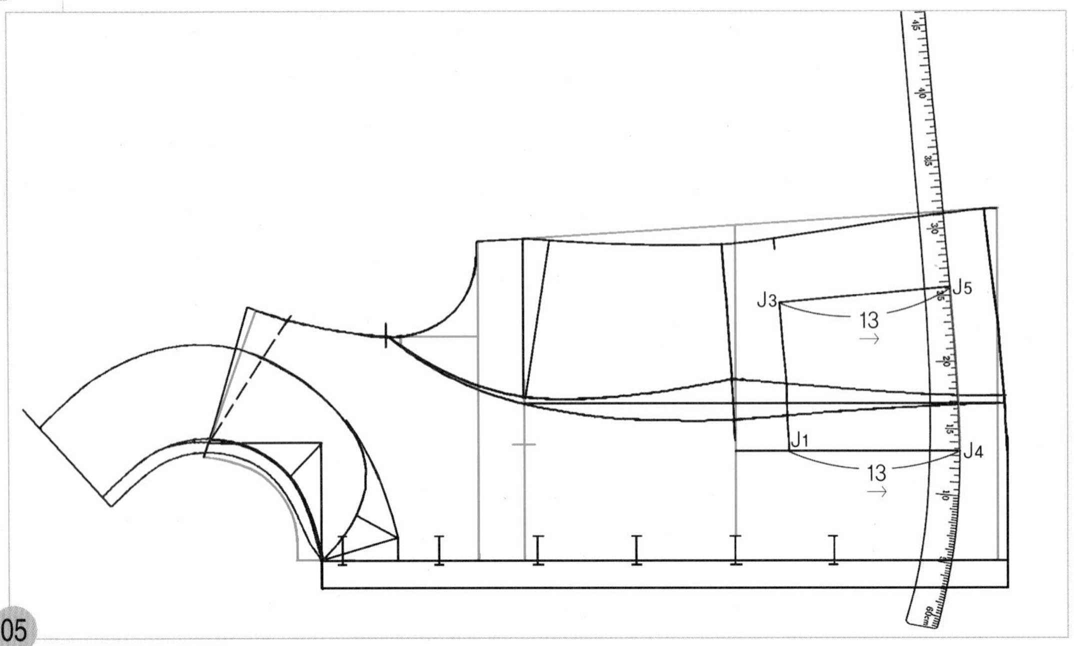

05

J1~J4, J3~J5=13cm (패치 포켓 깊이 길이)

J1점과 J3점에서 각각 패치 포켓 깊이 선을 따라 13cm 나가 패치 포켓 깊이 끝점(J4=앞 중심 쪽, J5=옆선 쪽)을 표시하고, J4점과 J5점 두 점을 패치 포켓 입구 선을 그릴 때 사용한 hip곡자와 똑같은 위치의 hip곡자로 연결하여 패치 포켓 밑단 선을 그린다.

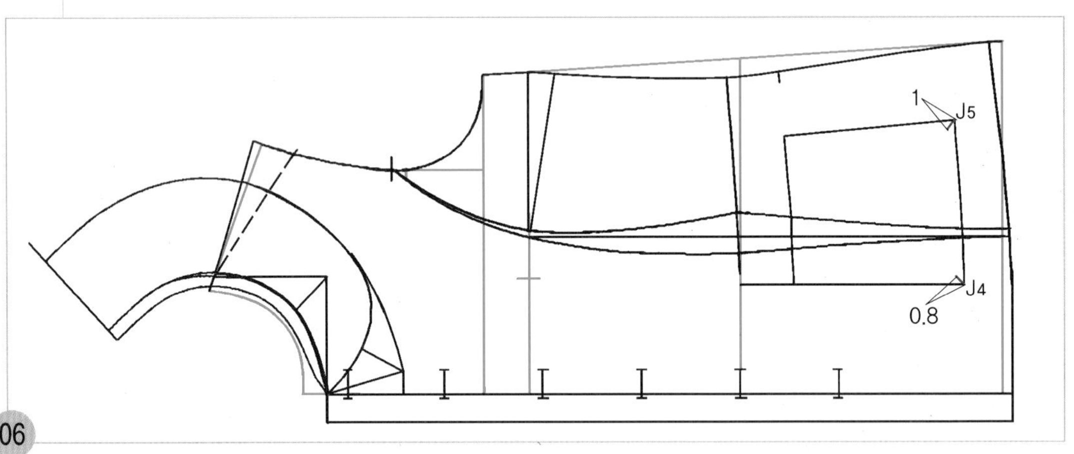

06

J4점에서 45도 각도로 0.8cm, J5점에서 45도 각도로 1cm 패치 포켓 밑단 선의 모서리를 곡선으로 수정하기 위한 통과선을 그린다(생략 가능).

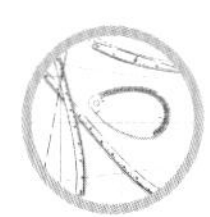

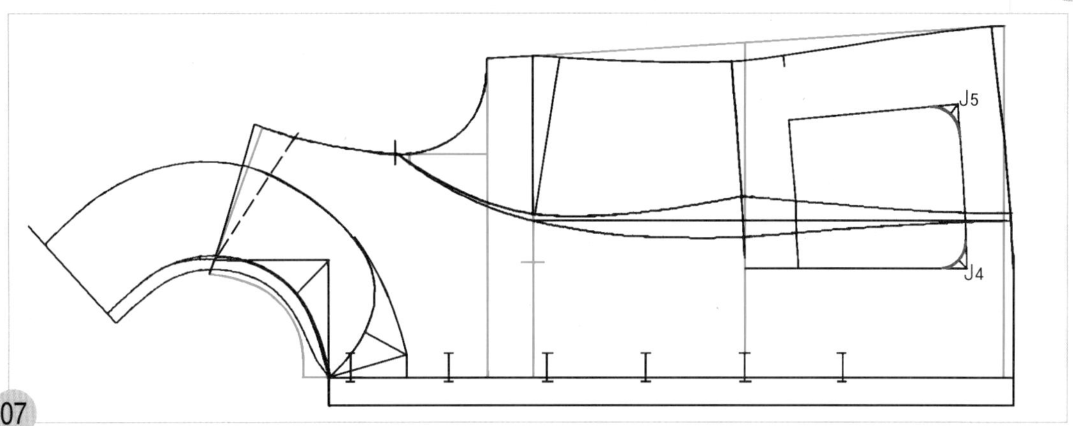

07

패치 포켓 양옆 선과 밑단 선의 모서리를 06에서 그린 통과선 위치를 통과하는 곡선으로 수정한다.

참고 직경 5.5cm 정도의 원형자(또는 주위에 있는 원형으로 만들어진 것이면 됨)를 사용하여 패치 포켓 양옆 선과 밑단 선의 모서리를 앞 중심 쪽보다 옆선 쪽을 약간 더 큰 곡선으로 수정하면 된다. 따라서 06은 생략이 가능한 것이다.

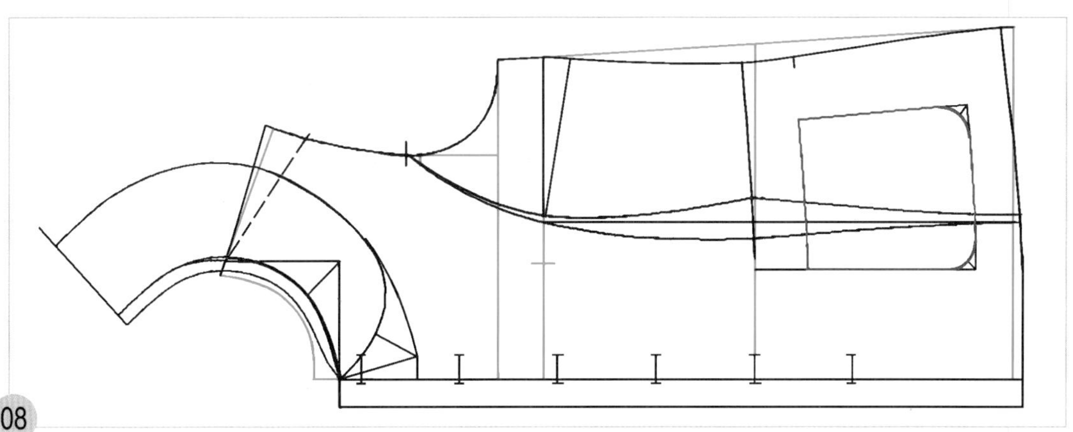

08

적색선이 패치 포켓의 완성선이다.

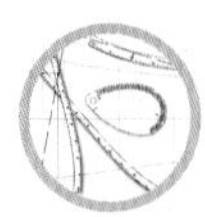

두장 소매 제도하기

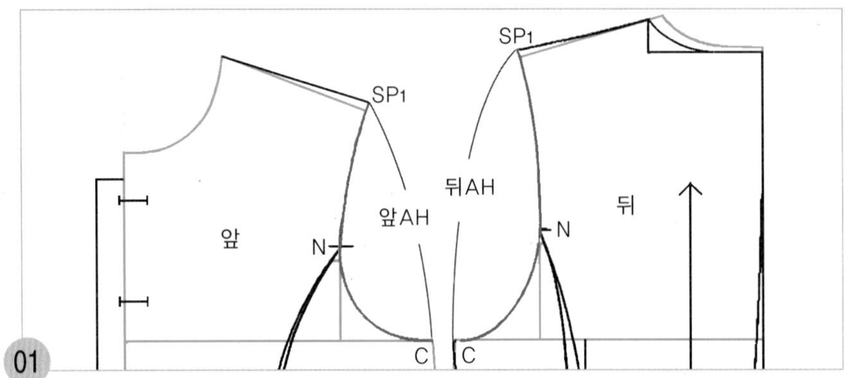

앞뒤 몸판의 진동 둘레 선(SP1~C)의 길이와 C~N점 까지의 길이를 각각 재어둔다.

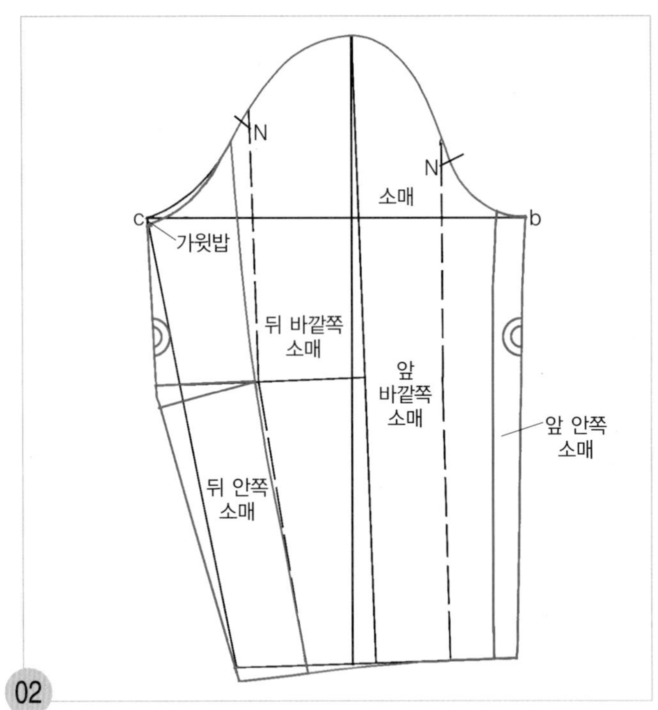

두 장 소매를 그리는 방법은 테일러드 칼라의 경우와 동일하다 (p.89의 01~p.104의 10까지 참조).

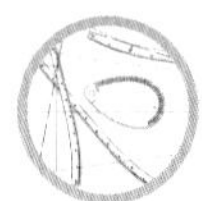

패턴 분리하기

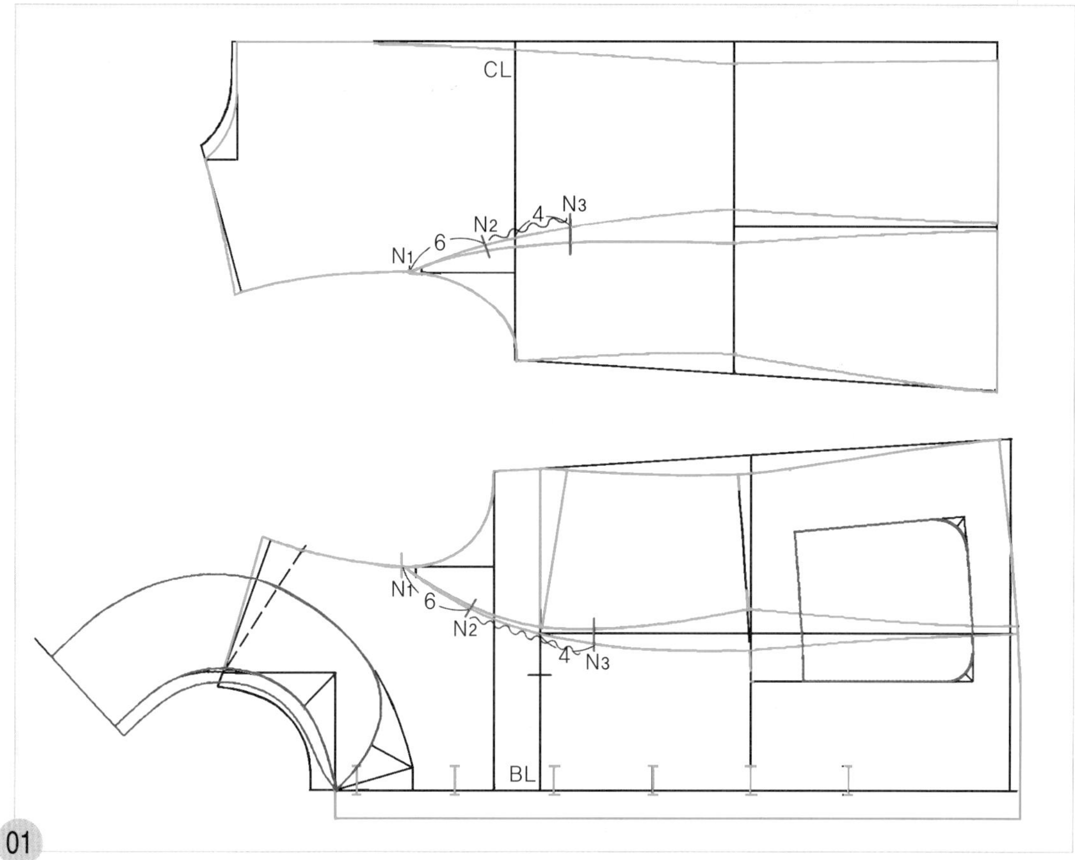

01

- 적색선은 칼라와 패치 포켓의 완성선이고, 청색선이 앞뒤 몸판의 완성선이다.
- 앞판과 뒤판의 진동 둘레 선(AH) 쪽 패널라인 끝점(N_1)에서 앞뒤 중심 쪽 패널라인을 따라 6cm 나간 위치에서 패널라인에 직각으로 이세 처리 시작 위치의 너치 표시(N_2)를 넣고, 앞판은 가슴둘레 선(BL) 위치에서 뒤판은 위 가슴둘레 선(CL) 위치에서 각각 4cm씩 나가 수직으로 이세 처리 끝 위치의 맞춤 표시(N_3)를 넣은 다음, N_2~N_3 사이에 각각 이세 기호를 넣는다.
- 패치 포켓의 완성선과 칼라의 완성선을 새 패턴지에 옮겨 그린다.

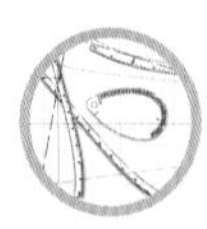

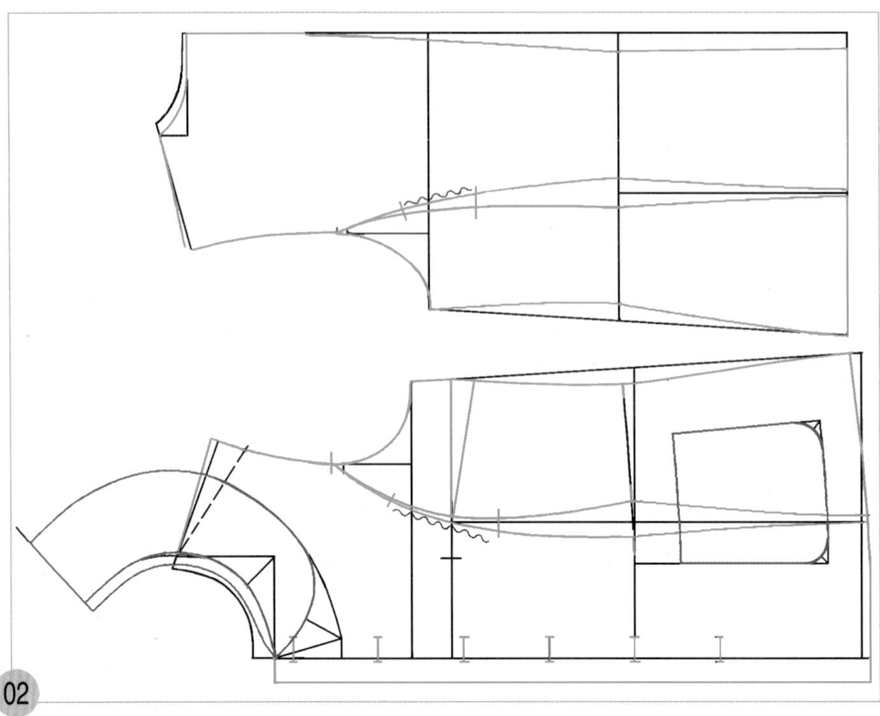

02

새 패턴지에 옮겨 그린 패치 포켓의 완성선과 칼라의 완성선을 따라 오려내고 몸판 칼라의 완성선과 패치 포켓의 완성선에 맞추어 얹고 패턴의 차이가 없는지 확인한다.

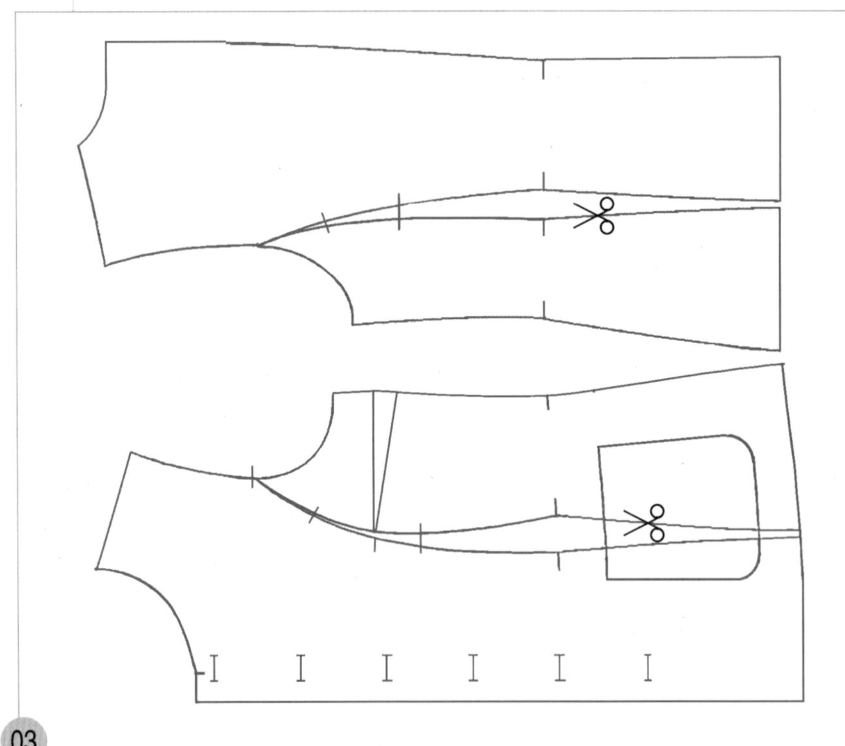

03

앞뒤 몸판의 패널라인을 각각 오려낸다.

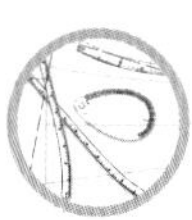

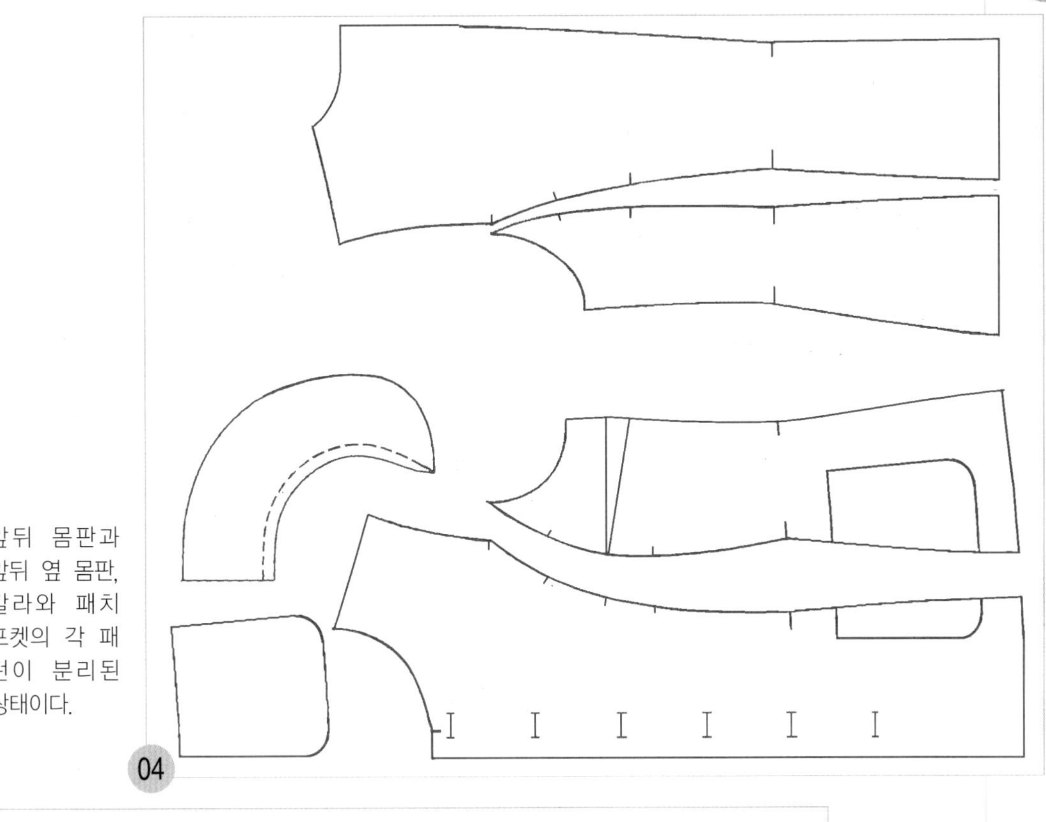

04

앞뒤 몸판과 앞뒤 옆 몸판, 칼라와 패치 포켓의 각 패턴이 분리된 상태이다.

다트 접음

05

앞 옆판의 다트를 접는다.

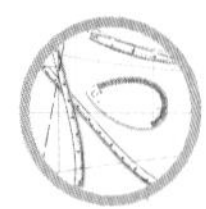

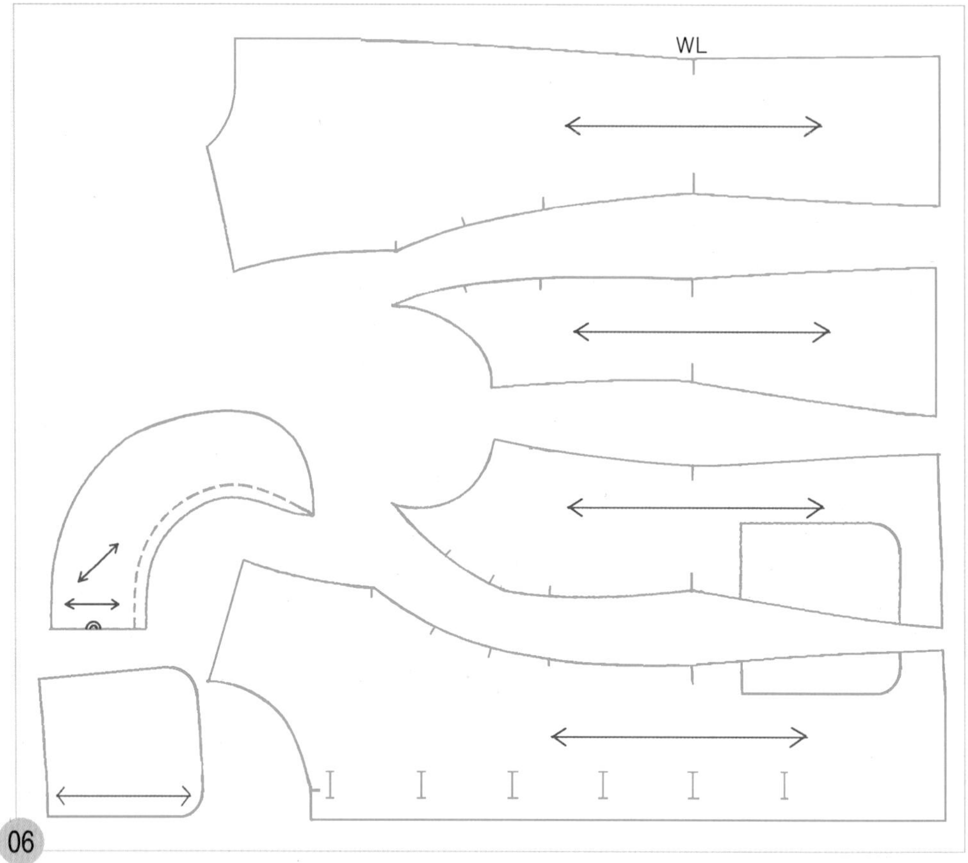

06

- 앞뒤 몸판과 앞뒤 옆 몸판의 허리선이 일직선이 되도록 배치하고, 각 패턴에 수평으로 식서 방향 기호를 넣는다.
- 칼라는 뒤 중심선과 평행과 바이어스 방향으로 식서 방향 기호를 넣고 뒤 중심선에 골선 표시를 넣는다.
- 패치 포켓은 앞 중심 쪽 옆선과 평행으로 식서 방향 기호를 넣는다.

참고 여기서는 쉽게 이해하도록 각 선에서 떨어진 위치에 식서 방향 표시를 넣어 설명하였으나, 실제 현장에서는 패터너에 따라 몸판의 앞 중심선, 칼라의 뒤 중심선, 패치 포켓의 앞 중심 쪽 주머니 깊이 선을 식서 방향으로 사용하기도 하며, 또한 그것이 가장 정확한 선이기도 하다.

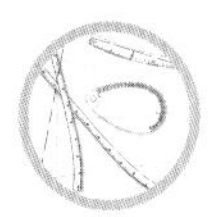

더블 브레스트 페이플럼 재킷 Double Breasted Peplum Jacket

■■■ J.A.C.K.E.T 07

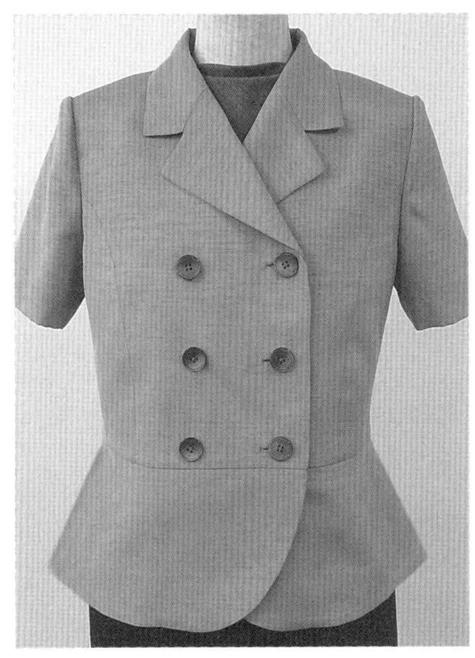

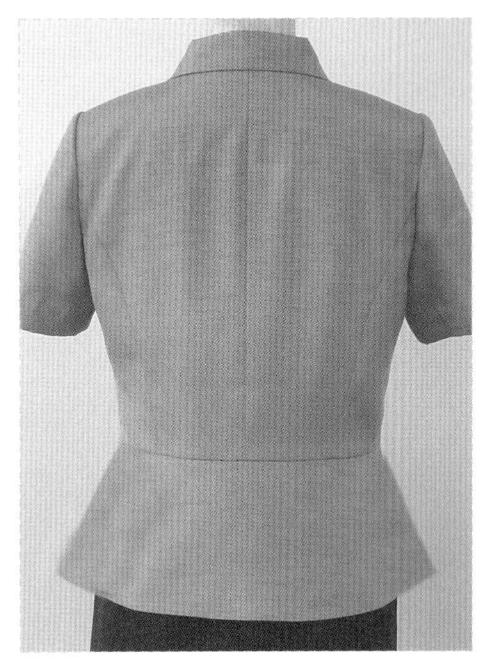

실루엣 ●●● 허리를 쉐이프 시켜 약간의 플레어를 넣은 페이플럼을 단 재킷이다. 좌우 앞여밈을 깊게 겹쳐 이중으로 되어 있고 단추가 두줄로 나란히 달려있으나 한줄은 장식용 단추로 되어있으며, 테일러드 칼라와 페이플럼이 엘레강스한 느낌을 준다.

포인트 ●●● 더블 여밈선 그리는 법, 변형 테일러드 칼라 그리는 법, 페이플럼 절개법, 반소매 제도법을 배운다.

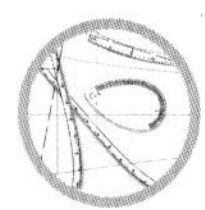

제도 치수 구하기

계측 부위		계측 치수의 예	자신의 계측 치수	제도 각자 사용 시의 제도 치수	일반 자 사용 시의 제도 치수	자신의 제도 치수
가슴 둘레(B)		86cm		B°/2	B/4	
허리 둘레(W)		66cm		W°/2	W/4	
엉덩이 둘레(H)		94cm		H°/2	H/4	
등 길이		38cm		38cm		
앞 길이		41cm		41cm		
뒤 품		34cm		뒤 품/2=17		
앞 품		32cm		앞 품/2=16		
유두 길이		25cm		25cm		
유두 간격		18cm		유두 간격/2=9		
어깨 너비		37cm		어깨 너비/2=18.5		
재킷 길이		53~56cm		등길이+15cm=53~56cm		
소매 길이		54cm		54cm		
진동 깊이		주 : 참조		B°/2	B/4=21.5	
앞/뒤 위 가슴둘레선				(B°/2)+2cm	(B/4)+2cm	
히프선	뒤			(H°/2)+0.6cm	(H/4)+0.6cm=24.1cm	
	앞			(H°/2)+2.5cm	(H/4)+2.5cm=26cm	
소매산 높이				(진동깊이/2)+4.5cm=15.25cm		

주 진동 깊이=B/4의 산출치가 20~24 범위 안에 있으면 이상적인 진동 깊이의 길이라 할 수 있다. 따라서 최소치=20cm, 최대치=24cm까지이다. 이는 예를 들면 가슴둘레 치수가 너무 큰 경우에는 진동 깊이가 너무 길어 겨드랑 밑 위치에서 너무 내려가게 되고, 가슴둘레 치수가 너무 적은 경우에는 진동 깊이가 너무 짧아 겨드랑 밑 위치에서 너무 올라가게 되어 이상적인 겨드랑 밑 위치가 될 수 없다. 따라서 B/4의 산출치가 20 미만이면 뒤 목점(BNP)에서 20cm 나간 위치를 진동 깊이로 정하고, B/4의 산출치가 24 이상이면 뒤 목점(BNP)에서 24cm 나간 위치를 진동 깊이로 정한다.

01

자신의 각 계측 부위를 계측하여 빈칸에 넣어두고 제도 치수를 구하여 둔다.

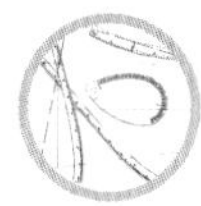

뒤판 제도하기

1. 뒤 중심선을 그린다.

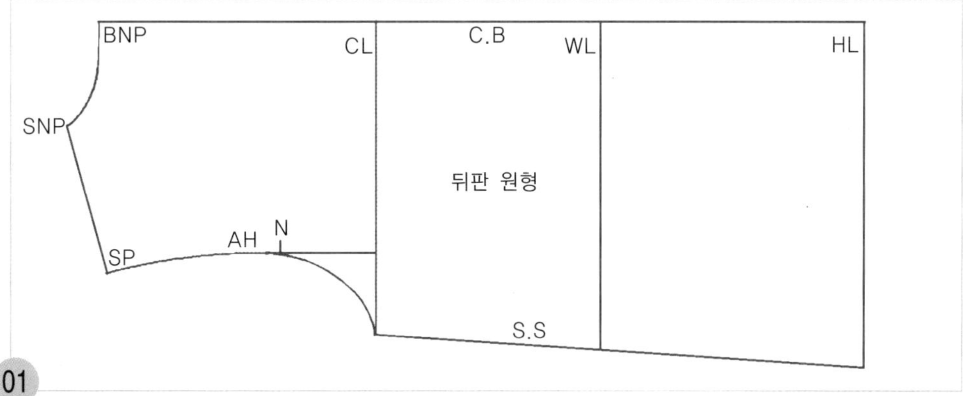

01
뒤판의 원형선을 옮겨 그린다.

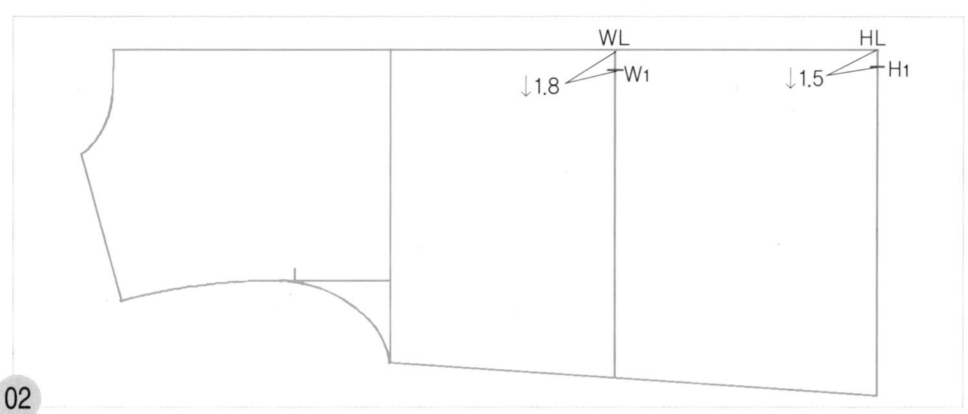

02
WL~W_1=1.8cm, HL~H_1=1.5cm
원형의 뒤 중심 쪽 허리선(WL)에서 1.8cm 내려와 뒤 중심 완성선을 그릴 허리선 위치(W_1)를 표시하고, 원형의 뒤 중심 쪽 히프선(HL)에서 1.5cm 내려와 뒤 중심 완성선을 그릴 히프선 위치(H_1)를 표시한다.

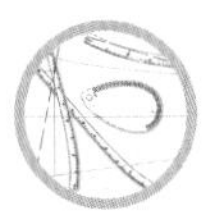

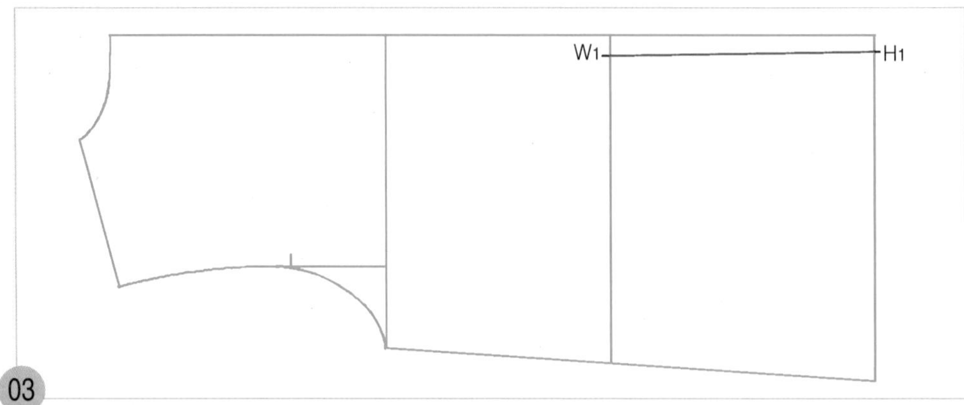

03

W_1~H_1=허리선 아래쪽의 뒤 중심 완성선

W_1점과 H_1점 두 점을 직선자로 연결하여 허리선 아래쪽의 뒤 중심 완성선을 그린다.

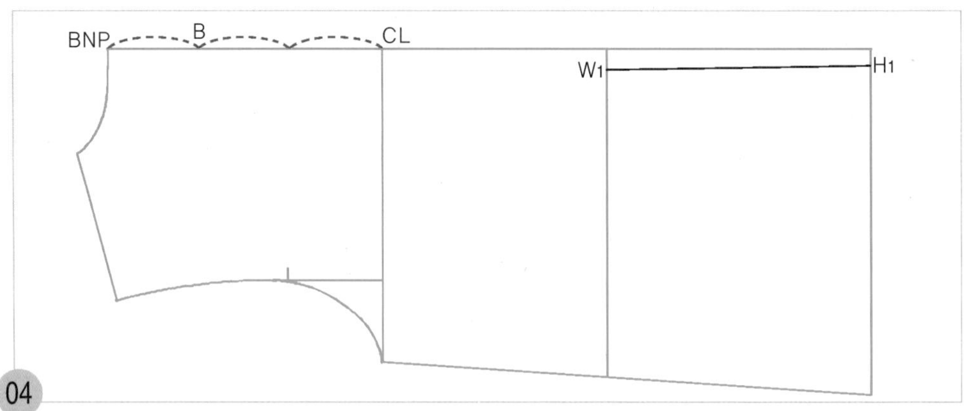

04

B=BNP~CL의 1/3 뒤 원형의 뒤 목점(BNP)에서 위 가슴둘레 선(CL)까지를 3등분하여 뒤 목점 쪽 1/3 위치에 허리선 위쪽 뒤 중심 완성선을 그릴 연결점(B)을 표시한다.

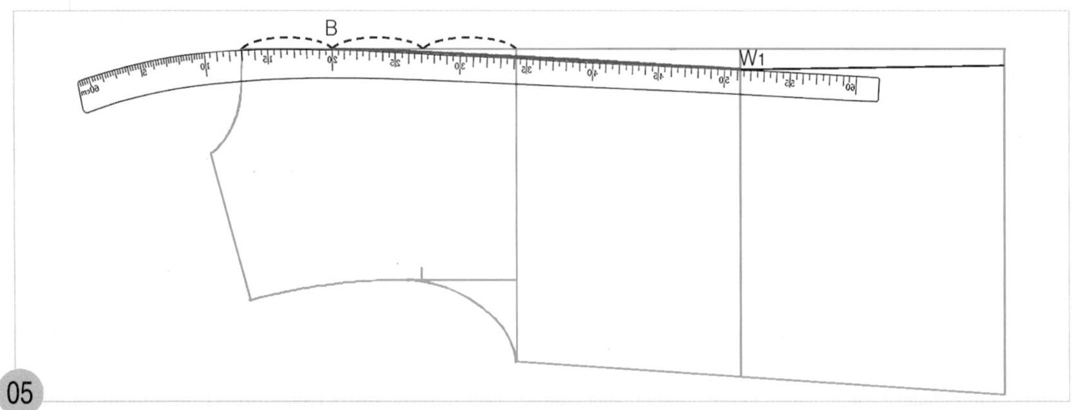

05

B~W_1=허리선 위쪽 뒤 중심 완성선

B점에 hip곡자 20 위치를 맞추면서 W_1점과 연결하여 허리선 위쪽 뒤 중심 완성선을 그린다.

2. 뒤 옆선을 그린다.

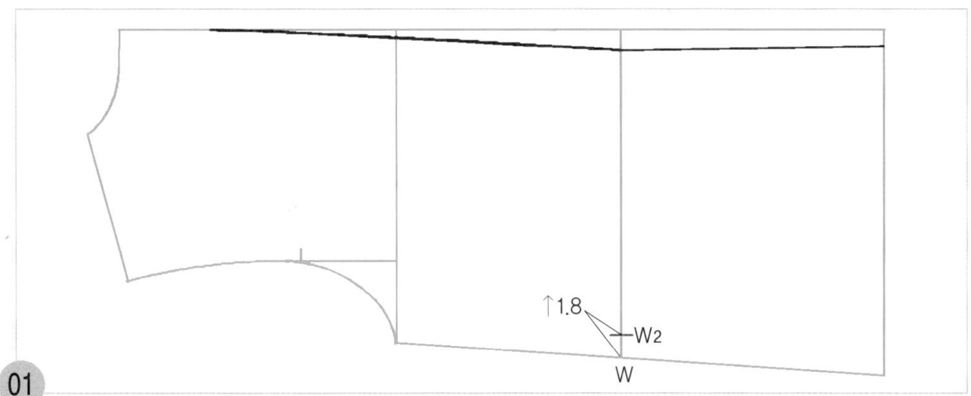

01

W~W2=1.8cm 원형의 옆선 쪽 허리선 끝점(W)에서 1.8cm 올라가 옆선의 완성선을 그릴 허리선 위치(W2)를 표시한다.

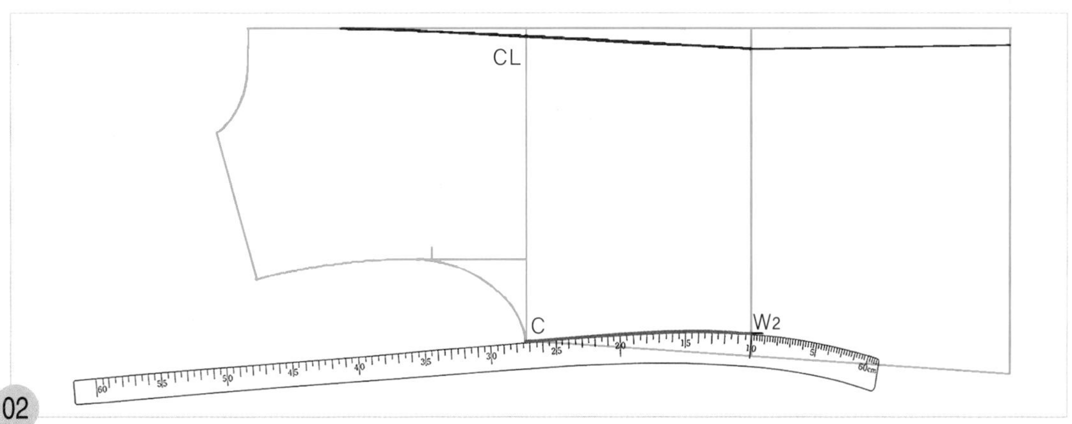

02

C~W2=허리선 위쪽 옆선의 완성선 W2점에 hip곡자 10 위치를 맞추면서 원형의 옆선 쪽 위 가슴 둘레 선(CL) 끝점(C)과 연결하여 허리선 위쪽 옆선의 완성선을 그린다.

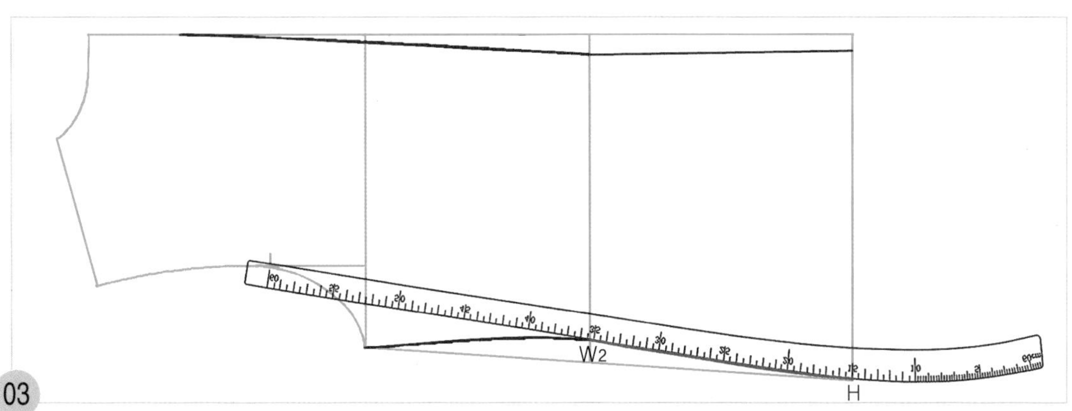

03

H~W2=허리선 아래쪽 옆선의 완성선 원형의 옆선 쪽 히프선 끝점(H)에 hip곡자 15 위치를 맞추면서 허리선에서 1.8cm 올라가 표시한(W2) 점과 연결하여 허리선 아래쪽 옆선의 완성선을 그린다.

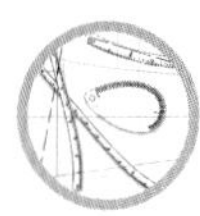

3. 뒤 패널 라인을 그린다.

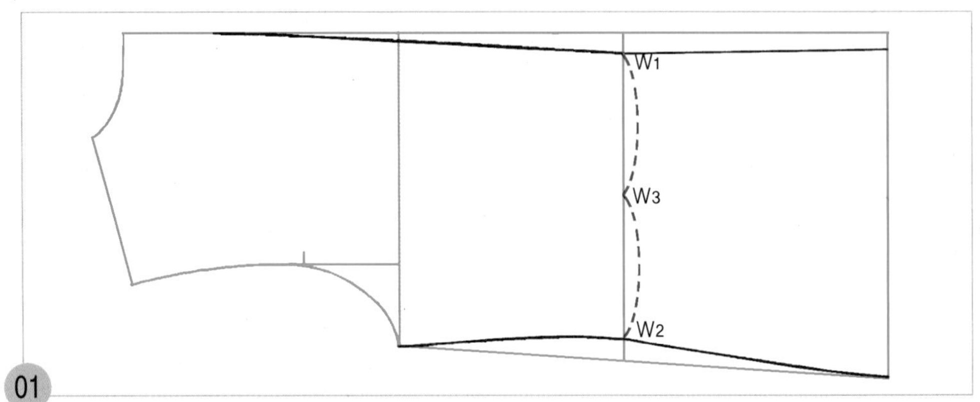

W_1~W_2=2등분(W_3)

W_1점에서 W_2점까지를 2등분하여 뒤 중심 쪽 패널라인을 그릴 허리선 위치(W_3)를 표시한다.

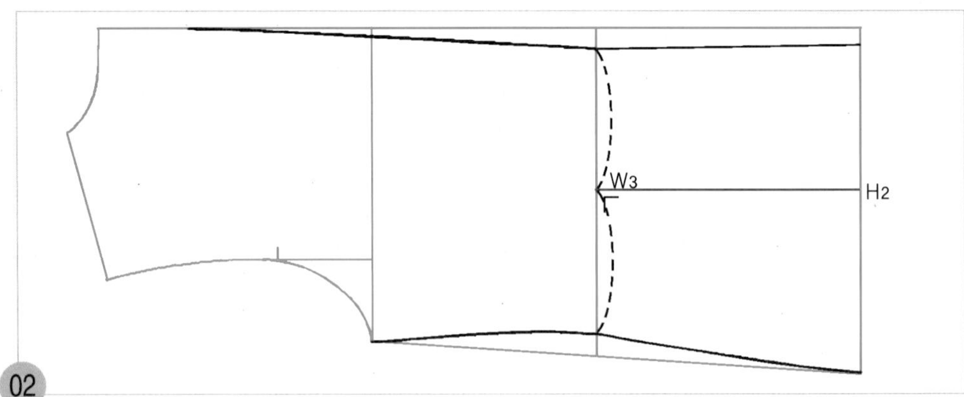

W_3~H_2=뒤 패널라인 중심선

W_3점에서 직각으로 원형의 히프선 위치(H_2)까지 뒤 패널라인의 중심선을 그린다.

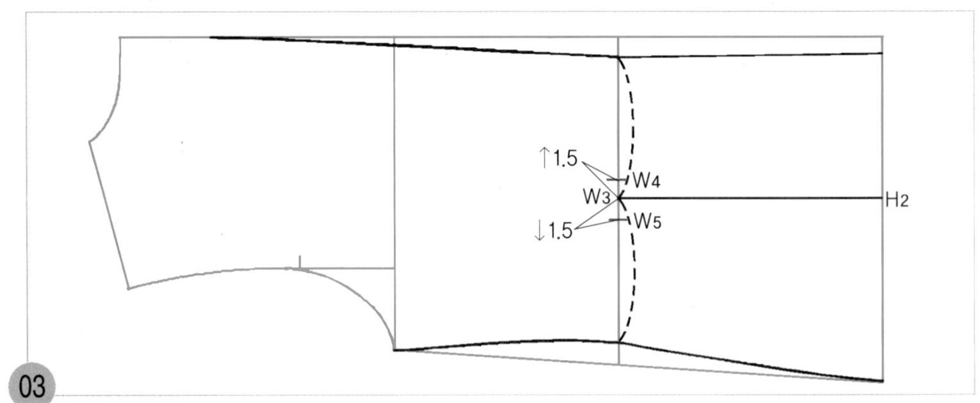

W_3~W_4=1.5cm, W_3~W_5=1.5cm

W_3점에서 뒤 중심 쪽으로 1.5cm 올라가 뒤 중심 쪽 패널라인을 그릴 허리선 위치(W_4)를 표시하고, W_3점에서 옆선 쪽으로 1.5cm 내려와 옆선 쪽 패널라인을 그릴 허리선 위치 (W_5)를 표시한다.

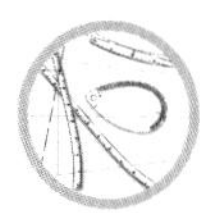

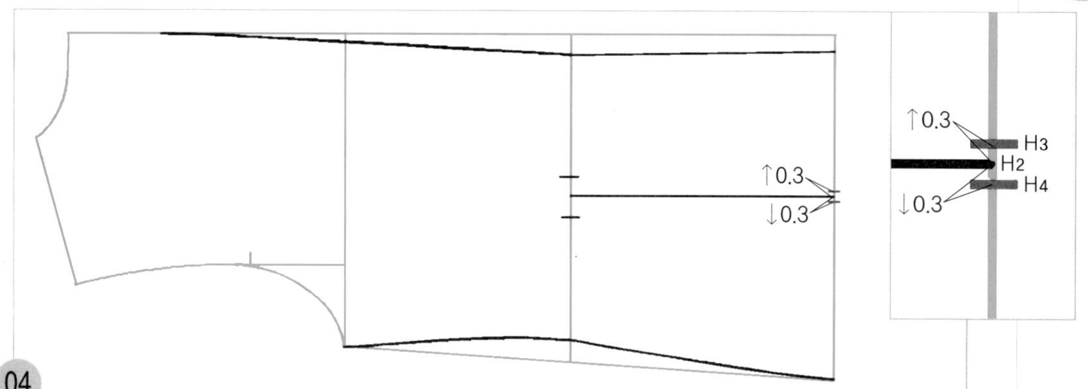

04

H_2~H_3=0.3cm, H_2~H_4=0.3cm H_2점에서 0.6cm를 1/2씩 위아래로 나누어 허리선 아래쪽 패널라인을 그릴 히프선 위치(H_3=뒤 중심 쪽, H_4=옆선 쪽)를 표시한다.

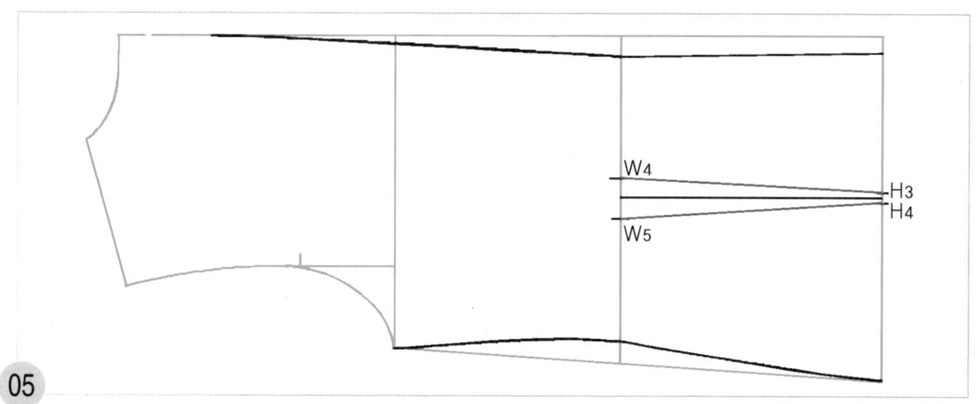

05

W_4~H_3, W_5~H_4=허리선 아래쪽 패널라인 W_4점과 H_3점의 두 점, W_5점과 H_4점의 두 점을 각각 직선자로 연결하여 허리선 아래쪽 패널라인을 그린다.

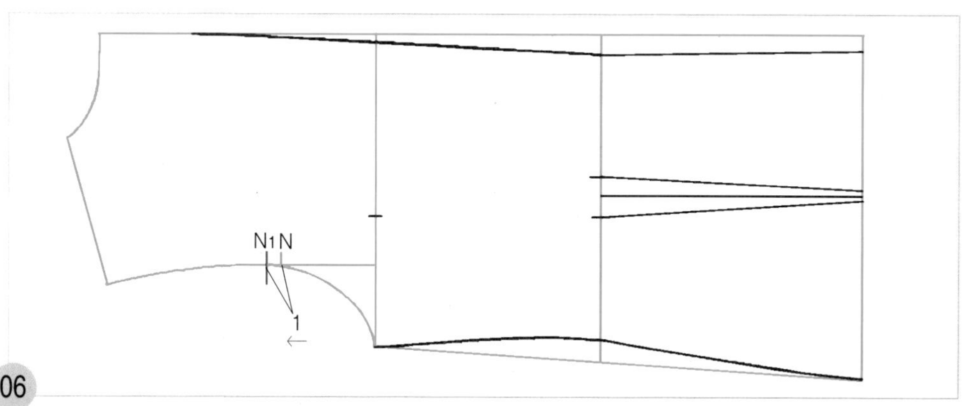

06

N~N_1=1cm 뒤 원형의 진동 둘레 선(AH) 너치 표시 N점에서 1cm 어깨선 쪽으로 나가 진동 둘레 선의 패널라인 끝점(N_1)을 표시한다.

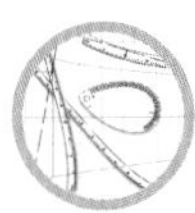

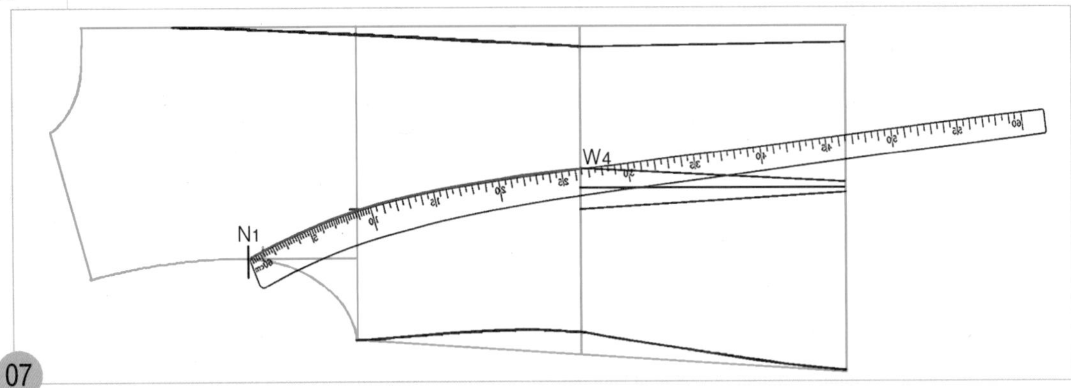

07

N_1~W_4=뒤 중심 쪽의 허리선 위쪽 패널라인

N_1점에 hip곡자 끝 위치를 맞추면서 W_4점과 연결하여 뒤 중심 쪽의 허리선 위쪽 패널라인을 그린다.

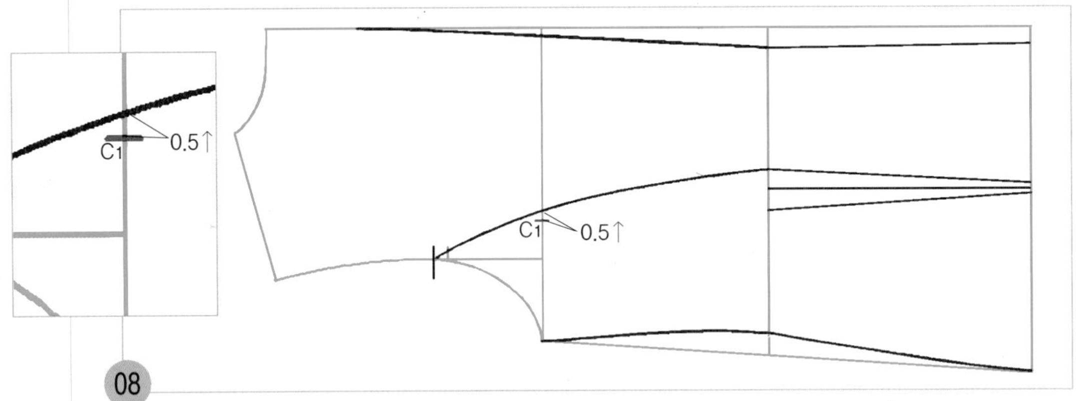

08

위 가슴둘레 선(CL)과 뒤 중심 쪽 패널라인과의 교점~C_1=0.5cm(생략 가능)

위 가슴둘레 선(CL)과 08에서 그린 뒤 중심 쪽의 허리선 위쪽 패널라인과의 교점에서 0.5cm 내려와 옆선 쪽 패널라인을 그릴 통과점(C_1)을 표시한다.

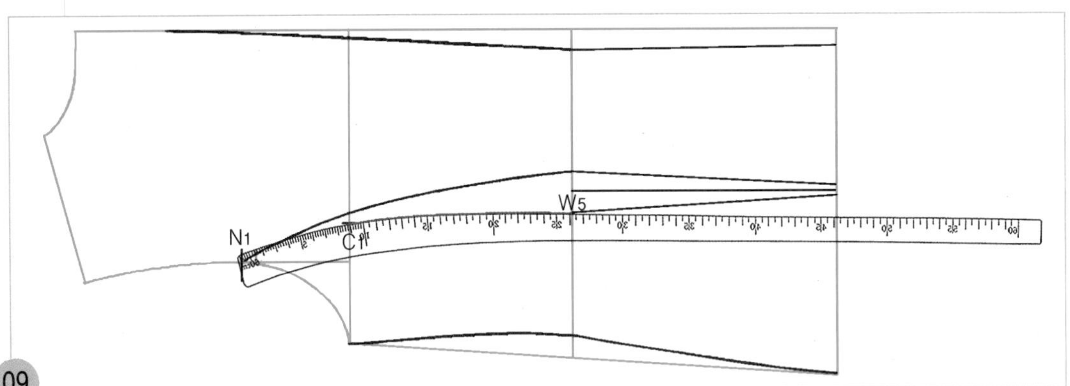

09

C_1~W_5=옆선 쪽의 허리선 위쪽 패널라인 N_1점에서 hip곡자 끝 위치를 누른 상태로 hip곡자 돌려 W_5점에 연결하면 대부분은 자연스럽게 C_1점을 통과하면서 W_5점과 연결되게 되므로, 위 가슴둘레 선(CL)까지만 옆선 쪽의 허리선 위쪽 패널라인을 그린다. 따라서 08은 생략해도 되지만, 연결된 상태가 체형에 따라 만약 위 가슴둘레 선과 뒤 중심 쪽 패널라인과의 교점에서 0.5cm보다 적거나 크면 08과 같이 0.5cm 내려와 통과점을 표시하고 hip곡자로 W_5점과 연결하여 위 가슴둘레 선(CL)까지만 옆선 쪽의 허리선 위쪽 패널라인을 그린다음 다음의 10과 같이 AH자로 연결하여 패널라인을 그린다.

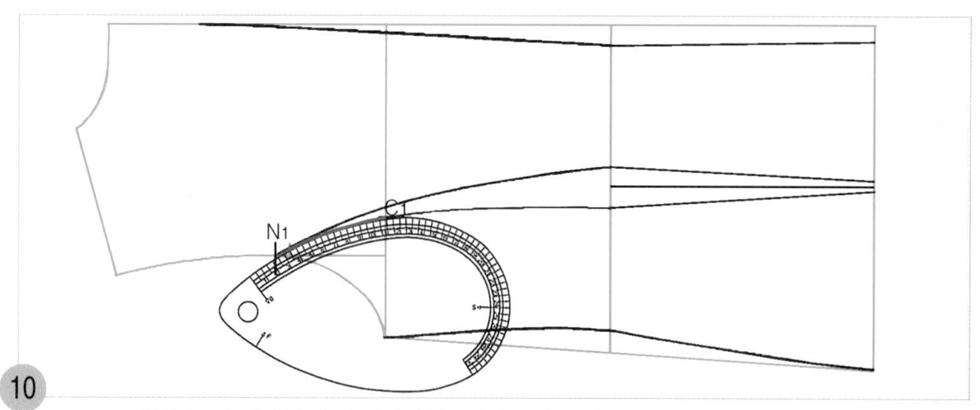

10

N_1~C_1=옆선 쪽의 허리선 위쪽 패널라인 옆선 쪽의 허리선 위쪽 패널라인을 그린 선과 자연스럽게 연결되도록 N_1점과 C_1점을 뒤 AH자로 연결하여 남은 옆선 쪽의 허리선 위쪽 패널라인을 그린다.

4. 뒤 목둘레 선을 그린다.

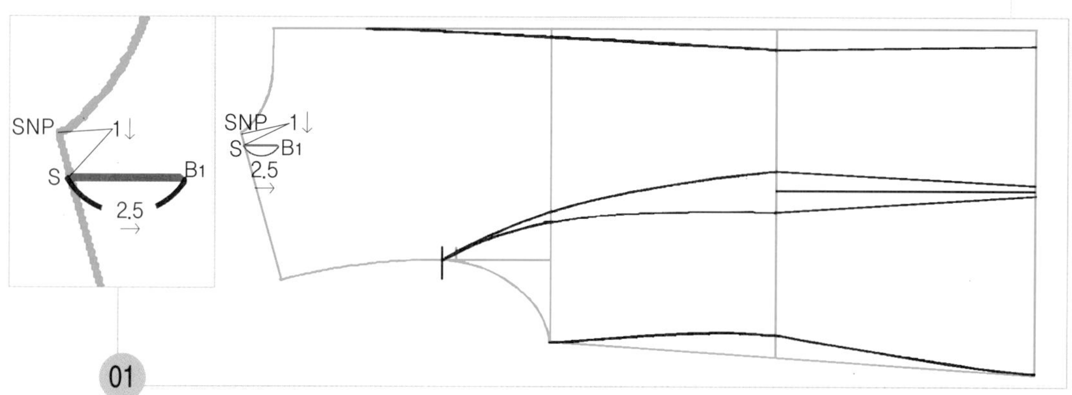

01

SNP~S=1cm, S~B_1=2.5cm 원형의 옆 목점(SNP)에서 어깨선을 따라 1cm 내려와 수정할 옆 목점 위치(S)를 표시하고 수평으로 2.5cm 뒤 목둘레 선을 그릴 안내선(B_1)을 그린다.

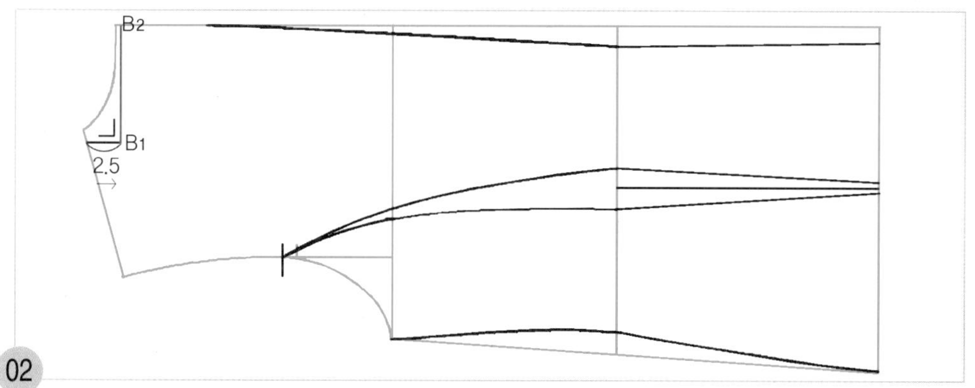

02

B_1~B_2=뒤 목둘레 안내선 B_1점에서 직각으로 뒤 중심선까지 뒤 목둘레 선을 그리고 뒤 목점 위치를 뒤 중심선과의 교점(B_2)으로 이동한다.

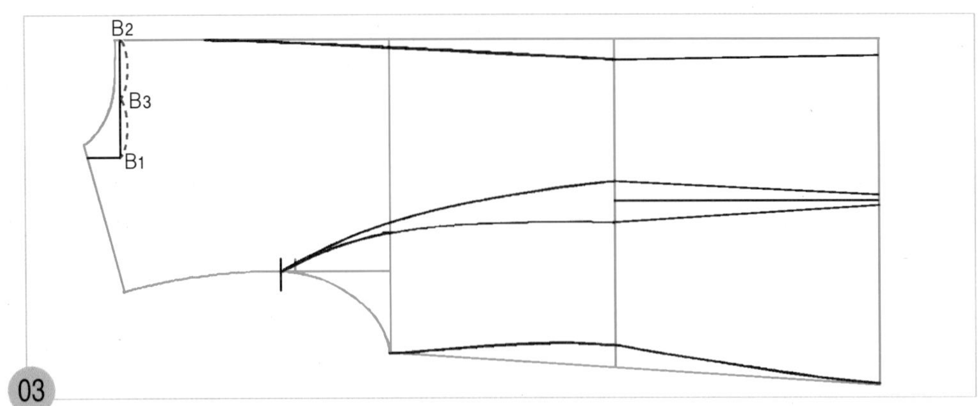

03

B₁~B₂=2등분(B₃) B₁~B₂점까지를 2등분하여 뒤 목둘레 완성선을 그릴 연결점(B₃)을 표시한다.

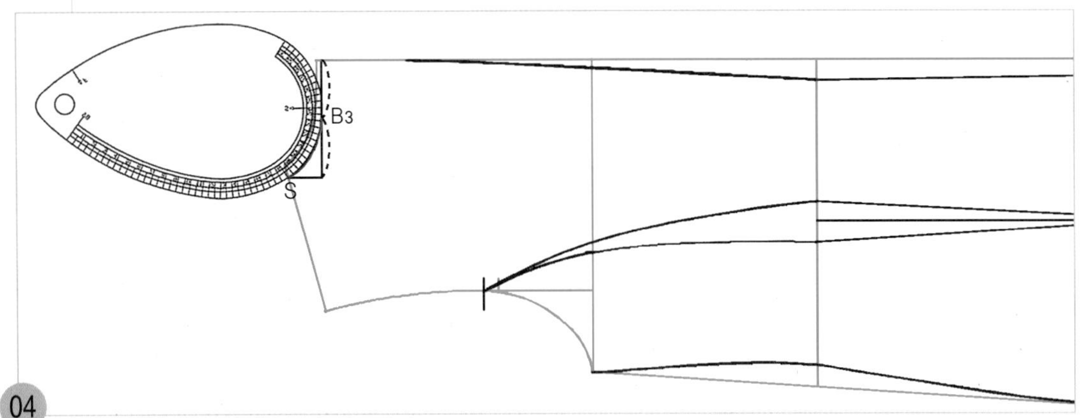

04

S점과 B₃점을 뒤 AH자 쪽으로 연결하여 뒤 목둘레 선을 곡선으로 수정한다.

5. 페이플럼의 허리선과 밑단 선, 옆선을 그린다.

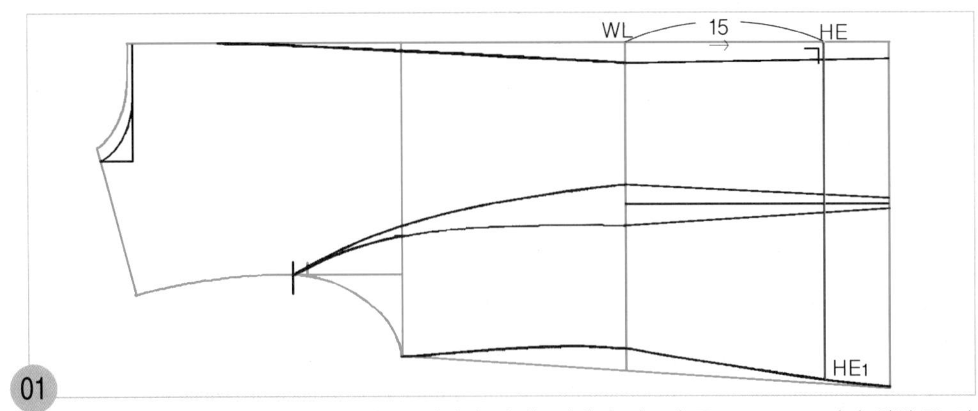

01

WL~HE=15cm 원형의 뒤 중심 쪽 허리선 위치(WL)에서 히프선 쪽으로 15cm 나가 옆선 쪽 밑단 선 위치(HE)를 표시하고, 직각으로 옆선까지 페이플럼의 밑단 선(HE₁)을 그린다.

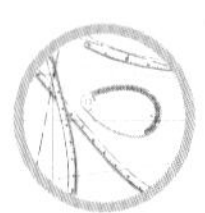

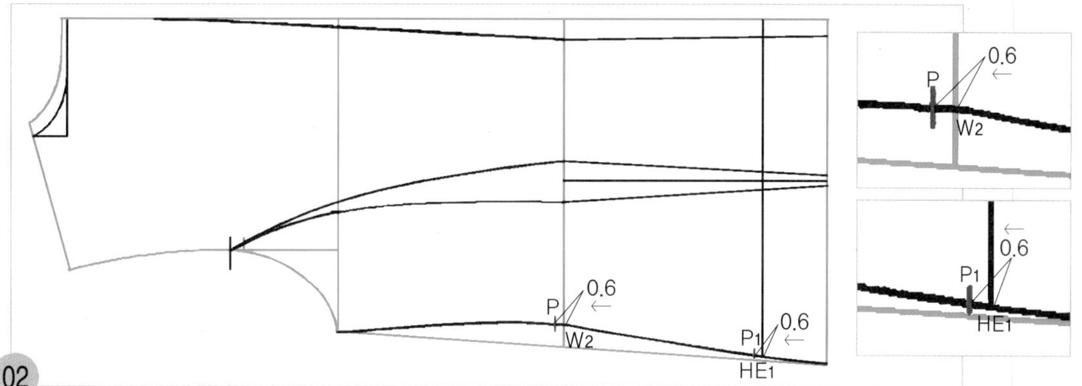

02

W_2~P=0.6cm, HE_1~P_1=0.6cm

W_2점에서 위 가슴 둘레 선 쪽으로 0.6cm 옆선을 따라 나가 수정할 페이플럼의 옆선 쪽 허리선 위치(P)를 표시하고, 페이플럼의 옆선 쪽 밑단 선 위치(HE_1)에서 허리선 쪽으로 0.6cm 옆선을 따라 나가 수정할 페이플럼의 옆선 쪽 밑단 선 위치(P_1)를 표시한다.

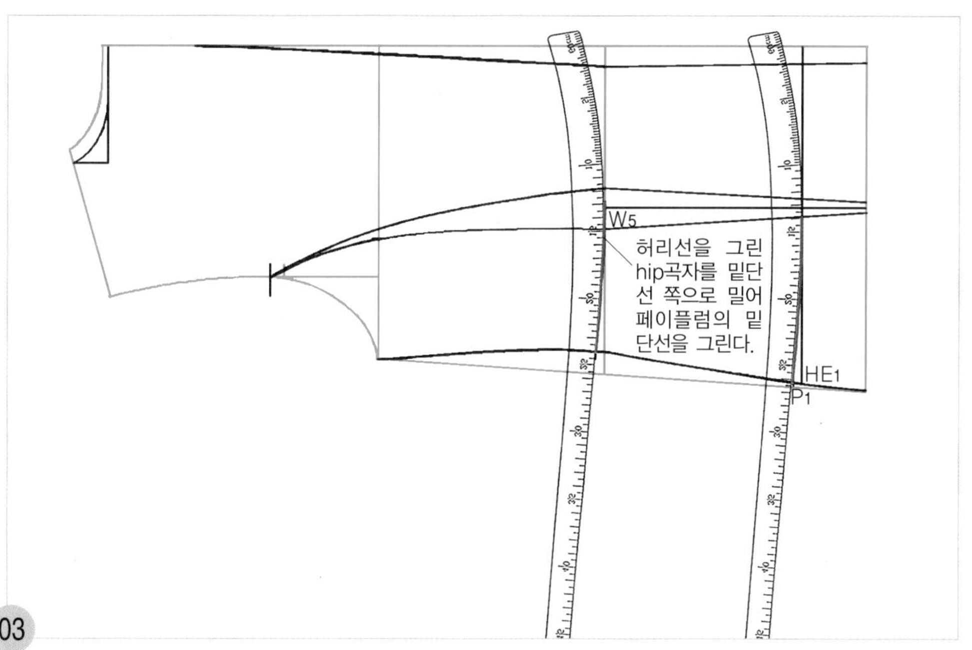

03

W_5점에 hip곡자 15 근처의 위치를 맞추면서 P점과 연결하여 페이플럼의 허리 솔기선을 그리고, hip곡자를 밑단 선 쪽으로 수평 이동하여 허리 솔기선과 똑같은 위치의 hip곡자로 P_1점과 페이플럼의 밑단 선을 연결하여 페이플럼의 밑단 선을 그린다.

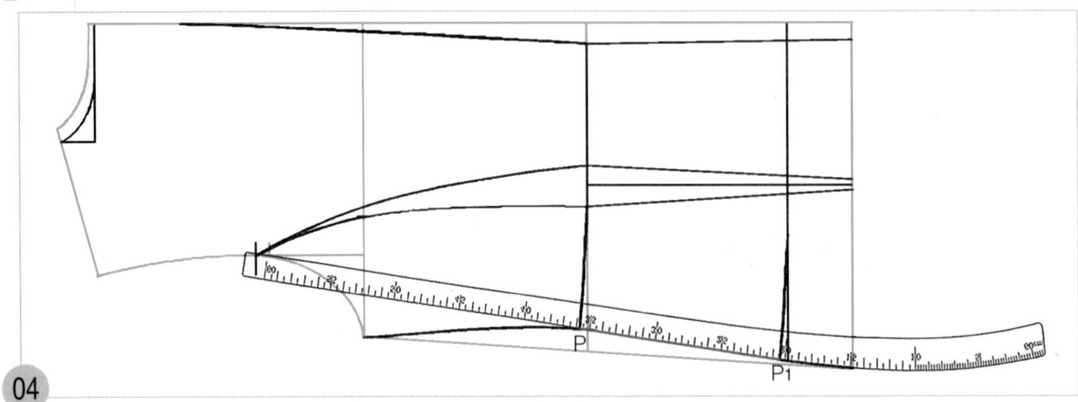

04

P_1점에 hip곡자 20 위치를 맞추면서 P점과 연결하여 페이플럼의 옆선을 그린다.

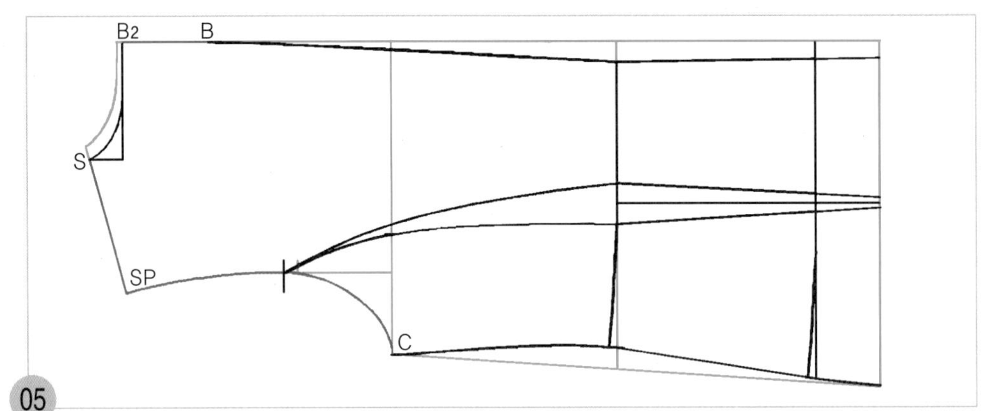

05

B_2~B=뒤 중심선, S~SP=어깨선, SP~C=진동 둘레 선(AH)은 뒤판의 원형선을 그대로 완성선으로 사용한다.

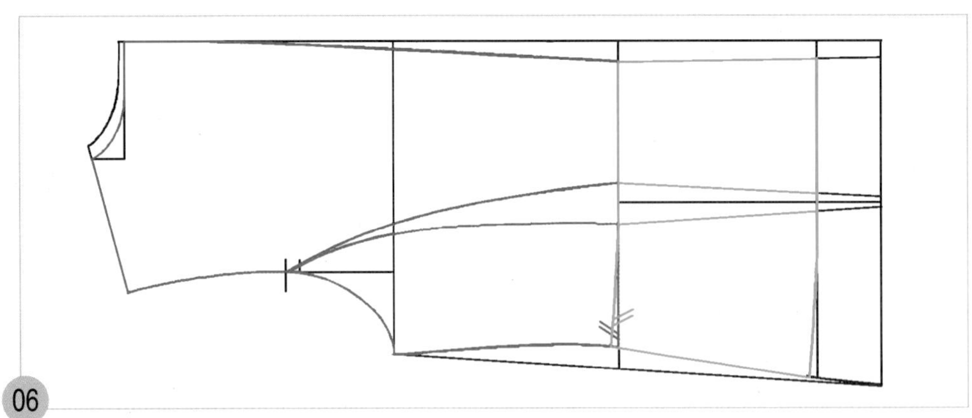

06

적색선이 뒤 몸판의 완성선이고, 청색선이 페이플럼의 완성선이다. 뒤 몸판의 허리 솔기선과 페이플럼 허리 솔기선이 옆선 쪽에서 선의 교차가 생겼으므로 선의 교차 표시를 넣는다.

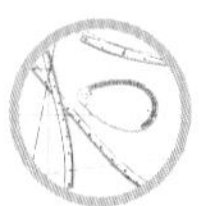

앞판 제도하기

1. 앞 패널라인을 그린다.

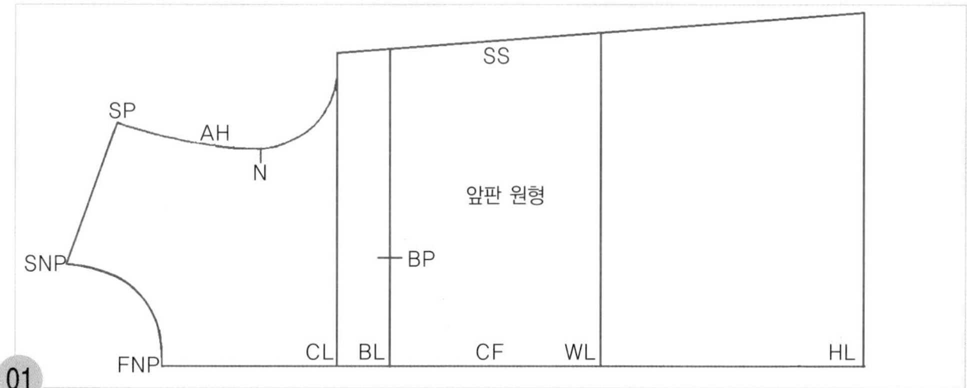

01

앞판의 원형선을 옮겨 그린다.

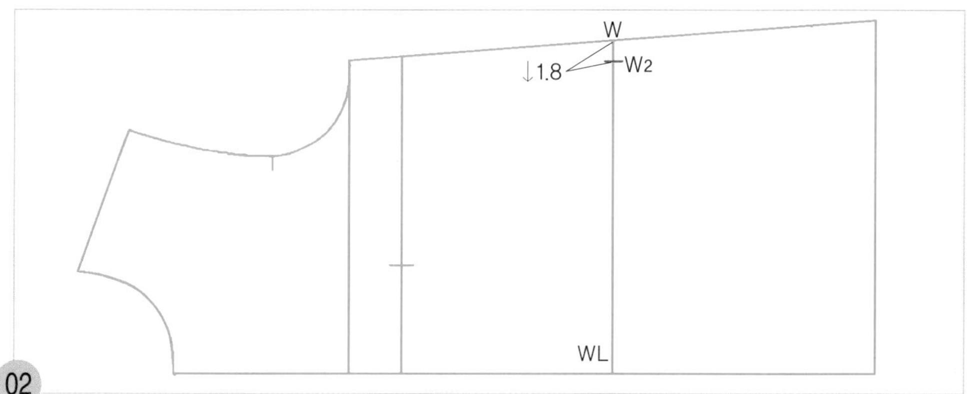

02

$W \sim W_2$=1.8cm 원형의 옆선 쪽 허리선 끝점(W)에서 1.8cm 내려와 옆선의 완성선을 그릴 허리선 위치(W_2)를 표시한다.

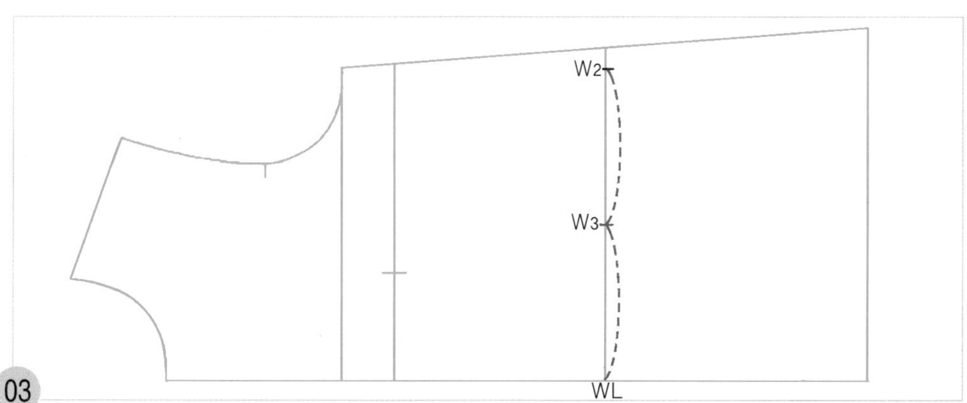

03

W_3=WL~W_2의 2등분 앞 중심 쪽 허리선 위치(WL)에서 W_2점까지를 2등분하여 앞 패널라인 중심선을 그릴 허리선 위치(W_3)를 표시한다.

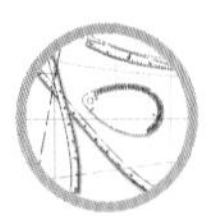

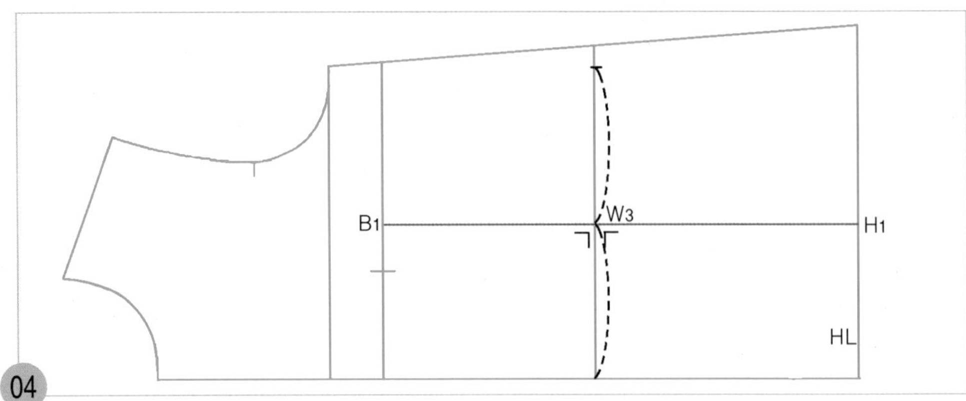

B_1~H_1=패널라인 중심선 W_3점에서 직각으로 H_1점까지 허리선 아래쪽의 패널라인 중심선을 그린 다음, W_3점에서 직각으로 B_1점까지 허리선 위쪽의 패널라인 중심선을 그린다.

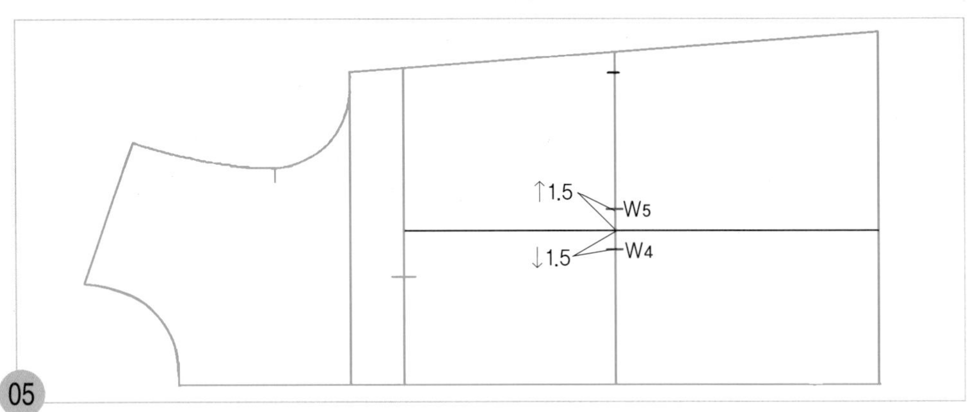

W_3~W_4=1.5cm, W_3~W_5=1.5cm

W_3점에서 앞 중심 쪽으로 1.5cm 내려와 앞 중심 쪽 패널라인을 그릴 허리선 위치(W_4)를 표시하고, W_3점에서 옆선 쪽으로 1.5cm 올라가 옆선 쪽 패널라인을 그릴 허리선 위치(W_5)를 표시한다.

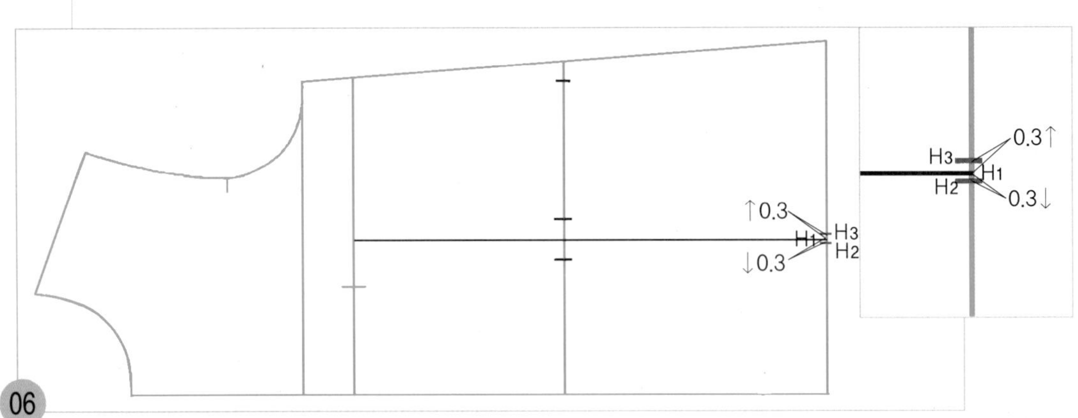

H_1~H_2=0.3cm, H_1~H_3=0.3cm

H_1점에서 0.3cm 내려와 앞 중심 쪽의 허리선 아래쪽 패널라인을 그릴 히프선 위치(H_2)를 표시하고, H_1점에서 0.3cm 올라가 옆선 쪽의 허리선 아래쪽 패널라인을 그릴 히프선 위치(H_3)를 표시한다.

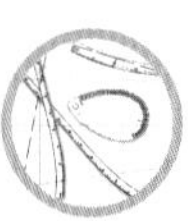

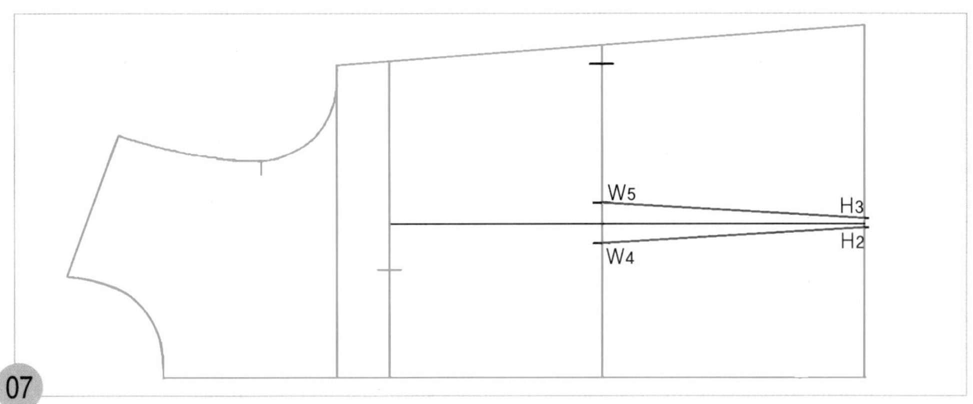

W_4~H_2, W_5~H_3=허리선 아래쪽 패널라인 W_4점과 H_2점의 두 점, W_5점과 H_3점의 두 점을 각각 직선자로 연결하여 허리선 아래쪽 패널라인을 그린다.

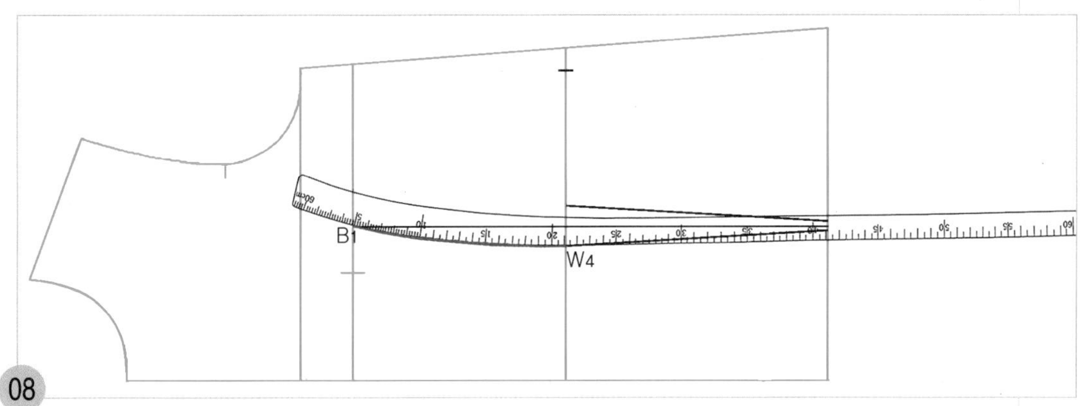

B_1~W_4=허리선 위쪽 옆선의 완성선

B_1점에 hip곡자 5 위치를 맞추면서 W_4점과 연결하여 앞 중심 쪽의 허리선 위쪽 패널라인을 그린다.

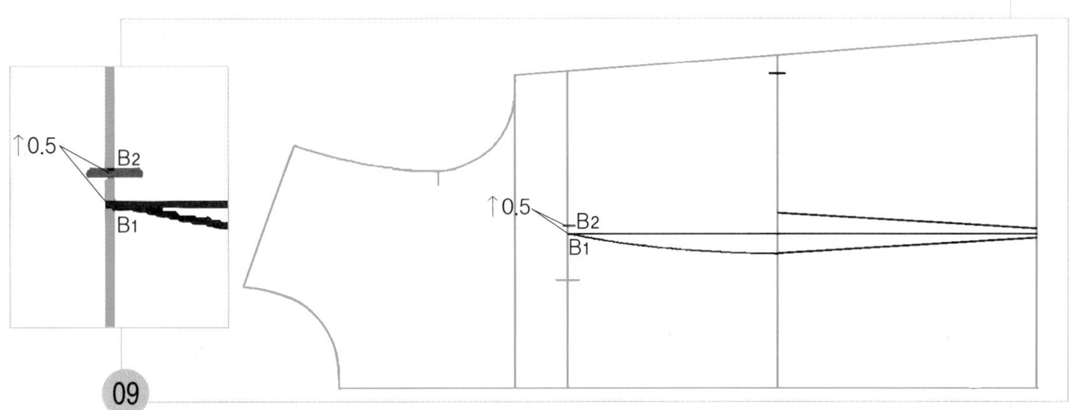

B_1~B_2=0.5cm

B_1점에서 0.5cm 올라가 옆선 쪽의 허리선 위쪽 패널라인을 그릴 통과점(B_2)을 표시한다.

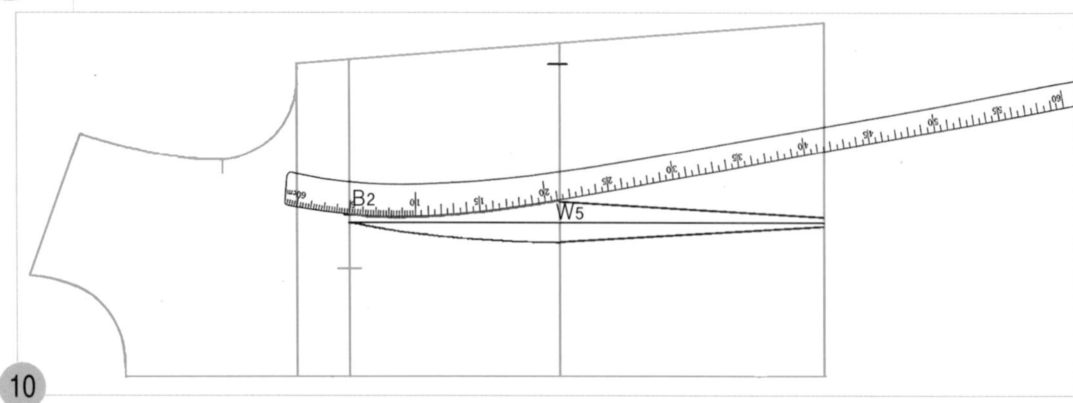

10

B_2~W_5=옆선 쪽의 허리선 위쪽 패널라인

B_2점에 hip곡자 5 위치를 맞추면서 W_5점과 연결하여 옆선 쪽의 허리선 위쪽 패널라인을 그린다.

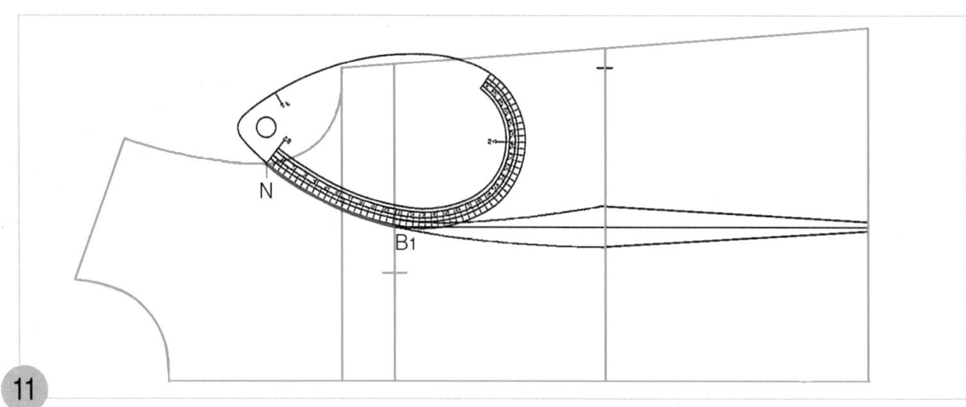

11

N~B_1=앞 중심 쪽의 가슴둘레 선 위쪽 패널라인 원형의 진동 둘레 선(AH) 너치 표시(N)와 B_1점을 뒤 AH자 쪽으로 연결하였을 때 앞 중심 쪽의 허리선 위쪽 패널라인과 곡선으로 이어지도록 맞추어 앞 중심 쪽의 가슴둘레 선 위쪽 패널라인을 그린다.

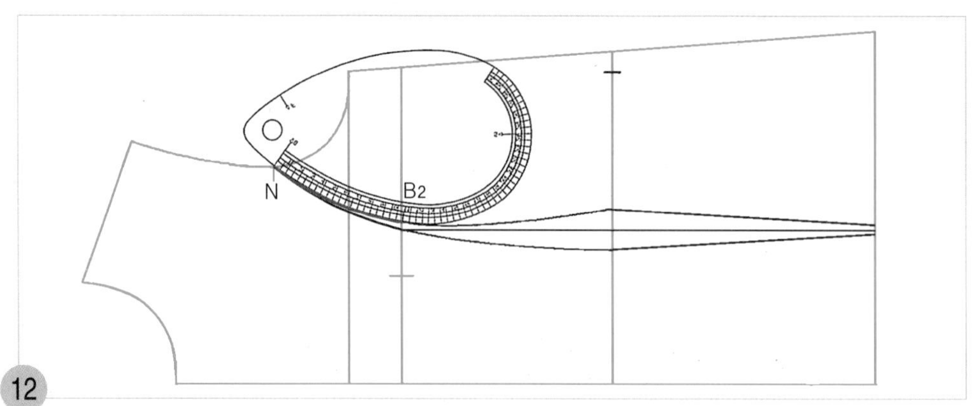

12

N~B_2=옆선 쪽 가슴둘레 선 위쪽 패널라인

원형의 진동 둘레 선(AH) 너치 표시(N)와 B_2점을 뒤 AH자 쪽으로 연결하였을 때 옆선 쪽의 허리선 위쪽 패널라인과 곡선으로 이어지도록 맞추어 옆선 쪽의 가슴둘레 선 위쪽 패널라인을 그린다.

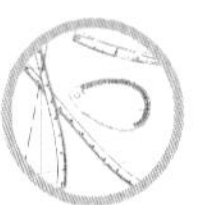

2. 허리선과 옆선을 그린다.

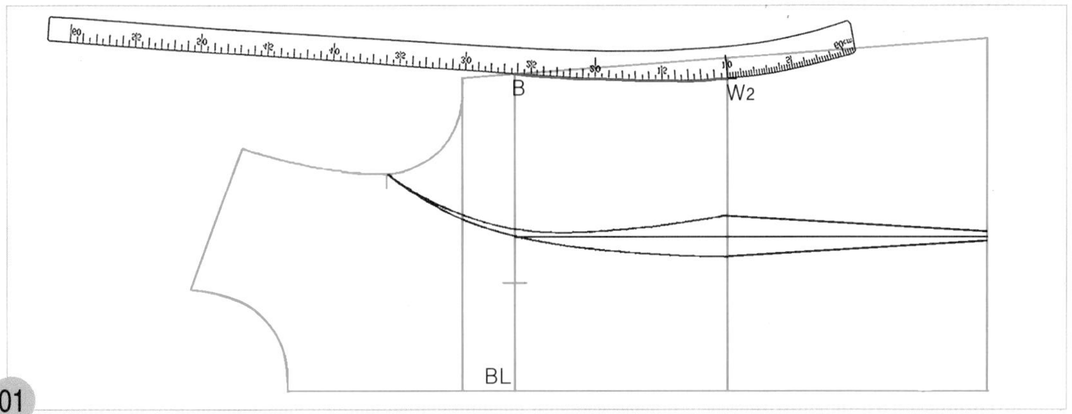

01

W2~B=허리선 위쪽 옆선 W2점에 hip곡자 10 위치를 맞추면서 가슴둘레 선(BL)의 옆선 쪽 끝점(B)과 연결하여 허리선 위쪽 옆선의 완성선을 그린다.

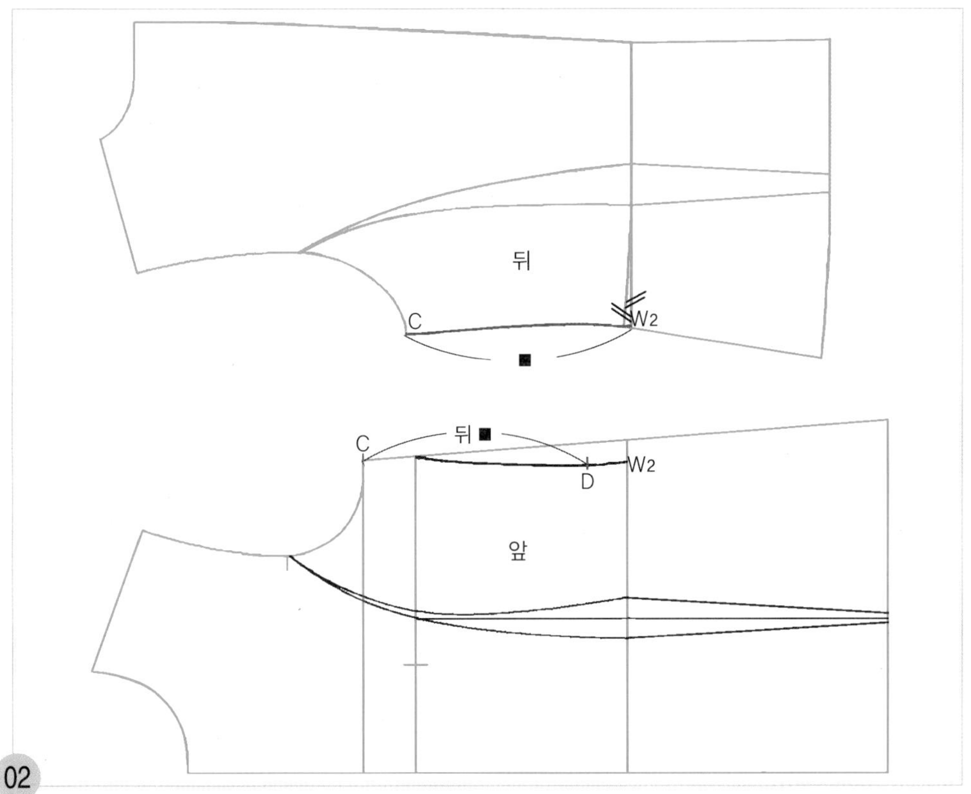

02

C~D=뒤 허리선 위쪽 옆선의 완성선 길이(C~W2=■)
뒤판의 옆선 쪽 위 가슴둘레 선 끝점(C)에서 허리선(W2)까지의 옆선의 완성선 길이(■)를 재어, 그 길이(■)를 앞판의 위 가슴둘레 선 옆선 쪽 끝점(C)에서 허리선 쪽으로 옆선의 완성선을 따라 나가 가슴 다트량을 정할 위치(D)를 표시한다.

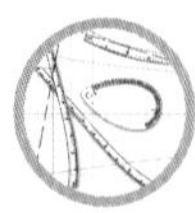

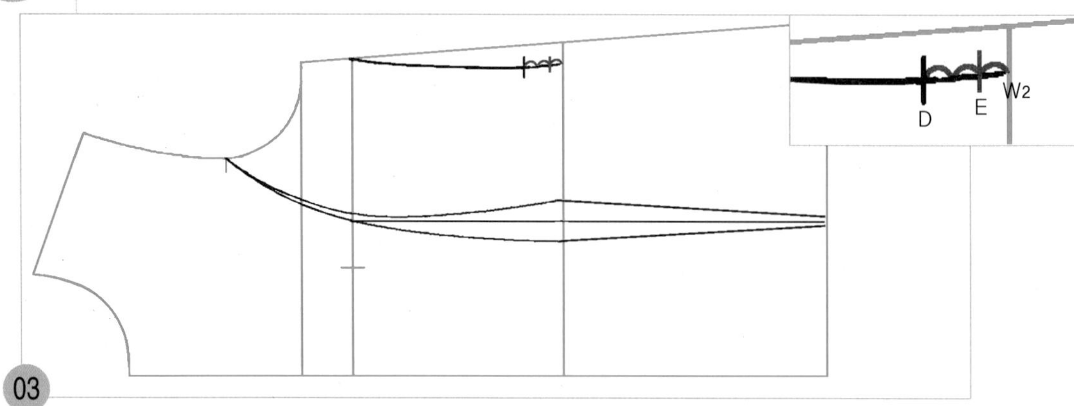

03

D~W2=3등분, E~W2=D~W2의 1/3 D점에서 W2점까지를 3등분하여 W2점 쪽의 1/3 위치에 허리 완성선을 수정할 위치(E)를 표시한다.

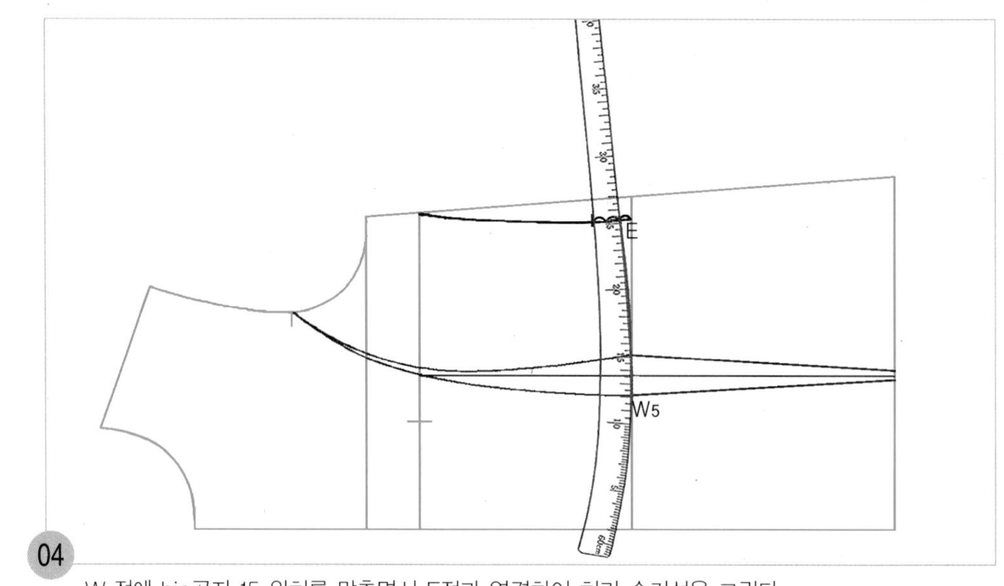

04

W5점에 hip곡자 15 위치를 맞추면서 E점과 연결하여 허리 솔기선을 그린다.

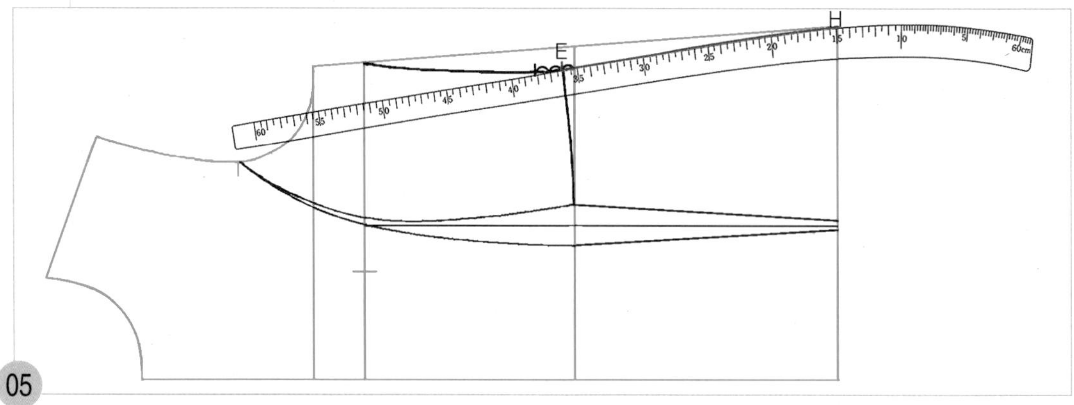

05

E~H=허리선 아래쪽 옆선 H점에 hip곡자 15 위치를 맞추면서 E점과 연결하여 허리선 아래쪽 옆선을 그린다.

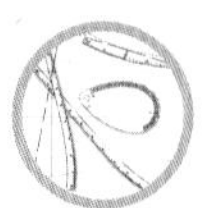

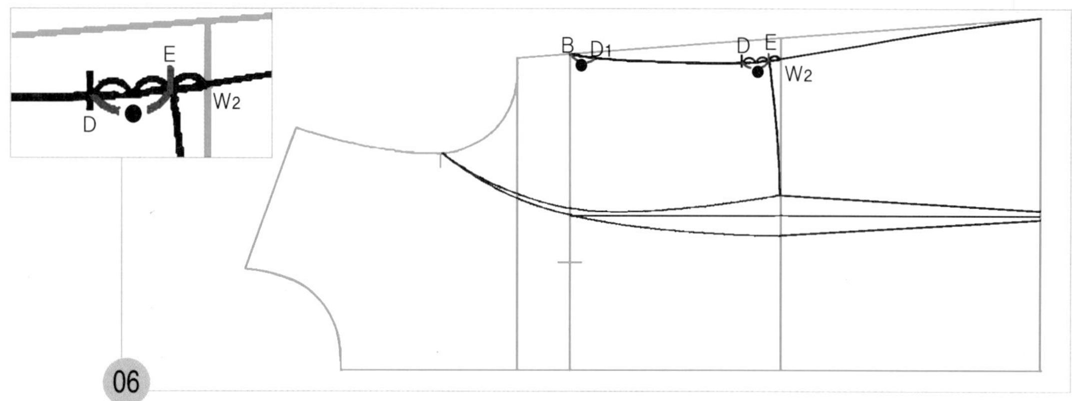

06

D~E=가슴 다트 분량 D점에서 E점까지의 분량(●)을 재어, 가슴둘레 선의 옆선 쪽 끝점(B)에서 옆선의 완성선을 따라 나가 가슴 다트를 그릴 위치(D_1)를 표시한다.

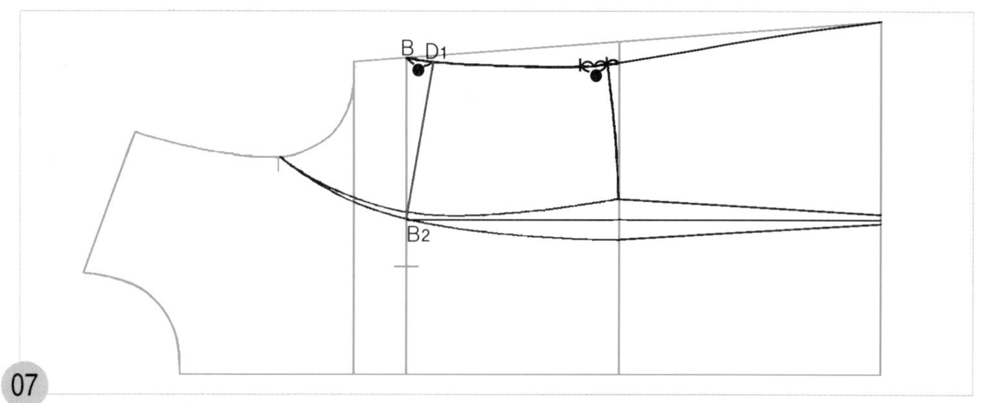

07

B_2~D_1=가슴 다트 선 B_2점과 D_1점 두 점을 직선자로 연결하여 가슴 다트 선을 그린다.

4. 페이플럼 선을 그린다.

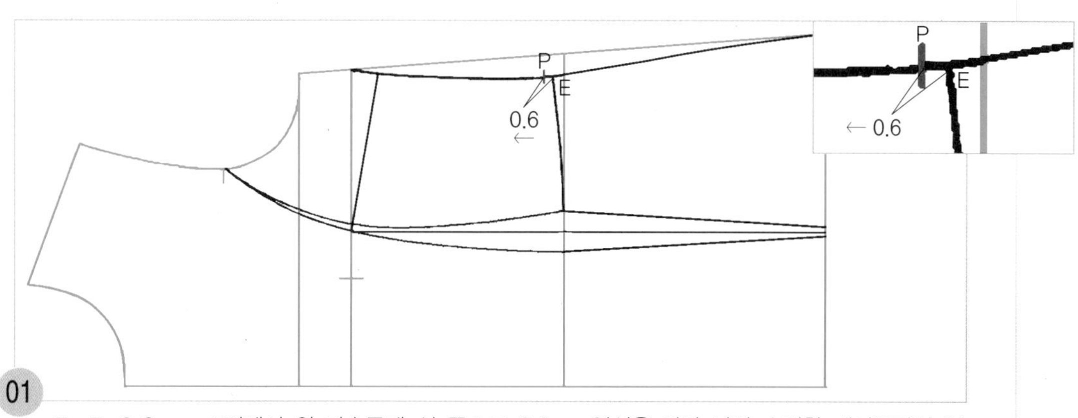

01

E~P=0.6cm E점에서 위 가슴둘레 선 쪽으로 0.6cm 옆선을 따라 나가 수정할 페이플럼의 옆선 쪽 허리선 위치(P)를 표시한다.

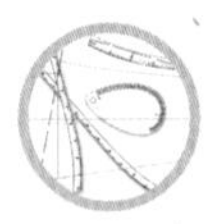

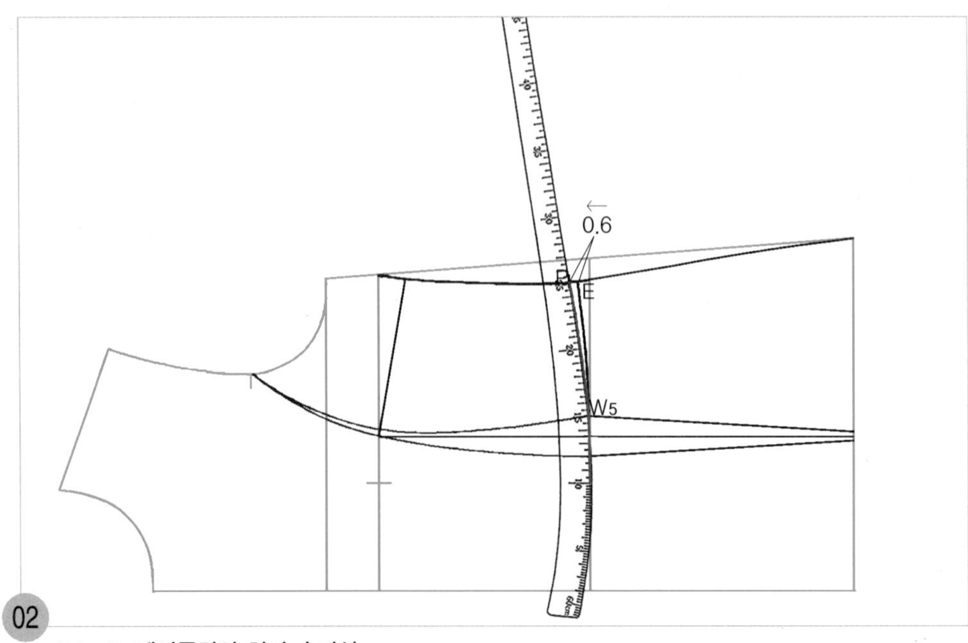

W_5~P=페이플럼의 허리 솔기선

W_5점에 hip곡자 15 위치를 맞추면서 P점과 연결하여 페이플럼의 허리 솔기선을 그린다.

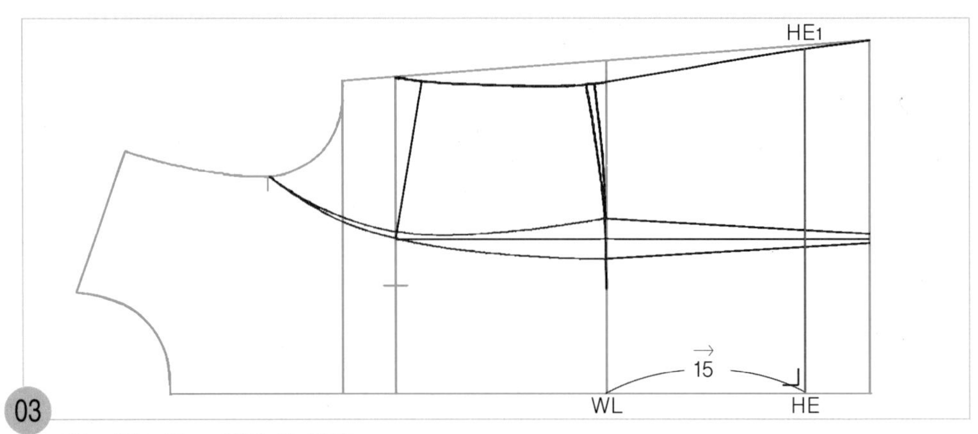

WL~HE=15cm(밑단 선 위치)

앞 중심 쪽 허리선(WL)에서 밑단 쪽으로 15cm 나가 밑단 선 위치(HE)를 표시하고, 직각으로 옆선(HE_1)까지 페이플럼의 밑단 선을 그린다.

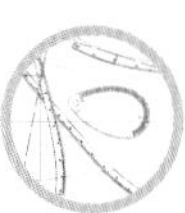

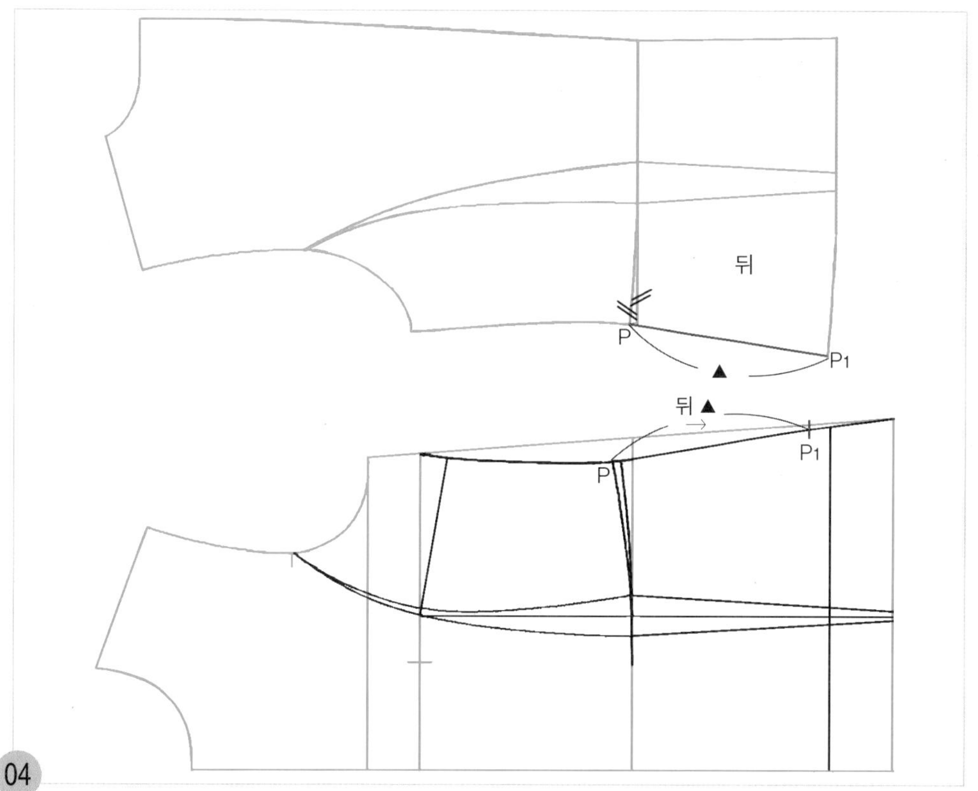

P~P1=페이플럼의 옆 선 뒤판의 페이플럼 옆선 쪽 허리 솔기선 위치(P)에서 밑단 선(P1)까지의 옆선길이(▲)를 재어, 그 길이(▲)를 앞판의 페이플럼 옆선 쪽 허리 솔기선 위치(P)에서 밑단 쪽으로 옆선을 따라 나가 페이플럼의 옆선 쪽 밑단 선 위치(P1)을 표시한다.

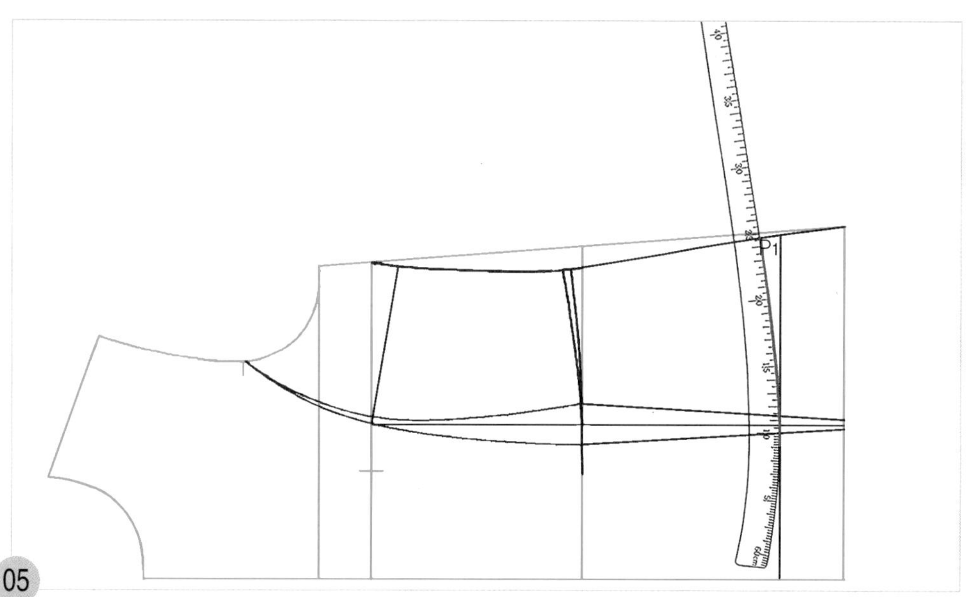

02의 허리 솔기선과 똑같은 위치의 hip곡자로 P1점과 페이플럼의 밑단 선을 연결하여 페이플럼의 밑단 선을 수정한다.

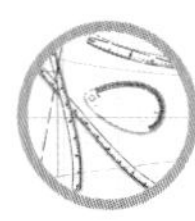

5. 더블 여밈 선을 그리고 단춧구멍 위치를 표시한다.

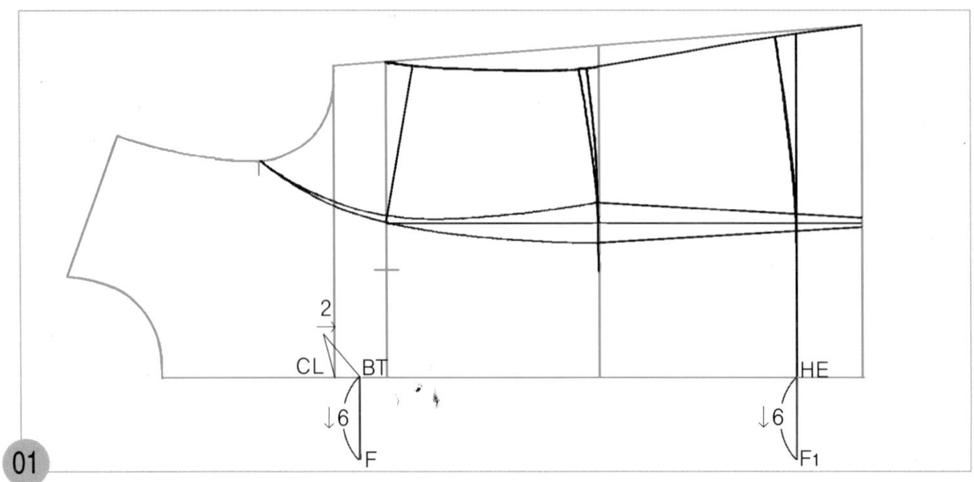

CL~BT=2cm, BT~F=6cm, HE~F1=6cm

원형의 앞 중심 쪽의 위 가슴둘레 선(CL) 위치에서 밑단 쪽으로 앞 중심선을 따라 2cm 나가 첫 번째 단춧구멍 안내선 위치(BT)를 표시하고, BT점에서 직각으로 앞 더블 여밈분 6cm를 내려 그린 다음, 페이플럼의 앞 중심 쪽 밑단 선 위치(HE)점에서 6cm 앞 더블 여밈분(F1)를 내려 그린다.

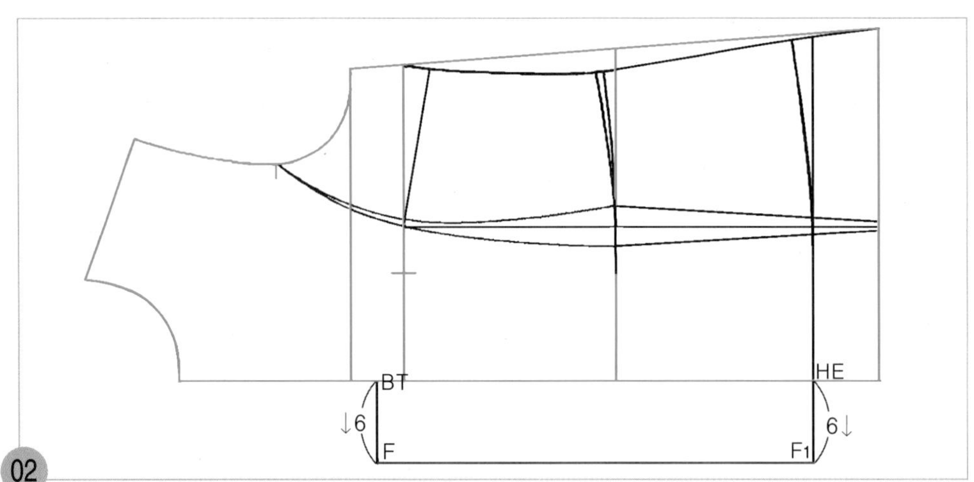

F~F1=앞 더블 여밈분 선

F점과 F1점 두 점을 직선자로 연결하여 앞 더블 여밈분 선을 그린다.

W_5~F_4=

앞 중심 쪽 허리 완성선

앞 원형의 허리선을 W_5 점에서 앞 더블 여밈분선 위치(F_4)까지 허리 솔기선을 그리고, BT점에서 수직으로 앞 더블 여밈의 단춧구멍 선을 길게 올려 그려둔다.

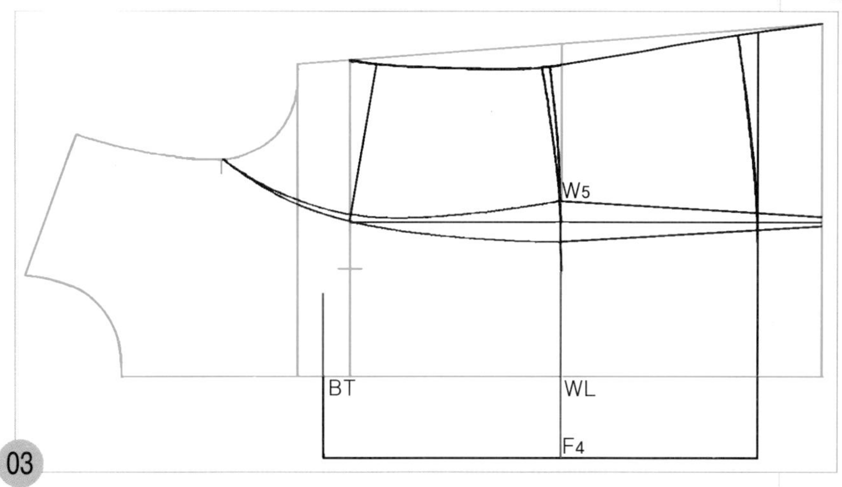

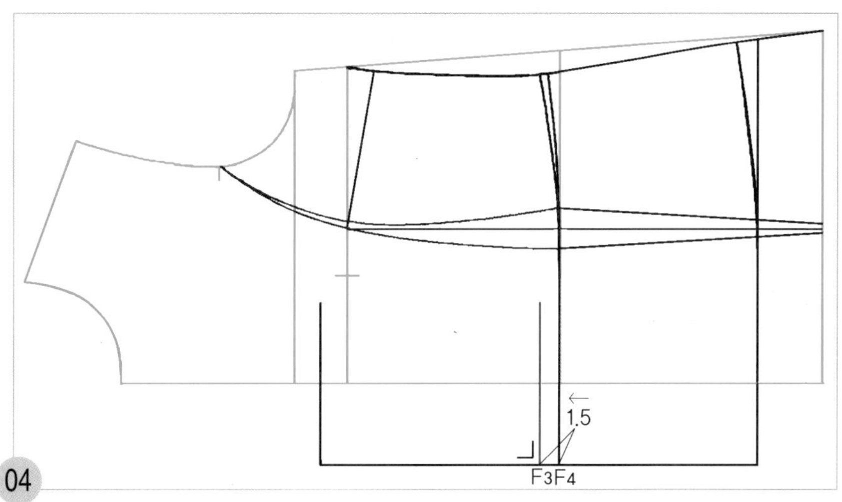

F_4~F_3=1.5cm

F_4점에서 1.5cm 왼쪽으로 나가 세 번째 단춧구멍 위치(F_3)를 표시하고 직각으로 단춧구멍 안내선을 길게 올려 그린다.

F~F_3=2등분

첫 번째 단춧구멍 안내선 위치(F)에서 세 번째 단춧구멍 안내선 위치(F_3)까지를 2등분하여 1/2 위치에 두 번째 단춧구멍 안내선 위치(F_2)를 표시하고, 직각으로 단춧구멍 안내선을 길게 올려 그린다.

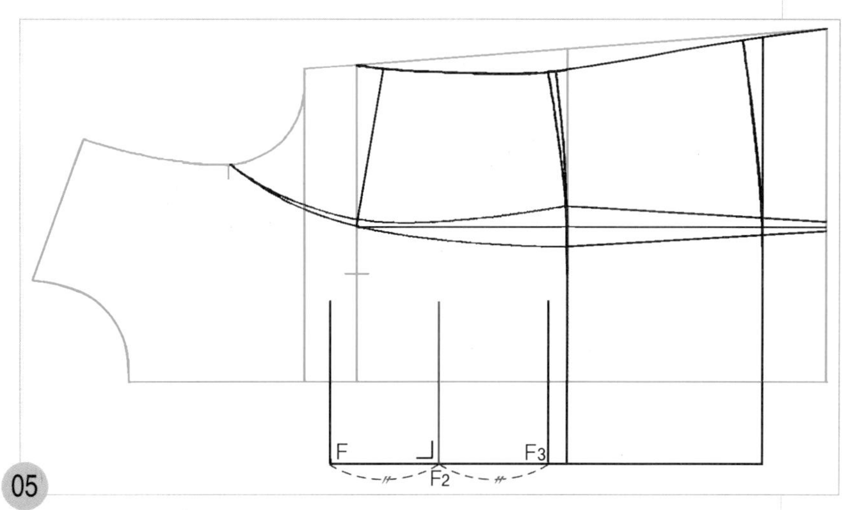

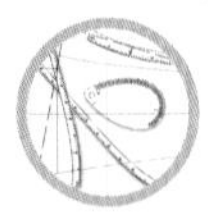

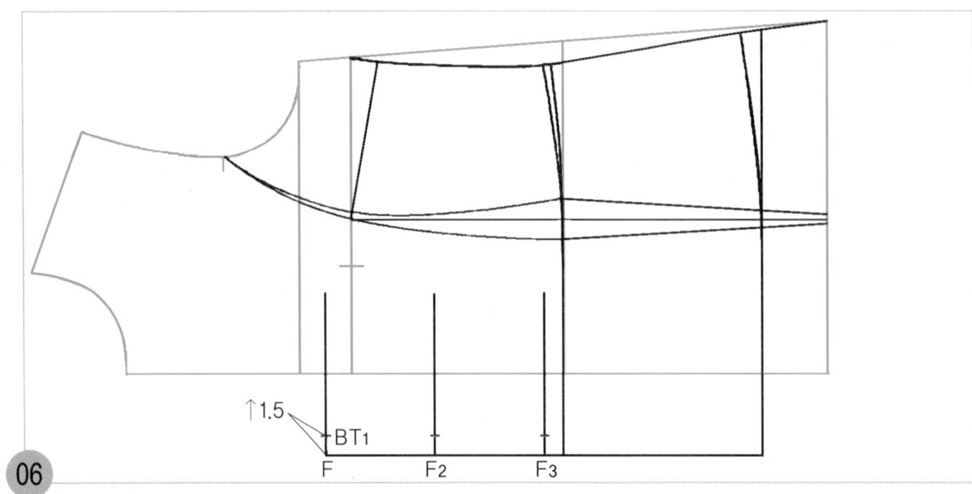

06

F~BT1=1.5cm

F점에서 1.5cm 올라가 오른쪽 앞 몸판의 단춧구멍 위치(BT_1)를 표시하고, F_2, F_3 위치에서도 각각 1.5cm씩 올라가 오른쪽 앞 몸판의 단춧구멍 위치를 표시한다.

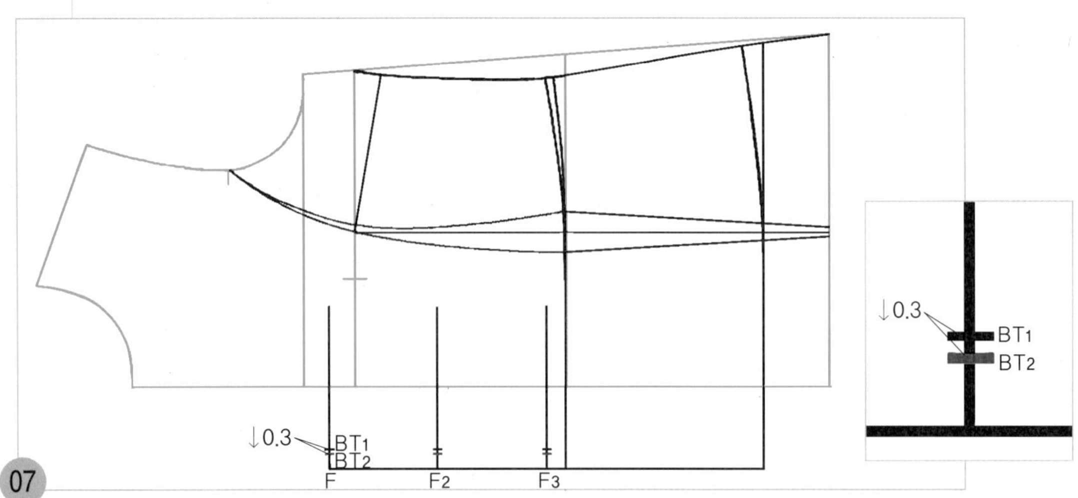

07

BT1~BT2=0.3cm

F점에서 1.5cm씩 올라가 표시한 단춧구멍 위치(BT_1)에서 단춧구멍의 여유분 0.3cm를 내려와 단춧구멍의 트임 끝 위치(BT_2)를 표시하고, F_2점과 F_3점에서 1.5cm씩 올라가 표시한 단춧구멍 위치에서도 각각 단춧구멍의 여유분 0.3cm씩을 내려와 단춧구멍의 트임 끝 위치를 표시한다.

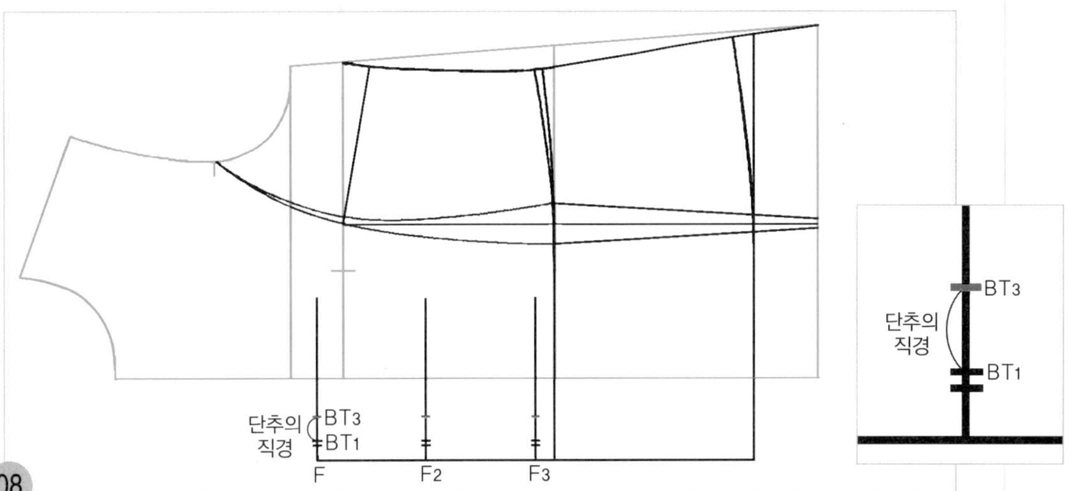

08

BT1~BT3=단추의 직경

F점에서 1.5cm씩 올라가 표시한 단춧구멍 위치(BT1)에서 단추의 직경 치수를 올라가 단춧구멍의 트임 끝 위치(BT3)를 표시하고, F2점과 F3점에서 1.5cm씩 올라가 표시한 단춧구멍 위치에서도 각각 단추의 직경 치수를 올라가 단춧구멍의 트임 끝 위치를 표시한다.

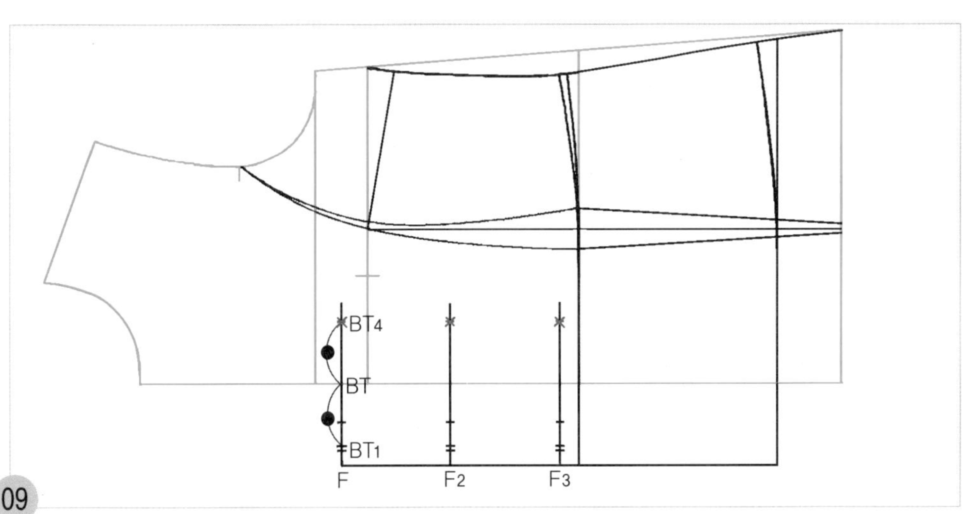

09

BT~BT4=BT1~BT의 거리

BT점에서 BT1점까지의 길이를 재어 BT점에서 단춧구멍 안내선을 따라 올라가 좌우 앞 몸판의 단추 다는 위치(BT4)를 표시하고, 같은 방법으로 F2점과 F3점의 단춧구멍 안내선 위치에서도 단추 다는 위치를 표시한다.

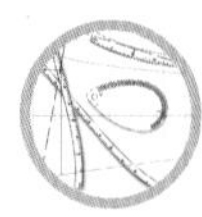

6. 앞 몸판의 라펠과 칼라를 제도한다.

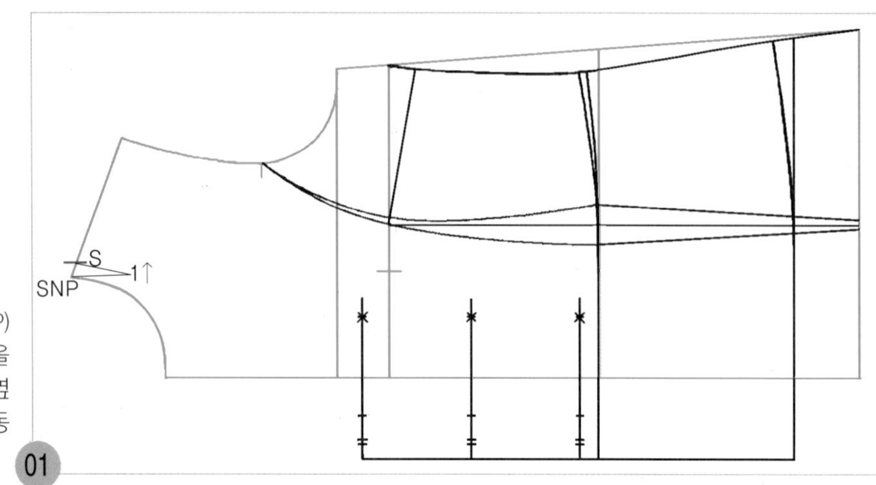

SNP~S=1cm
원형의 옆목점(SNP)에서 어깨 완성선을 따라 1cm 올라가 옆목점 위치(S)를 이동한다.

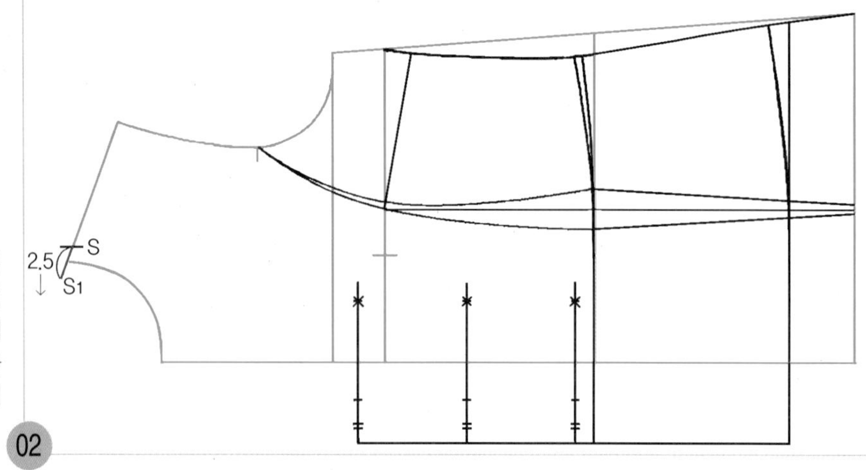

S~S1=2.5cm
S점에서 2.5cm 어깨선의 연장선을 내려 그려 라펠의 꺾임 선을 그릴 통과선 위치(S1)를 표시한다.

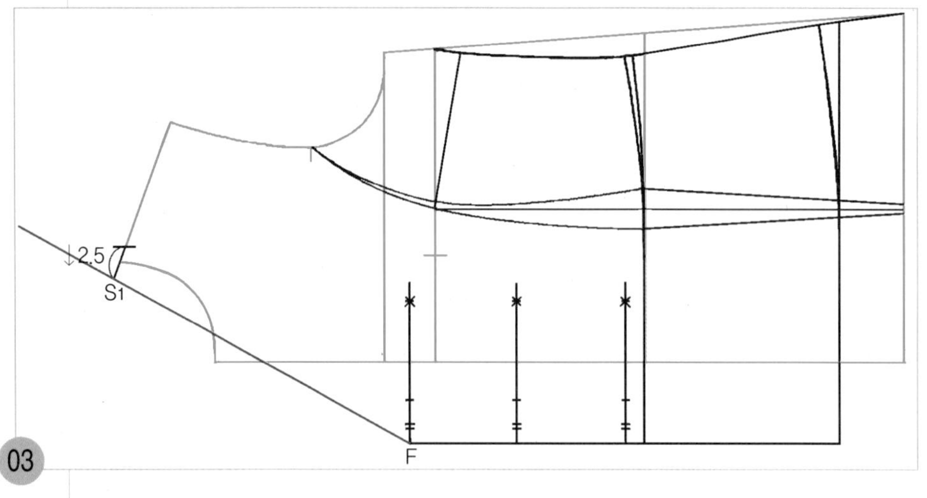

F점과 S1점을 직선자로 연결하여 라펠의 꺾임 선을 S1점에서 어깨선 위쪽으로 길게 연장시켜 그려둔다.

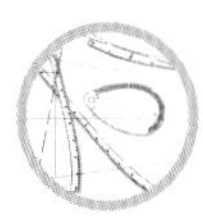

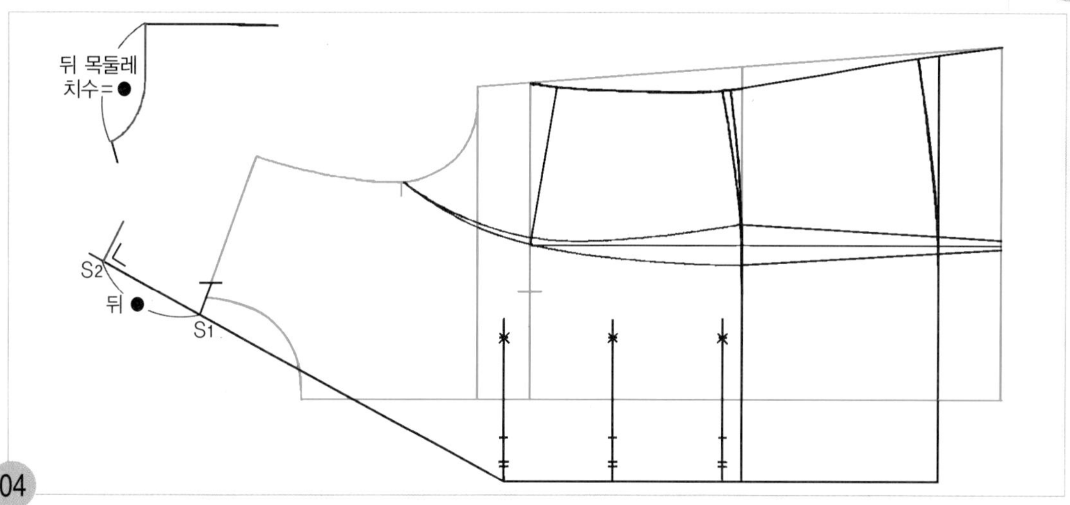

04

S_1~S_2=뒤 목둘레 치수(●)

뒤 목둘레 치수(●)를 재어 S_1점에서 어깨선 위쪽으로 길게 연장시켜 그려둔 라펠의 꺾임 선을 따라 나가 칼라 폭 위치를 정할 안내선 끝점(S_2)을 표시하고 직각으로 칼라 폭 위치를 정할 안내선을 그린다.

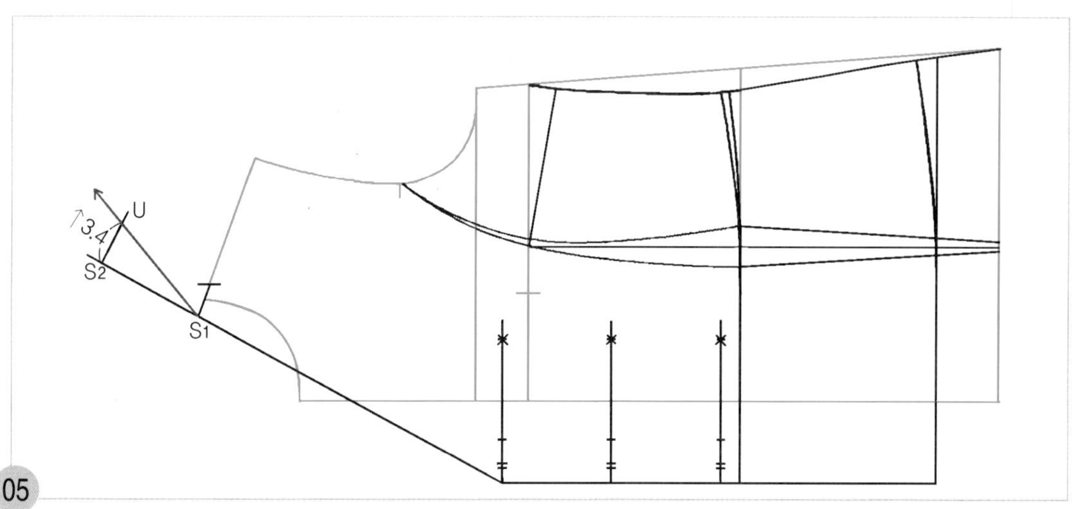

05

S_2~U=뒤 칼라 폭(4cm)−0.6cm=3.4cm

S_2점에서 뒤 칼라 폭−0.6cm 한 치수를 04에서 그려둔 칼라 폭 안내선을 따라 올라가 칼라 꺾임 선의 안내선을 그릴 통과점(U)을 표시하고, S_1점과 U점 두 점을 직선자로 연결하여 칼라 꺾임 선의 안내선을 길게 그린다.

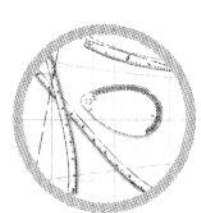

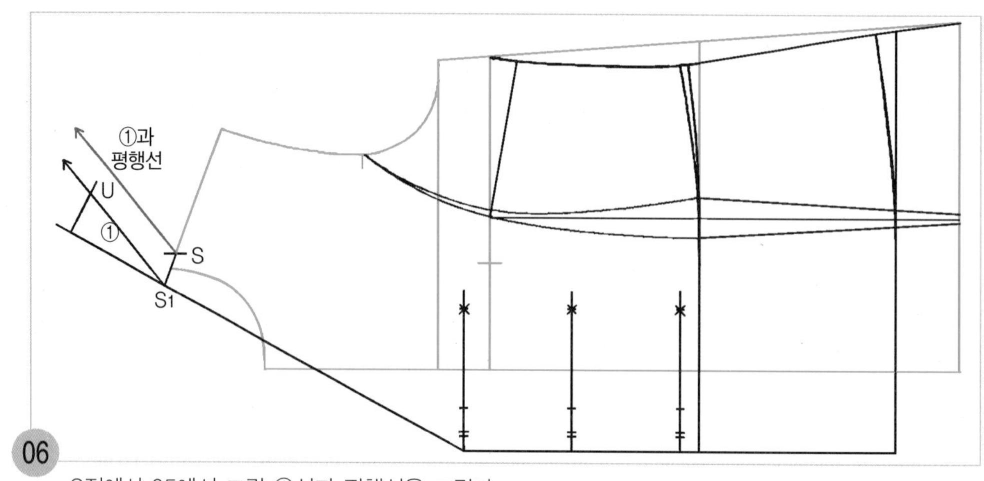

S점에서 05에서 그린 ①선과 평행선을 그린다.

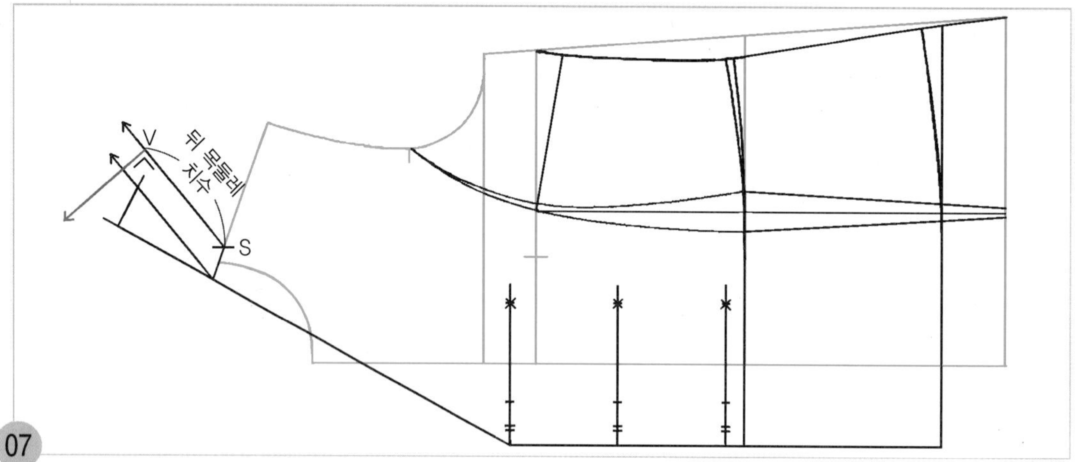

S~V=뒤 목둘레 치수 S점에서 06에서 그린 선을 따라 뒤 목둘레 치수를 나가 칼라 솔기선의 뒤 중심 위치(V)를 표시하고 직각으로 칼라의 뒤 중심선을 그린다.

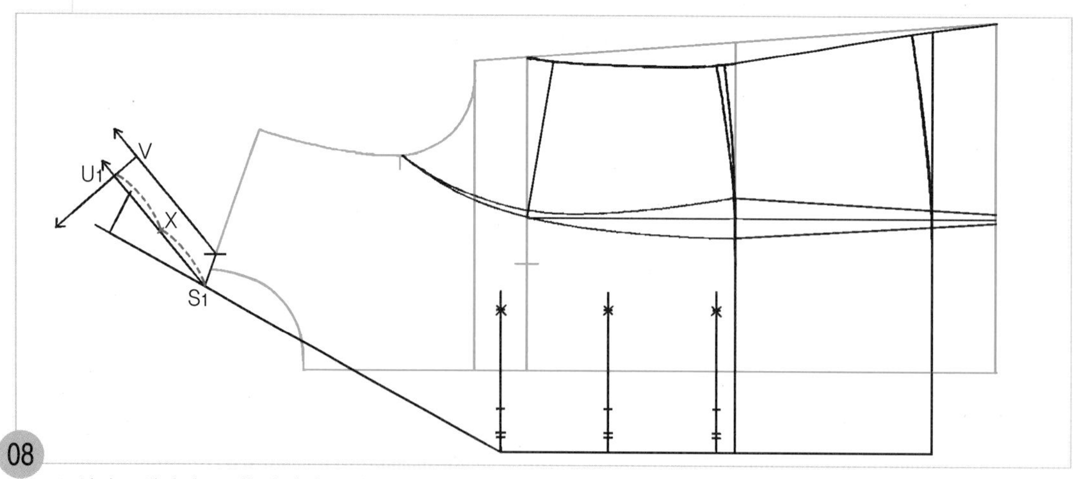

S1선과 V선과의 교점(U1)에서 S1점까지를 2등분하여, 1/2 위치에 칼라 꺾임 선을 그릴 안내 점(X)을 표시한다.

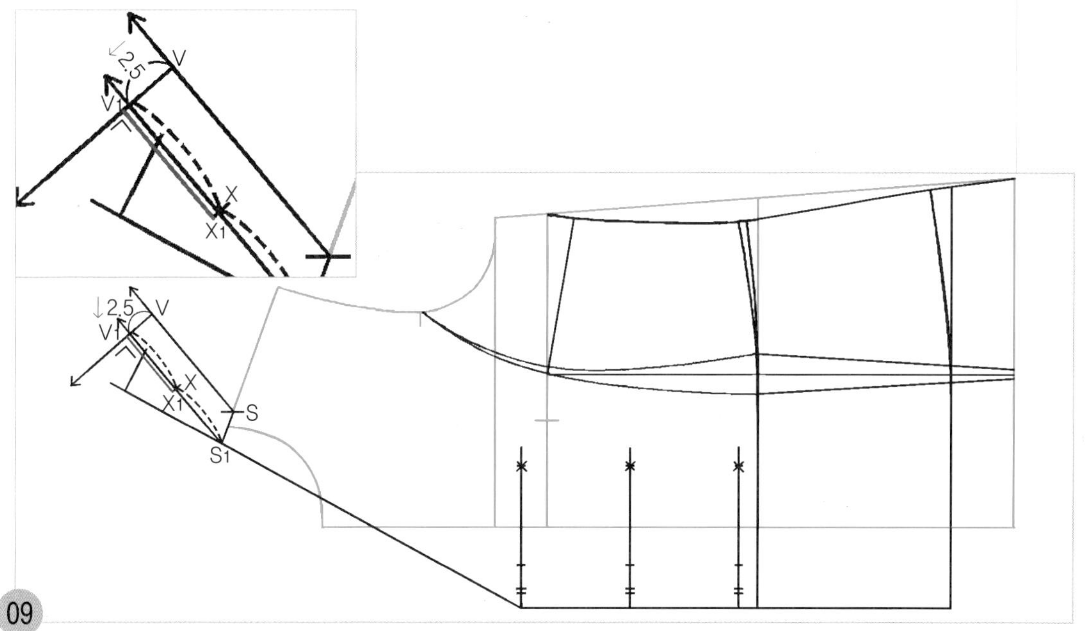

09

V~V1=2.5cm(즉, S~S1점까지와 같은 치수이다) V점에서 직각으로 그린 칼라의 뒤 중심선을 따라 2.5cm 나간 위치(V1)에서 직각으로 X점 위치까지 칼라의 꺾임 선(X1)을 그린다.

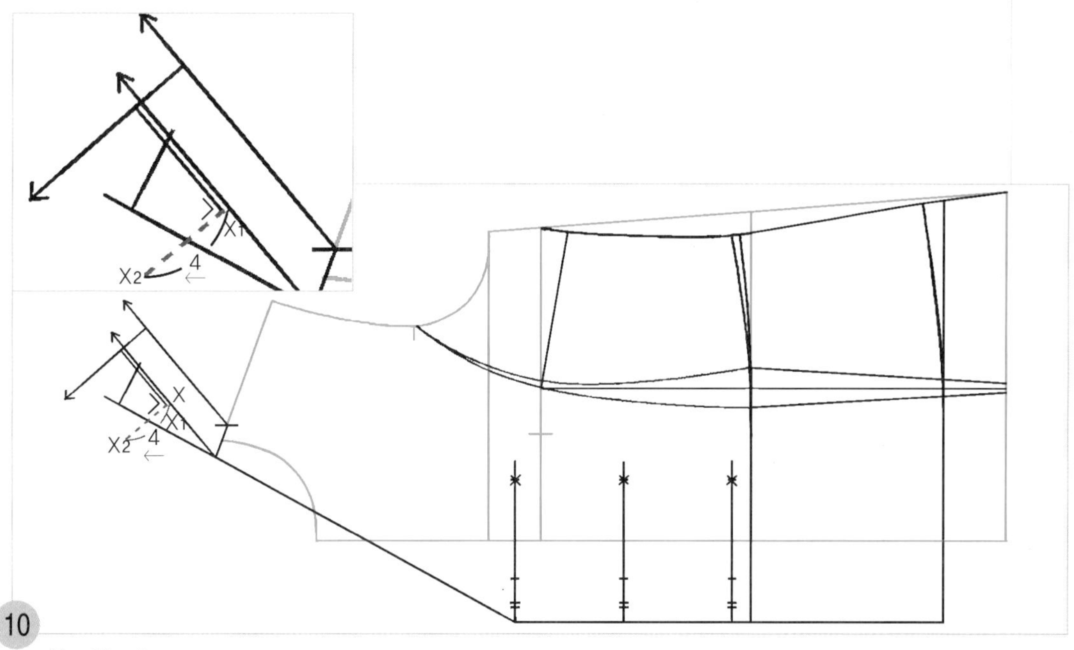

10

X1~X2=4cm

X1점에서 직각으로 4cm 칼라의 바깥쪽 완성선을 그릴 안내선(X2)을 점선으로 그린다.

주 여기서는 쉽게 이해하도록 점선으로 그려 두었으나, 실제 제도 시에는 직각으로 4cm 나간 곳에 표시만 해 두면 된다.

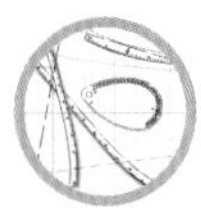

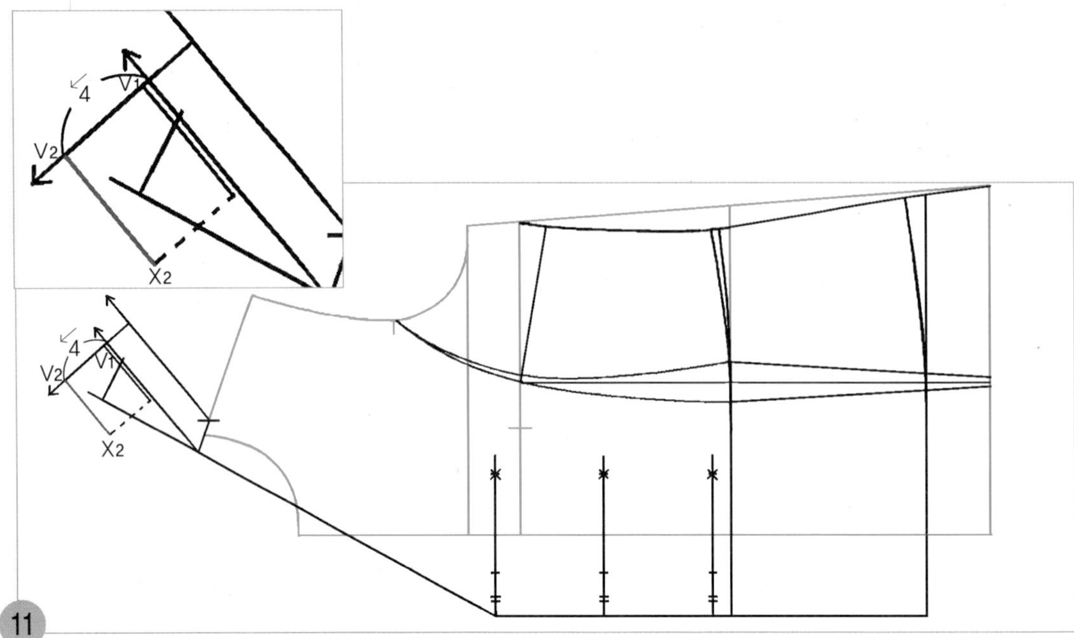

V_1~V_2=4cm(칼라 폭 치수) V_1점에서 칼라의 뒤 중심선을 따라 4cm를 나가 칼라 폭 끝점(V_2)을 표시하고, 직각으로 X_2점 위치까지 칼라의 바깥쪽 완성선을 그린다.

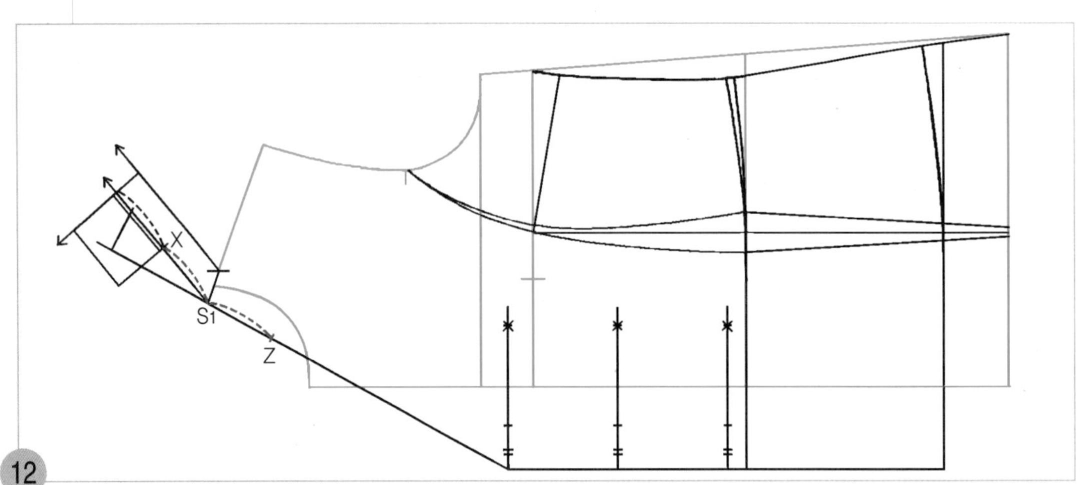

S_1~Z=X~S_1 치수 X점에서 S_1점까지의 치수를 재어 같은 치수를 S_1점에서 라펠의 꺾임 선을 따라 나가 고지선 끝점을 정할 안내선 점(Z)을 표시한다.

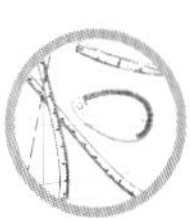

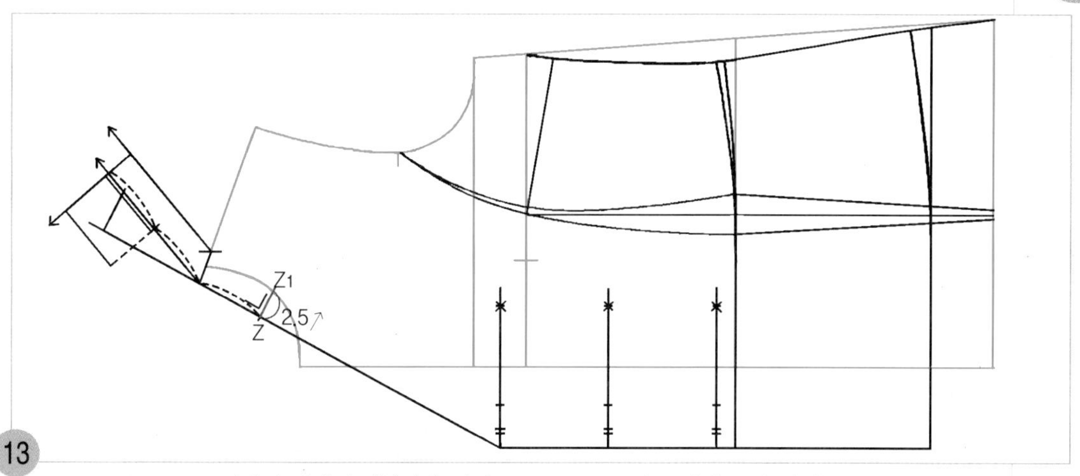

13

Z~Z1=2.5cm Z점에서 라펠의 꺾임선에 직각으로 2.5cm 그려 고지선 끝점 위치(Z1)를 정한다.

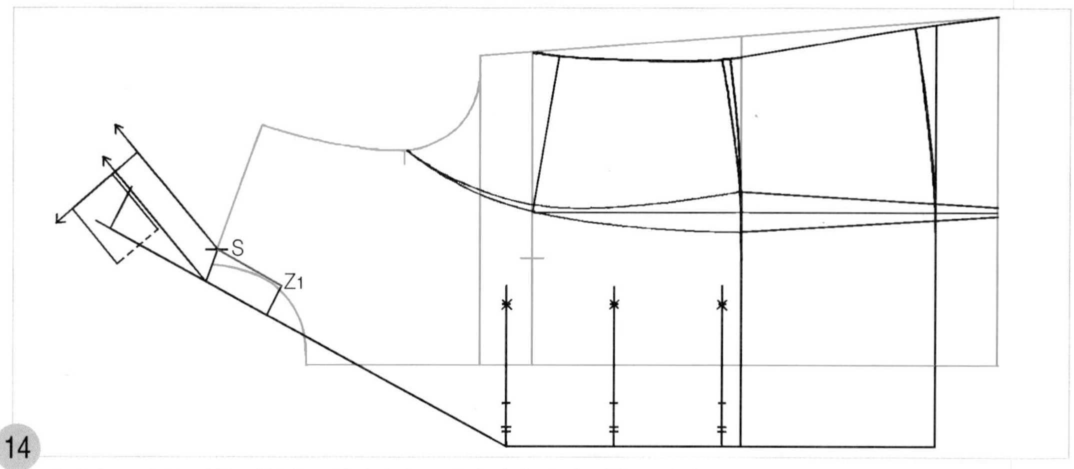

14

S점과 Z1점 두 점을 직선자로 연결하여 몸판의 칼라 솔기 선을 그린다.

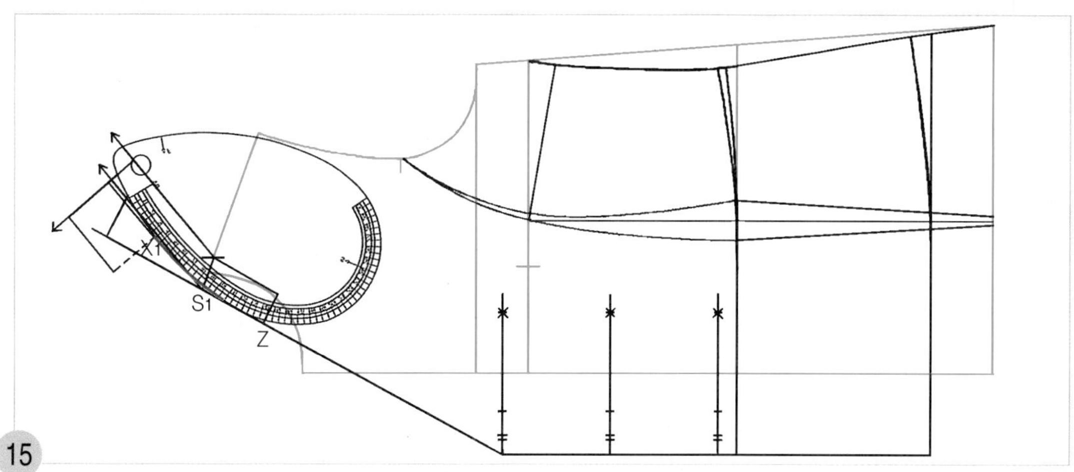

15

X1점과 Z점 두 점을 뒤 AH자 쪽으로 연결하여 칼라 꺾임 선의 S1점 위치의 각진 부분을 자연스런 곡선으로 수정한다.

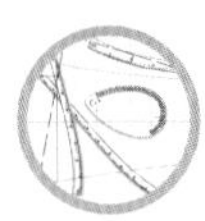

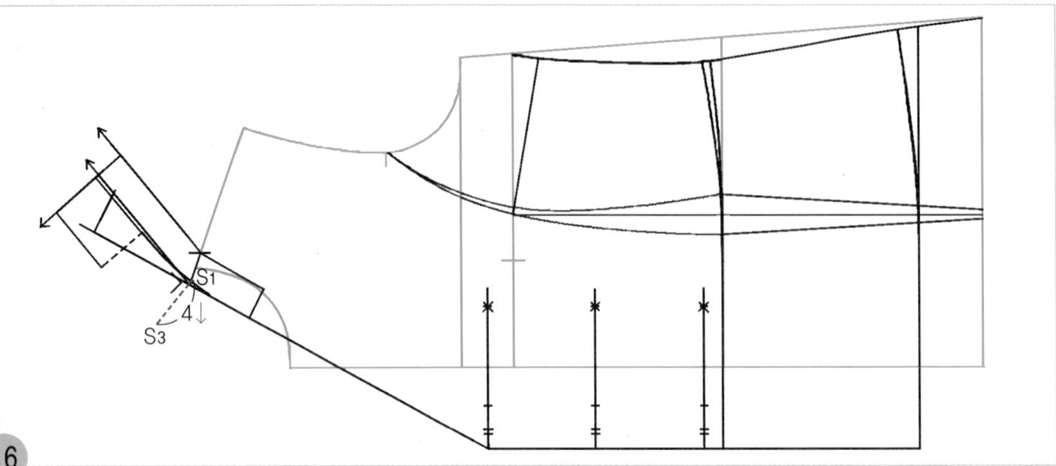

16

S_1점 위치의 15에서 수정한 칼라 꺾임 선의 완성선에서 직각으로 4cm 칼라의 바깥쪽 완성선을 그릴 안내선 (S_3)을 점선으로 그린다.

주 여기서는 쉽게 이해하도록 점선으로 그려 두었으나, 실제 제도 시에는 직각으로 4cm 나간 곳에 표시만 해 두면 된다.

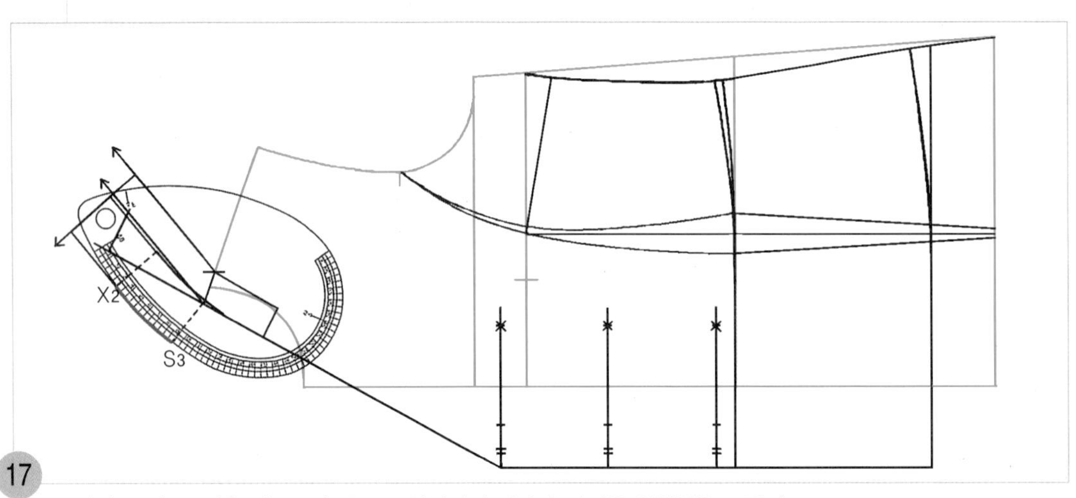

17

X_2점과 S_3점 두 점을 뒤 AH자 쪽으로 연결하여 칼라의 바깥쪽 완성선을 그린다.

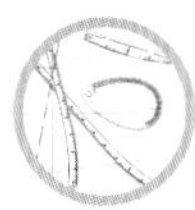

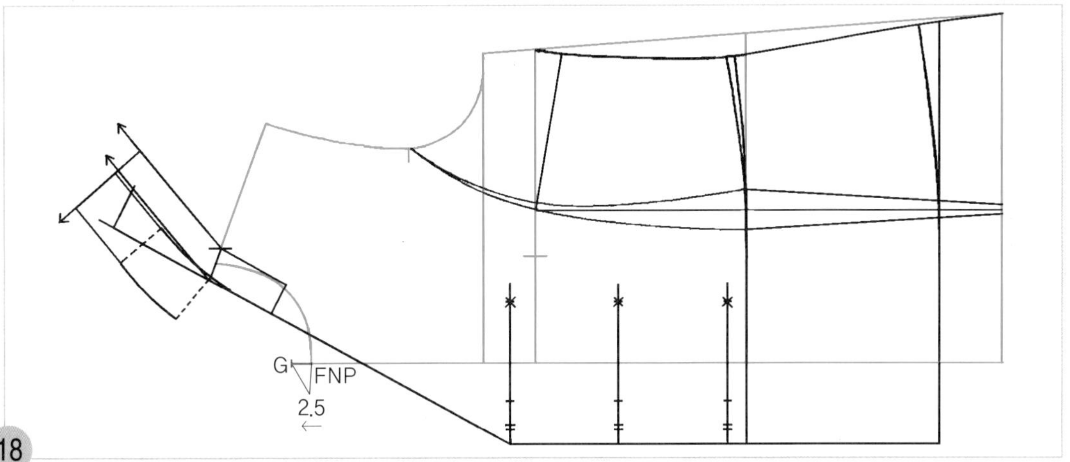

18

FNP~G=2.5cm 원형의 앞 목점(FNP)에서 수평으로 2.5cm 나가 고지선의 통과점 위치(G)를 표시한다.

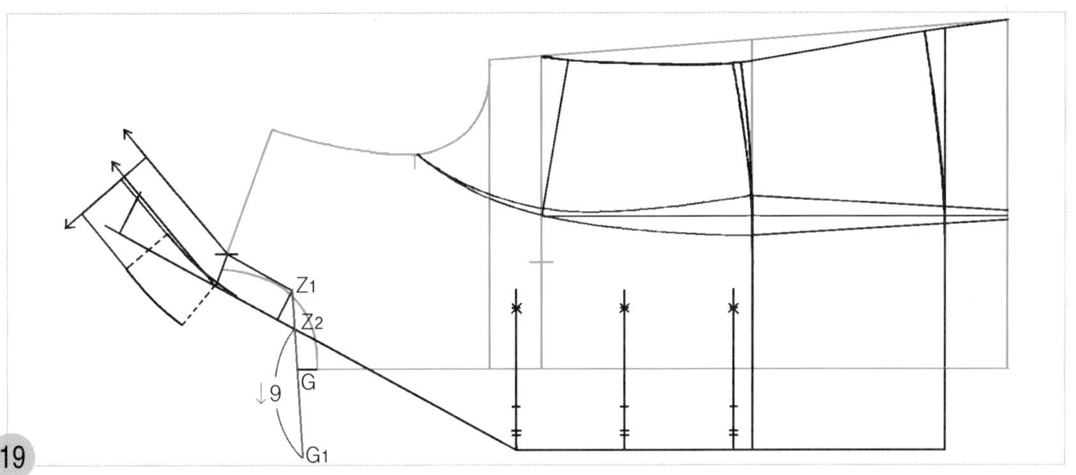

19

Z_2~G_1=9cm Z_1점과 G점 두 점을 직선자로 연결하여 고지선을 길게 내려 그린 다음, 라펠의 꺾임 선과 고지선과의 교점(Z_2)에서 9cm 내려와 라펠의 끝점 위치(G_1)를 표시한다.

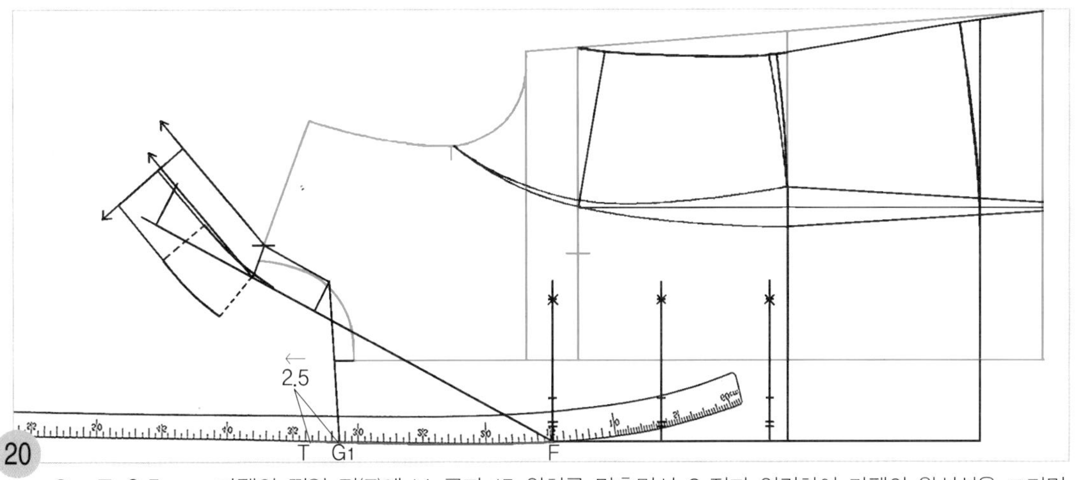

20

G_1~T=2.5cm 라펠의 꺾임 점(F)에 hip곡자 15 위치를 맞추면서 G_1점과 연결하여 라펠의 완성선을 그리면서 G_1점에서 2.5cm 칼라의 바깥쪽 완성선을 그릴 안내선을 더 그리고 칼라 끝점(T)을 표시한다.

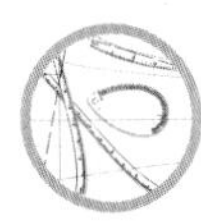

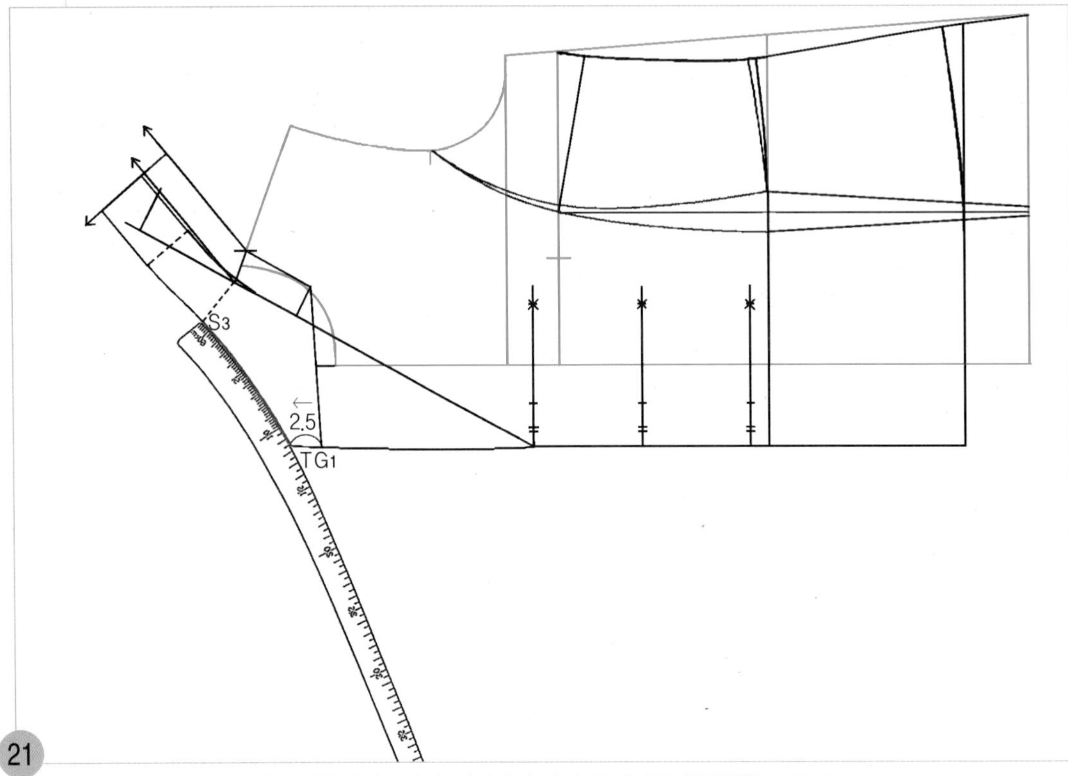

21 S3점에 hip곡자 끝 위치를 맞추면서 T점과 연결하여 칼라의 바깥쪽 완성선을 그린다.

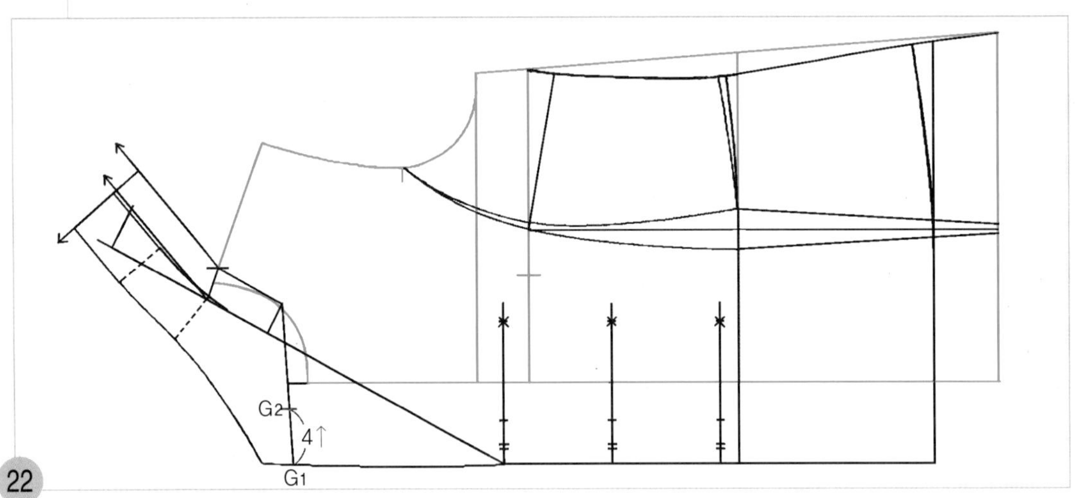

22 $G_1 \sim G_2 = 4cm$

리펠의 끝점 위치(G_1)에서 고지선을 따라 4cm 올라가 고지선 끝점(G_2)을 표시한다.

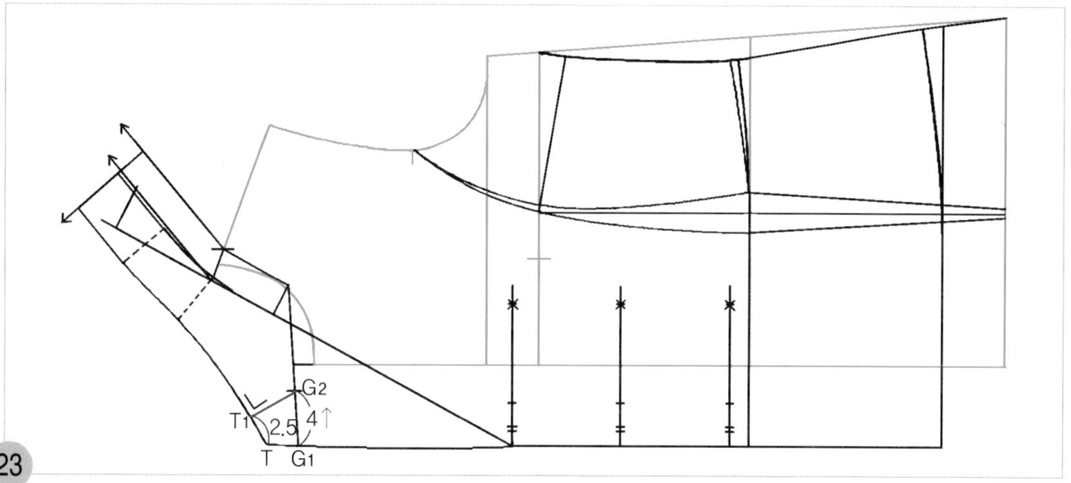

23

직각자를 칼라의 바깥쪽 완성선에 대었을 때 직각으로 고지선 끝점(G_2)과 연결되는 위치를 칼라의 끝점(T_1)으로 하여 고지선 끝점에서 칼라 끝점까지의 완성선을 그린다.

참고 만약 칼라의 끝점(T_1) 위치를 정하는 것이 어렵다면, T점에서 2.5cm 정도 칼라의 바깥쪽 완성선을 따라 올라가 칼라의 끝점(T)을 정하고 고지선 끝점(G_2)과 연결하여 그려도 상관없으나 경우에 따라서는 0.1cm 정도 차이가 생길 수 있으므로 가능하면 두 가지 방법으로 모두 그려 보고 시각적으로 편안한 선을 선택하는 것이 좋다.

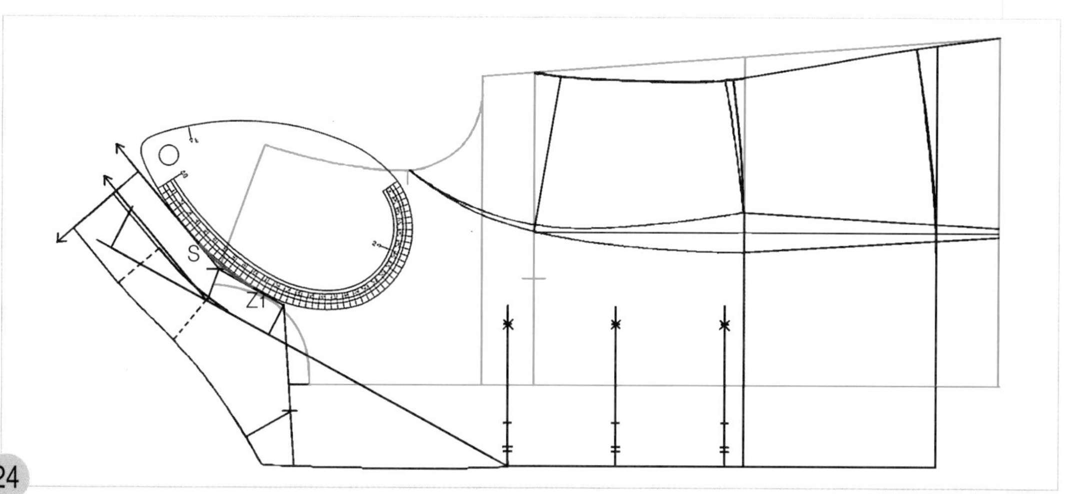

24

칼라 솔기선의 S점 위치의 각진 부분을 뒤 AH자 쪽으로 연결하여 자연스런 곡선으로 수정한다.

주 S점에서 Z점까지의 직선은 몸판의 솔기 완성선이고, 곡선으로 수정한 선이 칼라 솔기 완성선이므로 패턴 분리 시 주의하도록 한다.

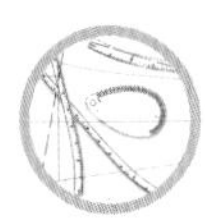

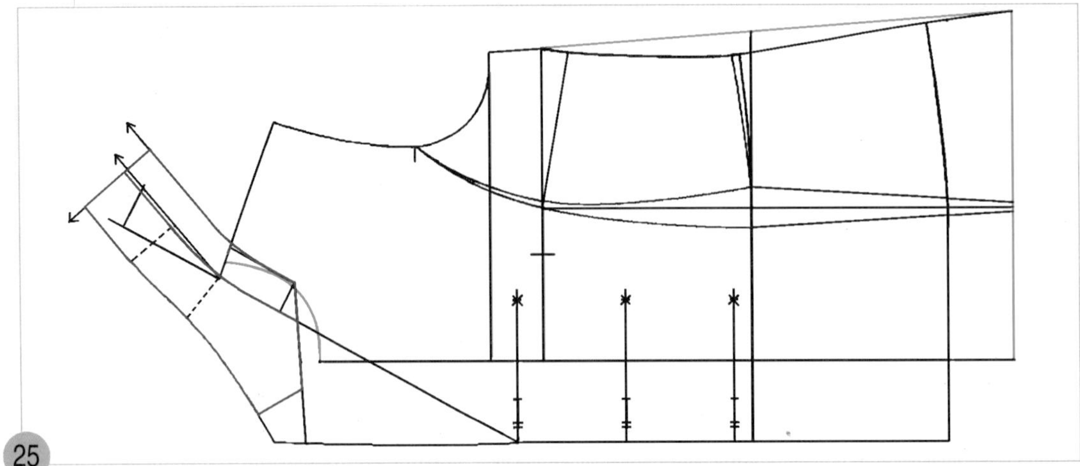

25 적색선이 칼라의 완성선이다.

소매 제도하기

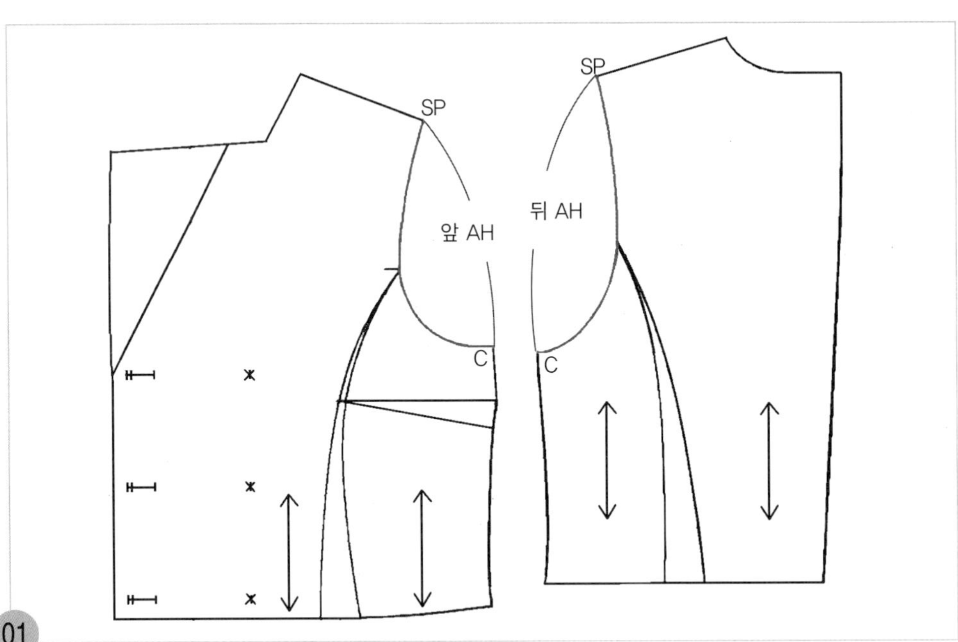

01 앞뒤 진동 둘레 선(AH=SP~C)의 길이를 각각 잰다.

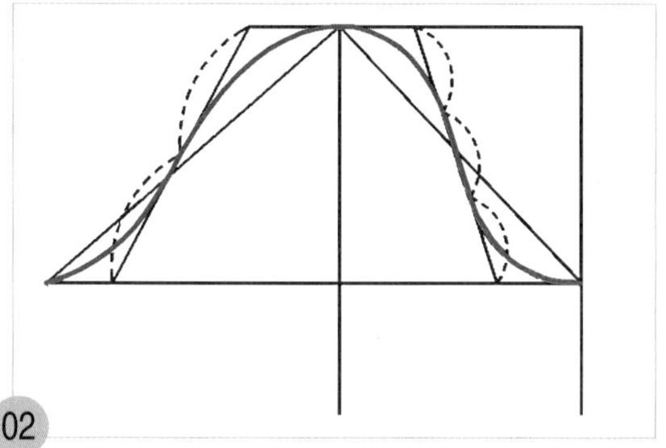

02
소매산 곡선을 그리는 방법은 원형과 같다(p.40의 01~p.43의 06까지 참조).

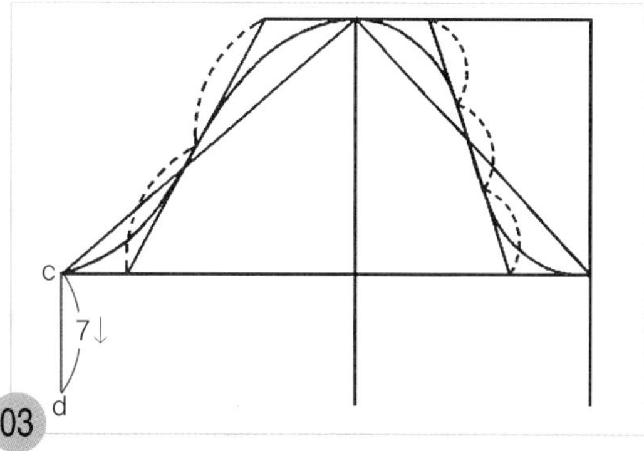

03
c~d=7cm(조정 가능)
뒤 소매 폭 점(c)에서 직각으로 7cm 뒤 소매 밑 안내선(d)을 내려 그린다.

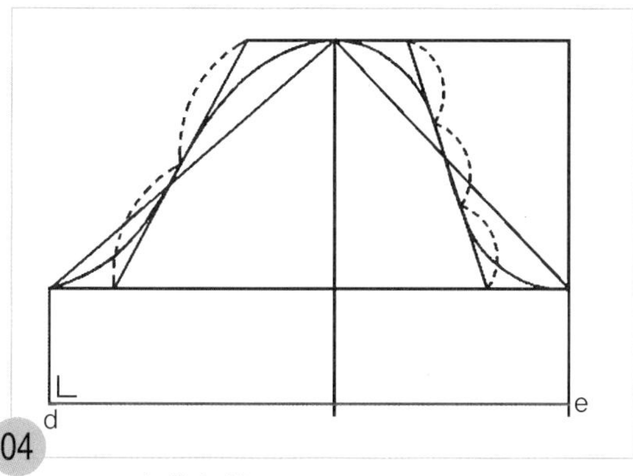

04
d~e=소매단 선
d_1점에서 직각으로 앞 소매 밑 안내선까지 소매단 선(e)을 그린다.

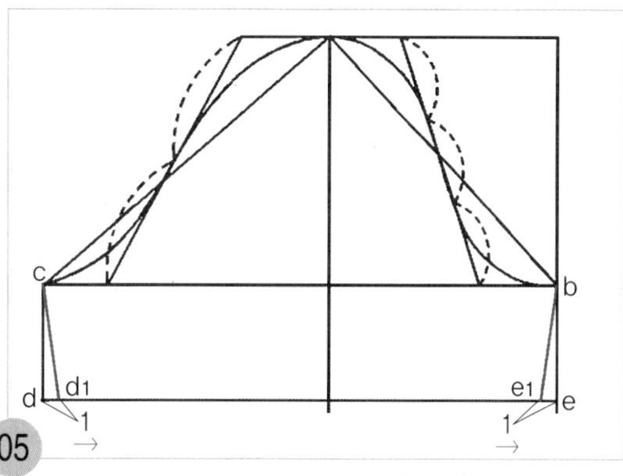

05
d~d_1, e~e_1=1cm, e~e_1=앞 소매 밑 완성선, d~d_1=뒤 소매 밑 완성선
e점에서 1cm 들어가 앞 소매 밑 선의 끝점(e_1)을 표시하고, d점에서 1cm 들어가 뒤 소매 밑 선의 끝점(d_1)을 표시한 다음, 앞 소매 폭 점(b)과 앞 소매 밑 선의 끝점(e_1)을 직선자로 연결하여 앞 소매 밑 완성선을 그리고, 뒤 소매 폭 점(c)과 뒤 소매 밑 선의 끝점(d_1) 두 점을 직선자로 연결하여 뒤 소매 밑 완성선을 그린다.

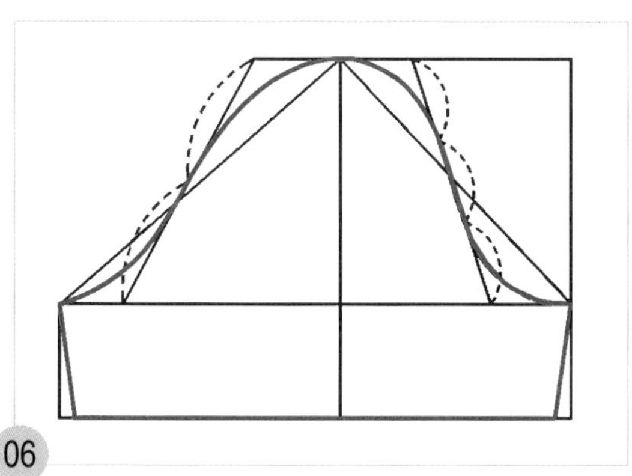

06
적색선이 소매의 완성선이다.

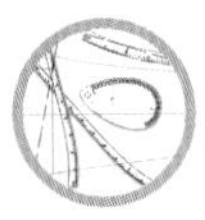

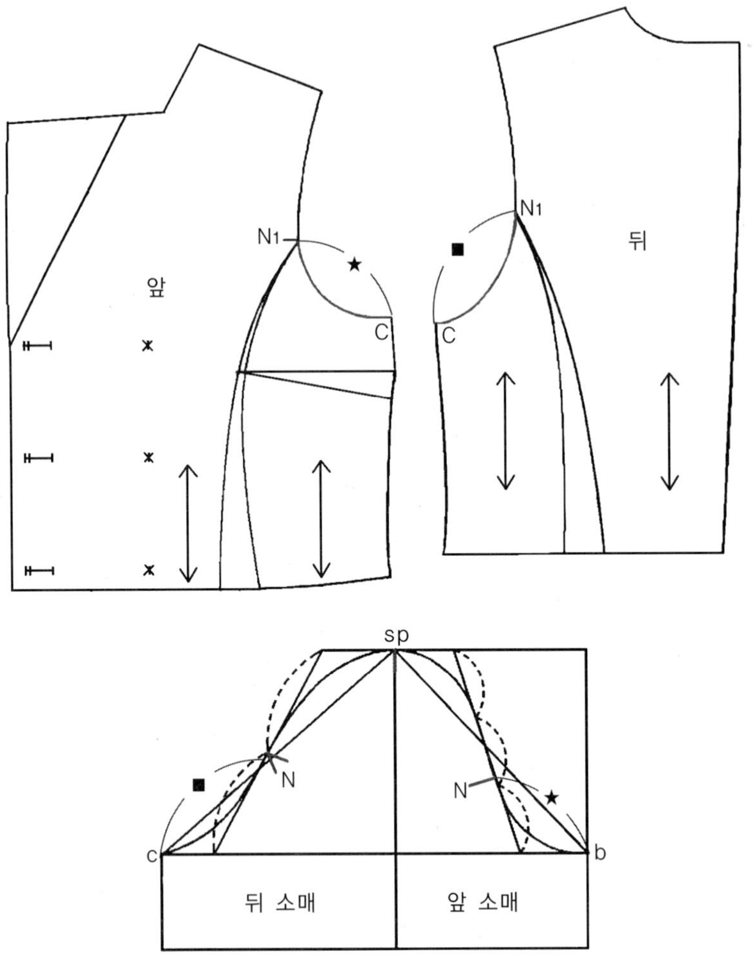

07

앞뒤 몸판의 위 가슴둘레 선(CL) 옆선 쪽 끝점(C)에서 진동 둘레 선(AH) 상의 패널라인 끝점(N_1)까지의 길이를 각각 재어, 앞뒤 소매 폭 점(b, c)에서 각각 소매산 곡선을 따라 올라가 맞춤표시를 넣고, 소매산 점(sp)에 맞춤표시를 넣는다.

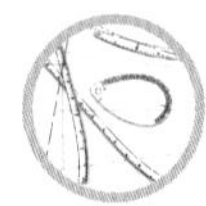

패턴 분리하기 ⋯

1. 앞뒤 페이플럼에 절개선을 그린다.

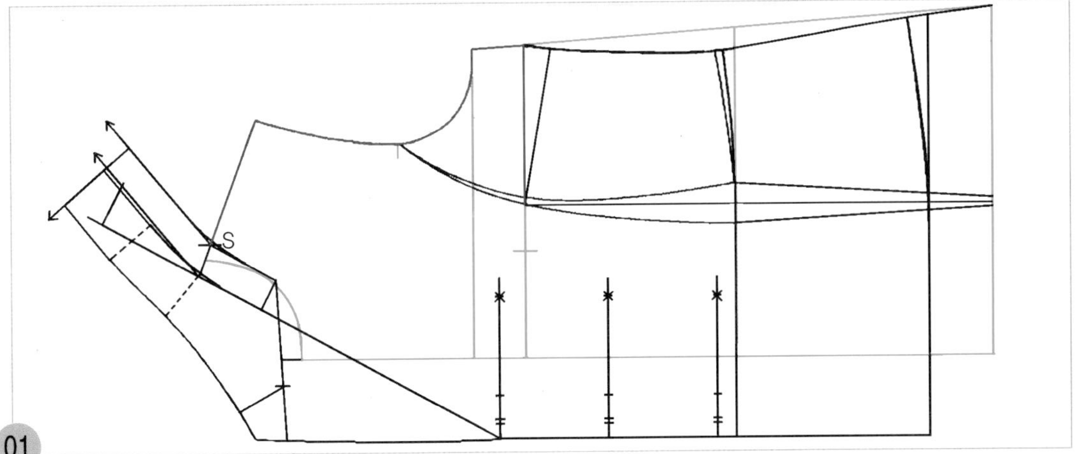

01

적색으로 표시된 S점에서부터의 어깨선과 진동 둘레 선, 옆선과 가슴둘레 선은 원형의 선을 그대로 완성선으로 사용한다.

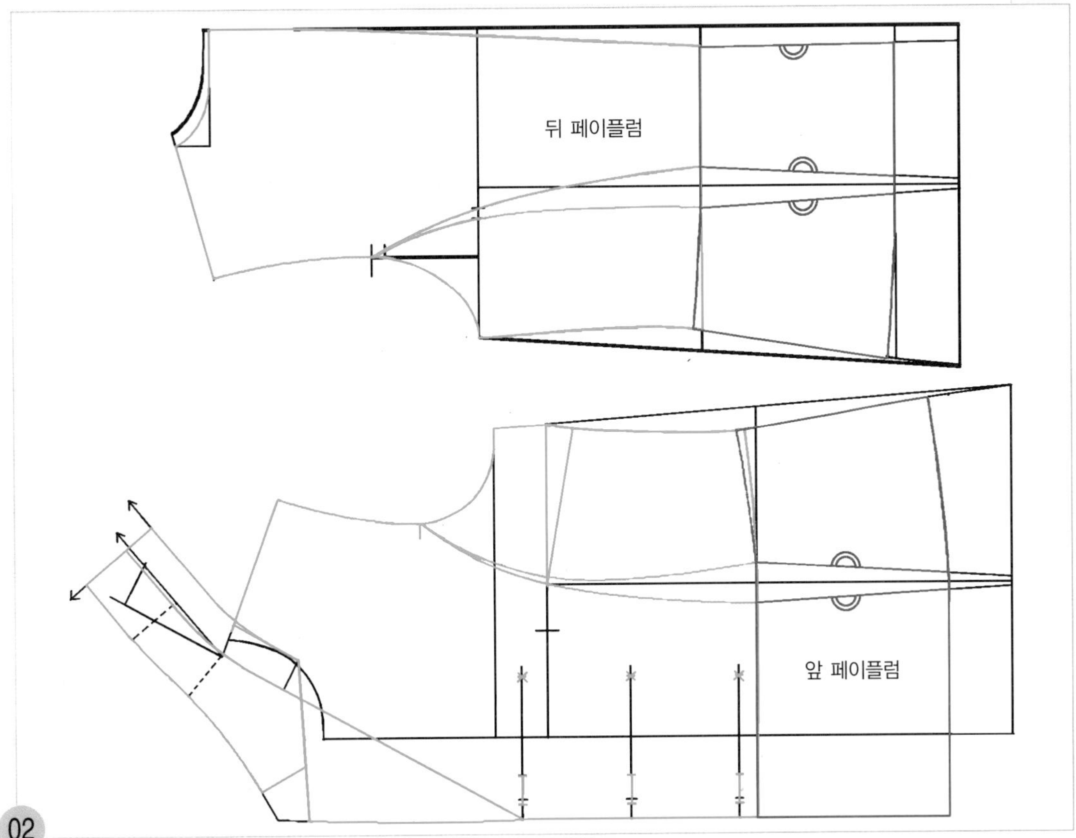

뒤 페이플럼

앞 페이플럼

02

앞뒤 페이플럼의 패널라인에 오려서 서로 마주 대는 기호를 넣고 뒤판의 페이플럼 뒤 중심선에 골선 표시를 한다.

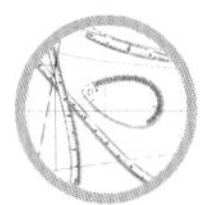

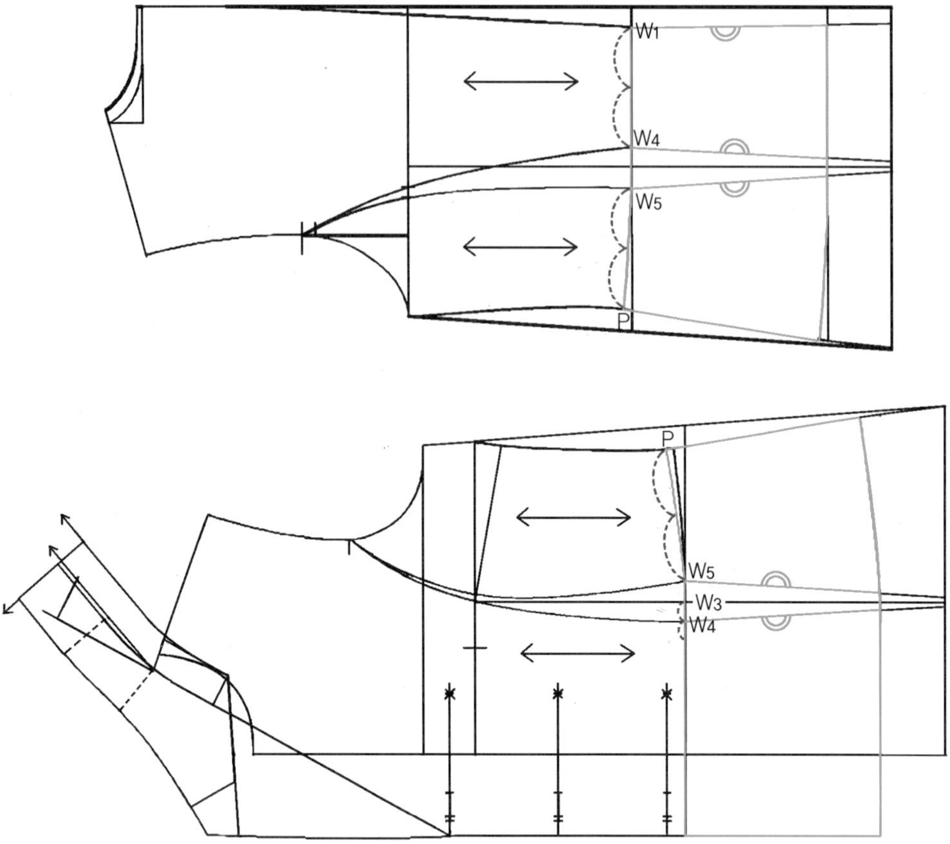

03

뒤판은 페이플럼의 뒤 중심 쪽 허리 솔기선 W_1점에서 W_4점, 옆선 쪽 허리 솔기선 W_5점에서 P점까지를 각각 2등분하여 절개선 위치를 정한다.

앞판은 옆선 쪽 허리 솔기선 P점에서 W_5점까지를 2등분하여 옆선 쪽 절개선 위치를 정하고, 패널라인 중심선(W_3)에서 앞 중심 쪽 허리 솔기선 W_4점까지의 거리를 재어 W_4점에서 내려온 위치를 앞 중심 쪽 절개선 위치로 정한다.

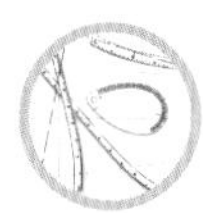

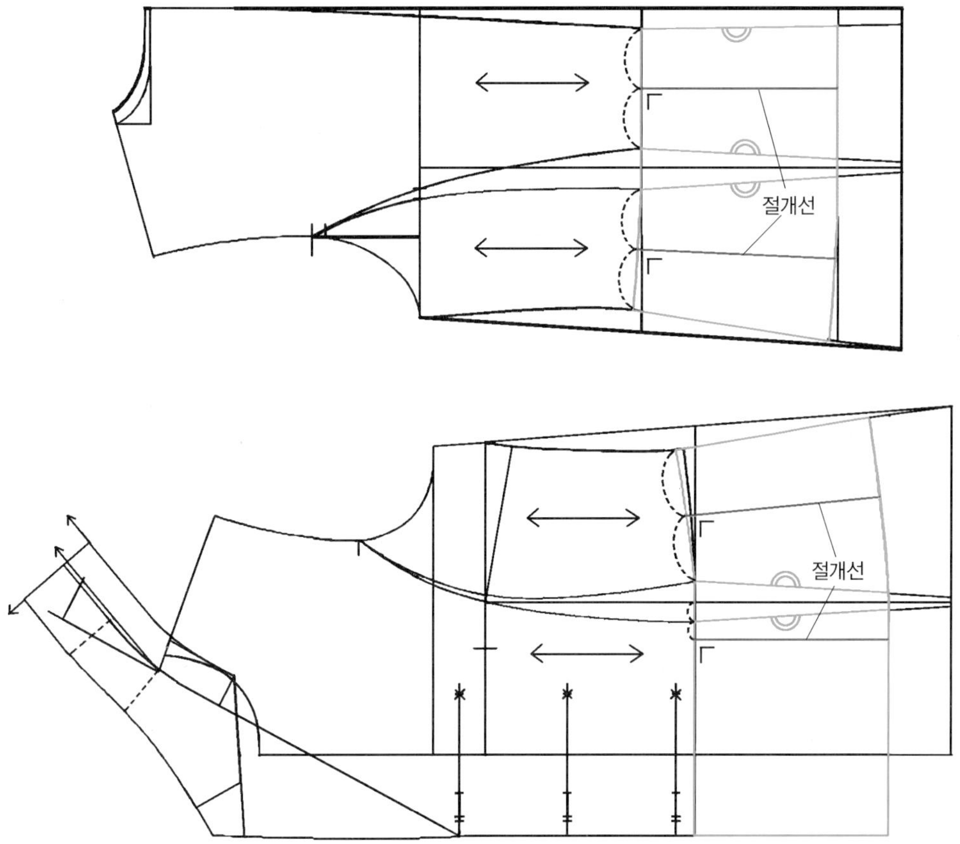

04

앞판과 뒤판 모두 03에서 정해둔 허리 솔기선의 절개선 위치에서 직각으로 페이플럼의 밑단 선과 연결하여 각각 절개선을 그린다.

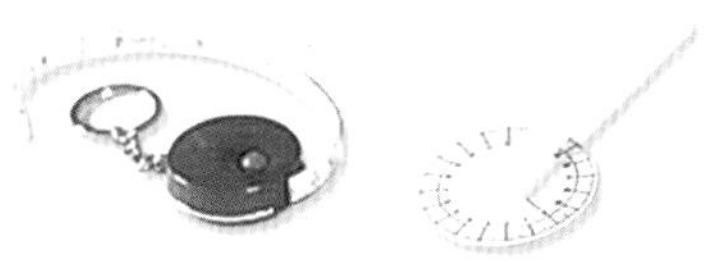

2. 앞뒤 패널라인에 이세분 너치 표시를 넣고 패턴을 분리한다.

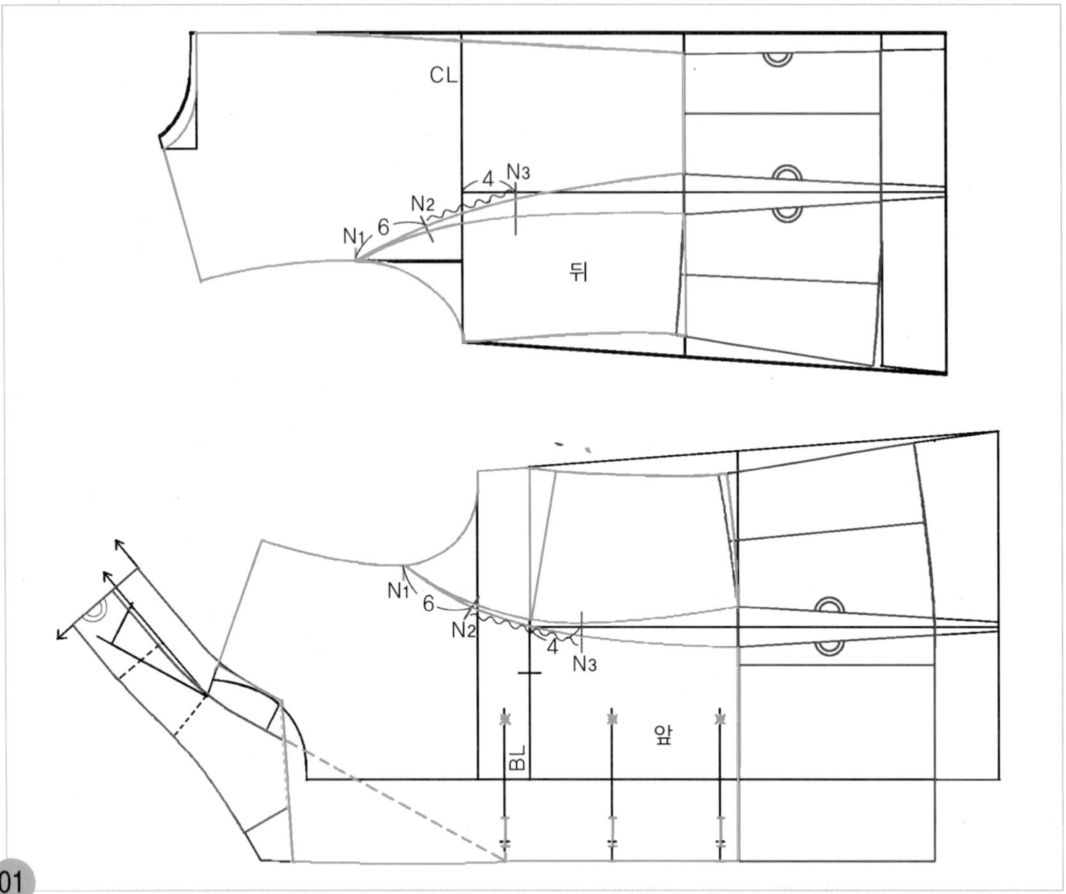

01

- 적색선이 칼라와 앞뒤 페이플럼의 완성선, 청색선이 앞뒤 몸판의 완성선이다.
- 앞판과 뒤판의 진동 둘레 선(AH) 쪽 패널라인 끝점(N1)에서 앞뒤 중심 쪽 패널라인을 따라 6cm 나간 위치에서 패널라인에 직각으로 이세 처리 시작 위치의 너치 표시(N2)를 넣고, 앞판은 가슴둘레 선(BL) 위치에서 뒤판은 위 가슴둘레 선(CL) 위치에서 각각 4cm씩 나가 수직으로 이세 처리 끝 위치의 맞춤 표시(N3)를 넣은 다음, N2~N3 사이에 각각 이세 기호를 넣는다.

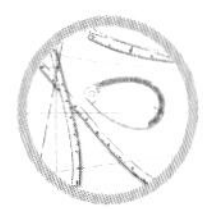

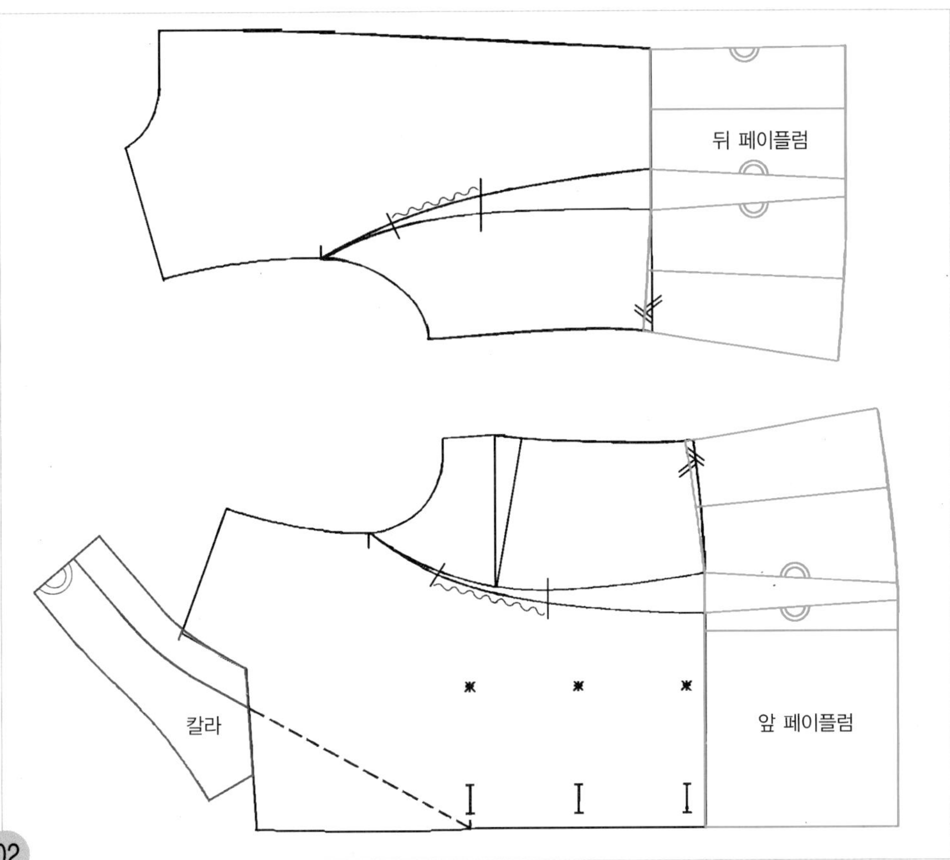

02

적색선인 칼라의 완성선과 청색선인 앞뒤 페이플럼의 완성선을 새 패턴지에 옮겨 그린 다음 완성선을 따라 오려내고 몸판의 칼라 완성선과 앞뒤 페이플럼의 완성선에 맞추어 패턴에 차이가 없는지 확인한다.

주 그림은 완성선을 쉽게 확인할 수 있도록 하기 위하여 원형의 선과 안내선을 빼어낸 상태로 설명하고 있으므로, 원형의 선과 안내선을 일부러 지울 필요는 없다.

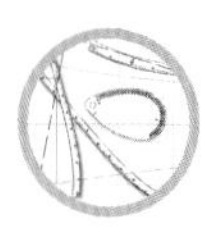

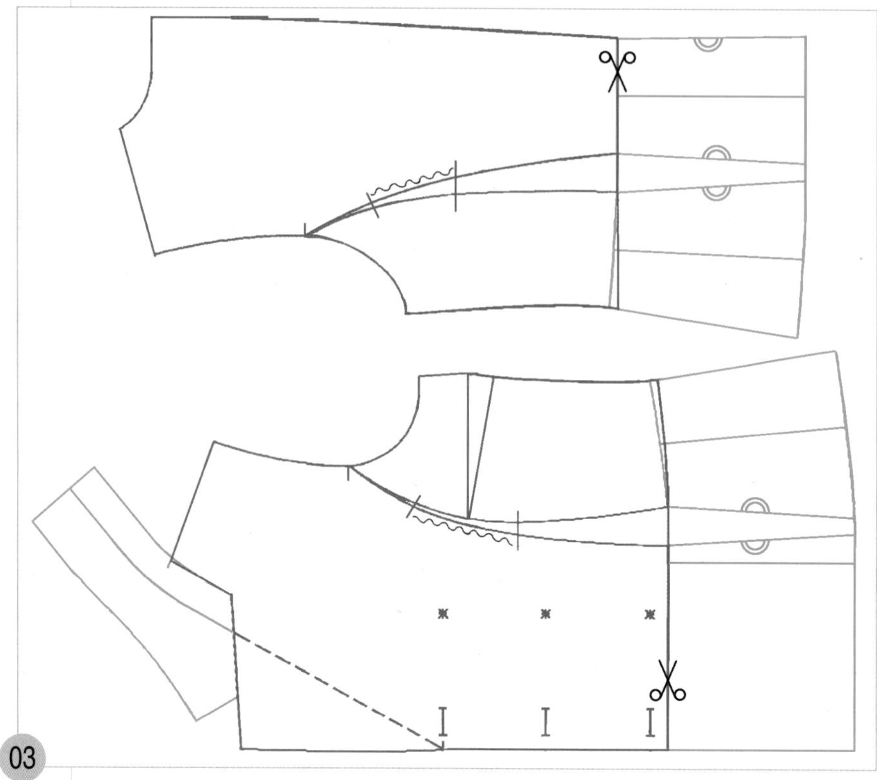

03

그림에서 적색선인 앞뒤 몸판의 완성선을 따라 오려낸다.

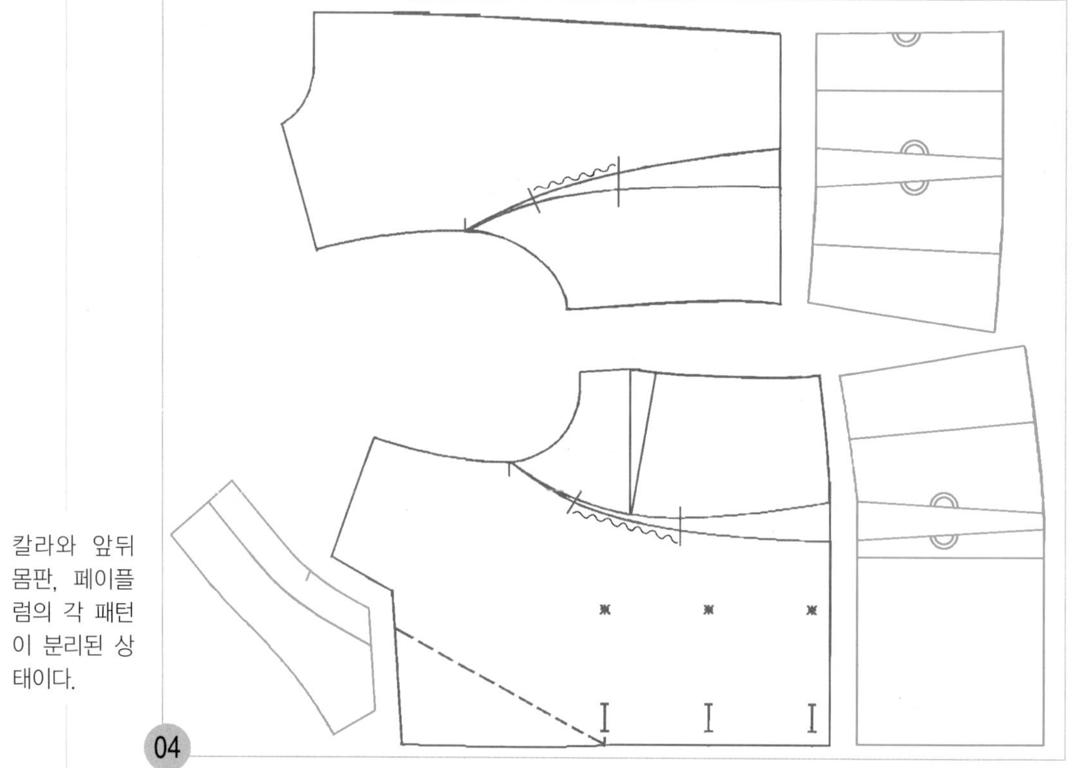

04

칼라와 앞뒤 몸판, 페이플럼의 각 패턴이 분리된 상태이다.

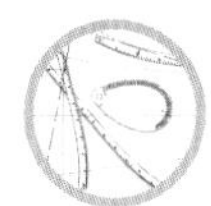

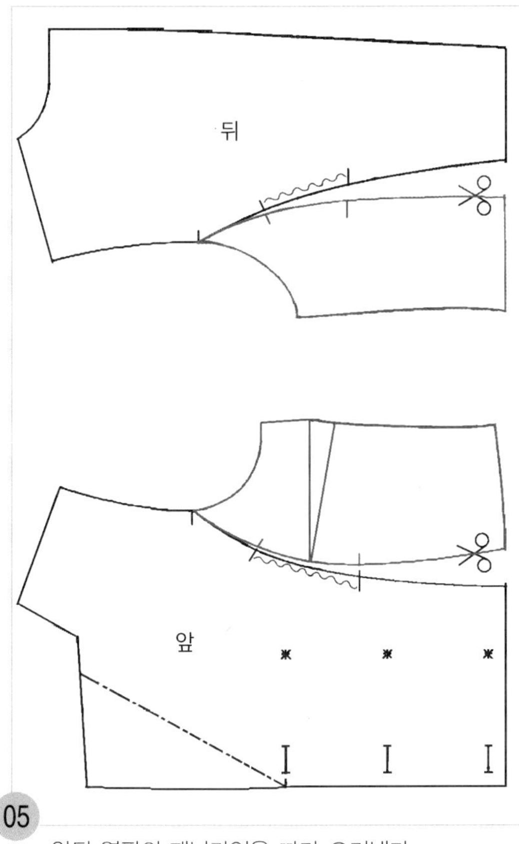

05
앞뒤 옆판의 패널라인을 따라 오려낸다.

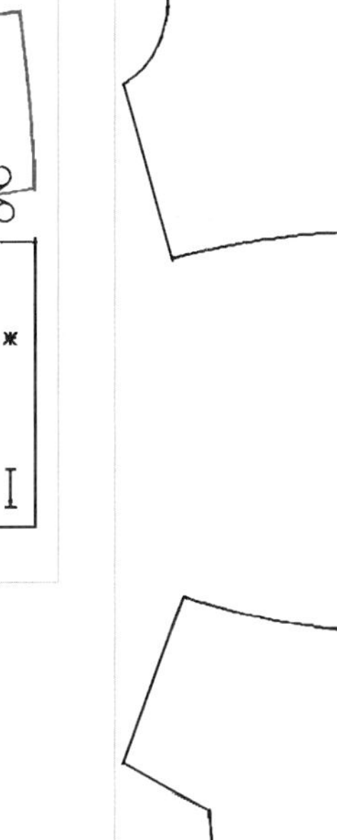

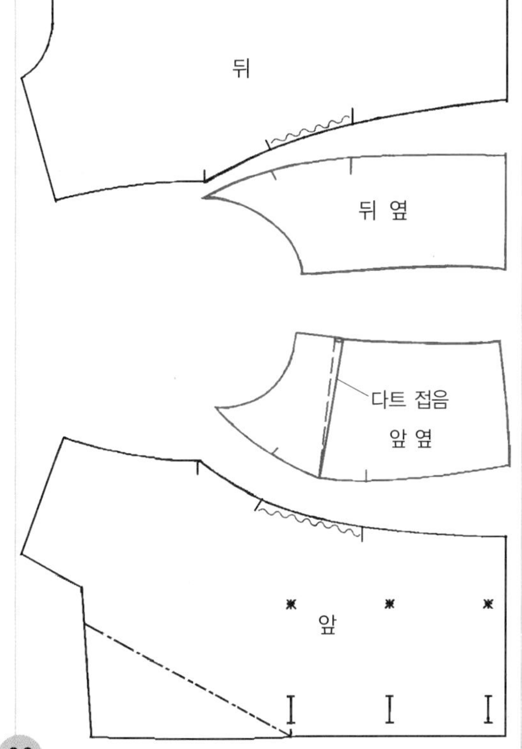

06
앞 뒤 패널라인에서 패턴이 분리된 상태이다. 앞 옆판의 가슴 다트를 접어 셀로판 테이프로 고정시킨다.

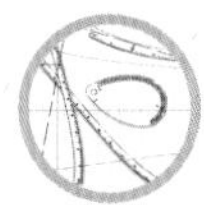

3. 앞뒤 페이플럼을 절개한다.

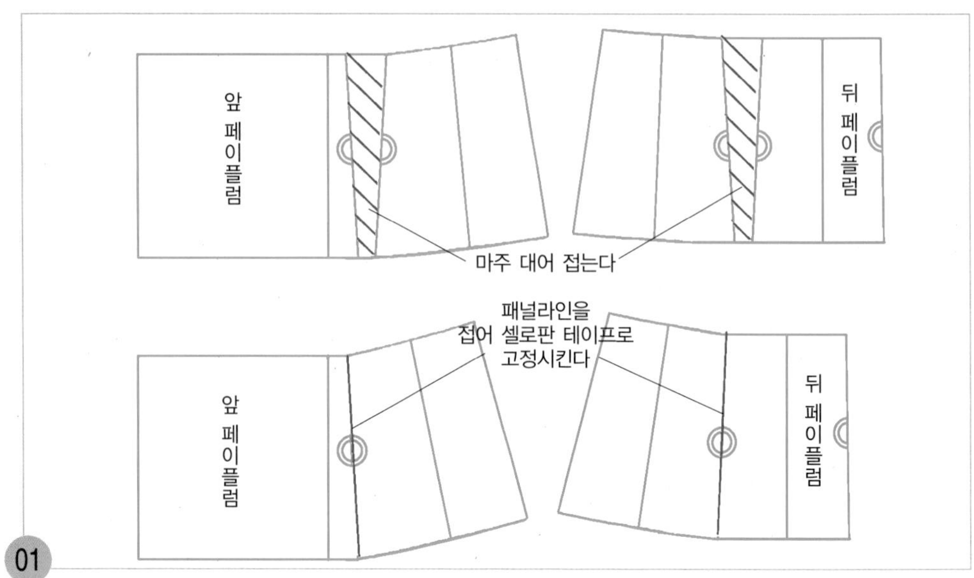

앞뒤 페이플럼의 중심 쪽과 옆선 쪽의 패널라인을 접어 셀로판 테이프로 고정시킨다.

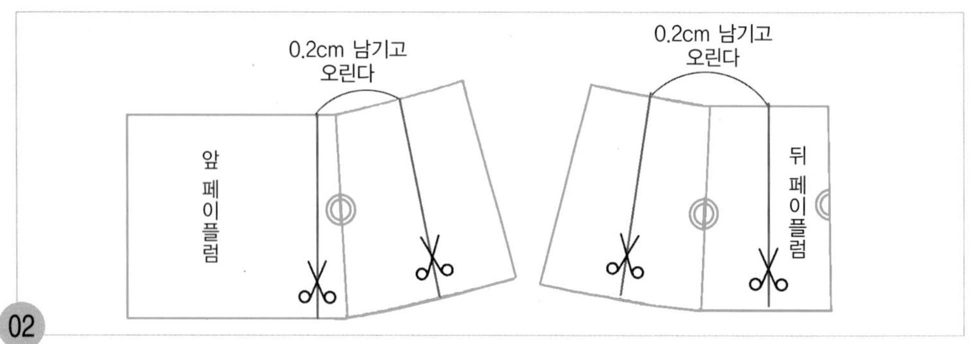

허리 솔기선에서 0.2cm 정도 남기고 절개선을 각각 자른다.

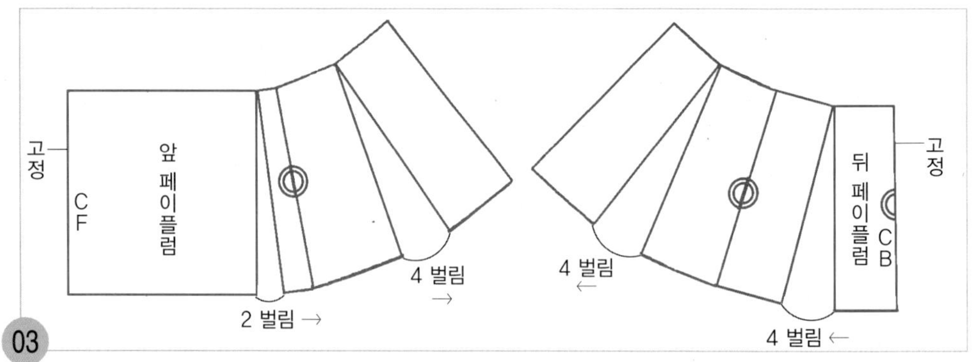

새 패턴지 위에 얹어 뒤 페이플럼의 뒤 중심선(CB)을 고정시키고 시계 방향으로 각 절개선 위치에서 4cm씩 벌린다. 앞 페이플럼도 새 패턴지 위에 얹어 앞 중심 선(CF)을 고정시키고, 앞 중심 쪽 절개선 위치에서는 2cm, 옆선 쪽 절개선 위치에서는 4cm를 시계 반대 방향으로 벌린다.

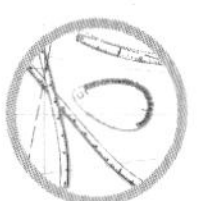

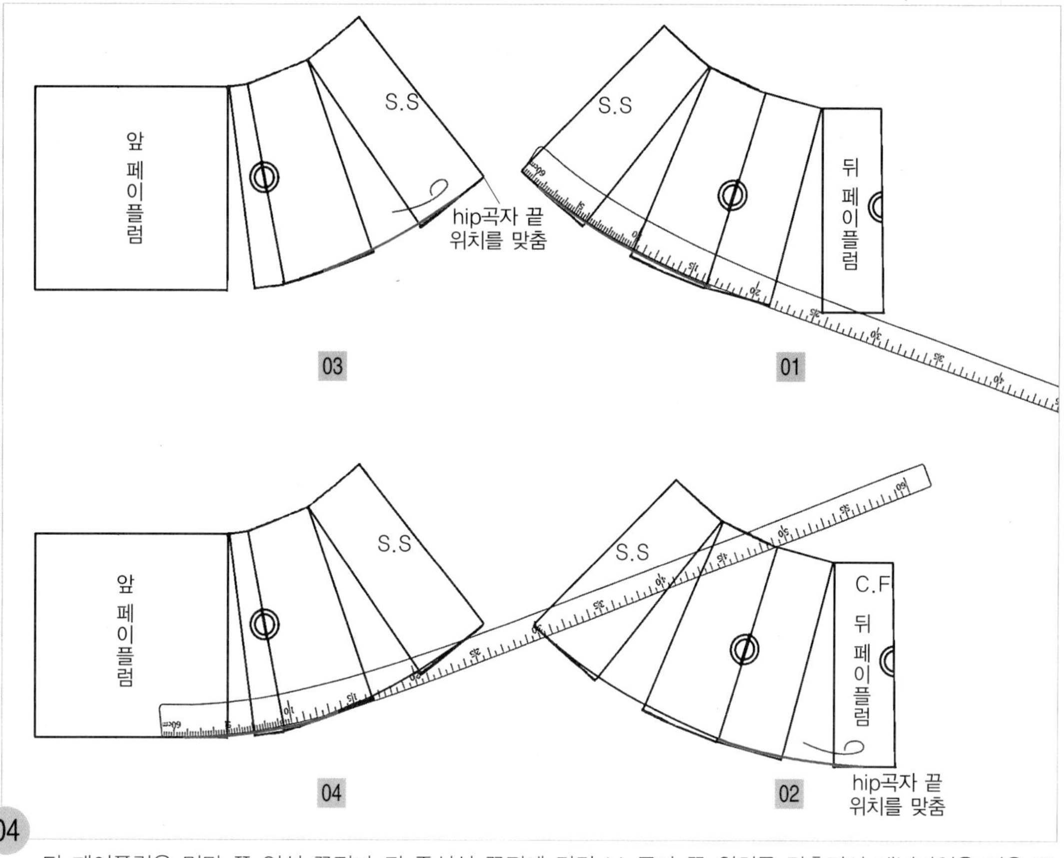

앞 페이플럼

S.S

hip곡자 끝 위치를 맞춤

S.S

뒤 페이플럼

03

01

앞 페이플럼

S.S

S.S

C.F

뒤 페이플럼

hip곡자 끝 위치를 맞춤

04

02

04 뒤 페이플럼은 밑단 쪽 옆선 끝점과 뒤 중심선 끝점에 각각 hip곡자 끝 위치를 맞추면서 패널라인을 접은 끝점과 연결하여 밑단 선을 자연스런 곡선으로 수정하고, 앞 페이플럼은 밑단 쪽 옆선 끝점에 hip곡자 끝 위치를 맞추면서 패널라인을 접은 쪽의 밑단 선 1/2 위치와 연결하여 밑단 선을 자연스런 곡선으로 수정한 다음, 앞 중심 쪽 절개선 위치에 hip곡자 5 근처의 위치를 맞추면서 앞에서 그린 밑단 선과 연결하여 밑단 선을 자연스런 곡선으로 수정한다.

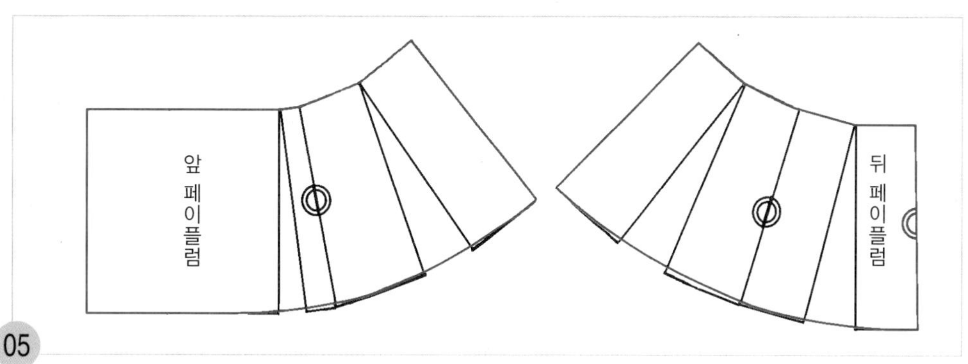

05 적색선이 앞뒤 페이플럼의 완성선이다.

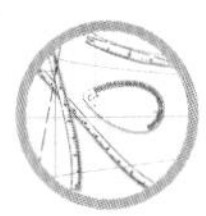

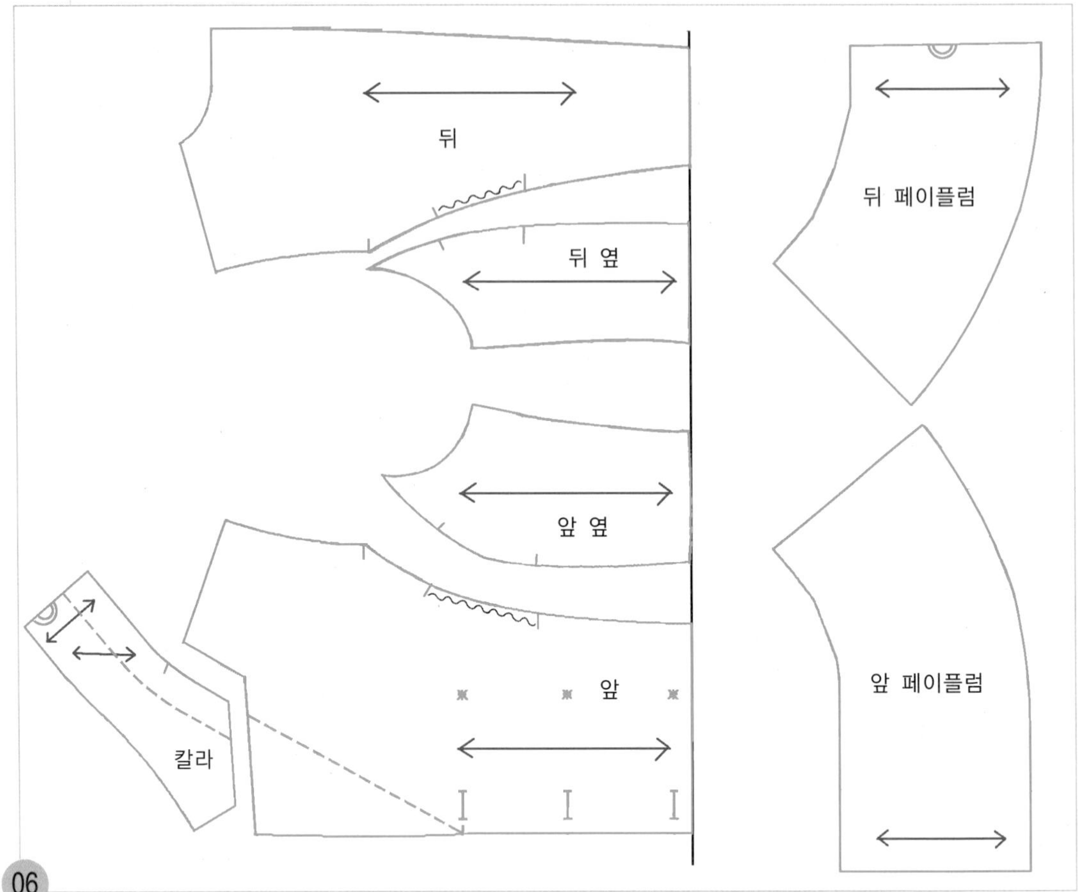

뒤

뒤 옆

뒤 페이플럼

앞 옆

앞

칼라

앞 페이플럼

06

앞뒤 몸판과 앞뒤 옆 몸판의 허리 솔기선을 일직선이 되도록 배치하고, 앞뒤 페이플럼에 각각 식서 방향 기호를 넣는다. 칼라는 뒤 중심선에 평행과 바이어스 방향으로 식서 방향 기호를 넣는다(식서 방향의 기호가 평행으로 들어간 것은 위 칼라가 되고, 바이어스 방향으로 들어간 것은 밑 칼라가 된다).

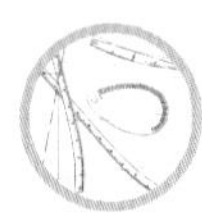

앞 오픈 재킷 Front Open Jacket

■■■ J.A.C.K.E.T 08

실루엣 ●●● 앞 다트와 앞뒤 패널라인 컷팅 타이프의 허리를 피트시킨 칼라가 없는 라운드 네크의 엘레강스한 느낌의 앞 오픈재킷이다.

포인트 ●●● 앞 여밈분이 없이 오픈시킨 앞단선, 옆 솔기선이 없는 3장 몸판의 제도법을 배운다.

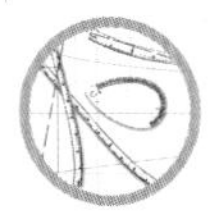

Front Open Jacket

앞 오픈 재킷의 제도순서

제도 치수 구하기

계측 부위	계측 치수의 예	자신의 계측 치수	제도 각자 사용 시의 제도 치수	일반 자 사용 시의 제도 치수	자신의 제도 치수
가슴 둘레(B)	86cm		B°/2	B/4	
허리 둘레(W)	66cm		W°/2	W/4	
엉덩이 둘레(H)	94cm		H°/2	H/4	
등 길이	38cm		38cm		
앞 길이	41cm		41cm		
뒤 품	34cm		뒤 품/2=17		
앞 품	32cm		앞 품/2=16		
유두 길이	25cm		25cm		
유두 간격	18cm		유두 간격/2=9		
어깨 너비	37cm		어깨 너비/2=18.5		
재킷 길이	63~65cm		원형의 뒤 중심길이+5~7cm=63~65cm		
소매 길이	54cm		54cm		
진동 깊이			B°/2	B/4=21.5	
앞/뒤 위 가슴둘레선			(B°/2)+2cm	(B/4)+2cm	
히프선 뒤			(H°/2)+0.6cm	(H/4)+0.6cm=24.1cm	
히프선 앞			(H°/2)+2.5cm	(H/4)+2.5cm=26cm	
소매산 높이			(진동깊이/2)+4.5cm=15.25cm		

주 진동 깊이=B/4의 산출치가 20~24cm 범위 안에 있으면 이상적인 진동 깊이의 길이라 할 수 있다. 따라서 최소치=20cm, 최대치=24cm까지이다. 이는 예를 들면 가슴둘레 치수가 너무 큰 경우에는 진동 깊이가 너무 길어 겨드랑 밑 위치에서 너무 내려가게 되고, 가슴둘레 치수가 너무 적은 경우에는 진동 깊이가 너무 짧아 겨드랑 밑 위치에서 너무 올라가게 되어 이상적인 겨드랑 밑 위치가 될 수 없다. 따라서 B/4의 산출치가 20cm 미만이면 뒤 목점(BNP)에서 20cm 나간 위치를 진동 깊이로 정하고, B/4의 산출치가 24cm 이상이면 뒤 목점(BNP)에서 24cm 나간 위치를 진동 깊이로 정한다.

01

자신의 각 계측 부위를 계측하여 빈칸에 넣어두고 제도 치수를 구하여 둔다.

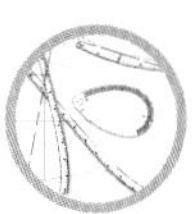

뒤판 제도하기

1. 밑단 선을 그리고 뒤 중심선과 옆선을 그린다.

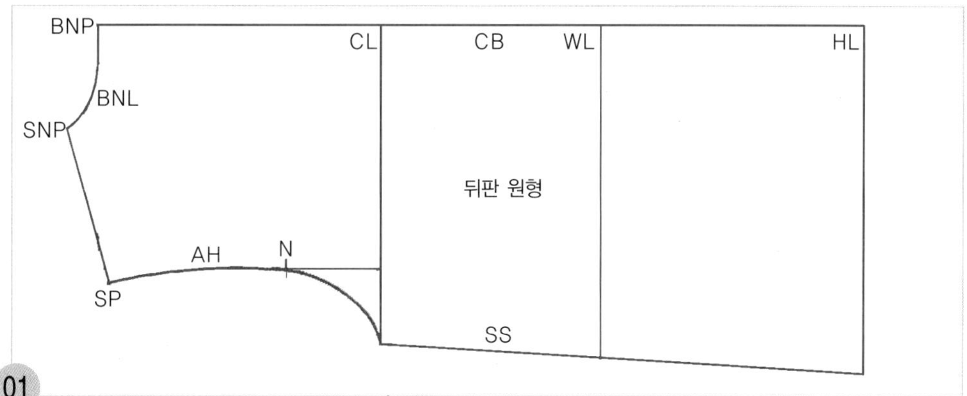

01
뒤판의 원형선을 옮겨 그린다.

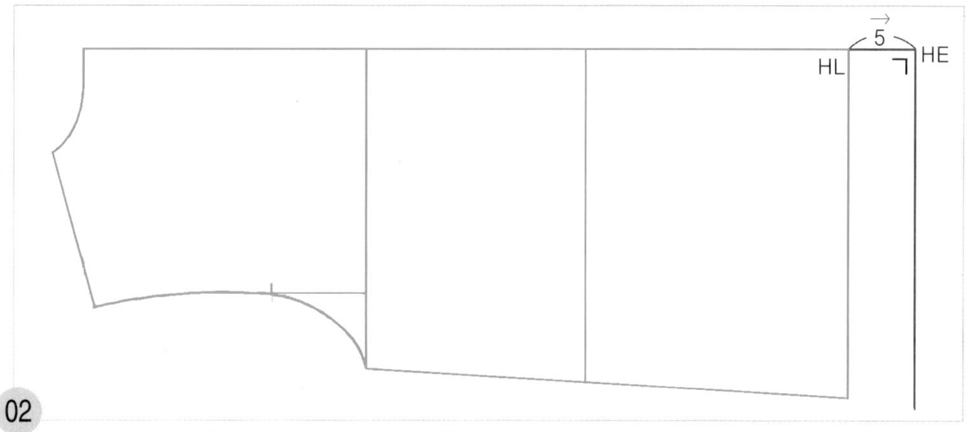

02
HL~HE=5cm (원하는 길이로 조정 가능)
뒤 원형의 뒤 중심 쪽 히프선(HL) 끝점에서 수평으로 5cm 뒤 중심선을 연장시켜 그리고 밑단 선 끝점 위치(HE)를 표시한 다음 직각으로 밑단 선을 내려 그린다.

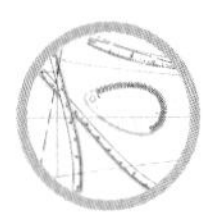

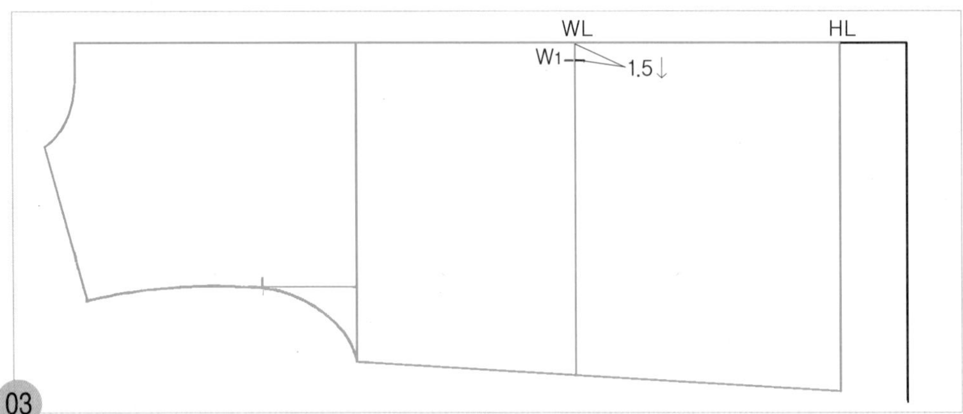

WL~W_1=1.5cm 뒤 원형의 뒤 중심 쪽 허리선(WL) 위치에서 1.5cm 내려와 뒤 중심선의 완성선을 그릴 허리선 위치(W_1)를 표시한다.

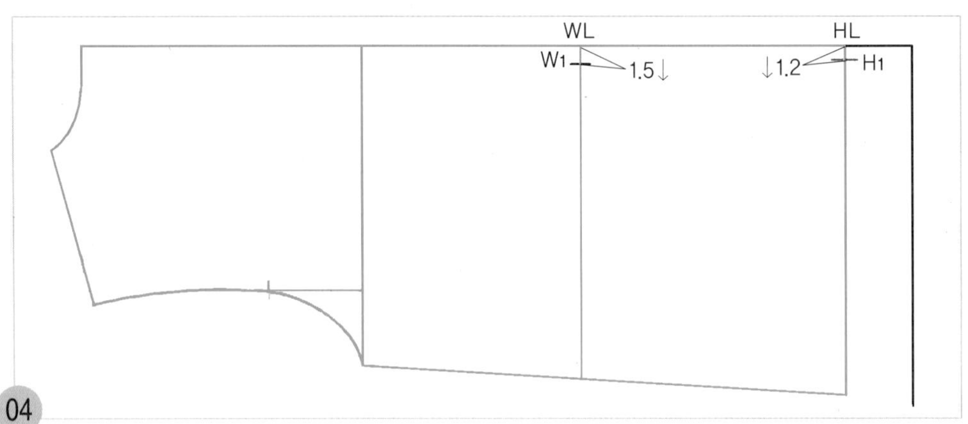

HL~H_1=1.2cm 뒤 원형의 뒤 중심 쪽 히프선(HL) 위치에서 1.2cm 내려와 뒤 중심선의 완성선을 그릴 히프선 위치(H_1)를 표시한다.

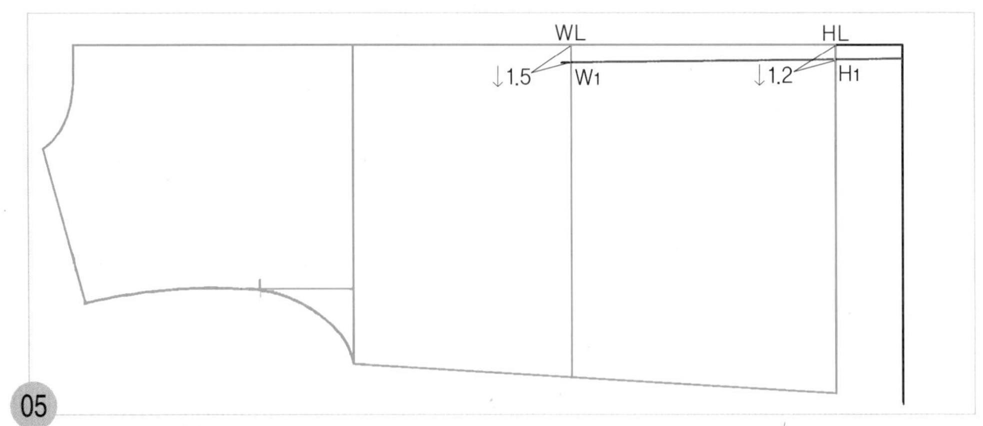

W_1~H_1=뒤 중심선

W_1점과 H_1점 두 점을 직선자로 연결하여 밑단 선까지 허리선 아래쪽 뒤 중심 완성선을 그린다.

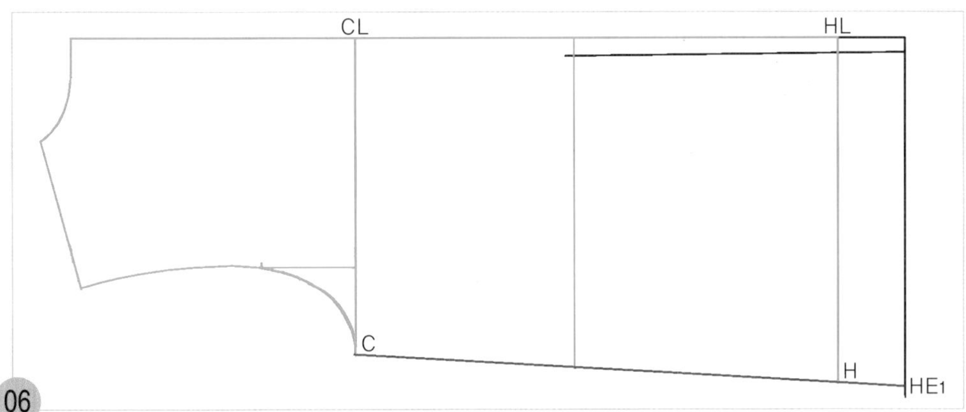

06

C~HE1=옆선의 완성선 원형의 위 가슴둘레 선(CL) 옆선 쪽 끝점(C)과 원형의 히프선(HL) 옆선 쪽 끝점(H) 두 점을 직선자로 연결하여 밑단 선(HE1)까지 옆선의 완성선을 그린다.

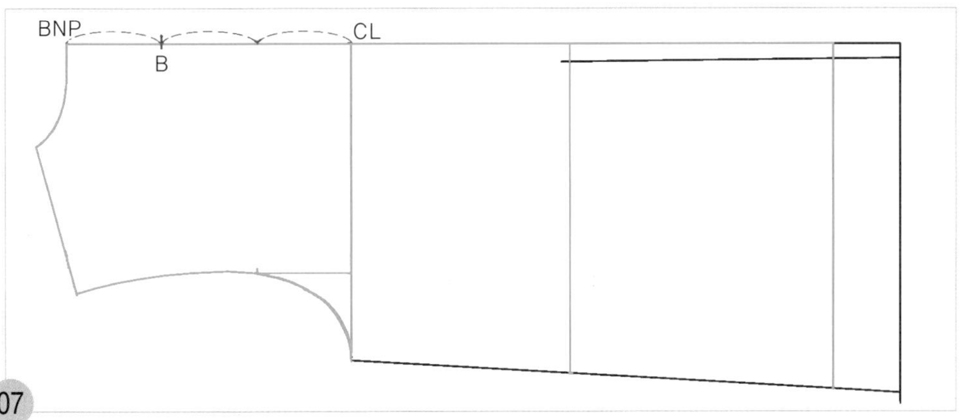

07

BNP~B=BNP~CL의 1/3 원형의 뒤 목점(BNP)에서 원형의 위 가슴둘레 선(CL)까지를 3등분하여 뒤 목점 쪽 1/3 위치에 뒤 중심 완성선을 수정할 위치(B)를 표시한다.

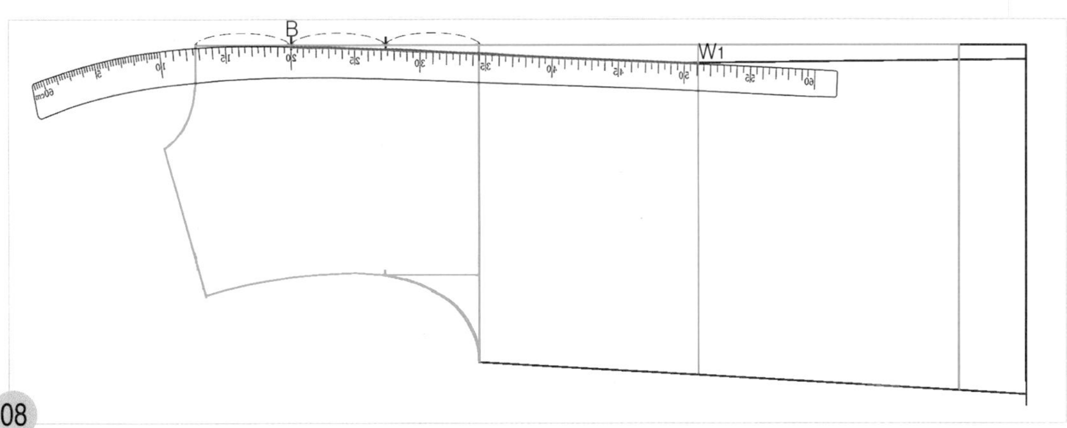

08

B점에 hip곡자 20 위치를 맞추면서 W1점과 연결하여 허리선 위쪽 뒤 중심 완성선을 그린다.

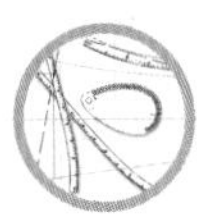

2. 뒤 목둘레 선을 그린다.

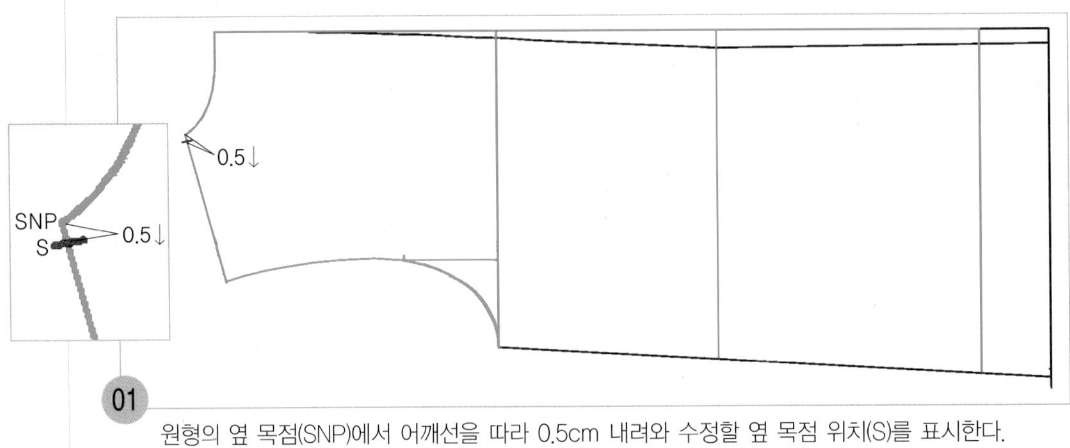

원형의 옆 목점(SNP)에서 어깨선을 따라 0.5cm 내려와 수정할 옆 목점 위치(S)를 표시한다.

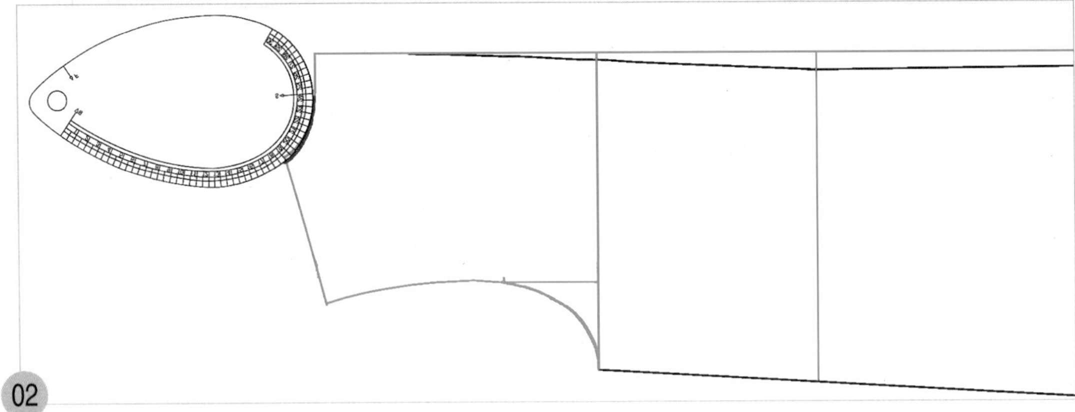

S점과 원형의 뒤 목둘레 선 1/2 위치까지 AH자로 연결하여 뒤 목둘레 선을 수정한다.

3. 어깨선을 그린다.

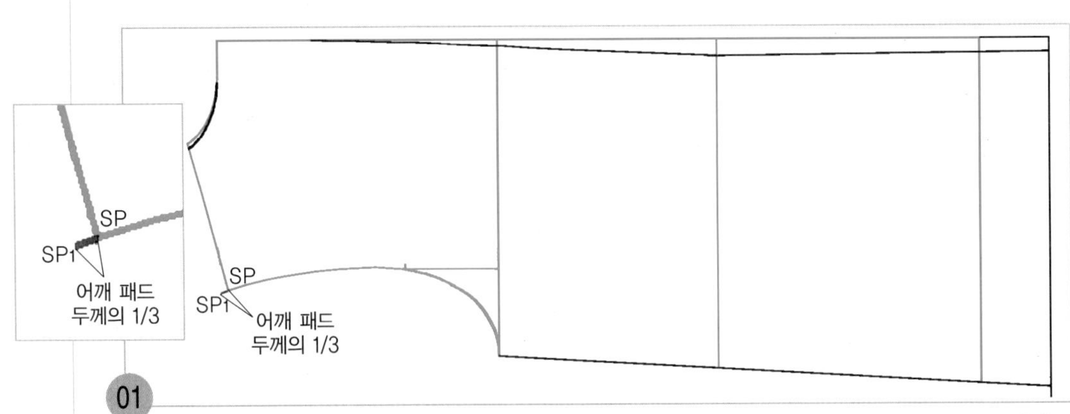

SP~SP1=어깨 패드 두께의 1/3 뒤 원형의 어깨 끝점(SP)에서 어깨 패드 두께의 1/3 분량만큼 뒤 진동 둘레 선(AH)을 추가하여 그리고 뒤 어깨 끝점(SP1)으로 한다.

주 어깨 패드를 넣지 않는 경우에는 원형의 어깨선을 그대로 사용한다.

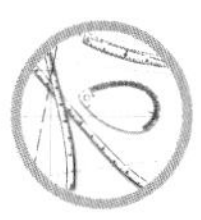

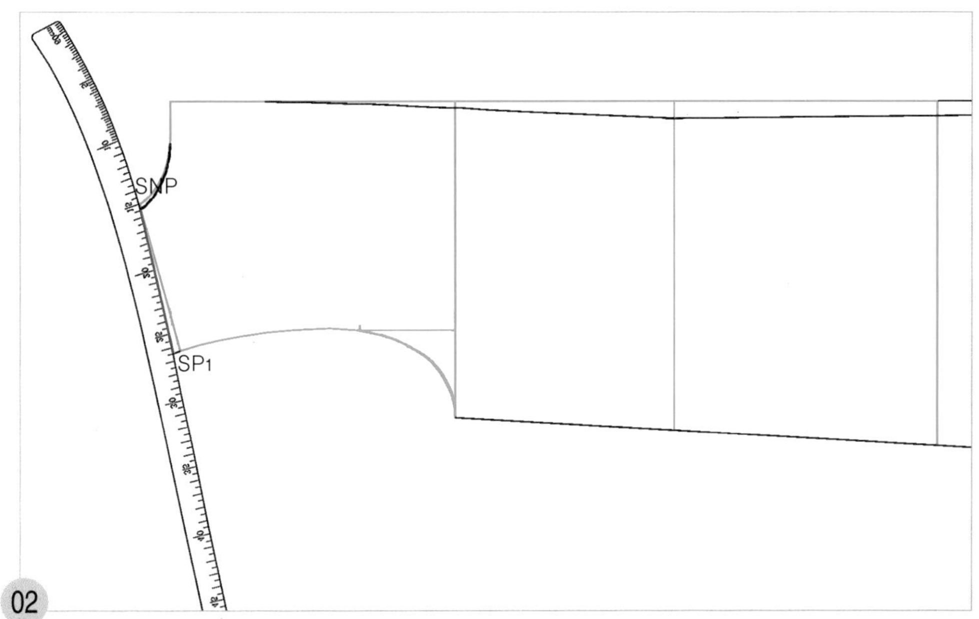

02

SNP~SP1=어깨선 뒤 원형의 옆 목점(SNP)에 hip곡자 15 위치를 맞추면서 SP1점과 연결하여 곡선으로 어깨 완성선을 그린다.

4. 뒤 패널라인을 그린다.

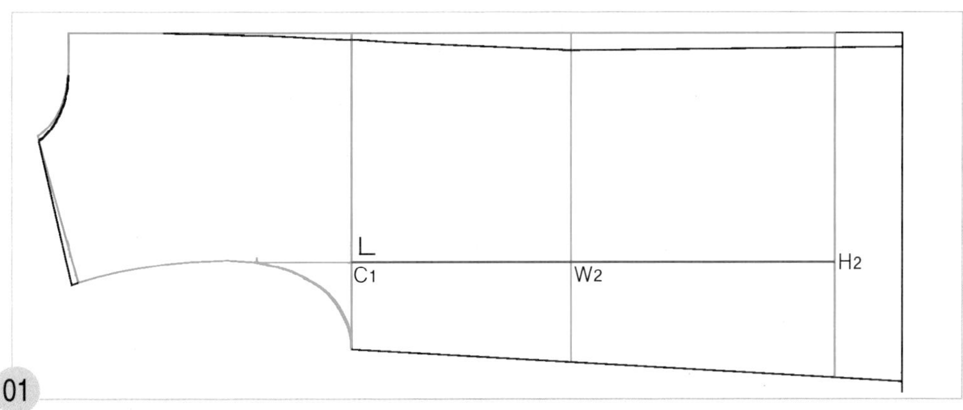

01

C1~H2=뒤 패널라인 중심선
원형의 뒤 품점(C1)에서 직각으로 원형의 히프선(HL)까지 뒤 패널라인의 중심선(H2)을 그린다.

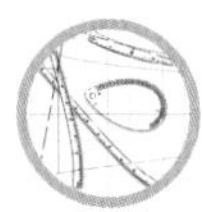

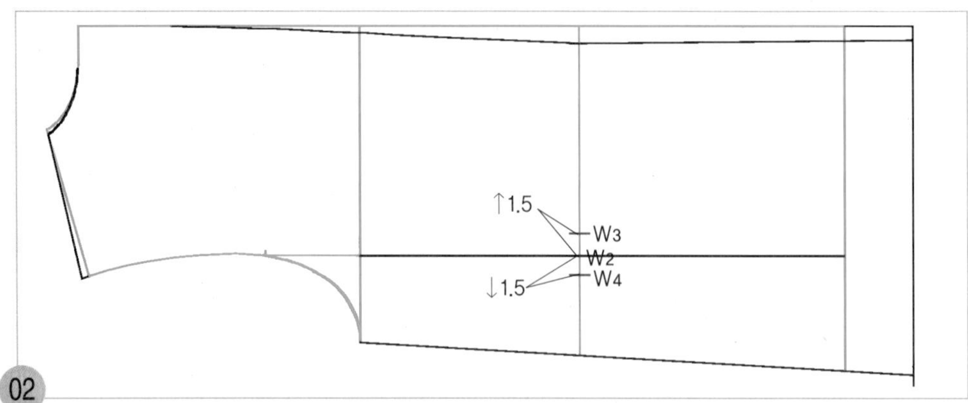

W_2~W_3=1.5cm, W_2~W_4=1.5cm 원형의 허리선과 뒤 패널라인 중심선의 교점(W_2)에서 뒤 중심 쪽으로 1.5cm 올라가 뒤 패널라인을 그릴 허리선 위치(W_3)를 표시하고, 옆선 쪽으로 1.5cm 내려와 옆선 쪽 패널라인을 그릴 허리선 위치(W_4)를 표시한다.

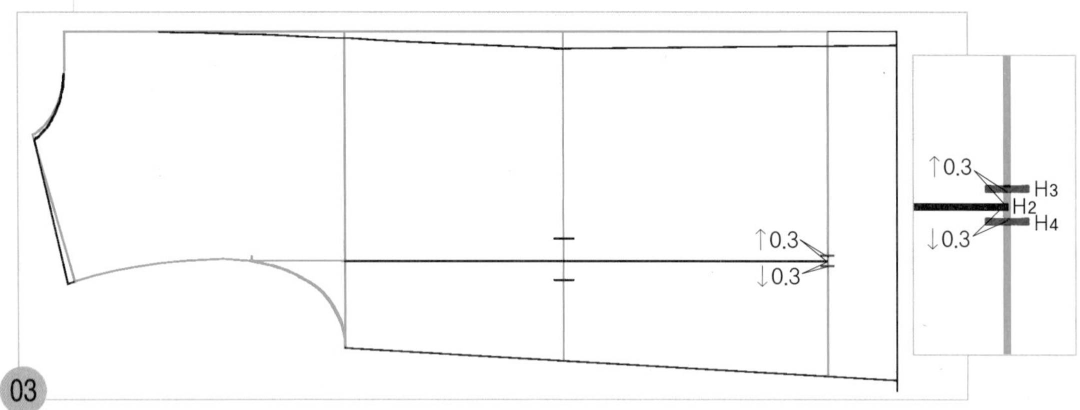

H_2 ~H_3=0.3cm, H_2~H_4=0.3cm

H_2점에서 뒤 중심 쪽으로 0.3cm 올라가 뒤 중심 쪽 패널라인을 그릴 통과점(H_3)을 표시하고, H_2점에서 옆선 쪽으로 0.3cm 내려와 옆선 쪽 패널라인을 그릴 통과점(H_4)을 표시한다.

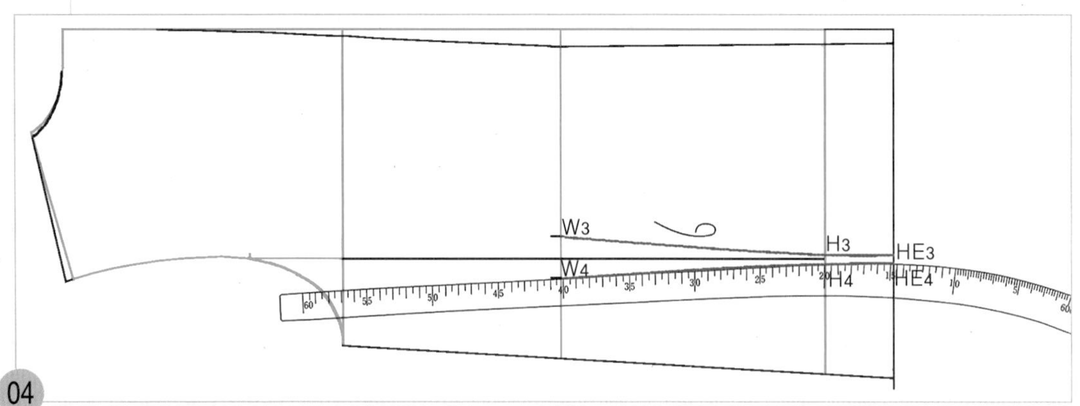

W_3~H_3, W_4~H_4=허리선 아래쪽 패널라인 W_3점과 H_3점을 hip곡자로 연결하면서 밑단 선에 hip곡자의 15 위치를 맞추어 뒤 중심 쪽의 허리선 아래쪽 패널라인을 그린 다음, hip곡자를 수직 반전하여 W_4점과 H_4점을 hip곡자로 연결하면서 밑단 선에 hip곡자의 15 위치를 맞추어 옆선 쪽의 허리선 아래쪽 패널라인을 그린다.

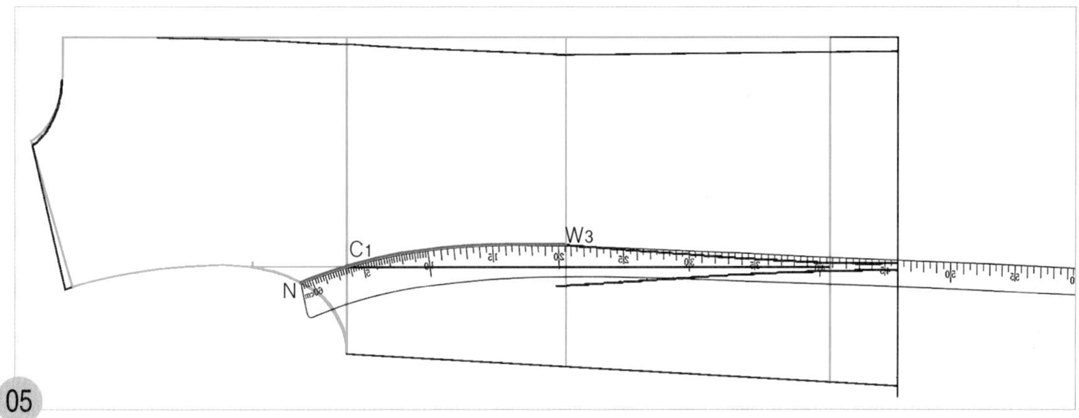

05

C_1점과 W_3점을 hip곡자로 연결하면서 hip곡자 끝을 원형의 진동 둘레 선(N)에 맞추어 뒤 중심 쪽의 허리선 위쪽 패널라인을 그린다.

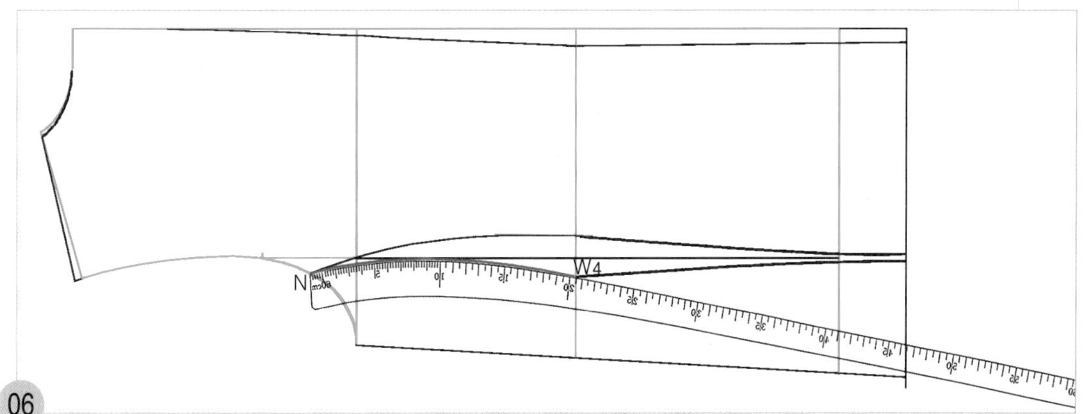

06

05에서 그린 허리선 위쪽 패널라인의 진동 둘레 선 위치(N)에서 hip곡자의 끝을 누르고 hip곡자 아래쪽을 옆선 쪽으로 돌려 W_4점과 연결하고 옆선 쪽의 허리선 위쪽 패널라인을 그린다.

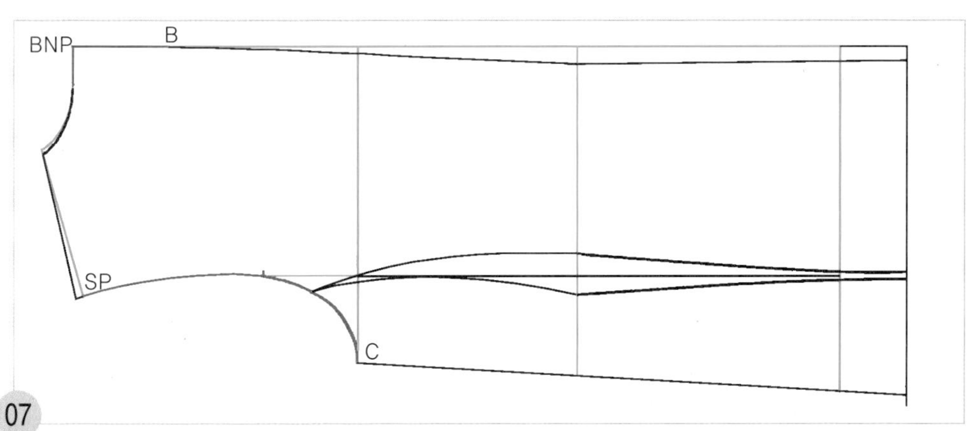

07

적색선으로 표시된 뒤 중심선(BNP~B)과 뒤 목둘레 선, 진동 둘레 선(SP~C)은 원형의 선을 그대로 사용한다.

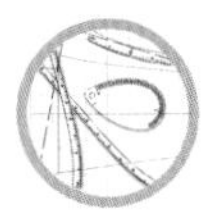

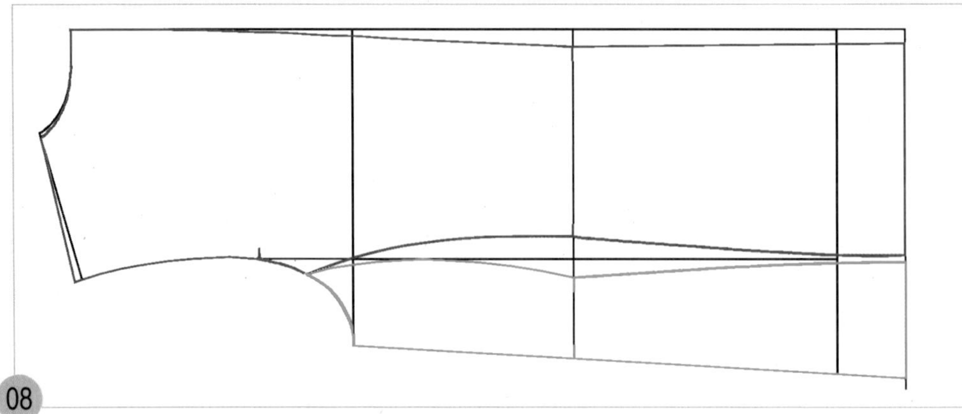

08 적색선이 뒤 중심 쪽, 청색선이 뒤 옆판의 완성선이다.

앞판 제도하기

1. 밑단 선을 추가하고 앞 허리 다트와 가슴 다트를 그린다.

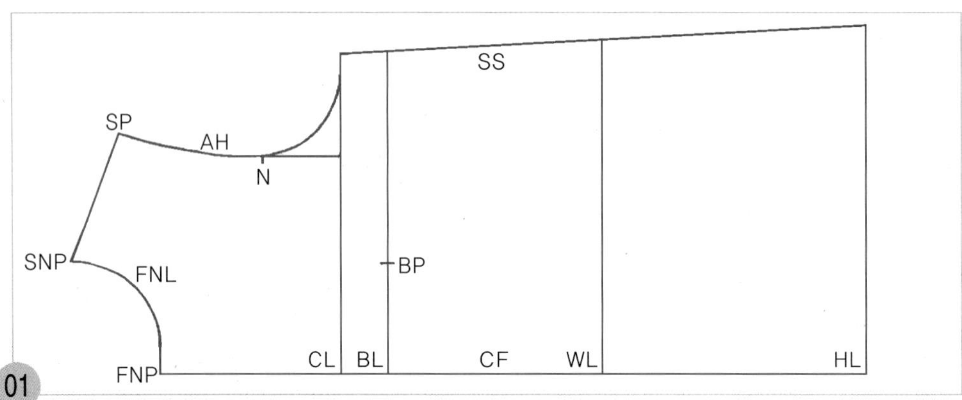

01 앞판의 원형선을 옮겨 그린다.

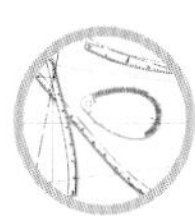

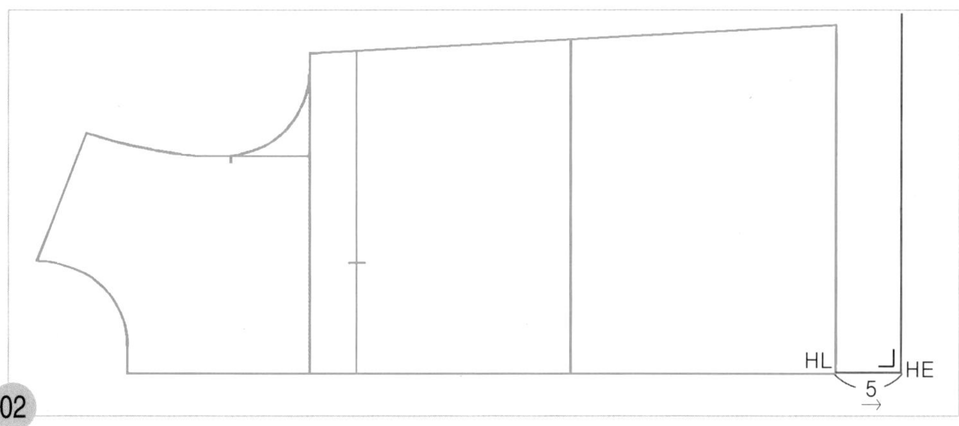

02

HL~HE=5cm(원하는 길이로 조정 가능)
앞 원형의 앞 중심 쪽 히프선(HL) 끝점에서 수평으로 5cm 앞 중심선을 연장시켜 그린 다음 밑단 선 끝점 위치(HE)를 표시하고, 직각으로 밑단 선을 올려 그린다.

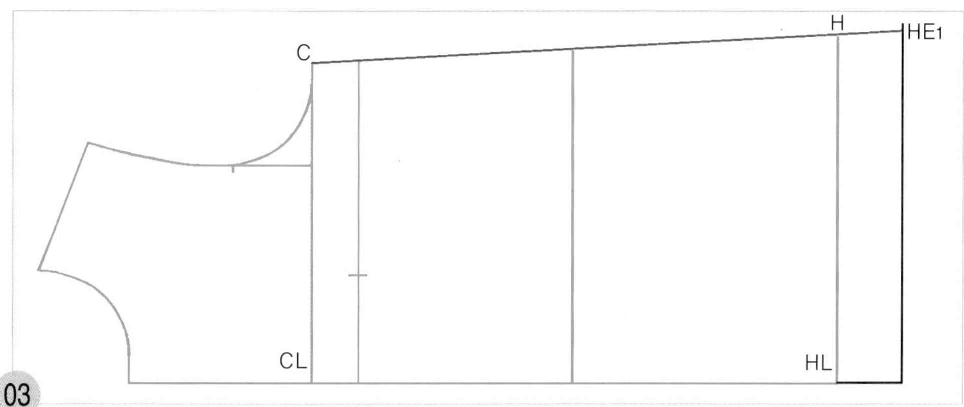

03

원형의 위 가슴둘레 선(CL) 옆선 쪽 끝점(C)과 원형의 히프선(HL) 옆선 쪽 끝점(H) 두 점을 직선자로 연결하여 밑단 선(HE1)까지 옆선을 그린다.

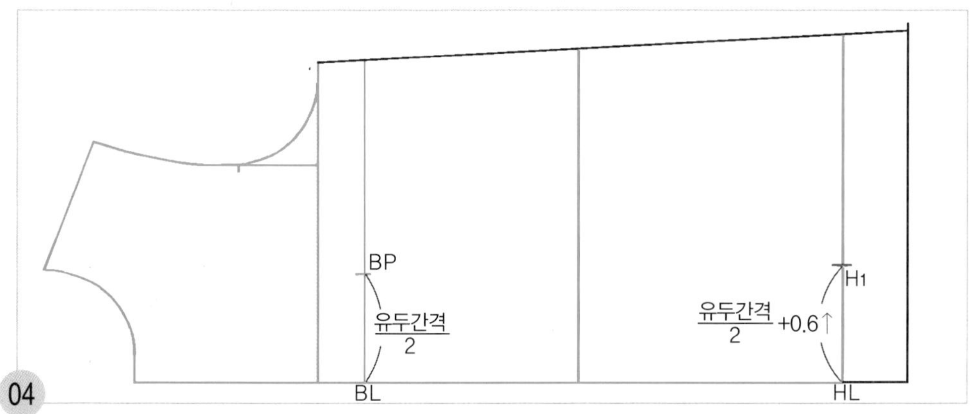

04

HL~H1=(유두간격/2)+0.6cm 원형의 앞 중심 쪽 히프선(HL) 위치에서 히프선을 따라 (유두간격/2)+0.6cm 한 치수를 올라가 앞 허리 다트 중심선을 그릴 위치(H1)를 표시한다.

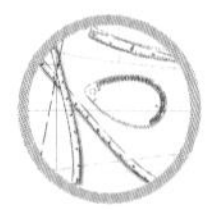

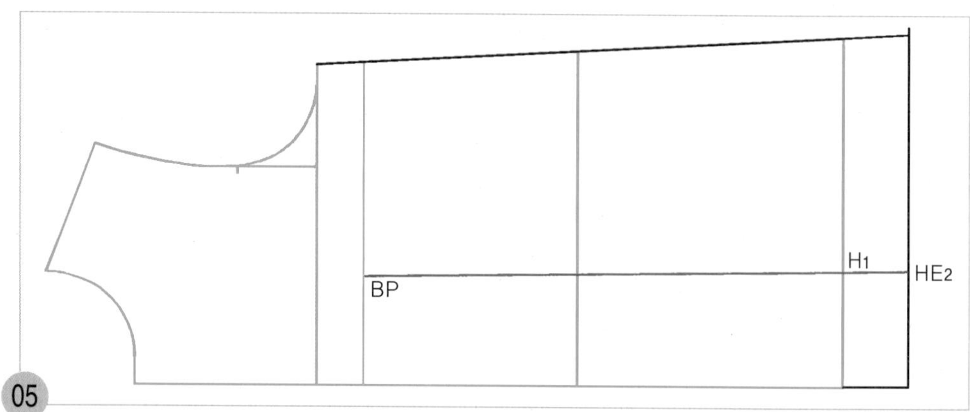

05

유두점(BP)과 H1점 두 점을 직선자로 연결하여 밑단 선까지 앞 허리 다트 중심선을 그린다.

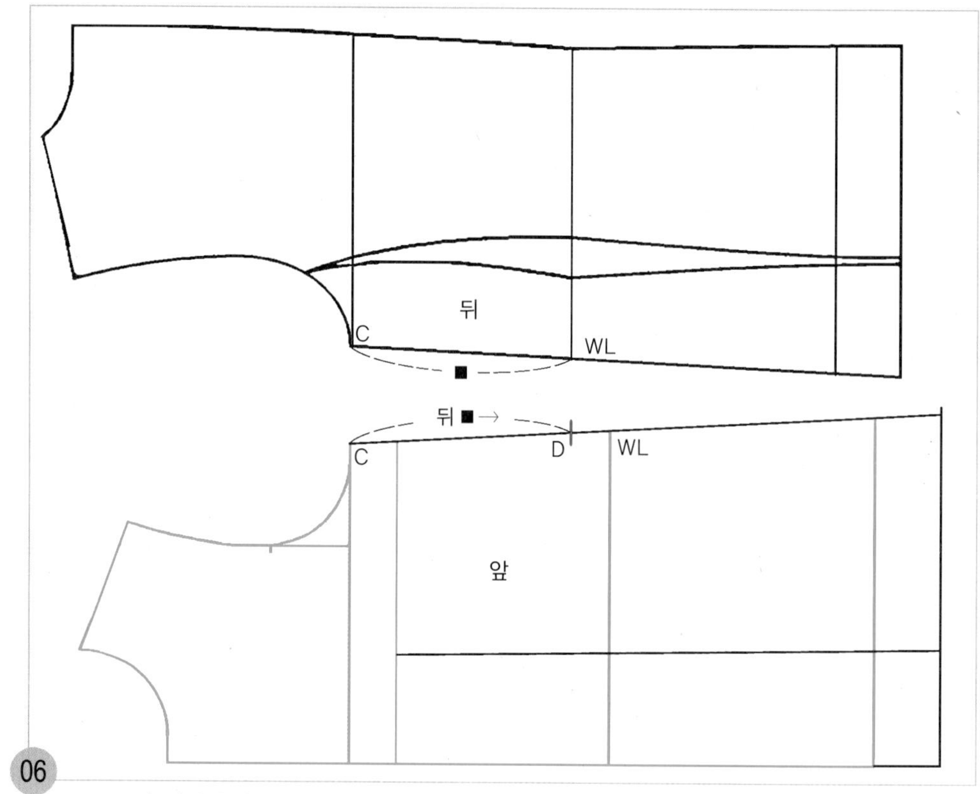

06

C~D=뒤 허리선 위쪽 옆선 길이(■)

뒤판의 C~WL점까지의 뒤 허리선 위쪽 옆선 길이(■)를 재어, 같은 길이(■)를 앞 원형의 위 가슴 둘레 선(CL) 옆선 쪽 끝점(C)에서 허리선 쪽으로 옆선의 완성선을 따라 나가 가슴 다트량을 구할 위치(D)를 표시한다.

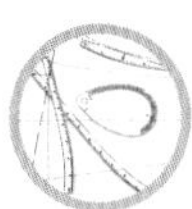

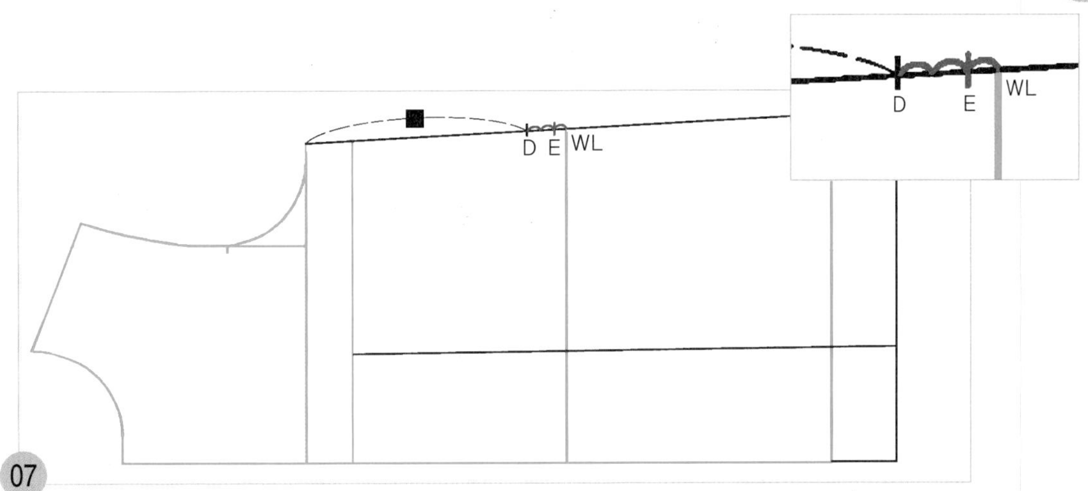

07

E=D~WL의 1/3 D점에서 WL점까지를 3등분하여 허리선쪽 1/3 위치에 수정할 허리선 위치(E)를 표시한다.

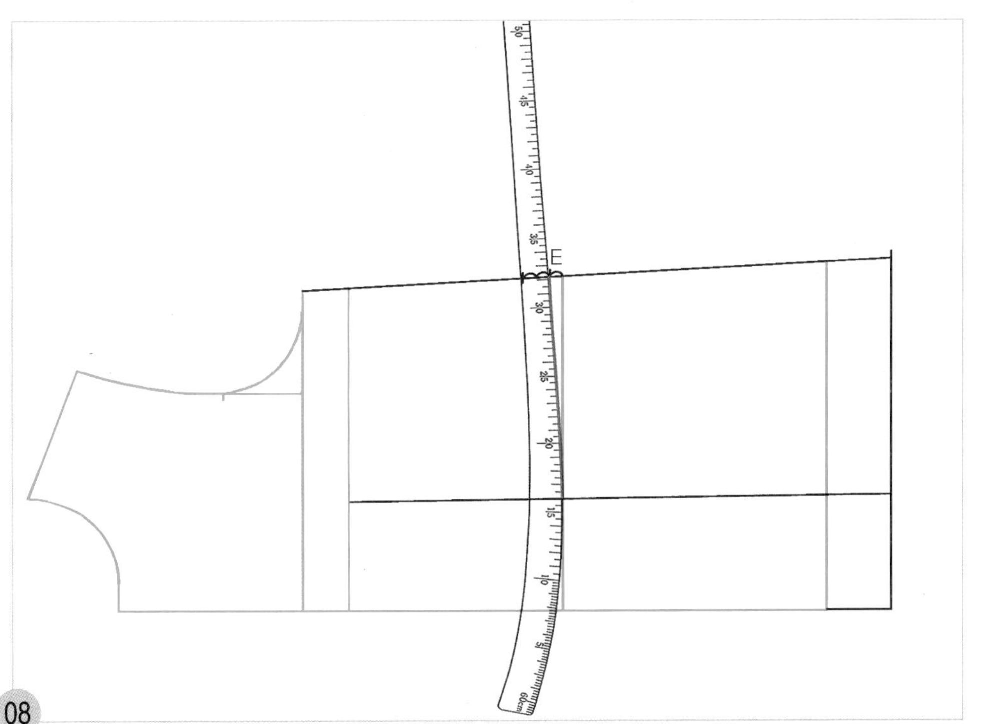

08

허리 다트 중심선의 허리선 위치에 hip곡자 15 근처의 위치를 맞추면서 E점과 연결하여 허리선을 수정한다.

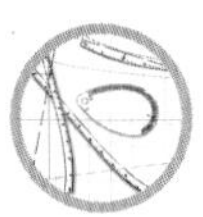

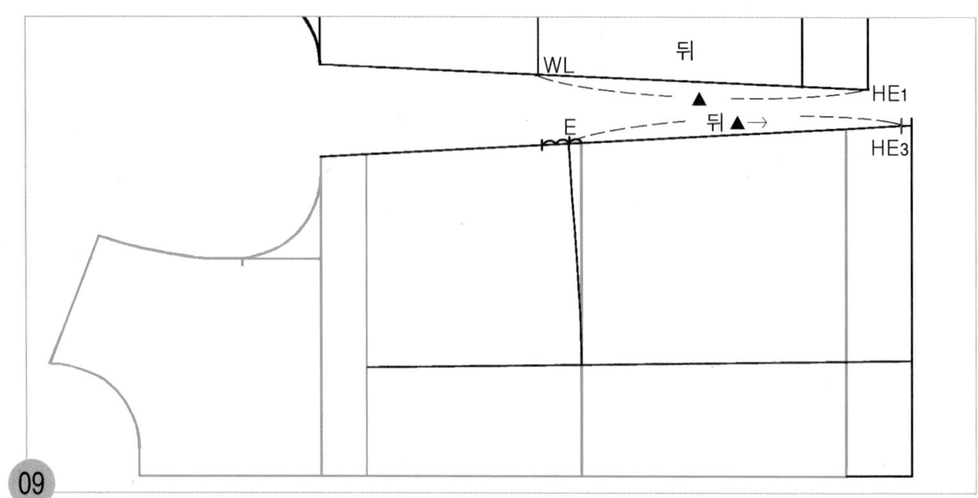

09

E~HE3=뒤 허리선 아래쪽 옆선 길이(▲)

뒤판의 WL점에서 HE1점까지의 뒤 허리선 아래쪽 옆선 길이(▲)를 재어, 같은 길이(▲)를 E점에서 앞판의 허리선 아래쪽 옆선을 따라 나가 앞 밑단 쪽 옆선 위치(HE3)를 표시한다.

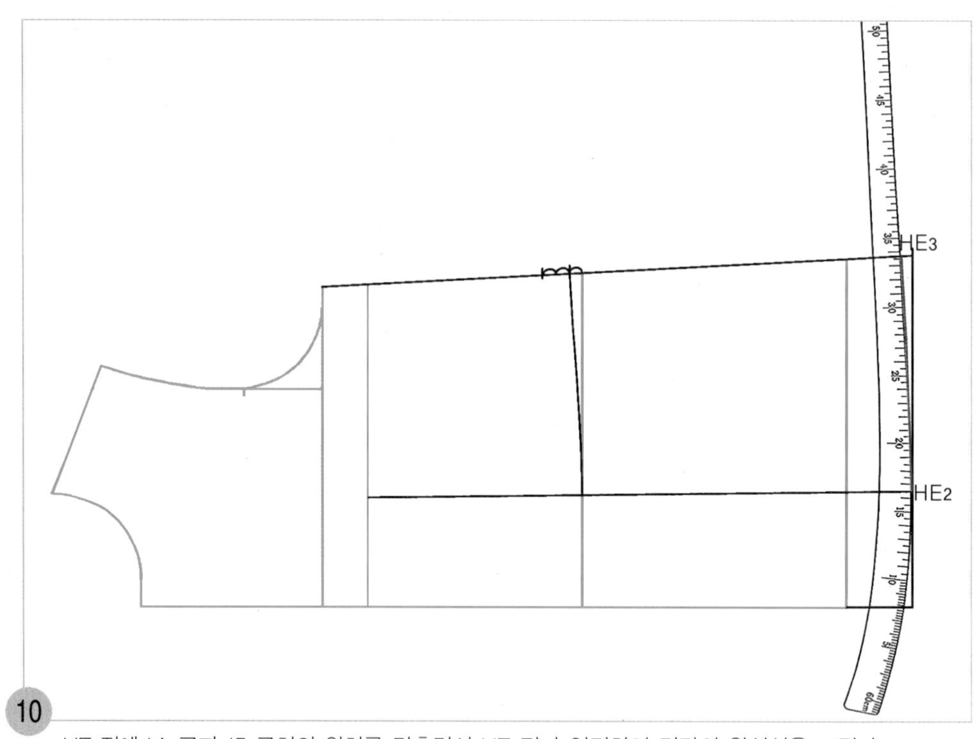

10

HE2점에 hip곡자 15 근처의 위치를 맞추면서 HE3점과 연결하여 밑단의 완성선을 그린다.

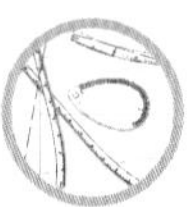

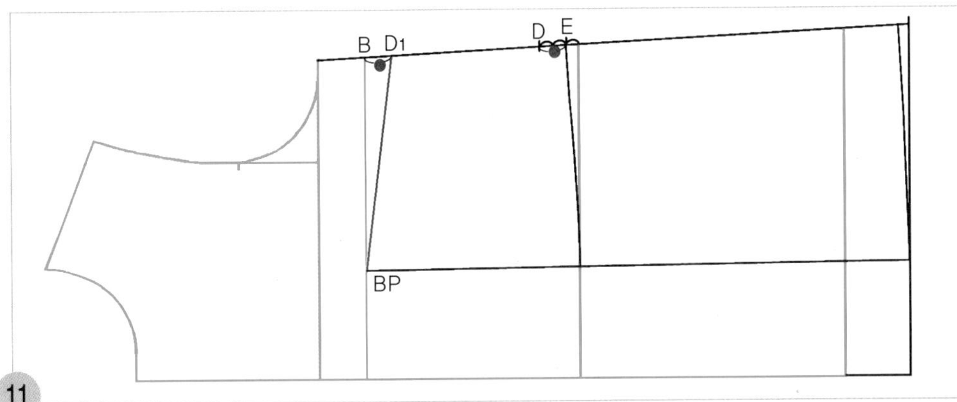

11

D~E=가슴 다트 분량 D점에서 E점까지의 분량(●)을 재어, 같은 길이(●)를 앞 원형의 가슴둘레선(BL) 옆선 쪽 끝점(B)에서 옆선을 따라 나가 가슴 다트를 그릴 위치(D_1)를 표시하고 D_1점과 유두점(BP) 두 점을 직선자로 연결하여 가슴 다트 선을 그린다.

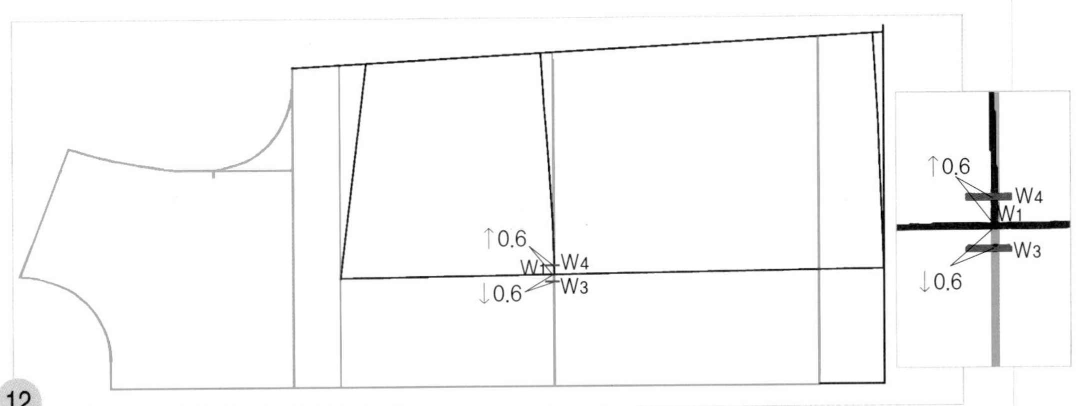

12

W_1~W_3=0.6cm, W_1~W_4=0.6cm

다트 중심선과 허리선의 교점(W_1)에서 0.6cm 내려와 앞 중심 쪽의 허리선 다트 위치(W_3)를 표시하고, 0.6cm 올라가 뒤 중심 쪽의 허리선 다트 위치(W_4)를 표시한다.

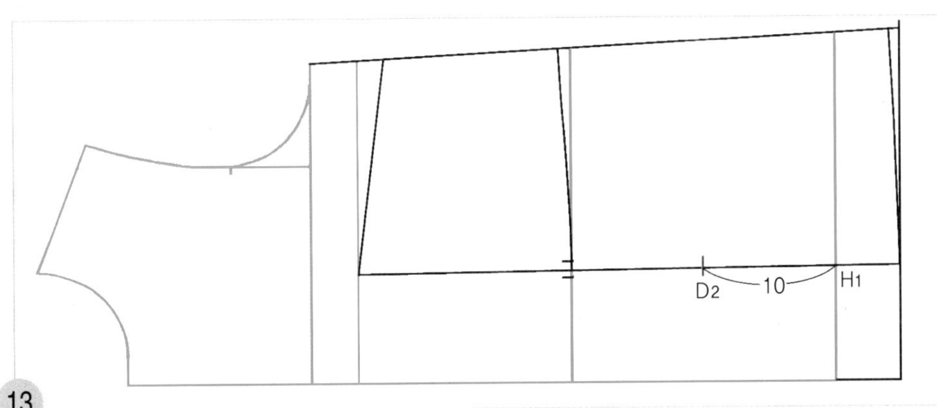

13

H_1~D_2=10cm 히프선 쪽 다트 중심선 위치(H_1)에서 허리선 쪽으로 허리 다트 중심선을 따라 10cm 들어가 허리선 아래쪽 다트 끝점(D_2)을 표시한다.

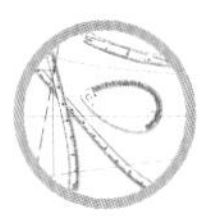

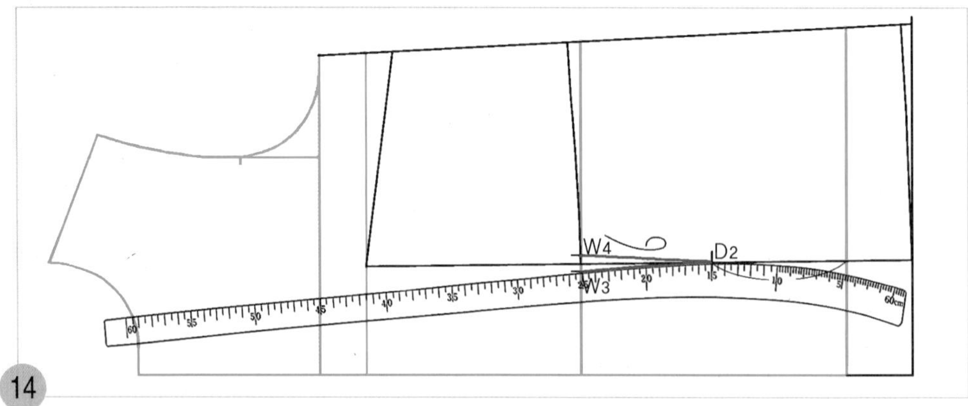

D_2~W_3, D_2~W_4=허리선 아래쪽 허리 다트 선

허리선 아래쪽 허리 다트 끝점(D_2)에 hip곡자 15 위치를 맞추면서 허리선 다트 위치(W_4)와 연결하여 옆선 쪽 허리 다트 선을 그리고, hip곡자를 수직 반전하여 D_2점에 hip곡자 15 위치를 맞추면서 W_3점과 연결하여 앞 중심 쪽 허리 다트선을 그린다.

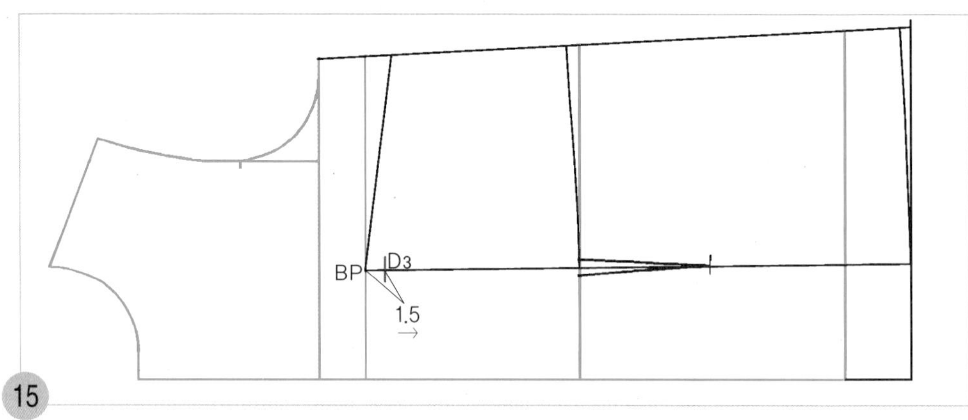

BP~D_3=1.5cm

유두점(BP)에서 허리 다트 중심선을 따라 1.5cm 나가 허리선 위쪽 허리 다트 끝점(D_3)을 표시한다.

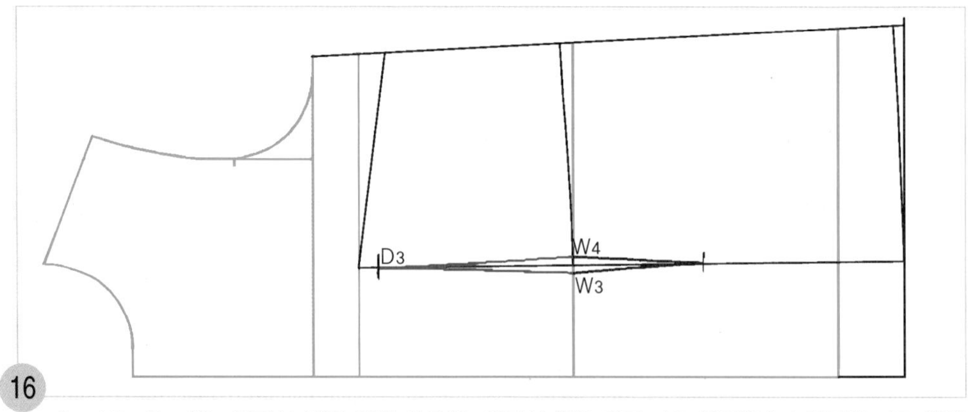

D_3~W_3, D_3~W_4=허리선 위쪽 허리 다트선 허리선 위쪽 허리 다트 끝점(D_3)과 허리선 다트 위치(W_3=앞 중심 쪽, W_4=옆선 쪽)와 직선자로 각각 연결하여 허리선 위쪽 허리 다트 선을 그린다.

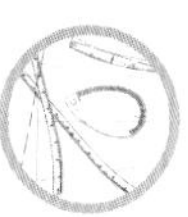

2. 앞 패널라인을 그린다.

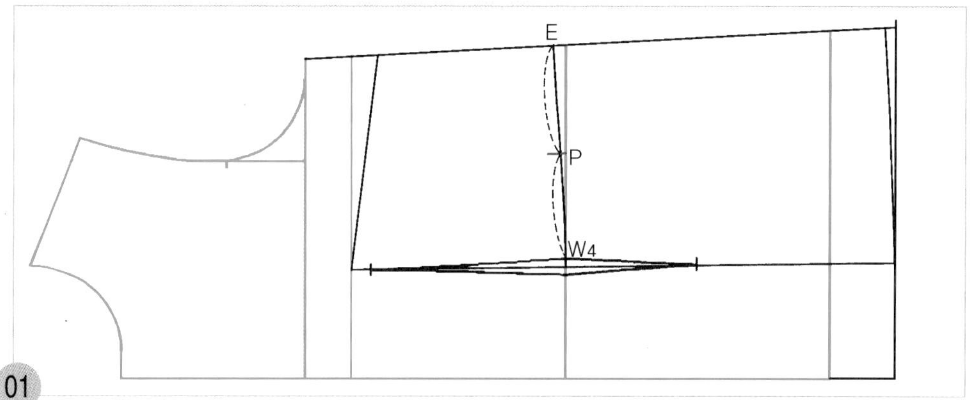

P=E~W4의 2등분 E점에서 W4점까지를 2등분하여 패널라인 중심선 위치(P)를 표시한다.

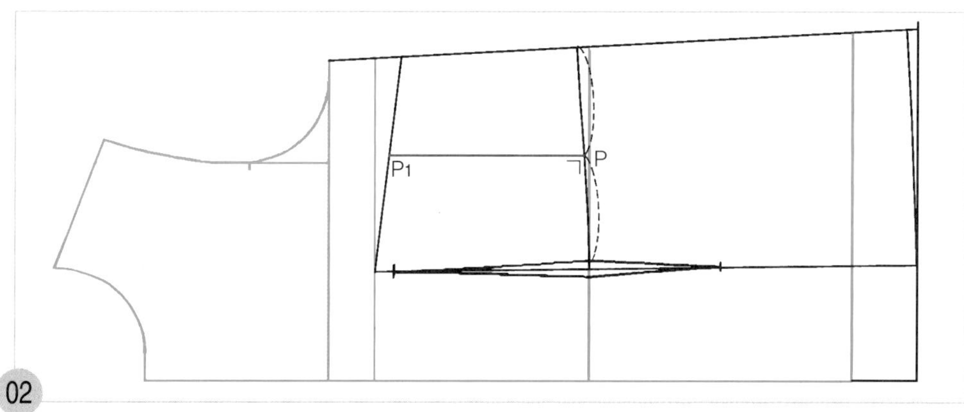

P1~P=허리선 위쪽 패널라인 중심선
P점에서 직각으로 가슴 다트선까지 허리선 위쪽 패널라인 중심선(P1)을 그린다.

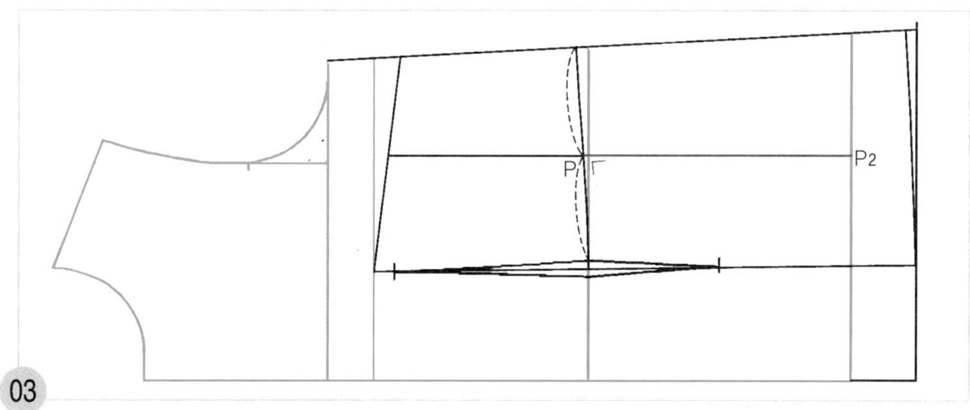

P~P2=허리선 아래쪽 패널라인 중심선
P점에서 직각으로 원형의 히프선(HL)까지 허리선 아래쪽 패널라인 중심선(P2)을 그린다.

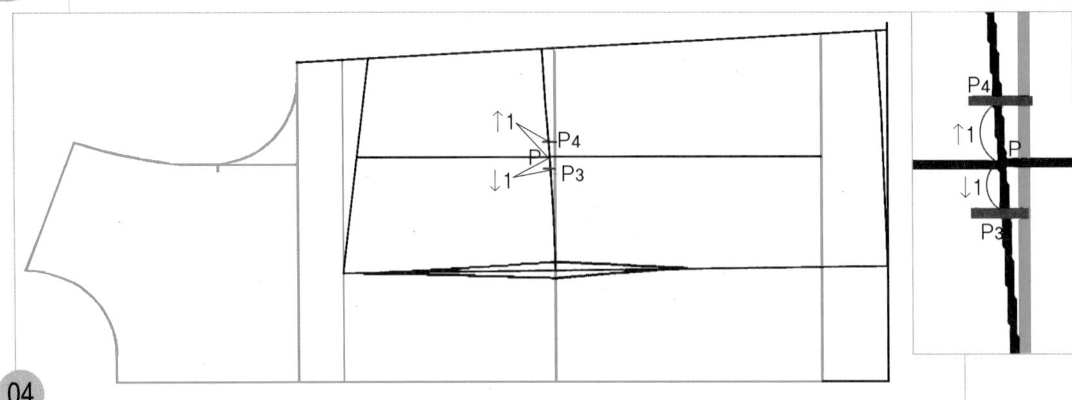

P~P_3, P~P_4=1cm P점에서 1cm 내려와 앞 중심 쪽 허리선의 패널라인 위치(P_3)를 표시하고, P점에서 1cm 올라가 옆선 쪽 허리선의 패널라인 위치(P_4)를 표시한다.

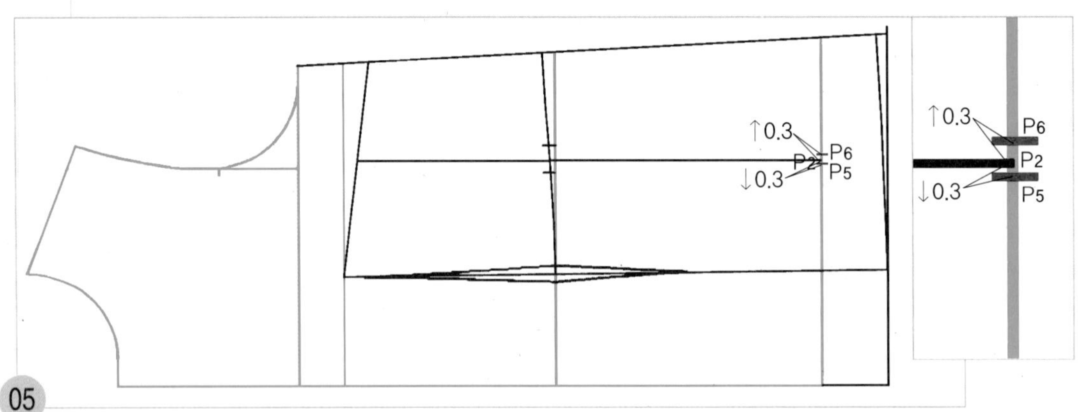

P_2~P_5=0.3cm, P_2~P_6=0.3cm

P_2점에서 앞 중심 쪽으로 0.3cm 내려와 앞 중심 쪽 패널라인을 그릴 통과점(P_5)을 표시하고, P_2점에서 옆선 쪽으로 0.3cm 올라가 옆선 쪽 패널라인을 그릴 통과점(P_6)을 표시한다.

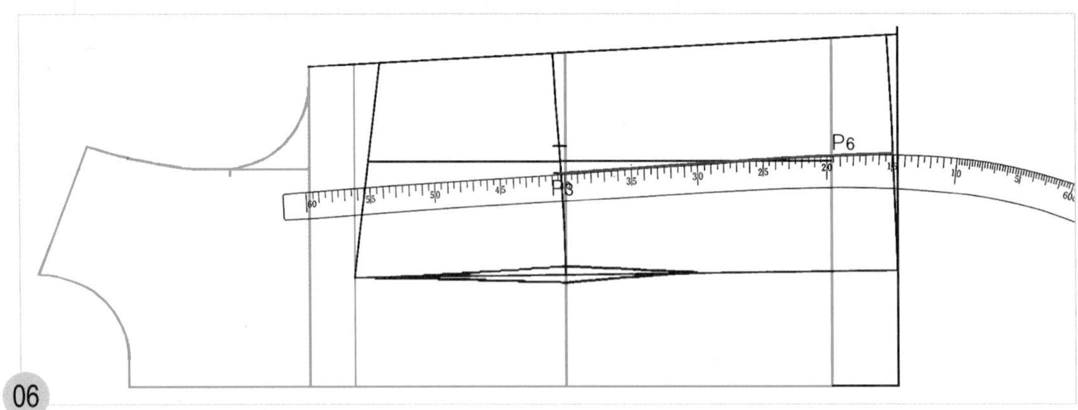

P_6점에 hip곡자 20 근처의 위치를 맞추면서 P_3점과 연결하여 밑단 선까지 앞 중심 쪽의 허리선 아래쪽 패널라인을 그린다.

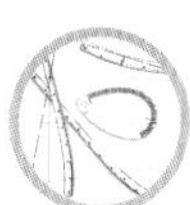

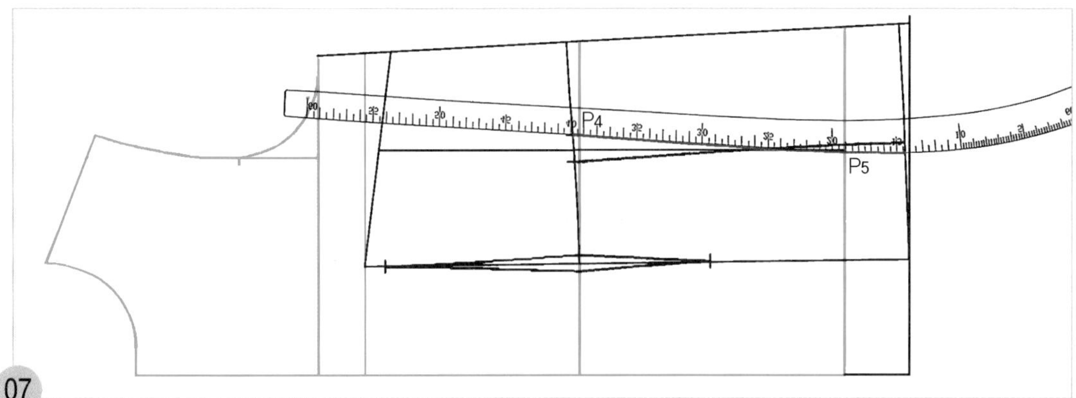

07

P_5점에 hip곡자 20 근처의 위치를 맞추면서 P_4점과 연결하여 밑단 선까지 옆선 쪽의 허리선 아래쪽 패널라인을 그린다.

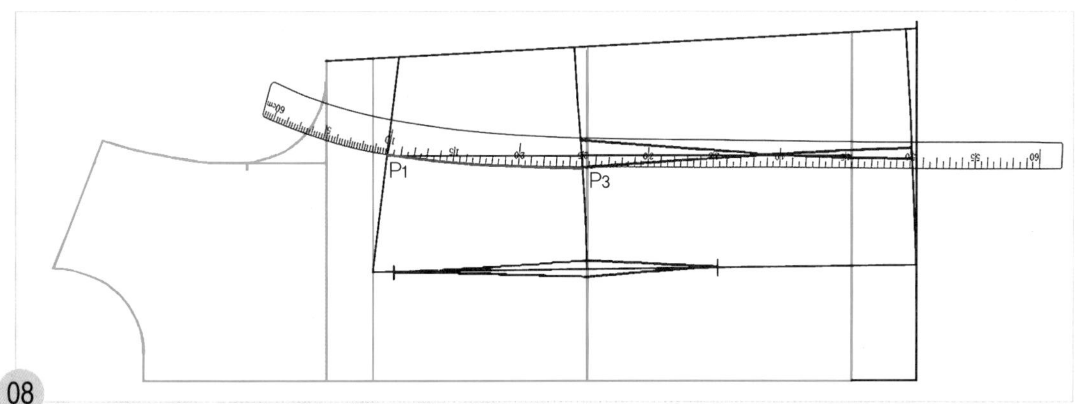

08

P_1점에 hip곡자 10 위치를 맞추면서 P_3점과 연결하여 앞 중심 쪽의 허리선 위쪽 패널라인을 그린다.

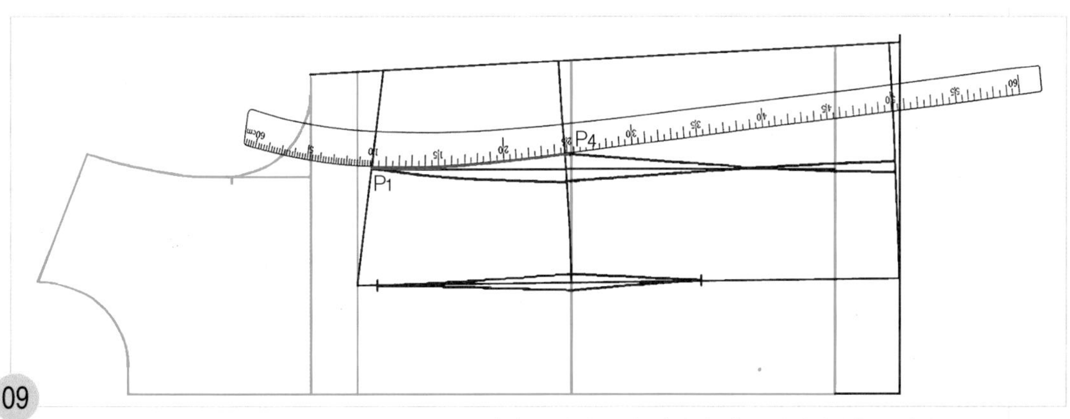

09

P_1점에 hip곡자 10 위치를 맞추면서 P_4점과 연결하여 옆선 쪽의 허리선 위쪽 패널라인을 그린다.

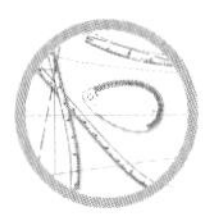

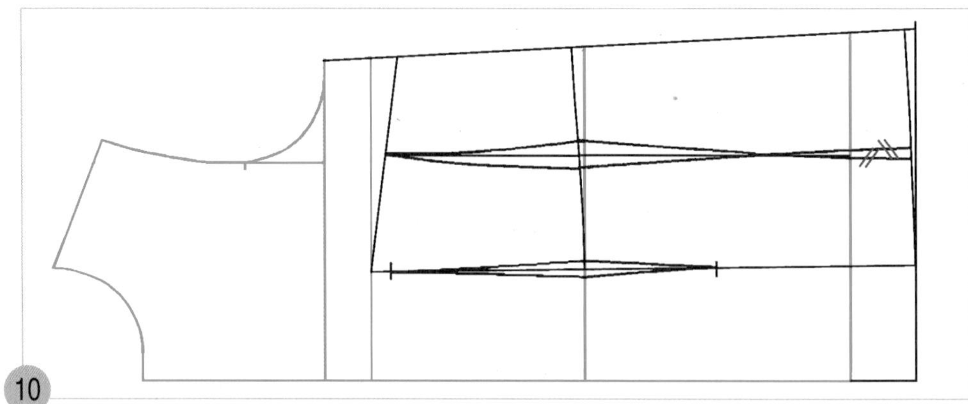

10

밑단 선 쪽에서 앞 중심 쪽과 옆선 쪽의 패널라인이 교차되었으므로 선의 교차표시를 넣어둔다.

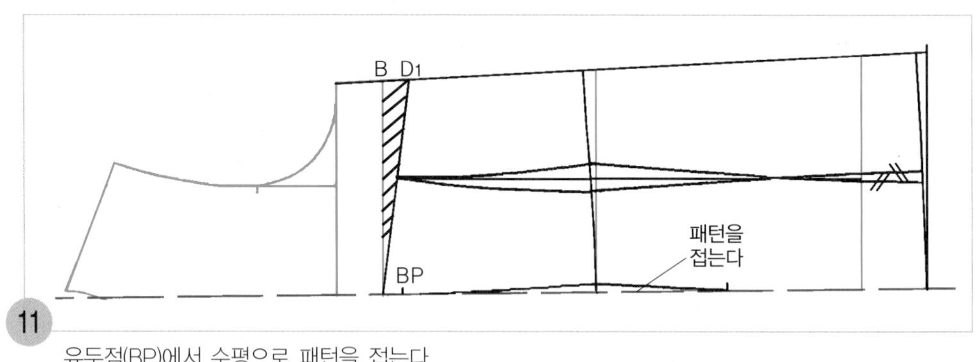

11

유두점(BP)에서 수평으로 패턴을 접는다.

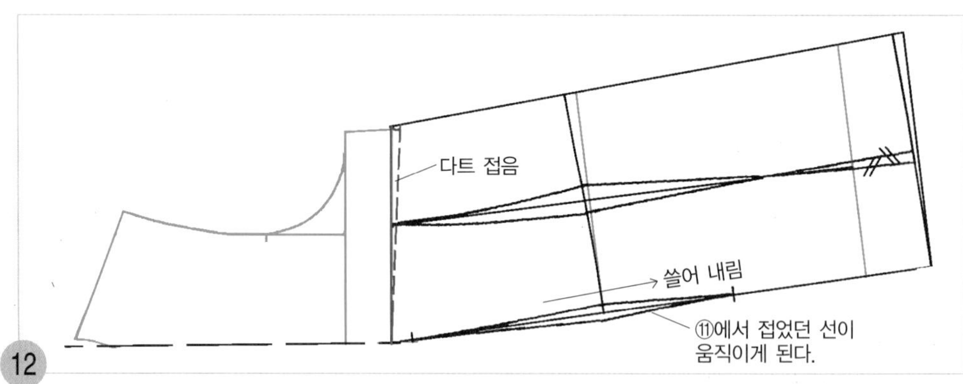

12

가슴 다트를 접은 다음, 가슴 다트선 아래쪽 몸판을 쓸어 내린다.

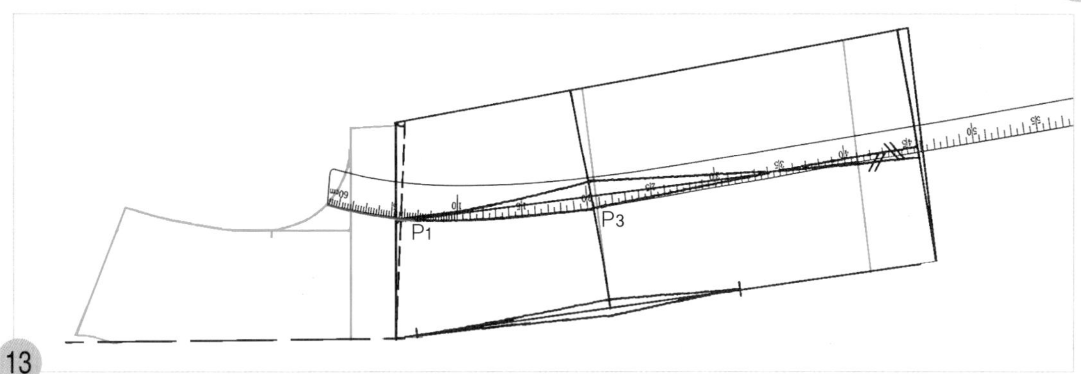

13
가슴 다트를 접은 상태에서 P_1점과 P_3점을 hip곡자로 연결하면서 hip곡자의 끝이 원형의 진동 둘레 선과 마주 닿게 연결하여 남은 허리선 위쪽 패널라인을 그린다.

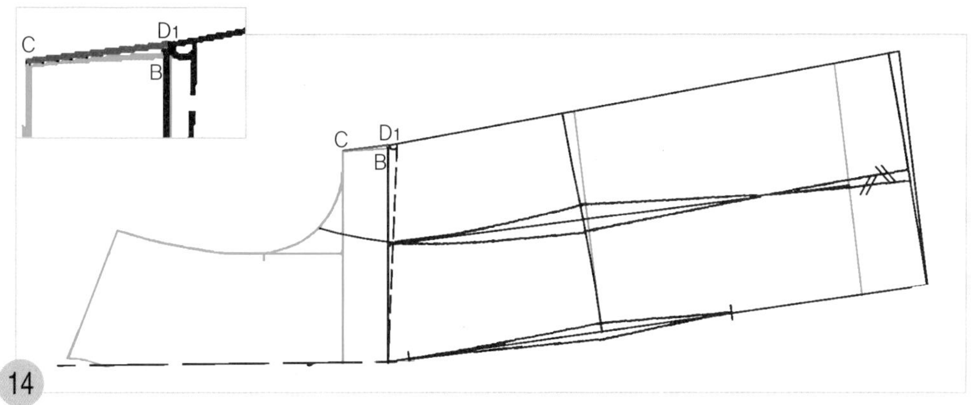

14
가슴 다트를 접은 상태이면 옆선 쪽 다트 끝점이 차이지게 되므로 원형의 위 가슴둘레 선의 옆선 쪽 끝점(C)과 가슴 다트의 끝점(D_1) 두 점을 직선자로 연결하여 옆선을 수정한다.

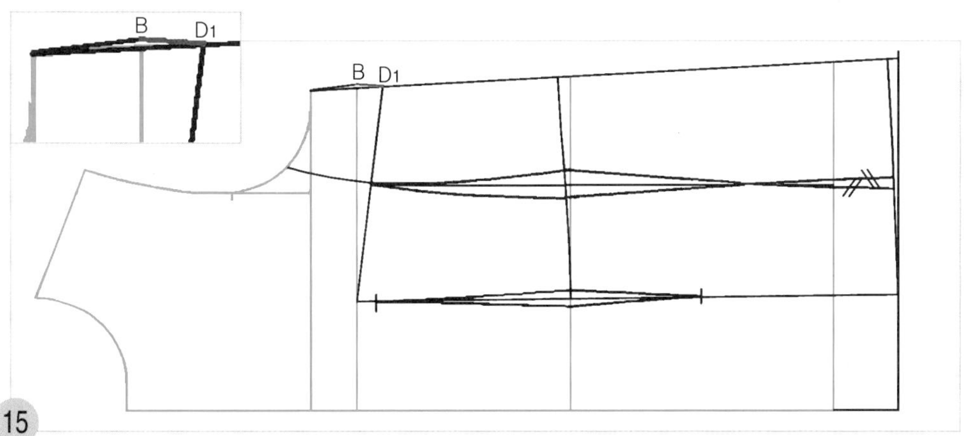

15
접었던 가슴 다트를 원상태로 펴서 가슴 다트 선(D_1)과 14에서 그린 옆선 쪽 다트 끝 위치를 직선자로 연결하여 그린다.

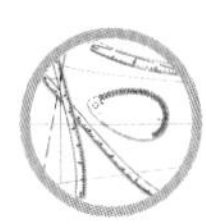

3. 어깨선을 그린다.

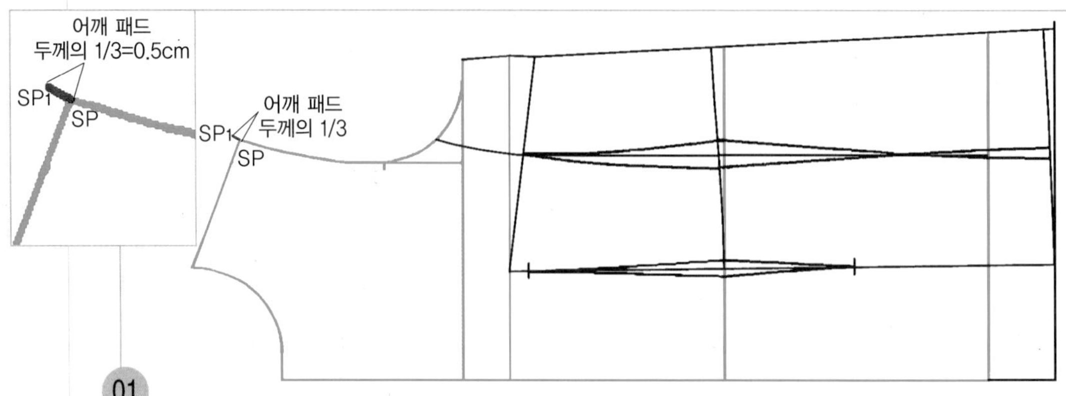

SP~SP1=어깨 패드 두께(1.5cm)의 1/3 원형의 어깨 끝점(SP)에서 어깨 패드 두께의 1/3 분량만큼 앞 진동 둘레 선(AH)을 추가하여 그리고 앞 어깨 끝점(SP1)으로 한다.

주 어깨 패드를 넣지 않는 경우에는 원형의 어깨선을 그대로 사용한다.

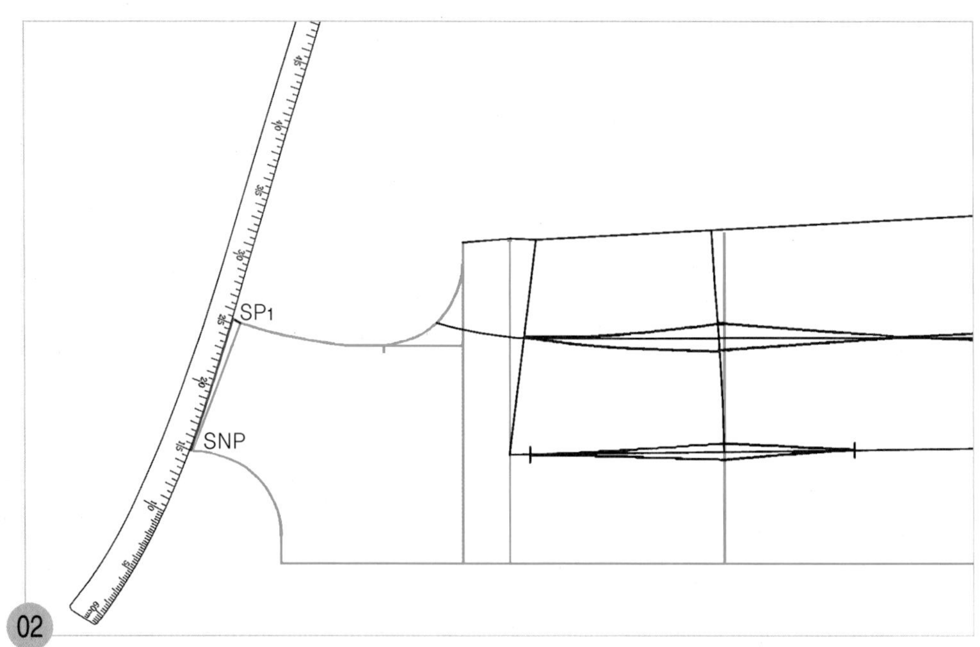

SNP~SP1=어깨선 원형의 옆 목점(SNP)에 hip곡자 15 위치를 맞추면서 SP1점과 연결하여 곡선으로 어깨 완성선을 그린다.

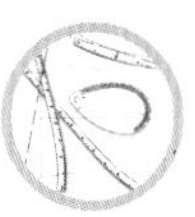

4. 앞 목둘레 선을 그린다.

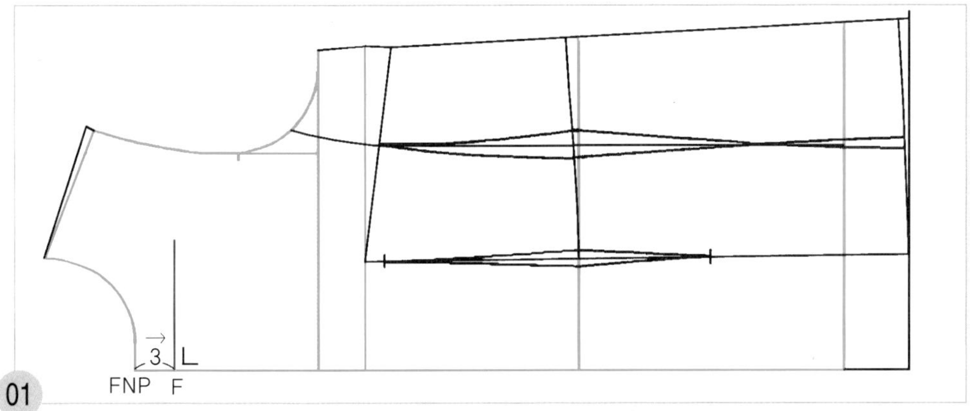

01

FNP~F=3cm 원형의 앞 목점(FNP)에서 3cm 앞 중심선을 따라 나가 앞 목점 위치(F)를 표시하고 직각으로 앞 목둘레 선을 그릴 안내선을 길게 올려 그린다.

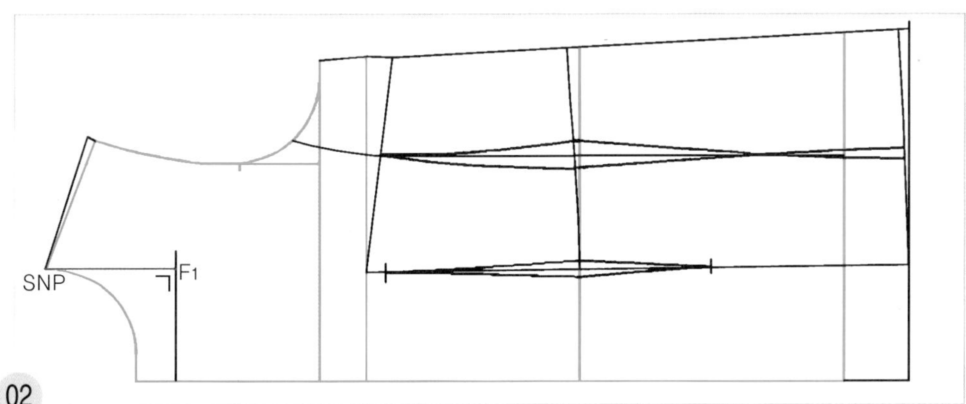

02

01에서 그린 앞 목둘레 안내선에 직각으로 옆 목점(SNP)과 연결하여 앞 목둘레 안내선을 그리고, 그 직각점을 F_1로 한다.

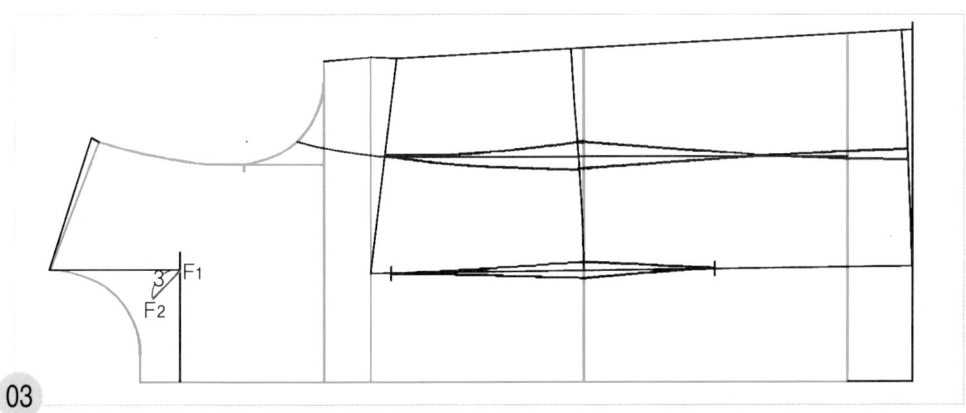

03

F_1~F_2=3cm F_1점에서 45도 각도로 3cm 앞 목둘레 선을 그릴 통과선(F_2)을 그린다.

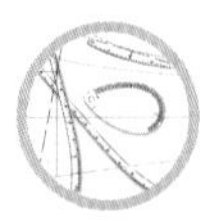

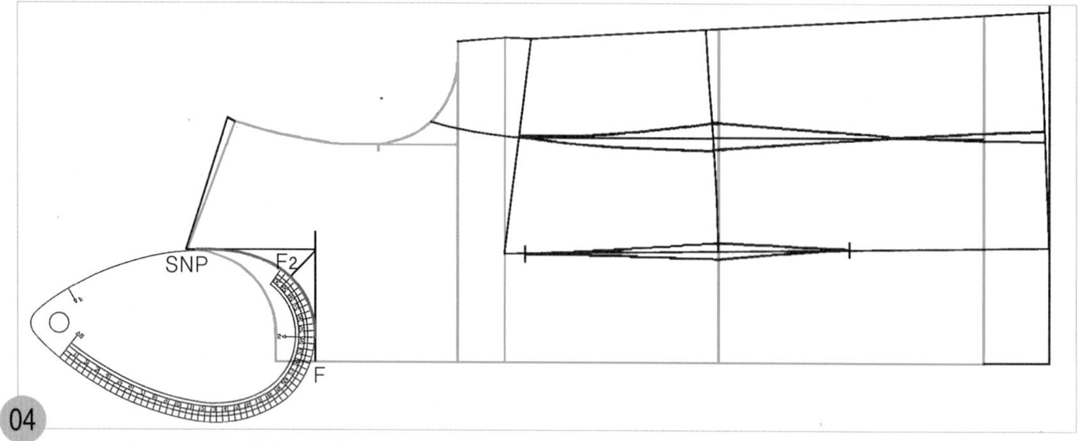

04

앞 AH자 쪽을 사용하여 F점에서 F_2점을 통과하면서 옆 목점(SNP)과 연결되도록 맞추고 앞 목둘레 선을 그린다.

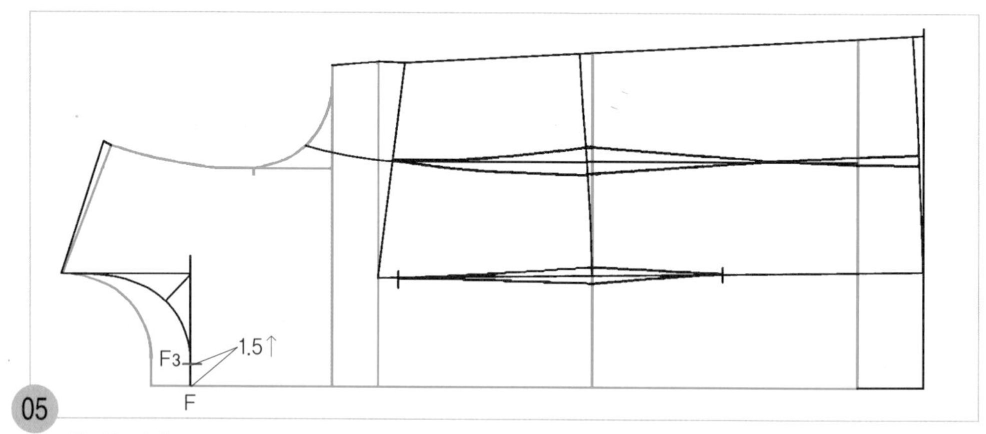

05

$F \sim F_3=1.5cm$

F점에서 앞 목둘레 선을 따라 1.5cm 올라가 앞 목둘레선을 수정할 위치(F_3)를 표시한다.

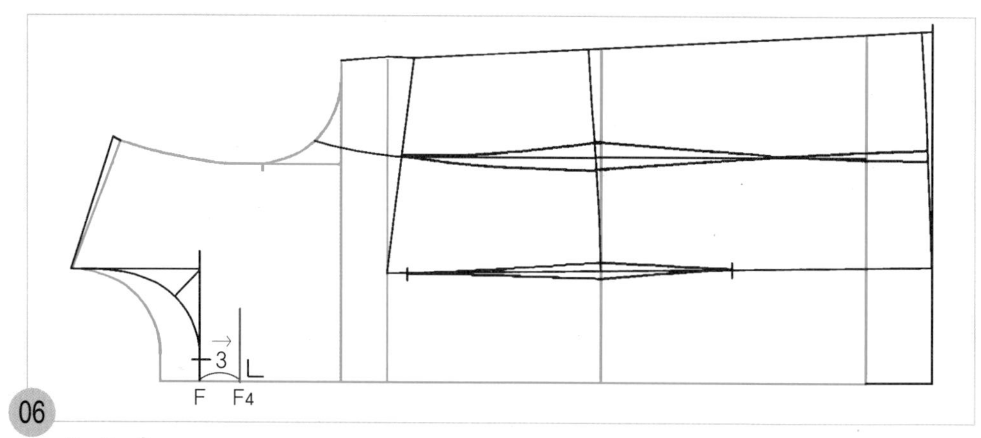

06

$F \sim F_4=3cm$

F점에서 앞 중심선을 따라 단춧구멍 위치(F_4)를 표시하고 직각으로 길게 올려 그린다.

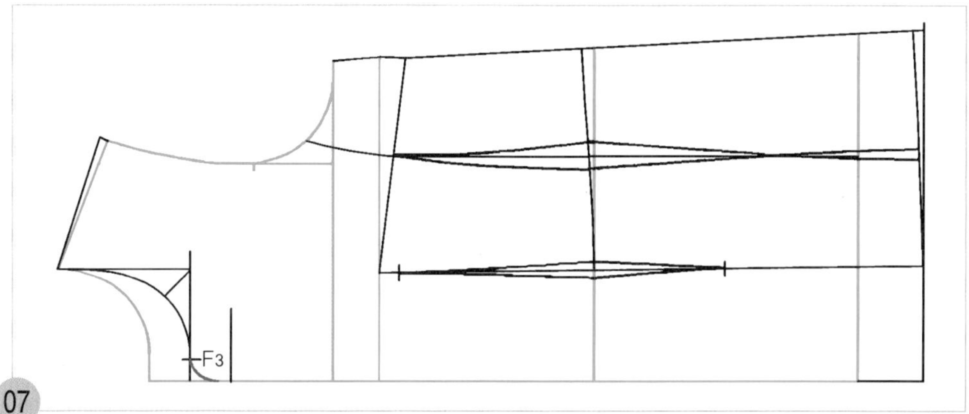

07
직경 3.5cm 정도의 원형자를 F3점과 앞 중심선에 맞추어 대고 앞 목둘레 선을 곡선으로 수정한다.

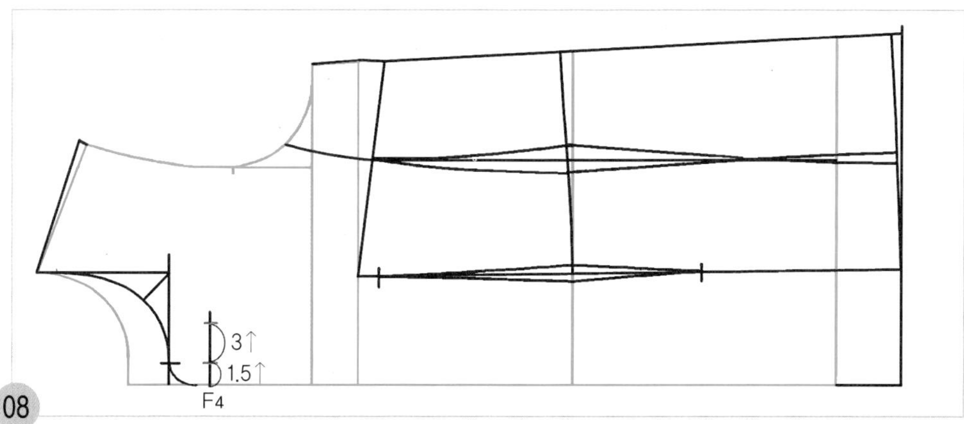

08
F4점에서 1.5cm 올라가 앞 중심 쪽 단춧구멍의 트임 끝 위치를 표시하고, 그곳에서 3cm 더 올라가 안쪽 단춧구멍의 트임 끝 위치를 표시한다.

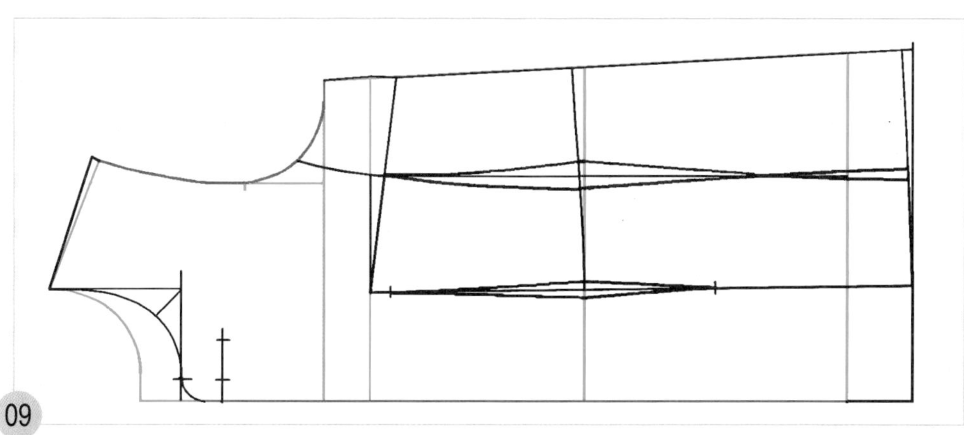

09
적색으로 표시된 앞 중심선과 진동 둘레 선은 원형의 선을 그대로 사용한다.

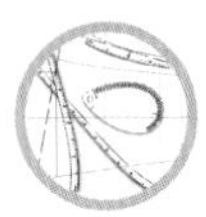

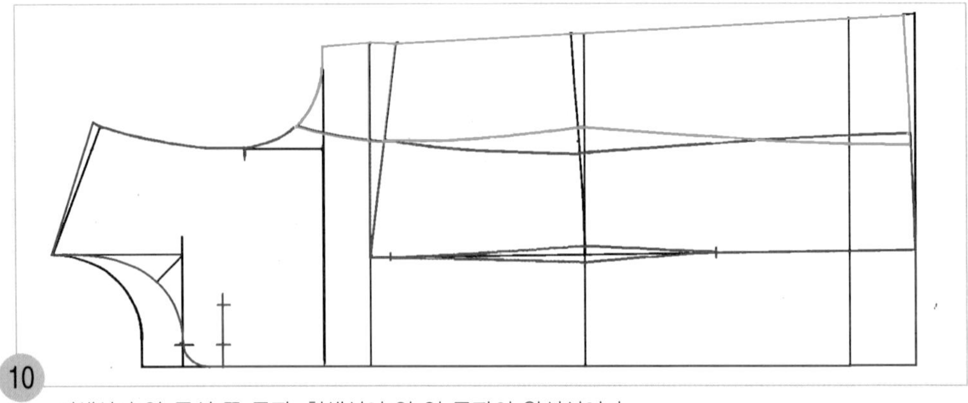

10 적색선이 앞 중심 쪽 몸판, 청색선이 앞 옆 몸판의 완성선이다.

두장 소매 제도하기

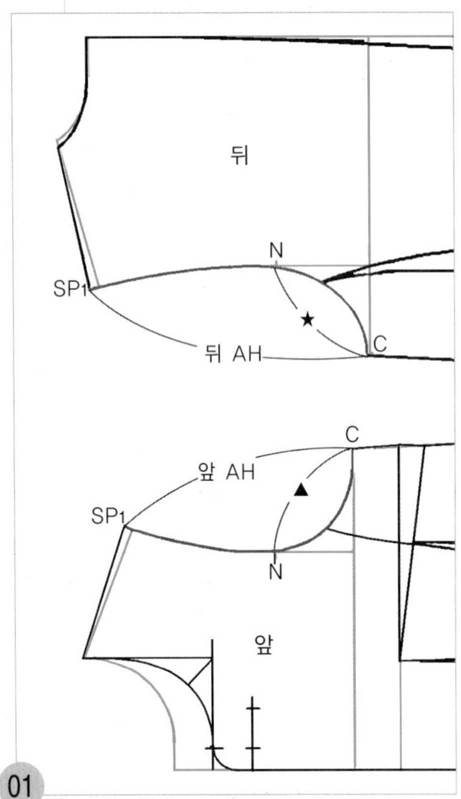

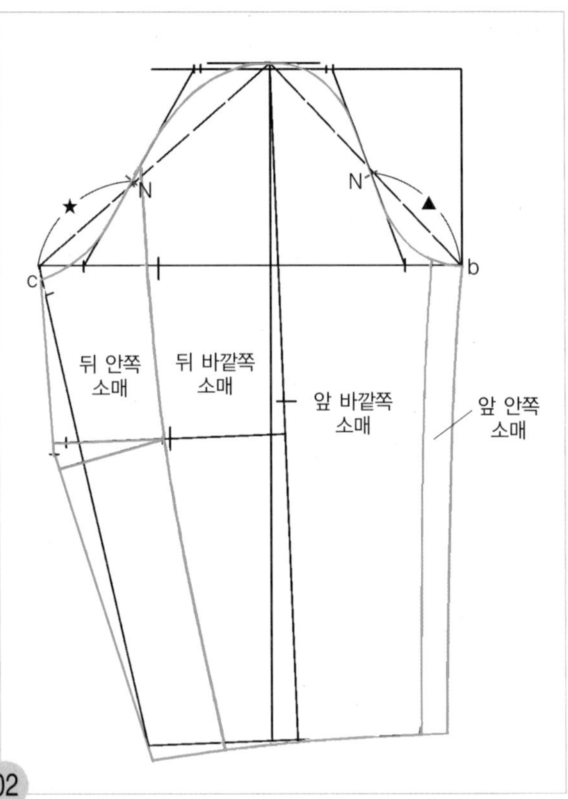

01

SP1~C＝앞뒤 진동둘레선(AH)길이
N~C=소매 맞춤 표시의 길이

앞뒤 진동 둘레 선의 길이를 잰 다음, 앞뒤 N점에서 C점까지의 진동 둘레 선의 길이를 재어둔다.

02

두 장 소매를 제도하는 방법은(p.89의 01~p.104의 10까지 참조)테일러드 재킷의 경우와 동일하다. 01에서 재어 둔 N점에서 C점까지의 진동 둘레 선의 길이를 앞뒤 소매 폭 선에서 소매산 곡선을 따라 올라가 각각 맞춤 표시를 넣는다.

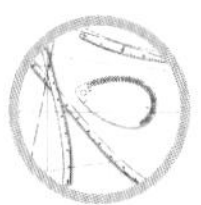

패턴 분리하기

1. 앞뒤 중심 쪽 몸판과 앞뒤 옆 몸판의 패턴을 분리한다.

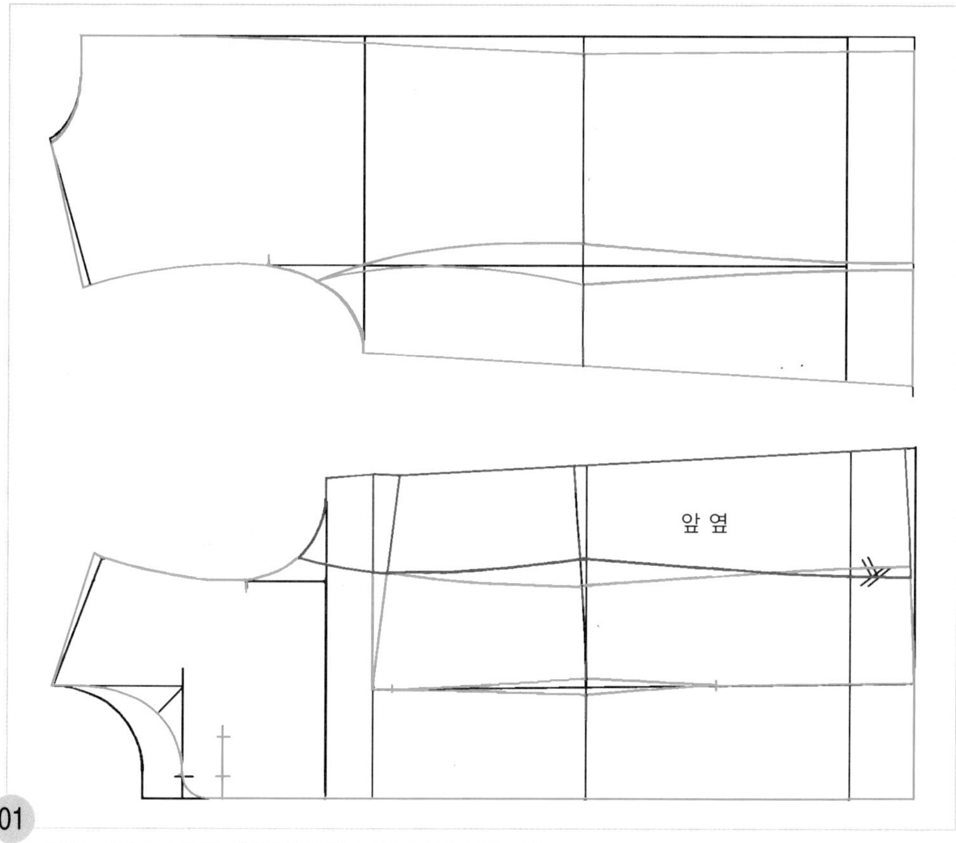

01

앞뒤 몸판의 허리선 위치에 각각 맞춤 표시를 넣는다.
앞 몸판은 앞 중심 쪽과 옆선 쪽의 패널라인이 밑단 선 쪽에서 선의 교차가 생겼으므로 새 패턴지에 앞 옆판을 옮겨 그리고 새 패턴지에 옮겨 그린 완성선을 따라 오려낸 다음, 패턴에 차이가 없는지 확인한다.

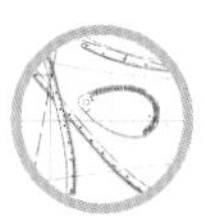

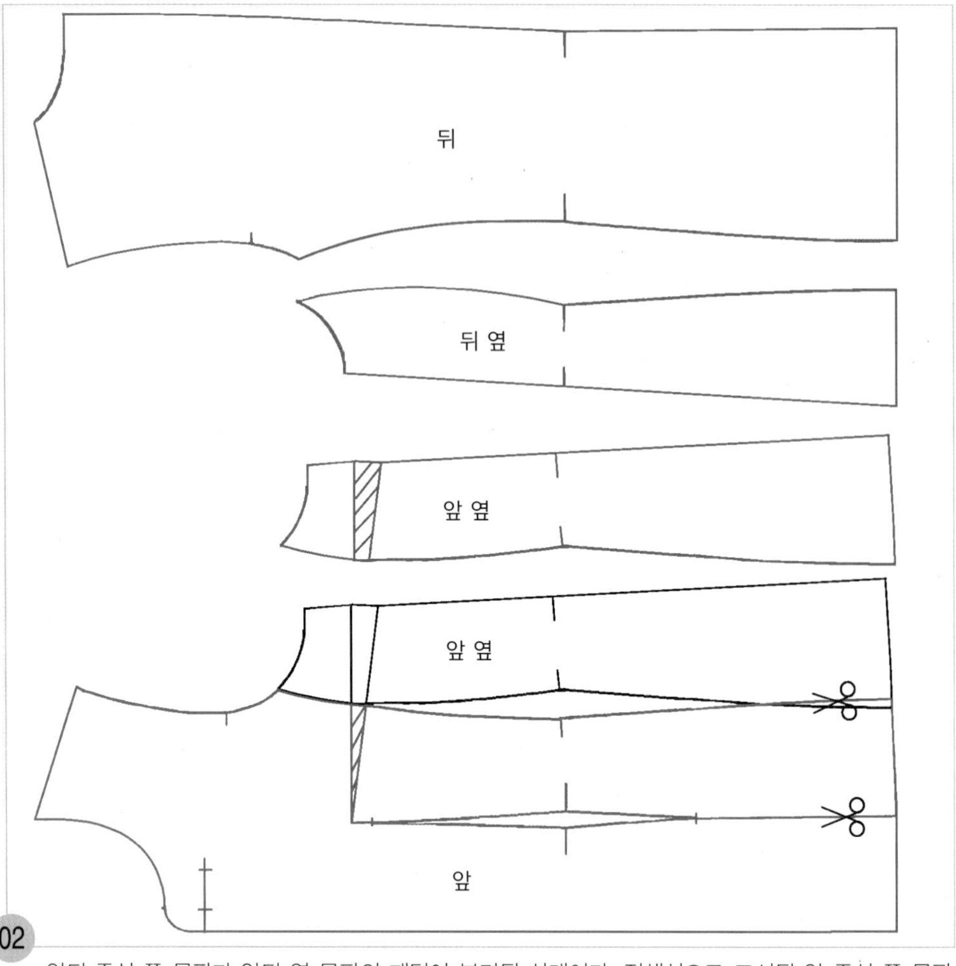

뒤

뒤 옆

앞 옆

앞 옆

앞

02

앞뒤 중심 쪽 몸판과 앞뒤 옆 몸판의 패턴이 분리된 상태이다. 적색선으로 표시된 앞 중심 쪽 몸판의 패널라인 선에서 오려내고, 유두점(BP)까지 허리 다트 선을 따라 오린다.

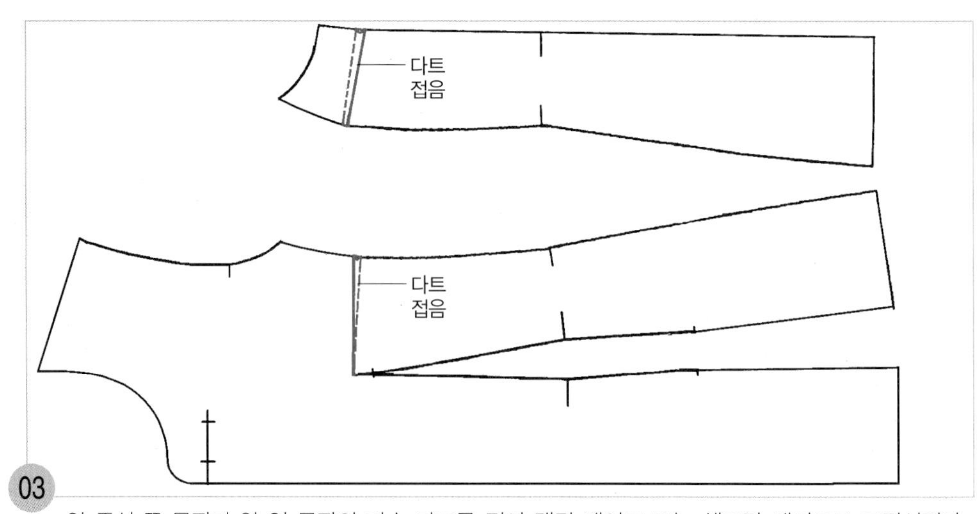

앞 중심 쪽 몸판과 앞 옆 몸판의 가슴 다트를 접어 맨딩 테이프 또는 셀로판 테이프로 고정시킨다.

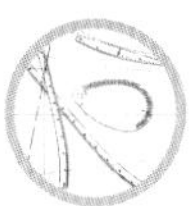

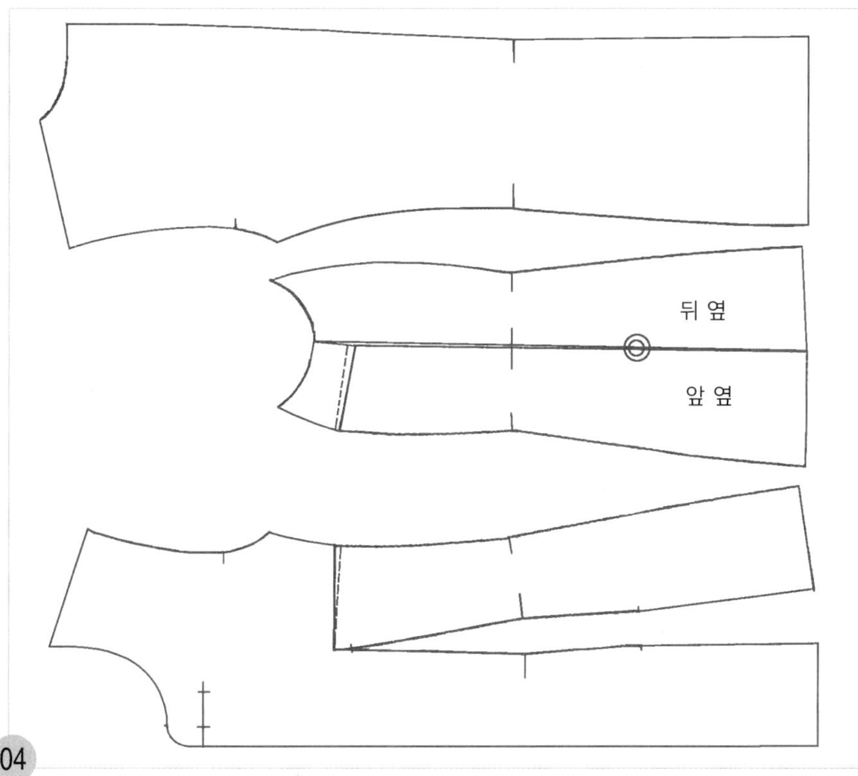

앞뒤 옆 몸판의 옆선끼리 마주 대어 맨딩 테이프 또는 셀로판 테이프로 고정시켜 한 장의 패턴으로 만든다.

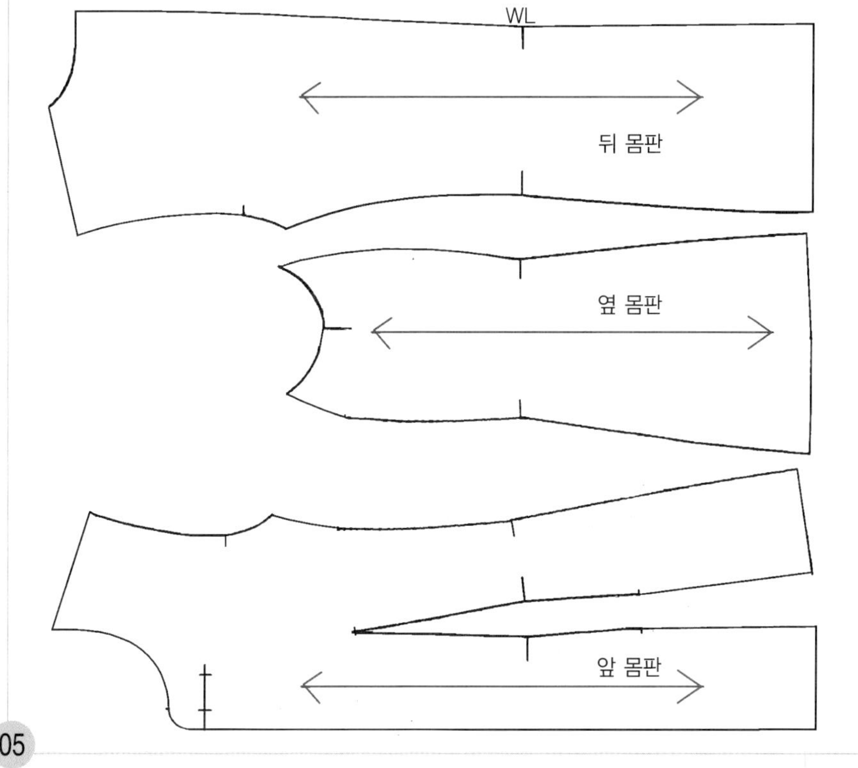

뒤 몸판과 옆 몸판의 허리선 위치를 앞 중심 쪽 허리선에 일직선으로 맞추어 배치하고, 수평으로 식서 방향 표시를 한다.

Lim byung yeul

임 병 렬

- 서울 교남양장점 패션실장 역임(1961)
- 하이패션 클립 설립(1963)
- 관인 세기복장학원 설립, 원장역임(1971~1982)
- 사단법인 한국학원 총연합회 서울복장교육협회 부회장 역임(1974)
- 노동부 양장직종 심사위원 국가기술검정위원(1971~1978)
- 국제기능올림픽 한국위원회 전국경기대회 양장직종 심사장(1982)
- 국제장애인기능올림픽대회 양장직종 국제심사위원(제4회 호주대회)
- 국제장애인기능올림픽대회 한국선수 인솔단(제1회, 제3회)
- (주)쉬크리 패션 생산 상무이사(1989~현재)
- 사단법인 한국의류기술진흥협회 부회장 역임, 현 고문

– 상훈 : 제2회 국제기능올림픽대회 선수지도공로 부문 보건사회부장관상(1985), 석탑산업훈장(1995), 제5회 국제장애인기능올림픽대회 종합우승 선수지도 부문 노동부장관상(2000)

– 저서 : 「팬츠 만들기」, 「스커트 만들기」, 「팬츠 제도법」, 「스커트 제도법」

Lee Kwang Hoon

이 광 훈

- 홍익대학교 미술대학 섬유염색 전공 졸업
- 홍익대학교 미술대학원 섬유염색 전공 수료
- 홍익대학교 산업미술대학원 의상디자인 전공 수료
- 이훈 부띠끄 디자이너로 운영
- 홍익대학교 산업미술대학원, 중앙대학교, 건국대학교 강사 역임
- 현, 한서대학교 의상디자인학과 교수
  한국패션일러스트레이션협회 초대 회장 역임, 현 고문
  (사)한국패션문화협회 이사
  (사)한국의류기술 진흥협회 자문위원

– 저서 : 「패션일러스트레이션으로 보는 크리에이티브 디자인의 발상방법」

– 전시 : 패션일러스트레이션 및 Art to wear에 관한 30여회의 전시 참여

Jung hye min

정 혜 민

- 일본 동경 문화여자대학교 가정학부 복장학과 졸업
- 일본 동경 문화여자대학 대학원 가정학연구과(피복학 석사)
- 일본 동경 문화여자대학 대학원 가정학연구과(피복환경학 박사)
- 경북대학교 사범대학 가정교육과 강사
- 성균관대학교 일반대학원 의상학과 강사
- 동양대학교 패션디자인학과 학과장 역임
- 동양대학교 패션디자인학과 조교수
- 현, 이제창작디자인연구소 소장

– 저서 : 「패션디자인과 색채」, 「텍스타일의 기초 지식」, 「봉제기법의 기초 」
「어린이 옷 만들기」, 「팬츠 만들기」, 「스커트 만들기」, 「팬츠 제도법」
「스커트 제도법」